研究&方法

經濟與財務數學
——使用R語言

林進益 著

五南圖書出版公司 印行

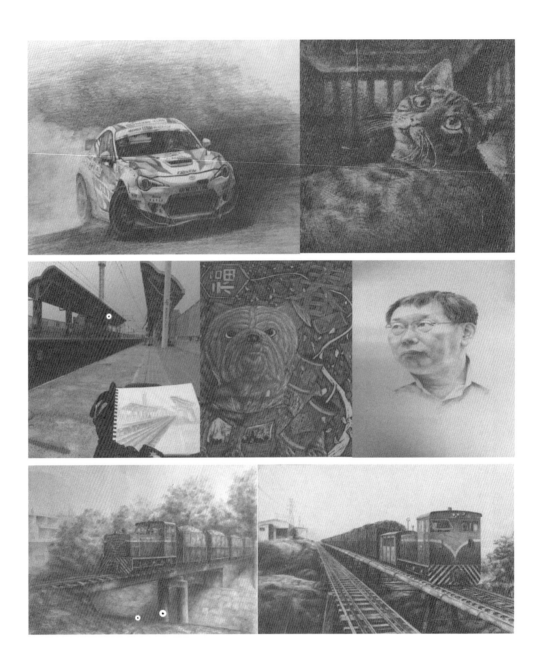

序言

　　拜電腦科技之賜，現代的人很容易使用手機或（平板）電腦等工具；但是，講到商科專業於電腦上的應用，似乎就不是那麼得心應手了。究其原因，原來商科專業上的學習或訓練並沒有隨著資訊科技的進步而跟上腳步，也許我們應該思索傳統的學習或訓練方式是否仍存在改善空間。直覺而言，似乎還欠缺什麼；原來，科技進步並不是沒有代價的，我們反而比以前需多學一些知識與技巧。就商科的學生而言，專業上的訓練竟然較少利用電腦輔助工具，雖說 EXCEL 或 EVIEWS 等商業套裝軟體是經常被提及或應用，不過上述套裝軟體可以應用的範圍卻相當狹隘；那是否存在一種電腦輔助工具或語言，能幫我們處理各種專業？依筆者的看法，未來 R 語言（底下簡稱 R）可能是其中一種選項[1]。

　　完成《財金統計學：使用 R 語言》一書（五南出版）（底下簡稱《財統》）後[2]，筆者開始思考《財統》的「後傳」應該長成什麼樣子？不過，「好幾次上課之前，看到黑板上密密麻麻的數學式子，大概前一節是數學或微積分等課」，筆者突然有一個念頭：黑板上只是數學的推導過程，我們是否也可以用 R 來表示；也就是說，R 應該也可以被當作一種數學學習的輔助工具。因此，筆者開始思考如何利用 R 來當作數學學習，尤其是用 R 來作為學習經濟與財務數學的一種輔助工具。

　　本書就是在上述思考過程中完成的。R 是一種免費的統計軟體，筆者發現 R 竟然也可以用來學習數學或微積分；因此，若 R 也能勝任後者的角色，則 R 的學習不是「一舉多得」嗎？R 既可以用來學習統計學，也可以用來學習數學或（隨機）微積分，則當初（被迫）學習 R，懷疑 R 的功效的不信任度自然可以降低；不過，若是質疑 R 的功用，那我們不是仍要找出一個工具取代 R 嗎？換言之，數學的推導過程是重要的，也是無法避免的，不過，若能將複雜的數學式

---

[1]　畢竟 R 有太多人（全球）願意將所寫的 R 程式以「程式套件」之外掛式的方式免費提供。

[2]　《財統》的勘誤，可至五南的《財統》官網下載。

子顯示於電腦內，則不就是可以提高我們對該數學式子的瞭解嗎？就我們而言，除了基本的數學推導過程外，一些繁瑣的數學模型或推導過程，若沒有電腦模擬的幫忙，則可能仍永遠處於「不知它在講什麼？」的狀態。可惜的是，我們仍不習慣或擅長於電腦的模擬。

因此，若數學的推導過程是屬於數學學習的第二階段，則第三階段應是電腦的模擬或計算；也許，有些時候第三階段可以取代第二階段。舉例來說，衍生性商品的介紹，多少會提到標的資產價格屬於「幾何布朗運動（GBM）」，GBM的觀念與推導過程是抽象且繁瑣的，沒有電腦模擬的輔助，應該不容易瞭解其背後的原理原則；另一方面，若能寫出GBM的程式語言，豈不是更能瞭解它背後所隱含的意思嗎？另外再舉一個簡單的例子，若看到一個短期總成本函數如 $STC = 5 + 20Q^{1/3} + 0.02Q^3$，我們是否可以輕易地繪製出其圖形或計算出其數值？有了電腦工具的輔助，許多專業學科的學習，應該能更瞭解它的內涵或更上一層樓。讀者以為呢？我們已經學習R了，當然也希望R能幫我們做更多的事。

本書的目的就是提供另外一種方式來學習經濟與財務數學，當然，本書並不是強調完全可以用R來取代數學的推導過程；相反地，若不知後者，則如何能寫出對應的R指令？筆者只是覺得應該可以用R來幫助我們學習數學，有意思的是，至目前為止，我們竟然還不習慣利用電腦輔助工具來學習數學！也許，許多專業的訓練或課程，可以適度地使用電腦。就經濟與財務數學而言，基礎數學與深入（或稱進階）的數學之間的差距，通常是不易跨過的，本書的內容剛好就介於上述二者之間；因此，本書的閱讀對象，主要是以大學部的學生為主，若想深入瞭解經濟與財務領域，但進階的經濟與財務書籍又不容易入手，則本書倒是提供了一種入門的途徑。如同《財統》，書名雖有「使用R語言」，但是該書最主要是要介紹財金統計學；於本書，筆者最主要是要介紹數學，尤其是於經濟與財務上的應用，二書的內容皆只是將R視為一種輔助工具而已[3]。

本書全書總共有14章，其中第1～8章與第11～13章的內容，主要是以傳統微積分的範圍為主[4]，當然筆者皆是將其轉成於經濟與財務上的應用（因此讀者要有修過經濟學與財務管理等課程的背景）；至於第9～10章與第14章的內容，

---

[3] 因此，《財統》與本書倒是較少介紹R的指令，此需要讀者隨時查詢R指令的用法，如利用help()等指令。

[4] 例如，Thomas' Calculus (2010), 12th ed. Addison Wesley.

則是以欲進入進階的經濟與財務數學預作準備。由於進階的經濟與財務數學大多強調「隨機動態過程」，而欲瞭解後者，則必須要有關於機率的觀念與計算；因此，本書第 9～10 章的內容，則與《財統》有關。事實上，就全書內容的銜接而言，本書部分內容亦可看到《財統》之「前傳」的影子。至於本書第 14 章的內容，主要是給即將接觸財務工程數學的同學參考；也就是說，若要瞭解該領域，筆者反而更要強烈建議，同學要有寫電腦程式語言的能力。

　　本書的編寫方式類似於《財統》，為了要讓讀者沒有「遺珠之憾」，書內只要有使用資料、繪圖、計算、製表或模擬等過程，皆有對應的 R 指令；當然，讀者未必要完全複製出書內的所有內容，只是若對書內的部分內容有興趣或覺得可以延伸應用，而筆者卻沒有即時提供可參考的 R 指令，豈不是有點遺憾。換個角度思考，本書鼓勵讀者用電腦語言來模擬或計算，若筆者無法提供可參考應用的範例，則讀者應如何思索將一些觀念或想法轉成對應的 R 指令？這是筆者於當學生時的遺憾，看到「不錯」的內容，結果仍不知如何於電腦上操作，豈不是讓人扼腕，讓人沮喪。此種遺憾沮喪，應該可以避免。就筆者而言，學習電腦語言的最好方式，就是逐一於電腦內輸入指令（當然若覺得太麻煩，可用剪貼的方式），若無許多範例可參考，即使知道許多指令的意思，我們卻仍不知如何思考，如何著手。因此，反而是 R 程式的應用範例才吸引人，而不是單獨 R 指令的介紹；當然，這些範例，最好是讀者熟悉的專業應用。

　　就是上述的思考邏輯才促成《財統》與本書的完成，也就是說，筆者實現了筆者於學生時期的想法；換言之，筆者於學生時期想要看到的書，最後竟由筆者親自完成。回想起來倒也有一些意思，「不曉得筆者於學生時期遇到筆者這種老師會如何？」。為了方便讀者輸入 R 指令，有些指令是直接置於內文，讀者應該不至於也被密密麻麻的指令給震懾住了[5]。「應該不怕太多太麻煩，只怕沒有範例可供參考」；如此，增加了本書的厚度，讀者可否接受？讀者不妨自行練習看看：「每當閱讀《財統》以及本書的內容時，也許會認為可以應用或推廣，故應隨時思考可否用 R 計算、估計、模擬或繪圖，若可以，那該如何做？」。若能如此做，讀者認為需要多久時間，自然就會使用 R 了？

---

[5] 其實看到（一堆）R 指令，可按住滑鼠的左鍵不放，直至螢幕上顯示出所選的指令出現深藍的顏色，再按右鍵，即可出現一個長方形的格子，再選擇「執行程式列或選擇項」一項，R 會馬上執行所選的選擇項。

　　本書的特色是大量使用 R 內的強大繪圖功能以及容易操作的模擬方法（因單色印刷，讀者看到圖形時，可先執行對應的 R 程式，就可以看到所解釋的彩色的圖形），此應該是不容易於其他同類型的教科書內看到，如同《財統》內所言，筆者當然也希望能寫出一本讀者能看得懂，同時也知如何操作的教科書。本書內的所有章節後皆附有練習與習題，除了問答或簡答題之外（答案大多於內文內），每一練習與習題皆附有對應的 R 指令（解答）；因此，不怕沒有太多 R 範例可供參考，只怕讀者仍認為自己不需要或不適合學習電腦語言如 R。就筆者而言，既然已經接觸或使用 R 了，我們應該要具有「程式設計」的能力才對，否則如何能達到用 R 來幫我們模擬或做其他的事？因此，《財統》與本書的特色是皆附有許多 R 程式的應用範例，此應該是初學者所樂見的。筆者初次接觸電腦語言時，就是因為沒有許多範例可供參考，結果反而多走了許多「冤枉路」。

　　本書內的股市資料大多取自「台灣經濟新報資料庫（TEJ）」，由於版權的關係，此次本書無法提供對應的樣本資料；還好，TEJ 的資料大多用於練習或習題內，影響不大，雖說如此，讀者應該也可以自行練習如何於 TEJ 內下載股市或衍生性商品如期貨或選擇權的歷史資料。本書內的小藝廊仍附有兒子的一些作品，雖說與本書的內容無關，不過應該也有扮演一些賞心悅目以及調劑的功能；另一方面，筆者與兒子之間，無形之中，竟然也形成一種「相互勉勵、相互較勁」的味道。最後，沒有內人的文筆校正與潤飾，本書的樣貌應該還是屬於「半生不熟」的狀態。

　　本書附有一片光碟，內有書內的所有程式碼以及樣本資料（TEJ 除外），祝操作順利。筆者才疏識淺，倉促出書，錯誤難免，望各界先進指正。

林進益

寫於屏東台糖園區

Contents

Chapter 1　算術　　　1

第一節　算術的四則運算　　1
第二節　多項的計算　　2
第三節　使用括號　　2
第四節　分數　　4
第五節　小數　　7
第六節　負數　　9
第七節　冪（次方）（power）　　11
第八節　根與分數冪　　15
第九節　對數　　18
本章習題　　24

Chapter 2　代數：財務上的應用　　　27

第一節　利率　　28
　　1.1　簡單利息　　29
　　1.2　複利　　34

第二節　債券　　39
　　2.1　現值與未來值　　39
　　2.2　附息債券　　42
　　2.3　零息債券　　45

第三節　到期收益率、貼現收益率與報酬率　　49
　　3.1　貼現率　　49
　　3.2　報酬率　　53

第四節　價值理論與資本預算　55
4.1 理性的投資決策　56
4.2 *NPV* 法　60
4.3 *IRR* 法　64

第五節　結論　67
附錄　68
本章習題　69

Chapter 3　直線與圖形　71

第一節　線性等式與不等式　73
1.1 線性方程式　74
1.2 線性不等式　78

第二節　直線　84
2.1 座標體系與直線　85
2.2 一些應用　93

本章習題　111
附錄　115

Chapter 4　非線性函數與圖形　117

第一節　多項式函數　117
1.1 二項式函數　117
1.2 函數與圖形　123
1.3 多項式　128

第二節　其他非線性函數　138
2.1 買權與賣權的到期收益曲線　139
2.2 固定成長函數（模型）　146
2.3 冪函數　150

本章習題　162
附錄　168
附 1：中華電 2013/1～2015/12 月收盤價與本益比資料　168
附 2：台積電 2013/1～2015/12 月收盤價、本益比與
週轉率資料　168

Chapter 5　特殊的函數　169

第一節　直角雙曲線　169
第二節　對數與指數　183
2.1 對數律　188
2.2 指數律　193
2.3 冪次律　199

第三節　三角函數　213
3.1 弧度的衡量　214
3.2 基本的三角函數　216
3.3 週期性、圖形與轉換　220

本章習題　226

Chapter 6　極限與微分　231

第一節　極限　231
1.1 極限的定義　232
1.2 商數差異之極限　238
1.3 無限極限以及於無限值下之極限　241

第二節　連續性　　　　　　　　　　　　　　　250
第三節　切線與斜率　　　　　　　　　　　　　257
第四節　微分　　　　　　　　　　　　　　　　262
本章習題　　　　　　　　　　　　　　　　　　270

Chapter **7** 微分技巧及應用　　　　　　　　　　　**277**

第一節　微分的技巧　　　　　　　　　　　　　277
第二節　第二階及高階微分　　　　　　　　　　297
第三節　極大值與極小值　　　　　　　　　　　311
第四節　一些應用：牛頓求解法　　　　　　　　319
本章習題　　　　　　　　　　　　　　　　　　326

Chapter **8** 積分及其應用　　　　　　　　　　　　**333**

第一節　預備　　　　　　　　　　　　　　　　333
　1.1　反導函數　　　　　　　　　　　　　　333

第二節　不定積分　　　　　　　　　　　　　　338
　2.1　不定積分之技巧與性質　　　　　　　　339
　2.2　代換積分法　　　　　　　　　　　　　342
　2.3　微分方程式之求解以及應用　　　　　　348

第三節　有限加總　　　　　　　　　　　　　　358
　3.1　一些應用：平均數與變異數　　　　　　361

第四節　積分　　　　　　　　　　　　　　　　365
　4.1　以有限加總估計　　　　　　　　　　　366
　4.2　定積分　　　　　　　　　　　　　　　370
　4.3　定積分的性質與技巧　　　　　　　　　371
　4.4　微積分的基本定理　　　　　　　　　　377

附錄：動態與定差方程式　　　　　　　　　　　386

Contents

附錄 1 蛛網模型 386

附錄 2 定差方程式之求解 393

本章習題 394

Chapter 9 機率論 399

第一節 實證模型 399
1.1 隨機內的規則性 400
1.2 大數法則 405

第二節 機率理論 412
2.1 事件空間 412
2.2 機率空間 421

第三節 隨機變數與機率分配 431
3.1 隨機變數 433
3.2 機率分配的性質 438

第四節 機率模型 446
4.1 一些特殊的機率模型 447
4.2 參數與動差 454

本章習題 464

Chapter 10 機率的計算 471

第一節 機率的計算 471
1.1 間斷的機率分配 473
1.2 連續的機率分配 479
1.3 蒙地卡羅模擬 492

第二節 隨機過程 498
2.1 馬可夫性質 498

2.2 維納過程 502

2.3 幾何布朗運動 509

本章習題 522

Chapter 11 級數的應用 529

第一節　數列與級數 529
1.1 數列 530
1.2 級數 534

第二節　年金 548
2.1 普通年金 549
2.2 期初年金 557
2.3 年金之現值 559

第三節　泰勒與麥克勞林級數的應用 564
3.1 泰勒級數 566
3.2 投資人的偏好 571
3.3 風險貼水的衡量 582

本章習題 586

Chapter 12 線性代數 589

第一節　線性體系 590

第二節　解聯立方程式體系 600
2.1 替代法與消除法 602
2.2 克萊姆法則 608

第三節　矩陣代數 615
3.1 矩陣之加法與乘法 616
3.2 特殊的矩陣 622

第四節　歐基里德空間　　　　　　　　　626

　4.1　向量　　　　　　　　　　　　　628

　4.2　向量的代數　　　　　　　　　　630

　4.3　長度與內積　　　　　　　　　　636

　4.4　一些有用的觀念　　　　　　　　642

　4.5　特性根（向量）與主成分　　　　651

本章習題　　　　　　　　　　　　　　664

Chapter 13　多元變數函數　　　　671

第一節　微分　　　　　　　　　　　　672

　1.1　偏微分　　　　　　　　　　　　672

　1.2　線性化　　　　　　　　　　　　680

　1.3　隱函數　　　　　　　　　　　　689

第二節　最適化　　　　　　　　　　　696

　2.1　二階（以上）的偏微分　　　　　697

　2.2　正負定矩陣　　　　　　　　　　700

　2.3　極值之計算　　　　　　　　　　708

第三節　迴歸線之估計　　　　　　　　720

　3.1　線性迴歸　　　　　　　　　　　721

　3.2　非線性迴歸　　　　　　　　　　728

本章習題　　　　　　　　　　　　　　733

Chapter 14　初會隨機微積分　　　　737

第一節　基本的機率理論　　　　　　　738

　1.1　實數值的隨機變數　　　　　　　738

　1.2　隨機向量　　　　　　　　　　　742

　1.3　條件機率與預期　　　　　　　　747

第二節　　再談隨機過程　　757
　　　2.1　隨機漫步　　757
　　　2.2　維納過程　　766

第三節　　隨機微積分　　772
　　　3.1　隨機積分　　773
　　　3.2　隨機微分方程式　　779

第四節　　Itô's Lemma　　784
　　　4.1　泰勒級數的應用　　785
　　　4.2　跳動─擴散模型　　794

本章習題　　801

附錄：R 的簡介　　805

第一節　　基本的指令　　807
　　　1.1　輸入資料　　807
　　　1.2　簡單的操作　　809
　　　1.3　矩陣的操作　　811
　　　1.4　特殊的機率分配　　812

第二節　　繪圖　　813
　　　2.1　散佈圖與直方圖　　813
　　　2.2　圖內的標記　　815
　　　2.3　標記數學式與面積　　817

第三節　　迴圈與條件　　819

中文索引　　825

英文索引　　833

Chapter 1 算術

於本章，我們將複習讀者的基本算術運算能力，比較特別的是，於其中大多附有 R 的操作（灰色區塊文字表示），讀者一方面可以練習自己的算術能力，另一方面也可以按部就班學習 R 的操作以及熟悉 R 的指令。不要忘記，本章我們是以 R 取代讀者的計算機。有關於 R 於網路的下載與基本的操作指令，可參考本書附錄或《財統》。

第一節　算術的四則運算

加法（＋）：$36 + 259 = 295$

減法（－）：$36 - 25 = 11$

乘法（× 或 ‧）：$100 \times 0.06 = 6$

除法（÷ 或 ／）：$110 \div 100 = 1.1$

R 指令：
36+259 # 295
36-25 # 11
100*0.06 # 6
110/100 # 1.1

註：R 是不讀 # 後面的文字，故此處 # 後面的數字，表示計算的結果。

$(\overline{練習})$

(1) $210 \div 100 = ?$

(2) $158 \times 25 = ?$

(3) $110 - 100 = ?$

(4) $110 + 100 = ?$

(5) $110/100 = ?$

(6) $57 \cdot 65 = ?$

第二節　多項的計算

$$22 - 19 + 25 - 6 = 22$$

R 指令：

```
22-19+25-6 # 22
```

$(\overline{練習})$

(1) $56 - 2 - 6 + 10 = ?$

(2) $22 + 19 - 25 + 36 = ?$

(3) 投資者擁有一張股票內有 1,000 股，公司發了 25 股給投資者，該投資者又賣 360 股給他人，請問該投資者剩下多少股？

(4) 阿德存了 25,000 元後提取了 3,000 元，再存 1,500 元，阿德共存了多少元？

第三節　使用括號

計算下列式子：

$$\frac{(110-100)}{100} = 0.1$$

$$10 \div 100 \times 2 = (10 \div 100) \times 2 = 0.2$$

R 指令：
(110-100)/100 # 0.1
10/100*2 # 0.2
(10/100)*2 # 0.2

註：同時遇到乘法與除法時，一般是由左至右操作；若不能確定，可加進一個括號，表示先
計算括號內之式子。再試下列式子：

$$500 - 50 \times 7 = 150$$

R 指令：
500-50*7 # 150

注意：同時遇到加法（減法）與乘法（除法）時，先計算乘法（除法）後再計算加法（減法），
即先乘除後加減。

例 1

一家廠商生產出 360 個產品，該產品的平均成本為 25 元，若產品的售價
為 30 元，其收益、總成本與利潤各為何？

解 總收益 $TR = 360 \times 30 = 10,800$ 元、總成本 $TC = 360 \times 25 = 9,000$ 元以及利
潤 $Profit = TR - TC = 360 \times (30 - 25) = 1,800$ 元。

R 指令：
TR = 360*30
TR # 10800
TC = 360*25
TC # 9000
Profit = TR-TC
Profit # 1800
360*(30-25)# 1800

例 2

計算 $(56 - 28) - (5 - 2) = ?$

解 $28 - 3 = 25$ 或 $56 - 28 - 5 + 2 = 25$（去括號，注意變號，負數乘上負數得正數。）

R 指令：

```
(56-28)-(5-2)# 25
```

練習

(1) 計算 $(45 - 50)/6 = ?$

(2) 計算 $50 \times (36 - 25) = ?$

(3) 某投資人擁有 5 張股票，每張有 1,000 股，現在公司每張股票發股票股利 250 股，問該投資人總共持有多少股？

(4) $(25 \times 3 - 5) \div 2 \times (36 - 25) = ?$

(5) $25 \times (35 \div 5) - 4 \times (11 - 3) = ?$

(6) $25 \div (35 \times 5) - 9 \times (11 + 3) = ?$

第四節　分數

例如：$\dfrac{250}{360} = 250 \div 360$；通常我們會將分數化成簡單分數，即

$$\frac{250}{360} = \frac{5 \times 5 \times 10}{4 \times 9 \times 10} = \frac{25}{36}$$

一般而言，寫成分數的型態可以解釋成：分子以分母表示，例如 $\frac{1}{4} = 1/4$ 可以解釋成「1 為 $\frac{1}{4}$ 個 4」。因此，一個蘋果美國賣 2 美元，而於臺灣賣 60 元，則二國的相對價格：臺灣的價格／美國的價格，不就是美元兌新臺幣的匯率嗎？$\frac{60}{2} = 30$（30 個臺灣的價格等於 1 個美國的價格）。若 NTD 表示新臺幣而 USD 為美元，則 $\frac{\text{NTD}}{\text{USD}} = 30$（NTD 用 USD 表示，30 元等於 1 美元）。練習下

列的例題：

例 1

$$\frac{252}{91} = \frac{36 \times 7}{13 \times 7} = \frac{36}{13}$$

例 2

$$\frac{84}{42} = \frac{3 \times 4 \times 7}{2 \times 3 \times 7} = 2$$

例 3

$$\frac{1}{2} + \frac{1}{3} = \frac{3}{6} + \frac{2}{6} = \frac{5}{6}$$（利用通分使分母相同，才能相加。）

例 4

$$2\frac{1}{2} = \frac{2 \times 2 + 1}{2} = \frac{5}{2}$$

例 5

$$\frac{1}{9} = \frac{2 \times 1}{2 \times 9} = \frac{2}{18}$$

例 6

$$3\frac{1}{9} - \frac{2}{63} = \frac{28}{9} - \frac{2}{63} = \frac{196}{63} - \frac{2}{63} = \frac{194}{63} = 3\frac{5}{63}$$

R 指令：

252/91 # 2.769231
36/13 # 2.769231
84/42 # 2
1/2 + 1/3 # 0.8333333
5/2 # 2.5

```
1/9 # 0.1111111
194/63 # 3.079365
```

例7

A 股票之本益比為 20，B 股票之本益比為 15，如何解釋？

解 本益比為股價／EPS，EPS 為每股盈餘，故 A 股票之本益比為 20 可以解釋成：為了得到 1 元的盈餘，需用 20 元，或是賺 1 元的成本為 20 元。同理，就 B 股票而言，賺 1 元的成本為 15 元，故若 A 與 B 股票類似，應可選 B。

例8 槓桿比率

一家公司資本額為 100 萬元，其中股東出資 25 萬元，計算股東之槓桿比率（leverage ratio, LR），並解釋其意思。

解 簡單地說，LR 是指市值／出資。由題意可知，LR = 100/25 = 4，相當於出資者以 1 元支配 4 元；也就是說，出資者「將 1 元當作 4 元來用」。通常槓桿比率愈高，表示出資者的獲利愈高，但是風險也愈大。因此，我們可以使用 LR 來衡量「以小搏大」的力道。例如，阿德以 83,000 元的原始保證金而於 8,500 點買進一口臺股期貨，該期貨市值為 170 萬元（即指數 1 點相當於 200 元），阿德的 LR 約為 20.48 倍。

練習

(1) $\frac{1}{2} + \frac{1}{3} + \frac{1}{4} = ?$

(2) $\frac{1}{2} - \frac{1}{3} + \frac{1}{4} = ?$

(3) $\frac{1}{2} \times \frac{1}{3} + \frac{1}{4} = ?$

(4) $4\frac{1}{2} + 3\frac{1}{3} + 1\frac{1}{4} = ?$

(5) 若 CNY 表示人民幣而 1 元人民幣相當於 5 元新臺幣，則人民幣兌新臺幣如何表示？

(6) 通常股票股利是以面額 10 元為計算基準。因此，若公司發 2.5 元股票股利，相當於 1 張股票可分得 1,000×(2.5/10) = 250 股。若投資人擁有 5 張股票，公司發完股票股利後，該投資人擁有多少股？

(7) 若 NTD/USD = 30 而 NTD/CNY = 5，試計算 CNY/USD = ？

(8) 阿德以 83,000 元的原始保證金而於 9,000 點買進一口臺股期貨，該期貨市值為 180 萬元，阿德的 LR 為何？

第五節　小數

試下列式子：

0.1 = 1/10

0.01 = 1/100

0.001 = 1/1000

⋮

因此，0.123 = 123/1000 = 123×0.001。

R 指令：

123/1000 # 0.123
123*0.001 # 0.123
123*1e-03 # 0.123
2*1e-05 # 2e-05
2*0.00001 # 2e-05

註：有小數時，R 有一定的表示方法，例如 $7e-03 = 7×0.001$；其次，0.01 = 1% 或 0.016 = 1.6%。

試下列例子：

例 1

$0.123 + 0.00012 - 0.056 = 0.06712$

例 2

$0.123 × 0.00012 ÷ 0.056 = 2.635714e - 04$

例 3

$100 \times 16\% = 1.6$。

例 4

美元兌新臺幣的匯率是 29（NTD/USD），上升 150 點，匯率上升至 29.015（NTD/USD）。

註：1 點 = 0.0001。

例 5

利率現為 2.5%，調降半碼後變成 $2.5/100 - 0.5 \times 0.25/100 = 0.02375 = 2.375\%$。

註：一碼 = 0.25%。

```
R 指令：
0.123+0.00012-0.056 # 0.06712
0.123*0.00012/0.056 # 0.0002635714
2.635714*1e-04 # 0.0002635714
100*0.016 # 1.6
29+150*0.0001 # 29.015
(2.5-0.25/2)/100 # 0.02375
```

練習

(1) 試解釋 $1.5e - 10$？

(2) $0.1023 - 0.00056 + 0.056 = $？

(3) $0.123\% = $？

(4) $0.012 \times 0.3 + 0.063 = $？

(5) 美元兌新臺幣的匯率是 30.5（NTD/USD），調降 13 點後匯率為何？

(6) 利率現為 2.03%，調升一碼後變成多少？

(7) A 公司目前股價為每股 28 元，預計報酬率為 10%，則股價會上升至多少？

(8) 續上題，預計報酬率爲 −10%，則股價會下降至多少？

第六節　負數

計算 $42 + (-25) - (+36) - (-12) = 42 - 25 - 36 + 12 = -7$

R 指令：
42+(-25)-(+36)-(-12)# -7

例 1

$0.42 - (-0.25) - 0.1 = 0.42 + 0.25 - 0.1 = 0.57$

R 指令：
0.42-(-0.25)-0.1 # 0.57

例 2

$$\frac{25}{-4} \div \frac{-32}{-5} = -\frac{25}{4} \times \frac{5}{32} = -\frac{125}{128}$$

R 指令：
(25/(-4))/((-32)/(-5))# -0.9765625
-125/128 # -0.9765625

例 3

名目利率爲 1.3%，預期通貨膨脹率爲 2%，則實質利率？

解 簡單來說，實質利率等於名目利率減預期通貨膨脹率。不過，正確的表示
方式應爲實質利率 ＝（1+ 名目利率）／（1+ 預期通貨膨脹率）− 1。因此，

實質利率應為 $(1 + 0.013) / (1 + 0.02) - 1 \approx -0.0069$。

R 指令：

```
1.3/100-2/100 # -0.007
(1+0.013)/(1+0.02)-1 # -0.006862745
```

例 4

投資人打算用 10 萬元買 A 與 B 股票，其中 1/3 的資金買 A 股票而 2/3 的資金買 B 股票，則該投資人用 10/3 萬元買 A 股票而用 20/3 萬元買 B 股票。

例 5

續上例，若 A 與 B 股票之股價為每股 20 元與 30 元，則該投資人買 A 與 B 股票之股數分別為 $\frac{100,000/3}{20} = 1,666.667$股與 $\frac{200,000/3}{30} = 2,222.22$股。

R 指令：

```
(100000/3)/20 # 1666.667
(100000*(2/3))/30 # 2222.22
```

例 6

續上例，若放空 A 股而將其所得轉為多買 B 股，則投資人的投資比重為 -1/3 與 4/3，故該投資人買 A 與 B 股票之股數分別為：

$$-\frac{100,000/3}{20} = -1,666.667股與 \frac{400,000/3}{20} = 4,444.44股$$

註：投資比重為正數表示「買進」，表示預期未來價格會上升；類似地，投資比重為負數表示「賣出」，表示預期未來價格會下跌，我們稱為「放空」。

R 指令：

```
-(100000/3)/20 # -1666.667
(100000*(4/3))/30 # 4444.44
```

（練習）

(1)　$0.402 - (-0.125) + 0.05 = ?$

(2)　$\dfrac{25}{-4} \div \dfrac{-32}{-5} \div \dfrac{1}{3} = ?$

(3)　$\dfrac{25}{-4} \times \dfrac{-32}{-5} \div \left(-\dfrac{1}{3}\right) = ?$

(4)　一年期定存利率爲 1.03%，預期通貨膨脹率爲 2%，則實質利率爲何？

(5)　投資人打算用 20 萬元買 A 與 B 股票，其中 1/4 的資金買 A 股票而 3/4 的資金買 B 股票，則該投資人用多少元買 A 股票而用多少元買 B 股票？

(6)　續練習 (5)，若 A 與 B 股票之股價爲每股 15 元與 25 元，則該投資人買 A 與 B 股票之股數分別爲何？

(7)　續練習 (6)，若放空 A 股而將其所得轉爲多買 B 股，則投資人的投資比重爲 −1/4 與 5/4，故該投資人買 A 與 B 股票之股數分別爲何？

第七節　冪（次方）（power）

計算 $(1.06)^3 = 1.06 \times 1.06 \times 1.06 = 1.191016$。再試下列例子。

R 指令：
1.06^3 # 1.191016

例 1

$(1.03)^5 = 1.03 \times 1.03 \times 1.03 \times 1.03 \times 1.03 = 1.159274$

R 指令：
1.03^5 # 1.159274

例 2

$1.03^5 \times 1.03^6 = 1.03^{11} = 1.384234 \approx 1.38$。

R 指令：

1.03^11 # 1.384234

round(1.03^11,2)# 1.38 四捨五入 (小數點後第二位)

例 3

$$\frac{1.03^4}{1.03^3} = \frac{1.03 \times 1.03 \times 1.03 \times 1.03}{1.03 \times 1.03 \times 1.03} = 1.03^{4-3} = 1.03^1 = 1.03$$

R 指令：

1.03^4*1.03^(-1)# 1.092727

(1.03^4)*1.03^(-1)# 1.092727

round((1.03^4)*1.03^(-1),4)# 1.0927 四捨五入 (小數點後第四位)

例 4

$$\frac{1}{1.03} = 1.03^{-1} \approx 0.971$$

R 指令：

1.03^(-1)# 0.9708738

round(1.03^(-1),3)# 0.971 四捨五入 (小數點後第三位)

例 5

$$(-1.03)^{-2} \times (-1.03)^{-1} = (-1.03)^{-3} = -\frac{1}{1.03^3}$$

R 指令：

(-1.03)^(-2)*(-1.03)^(-1)# -0.9151417

((-1.03)^(-2))*((-1.03)^(-1))# -0.9151417

-1/1.03^3 # -0.9151417

例 6

$$(-1.03)^5 \times (-1.03)^{-1} = -1.03^5 \times \frac{1}{-1.03} = 1.03^4$$

R 指令：
(-1.03)^5*(-1.03)^-1 # 1.125509
1.03^4 # 1.125509

例 7

$$10^0 = 1$$

R 指令：
10^0 # 1

例 8

$$10^6 = 1,000,000$$

R 指令：
10^6 # 1e+06
1000000 # 1e+06

例 9

$$10^{22} = 1e + 22$$

R 指令：
10^22 # 1e+22

例 10

$$2 = 2e + 00$$

R 指令：
```
2e+00 # 2
2*1e+00 # 2
2*1e+01 # 20
2*1e+03 # 2000
```

例 11：

$$(1.04)^3 + (1.04)^2 + (1.04)^1 + (1.04)^0 = 1.124864 + 1.0816 + 1.04 + 1 = 4.246464。$$

R 指令：
```
(1.04)^3 # 1.124864
(1.04)^2 # 1.0816
(1.04)^1 # 1.04
(1.04)^3+(1.04)^2+(1.04)^1+(1.04)^0 # 4.246464
```

練習

(1) $(-1.06)^5 \times (-1.06)^{-2} = ?$

(2) $(1.04)^{-6} = ?$

(3) $(1.04)^{-6} + (1.04)^{-5} = ?$

(4) $(-2)^5 \times (-2)^{-2} = ?$

(5) $(1.07)^{-4} + (1.07)^{-3} + (1.07)^2 + (1.07)^1 = ?$（取至小數點後第二位）

(6) 存 100 元，利率為 6%，存滿 5 年，總共可得多少元？

(7) 續上題，5 年後為 1,000 元，現在是多少元？

第八節　根與分數冪

我們經常會遇到平方根如 $\sqrt[2]{4} = \sqrt{4} = 2$ 或寫成 $4^{0.5} = 2$ 或為 $(2^2)^{0.5} = 2$。因此，可以練習下列式子。

例 1

$$\sqrt{64} = (2^3 \times 2^3)^{0.5} = 2^3 = 8$$

R 指令：
```
sqrt(64)# 8
64^(1/2)# 8
```

例 2

$$\sqrt[3]{64} = (64)^{1/3} = 4$$

R 指令：
```
64^(1/3)# 4
```

例 3

$\sqrt[3]{27} = 27^{1/3}$，我們可以檢視 $(27^{1/3})^3 = 27$。

R 指令：
```
27^(1/3)# 3
(27^(1/3))^3 # 27
```

例 4

$$29^{1/4} \times 29^{3/4} = 29$$

R 指令：

29^(1/4)*29^(3/4)# 29

例 5

$$290^{0.9} = 164.4971$$

R 指令：

290^0.9 # 164.4971

例 6

$$29^{0.9} \times 29^{-1} = 29^{0.9-1} = 29^{-0.1} = \frac{1}{29^{0.1}}$$

R 指令：

29^0.9*29^-1 # 0.7141019
1/29^0.1 # 0.7141019

例 7

$$9^{0.9} \times 2^{0.9} = (9 \times 2)^{0.9} = 18^{0.9} = 13.48172$$

R 指令：

18^0.9 # 13.48172
9^0.9*2^0.9 # 13.48172

例 8

$$\sqrt[3]{8} = \sqrt[3]{2^3} = (2^3)^{1/3} = 2$$

R 指令：

8^1/3 # 2.666667
8^(1/3)# 2
(2^3)^(1/3)# 2

例9

年利率為 6%，1,000 元存滿 3 年可得 $1,000 \times (1.06)^3 = 1,191.016$ 元；因此，若年利率不變，3 年之後的本利和為 1,200 元，則年利率為何？

解 因 $(1.06)^3 = 1191.016/1000 = 1.191016$，故 $\sqrt[3]{1.191016} - 1 = 0.06$。參考下列指令。

R 指令：

1000*(1+0.06)^3 # 1191.016
(1191.016/1000)# 1.191016
1.191016^(1/3)- 1 # 0.06
(1200/1000)^(1/3)-1 # 0.06265857

例10

因 $100 \times (1 + 0.07177346)^{10} = 200$，故若年利率皆維持於接近 7.2%，10 年後本金 100 元會增加一倍；因此，若預計 20 年後公司資本額會增加一倍，相當於 1 元變成 2 元，則公司的成長率應為：

$$\sqrt[20]{2} - 1 = 0.03526492$$

約為 0.07177346 之 0.5 倍，此可稱為 72 法則。

R 指令：

```
100*(1.07177346)^10 # 200
2^(1/20)-1 # 0.03526492
round(0.07177346,3)# 0.072
round(2^(1/20)-1,3)# 0.035
```

註：有關於利率、成長率與 72 法則等觀念，本書於後面章節會介紹。

（練習）

(1) $\sqrt{719} = ?$

(2) $\sqrt[5]{3} = ?$

(3) $2^{0.3} \times 2^{0.5} = ?$

(4) $20^{0.3} \times 2^{0.5} = ?$

(5) $\sqrt[5]{300.25} = ?$

(6) $2^{-0.3} = ?$

(7) $\sqrt[5]{2^5} = ?$

(8) 年利率為 6%，1,000 元存滿 3 年可得 $1,000 \times (1.06)^3 = 1,191.016$ 元；因此，若年利率 3 年皆不變，3 年之後本利和為 1,250 元，則年利率為何？

(9) 續上題，10 年之後本利和為 1,200 元，則年利率為何？提示：(1200/1000)^(1/10)−1。

(10) 續例 (10)，若公司資本額 30 年後增加 3 倍，則公司成長率應為何？其與 10 年增加 1 倍的成長率有何關係？

第九節　對數

本書中，我們經常會使用對數（logarithms）來處理經濟與財務上的問題。首先對數可以提供一個簡便的方式，以簡化較繁瑣的乘法與除法的計算過程。我們先複習讀者對於對數值的概念，即：

$$\log_{10}(10) = 1 、 \log_{10}(10^2) = 2 \cdots\cdots 等。$$

其中下標稱為底數（base）；換言之，甚麼是對數值？就是底數的次方或指數。

可以試下列的 R 指令：

```
?log # 詢問 log 函數指令：
log10(10)# 1
log10(10^2)# 2
log2(2)# 1
log2(2^4)# 4
log(81,base=9)# 2
log(81,base=6)# 2.452589
```

於 R 內，其有內建的底數為 10 與 2 的對數（函數）指令，至於對數其餘的底數的計算，可按照上述指令。

例 1

$\log_{23}(10000) = 2.937445$ 可解釋成：對 10,000 取對數值，若底數為 23，則對數值為 2.937445，即 $\log_{23}(23) = 1$。

```
R 指令：
log(10000,base=23)# 2.937445
log(23,base=23)# 1
```

例 1 的意思相當抽象，還好我們根本不會用到；也就是說，我們將介紹底數為 10 與「自然對數的底數（寫成 e）」的對數值。其中 e 是一個常數，類似圓周率 π，二者皆為一個無限不循環小數 [1]，可試下列例子：

例 2

$e \approx 2.718282$

$e^2 \approx 7.389056$

---

[1] e 又可稱為尤拉數（Euler's number），本書後面章節會再介紹。

R 指令：

```
exp(1)# 2.718282
exp(2)# 7.389056
```

例 3

$$\log_e(e) = 1$$
$$\log_e(e^2) = 2$$

R 指令：

```
log(exp(1))# 1
log(exp(2))# 2
```

讀者可注意於 R 內，如何使用對數值與 e。

究竟對數的使用有何用處？考慮下列式子：

$$\log_{10}(10) = 1 \text{、} \log_{10}(100,000) = \log_{10}(10^5) = 5 \text{、}$$
$$\sqrt{100,000} = (10)^{5/2} = 316.2278 \text{以及} \log_{10}(316.2278) = \log_{10}(10^{5/2}) = 2.5 \text{。}$$

R 指令：

```
log10(10)# 1
log10(100000)# 5
sqrt(100000)# 316.2278
log10(316.2278)# 2.5
10^0.5*10^2 # 316.2278
log10(10^0.5*10^2)# 2.5
```

例 4

$$\log_{10}(10^{0.5} \times 10^2) = \log_{10}(10^{2.5}) = 2.5$$

R 指令：

```
log10(10^0.5)+ log10(10^2)# 2.5
log10(10^0.5*10^2)# 2.5
```

原來，對二個相乘的數值取對數值後，變成個別數值取對數值後相加；換言之，再看下列例子：

例 5

計算 2.369×5.687 之對數值。

解 $\log_{10}(2.369 \times 5.687) = 1.129448$

$\log_{10}(2.369) + \log_{10}(5.687) = 1.129448$

R 指令：

```
log10(2.369*5.687)# 1.129448
log10(2.369)+log10(5.687)# 1.129448
```

同樣地，對二個相除的數值取對數值後，變成個別數值取對數值後相減，參考下列例子：

例 6

計算 $2.369 \div 5.687$ 之對數值。

解 $\log_{10}(2.369 \div 5.687) = -0.3803182$

$\log_{10}(2.369) - \log_{10}(5.687) = -0.3803182$

R 指令：

```
log10(2.369/5.687)# -0.3803182
log10(2.369)-log10(5.687)# -0.3803182
```

例 7

計算 $(1.03)^6$ 與 $(1.03)^{-6}$ 之對數值。

解 $\log_{10}(1.03)^6 = 6 \times \log_{10}(1.03) = 0.07702335$

$\log_{10}(1.03)^{-6} = -6 \times \log_{10}(1.03) = -0.07702335$

R 指令：

```
log10(1.03^6)# 0.07702335
6*log10(1.03)# 0.07702335
log10(1.03^-6)# -0.07702335
-6*log10(1.03)# -0.07702335
```

以上所計算的對數值，皆以底數為 10 為主；類似的性質亦可應用於以 e 為底數的對數值，寫成 $\log_e = \ln$，其中 ln 表示自然對數。為了要與 R 一致，本書從此以後以 log 為自然對數；也就是說，在經濟與財務的應用上，自然對數相對上重要多了。

例 8

計算 $\log(2.369 \times 5.687)$、$\log(2.369 \div 5.687)$、$\log(1.03^6)$ 與 $\log(1.03^{-6})$。

解 $\log(2.369 \times 5.687) = \log(2.369) + \log(5.687) = 2.600651$

$\log(2.369 \div 5.687) = \log(2.369) - \log(5.687) = -0.8757149$

$\log(1.03^6) = 6 \times \log(1.03) = 0.1773528$

$\log(1.03^{-6}) = -6 \times \log(1.03) = -0.1773528$

R 指令：

```
log(2.369*5.687)# 2.600651
log(2.369)+log(5.687)# 2.600651
log(2.369/5.687)# -0.8757149
log(2.369)-log(5.687)# -0.8757149
log(1.03^6)# 0.1773528
6*log(1.03)# 0.1773528
log(1.03^-6)# -0.1773528
-6*log(1.03)# -0.1773528
```

為何自然對數重要多了，可以看下列例子。

例 9

$\log(1.03) \approx 0.03$

R 指令：
```
log(1.03)# 0.0295588
log(1.2)# 0.1823216
```

因此，若 0.03 表示利率或成長率，其本利和之對數值竟然接近於利率或成長率；不過，此時利率或成長率應不能太大。與自然對數對應的是 e，於經濟與財務的使用上，e 的重要性不容忽視，試比較下列例子：

例 10

計算 1.04^{10} 與 $e^{(0.04) \times 10}$。

解 $1.04^{10} = 1.480244$

$e^{(0.04) \times 10} = \exp(0.04 \times 10) = 1.491825$

R 指令：
```
1.04^10 # 1.480244
exp(0.04*10)# 1.49182
```

例 10 告訴我們若年利率為 4%，則一年複利一次，1 元存滿 10 年後之本利和為 1.480244 元；但是若使用「連續複利（continuous compounding）」計算，1 元存滿 10 年後，本利和卻約為 1.491825 元。換言之，連續複利之計算是與 e 有關，本書後有專章介紹複利的計算。有些時候，我們亦會用 $\exp(\cdot)$ 表示 e 之值。

練習

(1) $\log_{10}(2.369) = ?$

(2) $\log(2.369) = ?$

(3) $\log_{10}(2.369 \times 4.365) = ?$

(4) $\log_{10}(2.369 \div 4.365) = ?$

(5) $\log_{10}(1.05^8) = ?$

(6) $\log(1.05^8) = ?$

(7) $1.05^8 = ?$

(8) $\exp(0.05 \times 8) = ?$

(9) $\log(1.05) = ?$

本章習題

以 R 回答下列習題：

1. 公司的資本額以每年 3% 的速度成長，多久之後可以增加一倍？

2. 計算下列結果：

   (1) $38 \times 12 - 25/3 = ?$

   (2) $(1.06)^{10} = ?$

   (3) $e^{10} = ?$

   (4) $1.06^{15} + \log 1.03 = ?$

   (5) $\log(2^3 \cdot 4^{1/2}) = ?$

3. 100 元存滿 5 年後爲 120 元，存款利率爲何？（一年複利一次）

4. 金融機構負債比重爲 93%，計算其自有資金之槓桿比率 LR。

5. 續上題，計算至小數點後第 2 位。

6. A 產品目前市價爲 1,200 元，其價格會按照通貨膨脹率調整。假定通貨膨脹率每年爲 4%，10 年後 A 產品的價格爲何？

7. 續上題，若 10 年後 A 產品的價格爲 2,000 元，此隱含著實際通貨膨脹率爲何？

8. 若名目利率爲 10%，通貨膨脹率爲 5%，則實質利率爲何？

9. 投資人打算用 100 萬元買 A 與 B 股票，其中 1/5 的資金買 A 股票而 4/5 的資金買 B 股票，則該投資人各用多少元買 A 股票與 B 股票？

10. 續上題，若 A 與 B 股票之股價爲每股 30 元與 45 元，則該投資人各買 A 與 B 股票多少股？

11. 續上題，若放空 A 股而將其所得轉爲多買 B 股，則投資人的投資比重分別爲 −1/4 與 5/4，故該投資人買 A 與 B 股票之股數分別爲何？

12. 目前利率爲 3%，若往下調降 0.5 碼，則利率爲何？

13. 美元兌新臺幣的匯率是 29.5（NTD/USD），調降 5 點後匯率為何？

14. A 公司目前股價為每股 58 元，預計報酬率為 6%，則股價會上升至多少？

15. 續上題，預計報酬率為 −6%，則股價會下跌至多少？

16. B 公司目前股價為 58 元，其 EPS 為 2 元，計算並解釋其本益比。

17. 阿德擁有 5 張 B 公司股票，今年 B 公司發 2.5 元股票股利，阿德總共擁有多少股（一張股票有 1,000 股）？

18. 一家廠商生產出 500 個產品，該產品的平均成本為 35 元，若產品的售價為 45 元，其收益、總成本與利潤各為何？

19. 若 NTD/USD = 30 而 NTD/CNY = 4.5，試計算 CNY/USD = ？

20. 老林以 83,000 元的原始保證金而於 9,200 點買進一口臺股期貨，該期貨市值為 184 萬元，老林的槓桿比率 LR 為何？其有何涵義？

21. 日圓是以 JPY 表示。若 NTD/USD = 31.757、NTD/CNY = 4.798 以及 JPY/CNY = 15.39301，試計算 JPY/NTD = ？投資人現有 1,000 美元，可換得多少日圓？

22. 即期匯率 NTD/USD = 31.757，一個月期的美元遠期匯率高即期匯率 180 點，該遠期匯率為何？

23. $e^{0.05 \times 6}$ 與 $(1.05)^6$ 差距為何？有何涵義？

24. $e^{-0.05 \times 6}$ 與 $(1.05)^{-6}$ 差距為何？有何涵義？

25. log1.2 = ？log1.02 = ？有何涵義？

Chapter 2

代數：財務上的應用

　　於第 1 章內，我們介紹基本的算術運算能力，透過電腦如 R 的使用，讀者自然會發現我們的確可以計算或處理較複雜的數學式子。不過，若單獨使用算術運算方式來處理這類複雜繁瑣的計算過程，應該算是沒有效率的。為了簡化計算過程，我們可以使用代數（algebra）。

　　顧名思義，代數就是一個觀念或可以有不同數值的變數，用數學符號表示；例如，令 $n = 1$、2、3、4、5 表示計算利息的次數而以 $i = 6\%$ 表示（年）利率，本利和用 FV 表示，則 $FV = (1 + i)^n = (1.06)^n$。若將 $n = 1$、2、3、4、5 代入 FV 內，則可得不同的本利和分別為：$FV = (1.06)^1$、$(1.06)^2$、$(1.06)^3$、$(1.06)^4$ 以及 $(1.06)^5$。使用 R，上述結果很容易就被計算出，試下列 R 指令：

```
i = 0.06
n = 1:5
n # 1 2 3 4 5
FV = (1+i)^n
FV # 1.060000 1.123600 1.191016 1.262477 1.338226
```

上述指令內有 $n = 1:5$ 是表示 $n = 1$、2、3、4、5；也就是說，n 內有 5 個數值，則 FV 內也會有 5 個相對應的本利和數值。這就是使用代數的好處，因為每次計算的過程皆相同，我們不需使用算術逐一算出每個本利和。其次，透過 R 的操作，我們不僅可輕易地計算出結果，同時也可以處理龐大的數值資料；例如：

```
n = 1:30 # n 從 1 至 30
n
# [1] 1 2 3 4 5 6 7 8 9 10 11 12 13 14 15 16 17 18 19 20 21 22 23 24
# [25] 25 26 27 28 29 30
FV = (1+i)^n # 不同 n 下之本利和
FV
#[1] 1.060000 1.123600 1.191016 1.262477 1.338226 1.418519 1.503630 1.593848
#[9] 1.689479 1.790848 1.898299 2.012196 2.132928 2.260904 2.396558 2.540352
#[17] 2.692773 2.854339 3.025600 3.207135 3.399564 3.603537 3.819750 4.048935
#[25] 4.291871 4.549383 4.822346 5.111687 5.418388 5.743491
```

讀者應記得 R 是不讀 # 後面的文字，其中每列的個數是從中括號內之值「開始算起」；其次，後面的「代數」會取代前面的「代數」，如上述指令內，有重寫 n 與 FV 的情況。

其實我們也可以改變利率值，例如 $i = 4.5\%$，再利用上述方式亦可以計算出不同時間的本利和。因此，利用代數的觀念，我們的確可以處理許多經濟與財務上的問題；不過，由於二者所關心的重點不一，因此所用的計算或代數方法未必一致。我們將逐一介紹。

第一節　利率

本節我們將介紹一些基本的財務計算，其中包括利息、未來值、貼現值、債券之價格與到期收益率的計算。到期收益率又稱為殖利率（yield to maturity, YTM）。首先，我們將介紹利率以及利息的計算。為何我們要先介紹利率？至少有下列七個理由：

(1) 雖說利率的觀念我們並不陌生，不過我們所講的利率觀念是否一致？未必，有可能不是指同一件事！

(2) 利率的觀念相對上是重要的，畢竟於現實社會內，有許多資產並不使用「利率」這個名詞而是使用其他的方式表示，例如貼現率、報酬率或到期收益率等專有名詞；因此，若要評估不同資產之間的績效，我們不是要先弄清楚「甚麼是利率」嗎？

(3) 通常我們會以金融機構，例如銀行的定存利率當作不同財務操作的機會成本（opportunity cost），即單純將資金存於銀行所能得到的報酬，故利率可以被當成一個評估財務績效的指標。

(4) 利率可以幫我們分別找出今日的價值與未來的價值之間的差異。

(5) 就資產價格的決定而言，利率占有一個重要的角色。

(6) 有了利率，使得我們的消費空間擴大了，例如以分期付款方式的消費行為等。

(7) 利率也可以代表公司負債的資金成本。

　　既然利率的觀念如此重要，故須先瞭解利率的計算。假想阿德打算於郵局或銀行存定期存款，經詢問後發現「整存整付儲蓄存款」最吸引人，因為它標榜每月計息一次，採複利計算。若阿德打算利用牌告利率為 2% 存滿三年，則阿德應如何計算本利和？

　　為了幫阿德解決問題，首先當然須先瞭解如何計算簡單利息，然後再將其推廣至複利的計算。我們當然希望能有一種方式，能夠「放諸四海皆準」，也就是說，是否有一個一般的方式，可以讓我們計算例如阿德的例子？答案是有的，就是使用數學公式，而數學公式的構成分子就是代數；其實，代數就是變數，如上述利率 i 或本利和 FV。代數或變數的特色是可以用一個字母取代許多數值，通常這個字母是使用英文字母。

　　底下，我們就利用數學公式說明如何計算利息，可以分成簡單利息與複利的計算。一般而言，簡單利息的計算適用於期間為一年以下，而複利的計算，則容易出現於期間為一年以上。

1.1 簡單利息

　　考慮下列的式子[1]：

$$I = PRT \tag{2-1}$$

其中 I 表示利息，P 為本金、R 為利率以及 T 是存（貸）款之期間。(2-1) 式就

---

[1] 若使用代數，$A \times B$ 可簡寫成 AB。

是一個數學公式，這個公式可以讓我們瞭解利息、本金、利率與存（貸）款期間，這四者之間的關係。換句話說，利用(2-1)式，我們可以思考下列的例子：

例 1

阿德借錢給老林 10,000 元，二人達成協議：期限為 100 天，利率為 10%。

解 利用 (2-1) 式，可知 $P = 10,000$、$R = 10\%$ 而 $T = 100/365$；因此，利息為 $I = PRT = 10,000 \times 0.1 \times 100/365 \approx 273.97$ 元。

註：為了比較起見，此處利率與期間是以年率表示，而一年有 365 日；換言之，除非有特別聲明，本書有提及之利率皆以年率表示。

```
R 指令：
P = 10000
R = 0.1
T = 100/365
I = P*R*T
I # 273.9726
```

例 2

續例 1，老林感謝阿德借錢給他，答應歸還 10,000 元時，以 400 元取代利率 10%，此相當於多少利率？

解 利用 (2-1) 式，可知：

$$I = PRT$$

上式等號兩邊各乘以 $\frac{1}{PT}$，即 $I \frac{1}{PT} = PRT \frac{1}{PT}$

可得

$$R = \frac{I}{PT} \tag{2-2}$$

將 $I = 400$、$P = 10,000$ 與 $T = 100/365$ 代入 (2-2) 式，則利率為 $R = 0.146 = 14.6\%$。

R 指令：
I = 400
R = I/(P*T)
R # 0.146

例 3

老林貸款給老王 20,000 元，說好期限 2 年，利率為 8½%，則利息為何？

解 利率為 8½% 相當於 8.5%，即 $R = 0.085$，其次將 $P = 20,000$ 與 $T = 2$ 分別代入 (2-1) 式，可得利息 3,400 元。

R 指令：
P = 20000
R = 0.085
T = 2
I = P*R*T
I # 3400

例 4

阿德與老王達成下列協議：$I = 500$、$R = 4.8\%$ 與 $T = 150/365$，則本金 $P = ?$

解 同樣地，我們可以計算本金為：

$$P = \frac{I}{RT} \tag{2-3}$$

因此，可得 $P = I / RT = \dfrac{500}{0.048 \times 150 / 365} = 25{,}347.22$ 元。

R 指令：
I = 500
R = 0.048
T = 150/365

```
P = I/(R*T)
P # 25,347.22
```

例 5

　　阿德存 16,000 元於銀行的帳戶，簡單利率為 3.72%，期限為 90 天，到期之本利和為何？

解 通常我們是假定 1 年有 365 天，不過於實際上仍有困擾，因為閏年有 366 天[2]；另一方面，銀行的習慣是視 1 個月為 30 天，故 1 年有 360 天。因此，此例若按照銀行的習慣，可將 $P = 16,000$、$R = 3.72\%$ 與 $T = 90/360$ 代入 (2-1) 式，可得利息為 $I = PRT = 16,000 \times 0.0372 \times 90/360 = 148.8$ 元，故本利和為 $P + I = 16,148.8$ 元。

```
R 指令：
P = 16000
R = 0.0372
T = 90/360
I = P*R*T
I # 148.8
```

例 6

　　續例 5，若以一般的算法，則利息為何？

解 $I = PRT = 16,000 \times 0.0372 \times 90/365 = 146.7616$ 元

$I = PRT = 16,000 \times 0.0372 \times 90/366 = 146.3607$ 元

上述結果雖差距不大，不過也顯示出即使是簡單利息的計算，所得結果未必一致。

---

[2] 閏年（月）是出現於 4 之倍數的年份，例如 1996、2000、2004、2008、……。

R 指令：

T = 90/365

I = P*R*T

I # 146.7616

T = 90/366

I = P*R*T

I # 146.3607

例 7

計算 2015/4/7 至 2015/9/23 之間的天數。

解 利用本章附錄的附表 1 可知，9/23 之天數為 266 天而 4/7 之天數為 97 天，故二者之間的天數為 266 − 97 = 169 天。

例 8

計算 2004/1/6 至 2004/5/1 之間的天數。

解 因為閏年，故 2 月有 29 天；因此，利用附表 1，可知之間的天數為 121 − 6 + 1 = 116 天。

例 9

2015/3/7 買了一張 135 天到期的票據，則到期日為何？

解 利用附表 1，可知 3/7 對應的天數為 66 天，故該票據到期日為 66 + 135 = 201 天可對應至 7/20。

例 10

2008/1/3 買了一張 100 天到期的票據，則到期日為何？

解 因為閏年，故 3 + 100 − 1 = 102 天，故為 2008/4/12。

（練習）

(1) 向銀行貸款 120,000 元 200 天，利率為 1.23%，則利息為何？

(2) 續練習 (1)，計算其還款之本金與利息（本利和）。

(3) 老林以 5.6% 的利率向阿德借 20,000 元，講好 4 週後歸還本金與利息，則利息為何？。註：通常我們較少用週表示期間；不過，習慣上以 52 週為 1 年，故 $T = 4/52$。

(4) 續練習 (3)，若講好的期間改為 3 個月，則利息為何？註：$T = 3/12$。

(5) 續練習 (1)，若利息為 1,000 元，則貸款利率為何？

(6) 續練習 (1)，若利息為 1,000 元，則貸款期間為何？

(7) 續練習 (1)，若利息為 1,000 元，則貸款金額為何？

(8) 計算 2008/2/6 至 2008/10/9 之間的天數。

(9) 2016/3/7 買了一張 91 天到期的票據，則到期日為何？

1.2 複利

至目前為止，我們所討論的只局限於簡單利息的計算，現在我們來看複利的計算。我們常聽到「利滾利」，應該就是指複利的「力量」！假定阿德於銀行存 5,000 元，期間為 20 年而利率為 3%，銀行強調利率皆維持不變且 1 年計算一次利息；由於阿德存款的目的是打算退休之用，故於此期間縱使有利息收入，阿德也不提領出來，仍將利息以 3% 續存，則 20 年後，阿德會有多少錢？

表 2-1　簡單利息與複利的差異（單位：元）

年	簡單利息			複利			差距
	本金	利息	本利和	本金	利息	本利和	
1	5,000	150	5,150	5,000	150	5,150	0
2	5,150	150	5,300	5,150	154.5	5,304.5	4.5
3	5,300	150	5,450	5,304.5	159.135	5,463.635	9.135
4	5,600	150	5,750	5,463.635	163.909	5,627.544	13.909
5	5,750	150	5,800	5,627.544	168.826	5,796.370	18.826
⋮	⋮	⋮	⋮	⋮	⋮	⋮	⋮
18	7,550	150	7,700	8,264.238	247.927	8,512.165	97.927
19	7,700	150	7,850	8,512.165	255.365	8,767.530	105.365
20	7,850	150	8,000	8,767.530	263.026	9,030.556	113.026

註：差距是指二利息之差距

　　表 2-1 列出不同年之簡單利息與複利之計算過程，可以注意的是，由於簡單利息的計算方式並沒有「利滾利」，故每年的利息仍只有 150 元；換句話說，簡單利息的利息部分並不再繼續計算利息，故利息部分是固定的。反觀複利的計算，每年所獲得的利息部分則繼續納入計算利息，故才有「利滾利」的功能。因此，複利的計算方式可以下列式子表示：

$$FV = PV(1 + i)^n \qquad\qquad (2\text{-}4)$$

其中 FV 與 PV 分別表示未來值（future value, FV）與現值（present value, PV），i 爲計算複利時所用的利率，而 n 則是「利滾利」的次數。

```
R 指令 ( 表 2-1 )：
T = 1:20;R = 0.03;P = 5000 # 爲了節省空間，不同列可放於同一列，其間用分號 ";"
做區隔
# 簡單利息
I = P*R*T;T1 = 0:19;I1 = P*R*T1
I-I1 # 不同年的利息
FV = P+I # 不同年之本利和
FV
# 複利
i = R;n = T;FV1 = P*(1+i)^n # 不同年度之本利和
n1 = 0:19;FV2 = P*(1+i)^n1;I2 = FV1-FV2 # 不同年的利息
I2
FV1
# 二者之差距
FV1-FV
I2-(I-I1)
```

　　於表 2-1 內，可看出以簡單利息與以複利計算的利息之間的差距，會隨時間的增加而擴大，因而造成本利和差距之擴大；換言之，表 2-1 內的結果，給予我們一個啓示：不要忽略「利滾利」的力道！

　　其實，表 2-1 的結果可能還不吸引人，畢竟只有 1 年才計算複利一次；倘若以半年、季、月、週、甚至於以日計算複利，則應如何計算？其實，(2-1) 式內簡單利息的計算與 (2-4) 式內複利的計算是有關聯的；換句話說，若於

(2-1) 與 (2-4) 二式內，令 $i = R/m$ 與 $n = Tm$，則二者是相通的。

即若將 $i = R/m$ 與 $n = Tm$ 代入 (2-4) 式，則 (2-4) 式可以改寫成：

$$FV = PV(1 + R/m)^{Tm} \qquad\qquad (2\text{-}5)$$

其中 m 表示 1 年內計算複利的次數。透過 (2-5) 式，可以發現複利的計算式子已改用 m、R 與 T 表示。我們如何解釋 (2-5) 式？想像 $m = 12$，表示每個月計算一次複利，因此 1 年可複利 12 次；既然可以每月計算複利，理所當然，亦可以提高計算複利的頻率至日、分、甚至於秒（即每秒計算複利一次）。表 2-2 列出於不同頻率複利計算下，投資 1 元後 20 年之未來值。為了比較起見，表 2-2 仍假定年利率為 3%（同表 2-1）。有意思的是，當使用更高頻率計算複利時，從表 2-2 內可以發現，1 元投資之 20 年後未來值竟趨近於固定數值；例如，當每日計算複利時，其結果已經與每秒或連續複利的結果一樣！因此，每當我們聽到連續複利時，總覺得不可思議，畢竟「每分每秒」或「無時無刻」計算複利，會覺得不可思議；不過，從表 2-2 或所附的 R 指令結果得知，其實只要每日計算複利，其結果就相當於連續複利了。

表 2-2　1 元於不同複利頻率下計算之未來值（20 年）（單位：元）

頻率	m	i	n	FV
年	1	0.03	20	1.806
半年	2	0.03/2	40	1.814
季	4	0.03/4	80	1.818
月	12	0.03/12	240	1.821
週	52	0.03/52	1,040	1.822
日	365	0.03/365	7,300	1.822
小時	8,760	0.03/8,760	175,200	1.822
分	525,600	0.03/525,600	1,0512,000	1.822
秒	31,536,000	0.03/31,536,000	630,720,000	1.822
連續	∞	0.03	∞	1.822

R 指令：
```
T = 20;R = 0.03;m = c(1,2,4,12,52,365,8760,525600,31536000)# 不同數值之合併
i = R/m;n = T*m;PV = 1 ;FV = PV*(1+i)^n
FV
# 連續複利
PV*exp(R*T)
```

例 1

其實我們已經有能力幫阿德計算出結果，即 $PV = 5,000$、$R = 0.03$、$T = 3$ 與 $m = 12$。

解　$FV = PV(1 + i)^n = 5,000(1 + 0.03/12)^{36} = 5,470.257$ 元。

R 指令：
```
R = 0.03;m = 12;T = 3;PV = 5000;FV = PV*(1+R/m)^(T*m)
FV # 5470.257
```

例 2

續例 1，若阿德的目標是 3 年存滿 10,000 元，則阿德現在需存多少錢？

解　因 $FV = PV(1 + i)^n = PV(1 + 0.03/12)^{36} = 10,000$ 元，則等號兩邊各乘以 $(1 + 0.03/12)^{-36}$，可得 $PV = 10,000(1 + 0.03/12)^{-36} = 9,140.338$ 元。

R 指令：
```
PV = 10000*(1+R/m)^(-36)
PV # 9140.338
FV = PV*(1+R/m)^36
FV # 10000
```

例3

續例 1，若銀行是以每日計算複利，則 3 年後阿德可得多少利息？

解 因 $m = 365$，故 $FV = 5,000(1 + 0.03/365)^{3 \times 365} = 5,470.851$，則利息爲 470.851 元。

R 指令：
```
m = 365;FV = 5000* (1+0.03/m)^(3*m)
FV # 5470.851
FV-5000 # 470.8512
```

例4

觀察表 2-2 的結果，若以月複利計算，則相當於簡單的年利率爲何？

解 即 $(1 + 0.03/12)^{12} = 1.030416 = (1 + R)$，故 $R = 3.0416\%$。

R 指令：
```
(1+0.03/12)^12-1 # 0.03041596
```

註：相當於簡單的年利率，可謂之爲有效的年利率（effective annual rate, EAR）。換言之，$(1 + R/m)^m = (1 + EAR)$，可得 $EAR = (1 + R/m)^m - 1$。

例5

連續複利可用下列式子表示：

$$FV = PVe^{i_c T} \tag{2-6}$$

其中 i_c 爲連續複利之利率。因此，就表 2-2 的結果而言，其 EAR 爲何？

解 即 $e^{0.03} = 1.030455 = (1 + EAR)$，故 $EAR = 3.0455\%$。

R 指令：
```
exp(0.03)-1 # 0.03045453
```

（練習）

(1)　若 $PV = 20{,}000$、$R = 6\%$、$m = 4$ 以及 $T = 1:10$，則 $FV = ?$

(2)　解釋練習 (1)。

(3)　續練習 (1)，試比較複利與簡單利息之差距。

(4)　銀行的整存整付定儲利率若為 2.5%，期間為 2 年，每月計算複利，則存 20,000 元，到期可得多少本利和？

(5)　續練習 (4)，其 EAR 為何？

(6)　續練習 (4)，若改為連續複利，則利息可以增加多少？

第二節　債券

　　企業未必只有透過金融機構才可以籌措資金，其也可以至貨幣或資本市場募集資金；換句話說，企業或公司也可以「直接融通」的方式，直接於資金市場上發行有價證券來籌資，其中發行的有價證券可以為票據或債券。利用上述的觀念，不僅可以瞭解票據或債券如何定價，同時也可以知道如何計算其到期收益率（即殖利率）；另一方面，更可以瞭解價格與到期收益率二者之間的關係。

　　本節我們將說明貨幣是有時間價值的，然後再簡單介紹貨幣與資本市場之工具，前者適用於短期（1 年以下），後者則用於中長期資金融通或交易。

2.1 現值與未來值

　　「貨幣或錢」是有時間價值的，畢竟今天與明天的一元是不相同的。我們聽過「朝三暮四」這句成語，若將其改成「朝得三元暮得四元」與「朝得四元暮得三元」，則我們會選擇哪一個？大部分的人應會選擇「朝四暮三」而不是「朝三暮四」。為何會如此？那是因為：「相對上，我們會比較喜歡現在」；因此，犧牲現在的使用，當然需要「利息」的補償。我們已見識到複利的力量，因此現在已有能力區別現值與未來值的差距。

　　其實，只要利率不為負數，(2-4) 式早就提醒我們注意，現值與未來值本來就有差異；換言之，(2-4) 式可以改寫成：

$$PV = \frac{FV}{(1+i)^n} = FV(1+i)^{-n} \tag{2-7}$$

同理，(2-6) 式也可以改成：

$$PV = FVe^{-i_c T} \tag{2-8}$$

我們可以從 (2-7) 與 (2-8) 二式，看出現值與未來值之間的關係。

例 1

若利率為 6%，則今年的 1 元，相當於明年的多少元？

解 即 1.06 元。

例 2

若利率為 6% 維持不變，則今年的 1 元，相當於 10 年後的多少元？

解 即 $(1.06)^{10} = 1.790848$ 元。

R 指令：

```
(1.06)^10 # 1.790848
```

例 3

通貨膨脹率為 3%[3]，假定某商品今年的價格為 86 元，若按照通貨膨脹率調整售價，則該商品明年的價格應為何？

解 $86(1 + 0.03) = 88.58$ 元。

R 指令：

```
86*(1.03)# 88.58
```

---

[3] 一般提及到的通貨膨脹率是指消費者物價指數（CPI）的年增率，後面章節會介紹如何計算。

例 4

若利率為 4%，則明年的 1 元相當於今年的多少元？

解 $(1.04)^{-1} = 1/(1.04) \approx 0.9615$ 元。

例 5

續例 4，若改成連續複利計算，則為多少元？

解 $e^{-0.04} \approx 0.9608$。

R 指令：
exp(-0.04)# 0.9607894

例 6

若市場利率為 4% 而通貨膨脹率為 2%，則實際利率為何？

解 若考慮通貨膨脹率，則明年的 1 元相當於今年的 $1/1.02 \approx 0.9804$ 元；因此，
實際利率可為 $(1 + 0.04)/(1 + 0.02) - 1 \approx 0.9804(1.04) - 1 \approx 0.0196$。

R 指令：
1/1.02 # 0.9803922
1.04/1.02 # 1.019608

註：市場利率就是牌告利率，其可稱為名目（nominal）利率，而實際的利率則稱為實質
（real）利率，二者之間的關係可寫成：

$$re = \frac{(1+i)}{(1+\pi)} - 1 \tag{2-9}$$

其中 re、i 與 π 分別表示實質利率、名目利率與通貨膨脹率。

練習

(1) 若利率為 4% 皆維持不變，存 10,000 元之 10 年的未來值為何？

(2) 續練習 (1)，則 10 年後的 10,000 元相當於現在的多少元？

(3) 續練習 (1)，若改成連續複利計算，存 10,000 元之 10 年的未來值為何？

(4) 續練習 (1)，若改成連續複利計算，存 10,000 元之 0.3 年的未來值爲何？

(5) 續練習 (2)，若改成連續複利計算，則 10 年後的 10,000 元相當於現在的多少元？

(6) 若名目利率爲 3% 而通貨膨脹率爲 2%，則實質利率爲何？

(7) 若通貨膨脹率爲 2%，則某商品的明年價格應爲何？

2.2 附息債券

顧名思義，附息債券就是附有票面利息的債券，早期稱爲息票債券（coupon bond），因爲債券上有附有像郵票的息票（可撕下，每隔一段時間，通常爲 1 年、半年或 1 季）憑息票領取票面利息。現在，附息債券已無附上息票，反而類似銀行的存款簿記錄領息的情況，故已成爲「記帳式」的債券。

通常「赤字單位（如政府或機構等）」發行附息債券的目的是欲募集中長期資金，故檢視一張附息債券，我們可以留意下列的式子：

$$p = \frac{C/f}{1+y/f} + \frac{C/f}{(1+y/f)^2} + \cdots + \frac{(C/f+F)}{(1+y/f)^{fn}} \tag{2-10}$$

其中 p 爲附息債券的市價、F 與 i_b 分別表示面額與票面利率，故 $C = i_b F$ 表示票面利息；其次，f 爲 1 年領息之次數而 n 爲債券到期時間。(2-10) 式比較特別的是，該債券的 YTM 是 y，表示投資人持有該債券至到期的報酬率；因此，YTM 又可稱爲到期收益率。

我們以下舉一個例子說明。假定投資人買了政府發行的 5 年期公債，該公債的面額爲 100,000 元而票面利率爲 1.4% 且 1 年付息一次；因此，於此例，F = 100,000 元、i_b = 0.014、C = 1,400 元、f = 1 與 n = 5，代入 (2-10) 式內，可得：

$$p = \frac{1,400}{1+y} + \frac{1,400}{(1+y)^2} + \cdots + \frac{101,400}{(1+y)^5} \tag{2-11}$$

因此，從 (2-11) 式內，可得一個重要的性質：若其他情況不變，則債券價格與其報酬率呈負關係！換言之，若 y = 0.01、0.014 以及 0.024，代入 (2-11) 式，可得 p = 101,941.37、100,000 以及 95,340.77 元。

R 指令：
```
F = 100000;ib = 0.014;C = ib*F
```

```
y = c(0.01,0.014,0.024)
p = C/(1+y) + C/(1+y)^2 + C/(1+y)^3 + C/(1+y)^4 +(C+F)/(1+y)^5
p # 101941.37  100000.00  95340.77
```

　　我們如何解釋上述例子？其實買債券的收益，頗類似將資金存於金融機構如郵局或銀行，若利息收益固定，則投資金額（即債券價格）愈低（高），自然報酬就愈高（低）。有意思的是，假定銀行 1 年期定存利率亦為 1.4% 且 5 年固定不變，則此時將 100,000 元存於銀行或買債券，其收益是一樣的，因此債券是依面額 100,000 元「平價」發行；相反地，倘若銀行 1 年期定存利率為 2.4%，則債券並不會吸引投資人注意，故只能以小於面額的 95,340.77 元「折價」發行。相反地，若定存利率為 1%，則債券相對上會因較吸引人而可以高於面額的 101,941.37 元「溢價」發行。

　　事實上，我們也可以用未來值與現值的關係來看上述債券價格的決定。首先，債券的市價就是現值，投資人購買債券就是看重其未來的利息收益以及本金（面額）的回收。因此，若（市場）利率上升（下跌）會使未來的利息收益與本金的折現值下降（上升）[4]，使得債券價格下降（上升）；也就是說，利率上升（下跌）會使未來的價格相對上比較便宜（貴），故債券的價格當然會下跌（上升）[5]。是故，我們可以將上述的觀念推廣，只要資產或有價證券的價格有反映未來的收益，則於其他情況不變下，資產或有價證券的價格是與利率呈相反關係。

例 1

　　一張債券面額為 100,000 元，到期期間為 20 年，票面利率為 2% 且 1 年付息一次，若殖利率分別為 1.5%、2% 與 2.5%，其價格為何？

解 108,584.3、100,000 與 92,205.42 元。

---

[4] 即市場利率上升，於其他情況不變下，明日的價格以今日的價格來看會比較便宜，故債券的市價會下跌。

[5] 我們也可以明日的相對價格表示，即明日的相對價格 = 明日的價格 / 今日的價格；因此，利率上升（下跌），會使明日的相對價格下跌（上升）。

R 指令：

F = 100000;ib = 0.02;C = ib*F;n = 1:20;y = 0.015;p1 = C/(1+y)^n;p1

p = sum(p1)+ F/(1+y)^20;p # 108584.3,sum() 是表示加總

y = 0.02;p = sum(C/(1+y)^n)+ F/(1+y)^20;p # 1e+05

y = 0.025;p = sum(C/(1+y)^n)+ F/(1+y)^20;p # 92205.42

例 2

續例 1，若付息的次數改為半年一次，而到期期限為 2 年，則價格為何？

解 100,981.53、100,000.00 與 99,030.49 元。

R 指令：

F = 100000;ib = 0.02;f = 2;C =(ib/f)*F

y = c(0.015,0.02,0.025);y = y/f

p = C/(1+y)+ C/(1+y)^2 + C/(1+y)^3 +(C+F)/(1+y)^4

p # 100981.53 100000.00 99030.49

例 3

續例 1，若付息的次數改為每季一次，則價格為何？

解 108,625.5、100,000 與 92,149.5 元。

R 指令：

F = 100000;f = 4; ib = 0.02;C =(ib/f)*F;T = 20;m = T*f;n = 1:m

y = 0.015/f;p = sum(C/(1+y)^n)+ F/(1+y)^80;p # 108625.5

y = 0.02/f;p = sum(C/(1+y)^n)+ F/(1+y)^80;p # 1e+05

y = 0.025/f;p = sum(C/(1+y)^n)+ F/(1+y)^80;p # 92149.5

例 4

比較例 1 與例 3，結論為何？

解 付息頻率愈高，價格波動愈大。

（練習）

(1) 一張債券面額為 100,000 元，到期期間為 10 年，票面利率為 3% 且 1 年付息一次，若殖利率分別為 2.5%、3% 與 3.5%，其價格為何？

(2) 續練習 (1)，到期期間改為 20 年，結論為何？

(3) 續練習 (1)，每半年付息一次，結果為何？

(4) 續練習 (1)，每季付息一次，結果為何？

(5) 續練習 (1)，阿德買了這張債券，不過此張債券已流通 2 年，試仍以殖利率分別為 2.5%、3% 與 3.5% 計算債券價格。

2.3 零息債券

零息債券（zero coupon bonds）又稱為貼現債券（discount bond），其與息票債券最大的不同，就是無票面利息；換言之，零息債券就是以低於面額的價格發行，到期時，以面額之金額償還。因此投資人的利息收益就是面額之金額與發行價（購買價）之差距。

貨幣市場內的金融交易工具大多屬於零息債券，不像息票債券是屬於籌措中、長期資金的工具，零息債券是金融機構或企業籌資短期資金的有價證券，或稱為票據（bill）。就投資人而言，短期票據如國庫券、可轉讓定期存單或銀行匯票等亦是短期投資的選項之一；不過，其他的票據如銀行本票或商業本票等卻另外扮演著「貼現」的角色。

我們先來看零息債券的利息如何計算。考慮下列的例子：

例 1

阿德有一張尚未到期的 10,000 元票據，不過阿德現在急需用錢；阿德持該票據向銀行「貸款」，銀行願意「貼現」給阿德 9,900 元，若現在離到期仍有 3 個月，則該票據的貼現率（discount rate）為何？

解 類似 (2-1) 式，簡單的貼現成本公式可寫成：

$$D = MdT \tag{2-12}$$

其中 D 為票據的貼現成本，M 為票據之面額或到期值，而 d 與 T 則分別表示貼現率與期間。因此，就阿德的例子而言，因 M − D = 9,900 元，故

$D = 100$ 元；其次，將 $M = 10,000$ 元以及 $T = 3/12$ 代入 (2-12) 式，可得 $d = 0.04 = 4\%$。

R 指令：

```
M = 10000;T = 3/12;D = 100;d = D/(M*T);d # 0.04
```

例 2

3 個月期國庫券面額為 10,000 元，其簡單貼現率為 4%，試計算其市價為何？

解 因 $M = 10,000$ 元，而 $d = 0.04$ 與 $T = 4/12$，故可知 $D = MdT = 100$ 元。令市價 $p_d = M - D$，故 $p_d = 9,900$ 元。

R 指令：

```
M = 10000;d = 0.04;T = 3/12;D = M*d*T # 100
pd = M-D;pd # 9900
```

從例 1 與 2，可看出簡單的貼現率並非是我們熟悉的簡單利率概念；換言之，就例 2 而言，投資人買了一張 3 個月期的國庫券，相當於投資（存）了 9,900 元，到期時可有下列關係：

$$9900 = \frac{10000}{(1 + y_d / 4)} \tag{2-13}$$

故可求得到期收益率 $y_d \approx 0.0404$。因此，從 (2-13) 式亦可以看出到期收益率就是一般的利率，但是貼現率卻非到期收益率。

R 指令：

```
yd =((10000/9900)-1)*4;yd # 0.04040404
10000/(1+yd/4)# 9900
```

例 3

　　一張尚有 219 天到期之票據，其面額為 50,000 元而貼現率為9⅜%，計算其貼現成本值。

解　9⅜% = 9.375%，故 d = 0.09375。M = 50,000 元而 T = 219/365 代入 (2-12) 式，可得 $D = MdT$ = (50,000)(0.09375)(219/365) = 2,812.5 元。

R 指令：
d =(9+3/8)/100 # 9.375%
M = 50000;T = 219/365;D = M*d*T;D # 2812.5

例 4

　　一張 3 個月期的票據貼現成本值為 2,875 元，其貼現率為5¾%，計算其面額？

解　因 $D = MdT$，故 $M = D/dT$。將 D = 2,875 元、d = (5 + 3/4)/100 = 5.75% 以及 T = 3/12 代入，可得 M = 200,000 元。

R 指令：
d = (5+3/4)/100 # 0.0575
D = 2875;T = 3/12;M = D/(d*T);M # 200,000
M*d*T # 2875

例 5

　　票面金額為 7,994.5 元，離到期尚有 50 天，該票據扣掉貼現成本後為 7,750 元，試計算貼現率？

解　因 M = 7,994.5 元、T = 50/365 以及 p_d = 7,750 元，故 $D = M - p_d$ = 244.5；因此，$d = D/(MT) \approx 0.2233$ = 22.33%。

R 指令：
M = 7994.5;T = 50/365;D = M - 7750 # 244.5
d = D/(M*T);d # 0.2232597

例6

阿德投資 49,200 元於貼現債券，該債券面額爲 50,000 元且貼現率爲 4%，計算該債券之到期時間。

解 因 $D = 50,000 - 49,200 = 800$ 元而 $M = 50,000$ 元且 $d = 0.04$，故 $T = 0.4$ 年。因此，尙有 $(0.4)365 = 146$ 天到期。

R 指令：

```
D = 50000-49200;d = 0.04;M = 50000;T = D/(d*M);T # 0.4
0.4*365 # 146
```

例7

A 公司利用貼現率 $4\frac{1}{4}$% 於 2016/3/5 借了 6,959,288 元，因該公司預期即將有一筆 7,000,000 元的應收帳款到期，請問何時到期？

解 因 $D = M - p_d = 7,000,000 - 6,959,288 = 40,712$ 元而 $d = 0.0425$，故 $T \approx 0.1368$ 年。用 365 天計算，則約爲 50 天到期；但若用 360 天計算，則約爲 49 天到期。

R 指令：

```
M = 7000000;pd = 6959288;D = M-pd # 40712
d =(4+1/4)/100;T = D/(d*M)# 0.1368471
T*365 # 50
T*360 # 49
```

練習

(1) 一張 182 天期面額爲 10,000 元的國庫券，其市價爲 9,753.16 元，試計算其貼現率。

(2) 一張 200 天期票據到期值爲 10,000 元，其貼現率爲 9%，試計算貼現成本及貼現後之現值。

(3) 老王買了一張 175 天期面額爲 20,000 元的貼現債券，貼現率爲 3.19%，該債券之市價爲何？

(4) 一張 6 個月的票據，若貼現率與貼現成本分別 12.5% 與 250 元，試計算該票據之到期值。

(5) 一張到期值爲 5,000 元的票據，以 4% 的貼現率賣出爲 4,975 元，計算到期天數。

(6) 一張面額爲 20,000 元之貼現債券於 6/17 發行而 12/6 到期，阿德於 9/16 用貼現率 5.72% 買了此張債券，其價格爲何？

(7) 2015/6/8 老林買了一張面額爲 10,000 元的貼現債券，該債券於 2015/12/31 到期；若貼現率爲 5.89%，則老林用多少錢買了此張債券？

第三節　到期收益率、貼現收益率與報酬率 [6]

　　貼現債券的收益率，可用貼現率表示，故可稱貼現收益率（yield on a discount basis）。事實上，息票債券的到期收益率亦可以貼現收益率的方式表示，例如 (2-13) 式。以貼現收益率或貼現率表示的金融工具大多集中於貨幣市場內，例如我國的商業本票、可轉讓定期存單、銀行承兌匯票、以及國庫券等工具。

3.1 貼現率

　　就貼現率而言，其可以分成銀行貼現率（bank-discount basis）與實際貼現率兩種。銀行貼現率之公式爲：

$$d_b = \frac{M - p_d}{M} \times \frac{360}{n} \qquad (2\text{-}14)$$

其中 d_b 爲銀行貼現率或銀行貼現收益率、p_d 爲貼現債券之當期價格、M 爲貼現債券票面價值、以及 n 爲至到期日所剩之天數。而實際貼現率的公式則爲：

$$d_1 = \frac{M - p_d}{p_d} \times \frac{360}{n} \qquad (2\text{-}15)$$

---

[6] 本節內容有部分是參考梁發進、徐義雄與高明瑞所編著之《貨幣銀行學》（民國 78 年），國立空中大學印行。

其中 d_1 為實際貼現率或實際貼現收益率。因此，銀行貼現率是以債券票面價值（或面額）表示的百分比，而實際貼現率則以當期價格的百分比表示，可以注意的是，二者皆以 360 日為一年計算。

比較 (2-14) 與 (2-15) 二式的定義，可以看出實際貼現率較接近於（簡單）利率的表示方式，因利率就是以本金的百分比表示，故實際貼現率接近於到期收益率。另一方面，由於貼現債券的市價低於其票面價值，所以銀行貼現率恆低於實際貼現率。

例 1

有一張 1 年到期之貼現債券面額為 100,000 元，售價為 90,000 元，試計算其到期收益率。

解 $M = 100,000$ 元而 $p_d = 90,000$，故 *YTM* 可為：

$$y = \frac{100,000 - 90,000}{90,000} \approx 0.1111 = 11.11\%$$

R 指令：

```
M = 100000;pd = 90000;y =(M-pd)/pd;y # 0.1111111
```

例 2

續例 1，試計算其銀行貼現率。

解 即 $d_b = \frac{100,000 - 90,000}{100,000} \times \frac{360}{365} \approx 0.0986 = 9.86\%$ [7]。

R 指令：

```
db =((M-pd)/M)*(360/365)
db # 0.09863014
```

---

[7] 可記得 1 年有 365 日。

例 3

續例 1，試計算其實際貼現率。

解 即 $d_1 = \dfrac{100,000 - 90,000}{90,000} \times \dfrac{360}{365} \approx 0.1096 = 10.96\%$。

R 指令：

```
d1 =((M-pd)/pd)*(360/365)
d1 # 0.109589
```

由例 1～例 3 的結果可以看出，當債券持有人以該債券向銀行「貼現」，若貼現率為 $YTM = 11.11\%$，則債券持有人應可得 90,000 元；但是，若改以銀行貼現率計算，若銀行貼現率為 11.11%，則債券持有人只能得到 88,736 元，故使用銀行貼現率，債券持有人實際換得較少的金額。即 (2-14) 可改寫成：

$$p_d = M\left(1 - d_b \times \left(\frac{n}{360}\right)\right) \tag{2-14a}$$

代入（2-14a）式即可得出上述金額。

R 指令：

```
# db =((M-pd)/M)*(360/365)=>M*db*(365/360)=M-pd=>pd=M(1-db*365/360)
M*(1-0.1111*365/360)# 88735.69
D = M*0.1111*(365/360);D # 11264.31
M-D # 88735.69
```

例 4

有一張 1 年到期之貼現債券面額為 100,000 元，若其到期收益率為 12%，則其售價為何？

解 即 $p_d = M/(1 + y)$，故 $100,000/1.12 = 89,285.71$ 元。

R 指令：

```
M = 100000;y = 0.12;pd = M/(1+y);pd # 89285.71
```

例5

有一張 1 年到期之貼現債券面額爲 100,000 元，若其實際貼現率爲 12%，則其售價爲何？

解 令 $T = 360/365$，則 $p_d = M/(1 + d_1/T) = 89,153.05$ 元。

R 指令：

```
M = 100000;d1 = 0.12;T = 360/365;pd = M/(1+d1/T);pd # 89153.5
((M-pd)/pd)*T # 0.12
```

例6

有一張 1 年到期之貼現債券面額爲 100,000 元，若其銀行貼現率爲 12%，則其售價爲何？

解 令 $T = 360/365$，則 $p_d = M(1 - d_b/T) = 87,833.33$ 元。

R 指令：

```
M = 100000;db = 0.12;T = 360/365;pd = M*(1-db/T);pd # 87833.33
((M-pd)/M)*T # 0.12
```

因此，從上述例子內可看出，若到期收益率、實際貼現率與銀行貼現率三率皆相等，則一年期貼現債券面額爲 100,000 元之售價並不相等。於後面的章節中，我們可以比較不同到期期間對售價的影響。

練習

(1) 有一張 91 天期之貼現債券面額爲 100,000 元，若其到期收益率爲 10%，則其售價爲何？

(2) 有一張 91 天期之貼現債券面額爲 100,000 元，若其實際貼現率爲 10%，則其售價爲何？

(3) 有一張 91 天期之貼現債券面額爲 100,000 元，若其銀行貼現率爲 10%，則其售價爲何？

(4) 有一張 91 天期之貼現債券面額爲 100,000 元，售價爲 98,000 元，試計算其到期收益率。

(5) 有一張 91 天期之貼現債券面額為 100,000 元，售價為 98,000 元，試計算其實際貼現率。

(6) 有一張 91 天期之貼現債券面額為 100,000 元，售價為 98,000 元，試計算其銀行貼現率。

(7) 比較練習 (4)～(6)，有何涵義？

3.2 報酬率

若我們擁有一張 10 年期面額為 100,000 元的息票債券，其到期收益率為 4.5%，則此到期收益率是否就是報酬率（rate of return）？當然未必是，也許我們可能隔年就會將其賣出；換言之，若我們無法確定是否會持有該債券至到期日，就應注意債券價格隨市場行情變動的情況。因此，就持有債券的投資人而言，不僅需關心票面利息收益，同時也應留意債券價格的變動率。

當然，票面利息收益一定為正值，但是債券價格的變動率則未必為正數。當債券的未來售價高於當期價格時，此時債券價格的變動率為正數，持有此該債券的投資人就享有資本利得（capital gain）的收益；相反地，若債券的未來售價低於當期價格時，此時債券價格的變動率為負數，投資人反而會有資本損失（capital loss）。因此，投資人在比較銀行定存與債券投資時，除了利率之外，尚需考慮資本利得（或損失）。

由於債券持有人未必保有債券至到期，故債券之到期收益率反而無法提供有用的資訊，這時我們需要以另外一種方式取代到期收益率，此種考慮就是當期收益率（current yield）。也就是說，我們可以當期收益率取代到期收益率，而當期收益率可定義成：

$$y_c = \frac{C}{p_t} \tag{2-16}$$

其中 y_c 為債券之當期收益率，C 為票面利息，而 p_t 則為第 t 期債券價格，可以視為當期價格。(2-16) 式說明了息票債券之當期收益就是票面利息。

至於債券價格的變動率，則可以寫成：

$$g = \frac{p_{t+1} - p_t}{p_t} \tag{2-17}$$

其中 p_{t+1} 為第 $t+1$ 期債券價格，故可以視為 p_t 的下一期債券價格。按照上述定義可知，若 $g>0$，表示資本利得率；相反地，若 $g<0$，表示資本損失率。

由於投資人會關心當期收益率與債券價格的變動率之和，故投資人的報酬率可為：

$$R_b = y_c + g = \frac{C + p_{t+1} - p_t}{p_t} \tag{2-18}$$

其中 R_b 就是投資人決定是否持續持有債券時，所要考慮之報酬率。

例 1

持有一張 10 年期面額為 100,000 元的息票債券，票面利率為 4.5%，若該債券之購買價格為 100,000 元，計算當期收益率。

解 因 $F=100,000$ 元、$C=y_bF=4,500$ 元以及 $p_t=100,000$ 元，故 $y_c=0.045=4.5\%$。

R 指令：
```
F = 100000;ib = 0.045;pt = 100000;C = yb*F # 4500
yc = C/pt;yc # 0.045
```

例 2

續例 1，若 $p_t=101,000$ 元，則當期收益率為何？

解 $y_c \approx 0.0446 = 4.46\%$。

R 指令：
```
pt = 101000;yc = C/pt;yc # 0.04455446
```

例 3

續例 1，若隔年該債券以 101,500 元賣出，計算其資本利得率。

解 $g = (101,500 - 100,000)/100,000 = 0.015 = 1.5\%$。

R 指令：

pt = 100000;pt1 = 101500;g =(pt1-pt)/pt;g # 0.015

例 4

續例 3，該投資人的報酬率為何？

解　$R_b = y_c + g = 0.06 = 6\%$

R 指令：

yc = C/pt;yc # 0.045
Rb = yc + g;Rb # 0.06

練習

(1) 持有一張 10 年期面額為 100,000 元的息票債券，票面利率為 2.5%，若該債券之購買價格為 100,000 元，計算當期收益率。

(2) 續練習 1，若 p_t = 99,000 元，則當期收益率為何？

(3) 續練習 1，若隔年該債券以 99,500 元賣出，計算其資本損失率。

(4) 續練習 3，該投資人的報酬率為何？

(5) 股票的報酬率如何計算？

第四節　價值理論與資本預算

前一節中，我們有介紹過債券等金融資產的評價和所使用的方法，可以稱之為價值理論（value theory）。廠商的資本預算（capital budgeting）過程中，經常使用的評估方法有淨現值法（net present value, NPV）與內部報酬率法（internal rate of return, IRR）等。事實上，NPV 與 IRR 頗類似於前述債券之價值評價與殖利率（到期收益率）等觀念。也就是說，經濟社會的主體，例如廠商與個人，投資（或購買）許多不同型態的資產，而投資標的有的是實質資產（real assets），如機器設備與土地等；有的是金融性資產，如股票與債券等有價證券。他們投資的目的是賺取更高的收益；也就是說，他們欲找出某些資產的價值會高於其投資成本。因此，我們需要價值理論。

4.1 理性的投資決策

現金流入
375,000 元

0

1

−350,000 元
現金流出

圖 2-1　投資土地之現金流量

　　想像一個簡單的情況：假定阿德只關心今年與明年的情況，阿德今年有 500,000 元的收入，而預期明年亦有相同的收入。同時，假定利率為 10%。阿德考慮購買一塊土地價值 350,000 元而確定明年該土地價值會上漲至 375,000 元，圖 2-1 繪製出該筆投資的現金流量（cash flow）[8]。

　　明顯地，投資於土地並不是一個明智的決定，因為阿德若將投資於土地的資金存於金融機構例如銀行，1 年後可得本利和為：

$$350,000 \times (1 + 0.1) = 385,000 \text{ 元}$$

顯然高於隔年的土地價格。

　　上述簡單的例子說明了阿德其實也可以投資於金融市場而取代土地的投資，此可稱為投資決策的第一準則（the first principle of investment decision）。我們在這個例子當中也可看出金融市場的價格：利率，所扮演的機會成本角色。透過利率的功能，其實阿德也可以任意地搭配今年與明年的消費金額；也就是說，若阿德犧牲今年的消費而將今年的全部所得儲存，則明年阿德總所得

---

[8]　本書所附的光碟有繪製現金流量圖之 R 指令。

（總消費）共有：

$$500,000 + 500,000 \times (1 + 0.1) = 1,050,000 \text{ 元} \tag{2-19}$$

反過來，阿德也可以「預支」明年的所得，假定存貸款利率相同，則今年總所得（總消費）可以有：

$$500,000 + 500,000 \div (1 + 0.1) = 954,545.5 \text{ 元} \tag{2-20}$$

因此，若明年總所得（總消費）除以今年總所得（總消費），即 (2-19) 式除以 (2-20) 式可得：

$$\frac{1,050,000}{954,545.5} = 1 + 0.1 = 1.1$$

可以發現：

$$明年總所得 / 今年總所得 = 明年總消費 / 今年總消費$$
$$= 明年價格 / 今年價格 = 1 + 利率$$

故

$$利率 = 明年價格 / 今年價格 - 1$$

因此，利率亦可以明年的相對價格表示[9]。於此例中，阿德未必犧牲今年全部的消費，其也可以例如今年只消費 300,000 元，則明年可以多消費 220,000 元。是故，透過金融市場，我們發現利率竟可以扮演「潤滑」的功能；也就是說，若阿德比較喜歡現在（今年），則阿德竟可以消費超過其全年所得。

---

[9]　即明年的價格以今年的價格表示。

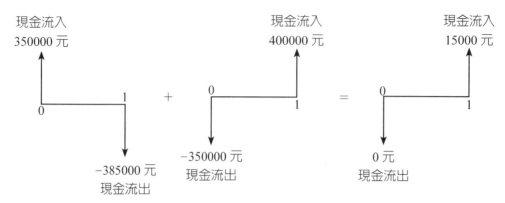

圖 2-2　阿德貸款投資於土地的例子

　　我們再回到阿德投資於土地的例子。假定隔年土地的價值是確定為 400,000 元，則阿德今年是否會計劃投資於該土地上？答案是肯定的，阿德今年應會購買該土地，只不過阿德會犧牲今年的消費嗎？未必，阿德可以繼續維持今年預定的消費水準，而改以貸款的方式購買土地，其現金流出與流入量如圖 2-2 所示，即阿德可以 10% 的利率水準貸款 350,000 元以投資於土地上，隔年以賣出土地所得償還本利和 385,000 元，結果仍可賺取 15,000 元。

　　上述例子內，我們有使用簡易的現金流量圖，此圖的使用最主要目的是方便以紙筆計算。

例 1

　　一張 4 年期面額為 1,000 元的息票債券，其票面利率與殖利率皆為 10%，每年付息一次，試以現金流量圖表示。

解 如下圖所示，其中圖內之下圖是將現金流入以現值表示。

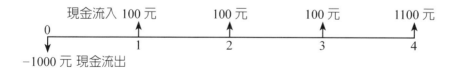

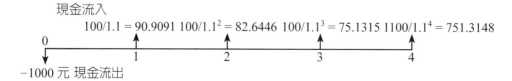

例2

　　一張 20 年期面額爲 100,000 元的息票債券，其票面利率爲 2% 而殖利率爲 1.5%，每年付息一次，試以現金流量圖表示。

解

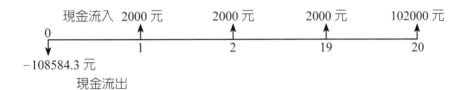

-108584.3 元
　　現金流出

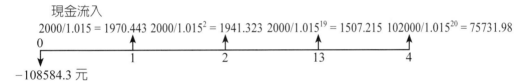

-108584.3 元
　　現金流出

　　R 指令：

F = 100000;ib = 0.02;C = ib*F;n = 1:20;y = 0.015;p1 = C/(1+y)^n;p1

p = sum(p1) + F/(1+y)^20;p # 108584.3

練習

(1)　老林今年與明年的所得各爲 10,000 元。假定存放款利率皆爲 8%，則老林今年的全部所得爲何？

(2)　續上題，若老林今年並無消費而儲蓄全年的所得，則明年老林的全部所得爲何？

(3)　西瓜一個200元，木瓜一個50元，計算西瓜的相對價格，並解釋其意思。

(4)　續練習 (1)，明年的相對價格爲何？有多少種表示方式？

(5)　若老林今年預計消費 4,000 元而 6,000 元儲蓄供明年使用，則老林的全部所得可有多少表示方式？

4.2 NPV 法

前述阿德投資於土地賺取 15,000 元的例子，其實並沒有甚麼深奧之處，阿德只不過是於投資之前，比較土地投資與金融市場投資的差異而已。不過，此例倒是有一層涵義，就是阿德的投資決策與阿德的消費偏好無關；也就是說，阿德的消費決策（即決定今年與明年的消費為何）與投資決策是可以分開決定的。

我們也可以另一種角度再檢視阿德的例子。假定土地今年的價格為 350,000 元而明年確定為 400,000 元，阿德若今年投資於土地，則今年的所得只剩下 150,000 元（500,000 – 350,000），但是明年的所得卻會增加 400,000 元；換言之，阿德若今年購買土地而明年賣出，則今年的總所得可為：

$$500,000 - 350,000 + \frac{500,000 + 400,000}{1.1} = 968,181.8 \tag{2-21}$$

高出不投資於土地的總所得（即 (2-20) 式）13,636.3 元（968,181.8 – 954,545.5），此多出來的所得恰為 15,000 元的現值（即 15,000/1.1 = 13,636.3）。當然，(2-21) 式亦可以明年的總所得表示，即：

$$(500,000 - 350,000) \times (1.1) + 500,000 + 400,000 = 1,065,000 \text{ 元} \tag{2-22}$$

比較 (2-22) 式與 (2-19) 式的差距亦恰為 15,000 元。

上述的例子似乎稍嫌複雜，實際上我們可以使用 NPV 法幫阿德做投資決策，即：

$$NPV = -350,000 + \frac{400,000}{1.1} \approx 13,636.36$$

由於 NPV > 0，表示上述投資計畫值得採行。因此，可以將上述觀念推廣至更一般的情況，即令 CF_i 表示第 i 期的淨現金流入量，其中 $i = 0, 1, \cdots, n$，r 為貼現率，則一項投資計劃 NPV 公式可為：

$$NPV = -CF_0 + \frac{CF_1}{(1+r)} + \frac{CF_2}{(1+r)^2} + \cdots + \frac{CF_n}{(1+r)^n} \tag{2-23}$$

若 NPV > 0，表示投資計劃值得採行；相反地，若 NPV ≤ 0，則表示該計劃不值得採行。

　　使用 *NPV* 法的好處在於，即使偏好未必相同的投資人，皆能接受 *NPV* 法所得出的結果；換言之，若阿德是一家公司，即使是一個小股東擁有阿德公司的萬分之一股權，他也能從接受該投資計劃而得到約 1.4 元的好處。

 廠商的價值

　　某廠商預計第 1 年可以得到的淨現金流量（現金流入減現金流出）為 5,000，往後 5 年，每年為 2,000，至第 7 年該廠商可以賣 11,000。該廠商認為適當的貼現率為 10%，計算該廠商的價值。（單位：百萬元）

解

現金流入

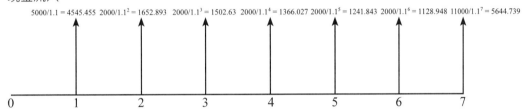

$5000/1.1 = 4545.455$　$2000/1.1^2 = 1652.893$　$2000/1.1^3 = 1502.63$　$2000/1.1^4 = 1366.027$　$2000/1.1^5 = 1241.843$　$2000/1.1^6 = 1128.948$　$11000/1.1^7 = 5644.739$

　　利用上圖及類似 (2-23) 式，可得出不同年度淨現金流量之現值總和為：

$$\frac{5000}{1.1} + \frac{2000}{1.1^2} + \frac{2000}{1.1^3} + \frac{2000}{1.1^4} + \frac{2000}{1.1^5} + \frac{2000}{1.1^6} + \frac{11000}{1.1^7}$$
$$\approx 17082.53$$

R 指令：

```
NPV = 5000/1.1+2000/1.1^2+2000/1.1^3+2000/1.1^4+2000/1.1^5+2000/1.1^6+11000/1.1^7
NPV # 17082.53
```

例 2

　　A 公司打算於南部蓋一家工廠，該工廠之總成本為 10,000，完工後可使用 9 年，每年之淨現金流量預計為 2,000。A 公司估計其相關的貼現率為 15%，該貼現率是以該公司之加權平均的資金成本所計算而得。試以 *NPV* 法評估該投資計劃是否可行。（單位：百萬元）

解 依 *NPV* 法公式可得：

$$NPV = -10000 + \frac{2000}{1.15} + \frac{2000}{1.15^2} + \cdots + \frac{2000}{1.15^9}$$

$$\approx -456.8322$$

因 *NPV* < 0，故該工廠計劃不值得執行

R 指令：

r = 0.15;CF = 2000;n = 1:9;NPV = -10000 + sum(CF*(1+r)^(-n));NPV # -456.8322

例3

　　某公司打算添購一套機器設備，其成本為 340,000 元。該機器設備預計在每年年底可以產生 100,000 元的淨現金流量，不過每年年初需花 10,000 元的維修費用。該套機器設備的使用年限為 5 年，而貼現率為 10%，該公司是否該買此套機器設備？若貼現率改為 9% 呢？

解 可參考下圖（圖內假定貼現率為 10%）以及對應之 R 指令，可知於二個貼現率下皆接受此計劃。（單位：元）

R 指令：

CF1 = 100000;CF2 = -10000;n1 = 1:5;n2 = 1:4;r = 0.1
NPV1 = -340000 + sum(CF1*(1+r)^(-n1));NPV2 = sum(CF2*(1+r)^(-n2))
NPV1+NPV2 # 7380.022
r = 0.09;NPV1 = -340000 + sum(CF1*(1+r)^(-n1));NPV2 = sum(CF2*(1+r)^(-n2))
NPV1+NPV2 # 16567.93

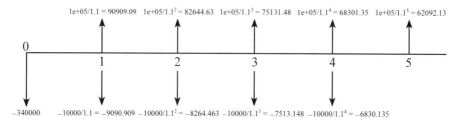

現金流入

$1e+05/1.1 = 90909.09$　$1e+05/1.1^2 = 82644.63$　$1e+05/1.1^3 = 75131.48$　$1e+05/1.1^4 = 68301.35$　$1e+05/1.1^5 = 62092.13$

0　　1　　2　　3　　4　　5

-340000　$-10000/1.1 = -9090.909$　$-10000/1.1^2 = -8264.463$　$-10000/1.1^3 = -7513.148$　$-10000/1.1^4 = -6830.135$

現金流出

例4 名目或實質貼現率？

B 公司針對某特定的計劃所做的預測現金流量如下：

年	0	1	2	3
現金流量	−1500	600	650	630

其名目貼現率爲 10%。若預估每年通貨膨脹率爲 5%，B 公司如何評估此計劃？

解 首先皆使用名目現金流量與名目貼現率計算 *NPV*，可得：

$$NPV = -1,500 + \frac{600}{(1+0.1)} + \frac{650}{(1+0.1)^2} + \frac{630}{(1+0.1)^3} \approx 55.97$$

因 *NPV* > 0，故接受該計劃。接下來，將名目現金流量改成實質現金流量，即：

年	0	1	2	3
現金流量	−1,500	571.4286 $\left(\frac{600}{1.05}\right)$	589.5692 $\left(\frac{650}{1.05^2}\right)$	544.2177 $\left(\frac{630}{1.05^3}\right)$

其次，實質貼現率可爲：

$$\left(\frac{1+0.1}{1+0.05}\right) - 1 \approx 0.0476$$

故 *NPV* 可爲：

$$NPV = -1,500 + \frac{571.4286}{(1+0.0476)} + \frac{589.5692}{(1+0.0476)^2} + \frac{544.2177}{(1+0.0476)^3} \approx 55.97$$

其結果與以名目計算結果相同！

因此，我們的結論是：(1)「若使用名目現金流量就以名目貼現率計算 *NPV*」；(2)「若使用實質現金流量就以實質貼現率計算 *NPV*」。二種計算結果是相同的；當然，以 (1) 之方法較爲簡單。

R 指令：

```
CF = c(600,650,630);n = 1:3;r = 0.10;dis = (1+r)^(-n)
NPV = -1500+sum(CF*dis);NPV # 55.97295
PI = 0.05;real =(1+PI)^(-n);reCF = CF*real # 實質現金流量 571.4286 589.5692 544.2177
rer = (1+r)/(1+PI)- 1 # 實質貼現率 0.04761905
redis = (1+rer)^(-n);NPV = -1500+sum(reCF*redis)
NPV # 55.97295
```

（練習）

(1) 有一個投資方案其期初投資額為 400，預計 1～4 年之現金流量分別為 200、180、120 以及 100。若貼現率為 15%，計算其 *NPV*。（單位：萬元）

(2) 續上題，若通貨膨脹率每年為 4%，以實質現金流量計算 *NPV*。

(3) 某公司打算添購一套機器設備，其成本為 400。該機器設備預計在每年年底可以產生 150 的淨現金流量，不過在每年年初需花 30 的維修費用。該套機器設備的使用年限為 5 年，而貼現率為 10%，該公司是否該買此套機器設備？（單位：萬元）

(4) 續上題，繪出其現金流量圖。

4.3 *IRR* 法

接下來，我們來看一個可以與 *NPV* 法相互媲美的評估計劃方法，此方法可以稱為內部報酬率法，簡稱為 *IRR* 法。何謂 *IRR*？其實 *IRR* 頗類似之前債券之殖利率（或到期收益率）的計算；也就是說，一個投資計劃的 *IRR*，相當於在計算該計劃之「殖利率」。假定有一個簡單的投資計劃，其期初的成本為 100 元，1 年後可得 110 元，其現金流量圖，可參考圖 2-3。我們欲計算該投資計劃之 *IRR*，就是要計算該投資計劃之 *NPV* = 0 之「貼現率」！

以圖 2-3 為例，想像一張 1 年期面額為 110 元之貼現債券，若目前售價為 100 元，則該張債券之「到期收益率」就是 *IRR*。當然，簡單如圖 2-3 內的例子，我們不難計算出該投資計劃的 *IRR* = 10%；不過，實際應用上，欲計算一項投資計劃的 *IRR*，恐怕不是一件簡單的事。通常，我們可以使用「嘗試錯誤

圖 2-3　一個簡單的投資計劃之現金流量

（trial-and-error）」的方法以找出適當的 *IRR*；例如，可以先任意選一個貼現率如 14%，然後計算下列式子：

$$NPV = -100 + \frac{110}{1+0.14} \approx -3.5088$$

因 *NPV* < 0，表示所選的貼現率為 14% 著實偏高，應該再降低貼現率的選定。假定再選貼現率例如為 8%，可得：

$$NPV = -100 + \frac{110}{1+0.08} \approx 1.8519$$

因 *NPV* > 0，表示所選的貼現率為 8% 偏低，應該再提高貼現率的選定。雖說所選的貼現率並不恰當，不過經過上述二個嘗試，我們應該已經知道真實的 *IRR*，應該落於 8% 與 14% 區間之間；倘若繼續縮小上述區間範圍，即重複計算 *NPV* 值趨近於 0，應該可以找出適當的 *IRR*。

　　使用 R 來找出適當的 *IRR*，並不是一件困難的事。我們可以使用 R 幫我們繪製許多格子（grids），即試下列的 R 指令：

```
r = seq(0.08,0.14,by=0.005)# 從 0.08 逐次遞增 0.05 至 0.14
r
# [1] 0.080  0.085  0.090  0.095  0.100  0.105  0.110  0.115  0.120  0.125  0.130  0.135
# [13] 0.140
NPV = -100 + 110/(1+r)
NPV
#[1] 1.851852e+00  1.382488e+00  9.174312e-01  4.566210e-01  -1.421085e-14
#[6] -4.524887e-01  -9.009009e-01  -1.345291e+00  -1.785714e+00  -2.222222e+00
#[11] -2.654867e+00  -3.083700e+00  -3.508772e+00
```

上述第一個指令是將 0.08 與 0.14 區間的貼現率分成 13 格，每格差距為 0.05，而從第二個指令內可得出 13 格的 NPV，於其中可發現第 5 格的 NPV 已接近於 0，再找出貼現率之第 5 格位置，故貼現率為 0.1，從而得到 IRR = 10%。

通常廠商是以估計的資金成本當作計算某投資計劃 NPV 的貼現率，因此若估得的 IRR 高於貼現率（資金成本），表示該計劃可採行。

例 1

某項投資計劃之期初成本為 200 元，該項計劃預計未來 3 年每年可得之淨現金流量為 100 元，找出該計劃之 IRR。

解 參考下列之 R 指令，可以發現 $IRR \approx 0.2338$。

```
R 指令：
r = seq(0.1,0.3,by=0.0001);r
NPV = -200 + 100/(1+r)+ 100/(1+r)^2 + 100/(1+r)^3
NPV # 第 1339 個位置
NPV[1339] # -0.01450121
r[1339] # 0.2338
```

例 2

一張 20 年期面額為 100,000 元之息票債券，票面利率為 8% 且 1 年付息一次，若殖利率為 10%，則該債券市價為何？

解 參考下列 R 指令可知該債券目前售價為 82,972.87 元。

R 指令：
F = 100000;ib = 0.08;C = ib*F;n = 1:20
r = 0.1;P = sum(C/(1+r)^n)+ F/(1+r)^20
P # 82972.87

例 3

　　參考例 2，某計劃期初成本為 82,972.87，每年期末估得之淨現金流量為 8,000，第 20 年後估計該計劃仍有 10,000 的剩餘價值，問該計劃之 *IRR* 為何？（單位：萬元）。

解 參考下列 R 指令，可得 *IRR* 約為 0.0764。

R 指令：
r = seq(0.06,0.1,length=10000);r
P = C/(1+r)^1+C/(1+r)^2+C/(1+r)^3+C/(1+r)^4+C/(1+r)^5+C/(1+r)^6+C/(1+r)^7+
  C/(1+r)^8+C/(1+r)^9+C/(1+r)^10+C/(1+r)^11+C/(1+r)^12+C/(1+r)^13+C/(1+r)^14+
  C/(1+r)^15+C/(1+r)^16+C/(1+r)^17+C/(1+r)^18+C/(1+r)^19+C/(1+r)^20+10000/
(1+r)^20
NPV = -82972.87 + P
NPV # 第 4107 個位置 , -1.14031
r[4107] # 0.07642564

第五節　結論

　　本章我們使用代數（以英文字母大小寫表示）表示價格、利率、貼現率、殖利率、以及未來值或現值等財務的變數或觀念，當然使用者應先說明上述代數是何意思，之後就可以用代數作基本的算術運算。類似的邏輯亦用於 R 內的操作，也就是說，R 不僅可以用於算術運算操作，同時也可以進行代數運算，只不過 R 的操作者需先記住之前所定義的代數是代表什麼意思（可以多用「#」提醒自己）。原則上，上述代數可以由使用者按照自己的意思「命名」；例如，我們有用 M 表示貼現債券的到期值，其實也可以改用 Mat 或其他字母表示，只是，我們要記得 R 是否知道？

　　雖然使用代數操作，可以簡化計算過程，但是其功用仍然有限，因為許多經濟或財務變數之間是有穩定的關係，此時單獨使用代數操作已不能滿足我們所需；例如我們已經知道於其他情況不變下，債券價格與利率（即到期收益率）之間存在著負向的關係，此種負向的關係是否會因時間的長短而有不同？我們是否可以用一種更簡易的方式來表示上述之間的關係？答案是有的。我們可以藉由圖形或函數（function）的觀念來說明。就 R 而言，不僅擁有龐大的繪圖功能，同時 R 的指令就是以函數的型態表示；換言之，R 的功能是從下一章開始。

附　錄

附表 1　不同月份之天數（非閏年）

	一月	二月	三月	四月	五月	六月	七月	八月	九月	十月	十一月	十二月
1	1	32	60	91	121	152	182	213	244	274	305	335
2	2	33	61	92	122	153	183	214	245	275	306	336
3	3	34	62	93	123	154	184	215	246	276	307	337
4	4	35	63	94	124	155	185	216	247	277	308	338
5	5	36	64	95	125	156	186	217	248	278	309	339
6	6	37	65	96	126	157	187	218	249	279	310	340
7	7	38	66	97	127	158	188	219	250	280	311	341
8	8	39	67	98	128	159	189	220	251	281	312	342
9	9	40	68	99	129	160	190	221	252	282	313	343
10	10	41	69	100	130	161	191	222	253	283	314	344
11	11	42	70	101	131	162	192	223	254	284	315	345
12	12	43	71	102	132	163	193	224	255	285	316	346
13	13	44	72	103	133	164	194	225	256	286	317	347
14	14	45	73	104	134	165	195	226	257	287	318	348
15	15	46	74	105	135	166	196	227	258	288	319	349

	一月	二月	三月	四月	五月	六月	七月	八月	九月	十月	十一月	十二月
16	16	47	75	106	136	167	197	228	259	289	320	350
17	17	48	76	107	137	168	198	229	260	290	321	351
18	18	49	77	108	138	169	199	230	261	291	322	352
19	19	50	78	109	139	170	200	231	262	292	323	353
20	20	51	79	110	140	171	201	232	263	293	324	354
21	21	52	80	111	141	172	202	233	264	294	325	355
22	22	53	81	112	142	173	203	234	265	295	326	356
23	23	54	82	113	143	174	204	235	266	296	327	357
24	24	55	83	114	144	175	205	236	267	297	328	358
25	25	56	84	115	145	176	206	237	268	298	329	359
26	26	57	85	116	146	177	207	238	269	299	330	360
27	27	58	86	117	147	178	208	239	270	300	331	361
28	28	59	87	118	148	179	209	240	271	301	332	362
29	29		88	119	149	180	210	241	272	302	333	363
30	30		89	120	150	181	211	242	273	303	334	364
31	31		90		151		212	243		304		365

註：閏年時，二月有 29 天。

本章習題

1. 一張 10 年期面額為 1,000 元的息票債券，其票面利率為 5% 且每年付息一次。若該債券目前售價為 940 元，找出其 *YTM*。

2. 某計劃期初成本為 70,000，每年期末估得之淨現金流量為 8,000，第 15 年後估計該計劃仍有 500 的剩餘價值，問該計劃之 *IRR* 為何？（單位：萬元）。

3. 阿德存 35,000 元於銀行的帳戶，簡單利率為 3.72%，期限為 180 天，到期之本利和為何？

4. 阿德存 35,000 元於銀行的帳戶，連續複利利率為 3.72%，期限為 180 天，到期之本利和為何？

5. 續上題，其 *EAR* 為何？

6. 老林貸款給老王 50,000 元，說好期限 1.5 年，利率為 8¾%，則利息為何？

7. 續上題，若半年複利一次，則利息為何？

8. 2015/2/7 買了一張 135 天到期的票據，則到期日為何？

9. 銀行的整存整付定儲利率若為 1.5%，期間為 2 年，每月計算複利，則存 40,000 元，到期可得多少本利和？

10. 若利率為 3% 維持不變，則今年的 1 元，相當於 10 年後的多少元？

11. 續上題，10 年後的 1 元，相當於今年多少元？

12. 續題 10 與 11，若改成連續複利，則分別為何？

13. 一張債券面額為 1,000 元，到期期間為 20 年，票面利率為 2.2% 且 1 年付息一次，若殖利率分別為 1.5%、2% 與 2.5%，其價格為何？

14. 六個月期國庫券面額為 1,000 元，其簡單貼現率為 3.5%，試計算其市價為何？

15. 續上題，若其 *YTM* 為 3.5%，其售價應為何？

16. 比較題 14 與 15，有何涵義？

17. 經濟學內所指的利率是指 *YTM* 呢？或是當期收益率？為什麼？

18. 有一個投資方案其期初投資額為 400，預計 1～4 年之現金流量分別為 200、180、120 以及 100。計算其 *IRR*。（單位：萬元）

19. A 公司有一個投資方案其期初投資額為 920，預計 1～6 年之現金流量皆為 200。若資金成本為 12%，計算其 *NPV*。A 公司是否會接受該投資方案？為什麼？（單位：萬元）

20. 續上題，計算該投資方案之 *IRR*。試分析之。

21. 持有一張 10 年期面額為 100,000 元的息票債券，票面利率為 4.5%，若該債券之購買價格為 98,000 元，計算當期收益率。

22. 續上題，比較到期收益率、票面利率以及當期收益率三者之間的關係。

23. 持有一張 20 年期面額為 100,000 元的息票債券，票面利率為 4.5%，若該債券之購買價格為 110,000 元，計算當期收益率。

24. 續上題，比較到期收益率、票面利率以及當期收益率三者之間的關係。

25. 比較題 22 與題 24。結論為何？

26. 何謂價值理論？試舉例說明。

直線與圖形

　　首先，我們試著於 R 內繪製平面座標圖。考慮點 $(x, y) = (1, 2)$、$(x, y) = (2, 1)$ 與 $(x, y) = (3, 2)$ 三點，我們可以於平面座標圖內（橫軸為 x，縱軸為 y）標示三點的位置，然後再用直線將三點連接，其結果就繪於圖 3-1 之上下圖。

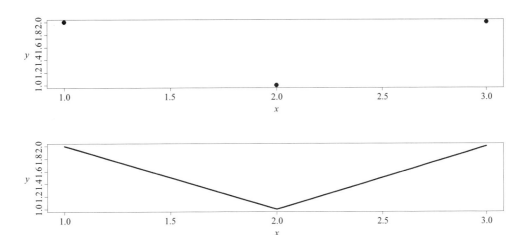

圖 3-1　座標圖

R 指令：
```
x = c(1,2,3);y = c(2,1,2)
windows() # 開繪圖視窗
par(mfrow=c(2,1)) # 二列一行
plot(x,y,type="p",pch=20,cex=3) # 點之型態為 20,3 倍大
plot(x,y,type="l",lwd=4) # 直線 ,4 倍粗
```

其次，考慮一個線性函數如 $y = f(x) = 3x + 4$，其中 x 與 y 分別稱為自變數與因變數；也就是說，x 可以單獨變動而 y 會因 x 的變動而變。例如，若 $x = 1$，則 $y = 7$；或是若 $x = -1$，則 $y = 1$。上述可寫成 $y = f(1) = 7$ 與 $y = f(-1) = 1$。按照上述函數型態，R 的設定可為：

```
f = function(x) 3*x+4
f(1) # 7
f(-1) # 1
f(2) # 10
f(-6) # -14
```

可注意上述指令，我們已經於 R 內設一個函數稱為 $f(x)$，其使用方式完全與上述函數 $y = f(x)$ 相同。讀者可以注意如何在 R 內設一個函數。

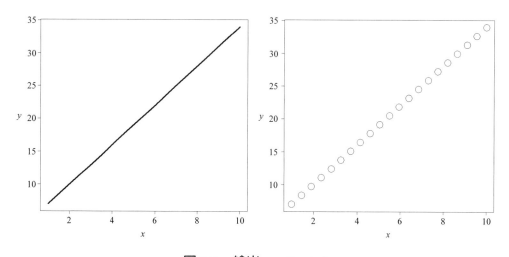

圖 3-2　繪出 $y = 3x + 4$

R 指令：
```
x = 1:10;y = f(x)
windows();par(mfrow=c(1,2)) # 1 列 2 行
plot(x,y,type="l",lwd=4);x = seq(1,10,length=21);x
# [1]  1.00  1.45  1.90  2.35  2.80  3.25  3.70  4.15  4.60  5.05  5.50  5.95
# [13]  6.40  6.85  7.30  7.75  8.20  8.65  9.10  9.55 10.00
y = f(x);plot(x,y,type="p",pch=1,cex=3)
```

　　我們也可以繪出上述函數的形狀，如圖 3-2 所示。於上述的 R 指令內，可注意我們是以 seq() 指令表示 x 值，即 x 值是介於 1 與 10 之間，於此之間可分割成 21 個數值，如前一章 4.3 節「畫格子」的方式，故 x 值從 1 開始，逐次遞增 0.45 至 10 爲止。讀者也可於 R 內輸入下列指令後，再觀察其結果；於未觀察之前，能否猜出其結果爲何？即：

```
x = seq(0,1,length=101);x
T = seq(0,1,length=1001);T
x1 = seq(-5,6,length=10001);x1
i = seq(0.05,0.2,length=1001);i
```

上述 seq 指令使用起來相當方便，以後我們會經常使用。爲何我們會將 x 值設爲 $x = seq(0.01, 0.2, length = 1001)$？一方面，因 x 爲自變數，故透過函數關係可計算出因變數 y；另一方面，若將 x 視爲利率，則我們豈不是立即地從 0.01 與 0.2 之間找出 1001 個利率值嗎？因此，透過上述的函數觀念以及 R 的操作，我們要檢視例如債券的價格與利率之間的關係，就不再是一件困難的事了。

　　底下，我們將介紹最簡單的函數關係以及其於經濟與財務的應用。

（練習）

(1)　用 R 設立一個函數 $y = 0.5x - 5$。

(2)　用 R 設立一個函數 $f(x) = 2x + 8$，計算 $f(2)$ 與 $f(1)$。

(3)　找出 1% 至 20% 內之值，各數值之差距爲 0.0001。

(4)　將 1% 至 20% 內之值，分成 1000 個等分。

第一節　線性等式與不等式

　　首先，我們先討論解方程式與解不等式的代數方法，接著再介紹於座標體系（coordinate system）內代數與幾何之間的關係；瞭解這個關係之後，就可以實際的資料看此關係。

1.1 線性方程式

考慮一條方程式如：

$$3 - 5(x + 2) = \frac{x}{4} - 5$$

以及

$$\frac{x}{3} + 2(5x - 1) \geq -5$$

上述皆為一個一次方的變數，故稱為一元一次線性方程式或不等式。一元一次線性方程式的標準型態可寫成：

$$ax + b = 0 \qquad\qquad (3\text{-}1)$$

其中 a 與 b 可以稱為係數（coefficient）或參數（parameter），二者皆為固定數值即常數，x 則為一個變數，可以為任何數值。若 (3-1) 式內的 = 改以 >、<、$\leq$ 或 $\geq$ 取代，則 (3-1) 式就可稱為一元一次線性不等式。

一條方程式（或不等式）的解（solution），就是以一個數值取代變數而符合該方程式（或不等式）。所有的解所形成的集合（set），可稱為解集合。因此，我們稱解一條方程式（或不等式），就是找出其解集合。

例1

求 (3-1) 式之解。（其中 $a \neq 0$）

解 於 (3-1) 式內之等號兩邊加上 $-b$，可得

$$ax + b - b = -b$$

再於等號兩邊同乘以 $1/a$，可得

$$\frac{1}{a}ax + \frac{1}{a}0 = -b\frac{1}{a}$$

因此 $x = -\dfrac{b}{a}$。

例 2

回想第 2 章內簡單利息的計算，若 $I = 80$ 元、$P = 10,000$ 元以及 $R = 2.5\%$，計算其存（貸）款之期間。

解 因 $PRT = I$，故 $10,000(0.025)T = 80$，其解為 $T = \dfrac{80}{10,000(0.025)} = 0.32$；因此，若以一年為 365 天（360 天）計算，其存（貸）款之期間約為 117 天（115 天）。

R 指令：
```
I = 80;R = 0.025;P = 10000
# PRT = I, 10000(0.025)T = 80
T = 80/(10000*(0.025)) # 0.32
T*365 # 116.8
T*360 # 115.2
```

例 3　預算限制式

阿德拿出 100 元全部用於買 x 財，若 x 財的價格為 $p_x = 5$ 元，問阿德總共可以買多少 x 財？

解 因 $p_x x = 5x = 100$，故 $x = 20$。

例 4　總收益

某廠商生產之產品的售價為 $P = 120$ 元，若總收益為 120,000 元，則其產量 Q 為何？

解 總收益為 $TR = PQ = 120Q = 120,000$ 元，故 $Q = 1,000$。

例 5

續例 4，用 R 繪製出總收益直線，其中縱軸表示總收益，而橫軸表示產量。

解 可以參考下頁所附之 R 指令及圖形：

R 指令：

```
P = 120;Q = 1:20
TR = function(Q) P*Q # 設 TR 函數
windows()
plot(Q,TR(Q),type="l",lwd=4,cex.lab=1.5) # 二軸變數標示有 1.5 倍大
text(20,TR(20),labels="TR",pos=1,cex=2) # 於位置之下
```

可以留意上述指令，我們設有一個 TR(Q) 之函數，其使用方式類似數學函數，即：

```
TR(3) # 360
TR(100) # 12000
```

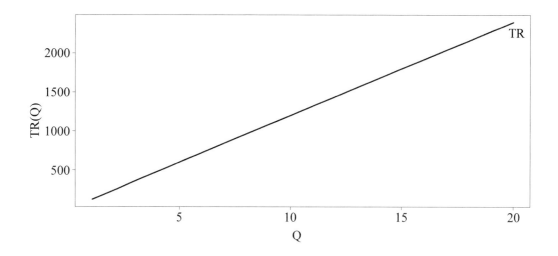

例 6

考慮一個封閉的凱因斯（Keynesian）總體模型：

$$Y = C + I + G$$
$$C = C_0 + mY_d$$
$$Y_d = (1 - t)Y$$

若 $C_0 = 50$、$m = 0.9$、$I_0 = 100$、$G_0 = 100$ 與 $t = 0.25$，則均衡所得為何？

解 $Y = C + I + G = C_0 + m(1 - t)Y + I_0 + G_0$，故：

$$Y = \frac{1}{(1-k)}(C_0 + I_0 + G_0)$$

其中 $k = m(1 - t)$。將上述已知條件代入上式，即得均衡所得為 625。

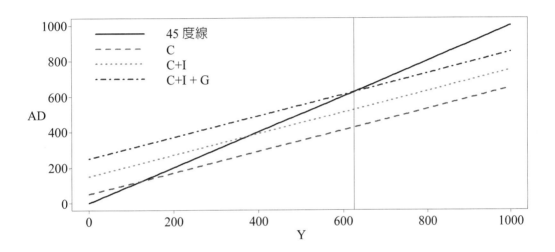

R 指令：

```
I = 100;G = 100;Y = seq(0,1000,length=200)
t = 0.25;Yd = (1-t)*Y;m = 0.8;C = 50 + m*Yd
windows()
plot(Y,Y,type="l",lwd=4,xlab="Y",ylab="AD",cex.lab=2)
lines(Y,C,lwd=4,col=2,lty=2);lines(Y,C+I,lwd=4,col=3,lty=3)
lines(Y,C+I+G,lwd=4,col=4,lty=4)
legend("topleft",c("45 度線 ","C","C + I","C + I + G"),lty=1:4,col=1:4,cex=2,lwd=4,bty="n")
# Y = C+I+G, Y = 50 + m*(1-t)Y + 100 + 100
k = m*(1-t);Ystar = 250/(1-k);Ystar # 625
abline(v=625)
```

練習

(1) 產品售價與平均成本分別爲 20 與 15，總固定成本爲 30，試分別繪出總收益直線與總成本直線。以「一列二行」的圖形形式表示。

(2) 續上題，合併二圖爲一圖。

(3) 用 R 建立一個需求函數 $Q = 10 - 2P$。

(4) 若利息爲 30 元，本金爲 1,000 元，期限爲 91 天，則簡單利率爲何？

(5) 續練習 (1)，繪出其利潤函數。

(6) 續練習 (5)，當產量爲 3,000 時，利潤爲何？

1.2 線性不等式

在未介紹線性不等式之前，我們仍需回顧一下 < （>） 或 ≤ （≥） 的意思。若 a 與 b 皆爲實數，$a > b$ 表示 a 大於 b，而 $a \le b$ 則表示 a 小於等於 b。因此，透過圖 3-3 之數線圖，我們自然可以理解例如 $2 < 3$、$-2 > -3$ 或 $0 > -3$ 等基本不等式。

因此，假定考慮 $-3 > -7$，我們可以於不等式的兩邊各乘以 -1，則得 $3 < 7$，我們應注意不等式的變化。另一方面，若 $a \le b$，則雙重不等式 $a \le x \le b$，表示不僅 $a \le x$ 同時 $x \le b$，可以用封閉的（closed）區間方式表示，如圖 3-4 所示。

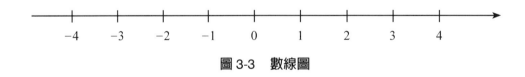

圖 3-3　數線圖

於圖 3-4 內，可以看出若 x 介於 a 與 b 之間，總共有四種可能，可分成封閉與開放（open）區間，封閉區間是指有包含端點，而開放區間則指沒有包含端點。因此，就上述 $a \le x \le b$ 的例子而言，可以用 x 介於 $[a, b]$ 表示。事實上，上述四種區間亦可以推廣至 $(-\infty, b]$、$(-\infty, b)$、(a, ∞) 與 $[a, \infty)$ 四種。

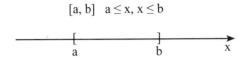

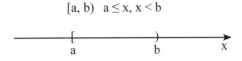

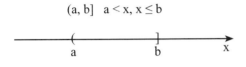

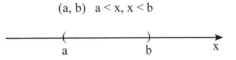

圖 3-4　不同區間的表示方式

例 1

解 $3(3x+4) < 5(x+3)+6$。

解 求解之過程可為

$$3(3x+4) < 5(x+3)+6$$
$$9x+12 < 5x+15+6$$
$$4x < 9$$
$$x < \frac{9}{4}$$

或

$$(-\infty, \frac{9}{4})$$

例 2

解 $-3 < 3x - 3 \le 6$。

解 求解之過程可為

$$-3 < 3x - 3 \le 6$$
$$-3+3 < 3x \le 6+3$$
$$0 < 3x \le 9$$
$$0 < x \le 3$$

或

$$(0, 3]$$

例 3

阿德在網路上總共花了 40,000 元買了一套電腦，裡面包含 500 元的運送成本以及 5% 的加值稅，問買價為何？

解

$$運送成本 \quad 500$$
$$加值稅 \quad 0.05x$$
$$總成本 \quad 40,000\,元$$

因此

$$x + 500 + 0.05x = 40,000$$
$$1.05x = 39,500$$
$$x = 39,500/1.05 = 37,619.05$$

R 指令：
```
x = 39500/1.05;x # 37619.05
```

例 4

公司的手機部門是專門生產特定型號的手機，其總固定成本（*TFC*）為 1,440,000 元，單位產品的變動成本為 372 元而產品的售價為 522 元，則該部門應生產多少產量才能損益兩平（break-even）？

解 因總成本 $TC = TFC + TVC$，TVC 為總變動成本；其次，總收益 $TR = PQ$，P 與 Q 分別為售價與產量，損益兩平之利潤等於 0，即：

$$\pi = TR - TC = 522Q - 1,440,000 - 372Q = 0$$
$$522Q - 372Q = 1,440,000$$
$$150Q = 1,440,000$$
$$Q = 9,600$$

R 指令：

```
TFC = 1440000;MC = 372 # 邊際成本
P = 522;Q = seq(0,20000,length=100)
TR = P*Q;TC = TFC + MC*Q;PI = TR - TC
windows();par(mfrow=c(2,1))
plot(Q,TR,type="l",lwd=4)
lines(Q,TC,lty=2,lwd=4,col="red") # 2 號虛線，紅色為 2
abline(v=9600,lty=2) # 垂直虛線
legend("topleft",c("TR","TC"),col=1:2,lty=1:2,lwd=3,cex=1.5) # 左上角，直線與黑色皆為 1
plot(Q,PI,type="l",lwd=4);abline(h=0,lty=2) # 水平虛線
abline(v=9600,lty=2) # 垂直虛線
legend("bottomright",c(" 利潤函數 "),lwd=4,bty="n",cex=2) # 右下角，沒有方框
```

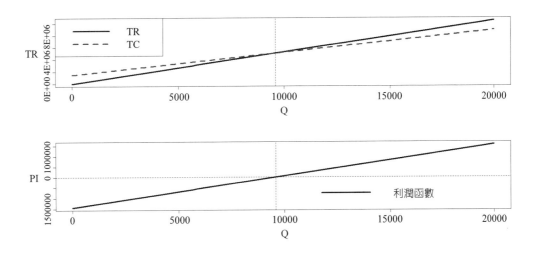

例 5

消費者物價指數（*CPI*）可用於衡量全年的物價水準，其可當作當年度生活成本之指標。下表列出不同年度之 *CPI*（每隔 10 年），其是以 2011 年的物價計算（基期）：

年	1985	1995	2005	2015
CPI	62.47	83.73	92.92	103.65

資料來源：主計總處（2011 = 100）

若 1985 年全年度所得為 300,000 元，則相當於 2015 年的多少所得？

解 直覺而言，不同年度所得的比率應等於不同年度之物價比率，故若令 Y 為 2015 年所得，則

$$\frac{Y}{300{,}000} = \frac{103.65}{62.47} \qquad (例\ 5\text{-}1)$$

上式兩邊各乘以 300,000/103.65，可得

$$\frac{Y}{103.65} = \frac{300{,}000}{62.47} \qquad (例\ 5\text{-}2)$$

從（例 5-2）式可看出此二年度的實質所得[1]應相等，故解（例 5-2）式，可得 2015 年的所得若按照物價調整應為：

$$Y = 103.65 \times \frac{300{,}000}{62.47} = 497{,}758.9 元$$

例 6

下表是大立光股票最近 6 年年收盤價（每股）與本益比（TSE）資料：

	2010	2011	2012	2013	2014	2015
收盤價	725	566	778	1,215	2,395	2,270
本益比	25.43	14.74	26.98	17.96	20.85	12.24

資料來源：TEJ（未調整年股價）

試計算其 *EPS* 與預估之現金殖利率。

解 令 P 與 *PER* 分別表示收盤價與本益比，故 $PER = P/EPS$，從而 $EPS = P/PER$。若每年的 *EPS* 全數發放成現金股利，則現金殖利率應為 $1/PER$ 或

---

[1] 名目所得除以物價指數為實質所得。

EPS/P。

R 指令：

P = c(725,566,778,1215,2395,2270);PER = c(25.43,14.74,26.98,17.96,20.85,12.24)

EPS = PER/P;EPS = 1/EPS # EPS = P/PER

EPS # 28.50963 38.39891 28.83617 67.65033 114.86811 185.45752

round(1/PER,4) # 0.0393 0.0678 0.0371 0.0557 0.0480 0.0817, 四捨五入至小數點第四位

round(EPS/P,4) # 0.0393 0.0678 0.0371 0.0557 0.0480 0.0817

例 7

續例 6，試繪出預估現金殖利率的時間走勢圖。

解

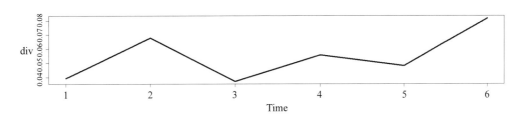

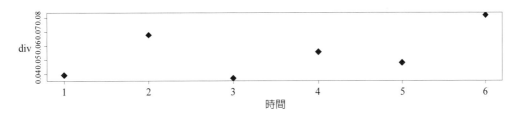

R 指令：

div = EPS/P;n = length(div) # 令 div 內之個數為 n

windows();par(mfrow=c(2,1))

ts.plot(div,lwd=4) # 時間走勢圖

plot(1:n,div, type="p",xlab=" 時間 ",pch=18,cex=3,cex.lab=1.5)

（練習）

(1) 解 $4(2x + 4) < 3(x + 3) + 6$。

(2) 解 $-4 < 2x - 5 \leq 8$。

(3) 老林於網路總共花了 30,000 元買了一套平板電腦，裡面包含 100 元的運送成本以及 10% 的加值稅，問買價為何？

(4) 續例 4，用 R 建立總收益、總成本、以及利潤函數。

(5) 續練習 (4)，計算產量分別為 500、1,000、9,600、12,000 以及 20,000 時之利潤。

(6) 續例 5，若 1995 年全年度所得為 400,000 元，則相當於 2015 年的多少所得？

(7) 下表是台塑股票最近 6 年年收盤價（每股）與本益比（TSE）資料：

	2010	2011	2012	2013	2014	2015
收盤價	97.50	80.80	78.60	80.50	72.30	77.00
本益比	14.60	10.47	38.16	28.55	19.08	20.00

資料來源：TEJ（未調整年股價）

試計算其 *EPS* 與預估之現金殖利率。

(8) 續練習 (7)，繪出預估現金殖利率的時間走勢圖。

第二節　直線

前一節，我們多少有討論簡單線性方程式的概念與應用；不過，我們是以直覺的方式或以一種「理所當然」的方式來看待。本節，我們將介紹最簡單的數學式子：線性函數或線性方程式。雖說線性方程式相當簡易，但它的應用範圍卻相當廣泛；也就是說，經濟與財務理論大多強調財經變數之間的「因果關係」，而最簡單表示此種關係，就是直線關係。瞭解直線關係是重要的，不過我們強調的是：如何於 R 內繪製直線。或是說，若要繪出一條直線，我們可以有多少種方式？若能瞭解這些觀念而將其應用，應更能掌握本書後面章節的內容。

2.1 座標體系與直線

若回顧圖 3-1 內三點的位置，該圖是笛卡兒（Cartesian）或稱為直交的（rectangular）平面座標體系之縮小版，正常的平面座標圖繪製如圖 3-5 所示。圖中，x 軸（橫軸）與 y 軸（縱軸）將整個平面分成四個象限（quadrants），以逆時鐘方向依序分成四個象限。

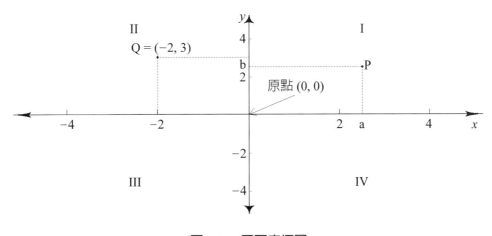

圖 3-5　平面座標圖

透過平面座標圖，我們可以將有序數對 (a, b) 標示於圖中，如點 P 所示，可注意有序數對內第一個元素 a 與第二個元素 b 分別對應 x 軸之橫座標（Abscissa）與 y 軸之縱座標（Ordinate）；因此，我們可以知道例如點 Q 的位置。換言之，我們如何知道點 Q 的位置？可以透過橫座標與原點以及縱座標與原點的距離表示。是故，於平面座標上我們可以分配一點（如點 P）至唯一的有序數對 (a, b)；相反地，已知有一對有序數對 (a, b)，我們亦可以反推至點 P。上述的想法，可以說是解析幾何（analytic geometry）的基本原理。

一般而言，一對有序數對可以視為二元一次式直線方程式的解，而二元一次式直線方程式的標準型態可以寫成：

$$ax + by = c \tag{3-2}$$

其中 a、b 與 c 為常數。例如，$4x - 5y = -1$ 可以視為 (3-2) 式的一個特例，而有序數對如 $(x, y) = (1, 1)$ 則為上述方程式之一個解，即 $(x, y) = (1, 1)$ 滿足 $4x -$

$5y = -1$。將二元一次式直線方程式繪於平面座標上，就是一條直線。

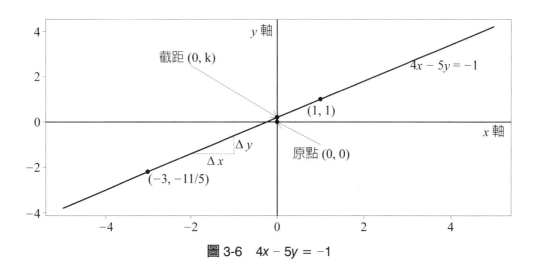

圖 3-6　$4x - 5y = -1$

R 指令：

```
x = seq(-5,5,length=11);x # [1] -5 -4 -3 -2 -1 0 1 2 3 4 5
y = function(x) (4/5)*x+1/5;windows();plot(x,y(x),type="l",lwd=4,ylab="",xlab="") # y 爲函數
points(1,1,pch=20,cex=3);text(1,1,labels="(1,1)",pos=1,cex=2)
abline(v=0,h=0,lwd=3) # v 爲垂直線,h 爲水平線
text(5,0,labels="x 軸 ",pos=1,cex=2) # 位置之下
text(0,4,labels="y 軸 ",pos=2,cex=2) # 位置之左
arrows(1,-1,0,0) # 繪有箭首之直線,點 (1,-1) 爲首,點 (0,0) 爲尾
text(1,-1,labels=" 原點 (0,0)",pos=1,cex=2)
text(3,y(x[9]),labels="4x-5y = -1",pos=4,cex=2) # x[9] 表示 x 內之第 9 個元素, 位置之右
```

　　我們如何於平面座標上繪製出一條直線？若 $a \neq 0$ 且 $b \neq 0$，則由 (3-2) 式可得：

$$y = -\frac{a}{b}x + \frac{c}{b} = mx + k, m \neq 0 \tag{3-3}$$

而若 $a = 0$ 且 $b \neq 0$，或若 $a \neq 0$ 且 $b = 0$，則 (3-2) 式可以分別改寫成：

$$y = \frac{c}{b} = k \text{ 與 } x = \frac{c}{a}$$

則其圖形分別為一條水平線（horizontal line），或為一條垂直線（vertical line）。

　　(3-3) 式內的 m 與 k 分別稱為直線的斜率（slope）與截距（intercept），後者相當於該直線與 y 軸相交的點；至於斜率值 m，則可定義成：

$$m = \frac{\Delta y}{\Delta x} = \frac{y_2 - y_1}{x_2 - x_1} \tag{3-4}$$

其中 (x_1, y_1) 與 (x_2, y_2) 分別為直線上二點，而 Δ 表示變動量。m 可以被解釋成，若 x 平均增加一個單位，則 y 平均會增加 m 個單位。我們可以考慮圖 3-6 內 $4x - 5y = -1$ 的情況。

　　上述 R 指令[2]，我們已用到 x 與 y 之間呈現一對一的函數關係，故指令內 y 為 x 的函數，可寫成 $y(x)$；其次，已知直線上 $(1, 1)$ 與 $(-3, -11/5)$ 二點，因此可以計算該直線之斜率值為：

$$m = \frac{-(11/5) - 1}{(-3) - 1} = \frac{-16/5}{-4} = \frac{4}{5} = 0.8$$

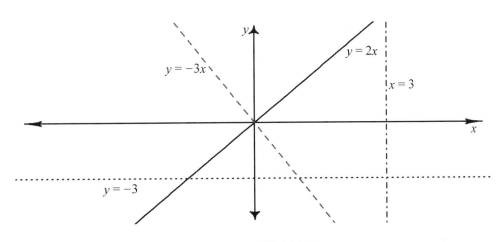

圖 3-7　不同的斜率值

---

[2]　我們並未完整列出圖 3-6 之指令，可參考本書所附光碟。

R 指令：

```
library(shape) # 下載 shape 程式套件
windows();plot(c(-5,5),c(-5,5),type="n",xlab="",ylab="",axes=F,frame.plot=F) # F 可改成 T
Arrows(-5,0,5,0,arr.type="curved",code=3,lty=1,lwd=4)
Arrows(0,-5,0,5,arr.type="curved",code=3,lty=1,lwd=4)
text(5,0,labels="x",pos=1,cex=2);text(0,5,labels="y",pos=2,cex=2)
x = seq(-5,5,length=100);y = 2*x;lines(x,y,lty=1,lwd=4) # 1 為直線
text(2,4,labels="y = 2x",pos=4,cex=2);y = -3*x;lines(x,y,lty=2,lwd=4,col="red") # 2 號虛線
text(-1,3,labels="y = -3x",pos=2,cex=2);abline(h = -3,lty=3,lwd=4) # 3 號虛線，水平線
abline(v = 3, lty=4,lwd=4,col="blue") # 4 號虛線，垂直線
text(3,2,labels="x = 3",pos=4,cex=2);text(-3,-3,labels="y = -3",pos=1,cex=2)
```

故其可以解釋成例如甲乙二人皆是沿著直線行走，不過二人是會碰面。甲是以東北直線的方向前進，東北直線的方向可以定義為：「向東 1 步以及向北 0.8 步，故走東北方向」；由於是沿著直線方向行走，故方向固定，此相當於斜率值固定。另外，乙亦是以東北的方向前進，不過乙的東北方向卻是甲的西南方向；因此，我們可以得到一個結論：一條直線上的斜率值固定不變。

　　我們繼續延伸上述斜率的觀念，可以觀察圖 3-7。圖 3-7 繪出四條直線：$y = 2x$、$y = -3x$、$y = -3$ 以及 $x = 3$，其可以對應至斜率值分別為 2、-3、0 與 ∞（無窮大）四種情況。瞭解上述情況後，我們不難可以應用所謂的「點斜式（point-slope form）」（即用一點與斜率值）找出一條直線的方程式，即：

$$y - y_1 = m(x - x_1) \tag{3-5}$$

其中點 (x_1, y_1) 為位於斜率值為 m 之直線上之一點。就圖 3-6 內之直線而言，因其斜率值 $m = 4/5$，故若 $(x_1, y_1) = (-3, -1/5)$，利用 (3-5) 式，則直線之方程式可寫成：

$$y - (-11/5) = \frac{4}{5}(x - (-3))$$
$$5y + 11 = 4x + 12$$
$$4x - 5y = -1$$

例 1

求出通過 $(2, 3)$ 之斜率值爲 -3 之直線方程式。

解

$$y - 3 = -3(x - 2)$$
$$3x + y = 9$$

R 指令：

```
x = seq(-5,5,length=20);m = -3;y = 3 +m*(x-2);y
windows();plot(x,y,type="l",lwd=4);points(2,3,pch=20,cex=3)
abline(v=0,h=0,lwd=2);text(2,3,labels="(2,3)",pos=4,cex=2)
```

例 2

續例 1，如何解釋上述斜率值？

解 x 平均增加（減少）一個單位，則 y 平均會減少（增加）3 個單位，故 x 與 y 呈負向關係。

例 3　預算限制式

阿德拿出 100 元全部用於買 x 與 y 財，二種財貨的售價分別爲 $p_x = 5$ 與 $p_y = 20$ 元，試繪出阿德的預算限制式。

解 若將所有的 100 元買 x 財，總共可以買 $100/p_x$；同理，最多可以買 $100/p_y$ 的 y 財，故預算限制式會通過 $(100/p_x, 0)$ 與 $(0, 100/p_y)$ 二點，而預算限制式的斜率爲 $m = -p_x / p_y = -1/4$，其可稱爲 x 財的相對價格，表示買了一單位的 x 財，就喪失了買 1/4 單位的 y 財的機會。可參考下圖。

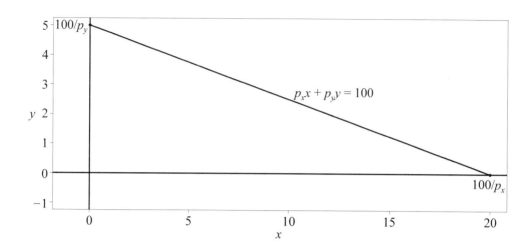

R 指令：

```
px = 5;py = 20;x = seq(0,20,length=21);m = -px/py;y = 5 + m*(x - 0)
windows();plot(x,y,type="l",lwd=4,xlim=c(-1,20),ylim=c(-1,5),cex.lab=2)
abline(v=0,h=0,lwd=4);text(10,2.5,labels=expression(p[x]*x+p[y]*y == 100),pos=4,cex=2)
points(0,5,pch=20,cex=2);text(0,5,labels=expression(100/p[y]),pos=2,cex=2)
points(20,0,pch=20,cex=2);text(20,0,labels=expression(100/p[x]),pos=1,cex=2)
```

例 4　今年與明年的預算限制式

阿德今年與明年的所得皆為 500,000 元，若利率為 10%，繪出阿德之今年與明年的預算限制式，該預算限制式的斜率為何？

解

令今年與明年的所得分別為 I_1 與 I_2，故 $I_1 = I_2 = 500{,}000$ 元。若 i 表示利率，則今年的總所得為：

$$y_1 = I_1 + \frac{I_2}{(1+i)}$$

同理，明年的總所得為：

$$y_2 = I_2 + I_1(1+i)$$

因此 $(y_1, 0)$ 與 $(0, y_2)$ 二點可以繪製出一條直線，如下圖所示。

我們稱此條直線爲阿德之今年與明年的預算限制式，其有下列特色：

(1) 直線上之斜率可爲：

$$m = -\frac{y_1}{y_2} = -\frac{I_1 + \dfrac{I_2}{1+i}}{I_2 + I_1(1+i)} = -(1+i)$$

表示犧牲今年 1 元的消費（即儲蓄 1 元），明年可得 $1 + i$ 元。

(2) 阿德選擇預算限制式上的一點，可以解釋阿德的消費（儲蓄）行爲。例如，點 A 可以稱爲原賦點（point of endowment），因該點的所得就是（I_1, I_2）；若阿德今年只選擇消費 $I_1/2$，則明年可多出 $I = (I_1/2)(1 + i)$ 的所得可供明年消費，此結果相當於圖內之點 A 移至點 B。換言之，阿德若選擇點 B 消費，相當於阿德選擇了點 A 至點 B 之橫軸距離之所得，並以此當作儲蓄金額。

(3) 值得注意的是，就阿德之原賦所得如點 A 而言，點 C 的消費是達不到的；相反地，點 D 的消費，阿德是可以輕鬆達到的。因此，就阿德而言，點 C 的「福利水準」高於點 A，而點 A 又高於點 D。有意思的是，預算限制式線上一點的「總所得」是固定的；也就是說，點 A 與點 B 之「總所得」是相同的，即總所得若以今年的所得表示爲 $y_1(I_1 + I_2 / (1 + i))$，若以明年的所得表示則爲 $y_2(I_2 + I_1 / (1 + i))$。

(4) 阿德若比較喜歡現在消費，阿德應會選擇點 A 的右側。

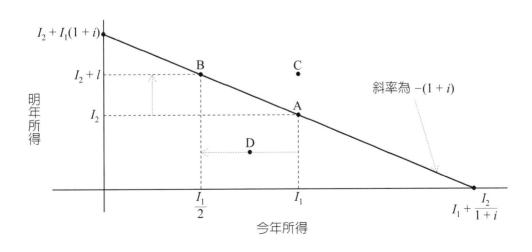

例5

　　續例4與第2章4.3節的例子，目前有一塊土地價值350,000元，明年確定該土地價值400,000元，阿德應會選擇該土地投資，則阿德的總所得若以今年的所得表示可為：

$$y_{1a} = 500,000 - 350,000 + \frac{500,000 + 400,000}{1 + 0.1} \approx 968,181.8$$

高於

$$y_1 = 500,000 + \frac{500,000}{1 + 0.1} \approx 954,545.5$$

下圖內之直線與虛線分別表示 y_1 與 y_{1a}，從圖內可看出阿德若接受該土地投資，其預算限制式會平行地往右移動（因利率沒變），表示阿德的「福利水準」提高了。

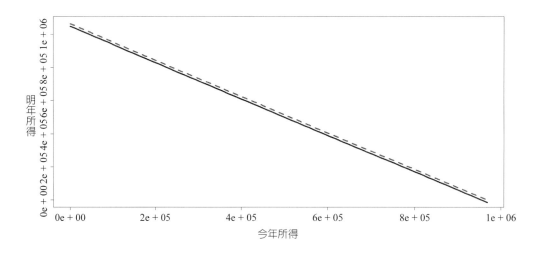

練習

(1) 求出並繪出通過 (−2, 3) 之斜率值為 −3 之直線方程式。

(2) 試解釋一條直線方程式之斜率為 0 的意思，並繪出其圖形。

(3) 完全競爭廠商面對的是一條水平線的供給直線，解釋其意義。

(4) 老林拿出100元全部用於買 x 與 y 財，二種財貨的售價分別為10元與20元，試繪出老林的預算限制式。

(5) 試以直線方程式表示利息與簡單利率之間的關係。

2.2 一些應用

　　上述二元一次直線方程式與斜率的觀念，可以應用於經濟與財務上的例子並不在少數；也就是說，原來經濟或財務事務，可以簡單地說就是經濟（財務）變數之間的關係，透過經濟（財務）的專業，讓我們得知二個（或多個）經濟（財務）變數之間，何者是因，何者是果。因此，所謂的經濟或財務理論，也只不過是一種可以用數學函數表示的因果關係而已；當然，最簡單的數學函數就是二元一次直線方程式，其中斜率就扮演一個重要的角色。

2.2.1 需求與供給函數

　　初學經濟學，一定對供需曲線印象深刻，就數學而言，二條曲線的簡單表示方式就是直線方程式；例如，

$$Q_x^D = a - bP_x^D$$
$$Q_x^S = c + dP_x^S$$

其中 Q 與 P 分別表示商品之數量與價格，變數下標為 x，表示 x 商品，變數之上標有 S 或 D，各表示供給量或需求量，因此上述二條方程式可以分別表示需求與供給直線。a、b、c 與 d 為四個固定的正參數或係數，其中需求與供給直線的斜率值分別為 $-1/b$ 與 $1/d$；可以留意的是，通常我們是以 P 為縱軸而以 Q 為橫軸，故各自的斜率值以參數 b 與 d 的倒數表示。

例 1

　　若均衡價格為 $(Q, P) = (100, 10)$ 而供需的斜率值分別為 3 與 -2，繪出其供需曲線。

解 利用 (3-5) 式。

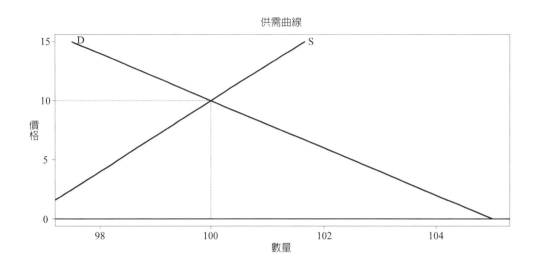

R 指令：

```
PD = seq(0,15,length=50);QD = 100-(1/2)*(PD-10);QS = 100+(1/3)*(PD-10)
windows()
plot(QD,PD,type="l",lwd=3,xlab=" 數量 ",ylab=" 價格 ",main=" 供需曲線 ",cex.
lab=1.5,cex.main=2)
lines(QS,PD,lty=1,lwd=4);segments(100,10,100,0,lty=2)
abline(v=0,h=0,lwd=3);segments(0,10,100,10,lty=2)
text(97.5,15,labels="D",pos=4,cex=2);text(101.67,15,labels="S",pos=4,cex=2)
```

例 2

利用第 2 章內，簡單利息的公式 $I = PRT$，可以計算下列之斜率（以利息為縱軸）：(1) $I = P(0.06)(1/4)$　(2) $I = 10,000R(1/3)$　(3) $I = 10,000(0.05)T$。

解 上述三式皆為通過原點之直線，斜率 m 分別為：

(1) $m = \dfrac{\Delta I}{\Delta P} = (0.06)(1/4) = 0.015$ (2) $m = \dfrac{\Delta I}{\Delta R} = 10,000(1/3) = 3333.33$

(3) $m = \dfrac{\Delta I}{\Delta T} = 10,000(0.05) = 500$，分別可以解釋成：(1) 於利率與期間不變下，本金平均增加 1 元，利息平均增加 0.015 元；(2) 於本金與期間不變下，利率平均增加 0.01，利息平均增加 33.3333 元；(3) 於本金與利率不變下，期間平均增加 1 年，利息平均增加 500 元。

例 3

　　續例 1，試計算均衡價格與數量。

解　由例 1 所附的 R 指令可知供需直線的方程式分別為：

$$Q^S = 100 + 1/3(P^S - 10) \text{ 與 } Q^D = 100 - 1/2(P^D - 10)$$

　　於均衡時，$Q = Q^S = Q^D$ 與 $P = P^S = P^D$，故 $100 + 1/3(P - 10) = 100 - 1/2(P - 10)$，可得 $P = 10$，再代回供給或需求直線內，可得 $Q = 100$。

例 4

　　續例 3，試解釋供需直線方程式的斜率。

解　按照供需直線方程式可知，Q 與 P 分別視為因變數與自變數；不過，觀察例 1 之附圖，自變數 P 卻置於縱軸，故供需直線方程式的斜率可為 $\Delta P / \Delta Q$。因此，供需直線方程式的斜率分別為 3 與 −2。

（練習）

(1) 若均衡價格為 $(Q, P) = (100, 10)$ 而供需的斜率值分別為 2 與 −1，繪出其供需曲線。

(2) 續練習 (1)，試計算均衡價格與數量。

(3) 試解釋供需直線方程式的斜率。

(4) 續練習 (1)，試繪出需求增加的情況（即平行向上移動）。

2.2.2 邊際的觀念

　　經濟體系的主要組成分子是消費者與生產者。消費者是透過消費不同的商品以取得最大效用，而生產者則是使用生產要素（即勞動、資本、土地以及企業家精神[3]）以生產產品，其生產的目的就是追求最大利潤。因此，消費者追求最大效用與生產者追求最大利潤，似乎是一種很自然的行為；只是，我們如何得知最大效用與最大利潤是存在的？或是說，我們如何判斷消費或生產至某個

---

[3]　資本於經濟學內是指機器設備等生產工具但於財務內則是指資金，土地泛指自然資源，企業家精神是指能結合勞動、資本與土地等生產要素之能力。

數量的產品，是符合最大效用或最大利潤？

於是乎於經濟學內，一連串邊際的（marginal）觀念就因此而生；例如，邊際效用（marginal utility, MU）、邊際替代率（marginal rate of substitution, MRS）、邊際利潤、邊際收益（marginal revenue, MR）、邊際成本（marginal cost, MC）、邊際產出（marginal product, MP）以及邊際技術替代率（marginal technology of substitution, $MRTS$）等觀念就經常被提及到。就數學而言，上述邊際的觀念，其實就是斜率的意思，不過就解釋而言，則須先瞭解消費者與生產者的行為。

舉例來講，若要解釋邊際效用的意思，第一個步驟則須先判斷此是屬於何者的行為？因有牽涉到效用，故可知其是屬於消費者的行為，因此若邊際效用為 30，代表著消費者平均多消費一個商品，總效用平均會增加 30 個效用。

例 1

若 $TU = 30Q$，其中 TU 與 Q 分別表示總效用與需求量，試計算 MU。

解 若縱軸表示效用，則 $TU = 30Q$ 之斜率值就是邊際效用。

Q	1	2	3	4	5	6
TU	30	60	90	120	150	180
MU	30	30	30	30	30	30

例 2

若 $Q = 30L$，其中 Q 與 L 分別表示產量與勞動需求量，試計算勞動之 MP。

解 類似於例 1，此時勞動之邊際產量為 30。

例 3

利潤 = 總收益 - 總成本，其中總收益為 $TR = 25Q$ 而總成本 $TC = 250 + 20Q$，試計算邊際利潤以及正負利潤。

解 雖說邊際利潤皆大於 0，即邊際利潤 = 邊際收益 - 邊際成本 = 25 - 20 > 0；不過，因有固定成本 250，故需至 $Q = 25$ 後，利潤方為正值。可以從所附的 R 指令與圖形看出端倪。

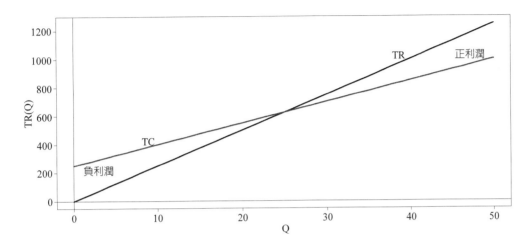

R 指令：

Q = seq(0,50,length=51);TR = function(Q) 25*Q;TC = function(Q) 250+15*Q

windows()

plot(Q,TR(Q),type="l",lwd=4,cex=1.5)

lines(Q,TC(Q),lwd=4,col="red");text(40,TR(40),labels="TR",pos=2,cex=2)

text(10,TC(10),labels="TC",pos=2,cex=2)

text(45,(TR(45)+TC(45))/2,labels=" 正利潤 ",pos=4,cex=2)

text(5,(TR(5)+TC(5))/2,labels=" 負利潤 ",pos=2,cex=2);abline(v=0,h=0);TR(Q)-TC(Q)

Q[26] # 25

TR(Q[26]) # 625

TC(Q[26]) # 625

 例 4

續例 3，繪出利潤函數。

解 可參考下圖。

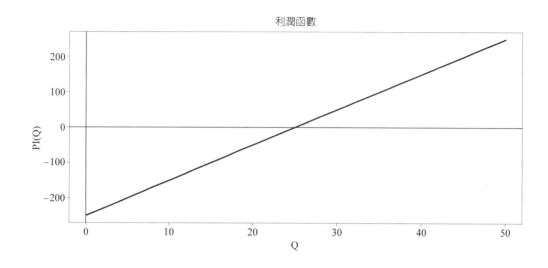

R 指令：

PI = function(Q) TR(Q)-TC(Q);windows()

plot(Q,PI(Q),type="l",lwd=4,main=" 利潤函數 ",cex.main=2);abline(h=0,v=0,lwd=2)

2.2.3 需求彈性與供給彈性

於 2.2.1 節的例 2，我們是用斜率來看「分母對分子的敏感度」，不過單獨使用斜率顯然是不夠的，畢竟所使用的衡量標準並不相同，使得我們不易判斷哪一個敏感度較大，哪一個敏感度較小。於是，經濟學提出需求的價格彈性（price elasticity）的概念，藉以衡量不同的商品對價格的敏感程度。

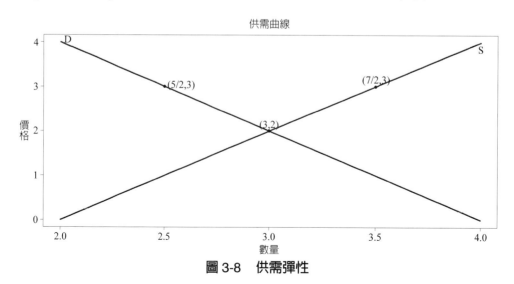

圖 3-8　供需彈性

若只有二個的需求與價格資訊，我們可以藉由計算弧彈性（arc elasticity）的方式，得知其需求彈性，弧彈性的公式可以寫成[4]：

$$arcE = -\frac{\dfrac{\Delta Q}{Q_1 + Q_2}}{\dfrac{\Delta P}{P_1 + P_2}}$$

假定於需求直線上有二點分別為 $(Q, P) = (3, 2)$ 與 $(Q, P) = (5/2, 3)$，如圖 3-8 所示，則其弧彈性可為：

$$arcE = -\frac{\dfrac{1/2}{3 + 5/2}}{\dfrac{-1}{2 + 3}} = \frac{\dfrac{1/2}{11/2}}{\dfrac{1}{5}} = \frac{5}{11} = 0.4545$$

由於上述彈性公式之分子與分母皆以百分比表示，故計算出的弧彈性可解釋成：若價格上升（下跌）百分之一，則需求量會減少（增加）百分之 0.4545。

上述的彈性公式可以推廣至點彈性，即：

$$E = -\frac{\dfrac{\Delta Q}{Q}}{\dfrac{\Delta P}{P}} = -\frac{\Delta Q}{\Delta P}\frac{P}{Q} = \frac{1}{m}\frac{P}{Q}$$

可以留意的是，上述點彈性公式內有包含需求直線斜率 $m = \Delta P / \Delta Q$ 之倒數。

例 1

計算圖 3-8 內通過點 $(Q, P) = (3, 2)$ 之需求彈性。

解 需求直線之斜率為 $m = \Delta P / \Delta Q = (2 - 3)/(3 - 5/2) = -2$，故通過點 $(Q, P) = (3, 2)$ 之需求彈性為 $E = (1/2)(2/3) = 1/3$。

---

[4] 應注意的是需求彈性的公式內有一個負號，此乃因需求法則的關係使得若忽略上述負號，會計算出負值的需求彈性，但是於數學上因 $-3 < -1$，不過就彈性而言，前者卻大於後者，故為避免產生困擾，習慣上皆將彈性改為正數。雖說如此，於解釋上我們仍須以負值看待需求彈性。

R 指令：

```
m = (2-3)/(3-5/2) # △p/△Q=-2
Q = seq(0,4,length=100);P = 2 + m*(Q-3);windows();plot(Q,P,type="l",lwd=4,cex.lab=1.5)
```

例 2

需求彈性可以稱爲「需求」的「價格」彈性，由於是「價格影響需求」，故應用類似的觀念，我們也可以計算例如「需求的所得彈性」、「投資需求的利率彈性」、「產出的勞動彈性」、「出口彈性」等觀念，試寫出最後二個點彈性公式。

解 因勞動影響產出，故產出的勞動彈性可爲（L 與 Q 分別表示勞動與產出）：

$$\frac{\Delta Q}{\Delta L} \frac{L}{Q}$$

其次，因出口就是國外的需求，故出口彈性可爲：

$$-\frac{\Delta Q_f}{\Delta P_f} \frac{P_f}{Q_f}$$

其中 P_f 與 Q_f 分別表示國外的價格與需求量。

例 3 營運槓桿程度與財務槓桿程度

於財務的應用則有營運槓桿程度（degree of operating leverage, DOL）與財務槓桿程度（degree of financial leverage, DFL），前者是指企業使用固定的營運成本規模，而後者則與企業使用負債的多寡有關。DOL 可以定義爲 $EBIT$ 變動的百分比除以銷貨收入的百分比，而 DFL 則定義成 EPS 變動的百分比除以 $EBIT$ 變動的百分比，故兩者之計算皆與彈性的觀念有關[5]。因此，類似彈性的定義，試寫出 DOL 與 DFL 之弧彈性的公式。

解 DOL 與 DFL 之弧彈性分別可爲：

---

[5] *EBIT 爲息前稅前盈餘。*

$$DOL = \frac{\dfrac{\Delta EBIT}{EBIT_1 + EBIT_2}}{\dfrac{\Delta TR}{TR_1 + TR_2}} \qquad DFL = \frac{\dfrac{\Delta EPS}{EPS_1 + EPS_2}}{\dfrac{\Delta EBIT}{EBIT_1 + EBIT_2}}$$

其中 TR 表示銷貨收入。

例 4

續例 3，試解釋 DOL 與 DFL 之意義。

解 DOL 與企業的營運風險（如使用固定成本）有關，DOL 可檢視 $EBIT$ 對銷貨收入變動的敏感程度；其次，DFL 則與企業的財務風險（如使用負債）有關，DEL 可檢視 EPS 對 $EBIT$ 變動的敏感程度。

例 5

表 3-1 列出 A、B 二公司之收入情況，試計算二公司於情況 (1) 與 (2) 之 DOL。

表 3-1　A 與 B 二公司之營運槓桿（單位：元）

	A公司			B公司		
	(1)	(2)	(3)	(1)	(2)	(3)
銷貨收入	8,000	10,000	12,000	8,000	10,000	12,000
營運成本：						
固定成本	0	0	0	4,000	4,000	4,000
變動成本	6,400	8,000	9,600	3,200	4,000	4,800
$EBIT$	1,600	2,000	2,400	800	2,000	3,200

解 由 DOL 之「弧彈性」公式，可知於情況 (1) 與 (2) 下，可為：

$$DOL_A = \frac{\dfrac{400}{1,600+2,000}}{\dfrac{2,000}{8,000+10,000}} = \frac{\dfrac{1}{9}}{\dfrac{1}{9}} = 1 \qquad DOL_B = \frac{\dfrac{1,200}{800+2,000}}{\dfrac{2,000}{8,000+10,000}} = \frac{\dfrac{3}{7}}{\dfrac{1}{9}} = \frac{27}{7}$$

例 6

表 3-2 列出 A、B 二公司之收入情況，試計算二公司於情況 (1) 與 (2) 之 *DFL*。

表 3-2　A 與 B 二公司之財務槓桿（單位：元）[6]

	A公司			B公司		
	(1)	(2)	(3)	(1)	(2)	(3)
負債	0	0	0	5,000	5,000	5,000
股東權益	10,000	10,000	10,000	5,000	5,000	5,000
EBIT	1,600	2,000	2,400	1,600	2,000	2,400
利息	0	0	0	400	400	400
稅（25%）	400	500	600	300	400	500
稅後利益	1,200	1,500	1,800	900	1,200	1,500
股數	1,000	1,000	1,000	500	500	500
EPS	1.2	1.5	1.8	1.8	2.4	3

解 由 *DFL* 之「弧彈性」公式，可知於情況 (1) 與 (2) 下，可為：

$$DFL_A = \frac{\dfrac{0.3}{1.2+1.5}}{\dfrac{400}{1,600+2,000}} = \frac{\dfrac{3}{27}}{\dfrac{1}{9}} = 1 \qquad DFL_B = \frac{\dfrac{0.6}{1.8+2.4}}{\dfrac{400}{1,600+2,000}} = \frac{\dfrac{1}{7}}{\dfrac{1}{9}} = \frac{9}{7}$$

例 7

面額為 100,000 元之 10 年期的息票債券，票面利率為 5% 且一年付息一次。若利率為 5% 時，債券之售價為 100,000 元；但若利率為 8% 時，債券之售價為 79,869.76 元。試計算債券價格之利率彈性。

---

[6] 有關於 *DOL* 與 *DFL* 之意義以及表 3-1 與 3-2，係參考徐守德著之《財務管理》（第二版，滄海書局）。

解 債券價格之利率（弧）彈性可為：

$$E = -\frac{\dfrac{\Delta P}{P_1 + P_2}}{\dfrac{\Delta i}{i_1 + i_2}} = -\frac{\dfrac{100,000 - 79,869.76}{100,000 + 79,869.76}}{\dfrac{0.05 - 0.08}{0.05 + 0.08}} \approx 0.485$$

可解釋成利率上升（下降）百分之一，該債券價格下降（上升）百分之
0.485。

R 指令：
n = 1:10;id = 0.05;F = 100000;I = id*F;i = 0.05
P = sum(I/(1+i)^n) + F/(1+i)^10;P # 1e+05
i = 0.08;P = sum(I/(1+i)^n) + F/(1+i)^10;P # 79869.76
a = (100000-79869.76)/(100000+79869.76);b = (0.05-0.08)/(0.05+0.08)
E = -a/b;E # 0.4849678

練習

(1) 計算 $(P_1, Q_1) = (5, 20)$ 與 $(P_2, Q_2) = (3, 40)$ 之需求彈性。

(2) 計算圖 3-8 內通過點 $(Q, P) = (3, 2)$ 之供給彈性。

(3) 利用表 3-1，試計算二公司於情況 (2) 與 (3) 之 DOL。

(4) 利用表 3-2，試計算二公司於情況 (2) 與 (3) 之 DFL。

(5) 續練習 (3) 與 (4)，試解釋計算結果。

(6) 面額為 100,000 元的 20 年期之息票債券，票面利率為 5% 且一年付息一次。若利率為 5% 時，債券之售價為 100,000 元；但若利率為 8% 時，債券之售價為 79,869.76 元。試計算債券價格之利率彈性。

(7) 比較例 7 與練習 (6) 之結果，哪一個彈性較大？為什麼？

2.2.4 迴歸直線

利用 1.2 節例 6 的大立光 6 年資料，我們可以說明使用平面座標的用處。若將年資料以（本益比，收盤價）的形式按年排序，不就構成所謂的有序數對嗎？若將 6 組的（本益比，收盤價）資料依序繪在平面座標上如圖 3-9 所示，則可稱之為繪出本益比（橫軸）與收盤價（縱軸）之間的散佈圖（scatter diagram）。本益比愈高的股價，其應會下跌，故本益比與收盤價之間會存在負向的關係。圖 3-9 繪出二者為負向關係的直線，此直線可稱為迴歸直線（regression line）；也就是說，於圖 3-9 內，我們可以看出收盤價與本益比資料之間形成一種從東南往西北的走勢（或趨勢），因此若以一條直線表示此趨勢走向，則此條直線就稱為迴歸直線。因此，迴歸直線可以說是使用數學上一種稱為曲線配適（curve fitting）方法所得出的一條直線，其特色是可以用許多實際的資料以找出搭配或取代這些資料的曲線[7]。

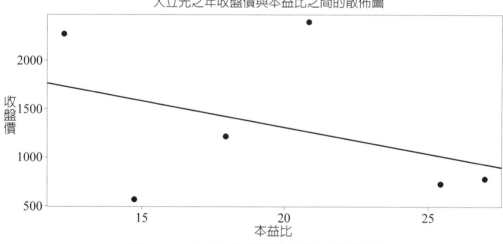

圖 3-9　大立光年收盤價與本益比之散佈圖

R 指令：

```
windows()
plot(PER,P,type="p",cex=4,pch=20,xlab=" 本益比 ",ylab=" 收盤價 ",,cex.lab=1.5,cex.main=2,
    main=" 大立光之年收盤價與本益比之間的散佈圖 ")
abline(lm(P~PER),lty=1,lwd=4) # 繪出迴歸直線
```

---

[7] 本書第 13 章會介紹如何估計迴歸直線。

　　我們可再進一步提高直線的配適度，就是資料以對數值表示，在下一章我們可以看出，例如收盤價若以對數值表示，其與收盤價之間會存在一對一的關係；因此，資料若皆以其對數值表示，並不會破壞原來資料之間的關係。類似1.2節例6的分析，我們可以利用大立光的年收盤價與本益比資料，取得預估股利資料。若將年收盤價與預估股利皆以對數值表示，其結果就列於表3-3；其次，表3-3內之預估股價就是以對數收盤價與對數預估股利所計算出之迴歸直線值，相當於可以用對數預估股利「預測」對數收盤價之預期值。換句話說，該迴歸直線之方程式為 $y = 4.0373 + 0.7322x$，其中 y 與 x 分別表示對數收盤價與對數預估股利。可以參考圖3-10。

表 3-3　大立光之年收盤價與預估股利

年	2010	2011	2012	2013	2014	2015
收盤價	6.5862	6.3386	6.6567	7.1025	7.7811	7.7275
預估股利	3.3502	3.6480	3.3616	4.2143	4.7438	5.2228
預估股價	6.4903	6.7083	6.4987	7.1231	7.5107	7.8615

註：收盤價、預估股利以及預估股價皆為取過自然對數值

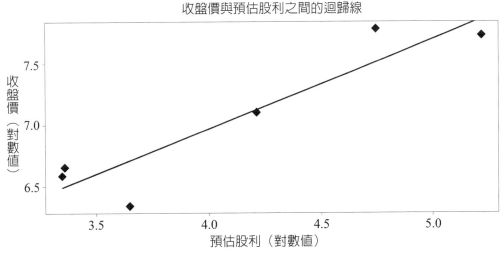

圖 3-10　大立光之年收盤價與預估股利之間的迴歸線（取過對數）

R 指令：

```
y = log(P);y # 6.586172 6.338594 6.656727 7.102499 7.781139 7.727535
x = log(EPS);x # 3.350242 3.648029 3.361631 4.214352 4.743785 5.222826
fit = fitted(lm(y~x)) # 估計迴歸線 , 可參考後面章節
fit # 6.490358 6.708396 6.498697 7.123056 7.510704 7.861456 預估股價
windows()
plot(x,y,type="p",pch=18,cex=4,xlab=" 預估股利 ( 對數值 )",ylab=" 收盤價 ( 對數值 )",cex.lab=1.5,
    cex.main=2,main=" 收盤價與預估股利之間的迴歸線 ")
lines(x,fit,lty=1,lwd=4)
```

例 1

　　利用 1.2 節例 5 之 CPI 資料，試繪出其與時間之散佈圖（即時間走勢圖）與迴歸直線。

解 可參考下圖與所附之 R 程式。

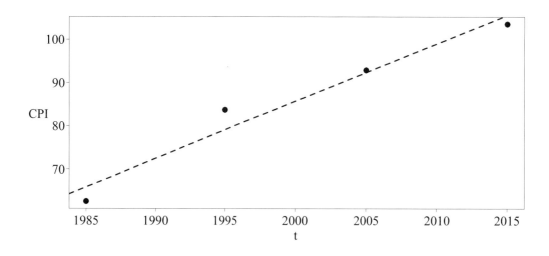

R 指令：

```
CPI = c(62.47,83.73,92.92,103.65);t = c(1985,1995,2005,2015)
windows();plot(t,CPI,type="p",pch=20,cex=4,cex.lab=1.5);abline(lm(CPI~t),lty=2,lwd=4)
```

例 2

續例 1，列出計算之迴歸直線方程式，並解釋其意義。

解 計算之迴歸直線方程式為 $CPI = 52.57 + 13.27t$，其中 $t = 1, \cdots, 4$。由於只用 4 年資料，故平均每 10 年，CPI 平均會增加 13.27，相當於每年 CPI 平均會增加 1.327。

R 指令：

```
t = 1:4;lm(CPI~t) # CPI = 52.51 + 13.27t
```

例 3

表 3-3 內的預估股價方程式為 $\log(P_t) = 4.0373 + 0.7322\log(Div_t)$，其中 P_t 與 Div_t 分別表示第 t 年之大立光預估年收盤價與年預估股利。試將上述方程式轉成以原始資料表示。

解 因 $\log y = x \Rightarrow y = e^x$；故

$$P_t = \exp(4.0373 + 0.7322\log(Div_t)) = e^{4.0373 + \log Div_t^{0.7322}} = e^{4.0373}Div_t^{0.7322}$$

可參考下圖與所附之 R 指令。

註：$x^a x^b = x^{a+b}$；$e^a e^b = e^{a+b}$；$e^{\log x} = x$；$\log x^a = a\log x$。

R 指令：

```
P = c(725,566,778,1215,2395,2270);PER = c(25.43,14.74,26.98,17.96,20.85,12.24)
EPS = P/PER;Div = EPS;Pstar = exp(4.0373)*Div^0.7322;Pstar
t = c(2011,2012,2013,2014,2015,2016)
windows();plot(t,P,type="p",pch=20,cex=4,cex.lab=1.5 ,ylim=c(500,3000))
lines(t,Pstar,type="p",pch=18,cex=4,col="red")
legend("topleft",c(" 實際 "," 預估 "),lty=1:2,cex=3,pch=c(20,18),col=1:2)
```

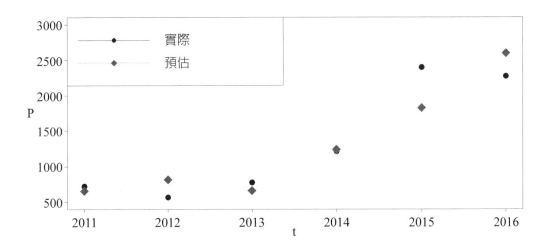

練習

(1) 試於 TEJ 找出中華電最近 10 年的資料（可參考本章附錄），取代大立光資料，重做有關於大立光的例子。

(2) 試於主計總處找出最近 10 年通貨膨脹率與年失業率的資料，計算其迴歸直線，其斜率是正值或是負值？

(3) 試於主計總處找出最近 10 年名目年 GDP 與年民間消費的資料，計算其迴歸直線，其斜率是正值或是負值？

(4) 試解釋練習 (2) 的意義。

(5) 試解釋練習 (3) 的意義。

(6) 估計出迴歸式的目的爲何？試解釋之。

2.2.5 加權平均

考慮圖 3-11 內之點 $A = (2, 3)$ 與點 $B = (3, 2)$ 二點。想像計算二點的加權平均，其結果爲何？也就是說，若令權數爲 $w = 1/3$，則 $wA + (1 - w)B$ 爲何？因此，若將上述不同數值代入，可得

$$wA + (1-w)B = \frac{1}{3}(2,3) + \frac{2}{3}(3,2) = (\frac{2+6}{3}, 1 + \frac{4}{3}) = (\frac{8}{3}, \frac{7}{3})$$

竟然是圖內的點 C！類似地，圖內的 D 點亦可由 A 與 B 二點的加權平均（權數為 $w = 2/3$）求得。

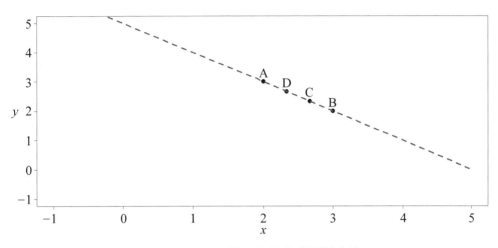

圖 3-11　以加權平均的方式繪製直線

R 指令：

```
windows();A = c(2,3) ;B = c(3,2)
plot(A,B,type="p",pch=20,cex=3,xlab="x",ylab="y",cex.lab=1.5,
      xlim=c(-1,5),ylim=c(-1,5)) # x 軸的範圍 -1:5,y 軸的範圍 -1:5
text(2,3,labels="A",pos=3,cex=3) # 標示 A
text(3,2,labels="B",pos=3,cex=3);w = 1/3;C = w*A + (1-w)*B # 加權平均
C # 2.666667 2.333333
points(C[1],C[2],pch=20,cex=3) # C[1] 為 C 內之第一個元素,C[2] 為 C 內之第二個元素
text(C[1],C[2],labels="C",pos=3,cex=3)
w = 2/3;D = w*A + (1-w)*B;D # 2.666667 2.333333
points(D[1],D[2],pch=20,cex=3);text(D[1],D[2],labels="D",pos=3,cex=3)
x = -1:5;m = (3-2)/(2-3) # 斜率
y = 3 + m*(x-2) # 點斜式
lines(x,y,lty=2,lwd=4,col="red") # 繪出虛線
```

　　上述二個例子提醒我們注意：原來通過 A 與 B 二點的一條直線，線上每一點可以由計算 A 與 B 二點的加權平均而得。換句話說，我們也可以透過二點之不同的加權平均值，得出一條直線！這個結果有一個重大的啓發，因爲我們經常聽到：爲了分散風險，不要將所有的雞蛋放於一個籃子裡。換句話說，爲了分散風險，我們不應將所有的資金投資於單一資產上；可以將部分資金投資於 A 資產，而將其餘資金投資於 B 資產，如此一來 A 與 B 二資產可以構成一個資產組合（portfolio）。若能構成一個資產組合例如 P，那我們如何看待資產組合 P？以及我們如何評估資產組合例如 P？

例 1

　　於圖 3-11，若令 $w = -1/3$，則 $wA + (1 - w)B$ 爲何？

解　即 $wA + (1 - w)B = (-1/3)(2, 3) + (1 - (-1/3))(3, 2) \approx (3.33, 1.67)$，則其應位於點 B 之右邊直線上。

R 指令：
```
w = -1/3;w*A+(1-w)*B # 3.333333 1.666667
```

例 2

　　其實，我們還有另一種方式可以繪出通過 A 與 B 二點的直線；也就是說，考慮 w 值爲介於 -1 與 2 之間的 100 種可能值，則透過 A 與 B 二點的 x 與 y 座標值，我們豈不是可以分別取得 100 種加權平均，其中權數分別爲 w 與 $1 - w$！可以參考所附的 R 指令。

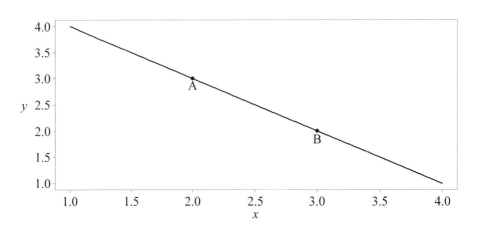

R 指令：

A = c(2,3) # 點 A

B = c(3,2) # 點 B

w = seq(-1,2,length=200);Px = w*2 + (1-w)*3 # x 軸

Py = w*3 + (1-w)*2 # y 軸

windows();plot(Px,Py,type="l",lwd=4,xlab="x",ylab="y",cex.lab=1.5);points(2,3,pch=20,cex=3)

text(2,3,labels="A",pos=1,cex=3) ;points(3,2,pch=20,cex=3);text(3,2,labels="B",pos=1,cex=3)

本章習題

1. 我們總共有多少種方式可以繪出一條直線？試解釋之。

2. 繪出 $C = 200 + 0.8Y$，其中 C 與 Y 分別表示消費支出與所得。

3. 續上題，邊際消費傾向（MPC）為何？如何解釋？

4. 續上題，若 I = 200，則於簡單的凱因斯模型內的均衡所得為何？

    提示：

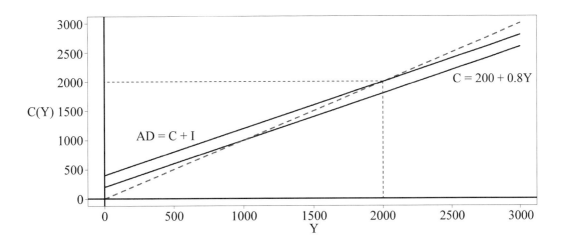

5. 利用 2.2.4 節練習 (2) 與 (3) 臺灣名目民間消費與名目 GDP 資料，估計消費函數，並繪出其圖形。

6. 續上題，其估計結果為何？如何提高其可信度？

7. 續上題，若改成以對數值表示，其結果又如何？如何解釋其「斜率值」？

8. 阿德於台積電每股 150 元買進，試繪出阿德未來每股之收益曲線。

9. 老林於臺指期貨指數 9000 點放空，試繪出老林未來期指之收益曲線。

10. 已知需求曲線為 $Q = 200 - 4P$，導出其逆需求函數（即因變數為價格）。

11. 計算下圖點 D、C、以及 E 之需求彈性。已知 A 與 B 二點之座標為 (Q, P) $= (0, 90)$ 與 $(Q, P) = (120, 0)$；另外，點 D、C 以及 E 之需求量分別為 30、 60 以及 80。

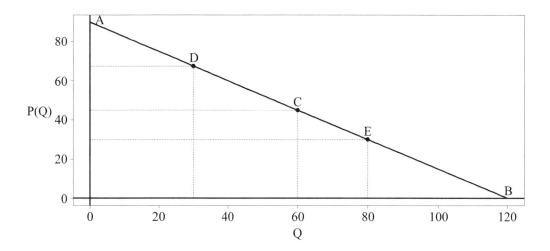

12. 消費函數為 $C = 400 + 0.8Y$，其中 C 與 Y 分別表示消費支出與所得。我們可以利用上述消費函數計算平均消費傾向（APC）與 MPC。試用 R 繪圖說明為何 APC 會大於 MPC。註：APC 為平均一元所得會消費多少元，可寫成 C/Y。

13. 消費者對 x 財的需求可寫成：

$$Q_x^D = aY$$

其中 a 是一個常數而 Y 是所得。計算下圖點 A 之所得彈性。

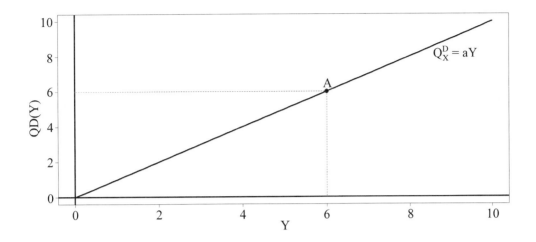

14. 續上題，若 $a > 1$ 與 $a < 1$ 的所得彈性各為何？

15. 消費者的預算限制式為

$$I = p_x x + p_y y$$

其中 I、p_x、與 p_y 分別表示所得、x 財的價格以及 y 財的價格。若所得為 100，x 與 y 財的價格分別為 2 與 5，試繪出該預算限制式。

16. 續上題，若所得提高至 120，x 與 y 財的價格仍維持不變，則該預算限制式如何變化？若所得與 y 財的價格仍維持於 100 與 5，而 x 財的價格上升至 5，則該預算限制式如何變化？為什麼？用 R 繪出預算限制式的變化。

17. 一張 5 年期面額為 1,000 元的息票債券，票面利率為 4% 且 1 年付息一次。若殖利率為 3%，其售價為 1,045.797 元；但是，若殖利率為 5%，其售價則為 956.7052 元。試計算債券價格之（殖）利率彈性。

18. 一張 30 年期面額為 1,000 元的息票債券，票面利率為 4% 且 1 年付息一次。若殖利率為 3%，其售價為 1,196.004 元；但是，若殖利率為 5%，其售價則為 846.2755 元。試計算債券價格之（殖）利率彈性。

19. 比較上二題，結論為何？

20. A 與 B 股票的風險與報酬分別為（風險，報酬）=（0.3, 0.02）以及（風險，報酬）= (0.45, 0.06)，試繪出其投資組合直線。

21. 續上題，試解釋下圖點 C、D 以及 E 之意義。

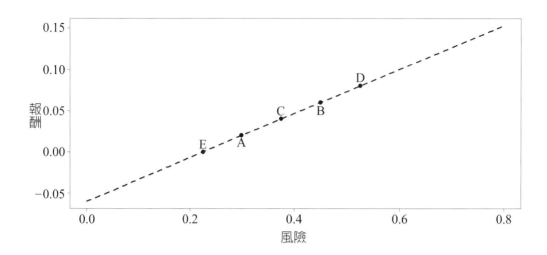

22. 阿德存 10,000 元於銀行的三個月期儲蓄存款，利率為 2%；同時又以每股 150 元買進一張台積電股票，試繪出三個月後阿德的收益曲線。

提示：

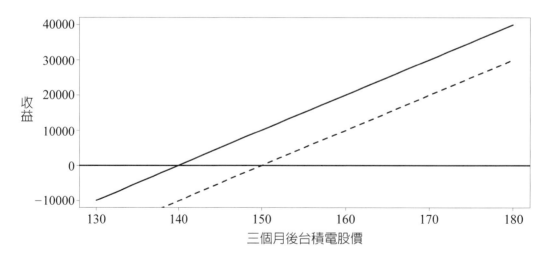

23. 利用下表內的資料，分別繪出 x 與 y_1 以及 x 與 y_2 之間的散佈圖。

x	1	2	3	4	5
y_1	0.87	1.51	0.39	0.27	3.01
y_2	0.32	0.52	−0.11	−0.60	1.08
u	1.17	1.42	−0.22	−0.91	1.21

24. 續上題，分別估計 y_1 對 x 以及 y_2 對 x 的迴歸式。

25. 續上題，原來 y_1 與 y_2 的產生過程分別為：

$$y_1 = \beta_1 e^{\beta_2 x} e^u \text{ 與 } y_2 = \beta_1 e^{\beta_2 x} u$$

其中 $\beta_1 = 0.2$、$\beta_2 = 0.3$、以及 u 表示誤差（error）。所謂的迴歸直線就是欲估計參數值 β_1 與 β_2，其估計結果為何？有何方式可以改善？

提示：

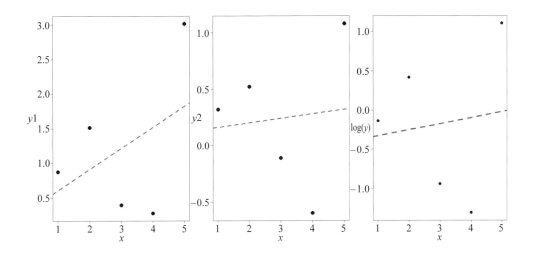

附 錄

中華電：2006～2015 年收盤價與本益比資料

年	2006	2007	2008	2009	2010	2011	2012	2013	2014	2015
收盤價	60.6	59.9	53.5	59.5	74.1	100	94.5	93.1	94	99.1
本益比	13.41	13.14	13.21	15.22	15.12	16.26	17.9	18.33	18.32	18.56

資料來源：TEJ（未調整股價）

Chapter 4

非線性函數與圖形

　　前一章我們已介紹過直線（函數與方程式）及其應用，雖說以直線的觀念來表示經濟與財務變數之間的關係比較方便，但是，以直線表示仍有其侷限處，因為直線無法表示經濟學內的定律如報酬遞增（遞減）或機會成本遞增的現象，就財務之應用而言，例如債券的價格與其到期收益率之間可能存在非線性的關係。

　　本章，我們將介紹一些常用的非線性函數與方程式。

第一節　多項式函數

　　常用的非線性函數首推多項式（polynomial）。多項式函數是指自變數的次方大於一，我們可以先觀察二項式函數的特徵，再將其推廣至更高項式的情況。檢視多項式函數的優點，除了可以瞭解非線性函數的特色外，更可以透過多項式發覺許多追求「極值」的經濟或財務行為，原來是可以用數學模式表示。

1.1　二項式函數

　　考慮下列函數 $y = ax^2 + bx + c$，其圖形就是一個拋物線（parabola）。從圖 4-1 內各圖可以看出，若 $a > 0$，則拋物線的「開口」向上；相反地，若 $a < 0$，則拋物線的「開口」向下。當然，若 $a = 0$，則函數 y 就是一條直線；因此，於其中可看出 a 參數（係數）所扮演的角色。接下來，我們先看參數 c，若令 $x = 0$，則 $y = c$；因此，拋物線與縱軸相交之處，取決於參數 c，可參考圖 4-1 內之圖 (c) 與 (d)。至於參數 b 所扮演的角色，將於後面的章節計算 y 之最大值

（最小值）時出現（於 $x = -b/2a$ 處）。

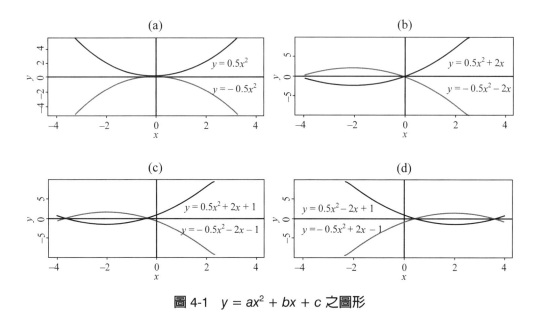

圖 4-1　$y = ax^2 + bx + c$ 之圖形

R 指令：

```
x = seq(-4,4,length=100);a = 0.5; b = 2; c = 1;y = a*x^2 ;y1 = -a*x^2
windows();par(mfrow=c(2,2))
plot(x,y,type="l",lwd=4,ylim=c(-5,5),main="(a)" ,cex.lab=1.5,cex.main=2)
abline(v=0,h=0,lwd=3);lines(x,y1,lty=1,lwd=4,col=" red" )
text(2,a*4,labels=expression(y == 0.5*x^2),pos=4,cex=1.5)
text(2,-a*4,labels=expression(y == -0.5*x^2),pos=4,cex=1.5)
```
(只列出圖 (a) 之指令)

例 1

　　繪出 $y = -0.5x^2 - x + 4$。

解　因 $a < 0$，故該拋物線開口向下；其次，於 $x = -b/2a = -1$ 處出現 $y = 4.5$ 為最大值，可參考下圖與所附的 R 指令。我們亦可注意於 $x = 4$ 與 $x = 2$ 處，$y = 0$，故 $x = 4$ 與 $x = 2$ 為 $y = 0$ 的二個解。

R 指令：

x = seq(-5,5,length=100);y = function(x) -0.5*x^2 - x + 4 # y 是一個函數
windows();plot(x,y(x),type="l",lwd=4,ylim=c(-1,6),cex.lab=2)
abline(h=0,v=0,lwd=3);abline(v=-1,lty=2,col="red",lwd=3)
abline(h=4.5,lty=2,col="blue",lwd=3)
text(1.5,y(1.5),labels=expression(y == -(1/2)*x^2-x+4),pos=4,cex=2)
points(-4,y(-4),pch=20,cex=3);points(2,y(2),pch=20,cex=3);points(-1,y(-1),pch=20,cex=3)

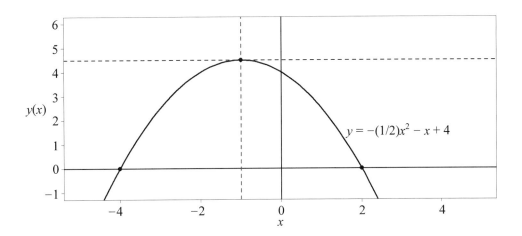

例 2

　　如前所述，函數值為 0，即 $y = 0$，圖形與 x 軸相交之點即為該函數之解；例如，下圖之左圖內之圖形，其方程式為 $y = x + 2$，試求此方程式的解。

解 $y = x + 2 = 0$，故 $x = -2$。

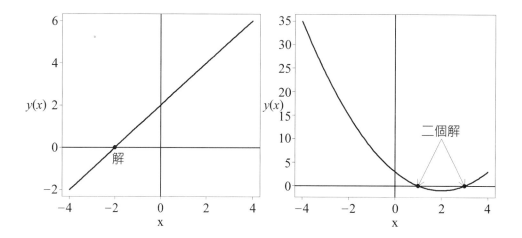

R 指令：

```
y = function(x) x + 2;y(-2) # 0;x = seq(-4,4,length=100)
windows();par(mfrow=c(1,2));plot(x,y(x),type="l",lwd=4,cex.lab=2)
abline(v=0,h=0,lwd=3);points(-2,0,pch=20,cex=3);text(-2,0,labels=" 解 ",pos=1,cex=2)
y = function(x) x^2 - 4*x + 3
plot(x,y(x),type="l",lwd=4,cex.lab=2);abline(v=0,h=0,lwd=3)
b = -4;a = 1;c = 3 ;x1 = (-b + sqrt(b^2 - 4*a*c))/2*a;x1 # 3
x2 = (-b - sqrt(b^2 - 4*a*c))/2*a;x2 # 1
points(1,0,pch=20,cex=3);points(3,0,pch=20,cex=3);text(2,10,labels=" 二個解 ",pos=3,cex=2)
arrows(2,10,1,0);arrows(2,10,3,0)
```

例 3

　　續例 1，若爲二次式函數如 $ax^2 + bx + c = 0$，其中 $a \neq 0$，則該函數與 x 軸相交之處爲其解，該解可爲：

$$x = \frac{-b \pm \sqrt{b^2 - 4ac}}{2a} \text{，其中 } b^2 - 4ac \geq 0 \text{。}$$

利用上式，求解 $x^2 - 4x + 3 = 0$。

解　因 $x^2 - 4x + 3 = (x - 3)(x - 1) = 0$，故 $x = 3$ 或 $x = 1$。可參考例 2 內之右圖及所附的 R 指令。

例 4

試繪製下列函數：總收益 $TR = 80Q$；總成本 $TC = 0.2Q^2$；利潤 $\pi = 80Q - 0.2Q^2$，其中 Q 表示生產量。

解 可參考下圖以及所附之 R 指令。

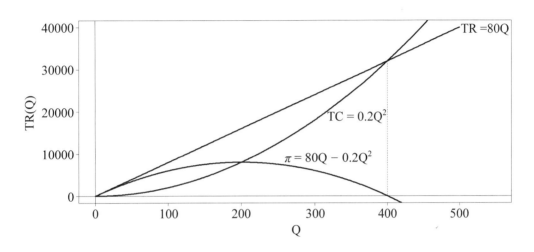

R 指令：

```
Q = seq(0,500,length=501);TR = function(Q) 80*Q
windows();plot(Q,TR(Q),type="l",lwd=4,xlim=c(0,550),cex.lab=1.5)
TC = function(Q) 0.2*Q^2;lines(Q,TC(Q),lwd=4);PI = function(Q) 80*Q-0.2*Q^2
lines(Q,PI(Q),lwd=4);abline(h=0,v=0)
text(500,TR(500),labels=expression(TR == 80*Q),pos=4,cex=1.5)
text(350,TC(350),labels=expression(TC == 0.2*Q^2),pos=4,cex=1.5)
text(300,PI(300)+500,labels=expression(pi == 80*Q-0.2*Q^2),pos=3,cex=1.5)
segments(400,TC(400),400,0,lty=2)
```

例 5

試繪製下列函數：平均固定成本 $AFC = 200Q^{-1}$；平均變動成本 $AVC = 0.2Q^2$，以及平均成本 AC，其中 Q 表示生產量。

解 因 $AC = AFC + AVC$，故 $AC = 200Q^{-1} + 0.2Q^2$；可參考下圖以及所附 R 指令。

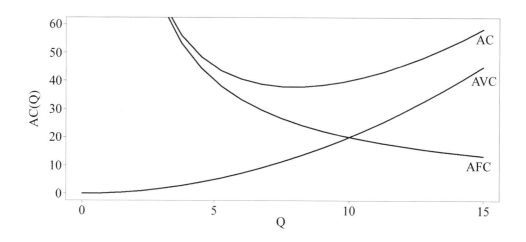

R 指令：

Q = seq(0,15,length=21);AFC = function(Q) 200/Q
AVC = function(Q) 0.2*Q^2;AC = function(Q) 200/Q + 0.2*Q^2
windows();plot(Q,AC(Q),type="l",lwd=4,ylim=c(0,60),cex.lab=1.5)
lines(Q,AFC(Q),lwd=4);lines(Q,AVC(Q),lwd=4);text(15,AFC(15),labels="AFC",pos=1,cex=1.5)
text(15,AVC(15),labels="AVC",pos=1,cex=1.5);text(15,AC(15),labels="AC",pos=1,cex=1.5)

（練習）

(1) 若需求直線方程式為 $P = 80 - 0.2Q$，則 TR 曲線為何？試繪出其圖形。

(2) 試繪出總成本方程式為 $TC = 12 + 4Q + 0.2Q^2$ 之圖形。

(3) 利用練習 (1) 與 (2)，其利潤方程式為何？

(4) 續練習 (3)，利潤最大的產量為何？

(5) 試繪出利潤方程式為 $\pi = -12 + 36Q - 3.8Q^2$ 之圖形。

(6) 續練習 (5)，計算利潤為 0 之產量。

(7) 某廠商能夠以售價 50 元賣出其產品，若其總成本曲線方程式為：

$$TC = \frac{100}{Q} + 0.4Q^2$$

試分別繪出該廠商之 TR、TC 以及利潤函數之圖形。

提示：如下圖

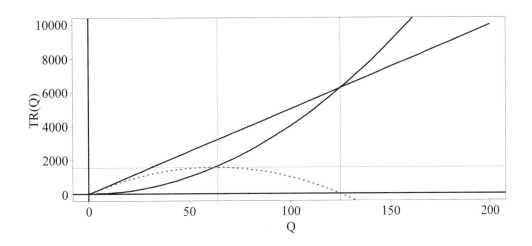

1.2 函數與圖形

　　從上述直線與二次式方程式的例子，不難理解函數與圖形的意思，二者皆是用數學的形式來描述眞實社會的情況。本節我們將簡單介紹函數的意義、如何用圖形顯示以及如何用數學形式表示。

函數的定義：

　　f是一個從一集合D對應至另一集合Y的函數，其表示D內的每一元素（寫成$x \in D$，讀成x屬於D）可以對應至Y的元素，即$f(x) \in Y$。其中集合D可以稱爲函數的定義域（domain of function），而集合Y就是函數的值域（range of function）。

　　利用上述函數關係不難可以解釋許多現實環境所觀察到的現象。例如：一家廠商的生產函數，可以用投入值（即使用多種生產要素）與產出值表示，也許我們不是很在意廠商如何將投入值轉成產出值，不過可以確定的是，「一定數量的投入值應可以對應至相當的產出值」，這之間的關係，可以用圖 4-2 解釋。

　　圖 4-2 之上圖，除了說明上述「投入與產出」之間的關係外，更可用 $y = f(x)$ 表示。$y = f(x)$（$f(x)$ 讀成 f of x）表示 y 完全可以由 x 決定，故 y 是 x 的函數；一般而言，我們可以數學公式取代 $f(x)$，例如簡單利息的公式 $I = 100(0.05)T$，就是告訴我們於本金與利率固定下，不同的存款期限，可有不同的利息收益。

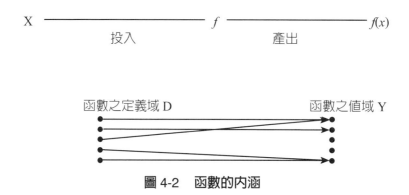

圖 4-2　函數的內涵

　　函數的關係亦可以用圖 4-2 之下圖之有箭頭之直線表示，於圖內可看出函數的定義域 D 內的每一元素可以對應於 Y 內元素，值得注意的是，有可能 D 內有二個以上的元素對應於 Y 內同一個元素；但是，D 內的同一個元素卻無法同時對應於 Y 內二個以上元素。若以上述廠商的生產函數為例，有效率與沒有效率的使用生產要素，有可能生產出相同數量的產品；但是，相同的生產要素卻無法生產出二個不同數量的產品。

　　有些時候，我們會限制函數的定義域與值域內的元素值；換言之，我們自然會限制生產要素與產出不為負數，又或是利息收益應會大於 0。因此，若干的限制是必須的；是故，若寫成 $y = x^2$，則表示 x 不受限制；不過，若寫成 $y = x^2$，$x > 0$，則我們要求 x 與 y 必大於 0。

　　本書中，我們的函數值皆為實數值（real values），故也可以稱為實數值的函數。於表 4-1 內，我們有用開放或封閉區間來顯示不同實數值函數的定義域與值域之限制。例如，若 $y = 1/x$，則 y 與 x 值應為不包含 0 之實數；又若

$$y = \sqrt{x}$$

則因「根號」內之值應不為負數，故表內皆要求 x 與 y 皆要大於 0。另一個需要注意的是 $y = \log x$，此時 x 值應為正數，而 y 值則包括 0 的任何值；可以試下列之 R 指令（＃結果）：

表 4-1　函數的定義域與值域

函數	定義域（x）	值域（y）
$y = x^2$	$(-\infty, \infty)$	$[0, \infty)$
$y = 1 / x$	$(-\infty, 0) \cup (0, \infty)$	$(-\infty, 0) \cup (0, \infty)$
$y = \sqrt{x}$	$[0, \infty)$	$[0, \infty)$
$y = \sqrt{2 - x}$	$(-\infty, 2]$	$[0, \infty)$
$y = \sqrt{1 - x^2}$	$[-1, 1]$	$[0, 1]$
$y = e^x$	$(-\infty, \infty)$	$[0, \infty)$
$y = \log x$	$(0, \infty)$	$(-\infty, \infty)$

註：$\cup$ 為聯集。

```
exp(-1000) # 0
exp(-100) # 3.720076e-44
exp(-1) # 0.3678794
log(-1) # Warning message:
        # In log(-1) : 產生了 NaNs
log(100000) # 11.51293
log(0) # -Inf
log(0.00001) # -11.51293
log(1) # 0
```

　　我們考慮如此多的不同函數型式，無非就是希望所觀察到的例如經濟或財務資料之間的關係，可以或接近於特定的函數型態，如此自然可以增進對經濟或財務事務的瞭解，或可以從事預測。

例 1

　　假定有下列有序數點：$(0, 0)$、$(1, 1)$、$(3/2, 9/4)$、$(2, 4)$、$(-1, 1)$ 以及 $(-2, 9/2)$。試於平面座標內繪出其位置，及其可能的函數。

解　可以注意下列的 R 指令，我們可以將上述的有序數點內的第一個元素及第二個元素合併並令為 x 與 y 後，再繪出其位置。即：

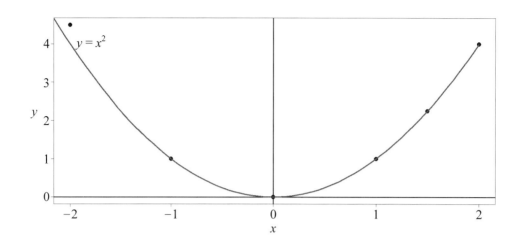

R 指令：

```
x = c(0,1,3/2,2,-1,-2);y = c(0,1,9/4,4,1,9/2)
windows();plot(x,y,type="p",pch=20,cex=3,cex.lab=1.5)
abline(v=0,h=0,lwd=3);x = seq(-3,2,length=100);y = function(x) x^2
lines(x,y(x),lty=1,lwd=4,col="red")
text(-2,y(-2),labels=expression(y == x^2),pos=4,cex=2,col="red")
```

例 2

　　繪出 $y = ax^2$ 圖形，其中 $a = 2$、$1/2$、$1/10$、-1 或 $-1/6$。

解　可參考下圖以及所附之 R 指令（光碟）。

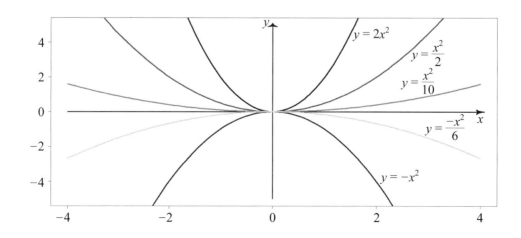

Stopนthink

（練習）

(1) 繪出需求曲線如 $P = 100 - 0.5Q^2$。

(2) 繪出供給曲線如 $P = 100 + 0.5Q^2$。

(3) 若練習 (1) 與 (2) 內之供需曲線可以構成一個市場，其均衡價格及交易量為何？

(4) 續上題，有何市場符合此種情況？

(5) 有何產品符合下列市場？

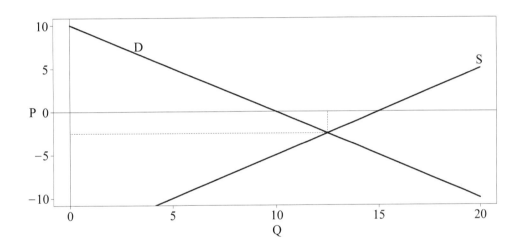

R 指令：

```
PD = function(Q) 10 - Q;PS = function(Q) -15 + Q;Q = seq(0,20,length=41)
windows();plot(Q,PD(Q),type="l",lwd=4,cex.lab=1.5,ylab="P")
lines(Q,PS(Q),lwd=4);abline(v=0,h=0)
text(3,PD(3),labels="D",pos=4,cex=2);text(20,PS(20),labels="S",pos=3,cex=2)
segments(12.5,PD(12.5),12.5,0,lty=2);segments(12.5,PD(12.5),0,PD(12.5),lty=2)
```

(6) 判斷下列圖形是否是一個函數。

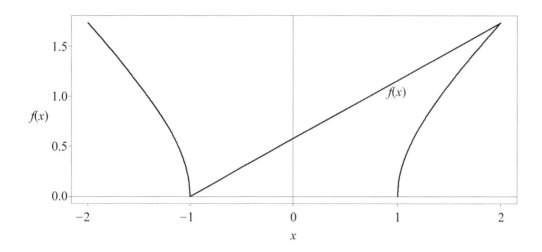

(7) 判斷下列圖形是否是一個函數。

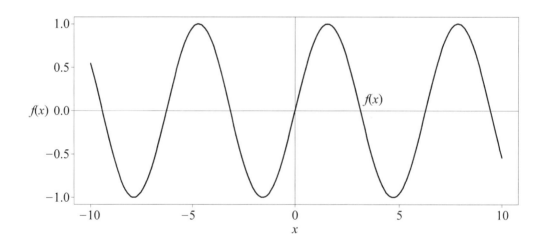

1.3 多項式

一個函數 f 是一個多項式，其可寫成：

$$y = f(x) = a_n x^n + a_{n-1} x^{n-1} + \cdots + a_1 x + a_0 \qquad (4\text{-}1)$$

其中 n 是一個非負值的整數，而係數 $a_0, a_1, \cdots, a_n$ 為常數，且皆屬於實數。(4-1) 式亦可以稱為多項式函數，其函數之定義域與值域皆為實數。若 $a_n \neq 0$，則 n

可以稱爲多項式的次方（degree）；因此，前述之二次式函數，就是一個二次多項式。同理，若 $a_n \neq 0$ 且 $n = 3$，則是一個三次多項式。

　　一般而言，只要 n 超過 2，不僅多項方程式之解不易求得，同時欲繪製出其圖形，也不是一件簡單的事；不過，若藉由使用 R，則完成上述使命應該輕而易舉。或者說，此時 R 的用處，已漸漸浮現，可參考圖 4-3 內所附之 R 指令；也就是說，於圖 4-3，我們以 R 繪出三種不同的三次多項式。

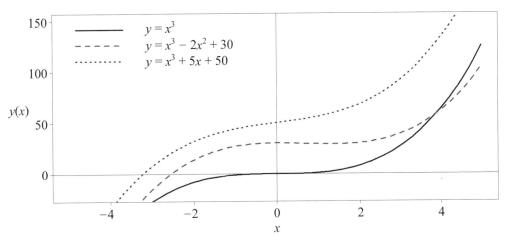

圖 4-3　三種三次方多項式

R 指令：

```
x = seq(-5,5,length=100);y = function(x) x^3;y1 = function(x) x^3 - 2*x^2 + 30
y2 = y(x) + 5*x + 50
windows();plot(x,y(x),type="l",lwd=4,ylim=c(-20,150),cex.lab=1.5);abline(v=0,h=0)
lines(x,y1(x),lty=2,lwd=4,col="red");lines(x,y2,lty=3,lwd=4,col="blue")
leg = c(expression(y == x^3),expression(y == x^3-2*x^2+30),expression(y == x^3+5*x+50))
legend("topleft",leg,lwd=4,lty=1:3,col=c("black","red","blue"),bty="n",cex=2)
```

例 1

　　一家廠商的總成本函數可寫成 $TC = 0.8Q^3 - 0.25Q^2 + 32.5Q + 420$，試繪出其圖形，並計算出最小平均成本以及產量爲 25 時之平均成本。

解 首先為縮小範圍，我們先將總成本以萬元計算；其次，應注意平均成本可以縱軸的高度除以橫軸的寬度（即各軸與原點之間的距離）表示，可參考下圖。

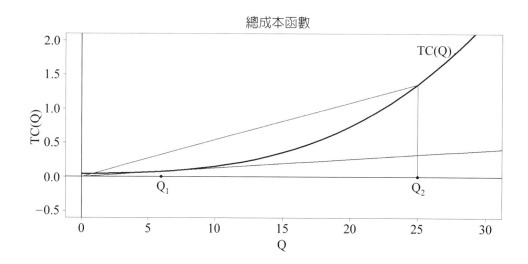

R 指令：

```
Q=seq(0,41,length=42);TC=function(Q)(0.8*Q^3-0.25*Q^2+32.5*Q+420)/10000 #單位：萬元
windows()
plot(Q,TC(Q),type="l",lwd=4,ylim=c(-0.5,2),xlim=c(0,30),main=" 總成本函數 ",cex.lab=1.5)
abline(v=0,h=0,lwd=2);segments(0,0,25,TC(25),col="red",lwd=2)
segments(25,0,25,TC(25),col="red",lwd=2);AC=TC(Q)/Q #平均成本
m=min(AC) # AC[7],0.01298, 平均成本出現於 Q=6,min() 為計算最小值之函數
TC1=TC(Q[7])+m*(Q-Q[7]) # 點斜式
lines(Q,TC1,col="blue",lwd=2) # 與 TC 相切於 Q=6
points(Q[7],0,pch=20,cex=2) # Q1
text(Q[7],0,labels=expression(Q[1]),pos=1,cex=1.5) # Q 之下標為 1
points(Q[26],0,pch=20,cex=2) # Q2
text(Q[26],0,labels=expression(Q[2]),pos=1,cex=1.5) # Q 之下標為 2
text(Q[29],TC(Q[29]),labels="TC(Q)",pos=2,cex=2)
```

例 2

續例 1，繪出對應之平均成本線。

解

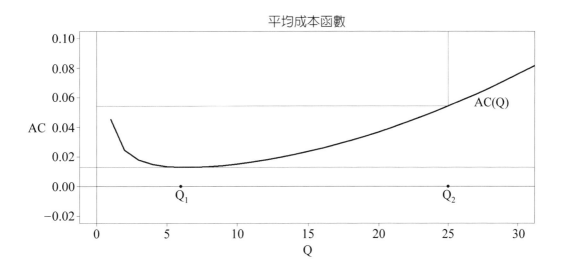

平均成本函數

R 指令：

```
windows()
plot(Q,AC,type="l",lwd=4,ylim=c(-0.02,0.1),xlim=c(0,30),main=" 平均成本函數 ",cex.lab=1.5)
segments(25,0.15,25,AC[26],col="red");segments(0,AC[26],25,AC[26],col="red");abline(v=0,h=0)
points(Q[7],0,pch=20,cex=2) # Q1
text(Q[7],0,labels=expression(Q[1]),pos=1,cex=1.5) # Q 之下標為 1
points(Q[26],0,pch=20,cex=2) # Q2
text(Q[26],0,labels=expression(Q[2]),pos=1,cex=1.5) # Q 之下標為 2
text(Q[29],AC[29]-0.005,labels="AC(Q)",pos=1,cex=2);abline(h=m,col="red")
```

例 3

續例 1，若該廠商發現只有 45,000 元的預算，問產量最多為何？

解　可參考下圖以及所附之 R 指令。

R 指令：

```
windows();plot(Q,TC(Q),type="l",lwd=4,cex.lab=1.5);abline(h=4.5,col="red");TC(Q)
abline(v=37);Q[37] # 36
```

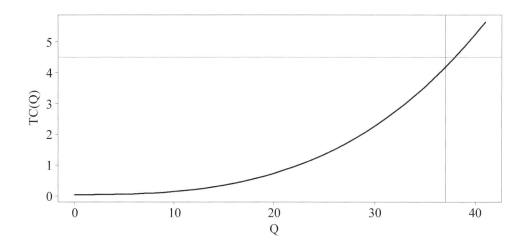

例 4

若一家廠商之短期總成本函數 STC 與短期邊際成本函數 SMC 分別為 $STC = 5 + 20Q^{1/3} + 0.02Q^3$ 與 $SMC = (20/3)Q^{-2/3} + 0.06Q^2$，試分別繪出 STC、SMC 以及短期平均成本函數 SAC；另外，試求出短期平均成本與短期邊際成本最小之產量分別為何？

解 可參考下圖及所附之R指令[1]。因 $SAC = STC/Q$，故從圖中可看出 SAC 最小出現於產量 $Q = Q_1$ 處（即左圖內 STC 線上一點與原點所構成之直線之斜率最小）；另一方面，產量於 $Q = Q_2$ 處，出現 SMC 之最小值（即出現於 STC 曲線由凹形狀轉成凸形狀之轉折點上[2]）。右圖則繪出 SMC 與 SAC 曲線，二曲線皆為開口向上之拋物線形狀，故存在有最小值，其對應之產量分別為 $Q = Q_2$ 與 $Q = Q_1$。值得注意的是，SMC 曲線有通過 SAC 曲線之最小值處，隱含著 $SMC = SAC$，可對應於 $Q = Q_1$；換言之，當產量小於 Q_1

---

[1] 所附之 R 指令有使用到「微分」的觀念，即 $SMC = dSTC/dQ$。可參考本書第 7 章。

[2] 後面章節會介紹如何判斷曲線上之凹凸形狀。

時，$SMC < SAC$，而當產量大於 Q_1 時，則 $SMC > SAC$。

R 指令：

```
TC = function(Q) 5+20*Q^(1/3)+0.02*Q^3;MC = function(Q) (20/3)*Q^(-2/3) + 0.06*Q^2
AC = function(Q) TC(Q)/Q;Q = seq(0,15,length=100)
windows();par(mfrow=c(1,2))
plot(Q,TC(Q),type="l",lwd=4,ylim=c(-2,120),ylab=" 成本 ",cex.lab=1.5);abline(v=0,h=0)
AC1 = min(AC(Q)) # 最小平均成本
MC1 = min(MC(Q)) # 最小邊際成本
AC(Q)
AC1 # 可找出產量為 Q 之第 63 個位置
MC(Q)
MC1 # 可找出產量為 Q 之第 27 個位置
m1 = AC1;m2 = AC(Q[27])
TC1 = m1*Q # 點斜式
TC2 = m2*Q;lines(Q,TC1,lty=2);points(Q[63],TC(Q[63]),pch=20,cex=2)
points(Q[27],TC(Q[27]),pch=20,cex=2);lines(Q,TC2,lty=2)
segments(Q[63],TC(Q[63]),Q[63],0,lty=2);segments(Q[27],TC(Q[27]),Q[27],0,lty=2)
text(Q[63],0,labels=expression(Q[1]),pos=1,cex=1.5)
text(Q[27],0,labels=expression(Q[2]),pos=1,cex=1.5);text(14,TC(14),labels="STC",pos=2,cex=2)
```

(只列出左圖之指令，其餘可參考所附之光碟)

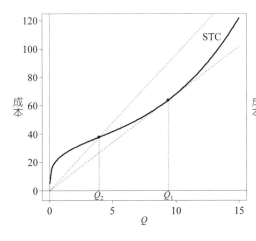
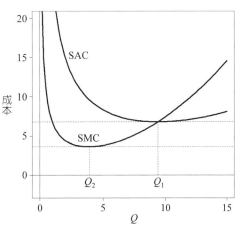

例5 不同生產規模

考慮二個不同生產規模之總成本函數：

$$STC_a = 5 + 20Q^{1/3} + 0.02Q^3 \text{ 與 } STC_b = 25 + 25Q^{1/3} + 0.01Q^3$$

廠商如何做選擇？

解 參考下圖，小於二曲線相交處之產量如 Q_1，選 STC_a（成本較小）；同理，大於二曲線相交處之產量如 Q_2，則選 STC_b。

R 指令：

```
windows();TCa = function(Q) 5+20*Q^(1/3)+0.02*Q^3;Q = seq(0,30,length=51)
plot(Q,TCa(Q),type="l",lwd=4,ylim=c(-10,400),ylab=" 成本 ",cex.lab=1.5)
TCb = function(Q) 25+25*Q^(1/3)+0.01*Q^3;lines(Q,TCb(Q),lwd=4);abline(v=0,h=0)
segments(8,TCb(8),8,0,lty=2);text(8,0,labels=expression(Q[1]),pos=1,cex=1.5)
points(8,TCa(8),pch=20,cex=2);segments(23,TCa(23),23,0,lty=2)
text(23,0,labels=expression(Q[2]),pos=1,cex=1.5);points(23,TCb(23),pch=20,cex=2)
text(20,TCa(20)-10,labels=expression(STC[a]),pos=4,cex=1.5)
text(28,TCb(28)-10,labels=expression(STC[b]),pos=4,cex=1.5)
```

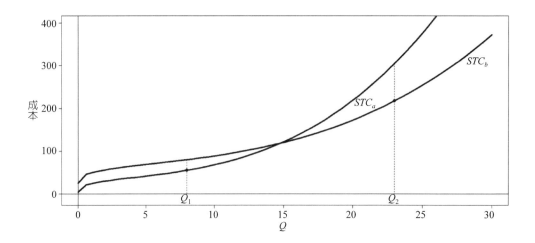

例6

續例 4，就短期而言，由於生產要素內只有勞動投入可以變動，其餘生產要素投入皆為固定；因此，短期總成本函數如例 4 之左圖，可以用另一種方式觀察，即以短期總生產函數表示。短期總生產函數 TP_L 是表示當資本設備或生產技術等生產因素固定下，勞動投入與總產出之間的關係；換言之，每單位產出的短期總成本支出應可對應至相當的勞動投入量[3]，因此將短期總成本函數圖形之橫軸與縱軸「互調」，應可將短期總成本函數轉成短期總生產函數。以數學的觀點來看，短期總成本函數的「逆函數（inverse function）」[4]就是 TP_L。試利用例 4 的成本函數，繪出對應的 TP_L，以及勞動的平均產量 AP_L 與邊際產量 MP_L 曲線。

解　將例 4 之左圖的橫、縱軸「對調」，可得左下圖。也就是說，左下圖內之 TP_L 曲線是由短期總成本函數轉換而來；其次，亦可以利用 SMC 與 SAC 曲線得出對應的 MP_L 與 AP_L 曲線，即右下圖所示。不過，$SMC(SAC)$ 與 $MP_L(AP_L)$ 二者之間並不是逆函數而只是倒數的關係，可參考所附之 R 指令。

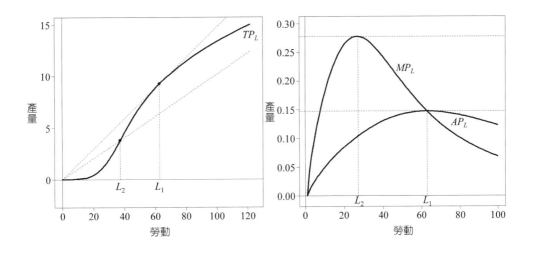

R 指令：

```
n = 100;Q = seq(0,15,length=n)
windows();par(mfrow=c(1,2))
```

---

[3]　此處因強調「對調互換」的特徵，故將總成本支出視為勞動投入。

[4]　$y = f(x)$ 的逆函數為 $x = h(y)$，相當於 x 與 y 互換，可以參考本書第 5 章第 2 節。

```
x = c(0,TC(Q));y = c(0,Q)
plot(x,y,type="l",lwd=4,xlab=" 勞動 ",ylab=" 產量 ",ylim=c(-2,15),xlim=c(0,125),cex.lab=1.5)
abline(v=0,h=0);AP = 1/AC(Q);MP = 1/MC(Q)
Q1 = max(AP) # 最大值
AP
Q1 # AP 內之第 63 個位置
points(x[63],y[63],pch=20,cex=2);m1 = y[63]/x[63];y1 =y[63]+ m1*(x-x[63]);lines(x,y1,lty=2)
segments(x[63],y[63],x[63],0,lty=2);text(x[63],0,labels=expression(L[1]),pos=1,cex=1.5)
Q2 = max(MP);MP
Q2 # MP 內之第 27 個位置
points(x[27],y[27],pch=20,cex=2);m2 = y[27]/x[27];y2 = y[27] + m2*(x - x[27])
lines(x,y2,lty=2);segments(x[27],y[27],x[27],0,lty=2)
text(x[27],0,labels=expression(L[2]),pos=1,cex=1.5)
text(x[100],y[100],labels=expression(TP[L]),pos=4,cex=1.5)
plot(1:n,AP,type="l",lwd=4,ylim=c(-0.006,0.3),xlab=" 勞動 ",ylab=" 產量 ",cex.lab=1.5)
lines(1:n,MP,lwd=4);abline(h=max(AP),lty=2);abline(h=max(MP),lty=2);abline(v=0,h=0)
segments(27,MP[27],27,0,lty=2);segments(63,AP[63],63,0,lty=2)
text(63,0,labels=expression(L[1]),pos=1,cex=1.5);text(27,0,labels=expression(L[2]),pos=1,cex=1.5)
text(45,MP[45],labels=expression(MP[L]),pos=4,cex=1.5)
text(80,AP[80],labels=expression(AP[L]),pos=1,cex=1.5)
```

例7　多項式迴歸曲線

　　類似迴歸直線，我們亦可以使用多項式迴歸曲線表示「一堆資料」的趨勢，該曲線可寫成：

$$y = ax^3 + bx^2 + cx + d$$

利用第 3 章第 1 節內之大立光年股利預估資料，其估計之多項式迴歸曲線為何？

解　若令 $y = Div_t$ 而 $x = t$，其中 t 表示時間（以 $t = 1, 2, \cdots, T$ 表示）而 Div_t 表示第 t 年之預估股利，可估得：

$$Div_t = 38.4481 - 8.5942t + 0.3172t^2 + 0.8722t^3$$

可參考下圖及所附之 R 指令。

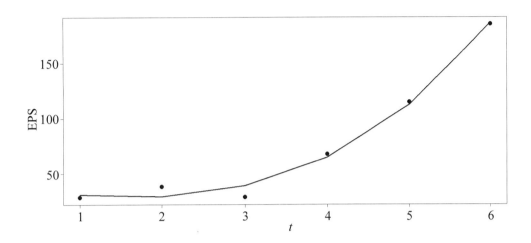

R 指令：

P = c(725,566,778,1215,2395,2270);PER = c(25.43,14.74,26.98,17.96,20.85,12.24)

EPS = PER/P;EPS = 1/EPS # EPS = P/PER

EPS # 28.50963 38.39891 28.83617 67.65033 114.86811 185.45752

windows();t = 1:6;t1 = t^2;t2 = t^3

plot(t,EPS,type="p",pch=20,cex=3);fit = fitted(lm(EPS~t+t1+t2));lines(t,fit,lwd=3)

(練習)

(1) 比較下列函數之圖形：

$$y_1 = x^3 \cdot y_2 = x^6 \text{ 與 } y_3 = x^9 \text{。}$$

(2) 續例 5，繪出對應之二個不同生產規模的短期平均成本與邊際成本曲線。

(3) 我們如何得出長期總成本曲線？

(4) 續練習 (2)，列出不同產量之總成本、平均成本與邊際成本金額。

(5) 續練習 (2)，以 $TC_a = 5 + 2L$ 與 $TC_b = 25 + 5L$ 轉換，繪出對應的總產量、平均產量與邊際產量曲線。

(6) 利用第 3 章附錄之中華電最近 10 年的資料，取代大立光資料，重做有關於大立光的例子。

提示：

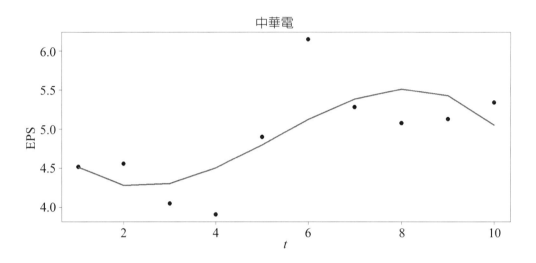

第二節　其他非線性函數

考慮圖 4-4 內四種非線性函數，即圖 (a)～(b) 之函數型態依序為：

$$圖 (a)：f(x) = \begin{cases} -x, & x < 0 \\ x^2, & 0 \le x \le 1 \\ 1, & x > 1 \end{cases} \quad 圖 (b)：y = |x| = \begin{cases} x, & x \ge 0 \\ -x, & x < 0 \end{cases}$$

圖 (c) 則繪出「四捨五入」之圖形，例如 [4.3] = 4、[4.6] = 5、[−4.6] = −5 或 [−4.3] = −4。最後，圖 (d) 內之函數為：

$$y = \sqrt{1 - x^2}$$

讀者可以練習自己的 R 實力，看看是否可以繪製出類似於圖 4-4 的圖形。

除了上述非線性函數之外，本節將介紹一些常見的非線性函數或模型。

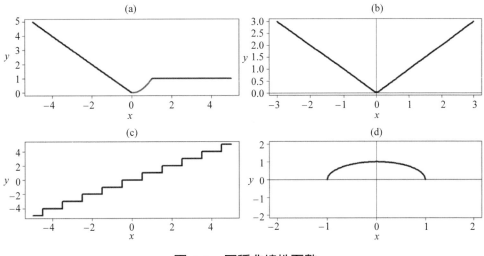

圖 4-4　四種非線性函數

2.1 買權與賣權的到期收益曲線

　　金融資產的收益曲線大多是屬於直線型，不過於選擇權交易內，其買權（call）與賣權（put）的到期收益曲線卻是非直線型。舉例來講，投資人以150 點買了一口三個月到期，而履約價格（strike price）為 9,000 點的台指買權[5]，我們是否可以繪製出該買權之到期收益曲線？答案是肯定的，因為我們可以模擬或用想像的方式幫投資人繪出其到期收益曲線。

　　令 C_T、S_T、與 K 分別表示買權到期價格、標的資產到期價格、以及履約價格，則買權到期收益（曲線）為 $C_T = \max(S_T - K, 0)$，其中 $\max(\cdot)$ 是找出小括號內之最大值。例如，就上述投資人的例子而言，若 $S_T = 9,200$ 而 $K = 9,000$，表示該投資人可以執行買權的權利，以「買進 9,000 點而立即於現貨賣出 9,200 點」，因每點 50 元，故其收益為 $50C_T = \max(200, 0) = 10,000$ 或 $C_T = \max(200, 0) = 200$；相反地，若 $S_T = 8,900$，則因 $C_T = \max(-100, 0) = 0$，買權持有人可以選擇不執行買權的權利。因此，買權持有人可以有選擇執行與不執行（買進）的權力，故其收益曲線並非是一條直線，如圖 4-5 所示。

---

[5]　此是指台指選擇權（TXO）之買權，屬於歐式選擇權（European options），買權持有人只能於到期日當天以履約價格執行買進的權利，其中每點指數新臺幣 50 元。

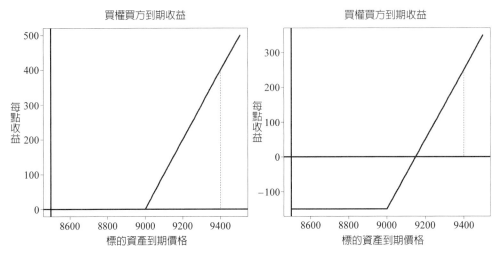

圖 4-5　　買權之到期收益曲線

R 指令：

```
K = 9000;ST1 = seq(8500,9000,by=10);ST2 = seq(9010,9500,by=10);ST = c(ST1,ST2)
n = length(ST1) # ST1 內有 n 個元素
CT = c(rep(0,n),(ST2-K)) # rep(0,n) 是有 n 個 0, 即 rep 有重複的意思 ,0 重複 n 個
windows()
par(mfrow=c(1,2))
plot(ST,CT,type="l",lwd=4,xlab=" 標的資產到期價格 ",ylab=" 每點收益 ",
      main=" 買權買方到期收益 ",cex.lab=1.5,cex.main=1.5)
abline(h=0,v=8500,lwd=4);segments(9400,9400-K,9400,0,lty=2)
m = length(ST);C0 = -150*rep(1,m);CT1 = CT+C0
plot(ST,CT1,type="l",lwd=4,xlab=" 標的資產到期價格 ",ylab=" 每點收益 ",
      main=" 買權買方到期收益 ",cex.lab=1.5,cex.main=2)
abline(h=0,v=8500,lwd=4);segments(9400,9400-K-150,9400,0,lty=2)
```

　　圖 4-5 之左圖繪出履約價格為 9,000 點的買權到期收益曲線，而右圖則包括期初的成本支出 150 點。例如，若到期標的資產價格為 9,400 點，買權持有人到期可得 400 點，扣除買權權利金 150 點，可淨得 250 點（右圖），其餘類推。

　　除了買權交易外，投資人也可以選擇賣權的交易。例如，阿德以 130 點買了一口一個月到期而履約價格為 9,000 點的台指賣權，按照上述的分析方式，我們也可以幫阿德繪出其到期收益曲線。阿德買了一個賣權，相當於「買進一個賣出的權利」，故令 P_T 為賣權到期價格，則賣權到期收益為 $P_T = \max(K - S_T, 0)$。因此阿德的賣權到期收益曲線可以繪製如圖 4-6 所示。

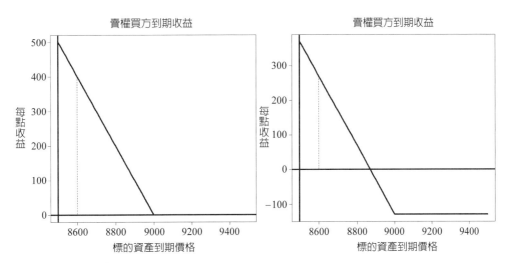

圖 4-6　賣權的到期收益曲線

R 指令：

```
PT = c(K-ST1,rep(0,length(ST2)))
windows();par(mfrow=c(1,2))
plot(ST,PT,type="l",lwd=4,xlab=" 標的資產到期價格 ",ylab=" 每點收益 ",
    main=" 賣權買方到期收益 ",cex.lab=1.5,cex.main=1.5)
abline(v=8500,h=0,lwd=4);segments(8600,K-8600,8600,0,lty=2)
plot(ST,PT-130,type="l",lwd=4,xlab=" 標的資產到期價格 ",ylab=" 每點收益 ",
    main=" 賣權買方到期收益 ",cex.lab=1.5,cex.main=1.5)
abline(v=8500,h=0,lwd=4);segments(8600,K-8600-130,8600,0,lty=2)
```

就圖 4-6 而言，若 $S_T = 8,600$，則阿德執行賣權的權利，相當於阿德可以 8,600 點於現貨市場買進而於選擇權市場以 $K = 9,000$ 點賣出，故可得 400 點，扣除期初的 130 點，可淨得 270 點（右圖）；相反地，若 $S_T = 9,200$，則阿德並不會執行賣權的權利，故其只損失 130 點。

圖 4-5 與 4-6 只繪出買權與賣權「買方」的到期收益曲線，我們應該也不

難想像出對應的「賣方」的到期收益曲線形狀。

例 1

繪製出圖 4-5 與 4-6 對應的賣方到期收益曲線。

解

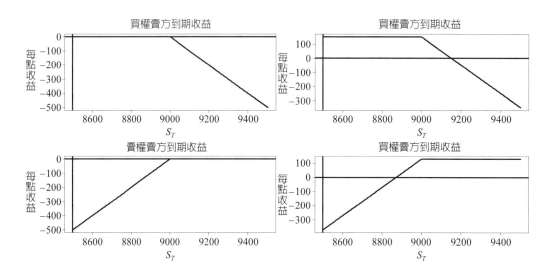

R 指令：

```
windows();par(mfrow=c(2,2))
plot(ST,-CT,type="l",lwd=4,xlab=expression(S[T]),,ylab=" 每點收益 ",
    main=" 買權賣方到期收益 ",cex.lab=1.5,cex.main=1.5);abline(v=8500,h=0,lwd=4)
plot(ST,-CT+150,type="l",lwd=4,xlab=expression(S[T]),,ylab=" 每點收益 ",
    main=" 買權賣方到期收益 ",cex.lab=1.5,cex.main=1.5);abline(v=8500,h=0,lwd=4)
plot(ST,-PT,type="l",lwd=4,xlab=expression(S[T]),,ylab=" 每點收益 ",
    main=" 賣權賣方到期收益 ",cex.lab=1.5,cex.main=1.5);abline(v=8500,h=0,lwd=4)
plot(ST,-PT+130,type="l",lwd=4,xlab=expression(S[T]),,ylab=" 每點收益 ",
    main=" 賣權賣方到期收益 ",cex.lab=1.5,cex.main=1.5);abline(v=8500,h=0,lwd=4)
```

例 2 買權多頭價差策略

　　阿德使用買權多頭價差（long call spread）操作策略：同時買進低履約價
而賣出高履約價的買權，二買權的到期日相同。換言之，阿德以 150 點買入履約價為 9,000 點買權而同時以 100 點賣出相同到期日之履約價為 9,200 點買權，試繪出阿德的到期收益曲線。

解 買權多頭價差操作策略的使用時機，適用於雖看好市場，但卻不易發生大漲的情況，故可賺取不同履約價差，如下圖之紅色實線所示（因本書為單色印刷，讀者可找出下圖之 R 指令，執行後自然可看到紅色實線。本書後面的圖形可類推。）。

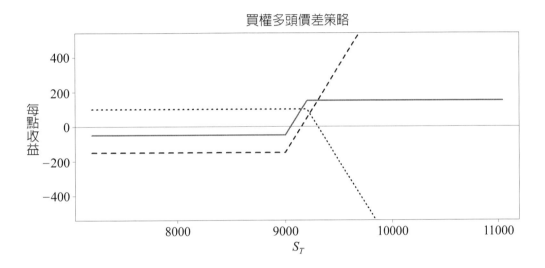

R 指令：

```
LongCallSpread = function(K1,K2,C1,C2) # K1 < K2, C1 > C2
{
 a = K1*(1-0.2);b = K2*(1+0.2);S = seq(a,b,by=1);n = length(S)
 Cost1 = C1*rep(-1,n) # 買低
 S1 = seq(K1,b,by=1);n1 = length(S1);R1 = c(rep(0,n-n1),S1-K1);Pro1 = R1+Cost1
 Cost2 = C2*rep(-1,n) # 賣高
 S2 = seq(K2,b,by=1);n2 = length(S2);R2 = c(rep(0,n-n2),S2-K2);Pro2 = R2+Cost2
 return(list(ST=S,Pro1=Pro1,Pro2=-Pro2))
}
A = LongCallSpread(9000,9200,150,100)
summary(A)
names(A) # "ST" "Pro1" "Pro2"
A # 找出 A 內之變數序列，可用下列方式
ST = A$ST;Pro1 = A$Pro1;Pro2 = A$Pro2
```

```
windows()
plot(ST,Pro1,type="l",lwd=4,lty=2,ylim=c(-500,500),xlab=expression(S[T]),,ylab="每點收益",
    main="買權多頭價差策略",cex.lab=1.5,cex.main=1.5)
lines(ST,Pro2,lwd=4,lty=3);abline(v=4500,h=0,lwd=1.5);lines(ST,Pro1+Pro2,lty=1,lwd=4,col=2)
```

例3　賣權空頭價差策略

　　賣權空頭價差（short put spread）操作策略是指買進高履約價的賣權，而同時賣出相同到期日但低履約價的賣權。也就是說，阿德以 140 點賣出一口履約價為 9,000 點的賣權，但是同時以 210 點買進一口相同到期日而履約價為 9,200 點的賣權，繪出阿德的到期收益曲線。

解　與買權多頭價差策略的使用時機相反的是，賣權空頭價差策略適用於至到期日之前標的物小跌的情況；也就是說，就阿德的例子而言，其採取賣權空頭價差策略的成本支出為 $50 \times (210 - 140) = 3,500$ 元，而其到期收益可以繪成如下圖內之紅色實線所示。

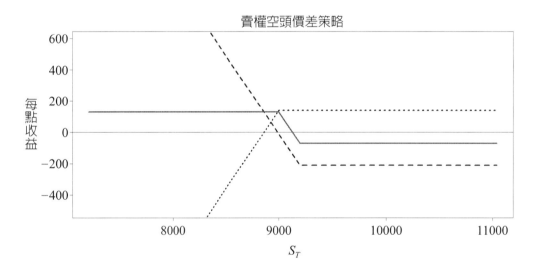

R 指令：

```
ShortPutSpreed = function(K1,K2,P1,P2) # K2 > K1, P2 > P1
{
```

```
a = K1*(1-0.2);b = K2*(1+0.2);S = seq(a,b,by=1);n = length(S)
C2 = P2*rep(-1,n) # 買高
S2 = seq(a,K2,by=1); n2 = length(S2);R2 = c(K2-S2,rep(0,n-n2));Pro2 = R2+C2
S1 = seq(a,K1,by=1);n1 = length(S1);C1 = P1*rep(-1,n) # 賣低
R1 = c(K1-S1,rep(0,n-n1));Pro1 = R1+C1
return(list(ST=S,Pro1=-Pro1,Pro2=Pro2))
}
Output2 = ShortPutSpreed(9000,9200,140,210)
ST = Output2$ST;Pro1 = Output2$Pro1;Pro2 = Output2$Pro2
windows()
plot(ST,Pro2,type="l",lwd=4,lty=2,ylim=c(-500,600),xlab=expression(S[T]),ylab=" 每點收益 ",
     main=" 賣權空頭價差策略 ",cex.lab=1.5,cex.main=1.5)
abline(v=6500,h=0,lwd=1.5);lines(ST,Pro1,lwd=4,lty=3);lines(ST,Pro1+Pro2,lwd=4,col=2)
```

註：於例 2 與 3 所附的 R 指令內，我們有使用自行設計的 LongCallSpread(·) 與
　　ShortPutSpread(·) 函數。注意在使用上述二個函數前，須先輸入四個已知條件：二個
　　履約價及二個期初價。上述函數有三個輸出值，就例 2 而言，我們將所有的結果置於
　　Output2 變數內，可用下列指令檢視：

```
summary(Output2)
names(Output2) # "ST"  "Pro1"  "Pro2"
```

　　表示 Output2 變數內存有三個子變數，可用下列指令叫出：

```
ST = Output2$ST
ST
```

(練習)

(1) 用 R 設計一個可繪出買權之買方與賣方到期收益曲線的函數。

(2) 用 R 設計一個可繪出賣權之買方與賣方到期收益曲線的函數。

(3) 試編表解釋例 2。

(4) 試編表解釋例 3。

2.2 固定成長函數（模型）

固定成長函數可以寫成：

$$Y_t = Y_0(1+g)^t \tag{4-2}$$

其中 $g = (Y_t - Y_{t-1})/Y_{t-1}$ 表示成長率，為固定數值，而 t 為時間。其實，我們對 (4-2) 式並不陌生；事實上，(4-2) 式就是計算期初值 Y_0 的未來值，即可將 g 視為利率。不過，利用 (4-2) 式，我們可以檢視更多現象。

(4-2) 式亦可以用對數值表示；換言之，若對 (4-2) 式取對數值，則 (4-2) 式可以改寫成：

$$y_t = \alpha + \beta t \tag{4-3}$$

其中 $y_t = \log Y_t$、$\alpha = \log Y_0$、以及 $\beta = \log(1 + g)$ (α 讀成 alpha，而 β 讀成 beta)。比較 (4-2) 與 (4-3) 二式，可以發現固定成長函數背後竟隱含著迴歸直線，而該迴歸直線的因變數與自變數分別為 $\log Y_t$（不同時間之對數成長數）與時間 t，可以參考圖 4-7。

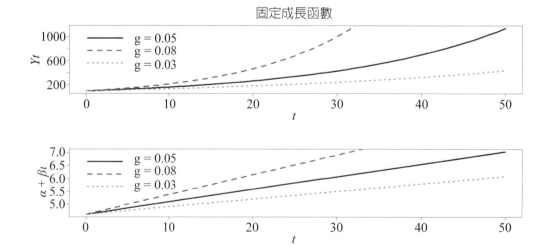

圖 4-7　上圖為不同成長率之固定成長函數，下圖則為上圖隱含的迴歸直線

R 指令：

```
Y0 = 100;g = 0.05;t = seq(0,50,length=51);Yt = Y0*(1+g)^t
windows();par(mfrow=c(2,1))
plot(t,Yt,type="l",lwd=4,main=" 固定成長函數 ",cex.lab=1.5,cex.main=1.5)
g = 0.08;Yt = Y0*(1+g)^t;lines(t,Yt,lty=2,lwd=3,col=2)
g = 0.03;Yt = Y0*(1+g)^t;lines(t,Yt,lty=3,lwd=4,col=3)
legend("topleft",c("g = 0.05","g = 0.08","g = 0.03"),lwd=4,lty=1:3,col=1:3,cex=1.5,bty="n")
alpha = log(Y0);beta = log(1+0.05)
plot(t,alpha+beta*t,type="l",lwd=4,ylab=expression(alpha+beta*t),cex.lab=1.5)
beta = log(1+0.08);lines(t,alpha+beta*t,lty=2,lwd=4,col=2)
beta = log(1+0.03);lines(t,alpha+beta*t,lty=3,lwd=4,col=3)
legend("topleft",c("g = 0.05","g = 0.08","g = 0.03"),lwd=4,lty=1:3,col=1:3,cex=1.5,bty="n")
```

　　檢視圖 4-7，可以發現一個隨固定成長率成長的變數如 Y_t，其成長的時間軌跡竟然不是一條直線，反而其對數值才是一條隨時間成長的直線。Y_t 可以代表存放款金額、國民所得、人口數、公司資本額或營業額、銷貨收入、股利金額、甚至於 CPI 等變數；因此，固定成長函數或模型，是一個頗為重要的數學模型。

　　其實，固定成長函數或模型還有另一種表示方式，類似於連續複利的公式，(4-2) 式可以改寫成：

$$X_t = X_0 e^{b_1 t} \tag{4-4}$$

換言之，若對 (4-4) 式取對數值，則可得：

$$x_t = b_0 + b_1 t \tag{4-5}$$

其中 $x_t = \log X_t$ 以及 $b_0 = \log X_0$。因此，於此處，我們有二種固定的成長率：其一可解釋成「間斷的（discrete）」成長率如 g；另一則是「連續的（continuous）」成長率如 b_1。二者的區別，有如年複利與連續複利之利率的差別[6]。

---

[6]　不過，二者還是有些差異。即若 g 相當小如 $g < 0.05$，可得 $e^g - 1 \approx g$ 或 $\log(1 + g) \approx g$。因此，$\beta \approx g$，故 (4-3) 與 (4-5) 式之間有些差距。

　　雖說固定成長模型相當吸引人，不過若將其應用於實際資料上，其結果會如何？圖 4-8 之上圖繪出中華電與台積電二檔股票依除權息調整之月收盤價與月本益比所計算出的月預估股利時間走勢[7]，我們可以發現二檔股票之月預估股利走勢，大致圍繞於固定成長函數的趨勢（trend）向上攀高，原來固定成長函數可以幫我們找出實際資料的趨勢！

　　圖 4-8 之下圖則繪出二檔股票之預估股利以固定成長函數表示之隱含的迴歸直線，而中華電與台積電估計的成長率（連續）分別約為 5.14% 與 27.97%（以年率計算）[8]。因此，於估計的期間內，台積電預估股利的成長率遠高於中華電的成長率。

　　若仔細思考 (4-3) 或 (4-5) 式，不難發現固定成長函數背後所隱含的迴歸直線，就是一種「確定趨勢（deterministic trend）」的形式，其實「確定趨勢」有點類似「嬰兒一暝大一寸」，表示隨時間會自然成長。不過，實際社會資料內是否存在「確定趨勢」？我們就不是很肯定了，也許會存在「隨機趨勢（stochastic trend）」！顧名思義，「隨機趨勢」就是表示趨勢形式不是很確定，是隨機發生的。

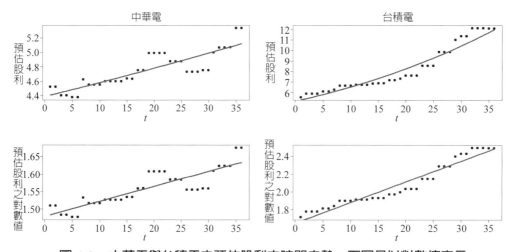

圖 4-8　中華電與台積電之預估股利之時間走勢，下圖是以對數值表示

---

[7]　二檔股票的歷史資料皆是取自 TEJ 內之除權息調整後之月資料，二檔皆是取 2013:1～2015:12 期間。其中，預估股利序列資料的取得，是依據月收盤價與月本益比序列（TSE）所轉換而得，可以參考本章之附錄。

[8]　於後面章節會介紹如何估計。

例 1

　　於 R 內讀取實際資料。

解 於 R 內我們可以讀取事先準備的統計資料，也就是說，本書中我們是先將
下載的資料轉成文字檔（可檢視光碟內文字檔的格式），再依下列指令讀
取資料：

```
m2412pper = read.table("D:\\BM\\ch4\\m2412a.txt")
price = m2412pper[,1] # 股價
per = m2412pper[,2] # 本益比
```

　　上述指令是使用 read.table(·) 指令讀取 D 槽內子檔案之 m2412a 文字檔，
並於 R 內取名為 m2412pper（檔案名稱及 R 變數名稱皆為作者自取），於
該檔案內有事先準備的二行序列，其中第一行為股價，而第二行為本益比
序列。可以注意於 R 內如何讀取變數內整行序列。

例 2

　　估計迴歸直線。

解 續例 1，參考下列指令：

```
div = per/price; div = 1/div # 轉成預估股利
X = div;n = length(X) # 檢視 X 內有多少元素個數並令其為 n
t = 1:n;model1 = lm(log(X)~t) # 計算迴歸線
model1
#Call:
#lm(formula = log(X) ~ t)
#Coefficients:
#(Intercept)              t
#    1.479187        0.004282
```

　　可以注意上述如何估計迴歸直線之指令，即使用 lm(·) 指令，並注意
因變數 log(X) 與自變數 t 之間是用 "～" 區隔。我們將估計的結果稱為
model1，並再檢視 model1，其中 0.004282 即為中華電預估股利之月成長
率，再乘以 12，即得年率之成長率。

練習

(1) 至主計總處下載最近 20 年 CPI 資料，以固定成長模型估計。

(2) 至主計總處下載最近 20 年名目 GDP 資料，以固定成長模型估計。

提示：如下圖

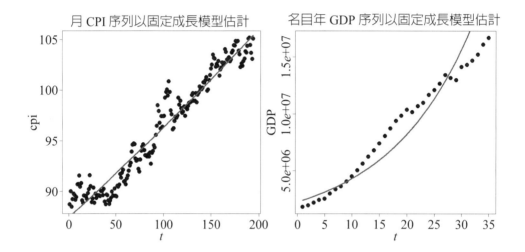

(3) 至 TEJ 下載台達電之月（除權息調整後）資料（2000:1～2016:2），以固定成長模型估計其預估股利。

(4) 何謂固定成長模型？試解釋之。

2.3 冪函數

首先，我們先來看有關於冪函數（power functions）的性質。若 a 與 b 皆為不等於 1 之正數，且 x 與 y 皆為實數，則：

(1) $a^x a^y = a^{x+y}$；$a^x a^{-y} = \dfrac{a^x}{a^y}$；$(a^x)^y = a^{xy}$；$(ab)^x = a^x b^x$；$\left(\dfrac{a}{b}\right)^x = \dfrac{a^x}{b^x}$。

(2) $a^x = a^y \Leftrightarrow x = y$。

(3) 就 $x \neq 0$ 而言，$a^x = b^x \Leftrightarrow a = b$。

另外，應注意例如：

$$y = x^{-1} = \frac{1}{x} \text{、} y = \frac{1}{\sqrt{x}} = x^{-\frac{1}{2}} \text{、} y = \sqrt[3]{x} = x^{\frac{1}{3}} \text{、}$$

$$y = \sqrt[3]{x^2} = x^{\frac{2}{3}} \text{以及 } y = \frac{1}{\sqrt[5]{x^2}} = x^{-\frac{2}{5}} \text{ 等例子。}$$

練習下列指令：

```
2^(-1) # 0.5
1/2 # 0.5
2^(-1/2) # 0.7071068
1/sqrt(2) # 0.7071068
2^(1/3) # 1.259921
(-2)^(1/3) # NaN, NaN 表示無
2^(1.3) # 2.462289
(-2)^(1.3) #  NaN
2^(13/10) # 2.462289
```

讀者應注意「根號」內之值應不爲負數。

　　考慮下列冪函數 $Y = AX^{\beta}$，其中 A 與 β 皆爲固定之常數。上述冪函數於經濟與財務上的應用相當多元，其中的關鍵取決於 β 值的大小。首先，我們先來看冪函數的圖形，再來討論其應用。爲了簡化起見，假定 $A = 1$，則按照 β 值的大小，大致可以分成三種情況。

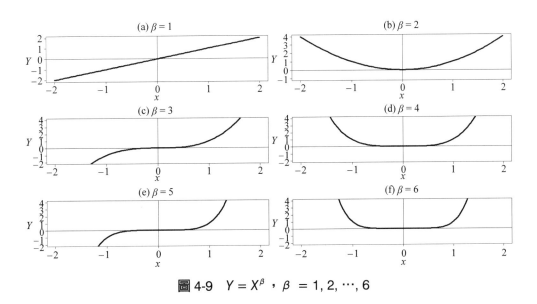

圖 4-9　$Y = X^{\beta}$，$\beta = 1, 2, \cdots, 6$

R 指令：

```
A = 1;beta =c(1,2,3,4,5,6);X = seq(-2,2,length=100)
windows();par(mfrow=c(3,2))
Y = A*X^beta[1]
plot(X,Y,type="l",lwd=4,main=expression(paste("(a) ",beta==1)),cex.main=2,cex.lab=1.5)
abline(v=0,h=0)
```
(只列出圖 (a) 之指令)

情況 1：$\beta = 1, 2, \cdots, 6$。

從圖 4-9 之各圖可以看出，若 β 值分別爲 1, 2, $\cdots$, 6，則冪函數可以視爲一個多項式（即除了首項不爲 0 之外，其餘項爲 0），因此可以包括直線、抛物線以及三次方曲線（即圖 (c)，例如廠商之總成本曲線形狀），不過更高次方之曲線形狀已脫離不了上述範圍。

情況 2：$\beta = -1/2$、$\beta = -1/3$、$\beta = -1$ 以及 $\beta = -2$。

接下來，我們來看情況 2。圖 4-10 之各圖皆繪出 β 值小於 0 的例子，四個例子有一個共同的特色，就是不管 y 或 x 值爲何，其圖形均有可能趨近於一條漸近線（asymptote line），於圖 4-10 的例子中，漸近線不是 x 軸（即 y 值接近於 0）就是 y 軸（即 x 值接近於 0）。

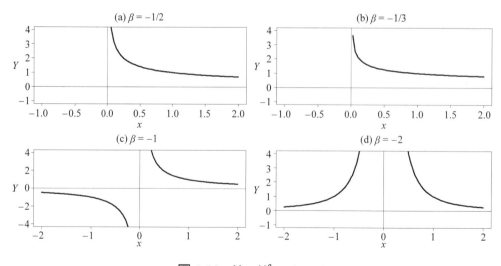

圖 4-10　$Y = X^\beta$，$\beta < 0$

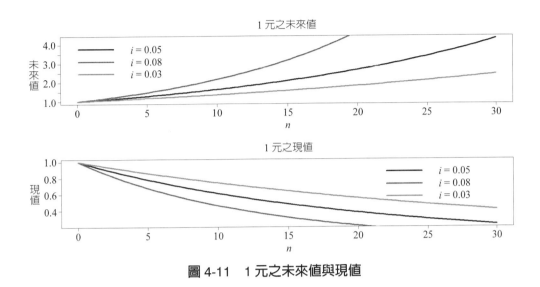

圖 4-11　1 元之未來值與現值

R 指令：

```
AFV = function(i,n,A) A*(1+i)^n;AFV(0.06,30,200) # 1148.698
A = 1;n = seq(0,30,length=100)
windows();par(mfrow=c(2,1));i = 0.05
plot(n,AFV(i,n,A),ylab=" 未來值 ",lwd=4,main="1 元之未來值 ",type="l",cex.lab=1.5,
    cex.main=2);i = 0.08;lines(n,AFV(i,n,A),lwd=4,col=2)
i = 0.03;lines(n,AFV(i,n,A),lwd=4,col=3)
legend("topleft",c("i = 0.05","i = 0.08","i = 0.03"),lwd=4,col=1:3,bty="n",cex=1.5)
```
（只列出上圖之指令）

　　情況 1 與 2 的例子，於財務的應用上，最明顯的就是計算本金於不同的時間與利率下的未來值與現值，可參考圖 4-11。換言之，圖 4-11 是比較於不同的利率下，1 元的未來的價值與貼現值，其圖形走勢就包含圖 4-9 與 4-10 中之圖形。讀者可以注意所附的 R 指令中，我們有新設二個函數 $AFV(i, n, A)$ 與 $APV(i, n, A)$，可以用來計算本金為 A 元之未來值與現值。

　　情況 3：β 為不同商數（即分數）形式

　　圖 4-12 繪出 β 值分別為 1/2、1/3、3/2 與 2/3 的四個例子，於其中可以看出若 Y 表示產出而 X 為投入，則圖 4-12 之 (c) 圖可以表示（規模）報酬遞增（increasing returns to scale）的現象，其餘三圖則是呈現（規模）報酬遞減（decreasing returns to scale）的現象（當然我們不考慮 X 為負值的情況）。

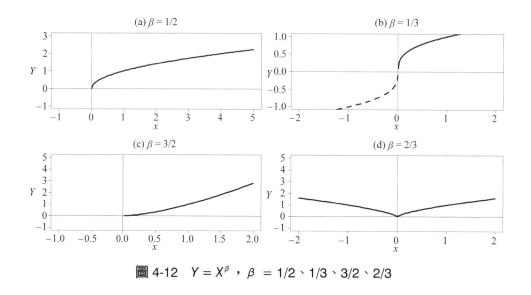

圖 4-12　$Y = X^\beta$，$\beta = 1/2$、$1/3$、$3/2$、$2/3$

　　於此我們可以介紹一個普遍用於經濟學內的生產函數：柯布─道格拉斯生產函數（Cobb-Douglas production function），該生產函數之數學式可以寫成：

$$Q = AL^\alpha K^\beta \tag{4-6}$$

其中 Q、A、L 以及 K 分別表示產出、生產技術、勞動與資本投入；其次，二個參數 α 與 β 分別稱為勞動與資本的產出彈性，具有下列的特性：

若 $\alpha + \beta = 1$，則可以稱該生產函數之規模報酬固定（constant returns to scale）。
若 $\alpha + \beta > 1$，則可以稱該生產函數之規模報酬遞增。
若 $\alpha + \beta < 1$，則可以稱該生產函數之規模報酬遞減。

　　若仔細檢視 (4-6) 式，自然會發現生產技術 A 扮演什麼角色，畢竟勞動、資本以及產出的衡量單位並不相同；因此，可以將「生產技術」思考成將勞動與資本投入轉換成產出的方式。是故，若假設生產技術固定，我們可以用一個特定的數值表示生產技術。

　　圖 4-13 繪出 $\alpha = \beta = 0.5$ 之柯布─道格拉斯生產函數之 3D 圖，可以參考所附之 R 指令；直覺而言，若勞動與資本投入皆對產出有「正面的貢獻」，則若同時繪製勞動投入、資本投入與產出之圖形，該圖形的形狀不是像「一

座山」如圖 4-13 所示嗎？可以注意所附的 R 指令內，我們設計了一個稱為 $CDQ(\cdot)$ 的函數；若欲使用該函數，就需依序輸入適當的參數與投入值。另一方面，亦有一個 $DQ(\cdot)$ 的函數，因只能繪出一個圖形，故須先預設置固定的參數 A。

固定生產規模之柯布—道格拉斯生產函數

圖 4-13　$\alpha = \beta = 0.5$ 之柯布—道格拉斯生產函數

R 指令：

```
CDQ = function(A,L,K,alpha,beta) A*(L^alpha)*(K^beta);L = 1:30;K = 1:30;A = 2
alpha = 0.8;beta = 0.2;Q = CDQ(A,L[12],K[2],alpha,beta) # L=12,K=2
Q # 16.77185
CDQ(5,28,7,0.5,0.1) # 32.14096
DQ = function(L,K) 4*(L^0.5)*(K^0.5);Q = outer(L,K,DQ) # 可以詢問 outer 是何意思，即 ?outer
windows()
persp(L,K,Q,theta=-45,ticktype="detailed",lwd=2,
      main=" 固定生產規模之柯布道格拉斯生產函數 ")# theta 表示旋轉參數
```

　　利用圖 4-13 內的圖形，想像如何繪製該座山的等高線（contours）？可參考圖 4-14。其實有關於等高線的觀念，我們應該不會陌生，因為經濟學內的無異曲線（indifference curves）或等產量曲線（isoquants）就是利用等高線的概念，以說明相同效用或產量下，商品或生產要素之間的搭配。

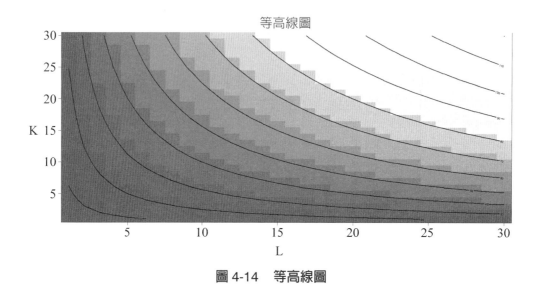

圖 4-14　等高線圖

R 指令：

```
windows();image(L,K,Q);contour(L,K,Q,add=T,lwd=2);title(" 等線圖 ")
```

若 $\alpha + \beta = 1$，則 (4-6) 式可以改寫成：

$$y = \frac{Y}{L} = AL^{\alpha}K^{1-\alpha}\frac{1}{L} = A\left(\frac{K}{L}\right)^{1-\alpha} = Ak^{\beta} \tag{4-7}$$

其中 y 與 k 分別表示每位勞動者的平均產量（即勞動力）與擁有的資本量。由 (4-7) 式可看出柯布—道格拉斯生產函數也可以寫成冪函數的形式，圖 4-12 內的各圖顯示出不同的生產型式。

例 1　**奢侈品**（luxury goods）、**正常財**（normal goods）、**中性財**（neutral goods）、**劣等財**（inferior goods）與**季芬財**（Giffen goods）。

就冪函數 $y = Ax^{\beta}$ 而言，若對其取對數值，可得 $\log y = \log A + \beta \log x$，故

$$\beta = \frac{\Delta \log y}{\Delta \log x} = \frac{\Delta y / y}{\Delta x / x}$$

β 值亦可以解釋成 y 的 x 彈性（例如需求的價格彈性）；因此，若 x 與 y 分別表示所得與需求量，則依 β 值的大小，可將需求的商品分成上述六種，試繪出各商品需求與所得之走勢。

解 下左圖考慮三種正常財的例子，從圖內可看出商品需求增加的速度會隨所得的增加而提高，尤其表現於 $\beta = 1.5$ 的情況，此種商品可以歸類成奢侈品；另一方面，右下圖則繪出中性財（即 $\beta = 0$）與劣等財之商品需求與所得之間的關係，可以發現後者之需求量反而會隨所得的提高而下降。

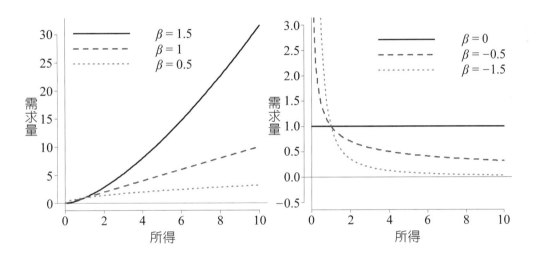

R 指令：

```
I = seq(0,10,length=100);Goods = function(A,beta,I) A*I^beta
windows();par(mfrow=c(1,2))
plot(I,Goods(1,1.5,I),type="l",lwd=4,xlab=" 所得 ",ylab=" 需求量 ",bty="n",cex.lab=1.5,cex.main=2)
abline(h=0,v=0);lines(I,Goods(1,1,I),lwd=4,lty=2,col=2);lines(I,Goods(1,0.5,I),lwd=4,lty=3,col=3)
leg = c(expression(beta==1.5),expression(beta==1),expression(beta==0.5))
legend("topright",leg,lwd=4,lty=1:3,col=1:3,bty="n",cex=2)
plot(I,Goods(1,0,I),lwd=4,type="l",ylim=c(-0.5,3),xlab=" 所得 ",ylab=" 需求量 ",bty="n",
      cex.lab=1.5,cex.main=2)
lines(I,Goods(1,-0.5,I),lwd=4,lty=2,col=2);lines(I,Goods(1,-1.5,I),lwd=4,lty=3,col=3)
abline(v=0,h=0);leg = c(expression(beta==0),expression(beta==-0.5),expression(beta==-1.5))
legend(2,3,leg,lwd=4,lty=1:3,col=1:3,bty="n",cex=2)
```

例2 等產量曲線

利用柯布—道格拉斯生產函數 $Q = AL^\alpha K^\beta$，我們也可以繪製於固定產量下之等產量曲線。例如，繪出 $Q = 20$ 以及 $\alpha = \beta = 0.5$ 之下，不同 L 與 K 組合搭配曲線。

解 上述柯布—道格拉斯生產函數也可以寫成 $K = ((Q/A)(L^{-\alpha}))^{1/\beta}$；因此，於特定的 $Q = 20$ 下，可以找出與 L 對應的 K 組合，可參考所附的 R 指令。

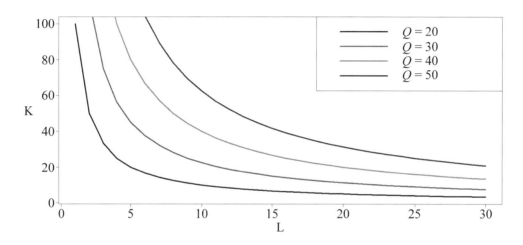

R 指令：

```
L = 1:30;A = 2;Q = 20;K = ((Q/A)*L^(-0.5))^(1/0.5)
windows();plot(L,K,type="l",lwd=4,cex.lab=1.5)
Q = 30;K = ((Q/A)*L^(-0.5))^2;lines(L,K,lwd=4,col=2)
Q = 40;K = ((Q/A)*L^(-0.5))^2;lines(L,K,lwd=4,col=3)
Q = 50;K = ((Q/A)*L^(-0.5))^2;lines(L,K,lwd=4,col=4)
legend("topright",c("Q = 20","Q = 30","Q = 40","Q = 50"),lwd=4,col=1:4,cex=2)
```

例3

續例2，其實我們也可以利用柯布—道格拉斯生產函數於 R 內設立等產量曲線的函數；其次，繪出等成本線與生產擴張線。

解 參考所附之 R 指令，其中注意 $IOQK(Q, A, L, \alpha, \beta)$ 函數；換言之，若欲使用該函數，需輸入小括號內之數值（依次序，不能顛倒）。例如，若於 R

內寫成：

L = 0:30;K = IOQK(20,2,L,0.5,0.5)

表示 L 是從 0 至 30；另外，於 $Q = 20$、$A = 2$ 以及 $\alpha = \beta = 0.5$ 與 L 下找出對應的 K。

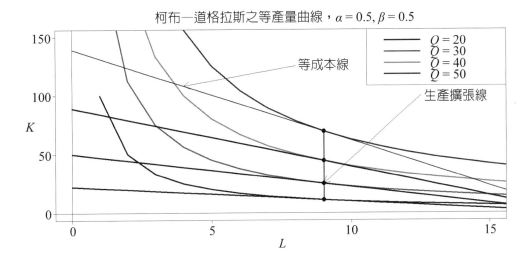

R 指令：

```
IOQK = function(Q,A,L,alpha,beta) ((Q/A)*(L^(-alpha)))^(1/beta)
L = 0:30;A = 2;Q = 20;alpha = 0.5;beta = 0.5
K = IOQK(Q,A,L,alpha,beta);K1 = K[10];L1 = L[10];m1 = -K1/L1
windows()
plot(L,K,type="l",lwd=4,xlim=c(0,15),ylim=c(0,150),cex.lab=1.5,cex.main=2,
    main=expression(paste(" 柯布道格拉斯之等產量曲線 ,",alpha==0.5,",",beta==0.5)))
K = K[10] + m1*(L - L[10]);lines(L,K,lwd=4)
```
(只列出部分的 R 指令，其餘可參考光碟)

練習

(1) 奢侈品的圖形為何？繪出其圖形。
   提示：如下圖

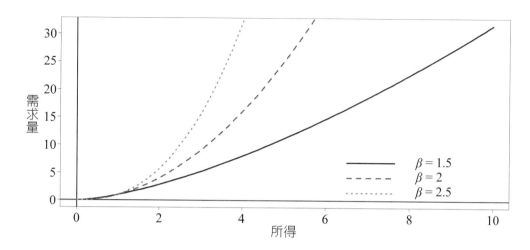

(2) 季芬財的圖形為何？繪出其圖形。

提示：如下圖

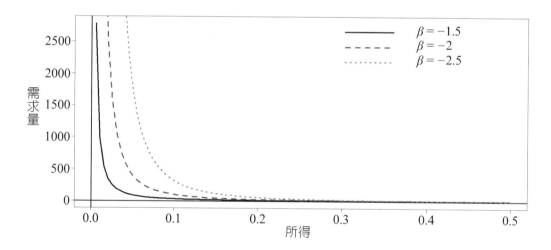

(3) 繪出 1 元未來值之利率與期限之立體圖。

提示：如下圖

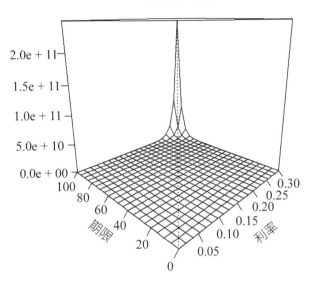

1 元之未來值

(4) 繪出 1 元現值之利率與期限之立體圖。

提示：如下圖

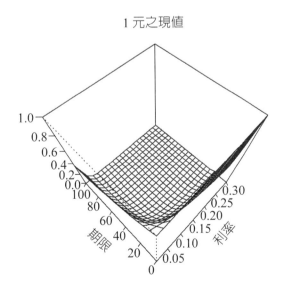

1 元之現值

(5) 續練習 (3) 與 (4)，若改成連續複利的型式呢？

(6) 如何透過類似柯布－道格拉斯生產函數的型態，繪製出消費者的無異曲線？

本章習題

1. 試繪出 $x^2 - 8x + 3 = 0$ 之圖形及求解 $x = ?$

2. 一家獨占廠商面對二個市場，其需求曲線分別為 $P_1 = 12 - 0.15Q_1$ 與 $P_2 = 9 - 0.075Q_2$，繪出該獨占廠商之市場需求曲線。

   提示：需求量之水平加總，如下圖所示。

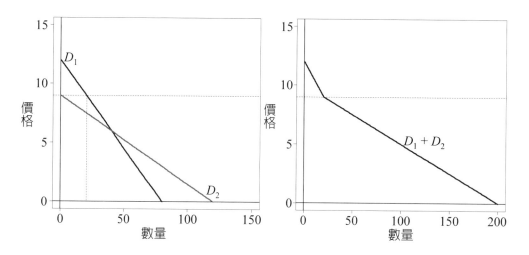

3. 某家廠商的平均固定成本（AFC）與平均變動成本（AVC）函數分別為：

$$AFC = 200Q^{-1} \text{ 與 } AVC = 0.03Q^2 + 35Q^{-3/4} \text{。}$$

   繪出其短期總成本（STC）、短期平均成本（SAC）以及短期邊際成本函數（SMC）函數。

4. 續上題，若短期總成本與勞動投入量之間的關係為 $STC(Q) = 200 + 20L$，繪出勞動的總產量 TP_L、平均產量 AP_L 與邊際產量 MP_L 函數。

5. 獨占廠商面對的市場需求曲線為 $P = 8 - 0.2Q$，繪出其平均收益（AR）與邊際收益（MR）曲線。

6. 續上題，若該獨占廠商的短期平均成本函數為 $SAC(Q) = 8 + 0.02(Q - 10)^2$，計算其利潤最大下之售價與產量。

   提示：利潤最大的條件為 $SMC(Q) = MR$。

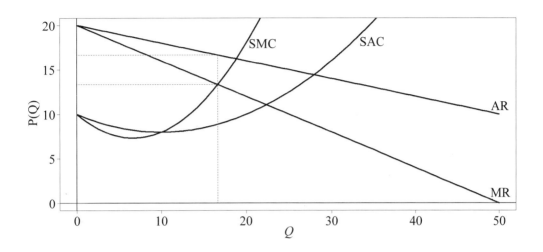

7.　續上題，利潤爲何？

8.　保本型商品（principal guarantee note, PGN）。阿德計畫存 1 百萬元於銀行的六個月期儲蓄存款（利率爲 2%），知道有關於選擇權的觀念後，打算以 150 點買進一口履約價爲 9,000 點的台指選擇權，其到期日亦爲六個月，幫阿德計算收益且繪出其到期收益曲線，並解釋有何涵義？

　　提示：阿德可以先以 7,500 元買入一口台指買權，再以剩下的 99.25 萬元存於銀行，半年後可得 100.2425 萬元，故保本率超過 100%。

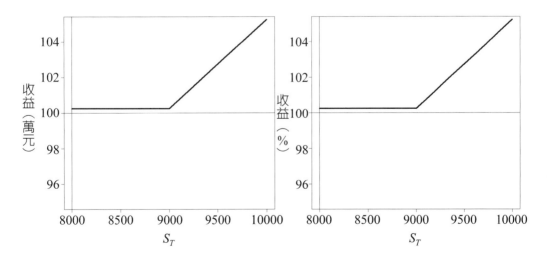

9.　續上題，其實阿德也可以發行一個 *PGN*，而投資人的收益 *R* 可爲：

$$R = A\alpha\% + 50\beta \max(S_T - K, 0)$$

其中 A 為本金，α 與 β 分別表示保本率與參與率。若 $A = 100$ 萬元、$\alpha = 97$ 以及 $\beta = 0.5$，繪出該投資人六個月後的收益與報酬率。

10. 續上題，阿德的淨利為何？

11. 高收益商品（high yield note, HYN）。阿德為了取得更高的收益，以 100 點賣出一口履約價為 9,200 點台指賣權（半年後到期），總共得到 5,000 元後連同 100 萬元存於銀行之半年期儲蓄存款，利率為 2%。繪出阿德之到期收益以及報酬率收益曲線，其最高收益為何？

提示：

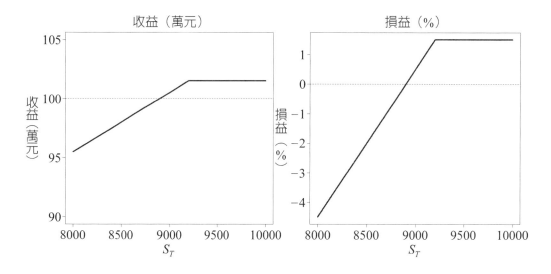

12. 續上題，阿德也可以發行股權連結商品（equity linked note, ELN），其發行條件為：

參考指標：臺灣加權股價指數（TWI）。

面　　額：新臺幣 10 萬元（$A = 10$ 萬元）。

發行價格：面額的 $\alpha\%$。

期　　間：六個月。

履約價格：9,200 點（$K = 9,200$）。

參考價格：TWI 之收盤價（以 S_T 表示）。

到期支付方式：

(1) 到期日 $S_T > K$，給予 A。

(2) 到期日 $S_T \leq K$，給予 $A\alpha\% + 50K - 50S_T$。

假定 $\alpha = 94.1$，則投資人最高報酬率約爲 12.54%，繪出投資人之到期收益及報酬率曲線。阿德之淨利爲何？

提示：

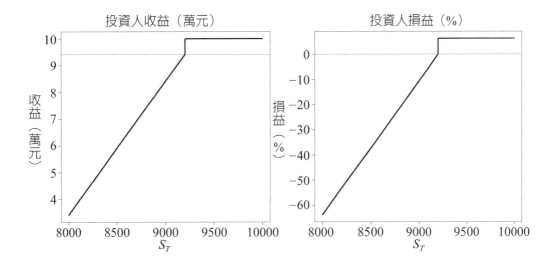

13. 通常 ELN 適用於標的資產爲個股。底下舉一個例子：

參考指標：A 股票。

發行價格：面值的 96%。

面額：新臺幣 1 億元。

期間：三個月。

履約價格：22.00。

到期債券約當股數：面額 / 履約價。

到期股價：到期日臺灣證券交易所 A 股票收盤價。

到期支付方式：

(1) 若到期股價大於或等於履約價，給予面額。

(2) 若到期股價小於履約價，給予到期每張票券約當股數之市值。

繪出投資人之收益與報酬率曲線。

14. 保護性賣權（protective put）。一張股票為 1,000 股，不過一口股票選擇權契約卻有 2,000 股，投資人可以利用股票選擇權的保護性賣權策略以避免現貨股價下跌的風險。例如，阿德打算以 150 元購買台積電股票，為避免現貨股價下跌，同時以 2.55 元買入三個月期履約價為 170 元的台積電賣權一口，幫阿德繪出到期收益線。

   提示：

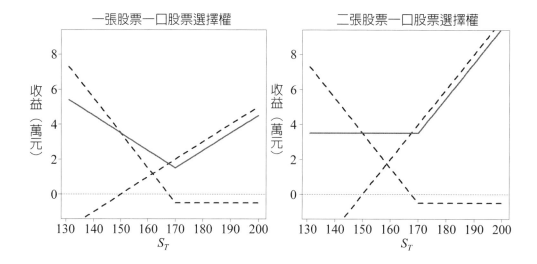

15. 反向規避策略。老林欲於 170 元放空台積電股票，但為避免現貨股價上升，故同時以 8 元買進一口一個月期履約價為 170 元台積電股票買權，繪出老林之到期收益曲線。

   提示：

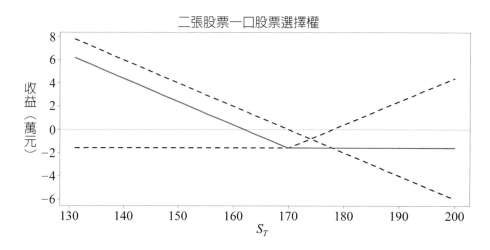

16. 繪製出 $Q = 2L^{0.3}K^{0.6}$ 之等產量曲線。

17. 續上題，若 $P_L = 2$ 與 $P_K = 5$ 分別表示勞動與資本價格，則 100 的成本支出最多可以生產多少產量？

    提示：

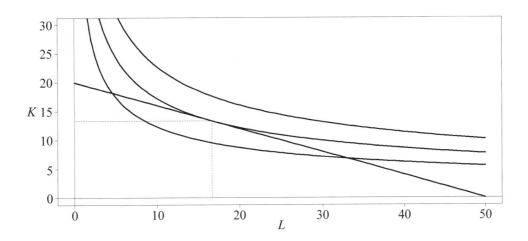

18. 若廠商的短期生產函數為 $Q = L^{1/2}$，繪出勞動之平均產量與邊際產量曲線，其有何涵義？

19. 繪出 91 天期面額為 10,000 元之實際貼現率與其價格之間的關係。

20. 續上題，若改為銀行貼現率呢？有何涵義？

    提示：

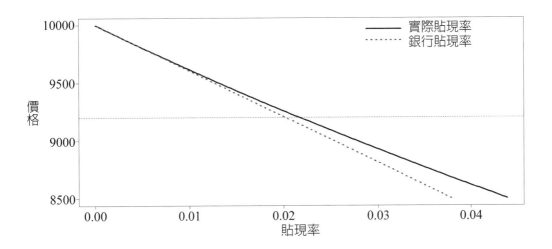

附 錄

附 1：中華電 2013/1～2015/12 月收盤價與本益比資料

年／月	13/1	13/2	13/3	13/4	13/5	13/6	13/7	13/8	13/9	13/10	13/11	13/12
P	80.56	79.02	79.53	80.39	81.84	87.41	86.84	85.67	85.76	85.67	84.04	84.31
PER	17.8	17.46	18.05	18.25	18.69	19.96	18.77	18.81	18.83	18.81	18.27	18.33
年／月	14/1	14/2	14/3	14/4	14/5	14/6	14/7	14/8	14/9	14/10	14/11	14/12
P	83.22	83.31	84.85	85.3	86.93	87.11	86.97	88.31	87.17	88.12	88.4	89.35
PER	18.09	18.11	18.3	18.4	18.29	18.32	17.43	17.7	17.47	17.66	18.13	18.32
年／月	15/1	15/2	15/3	15/4	15/5	15/6	15/7	15/8	15/9	15/10	15/11	15/12
P	90.78	93.34	94.58	94.1	92.2	93.53	98	98.8	98.8	99.7	99.8	99.1
PER	18.62	19.72	19.98	19.88	19.4	19.68	19.6	19.49	19.49	19.66	18.69	18.56

資料來源：TEJ。註：P 與 PER 分別表示收盤價與本益比。

附 2：台積電 2013/1～2015/12 月收盤價、本益比與週轉率資料

年／月	13/1	13/2	13/3	13/4	13/5	13/6	13/7	13/8	13/9	13/10	13/11	13/12
P	93.59	96.35	92.66	100.96	100.96	102.35	97.16	95.26	95.26	103.79	99.53	100
PER	16.86	16.3	15.68	17.08	16.49	16.72	15.44	14.3	14.3	15.58	14.73	14.8
T	16.52	17.01	16.36	17.83	17.83	16.43	15.17	14.87	14.87	15.58	14.94	14.66
年／月	14/1	14/2	14/3	14/4	14/5	14/6	14/7	14/8	14/9	14/10	14/11	14/12
P	99.53	102.37	112.32	112.32	113.27	119.91	117.27	120.18	116.3	126.48	137.14	136.65
PER	14.73	14.88	16.32	16.32	15.77	16.69	15.96	15.74	15.23	16.56	16.04	15.99
T	14.59	15.01	16.47	16.47	16.61	16.71	15.98	16.38	15.85	16.77	18.19	16.12
年／月	15/1	15/2	15/3	15/4	15/5	15/6	15/7	15/8	15/9	15/10	15/11	15/12
P	136.65	145.86	141.02	142.47	141.5	140.5	139.5	129	130	136.5	139	143
PER	15.99	14.78	14.29	14.44	12.83	12.35	12.26	10.63	10.71	11.24	11.49	11.82
T	16.13	17.21	16.64	16.81	16.7	12.35	12.26	11.34	11.43	11.92	12.13	12.63

資料來源：TEJ。註：P、PER 以及 T 分別表示收盤價、本益比與週轉率。

## Chapter 5

特殊的函數

本章是延續第 4 章的內容，我們將分別討論經常使用於經濟與財務的函數，包括雙曲線函數、指數與對數函數、對數－對數模型、半對數模型以及三角函數。

第一節　直角雙曲線

敏感的讀者可能會對第 4 章圖 4-8 內的 (c) 圖感到眼熟，沒錯，那就是直角雙曲線（rectangular hyperbola）。考慮下列式子：

$$(Y - \alpha_1)(X - \alpha_2) = \alpha_3$$

上式可說是直角雙曲線的一般式，該雙曲線的漸近線出現於 $Y = \alpha_1$ 與 $X = \alpha_2$ 處，可參考圖 5-1；於該圖內，可看出雙曲線的形狀有 $\alpha_3 > 0$ 以及 $\alpha_3 < 0$ 的二種情況。事實上，上式可以改寫成：

$$Y = \alpha_1 + \frac{\alpha_3}{X - \alpha_2} \tag{5-1}$$

因此，從 (5-1) 式的型式，可以發現直角雙曲線另有一種表示方式；另一方面，(5-1) 式亦有二種特例：

1. 若 $\alpha_2 = 0$，則 (5-1) 式可以改寫成：

$$Y = \alpha_1 + \alpha_3 \frac{1}{X} \tag{5-2}$$

2. 若 $\alpha_1 = 0$，則 (5-1) 式亦可寫成：

$$\frac{1}{Y} = \delta_1 + \delta_2 X \qquad\qquad (5\text{-}3)$$

其中 $\delta_1 = -\alpha_2 / \alpha_3$ 與 $\delta_2 = 1/\alpha_3$。（δ 音 delta）

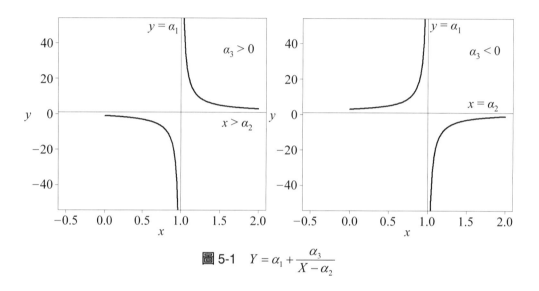

圖 5-1 　$Y = \alpha_1 + \dfrac{\alpha_3}{X - \alpha_2}$

R 指令：

```
alpha1 = 1;alpha2 = 1;alpha3 = 2
windows();par(mfrow=c(1,2))
x = seq(0.001,0.999,length=100);y = alpha1 + alpha3/(x - alpha2)
plot(x,y,type="l",lwd=4,xlim=c(-0.5,2),ylim=c(-50,50),cex.lab=1.5)
x = seq(1.0001,2,length=100);y = alpha1 + alpha3/(x - alpha2)
lines(x,y,lwd=4);abline(v=1,h=1);text(1.75,40,labels=expression(alpha[3]>0),pos=1,cex=1.5)
text(1,50,labels=expression(y == alpha[1]),pos=2,cex=1.5)
text(1.75,1,labels=expression(x == alpha[2]),pos=1,cex=1.5)
```
（只列出左圖之指令）

　　由於 (5-2) 與 (5-3) 二式內之因變數或自變數皆是以倒數的型式呈現，故上述二式可以稱為倒數轉換（reciprocal transformations）函數（模型）。底下，我們將舉一個例子說明 (5-1)～(5-3) 式的應用。

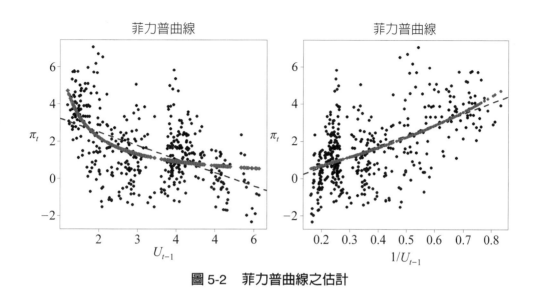

圖 5-2　菲力普曲線之估計

　　圖 5-2 之左圖繪出臺灣於 1982/1～2017/1 期間通貨膨脹率與月失業率序列資料之間的散佈圖[1]，其中月失業率是以落後一期（月）計算。從圖內可看出通貨膨脹率與月失業率之間存在負相關的走勢，此種結果頗符合我們的直覺判斷或與經濟學內的菲力普曲線（Phillips curve）的涵義一致；換言之，我們是否有辦法估計出失業率與通貨膨脹率之間的替換關係？(5-1) 式倒是幫我們提供了多種可參考的函數模型。

　　若仔細思考 (5-1) 式與 (5-2) 或 (5-3) 式之不同，可以發現後二式雖說不是直線型態，不過只要事先經過適當的轉換，例如令 $y = 1/Y$ 或 $x = 1/X$，則 (5-2) 或 (5-3) 式不就是迴歸直線函數嗎？（可以參考圖 5-2 之右圖，該圖繪出通貨膨脹率與失業率的倒數之間的散佈圖）。但是 (5-1) 式內的變數卻無法事先轉換（因無法事先知道 α_2 值爲何），因此我們稱 (5-1) 式的型態爲非線性迴歸函數。是故，透過(5-1)式，我們除了可以用線性迴歸函數估計菲力普曲線外（假定 $\alpha_2 = 0$），亦可再透過非線性迴歸函數估計。

　　雖說，經濟學有菲力普曲線的介紹，不過依直覺而言，究竟是通貨膨脹影響失業呢？抑或是後者影響前者？爲了避免困擾，我們分別以 π_t 與 U_{t-1} 取代 (5-1)～(5-3) 式內的 Y 與 X，其中 π_t 與 U_{t-1} 分別表示 t 期的通貨膨脹率與 $t - 1$

---

[1]　資料取自主計總處，其中通貨膨脹率是 CPI 的年增率。

期的失業率，理所當然，t 期無法影響 $t-1$ 期。若使用估計線性與非線性迴歸函數的方法[2]，其結果就如圖 5-2 內的直線與曲線所示，圖內可看出，似乎後者比前者適合解釋失業率與通貨膨脹率之間的關係。讀者可試著從所附的 R 指令之估計結果，得知 (5-1)～(5-3) 式內的參數估計值並解釋其中的意思。

例 1 讀取資料。

於圖 5-2 內所附的 R 程式，我們使用另一種方式讀取資料；換言之，於 influn.txt 內有各行變數之名稱，故與第 4 章 2.2 節的例 1 不同的是，此處多加入 header=T 指令。其次，可以連續使用 names(.) 與 attach(.) 二個函數指令，前者是尋問 influn 內有何變數名稱，後者則表示接近 influn 檔案（即可以使用其內之變數）；因此，可以令通貨膨脹率為 infl，其他則依下列指令類推。執行下列指令（讀者應記得自己的檔案存放於何處）：

```
influn = read.table("D:\\BM\\ch5\\influn.txt",header=T)
names(influn) # [1] " 通貨膨脹率 " " 失業率 "
attach(influn) # 接近此檔案
infl = 通貨膨脹率 ;un = 失業率 ;n = length(infl);infl1 = infl[2:n];un1 = un[1:(n-1)]
a = min(infl1);b = min(un1);lm(infl1~un1)
reun1 = 1/un1;lm(infl1~reun1)
modele = nls(infl1~alpha1+alpha3/(un1+alpha2),
        start=list(alpha1=a,alpha3=5.755,alpha2=b)) # 非線性最小平方法 , 需有期初值
modele
names(modele) # 內有許多名稱 , 每一名稱可以單獨找出某一特定結果
fite = fitted(modele) # 單獨找出迴歸線之估計值
windows();par(mfrow=c(1,2))
plot(un1,infl1,type="p",cex=2,pch=20,xlab=expression(U[t-1]),ylab=expression(pi[t]),
    cex.lab=1.5,main=" 菲力普曲線 ",cex.main=2)
```

---

[2] 我們皆使用最小平方法（method of least square）分別估計非線性與線性迴歸線，前者於估計時需要使用參數的期初值，我們分別以通貨膨脹率與月失業率的最小值當作 α_1 與 α_2 的期初值；至於 α_3 的期初值，則以線性迴歸線（通貨膨脹率對月失業率的倒數）的估計值取代。可以參考本書第 13 章以及所附的 R 指令。

```
abline(lm(infl1~un1),lwd=4,lty=2,col=4);lines(un1,fite,type="p",pch=18,col=2,cex=2)
plot(reun1,infl1,type="p",pch=20,cex=2,,xlab=expression(1/U[t-1]),ylab=expression(pi[t]),
      cex.lab=1.5,main=" 菲力普曲線 ",cex.main=2)
abline(lm(infl1~reun1),lwd=4,lty=2,col=4);lines(reun1,fite,type="p",cex=2,col=2,pch=20)
```

　　類似直角雙曲線函數圖形的例子，於經濟與財務的應用上並不在少數，可以參考下列的例子。

例 2

　　利用本書第 2 章內之 (2-15) 式，即 $d_1 = \dfrac{M - p_d}{p_d} \times \dfrac{360}{n}$，試分別計算及繪出 30、90、180 天期實際貼現率與價格之關係。

解

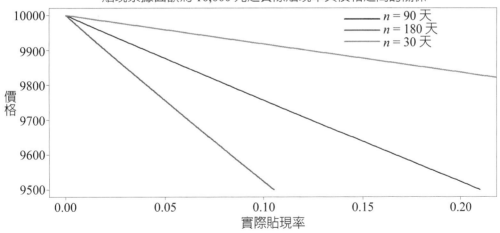

貼現票據面額為 10,000 元之實際貼現率與價格之間的關係

R 指令：
```
# 面額為 10,000 元之實際貼現率
M = 10000;n = 90;Pd = seq(9500,9999.99,length=300)
d1 = ((M-Pd)/Pd)*360/n;max(d1) # 最大值 # 0.2105263
min(d1) # 最小值 # 4.000004e-06
windows()
```

```
plot(d1,Pd,type="l",lwd=3,xlab=" 實際貼現率 ",ylab=" 價格 ",cex.lab=1.5,cex.main=2,
      main=" 貼現票據面額為 10,000 元之實際貼現率與價格之間的關係 ")
n = 180;d1 = ((M-Pd)/Pd)*360/n;lines(d1,Pd,lwd=4,col=2)
n = 30;d1 = ((M-Pd)/Pd)*360/n;lines(d1,Pd,lwd=4,col=3)
legend("topright",c("n = 90 天 ","n = 180 天 ","n = 30 天 "),lwd=4,col=1:3,bty="n",cex=1.5)
```

例 3

　　利用本書第 2 章之 (2-10) 式，一張息票債券面額為 1,000 元，每年償付的息票為 75 元，到期期限為 10 年，若到期收益率分別為 0.0492、0.0613 以及 0.075，則該債券價格分別為何？

解　檢視下列所新設之債券價格函數 Bondprice(·)：

```
Bondprice = function(F,ib,y,f,n)
# F: 面額 , ib: 票面利率 , y: 到期收益率 , f: 一年付息次數 , n: 債券到期年數
{
  C = (ib/f)*F;m = 1:(f*n) ;Price = sum(C/(1+y/f)^m) + F/(1+y/f)^(f*n)
  return(Price)
}
Bondprice(1000,0.075,0.0492,1,10) # 1,199.997
Bondprice(1000,0.075,0.0613,1,10) # 1,100.215
Bondprice(1000,0.075,0.075,2,10) # 1,000
```

註：若所設的函數型態較為複雜，可以依下列方式設置新的函數：

$$函數名稱 = function(·)$$
$$\{$$
$$變數 = \cdots$$
$$return(\ 變數\ )$$
$$\}$$

　　應注意該函數小括號內變數之順序。

例 4

續例 3，試繪出不同到期期限下，價格與到期收益率之間的關係。

解 於例 3 內的 Bondprice(·) 內，可知價格與到期收益率之間呈現一對一的關係；因此，若現在有 200 個到期收益率，則會有 200 個價格與之相對應，相當於 Bondprice(·) 這個函數要使用 200 次，若考慮 4 種到期期限，則就要連續使用 Bondprice(·) 這個函數 800 次！

我們有何方式可以處理上述問題？答案就是使用迴圈的技巧；換言之，可以使用下列指令：

```
for(i in 1:n)
{
…
}
```

也就是說，i 從 1 至 n 皆執行大括號內的指令，故總共執行 n 次。於下圖可以看出債券價格與到期收益率之間呈現負向關係，而到期期限愈長，上述負向關係愈明顯。

R 指令：

```
y = seq(0.01,0.2,length=200);n = c(5,10,20,30)
p1 = numeric(200) # 預備一個儲存空間 , 內有 200 個元素 , 其皆為 0
p2 = p1; p3 = p1; p4 = p1
for(i in 1:200) # 進行一個迴圈
{
p1[i] = Bondprice(1000,0.075,y[i],1,n[1]);p2[i] = Bondprice(1000,0.075,y[i],1,n[2])
p3[i] = Bondprice(1000,0.075,y[i],1,n[3]);p4[i] = Bondprice(1000,0.075,y[i],1,n[4])
}
windows()
plot(y,p1,type="l",lwd=4,xlab=" 到期收益率 ",ylab=" 價格 ",cex.lab=1.5,
     main=" 息票債券面額為 1000 元之到期收益率與價格之間的關係 ",cex.main=2)
lines(y,p2,lwd=4,col=2,lty=2);lines(y,p3,lwd=4,col=3,lty=3);lines(y,p4,lwd=4,col=4,lty=4)
legend("topright",c("n = 5 年 ","n = 10 年 ","n = 20 年 ","n = 30 年 "),lwd=4,lty=1:4,col=1:4,cex=1.5)
abline(v = y[69])
```

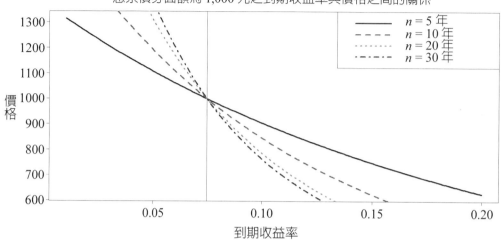

例5

　　續例3，若其他情況皆不變，只有到期期限改為 20 年。通常我們會使用債券之當期收益率（即票面利息除以售價）取代債券之到期收益率，試比較票面利率、當期收益率以及到期收益率這三者之間的關係。

解 參考下圖與 R 指令。於圖內可以看出，若到期收益率等於票面利率，則該債券會依面額發行，而若到期收益率小於票面利率，則該債券會溢價發行；相反地，若到期收益率大於票面利率，則該債券會折價發行。若債券依面額發行，則到期收益率等於票面利率，亦等於當期收益率。不過，若

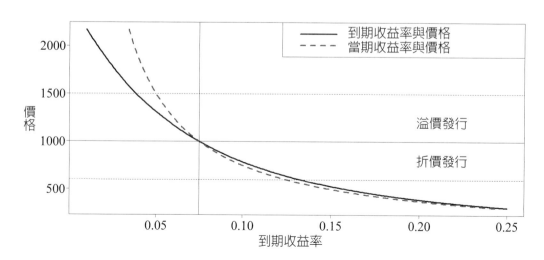

債券溢價（折價）發行，則票面利率＞當期收益率＞到期收益率（票面利率＜當期收益率＜到期收益率）。另一方面，我們也可以從圖內發現，於債券溢價（折價）發行時，到期收益率與當期收益率的差距較大（較小）。

R 指令：

```
n = 20;p = numeric(300);y = seq(0.01,0.25,length=300);C = 75
for(i in 1:300) p[i] = Bondprice(1000,0.075,y[i],1,n) # 於同一列 , 大括號可省略
y1 = C/p # 當期收益率
windows()
plot(y,p,type="l",lwd=4,xlab=" 到期收益率 ",ylab=" 價格 ",cex.lab=1.5)
lines(y1,p,lty=2,lwd=4,col=2);abline(v = 0.075,h=1000) # 票面利率
legend("topright",c(" 到期收益率與價格 "," 當期收益率與價格 "),lwd=4,lty=1:2,col=1:2,cex=1.5)
text(0.2,1200,labels=" 溢價發行 ",pos=4,cex=2);text(0.2,800,labels=" 折價發行 ",pos=4,cex=2)
abline(h=1500,lty=2);abline(h=600,lty=2)
```

例 6

一張面額為 100,000 元的息票債券，票面利率為 8%，1 年付息一次且到期期限為 30 年；若該債券市價為 105,000 元，問該債券之到期收益率為何？

解 可以參考下圖及所附之 R 指令。首先，考慮到期收益率介於 0.01 與 0.3 之間的 1,000 個可能值，如此可以找出最接近 105,000 元的債券價格如 105,159.5 元與 104,805.1 元之間的到期收益率為 0.07560561 與 0.0758959；再考慮後二者之間的 100 個可能值，亦可以再找出最接近 105,000 元的債券價格如 105,001.8 元與 104,998.2 元，其對應的到期收益率為 0.07573462 與 0.07573756。最後，實際的到期收益率應介於後二者之間。

R 指令：

```
n = 30;y = seq(0.01,0.3,length=1000);p = numeric(1000)
for(i in 1:1000) p[i] = Bondprice(100000,0.08,y[i],1,n)
windows()
plot(y,p,type="l",lwd=4,cex.lab=1.5);abline(h=105000)
p[227] # 105159.5
```

```
p[228] # 104805.1
y[227] # 0.07560561
y[228] # 0.0758959
y2 = seq(y[227],y[228],length=100);p2 = numeric(100)
for(i in 1:100) p2[i] = Bondprice(100000,0.08,y2[i],1,n)
p2[45] # 105001.8
p2[46] # 104998.2
y2[45] # 0.07573462
y2[46] # 0.07573756
abline(v = (y2[45]+y2[46])/2)
```

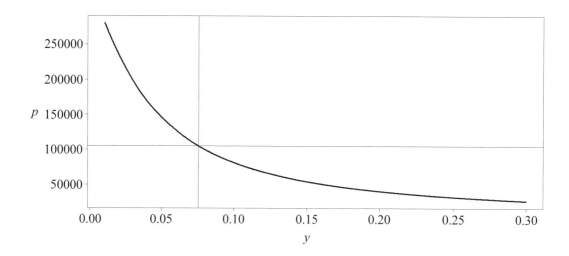

例 7

一張面額為 100,000 元的息票債券，票面利率為 8%，1 年付息一次且到期期限為 30 年，試繪出溢價債券及折價債券持有時間之價格變化。

解 隨著時間的經過，溢價債券及折價債券會逐漸接近於債券面額，如下圖所示。

R 指令：

```
n = 30:1;p1 = numeric(30);p2 = p1;p1 = c(100000,p1);p2 = c(100000,p2)
```

```
for(i in 1:30)
{
p1[i+1] = Bondprice(100000,0.08,0.06,1,n[i]) # 溢價
p2[i+1] = Bondprice(100000,0.08,0.1,1,n[i]) # 折價
}
p1 = c(p1,100000);p2 = c(p2,100000)
windows()
plot(1:32,p1,type="l",lwd=4,ylim=c(80000,130000),xlab=" 持有時間 ",ylab=" 債券價格 ",cex.lab=1.5)
lines(1:32,p2,lwd=4,col=2);segments(1,100000,32,100000,lwd=4)
```

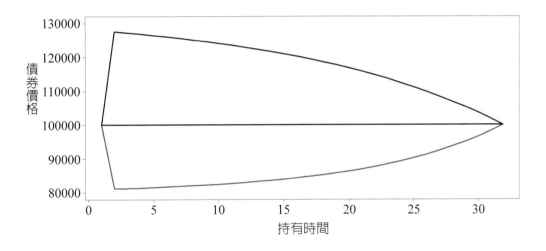

例8　無異曲線

　　前述例子的函數圖形，大多具有雙曲線的形狀；其實，我們也可以利用簡易的直角雙曲線函數，繪製無異曲線圖。試使用 $y = A/x$，其中 A 為一個常數，而 x 與 y 均為正常財貨。

解　可以參考下圖以及所附之 R 指令。

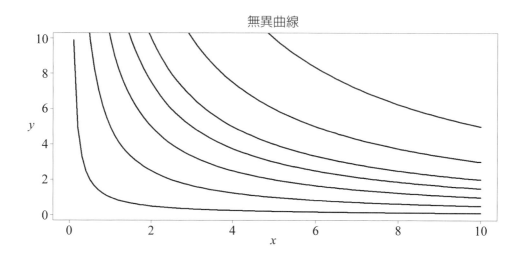

R 指令：

```
x = seq(0,10,length=100);y1 = function(x) 1/x
windows()
plot(x,y1(x),type="l",lwd=4,ylab="y",main=" 無異曲線 ",cex.lab=1.5,cex.main=2)
y2 = function(x) 5/x;lines(x,y2(x),lwd=4)
y3 = function(x) 10/x;lines(x,y3(x),lwd=4)
```
(只列出部分指令，其餘可參考所附光碟)

例9

　　續例 8，考慮消費者於預算限制式下的選擇行為，並分析當 x 財價格下跌的價格效果。

解　可參考下圖，假定消費者原先選擇 A 點，若 x 財價格下跌而其他情況不變，消費者可以選擇的範圍擴大了，故預算限制式以「逆時鐘方向」旋轉至與較高的無異曲線相切於 C 點，故 A 至 C 為價格效果。由於 A 與 B 點皆面對相同的相對價格，故 A 至 B 為所得效果而 B 至 C 則為替代效果。

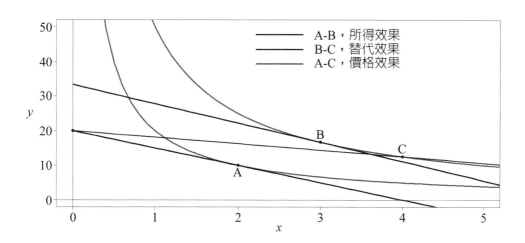

R 指令：

```
windows()
plot(x,y5(x),type="l",lwd=4,xlim=c(0,5),ylim=c(0,50),ylab="y",cex.lab=1.5,col=2)
x0 = 2; y0 = y5(2);m = -y0/x0;y = y0 + m*(x - x0)
points(x0,y0,pch=20,cex=2);lines(x,y,lwd=4);abline(v=0,h=0)
lines(x,y7(x),lwd=4,col=2)
x0 = 3; y0 = y7(3);m = -y0/x0;y = y0 + m*(x - x0)
points(x0,y0,pch=20,cex=2);lines(x,y,lwd=4)
x0 = 4; y0 = y7(4);points(x0,y0,pch=20,cex=2);points(0,20,pch=20,cex=2)
m1 = (y0-20)/(x0-0);ya = 20 + m1*x;lines(x,ya,lwd=3)
text(2,y5(2),labels="A",pos=1,cex=2);text(3,y7(3),labels="B",pos=3,cex=2)
text(4,y7(4),labels="C",pos=3,cex=2)
legend("topright",c("A-B,所得效果 ","B-C,替代效果 ","A-C,價格效果 "),lwd=4,bty="n",cex=2)
```

例 10　風險厭惡者的無異曲線

　　若投資人是屬於風險厭惡者（risk-averse investors），則其效用函數可以寫爲：

$$U = y - \frac{1}{2}Bx^2$$

其中 U 爲效用而 B 表示風險厭惡程度；此處 x 與 y 分別表示資產的預期風險

與報酬。試繪出該投資人之無異曲線。

解 「高報酬伴隨高風險」，故預期報酬與風險的搭配可以產生一定的效用水
　　準，可參考下圖與所附之 R 程式。於下圖內，愈往西北方向移動的無異曲
　　線，表示愈高的效用。

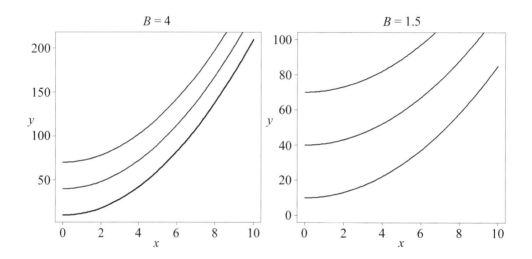

練習

(1) 試解釋 (5-1)～(5-3) 式內各參數的意思。

(2) 續練習 (1)，圖 5-2 的估計結果，有何涵義？

(3) 利用第 4 章附錄台積電之資料，我們是否可以利用 (5-1)～(5-3) 式估計出
　　月收盤價與月本益比以及月收盤價與月週轉率之間的關係。

(4) 計算一張息票債券面額為 1,000 元，每年償付的息票為 75 元，到期期限
　　為 15 年；若到期收益率分別為 0.0492、0.0613 以及 0.075，則該債券價
　　格分別為何？

(5) 一張 10 年期息票債券面額為 1,000 元，每年償付的息票為 80 元；若該債
　　券價格為 950 元，則到期收益率為何？

(6) 繪出價格上升之價格效果。

(7) 若效用函數為 $U = x^{0.3} y^{0.3}$，繪出價格上升之價格效果。

(8) 若效用函數為 $U = \log x + y^2 / 2$，繪出其無異曲線。
　　提示：

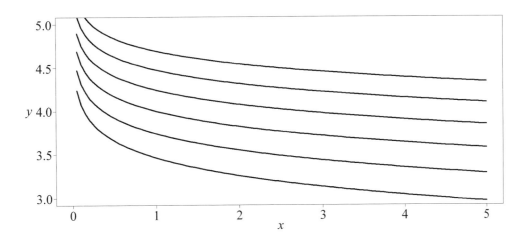

(9) 解釋下圖之價格效果，其中 x 財是屬於何性質的財貨？

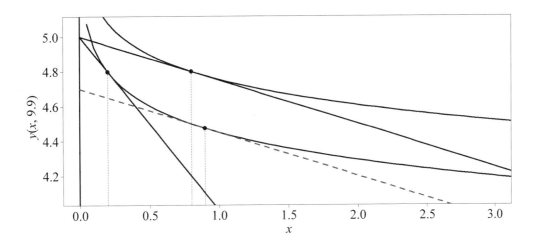

(10) 續例 10，我們如何比較風險厭惡程度？爲什麼？

第二節　對數與指數 [3]

在尚未介紹對數與指數之前，我們先來看一對一的函數關係。

---

[3] 底下所介紹的皆是自然對數與自然指數函數，或簡稱爲對數與指數函數。

一對一函數（關係）

一個函數 f 屬於一對一的函數（關係）是指，值域的值可以由唯一的定義域的值所對應。

因此，任何一個遞增或遞減的連續函數[4]，皆為一個一對一的函數。

假設有一個一對一的函數如 $y = f(x)$，如圖 5-3 所示。我們可以計算 y 之逆函數為 $x = f^{-1}(y)$；換言之，$f(x) = f(f^{-1}(y)) = y$。我們發現 y 與其逆函數之間

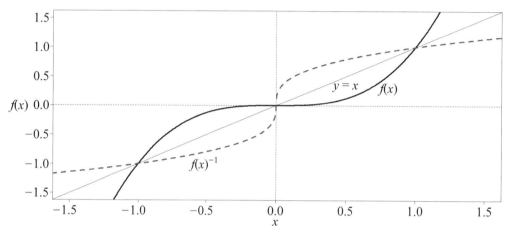

圖 5-3　$f(x)$ 與其逆函數

R 指令：

```
x = seq(-2,2,length=1000);f = function(x)  x^3
windows();plot(x,f(x),type="l",lwd=4,xlim=c(-1.5,1.5),ylim=c(-1.5,1.5),cex.lab=1.5)
abline(v=0,lty=2);abline(h=0,lty=2);lines(x,x)
invf = function(x) x^(1/3);lines(x,invf(x),lty=2,col="red",lwd=4)
x = seq(0,2,length=500);lines(-x,-invf(x),lty=2,col="red",lwd=4)
text(0.5,0.5,labels="y = x",pos=1,cex=2);text(-0.5,-0.8,labels=expression(f(x)^-1),pos=1,cex=2)
text(0.8,0.45,labels=expression(f(x)),pos=1,cex=2)
```

---

[4] 下一章會以數學的方式定義連續函數。我們說函數 f 於區間 (a, b) 內為一個嚴格遞增的函數（strictly increasing function）是指於 $a < x_1 < x_2 < b$ 下，$f(x_2) > f(x_1)$；同理，若 f 為一個嚴格遞減函數（strictly decreasing function），則 $f(x_2) < f(x_1)$。

的關係，大致可透過 $y = x$ 線「反映」出，也就是說，y 的「反面」就是其逆函數而非其倒數的函數（reciprocal function）；亦即：

$$f^{-1}(x) \neq \frac{1}{f(x)}$$

我們舉一個例子加以說明。若 $y = f(x) = 2x + 3$，則其逆函數為：

$$x = f^{-1}(y) = (y - 3) / 2$$

換言之，$f(2) = 7$ 或 $f(1) = 5$ 而其逆函數可為 $f^{-1}(7) = 2$ 或 $f^{-1}(5) = 1$。一個函數與其逆函數之間的關係，最典型的例子莫過於溫度計內攝氏（Celsius, ^0C）與華氏（Fahrenheit, ^0F）之間的轉換；也就是說，例如 37^0C 可轉成？^0F？98.6^0F 可轉成？^0C？答案為：

$$37^0C \cdot (9/5) + 32 = 98.6^0F$$
$$與$$
$$(98.6^0F - 32) \cdot (5/9) = 37^0C$$

例 1

　　其實，逆函數的觀念我們一點也不陌生，因為廠商的（短期）總成本函數與（短期）總生產函數之間的關係，就是一個函數與其逆函數的關係。前一章中，我們曾使用 x 軸與 y 軸相互對調的方式，來說明逆函數的觀念。現在，我們將用相同的觀念來說明對數與指數函數之間的關係。

解 參考圖 5-4 及所附之 R 指令。

```
R 指令：
x = seq(0,10,length=100);y = log(x)
windows();plot(x,y,type="l",lwd=4,xlim=c(-1,6),ylim=c(-1,10),cex.lab=1.5)
lines(y,x,lwd=4,col="red");abline(v=0,h=0);lines(x,x)
lines(x,exp(x),lty=2,lwd=4,col="blue");text(2,exp(2),labels=expression(y==e^x),pos=4,cex=2)
text(5,log(5),labels=expression(y==logx),pos=3,cex=2)
text(5,5,labels=expression(y==x),pos=3,cex=2)
```

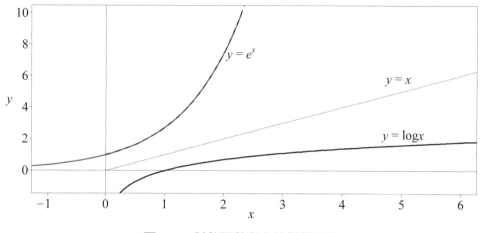

圖 5-4　對數函數與自然指數函數

例 2

考慮一個需求函數 $Q = 10 - \log P$ 而其對應的逆需求函數為 $P = e^{10-Q}$，試解釋之。

解　可以參考下圖及所附之 R 指令，通常我們習慣使用右圖的表示方式，而左圖為右圖之逆函數。

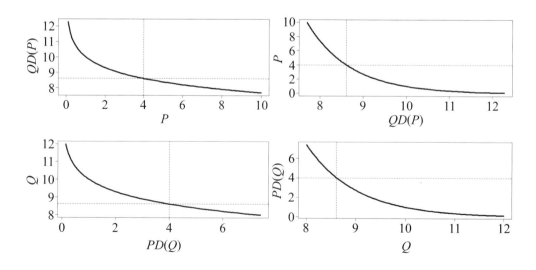

R 指令：

```
QD = function(P) 14-0.5*P^0.5;P = seq(0,10,length=100)
PD = function(Q) ((14-Q)*2)^2;Q = seq(12.5,14,length=100)
windows();par(mfrow=c(2,2))
plot(P,QD(P),type="l",lwd=4,cex.lab=1.5);abline(h=QD(4),v=4,lty=2)
plot(QD(P),P,type="l",lwd=4,cex.lab=1.5);abline(v=QD(4),h=4,lty=2)
plot(PD(Q),Q,type="l",lwd=4,cex.lab=1.5);abline(v=PD(QD(4)),h=QD(4),lty=2)
plot(Q,PD(Q),type="l",lwd=4,cex.lab=1.5);abline(v=13,h=PD(13),lty=2)
QD(4) # 13
PD(QD(4)) # 4
```

例 3

　　存 1,000 元以 7% 的年複利計算，滿 20 年之本利和約為 3,869.684 元。逆函數就是指：「期初存 1,000 元，以年複利計算滿 20 年之本利和約為 3,869.684 元，其利率為 7%」，試以 R 說明。

解　令 P 與 i 分別表示本利和與利率，則 $P = f(i) = 1000(1 + i)^{20}$。逆函數就是計算 $f^{-1}(i)$，其一般式可參考下列 R 指令：

```
i = function(A,P,n,f) ((P/A)^(1/n)-1)*f#A 為本金 ,P 為本利和 ,n 期限 ,f 為 1 年計算複利之次數
i(1000,3869.684,20,1) # 0.06999999
i0 = i(1000,4000,240,12) # 0.06951529
1000*(1+i0/12)^240 # 4000
```

例 4

　　存 1,000 元以連續複利計算，滿 20 年之本利和約為 4,055.2 元，其利率為何？

解　參考下列 R 指令：

```
P = 1000*exp(0.07*20) # 4055.2
ic = function(A,P,n) log(P/A)/n;ic(1000,4055.2,20) # 0.07
```

　　從上述的例子內可以看出，於經濟與財務的應用上，指數函數與對數函數之間就是互爲函數與逆函數的關係，而對數函數與指數函數之間的關係，則可參考圖 5-4。因此，有關於對數與指數的概念，因爲之前我們已使用多次，對此我們應該要有進一步的認識。底下，我們將著重於自然指數定律（laws of natural exponents）、對數定律（laws of logarithms）或冪次律（power laws）的應用。其實我們之前有使用過對數律、指數律以及冪次律，但是卻未有系統地整理；底下，我們列出其規律。

2.1 對數律

　　有關於對數函數的性質，可以下列式子表示：

(1) $\log 1 = 0$

(2) $\log e = 1$

(3) $\log(e^x) = x$

(4) $e^{\log(x)} = x$

(5) $\log(xy) = \log x + \log y$

(6) $\log(x/y) = \log x - \log y$

(7) 若 $\log x = \log y$，則 $x = y$

(8) $\log x^n = n \log x$

(9) 若 $0 < x < 1$，則 $\log(x) < 0$

例 1

(A) $\log(xy/wz) = \log x + \log y - \log w - \log z$

(B) $\log(xy)^{3/8} = (3/8)(\log x + \log y)$

(C) $e^{x \log b} = b^x$

例 2

　　若 $(3/2)\log 4 - (2/3)\log 8 + \log 2 = \log x$，則 $x = ?$

解 $(3/2)\log 4 - (2/3)\log 8 + \log 2 = \log 4^{3/2} - \log 8^{2/3} + \log 2$

$$= \log \frac{4^{3/2}}{8^{2/3}} \cdot 2$$

$$= \log \frac{(2^2)^{3/2}}{(2^3)^{2/3}} \cdot 2 = \log \frac{16}{4} = \log x$$

故 $x = 4$。

R 指令：
```
(3/2)*log(4)-(2/3)*log(8)+log(2) # 1.386294
log(4) # 1.386294
exp(log(4)) # 4
```

例3 **再談 72 法則**

　　若現在投資 10,000 元而以 R 的年複利計算，何時本金 10,000 元會增加一倍？

解 我們再檢視第 2 章之 (2-5) 式：

$$FV = PV(1 + R/m)^{Tm}$$

而 $PV = 10,000$ 元與 $m = 1$，現在希望 $FV = 20,000$ 元，代入上式可得：

$$2 = 1(1 + R)^T$$

兩邊取對數，可得 $\log 2 = \log(1) + T\log(1 + R)$，因 $\log(1) = 0$，故：

$$T = \log 2 / \log(1 + R)$$

從上式可以看出 R 與 T 之間呈現負向的關係，如下圖所示。

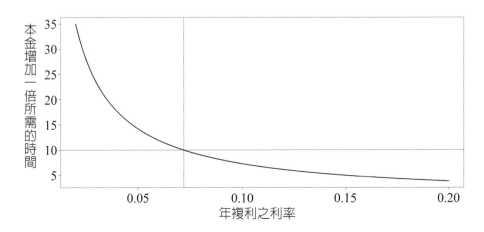

189

R 指令：

```
T = (log(2)-log(1))/log(1.1) # R = 0.1
T # 7.272541
R = seq(0.02,0.2,length=20000);windows();T = function(R) log(2)/log(1+R)
plot(R,T(R),type="l",lwd=4,xlab=" 年複利之利率 ",ylab=" 本金增加一倍所需的時間 ",cex.lab=1.5)
T(0.1) # 7.272541
T(0.072) # 9.969602
abline(h=10,v=0.072)
R[5753] # 0.07177059
R[5754] # 0.07177959
T(0.07177959) # 9.999175
T(0.07177059) # 10.00039
```

　　若 $T = 10$，即 10 年本金可以增加至一倍，其大概可對應至 $R \approx 0.072$；換言之，若年複利的利率（即年成長率）約為 0.072，則 10 年後本金可以增加一倍。我們也可以再進一步估計出真正的 R 值為 $0.07177059 < R < 0.07177959$。

　　其實，可以注意上圖內的曲線所隱含的意義，該曲線類似無異曲線的觀念，曲線上的每一點均表示「於特定期限與利率的搭配下，本金可以增加一倍」；例如，若利率皆維持為 2.5%，則約 28 年後，本金可以增加一倍。可以試下列 R 指令：

```
T(0.025) # 28.07103
(1+0.025)^T(0.025) # 2
```

　　若 $x > 0$，則指數函數與對數函數的關係可寫成：

$$e^{\log(x)} = x; \ \log(e^x) = x \tag{5-4}$$

上述二者之間的關係，可觀察圖 5-4。直覺而言，從圖內及 (5-4) 式可以看出，因指數函數與對數函數之間可以透過彼此函數之間的轉換，使得例如 $Y = \log X$ 或 $\exp(Y) = X$，故因變數 Y 與自變數 X 之間呈現一對一的關係，我們再舉一個例子說明。

　　表 5-1 列出 2010～2015 年期間臺灣名目 GDP 金額（第一列），我們當然

也可以使用對數值表示（第二列），不管 GDP 是用名目值或是用對數值表示，二者皆是指同一件事。

表 5-1　2010～2015 年之名目 GDP（單位：百萬元）

	2010	2011	2012	2013	2014	2015
GDP	14,119,213	14,312,200	14,686,917	15,230,739	16,097,400	16,706,206
log *GDP*	16.46305	16.47662	16.50247	16.53883	16.59417	16.63129
對數差異 (%)		1.3576	2.5845	3.6359	5.5342	3.7123
年增率 (%)		1.3668	2.6182	3.7028	5.6902	3.7820

資料來源：行政院主計總處

R 指令：
```
# GDP 2010:2015
Y = c(14119213,14312200,14686917,15230739,16097400,16706206);n = length(Y) # n = 6
log(Y)
(log(Y[2:n])-log(Y[1:(n-1)]))*100
((Y[2:n]-Y[1:(n-1)])/Y[1:(n-1)])*100
```

不過，GDP 用對數值表示卻有另一個用處，我們先來思考 GDP 之年增率如何計算：

$$y_t = \frac{GDP_t - GDP_{t-1}}{GDP_{t-1}} \times 100\%$$

其中 GDP_t 表示第 t 期之名目 GDP，因此 y_t 表示第 t 期名目 GDP 之年增率。利用上式，可計算出各年度名目 GDP 之年增率（即名目經濟成長率），其結果就列於表 5-1 之第四列。表內第三列是表示對數差異，即利用下列對數函數的性質，可得：

$$\log\left(\frac{GDP_t}{GDP_{t-1}}\right) = \log\left(1 + \frac{GDP_t - GDP_{t-1}}{GDP_{t-1}}\right) = \log(1 + y_t) \approx y_t \tag{5-5}$$

因此，只要 y_t 不要太大[5]，(5-5) 式提醒我們可以用對數差異計算名目 GDP 之年增率（可以稱爲年對數成長率），可以比較表 5-1 內第三列與第四列之差距。

（練習）

(1) 若 $(5/2)\log 4.5 - (2/3)\log 8.2 + \log 12 = \log x$，則 $x = ?$

(2) 若以連續複利計算，本金 1,200 元，滿 10 年後本利和爲 2,000 元，其利率爲何？

(3) 若半年計算複利一次，本金 1,200 元，滿 10 年後本利和爲 2,000 元，其利率爲何？

(4) 利用第 4 章的台積電月收盤價序列資料，計算並繪出月對數報酬率序列時間走勢。

(5) 若年成長率爲 3%，何時公司資本額會增加一倍？提示：如下圖

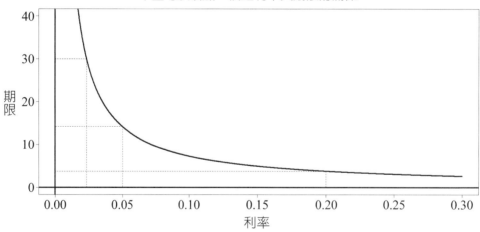

本金可以增加一倍之利率與期限的關係

(6) 續上題，若 30 年後資本額才會增加一倍，則成長率爲何？

(7) 續練習 (5)，若 10 年後資本額會增加二倍，則成長率應爲何？
    提示：如下圖

---

[5] 可於 R 內試 $\log(1.02) \approx 0.0198$、$\log(1.03) \approx 0.0296$ 或 $\log(1.15) \approx 0.1398$。

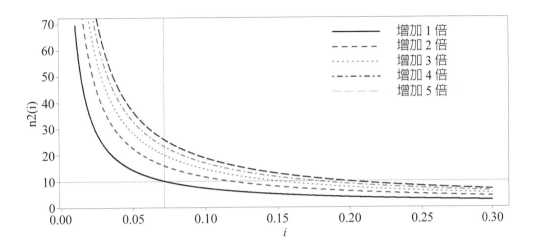

2.2 指數律

如同 π 是一個介於 3 與 4 之間的無理數，自然對數的「底數」e 亦是一個介於 2 與 3 之間的無理數；就數學而言，我們定義下列的極限值[6]為：

$$e = \lim_{n \to \infty}\left(1 + \frac{1}{n}\right)^n \qquad (5\text{-}6)$$

不同於其他底為整數的冪函數如 2^x 或 3^x 等（其中 $x \in R$），我們稱 e^x 為自然指數函數（natural exponential function），亦可寫成 $\exp(x)$，其定義如下：

$$\exp(x) = e^x = \lim_{n \to \infty}\left(1 + \frac{x}{n}\right)^n \qquad (5\text{-}7)$$

我們仍需提醒讀者注意 $\exp(1) = e$ 以及 $\exp(0) = 1$。

於 R 內，我們可以使用 $\exp(x)$ 函數指令，試下列指令：

```
exp(1) # 2.718282
exp(1.5) # 4.481689
exp(20) # 485165195
exp(-20) # 2.061154e-09 即 2.061154*10^(-9)
2.061154*10^(-9)
```

---

[6]　極限值的觀念會於下一章介紹。

我們也可以繪出指數函數的圖形，如圖 5-4 所示；不過，圖內只繪出 $x > 0$ 的情況，讀者不妨嘗試繪出如 $x \leq 0$ 的部分。

　　圖 5-5 之左圖分別繪出 $y = e^x$ 與 $y = e^{-x}$ 二種函數圖形，二種圖形的走勢是按照指數成長率與指數衰退率（exponential decay rate）的速度變化；也就是說，類似前一章內的固定成長函數，上述函數也可以改寫成：

$$Y_t = Y_0 e^{\beta t} \text{ 或 } Y_t = Y_0 e^{-\beta t} \tag{5-8}$$

其中 Y_0 為期初值，$0 < \beta < 1$。β 可以稱為固定成長率，而 $-\beta$ 則為固定的衰退率，其次 t 表示時間。

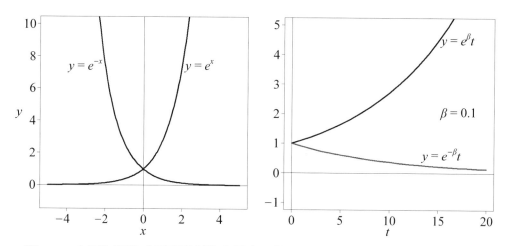

圖 5-5　左圖為指數成長率與指數衰退率函數，右圖為固定成長率與衰退率函數

R 指令：

```
x = seq(-5,5,length=200);y = exp(x);windows();par(mfrow=c(1,2))
plot(x,y,type="l",lwd=4,xlim=c(-5,5),ylim=c(-1,10),cex.lab=1.5)
y1 = function(x) exp(-x);lines(x,y1(x),lwd=4);abline(v=0,h=0)
text(2,exp(2),labels=expression(y==e^x),pos=4,cex=2,cex.lab=1.5)
text(-2,y1(-2),labels=expression(y==e^-x),pos=2,cex=2,cex.lab=1.5);beta = 0.1;t = 0:20
plot(t,exp(beta*t),type="l",lwd=4,ylim=c(-1,5),cex.lab=1.5,ylab="")
lines(t,exp(-beta*t),lwd=4,col=2);abline(v=0,h=0)
```

```
text(15,exp(0.1*15),labels=expression(y==e^beta*t),pos=4,cex=2)
text(15,exp(-0.1*15),labels=expression(y==e^-beta*t),pos=3,cex=2)
text(15,2,labels=expression(beta==0.1),pos=4,cex=2)
```

圖 5-5 之右圖分別繪出 $\beta = 0.1$ 之固定成長函數與固定衰退函數；於其中，可看出前者的值域爲 $[1, \infty)$，而後者的值域則爲 $[1, 0)$，也就是說，後者之漸近線爲 $y = 0$。

例 1

利用 R，我們要驗證 (5-7) 式已不是一件困難的事；換言之，若

$$f(x) = \left(1 + \frac{1}{x}\right)^x$$

則

x	1	10	100	1,000	10,000	100,000	1,000,000	10,000,000
$f(x)$	2	2.593742	2.704814	2.716924	2.718146	2.718268	2.71828	2.718282

因此只要 x 接近於無窮大（寫成 $x \to \infty$），f 值會趨向於一個無理數（irrational number）[7]，稱之爲 e。

例 2

至主計總處下載 1981～2015 年期間實質 GDP 年資料，試以固定成長函數估計其趨勢。

解 可參考下圖（左圖是以對數值表示，右圖則是以原始資料表示），圖內顯示若以固定成長函數（固定成長率約爲 5.658%）估計其趨勢，明顯地，經濟成長率約從 2010 年後已小於固定成長率。

---

[7] 即無限不循環小數。

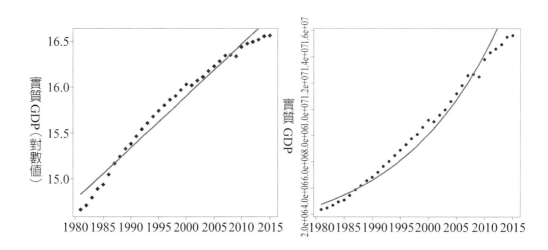

R 指令：

```
gdp = read.table("D:\\BM\\ch5\\rgdp.txt");y = gdp[,1];t = 1:length(y);t1 = 1981:2015
windows();par(mfrow=c(1,2))
plot(t1,log(y),type="p",pch=18,cex=2,xlab="",ylab=" 實質 GDP ( 對數值 )",cex.lab=1.5)
fit = fitted(lm(log(y)～t));lines(t1,fit,lwd=4,col=2);lm(log(y)～t)
Y0 = exp(14.77485);beta = 0.05658
plot(t1,y,type="p",pch=20,cex=2,xlab="",ylab=" 實質 GDP");lines(t1,Y0*exp(beta*t),lwd=4,col=2)
```

例3 **期貨理論價格**

按照期貨之「持有成本模型（cost of carry model）」[8]：

$$F_t = S_t e^{b_t t}$$

其中 F_t 就是 t 期的期貨的理論價格，而 S_t 與 b_t 則分別表示當期現貨（標的資產）價格與持有成本。至 TEJ 下載台股期貨 2015 年 12 月到期的相關資料（上市日為 2015/01/12，最後交易日與結算日為 2015/12/16），繪出期貨理論價格、期貨實際價格與現貨價格。

解 按照 TEJ 的做法，$b_t = r_t - q_t$，其中 r_t 表示 t 期無風險利率（以一銀 1 年期

---

[8] 可於 Google 內查詢。

存款利率代表）而 q_t 則為從現貨內所估計的 t 期年股（利）率；因此，利用 r_t、S_t 以及 q_t（q_t 由 TEJ 所提供）資料，利用上式可估得期貨的理論價格 F_t（可與 TEJ 所提供的理論價格比較）。可以參考下列的 R 指令與圖形：

```
fut12 = read.table("D:\\BM\\ch5\\fut12a.txt",header=TRUE)
names(fut12)
attach(fut12)
F = 每日結算價 ;TF1 = 期貨理論價 ;S = 標的證券價格 ;t = 剩餘天數 /365;q = 年股利率 /100
r = 無風險利率 /100;D = 基差 ;Q = 成交張數量 ;b = (r-q)*t;n = length(F)
Fr = 100*(log(F[2:n])-log(F[1:n-1])) # 日對數期貨報酬率
TF = S*exp(b);windows()
plot(-t,TF,type="l",lwd=4,xlab=" 距契約到期日所剩之天數 ( 以年率表示 )",cex.lab=1.5,
       ylab=" 指數價格 ",main="TX201512",cex.main=2)
lines(-t,S,lwd=4,col="red",lty=2);lines(-t,F,lwd=4,col="blue",lty=3)
legend("bottomleft",c(" 期貨理論價格 "," 現貨價格 "," 期貨價格 "),lty=1:3,lwd=4,cex=1.5,
        col=c("black","red","blue"),bty="n")
abline(v=-t[141]);text(-t[141],S[141],labels="2015/08/24",pos=4,cex=1.5)
```

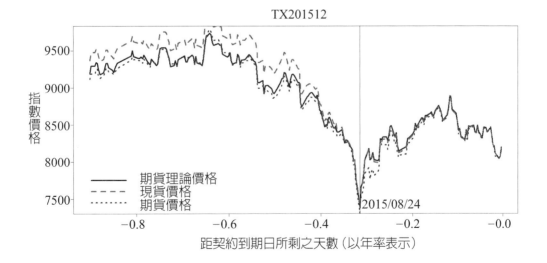

例 4

續例 3，因全球性「股災」且金管會（金融監督管理委員會）禁止平盤下放空，市場空頭全部轉向期貨，導致 2015/08/24 當天盤中台指期大跌逾 700 點，造成「期貨史上最慘情況」[9]。試從 b_t、q_t、基差（現貨價格減期貨價格）、成交量以及期貨日報酬率走勢中，檢視當天情況。

解 可參考下圖，其中紅色垂直虛線表示 2015/08/24 當天。可以發現當天成交量的確高於之前的成交量；另一方面，從左下圖也可看出當天日期貨報酬率下跌最多，其日對數報酬率（可參考 (5-5) 式）約為 −5.4938%。可注意對應的 R 指令內的表示方式。

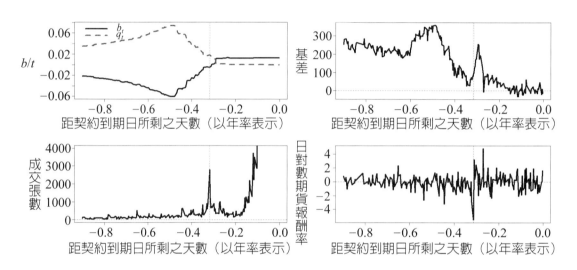

R 指令：

```
windows();par(mfrow=c(2,2))
plot(-t,b/t,lwd=4,ylim=c(-0.06,0.075),type="l",xlab=" 距契約到期日所剩之天數 ( 以年率表示 )",
    cex.lab=1.5);lines(-t,q,lwd=4,col=2,lty=2)
legend("topleft",c(expression(b[t]),expression(q[t])),lty=1:2,col=1:2,bty="n",lwd=4)
abline(v=-t[141],lty=2,col=2)
plot(-t,D,type="l",lwd=4,xlab=" 距契約到期日所剩之天數 ( 以年率表示 )",ylab=" 基差 ",cex.lab=1.5)
abline(h=0,v=-t[141],lty=2,col=2)
plot(-t,Q,type="l",lwd=4,xlab=" 距契約到期日所剩之天數 ( 以年率表示 )",
```

---

[9] 取自自由時報電子報 2015-08-24 之標題。

ylab=" 成交張數 ",ylim=c(0,4000),cex.lab=1.5);abline(h=0,v=-t[141],lty=2,col=2)
plot(-t[2:n],Fr,type="l",lwd=4,ylab=" 日對數期貨報酬率 ",cex.lab=1.5,
　　　xlab=" 距契約到期日所剩之天數 (以年率表示)");abline(h=0,v=-t[141],lty=2,col=2)
min(Fr) #-5.493768
min(報酬率 [2:n]) # -5.3456

練習

(1) 若以連續複利計算，找出可以使本金成長數倍的利率與期限之搭配。

(2) 續上題，10 年後可以使本金增加一倍與二倍的利率為何？

(3) 於分析上，通常我們會使用連續複利的方式。例如，若 p_t 與 y_t 分別表示第 t 年期貼現（零息）債券的價格與連續複利利率，則

$$p_t = Ae^{y_t t}$$

其中 A 為貼現債券的面額。假定有下表的資料：

期限（以年表示）	連續複利利率（%）
0.5	5.0
1.0	5.7
1.5	6.3
2.0	7.1

計算 0.5 年期與 1.5 年期面額為 1,000 元之貼現債券售價。

(4) 息票債券可由貼現債券構成。續上題，計算一張 2 年期面額為 1,000 元且票面利率為 6%（半年計息一次）之息票債券售價。

(5) 至 TEJ 下載 TX201509 台指期貨所有資料，比較實際期貨結算價、期貨理論期貨價格以及現貨價格之時間走勢。

2.3 冪次律

通常我們談到「冪次律」指的是：

$$Y = AX^{\beta} + u \qquad (5\text{-}9)$$

其中 A 是一個常數而 β 是一個未知的參數；比較特別的是，(5-9) 式內的 u 是一個表示「無知」的誤差項。換句話說，之前我們有多次觀察實際資料與迴歸函數值之間存在一定的差異；例如於前一節的例 3 中，可以發現實際期貨價格與其理論價格存在不小的差距，我們如何合理化此種現象？就 (5-9) 式而言，一定有一些會影響 Y 的因素被忽略掉了！這些被忽視的因素可以歸納成：

(1) 無知，即表示對整個狀況仍不清楚；
(2) 衡量錯誤，例如於計算期貨的理論價格時，選用不適當的無風險利率或是錯估現貨之年股利率；
(3) 不確定性，畢竟未來會發生何事，並不能事先預知；
(4) 就 (5-9) 式而言，也許 X 本身就充滿了不確定性；
(5) 來自出乎意料之外的衝擊，如政策的突然「轉向」；
(6) 理論模型假說的謬誤，也許理論模型本身就錯了；
(7) 來自國外的因素，畢竟這世界是共通互動的；
(8) 其他，尚有遺漏的部分。

有了上述的考慮因素，使得我們於考慮數學模型或經濟財務模型時，須加上一個誤差項，以表示上述被忽略的因素。由於 (5-9) 式是以一個冪函數與誤差項所構成，我們自然也可以將其擴充至以指數函數取代冪函數而為：

$$H = Be^{\alpha X} + v \qquad (5\text{-}10)$$

其中 B 是常數而 α 是一個未知的參數；另外，v 亦是一個誤差項。(5-9) 與 (5-10) 二式的差異，可藉由圖 5-6 看出端倪。

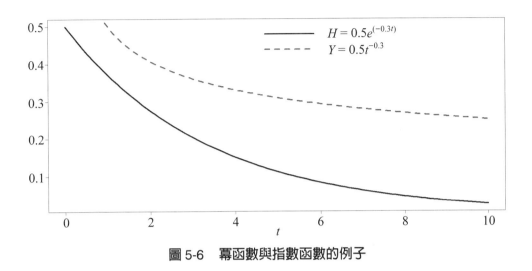

圖 5-6　冪函數與指數函數的例子

R 指令：

```
t = seq(0,10,length=100);beta = -0.3;y = 0.5*exp(beta*t);y1 = 0.5*t^(beta)
windows();plot(t,y,type="l",lwd=4,ylab="",cex.lab=1.5);lines(t,y1,lwd=4,lty=2,col=2)
legend("topright",c(expression(H==0.5*e^(-0.3*t)),expression(Y==0.5*t^-0.3)),
       lty=1:2,col=1:2,lwd=4,bty="n",cex=2)
```

　　於圖 5-6 內，假定 $A = B = 0.5$ 與 $\alpha = \beta = -0.3$，比較特別的是，我們令 $X = t$，其中 $t = 0, 1, \cdots, 10$ 表示時間。從圖中可看出，於相同的常數與參數下，(5-9) 與 (5-10) 二式隨時間「衰退」的速度並不相同，我們可以將 (5-9) 式的型態稱為「多項式型」，而 (5-10) 式的型態則稱為「指數型」；明顯地，多項式型相對上比指數型，衰退的速度緩慢了許多。

　　其實，圖 5-6 的例子還隱含著一個重要的涵義，那就是 $X = t$ 雖可以稱為一個「變數」，它卻是一個「明確的變數」；也就是說，若 X 是一個「不確定的變數」，則情況會如何？不確定的變數又可以稱為隨機變數（random variable），其是表示該變數的實際值（或稱為實現值或觀察值）是隨機來的！

　　確定的變數與隨機變數有何差別？若 t 仍是表示時間，若今天為 $X = t = 1$，則 15 天後，$t = 16$；但是，若是 X 表示股價或報酬率，則 15 天後 X 值為何？自然只有「天」才知，我們哪裡會知道？換句話說，隨機變數的實現值，是事後才知，事前卻是不知其為何？因此，若以此觀點來看，經濟或財務的變數例

如 GDP、失業率、物價、匯率、資產價格（股價、房地產、黃金或石油價格
等）或報酬率等等，皆是隨機變數！我們應該如何面對隨機變數？可以參考下
面的例子。

例1 常態機率分配

考慮一個機率密度函數（probability density function, *PDF*）[10]：

$$f(x) = \frac{1}{\sqrt{2\pi}\sigma} e^{-\frac{1}{2}\left(\frac{x-\mu}{\sigma}\right)^2}, \ -\infty < x < \infty$$

其中 x 就是一個隨機變數[11]；另外，μ（音 mju:）與 σ（音 sigma）分別表示「位置」
以及代表「資料離散程度」的尺度（scale）。上述函數稱為常態分配（normal
distribution）之 *PDF*，試繪出其圖形。

解 可以參考下列圖形之下圖。一般是以 x 的平均數表示「位置」，而 σ 表示
離散程度的尺度，則從上圖可以看出其意思。於圖內可看出標準常態分配
是常態分配的一個特例，因其 μ 與 σ 值分別為 0 與 1。

R 指令：

```
x = seq(-3,3,length=100)
fx = function(x,mu,sigma) (1/(sqrt(2*pi*sigma))*exp(-((x-mu)^2)/sigma^2)
windows();par(mfrow=c(2,1))
plot(x,fx(x,0,1),type="l",lwd=4,ylab="PDF",main=" 標準常態分配 ",ylim=c(-0.05,0.4),
    cex.lab=1.5,cex.main=2);abline(h=0);segments(0,0,0,max(fx(x,0,1)),lty=2)
segments(1,0,1,fx(1,0,1),lty=2);arrows(0,fx(1,0,1),1,fx(1,0,1),code=3,lty=2)
text(0.5,fx(1,0,1),labels=expression(sigma==1),pos=3,cex=1.5)
text(0,0,labels=expression(mu==0),pos=1,cex=1.5)
text(0.5,fx(0.5,0,1),labels="f(x)",pos=4,cex=1.5)
plot(x,dnorm(x,0,1),type="l",lwd=3,ylab="",cex.lab=1.5)
```

---

[10] *PDF* 是一個可以用積分或加總的方法以計算機率的函數，於後面介紹積分方法的章
節內自會說明。

[11] 通常，我們會以「大寫」如 X 表示隨機變數，而以「小寫」如 x 表示隨機變數的實
現值，不過，此種方式仍容易產生混淆，因為前者也可以表示矩陣，而後者則為向
量。因此，就筆者而言，最好的方式應該是隨時註明，此時「大小寫」的差別就不
是很重要了。

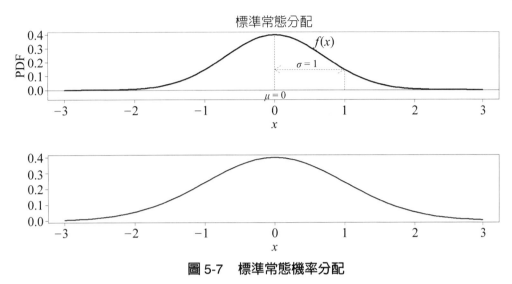

圖 5-7　標準常態機率分配

註：可留意所附的 R 指令，上圖是按照我們所建立的函數所繪製的圖形，而下圖則依據 R 之
　　內建函數 *dnorm*(*x*, *μ*, *σ*) 所繪製，二者幾乎相同。

例2　**相對次數（relative frequencies）分配圖**

　　試從 *μ* = 0 與 *σ* = 1 的常態分配內抽取 20 個觀察值[12]，將其整理後再編成次
數分配表，並繪製直方圖（即長條圖）。

解　參考所附之 R 指令，可將 *x* 值編成下表：

```
R 指令：
set.seed(123678) ;x = rnorm(20,0,1);x # 20 個觀察值
#[1]  0.5855288  0.7094660 -0.1093033 -0.4534972  0.6058875 -1.8179560
#[7]  0.6300986 - 0.2761841 -0.2841597 -0.9193220 -0.1162478  1.8173120
#[13] 0.3706279  0.5202165 -0.7505320  0.8168998 -0.8863575 -0.3315776
#[19] 1.1207127  0.2987237
```

　　由於 *x* 為一個隨機變數，故我們事先無法猜出這 20 個觀察值為何，此為
典型隨機變數的例子；也就是說，抽出後才知 *x* 的觀察值為何。可以注意

---

[12] *μ* = 0 與 *σ* = 1 的常態分配，稱為標準常態分配。

我們是使用 $rnorm(n, \mu, \sigma)$ 函數，其中 n 表示欲抽出的個數，其可以與前例之 $dnorm(x, \mu, \sigma)$ 函數比較。接下來，可以將 20 個觀察值分成 4 組如下表所示，每組之差距為 1，然後再計算落於各組的個數，即構成下表內之次數分配；若將次數除以總次數，即為相對次數分配。

組別	組中點	次數	相對次數	密度[1]
$-2 \leq x < -1$	-1.5	1	1/20	0.05
$-1 \leq x < 0$	-0.5	9	9/20	0.45
$0 \leq x < 1$	0.5	8	820	0.40
$1 \leq x < 2$	1.5	2	2/20	0.10

註1：每個直方圖寬為1，高為密度，故直方圖面積為寬乘以密度。

我們將上述次數分配及「密度（density）」分配以直方圖的方式繪於下圖，值得注意的是，上表內的相對次數可以機率的方式解釋；例如，20 個觀察值有 9 個落於第二組，故落於該組的可能性（機率）就是相對次數 9/20。另一方面，機率值亦可以面積表示，注意下右圖內每一直方圖的寬度為 1，故例如第二組的機率為 $9/20 \times 1 = 9/20 = 0.45$（以直方圖的面積表示），第二組縱軸的高度以密度為 0.45 表示。換句話說，當機率值用面積表示時，其高度就稱為密度！於 R 內，我們使用 hist(·) 函數指令來繪製直方圖如：

```
hist(x);hist(x,breaks=5,prob=TRUE)
```

第一個指令是繪製 x 的次數分配圖如左下圖，第二個指令建議 R 繪製有 5+1 個組別的相對次數分配圖，不過 R 會自動分出組距相同的或最接近的組數，此時機率已由面積表示，可參考下右圖。

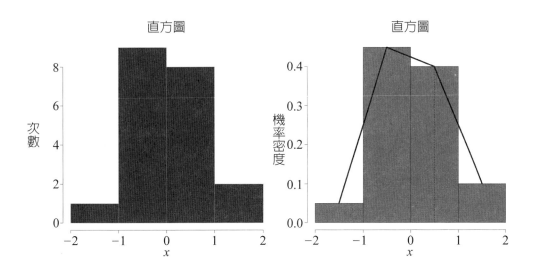

R 指令：

```
windows();par(mfrow=c(1,2))
hist(x,breaks=5,ylab=" 次數 ",main=" 直方圖 ",col="blue",border="grey",cex.lab=1.5,cex.main=2)
H = hist(x,breaks=5,plot=FALSE) # 不繪圖
H # 可檢視其結果
hist(x,breaks=5,prob=TRUE,ylab=" 機率密度 ",main=" 直方圖 ",col="tomato",border="black",
     ,cex.lab=1.5,cex.main=2)
x1 = H$mids # 組中點
y1 = H$density # 密度
lines(x1,y1,lwd=4);segments(x1[3],y1[3],x1[3],0,lty=2)
```

註：由於每次從常態分配內抽取資料，每次的結果未必皆相同；因此，為使得每次抽取皆有
　　相同的結果，可加上 set.seed(·) 指令，其中小括號內之值，是任意的數字，可多執行下
　　列指令數次，再檢視其結果。

```
rm(.Random.seed) # 除去 set.seed 的設定
rnorm(5,0,1)
rnorm(5,0,1)
set.seed(123)
rnorm(5,0,1)
rnorm(5,0,1)
set.seed(132)
```

rnorm(5,0,1)

rnorm(5,0,1)

例3 估計 *PDF* 的形狀

　　續例 2，底下四圖是從一個標準的常態分配內抽取 1,000,000 個觀察值後所繪製的機率密度分配圖。例如，(a) 圖是大概將抽取的觀察值分成 30 組後所繪製的直方圖，紅色虛線則表示以類似圖 5-7 的圓滑曲線「取代」直方圖的可能，試檢視四圖結果。

解 若再檢視例 2 之右圖，可發現連接各組組中點所對應的密度，可以形成一條曲線；因此，若將各組的組距再縮小，再連接各組組中點之密度可形成一條更圓滑的曲線。是故分組的組數愈多，以一條圓滑的曲線取代密度分配的誤差就愈小；因此，可以想像例如標準常態機率分配之 *PDF* 如圖 5-7，是如何得來的？原來就是讓分組的組數 $n \to \infty$！下圖就是描述其中的演變過程。

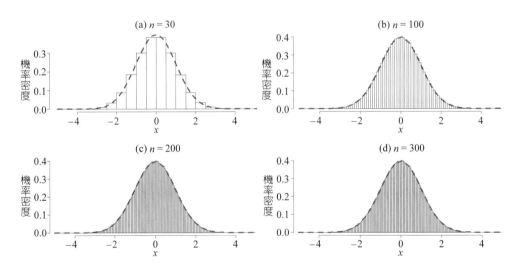

R 指令：

set.seed(1234);x = rnorm(1000000,0,1)

```
windows();par(mfrow=c(2,2))
hist(x,breaks=30,prob=TRUE,ylab=" 機率密度 ",main="(a) n = 30",cex.lab=1.5,cex.main=2)
lines(density(x),lwd=4,lty=2,col=2)
hist(x,breaks=100,prob=TRUE,ylab=" 機率密度 ",main="(b) n = 100",cex.lab=1.5,cex.main=2)
lines(density(x),lwd=4,lty=2,col=2)
hist(x,breaks=200,prob=TRUE,ylab=" 機率密度 ",main="(c) n = 200",cex.lab=1.5,cex.main=2)
lines(density(x),lwd=4,lty=2,col=2)
hist(x,breaks=300,prob=TRUE,ylab=" 機率密度 ",main="(d) n = 300",cex.lab=1.5,cex.main=2)
lines(density(x),lwd=4,lty=2,col=2)
```

註：注意 density(·) 指令的使用，可以將其想像成繪製連接各組組中點，稱爲 x 以及所對應的
　　密度點 y 所形成的曲線，試下列指令：

```
x = rnorm(1000000,0,1);f = density(x);f
summary(f) # 檢視 f 的內容
y = f$y # 叫出 f 裡的 y
x1 = f$x # 叫出 f 裡的 xwindows()
plot(x1,y,type="l",lwd=4)
```

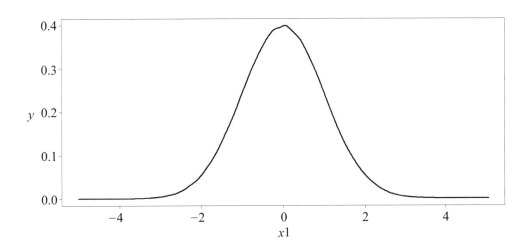

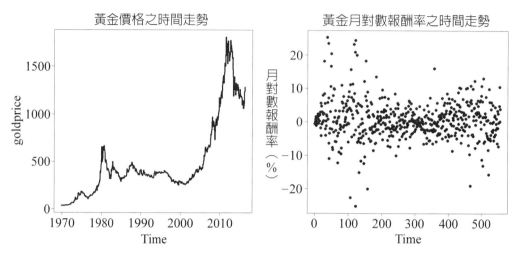

圖 5-8　月黃金與其對數報酬率之時間走勢（1969:12～2016:4）

R 指令：

```
# 1969:12～2016:4
goldpricem = read.table("D:\\BM\\ch5\\goldm.txt");goldprice = goldpricem[,1];p = goldprice
goldprice = ts(goldprice,start=c(1969,12),frequency=12)
windows();par(mfrow=c(1,2))
plot(goldprice,main=" 黃金價格之時間走勢 ",lwd=4,cex.main=2) # 繪出時間序列走勢圖
pr = 100*diff(log(p)) # 月對數報酬率
plot(1:length(pr),pr,type="p",pch=20,cex=2,xlab="Time",ylab=" 月對數報酬率 (%)",
    main=" 黃金月對數報酬率之時間走勢 ",cex.lab=1.5,cex.main=2)
windows()
hist(pr,prob=TRUE,ylab=" 機率密度 ",main=" 黃金月對數報酬率之估計的 PDF",cex.lab=1.5,
    xlab=" 報酬率 ",ylim=c(0,0.11),cex.main=2);lines(density(pr),lwd=4,lty=2,col=2)
```

　　瞭解上述例子後，我們再來看一個實際的例子以說明如何將上述方法應用於冪函數與指數函數。圖 5-8 分別繪出黃金月價格與其對應的對數報酬率之時間走勢[13]，不管是價格或是報酬率，二者皆是隨機變數；畢竟，事前我們無

---

[13] 黃金月價格以美元計價，單位為 Troy Ounce（金衡盎司），歷史資料取自下列網站（**25th May 2016**）：www.gold.org/research/download the gold price in a range of currencies since December 1978。

法預測其結果為何？不過，面對價格與報酬率二變數，我們處理的方式卻有不同。也就是說，例如於 1970 年 2 月黃金每盎司只有 35.02 美元，但是至 2016 年 4 月黃金價格每盎司卻為 1285.65 美元，短時間黃金價格要再回到 1970 年的水準，似乎不太可能。反觀報酬率就沒這樣的顧慮，於 1970 年黃金的報酬率若為 3%，難道未來（2016 年以後）就不能有 3% 的報酬率嗎？也許，我們可以重新組合或排列月對數報酬率序列，以供未來參考；換言之，就月對數報酬率序列而言，是否有按照時間來排序，就不是那麼重要了！

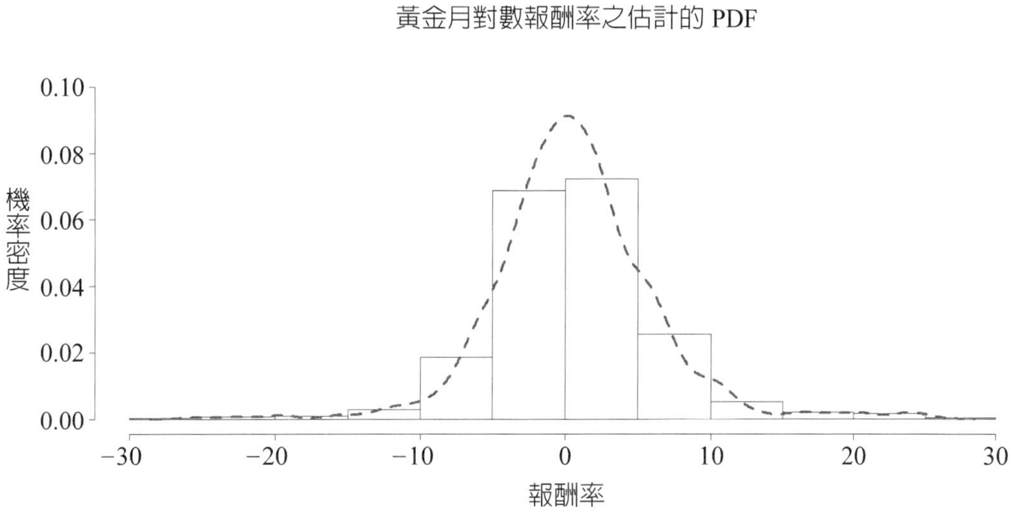

黃金月對數報酬率之估計的 PDF

圖 5-9　黃金月對數報酬率之相對次數（密度）分配及其估計的 *PDF*

因此，我們可以重新整理月對數報酬率序列，按照（相對）次數分配的方式，進一步繪製出其密度分配，如圖 5-9 所示。換言之，圖 5-9 繪出黃金月對數報酬率之密度分配及其估計的 *PDF*。可以注意底下所附之 R 指令，如何將月對數報酬率之組中點及其對應的密度點拆成「正報酬率」與「負報酬率」二種情況。換句話說，我們有興趣想要知道圖 5-9 內所估計的 *PDF* 曲線，其正或負報酬率部分究竟是可用指數函數抑或是冪函數表示？我們從圖 5-6 已經知道冪函數與指數函數的圖形有所不同，相對上隨自變數數值的提高，指數函數之函數值下降的速度比較快，而冪函數的函數值則較為緩慢；也就是說，我們可以藉由觀察黃金正負報酬率所估計的 *PDF* 曲線，得知何者帶來的風險比較大？

　　我們如何以冪函數與指數函數分別估計正負報酬率之 *PDF*？首先，可以將 (5-9) 式改寫成：

$$y = a + \beta x + u_1 \qquad\qquad (5\text{-}11)$$

其中 $y = \log Y$、$a = \log A$ 以及 $x = \log X$；其次，u_1 為一個誤差項[14]。而 (5-10) 式亦可以改寫成：

$$h = b + \alpha X + v_1 \qquad\qquad (5\text{-}12)$$

其中 $h = \log(H)$ 而 v_1 為一個誤差項。因此，利用估計的 *PDF* 所取得的組中點（即 x）與對應的密度點（即 y）（可參考底下所附的 R 指令），以及 (5-11) 與 (5-12) 二式，可以分別估計黃金正負報酬率之 *PDF*，其結果則繪於圖 5-10。（負報酬率序列以正數表示）

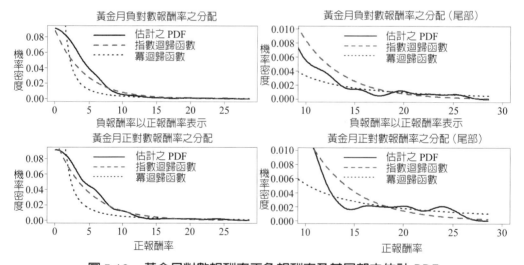

圖 5-10　黃金月對數報酬率正負報酬率及其尾部之估計 *PDF*

---

[14] (5-11) 式的取得相當於對 (5-9) 式取對數值（不考慮誤差項）。本書第 13 章我們會再討論此一情況。

R 指令：

```
f = density(pr);y = f$y;r = f$x
r # 自第 257 個轉成正
rn = r[1:256] # 負報酬率
yn = y[1:256]
rp = r[257:length(r)] # 正報酬率
yp = y[257:length(r)]
# 估計負報酬率
rn1 = -rn;modelna = lm(log(yn)～rn1) # 指數迴歸函數
modelna
fitn1 = fitted(modelna) # 相當於 logfitn1=-2.4108-0.2371*rn1
windows();par(mfrow=c(2,2))
plot(m1,yn,type="l",lwd=4,xlab=" 負報酬率以正報酬率表示 ",ylab=" 機率密度 ",main=" 黃金月負對
    數報酬率之分配 ",cex.lab=1.5,cex.main=2);lines(rn1,exp(fitn1),lwd=4,col=2,lty=2)
modelnb = lm(log(yn)～log(rn1)) # 冪迴歸函數
fitn2 = fitted(modelnb);lines(rn1,exp(fitn2),lwd=4,lty=3,col="blue")
legend("topright",c(" 估計之 PDF "," 指數迴歸函數 "," 冪迴歸函數 "),lty=1:3,
       col=c("black","red","blue"), lwd=4,bty="n",cex=1.5)
plot(m1,yn,type="l",lwd=4,xlab=" 負報酬率以正報酬率表示 ",ylab=" 機率密度 ",main=" 黃金月負對
    數報酬率之分配 ( 尾部 )",xlim=c(10,30),ylim=c(0,0.01) ,cex.lab=1.5,cex.main=2)
lines(rn1,exp(fitn1),lwd=4,col=2,lty=2) ;lines(rn1,exp(fitn2),lwd=4,lty=3,col="blue")
legend("topright",c(" 估計之 PDF "," 指數迴歸函數 "," 冪迴歸函數 "),lty=1:3,
          col=c("black","red","blue"),lwd=4,bty="n",cex=1.5)
```

(只列出負報酬率序列部分，其餘可參考光碟)

　　圖 5-10 之左上下圖分別繪出黃金負對數報酬率（以正報酬率表示）與正對數報酬率之估計 *PDF*，以及利用 (5-11) 與 (5-12) 二式所估計的結果。為了比較分配的尾部（例如高於 10% 以上的報酬率）情況，對應之右圖則繪出左圖尾部放大的部分。我們從圖中可以發現黃金正負報酬率分配似乎是指數函數與冪函數的組合體，即 10% 以下的分配較接近於指數函數，但是尾部的分配則接近於冪函數。此表示黃金正負報酬率趨向於分配的尾部時速度反而趨緩，隱含著容易出現極端值的可能。

練習

(1) 常態分配與標準常態分配最大的不同，是後者的參數值分別為 $\mu = 0$ 與 $\sigma = 1$。試從標準常態分配內抽取 5 個觀察值，我們應如何做，才能每次皆能抽取相同的觀察值？

(2) 繪圖說明常態分配參數值 σ 所扮演的角色。

(3) 何謂 PDF，其隱含的意義為何？

(4) 為何資產價格如股票、房地產、黃金、石油或匯率等價格，難以預測？

(5) 續上題，那資產報酬率呢？

(6) 舉例說明確定變數與隨機變數之差異。

(7) 舉例說明確定趨勢與隨機趨勢之差異。

(8) 明日的價格是今日的價格加上一個誤差項，我們是否可以模擬出上述結果？

提示：

$$p_t = p_{t-1} + u_t \text{ 且 } p_0 = 120 \text{。}$$

(9) 於 $\mu = 0.5$ 與 $\sigma = 2.5$ 下，抽取 100,000 個常態分配的觀察值，繪出其散佈圖、直方圖以及估計與理論的 PDF 曲線。

提示：如下圖

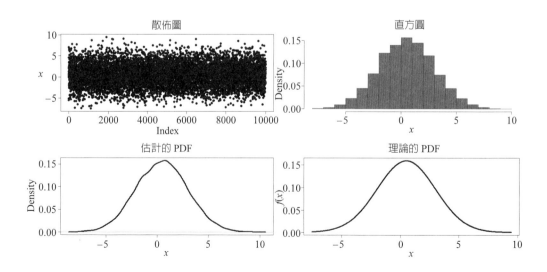

(10) 於英文的 YAHOO 網站下載 NASDAQ 指數之收盤價（1971/2～2016/5），繪出其時間走勢圖。

(11) 續上題，將收盤價序列轉成月對數報酬率序列，繪出其時間走勢圖。

提示：如下圖

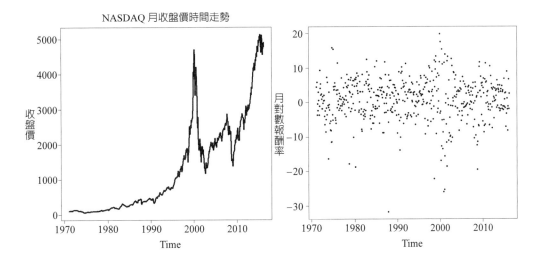

(12) 續上題，繪出月對數報酬率序列之直方圖與估計的 PDF 曲線。

(13) 續上題，以指數函數與冪函數分別估計正負月對數報酬率序列。

(14) 續上題，結果為何，有何涵義？

第三節　三角函數

　　經濟景氣循環（Business cycles）、季節性消費支出、存貨循環、循環性失業以及用電量需求等等皆會出現週期性（periodic or cyclical）現象。為了研究此種現象，我們需要週期性的函數。前述已介紹過的多項式函數、指數函數或冪函數等並未擁有此種性質；不過，三角函數（trigonometric functions）卻具有週期性的性質。本節將介紹基本的三角函數的性質與應用；瞭解三角函數的性質是重要的，因其可用於模型化許多週期性或重複性的現象。

3.1 弧度的衡量

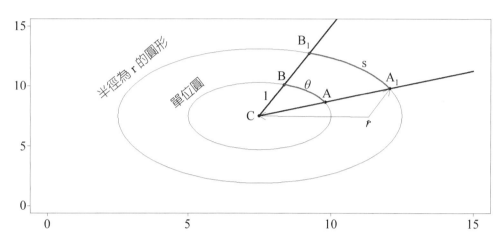

圖 5-11 角 *ACB* 之弧度為單位圓上的弧形 *AB* 即 θ，亦可以其他圓形表示即 *s/r*，因此 *s* = *r*θ，其中 *r* 為其他圓形之半徑，θ 以弧度表示

通常角（angles）是用度（degrees）來衡量，不過在數學或微積分內卻是以弧度（radians）為單位。弧度的衡量是指於單位圓（半徑為 1）的圓心處，角 *ACB* 與單位圓相交於弧 *AB*（可參考圖 5-11），弧度是指延伸角 *ACB* 與任一個半徑為 *r* 之圓形相交於弧 A_1B_1，而弧長 $s = r\theta$（即稱弧度 A_1B_1），其中 θ 為弧度 *AB*。

由於圓周為 2π 而完成一個圓需要 360°，故弧度與「度」之間的關係為：

$$\pi \text{ 弧度} = 180° \tag{5-13}$$

利用 (5-13) 式可以知道弧度與「度」之間的替換[15]，可檢視例如 45° 以弧度表示為：

$$45^0 \cdot \frac{\pi}{180^0} = \frac{\pi}{4} \text{ 弧度}$$

而 $\pi/6$ 弧度可以為：

---

[15] 1 弧度相當於 180°/π，約為 57.29578 度。R 指令：180/pi # 57.29578。

$$\frac{\pi}{6} \cdot \frac{180^0}{\pi} = 30^0$$

可以參考圖 5-15 內二種常見的三角形之二種衡量。

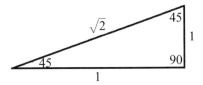

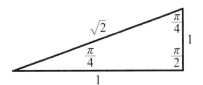

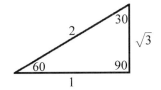

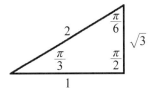

圖 5-12　二個常見的三角形 [16]

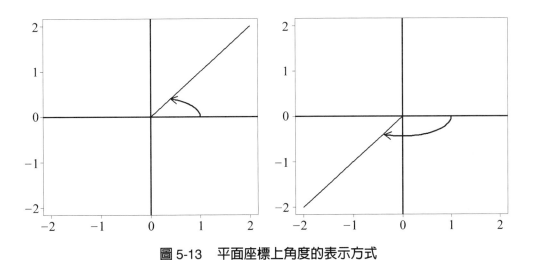

圖 5-13　平面座標上角度的表示方式

---

[16] 圖 5-12 的框架原本是一個正方形，但是我們是以長方形的框架將其放大，故圖內的
長度與其標示有差距。

　　當角度是以逆時鐘方向旋轉來表示時，此時弧度是以正數表示；反之，若角度是以順時鐘方向旋轉來表示時，此時弧度是以負數表示。可參考圖 5-13 與 5-14 二圖。值得注意的是，從此以後本書與 R 內的角度皆是以弧度表示。

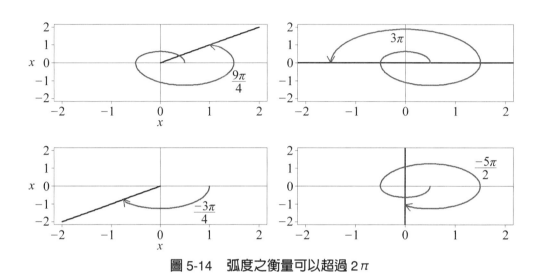

圖 5-14　弧度之衡量可以超過 2π

（練習）

(1)　將下列改爲弧度：63°、80°、120°、420° 以及 540°。

(2)　續練習 (1)，將所得的弧度改爲以度表示。

(3)　繪出二個圓其半徑分別爲 2 與 4，圓心皆爲（7, 7）。

(4)　繪出一個銳角爲 $\pi/3$。

3.2　基本的三角函數

　　通常，我們以銳角（acute angle）（即介於 0° 至 90° 之間的角）的角度從一個直角三角形的邊長比率以定義三角函數；例如，可參考圖 5-15，就角度 θ 而言，sin 函數（又名正弦函數）爲該直角三角形之對邊／斜邊，其餘函數分別爲：

$$\sin\theta = \frac{b}{c} \ \text{、} \ \csc\theta = \frac{c}{b} \ \text{（正弦、餘割）}$$

$$\cos\theta = \frac{a}{c} \text{、} \sec\theta = \frac{c}{a} \text{（餘弦、正割）}$$

$$\tan\theta = \frac{b}{a} \text{、} \cot\theta = \frac{a}{b} \text{（正切、餘切）}$$

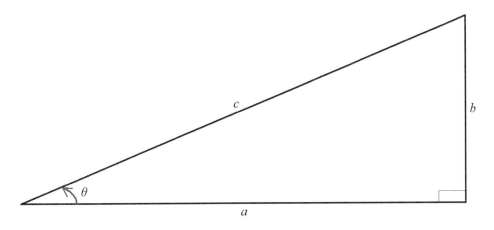

圖 5-15　一個銳角的三角比率

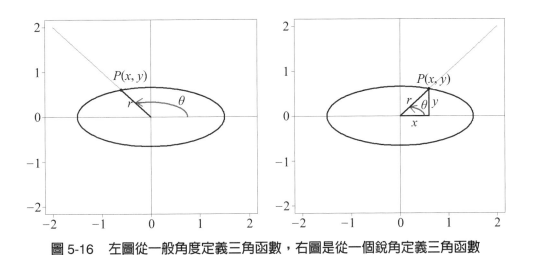

圖 5-16　左圖從一般角度定義三角函數，右圖是從一個銳角定義三角函數

　　當然，我們也可擴充上述方法至包括鈍角（obtuse angle）（即大於 90° 但小於 180°）或負的角度；另一種方式是從原點做出一條射線與半徑爲 r 的圓形相交於 $P(x, y)$ 點如圖 5-16 的左圖所示。換言之，我們也可以利用圖 5-16 的右圖定義三角函數爲（就 θ 而言）：

$$\sin\theta = \frac{y}{r} \cdot \csc\theta = \frac{r}{y} \quad (\text{音 sine} \cdot \text{cosecant})$$

$$\cos\theta = \frac{x}{r} \cdot \sec\theta = \frac{r}{x} \quad (\text{音 cosine} \cdot \text{secant})$$

$$\tan\theta = \frac{y}{x} \cdot \cot\theta = \frac{x}{y} \quad (\text{音 tangent} \cdot \text{cotangent})$$

值得注意的是，若 $x = 0$（於圖內為垂直線），我們無法定義 $\tan\theta$ 與 $\sec\theta$，也就是說若 θ 為 $\pm\pi/2$、$\pm3\pi/2$、…，上述二函數無法定義；類似地，若 $y = 0$（於圖內為水平線），我們亦無法定義 $\cot\theta$ 與 $\csc\theta$，即若 θ 為 0、$\pm\pi$、$\pm2\pi$、…，上述二函數亦無法定義。

例 1

利用圖 5-12 可知：

$$\sin\frac{\pi}{4} = \frac{1}{\sqrt{2}} \cdot \sin\frac{\pi}{6} = \frac{1}{2} \cdot \sin\frac{\pi}{3} = \frac{\sqrt{3}}{2}$$

$$\cos\frac{\pi}{4} = \frac{1}{\sqrt{2}} \cdot \cos\frac{\pi}{6} = \frac{\sqrt{3}}{2} \cdot \cos\frac{\pi}{3} = \frac{1}{2}$$

$$\tan\frac{\pi}{4} = 1 \cdot \tan\frac{\pi}{6} = \frac{1}{\sqrt{3}} \cdot \tan\frac{\pi}{3} = \sqrt{3}$$

試以 R 證明上述結果。

解 試下列指令：

R 指令：

```
sin(pi/4) # 0.7071068
1/sqrt(2) # 0.7071068
cos(pi/4) # 0.7071068
tan(pi/4) # 1
sin(pi/6) # 0.5
cos(pi/6) # 0.8660254
sqrt(3)/2 # 0.8660254
```

例2

試將下列轉成弧度並繪出 $\sin\theta$、$\cos\theta$ 以及 $\tan\theta$ 之圖形。

-180、-135、-90、-45、0、30、45、60、90、120、135、150、180、270、360（以度表示）。

解 利用弧度與度之間的替換；令上述為 deg，可知弧度 $\theta = \text{deg} \cdot \pi/180°$。其次，於 R 內是使用弧度，可參考所附 R 指令。

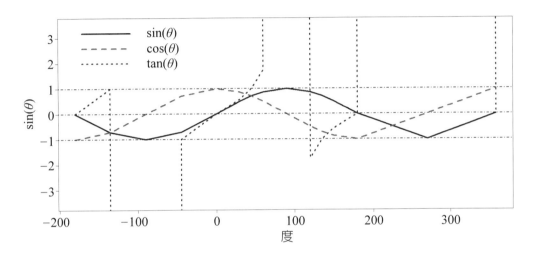

R 指令：

```
degrees = c(-180,-135,-90,-45,0,30,45,60,90,120,135,150,180,270,360);theta = degrees*pi/180
sin(theta)
windows()
plot(degrees,sin(theta),type="l",lwd=4,ylim=c(-3.5,3.5),xlab=" 度 ",ylab=expression(sin(theta)),
    cex.lab=1.5);lines(degrees,cos(theta),col="red",lwd=4,lty=2)
lines(degrees,tan(theta),col="blue",lwd=4,lty=3);abline(h=0,lty=4,lwd=2)
abline(h=1,lty=4,lwd=2);abline(h=-1,lty=4,lwd=2)
legend("topleft",c(expression(sin(theta)),expression(cos(theta)),expression(tan(theta))),
    lty=1:3,lwd=4,col=c("black","red","blue"),bty="n",cex=2)
```

練習

(1) 計算 $\sin15°$、$\cos35°$ 以及 $\tan45°$。

(2) 繪出 $\sin(-x) = -\sin(x)$ 以及 $\cos(-x) = \cos(x)$ 曲線。

(3) 繪出 $\sin(\pi t + 2)$ 與 $\cos(\pi t + 2)$，其中 $-2 \le t \le 2$。

3.3 週期性、圖形與轉換

若角度是以 θ 衡量如圖 5-16 之右圖，則 $\theta + 2\pi$ 的角度會與 θ 相同；由於二個角度相同，其對應的三角函數應也相同，即：

$$\sin(\theta + 2\pi) = \sin(\theta); \ \cos(\theta + 2\pi) = \cos(\theta); \ \tan(\theta + 2\pi) = \tan(\theta); \ \cdots$$

類似的情況，$\sin(\theta - 2\pi) = \sin(\theta); \cos(\theta - 2\pi) = \cos(\theta)$ 等等。我們稱上述三角函數有「獨特的重複行為」，其具有週期性（periodicity）。

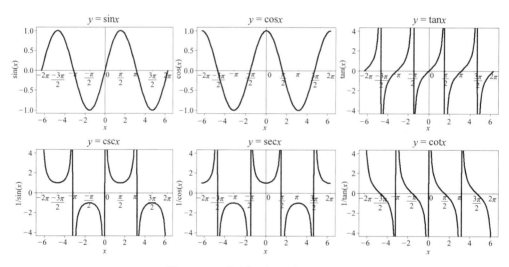

圖 5-17　六種三角函數之週期

週期函數

一個具有週期性的函數 $f(x)$ 是指存在一個 p，使得就每個 x 而言，$f(x)$ 具有下列性質：

$$f(x + p) = f(x)$$

其中最小的 p 值稱為 $f(x)$ 之週期。

圖 5-17 繪出於 $-2\pi \le x \le 2\pi$ 範圍內六種三角函數之週期 [17]，比較特別的是 $\sin x$ 與 $\cos x$，因二者的週期皆為 2π；以 $\cos x$ 為例，於圖內可看出於 $x = -\pi/2$ 與 $x = 3\pi/2$ 處 $\cos x$ 皆為 0，而二處的差距恰為 2π，故 $\cos x$ 會以 2π 的範圍重複循環。除了 $\sin x$ 與 $\cos x$ 函數之外，其餘函數之週期皆為 π，而從圖內可看出因其易出現漸近值而有中斷的情況，其應用的範圍就受到不少的限制。

三角（函數）圖形之轉換

一般而言，一個函數（圖形）之移位、伸展、收縮與反射的規則亦可以應用於三角函數（圖形）。我們可以先來檢視一個函數內參數所扮演的角色。假定一個函數的一般式可寫成：

$$y = af(b(x + c)) + d$$

其中參數 a 具有控制垂直伸展或收縮的作用，而若為負值則有以 x 軸鏡射的性質。其次，參數 b 具有控制水平伸展或收縮的作用，而若為負值則有以 y 軸鏡射的性質。另外，參數 c 與 d 則分別扮演控制水平移位與垂直移位的功能。一

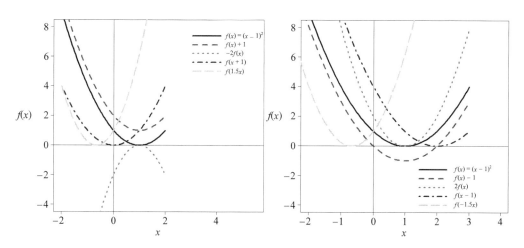

圖 5-18　一個函數（圖形）之移位、伸展、收縮與反射的例子

---

[17] 可注意 $\csc\theta = 1/\sin\theta$、$\sec\theta = 1/\cos\theta$ 以及 $\cot\theta = 1/\tan\theta$ 之間的關係，故 R 內並無上述三者之函數。

個例子，即可明瞭上述參數所扮演的角色，參考圖 5-18[18]。

　　利用類似的觀念，可以瞭解三角函數的轉換；換言之，以 sin 函數爲例，其一般式可寫成：

$$f(x) = A\sin\left[\frac{2\pi}{B}(x-C)\right] + D \tag{5-14}$$

其中參數 $|A|$ 稱爲振幅（amplitude）、B 表示週期（period）、C 是水平位移參數而 D 則爲垂直位移參數。值得注意的是，週期 B 的倒數，則稱爲頻率（frequency）；換句話說，一個週期是指完成一次循環（cycle）所需的時間，例如 40 個月，故其頻率爲 1/40，因此頻率相當於一個月會變動 1/40！上述參數所扮演的角色，可參考圖 5-19。

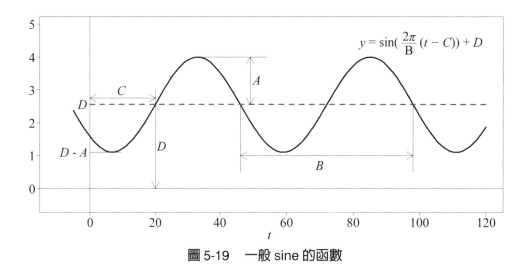

圖 5-19 　一般 sine 的函數

例 1

　　下列 120 個觀察值是某分公司的週營收資料（單位：百萬元），試以 sin 函數估計其趨勢軌跡，其週期爲何？

---

[18] 若圖 5-18 內的圖形不清晰，可於光碟內找出對應的 R 程式，逐一執行後，於讀者的螢幕上應可分辨各曲線之差異，而且也比較清楚；其次，該圖是彩色的。

0.8611265 1.4953880 1.8083094 0.0213776 1.3566967 1.3636001 0.8126300
0.8372562 0.8599084 0.7492075 1.0274924 0.8574802 1.0765325 1.6207016
2.2060531 1.8210087 1.7803182 1.7473946 ……

解　可參考下列 R 指令及下圖。該圖中，我們是使用非線性最小平方方法估計收
　　益之趨勢軌跡，該方法於第 13 章內會介紹。

> R 指令：
> unR = read.table("D:\\BM\\ch5\\RW.txt");unr = unR[,1];t = 1:length(unr);H = 2*pi
> A0 = 2;B0 = 40;C0 = 0.1;D = 1.1 # 期初值
> model = nls(unr～A*cos((H/B)*(t-C))+D,start=list(A=A0,B=B0,C=C0,D=D0))
> model
> windows()
> plot(t,unr,type="p",pch=20,cex=2,ylab=" 收益 ",xlab=" 週 ",cex.lab=1.5)
> lines(t,fitted(model),lwd=4,col="red");abline(h=2.5645,lty=2)
> segments(44.5,2.5645,44.5,0,lty=2);segments(97.3,2.5645,97.3,0,lty=2);abline(h=0,v=0)

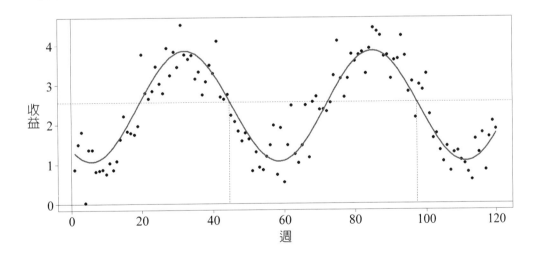

估計的函數為：

$$f(t) = 1.3921\cos\left(\frac{2\pi}{52.7126}(t-(-20.6314))\right) + 2.4575$$

故其週期約為 52.7126 週。

例 2

利用 1981～2015 年實質 GDP 序列資料，試以 cos 函數估計其成長率。

解 可以參考下圖以及所附之 R 指令。下圖縱軸是以超額成長率（即實際成長率減平均成長率）表示，超額成長率序列與時間的估計結果為：

$$f(t) = 2.5843\cos\left(\frac{2\pi}{60.4712}(t - (3.3673))\right) - 0.1467$$

其週期為 60.4712 年。

R 指令：

```
rgdp = read.table("D:\\BM\\ch5\\rgdp.txt");y = rgdp[,1];T = length(y)
yr = 100*log(y[2:T]/y[1:(T-1)]);yr
yr1 = 100*diff(log(y)) # 另一種計算對數成長率 ( 報酬率 ) 方式
yr1
t = 1:(T-1);H = 2*pi
A0 = 10;B0 = 20;C0 = 0;D0 = 0 # 期初值
yr2 = yr-mean(yr) # mean(yr)=5.596182, ,mean() 為計算平均數函數
model = nls(yr2~A*cos((H/B)*(t-C))+D,start=list(A=A0,B=B0,C=C0,D=D0))
model
windows()
plot(t,yr2,type="p",pch=20,cex=3,xlab=" 時間 ",ylab=" 超額成長率 ",cex.lab=1.5)
lines(t,fitted(model),lwd=4,col=2);abline(v=0,h=0)
```

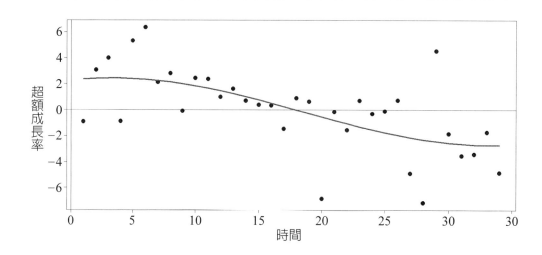

例 3

續例 2，根據估計結果，繪出其完整的週期。

解 可參考所附之 R 指令及下圖。

R 指令：
A = 2.5843; B = 60.4712; C = 3.3673; D = -0.1467;H = 2*pi
f = function(t) A*cos((H/B)*(t-C)) + D;t = 1:100
windows();plot(t,f(t),type="l",lwd=4,cex.lab=1.5);abline(v=0,h=0)
segments(18,f(18),18,-3,lty=2);segments(78,f(78),78,-3,lty=2)

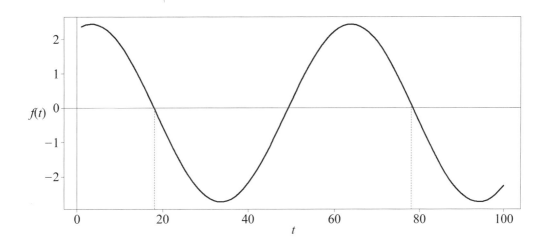

例 4

續例 2，改用 sin 函數估計。

解 可參考所附之 R 指令及下圖。其估計結果可為：

$$f(t) = 1.2973\sin\left(\frac{2\pi}{17.4268}(t-(1.9943))\right) - 0.0208$$

其週期只有 17.4268 年，不過其樣本資料與迴歸曲線之間的「配適」情況
明顯不如例 2。

R 指令：

t = 1:(T-1);H = 2*pi;A0 = 2;B0 = 20;C0 = 0;D0 = 0 # 期初值

yr2 = yr-mean(yr) # mean(yr)=5.596182,mean() 為計算平均數函數

model = nls(yr2～A*sin((H/B)*(t-C))+D,start=list(A=A0,B=B0,C=C0,D=D0));model

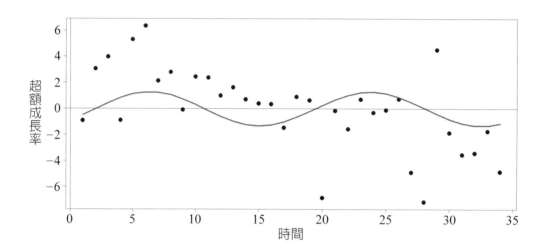

練習

(1) 繪出 $f(x) = (x - 2)^2 + 3$ 之圖形，並與 $h(x) = x^2$ 之圖形比較。

(2) 繪出 $f(x) = (x + 2)^2 - 3$ 之圖形，並與 $h(x) = x^2$ 之圖形比較。

(3) 繪出 $R(t) = 3.05 + 2.5\sin((\pi/35)(t - 30)) + u$，其中 u 為標準常態分配之隨機變數。

(4) 繪出 $U(t) = 0.0919 + 1.5812\cos((2\pi/687.2356)(t - (-115.8898)))$ 曲線，並解釋該曲線之意義。

本章習題

1. 若效用函數為 $U(x, y) = xy$，繪出預算限制下效用最大之 x 與 y 財需求量。

2. 若效用函數為 $U(x, y) = (x - 1)(y - 2)$，則 x 與 y 財是否為正常財？

3. 若效用函數為 $U(x, y) = 20\log(x - 1) - 30\log(15 - y)$，試解釋其意義。

4. 續上題，利用上述效用函數，可以繪製下圖，試解釋其意義。

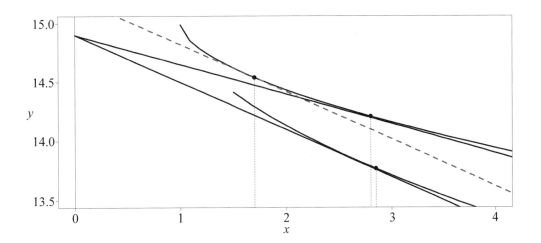

5. 考慮效用函數 $U(L, C) = C - 0.5L^2$，其中 C 與 L 分別表示消費與勞動投入。若將勞動投入視為每日工時，則每日休閒時數 Lei 可為 $Lei = 24 - L$。繪出消費與休閒以及消費與勞動之無異曲線，並分別解釋其意義。

提示：

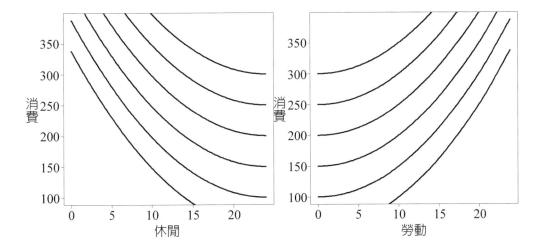

6. 續上題，分別解釋下圖之意義。

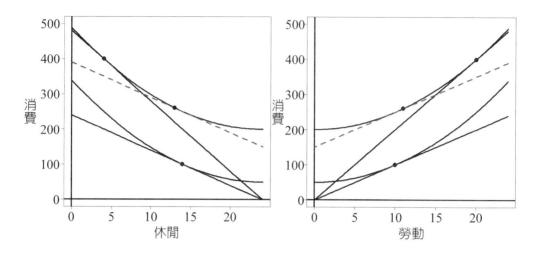

7. 若 $A(x, y) = x + y^{\alpha}$，其中 x 與 y 分別表示二種財貨，而 $\alpha > 1$。有何經濟上的觀念可以用 $A(x, y)$ 表示？

8. 續上題，繪出其圖形。

9. 需求函數為 $Q^D = 14 - 0.5P^{0.5}$，其對應之逆函數為何？

10. 於主計總處下載臺灣 1963/8～2016/4 月失業率序列資料，以 cos 函數估計其時間走勢，其結果可能為何？

    提示：

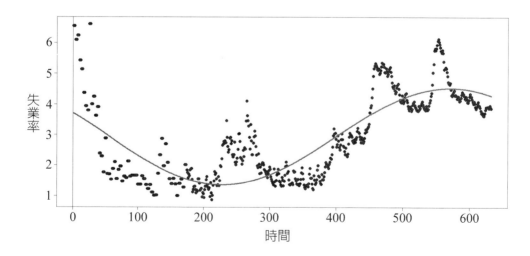

11. 何謂週期與頻率？試解釋之。

12. 用 R 說明下列結果：$2^5 2^3$、2^{5+3}、$2^{1/3}$、$1/2^3$ 以及 2^{-3}。

13. 票面利率、當期收益率與到期收益率三者之間的關係為何？

14. 至 TEJ 下載 2000/1～2016/2 期間台達電月收盤價（除權息調整）序列資料，繪出其月對數報酬率序列之時間走勢。

15. 至 TEJ 下載 2000/1/4～2016/2/26 期間台達電日收盤價（除權息調整）序列資料，繪出其日收盤價以及日對數報酬率序列之時間走勢。

提示：

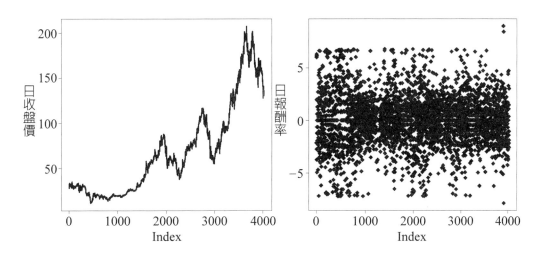

16. 至英文 YAHOO 網站下載臺灣加權股價指數（TWI）於 1997/1～2016/5 期間收盤價資料，並分別用指數迴歸函數與冪迴歸函數估計其正負月對數報酬率序列。

提示：

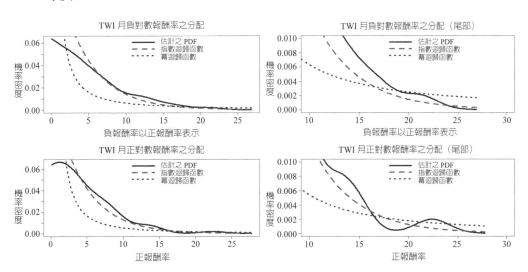

17. 至央行網站下載美元兌新臺幣匯率於 1980/1～2016/4 期間月收盤價資料，並分別用指數迴歸函數與冪迴歸函數估計其正負月對數報酬率序列。

18. 續上題，將月對數報酬率序列以直方圖表示，且每個直方圖之寬度為 1。
    提示：

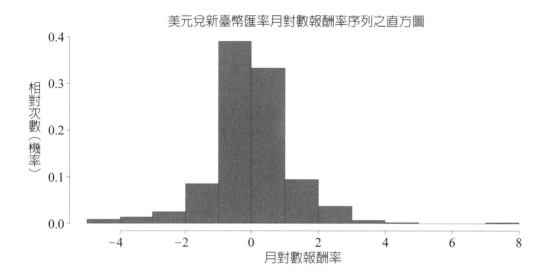

19. 續上題，此時機率有幾種方式表示，其分別為何？

20. 續上題，同時繪出美元兌新臺幣匯率月對數報酬率序列之估計的 PDF 曲線以及 $\mu = 0$ 與 $\sigma = 3$ 之常態分配 PDF 曲線。其結果為何？

21. PDF 曲線下的面積稱為什麼？

22. 一張票據買價 950 元，1 年後可得面額 1,000 元，則其簡單報酬率為何？

23. 簡單報酬率與對數報酬率有何異同？

24. 若是要得到 2 日的報酬率，我們應如何計算？

25. 續題 16，計算持有 2 日 TWI 的報酬率序列。

Chapter 6

極限與微分

　　代數與微積分（Calculus）有何差別？事實上，於前面章節中，我們多少已經使用過上述觀念了。代數頗類似靜態的（static）觀念，例如我們只著重於「時間靜止下」均衡價格與成交量的決定，此時我們比較不在意變數之間的關係，因此較與時間無關。至於微積分，就與動態的（dynamic）觀念接近。畢竟我們除了有興趣想要知道一個變數會如何影響另一個變數外，尤有甚者，我們更想要知道隨著時間經過，變數會如何變動？

　　微積分是由牛頓（Newton）與萊布尼茲（Leibniz）二人幾乎於同一時間但各自獨立發展出來的，他們的目的就是要瞭解物體的運動（motion）。時至今日，微積分的觀念已深植於各專業領域。在經濟與財務領域中，若不使用微積分的觀念與技巧當作輔助工具，則我們對於經濟與財務社會的瞭解程度，應該仍處於一知半解的情況。因此，微積分的重要性可見一斑。

　　微積分分成微分（derivative）與積分（integral）二部分，二觀念的形成皆與極限（limits）有關。因此，本章的前半部著重於極限觀念的介紹，後半部，則介紹微分的觀念與技巧。至於積分的觀念，將另闢專章介紹。

第一節　極限

　　微積分的基本概念可以說是與極限的觀念有關。本節我們分成三個部分討論。

1.1 極限的定義

考慮一個直線函數 $y = f(x) = x + 4$，其圖形於平面座標上可寫成 $(x, f(x))$，例如若 $x = 2$，則 $f(2) = 6$。透過 R，我們也可以設計一個稱為 $f_x(x)$ 的函數，其 R 指令可為：

```
fx = function(x) x + 4;fx(2) # 6
```

現在我們有興趣的是，當 x 非常接近於 c 時（寫成 $x \to c$），$f(x)$ 為何？就上述的例子而言，若 $c = 1$，則可以試下列指令：

```
fx(0.9) # 4.9
fx(1.1) # 5.1
fx(0.99) # 4.99
fx(1.01) # 5.01
fx(0.9999) # 4.9999
fx(1.0001) # 5.0001
```

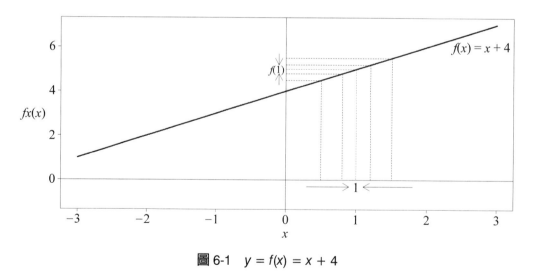

圖 6-1　$y = f(x) = x + 4$

顯然，上述指令的結果顯示出：若 $x \to 1$，則 $f(x) \to 5$。這表示當 x 非常接近於 1 時，$f(x)$ 會接近於 5。我們也可進一步以極限的方式表示，即：

$$\lim_{x \to 1} f(x) = f(1) = 5$$

上述的觀念亦可以幾何圖形表示，如圖 6-1 所示。

極限之定義

我們寫成：

$$\lim_{x \to c} f(x) = L$$

或

$$若\ x \to c，則\ f(x) \to L。$$

表示只要 x 非常接近於 c 而非等於 c，則函數值 $f(x)$ 接近於一個實數 L。

上述極限之定義，乍看似乎沒有特別的問題；不過，若考慮下列的例子，可以發現單靠上述定義是不夠的。

例 1

假定 $y = h(x) = |x| / x$，試探討 $x \to 0$ 的情況。

解 可以參考圖 6-2 所附的 R 指令，我們有設計一個 $h(x)$ 的函數，其中 abs($\cdot$) 是 R 之絕對值函數指令。我們發現例如 $h(-0.0001) = -1$ 而 $h(0.0001) = 1$，即 0 的左右側之極限值並不相等；另一方面，也因分母不應為 0，因此：

$$\lim_{x \to 0} \frac{|x|}{x}\ \text{並不存在}$$

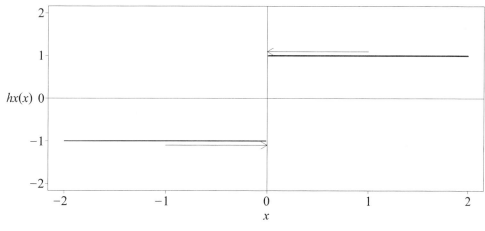

圖 6-2　$y = h(x) = |x| / x$

233

R 指令：

```
hx = function(x) abs(x)/x;x = seq(0,2,length=200)
windows();plot(x,hx(x),type="l",lwd=4,xlim=c(-2,2),ylim=c(-2,2),cex.lab=1.5);abline(v=0,h=0)
x1 = seq(-2,0,length=200);lines(x1,hx(x1),lwd=3);arrows(1,1.1,0,1.1,lwd=1)
arrows(-1,-1.1,0,-1.1,lwd=1);hx(-2) # -1
hx(-0.0001) # -1
hx(0.0001) # 1
hx(2) # 1
```

是故，於 $x = 0$ 處，不僅 $h(x)$ 同時其極限值亦皆不存在。不過，於 $x = 0$ 處，其單邊極限值，如左極限值或右極限值卻是存在的，只是二個單邊極限值並不相等。

單邊極限值之定義

我們寫成：

$$\lim_{x \to c^-} f(x) = K$$

稱 K 為 $f(x)$ 之左邊極限值。即若 x 由左至右非常接近於 c，則 $f(x)$ 非常接近於 K；同理，若 x 由右至左非常接近於 c，則 $f(x)$ 非常接近於 L，可寫成：

$$\lim_{x \to c^+} f(x) = L$$

其中 L 為 $f(x)$ 之右邊極限值。

一般我們稱極限值並不是指單邊極限值，而是指雙邊極限值；換言之，可參考定理 1：

定理 1：極限值之存在

若有存在一個極限值，是指左邊極限值等於右邊極限值，即：

$$\lim_{x \to c} f(x) = L \Leftrightarrow \lim_{x \to c^-} f(x) = \lim_{x \to c^+} f(x) = L$$

雖說，我們可以使用圖形的方式，如圖 6-1 與 6-2 檢視函數的極限值，不過若使用類似代數的操作，即「極限的代數」，有些時候反而更容易找出極限值；換言之，極限有下列的性質：

定理 2：極限的性質

可用直覺的方式檢視下列性質：

(1) $\lim\limits_{x \to c} k = k$，$k$ 為一個常數。

(2) $\lim\limits_{x \to c} x = c$。

(3) $\lim\limits_{x \to c} [f(x) \pm g(x)] = \lim\limits_{x \to c} f(x) \pm \lim\limits_{x \to c} g(x)$。

(4) $\lim\limits_{x \to c} kf(x) = k \lim\limits_{x \to c} f(x)$，$k$ 為一個常數。

(5) $\lim\limits_{x \to c} [f(x)g(x)] = \lim\limits_{x \to c} f(x) \lim\limits_{x \to c} g(x)$。

(6) $\lim\limits_{x \to c} \dfrac{f(x)}{g(x)} = \dfrac{\lim\limits_{x \to c} f(x)}{\lim\limits_{x \to c} g(x)} = \dfrac{L}{M}, M \neq 0$。

(7) $\lim\limits_{x \to c} \sqrt[n]{f(x)} = \sqrt[n]{\lim\limits_{x \to c} f(x)}$。

利用上述極限之性質，我們來練習下列的例子。

例 2

計算 $\lim\limits_{x \to 2} (x^2 - 3x) = ?$

解 $\lim\limits_{x \to 2} (x^2 - 3x) = \lim\limits_{x \to 2} x^2 - \lim\limits_{x \to 2} 3x = \left(\lim\limits_{x \to 2} x\right)\left(\lim\limits_{x \to 2} x\right) - 3\lim\limits_{x \to 2} x = 2 \cdot 2 - 3 \cdot 2 = -2$。

就例 2 而言，我們也可以一個未知的 c 取代 2；換言之，例 2 也可以改成：

$$\lim\limits_{x \to c} (x^2 - 3x) = c^2 - 3c$$

亦即以 $f(x) = x^2 - 3x$ 取代，則：

$$\lim\limits_{x \to c} f(x) = f(c)$$

R 指令：

```
fx = function(x) x^2-3*x
fx(1.9999) # 左極限 ,-2.0001
fx(2.00001) # 右極限 ,-1.99999
```

例 3 試計算下列之極限值：

(A) $\lim_{x \to 2}(x^2 - 3x - 1) = ?$　　(B) $\lim_{x \to 2}\sqrt{2x^2 - 3} = ?$　　(C) $\lim_{x \to 2}\frac{2x}{3x^2 + 1} = ?$

解 $\lim_{x \to 2}(x^2 - 3x - 1) = 2^2 - 2 \cdot 3 - 1 = -3$

$\lim_{x \to 2}\sqrt{2x^2 - 3} = \sqrt{\lim_{x \to 2}(2x^2 - 3)} = \sqrt{5}$

$\lim_{x \to 2}\frac{2x}{3x^2 + 1} = \frac{\lim_{x \to 2} 2x}{\lim_{x \to 2}(3x^2 + 1)} = \frac{4}{13}$

R 指令：

```
# (A)
fx = function(x) x^2-3*x-1
fx(1.999999) # -3.000001
fx(2.000001) #  -2.999999
# (B)
fx = function(x) sqrt(2*x^2-3)
fx(1.999999) # 2.236066
fx(2.000001) #  2.23607
sqrt(5) # 2.236068
# (C)
fx = function(x) (2*x)/(3*x^2+1)
fx(1.999999) # 0.3076924
fx(2.000001) #  0.3076922
4/13 # 0.3076923
```

例 4 試評估下列函數之極限值：

$$f(x) = \begin{cases} x^2 + 1 & x < 2 \\ x - 1 & x > 2 \end{cases}, 若$$

解 可以參考下圖，於 $x = 2$ 處，因左右邊極限值並不相等，故 $\lim_{x \to 2} f(x)$ 並不存在。

R 指令：

```
f1 = function(x) x^2 + 1;f2 = function(x) x − 1
x1 = seq(1.999,-2,length=200)
windows()
plot(x1,f1(x1),type="l",lwd=4,xlim=c(-2,4),ylim=c(-1,5),xlab="x",ylab="f(y)",cex.lab=1.5)
x2 = seq(2.001,4,length=200)
lines(x2,f2(x2),lwd=3)
abline(v=0,h=0);abline(v=2,lty=2)
```

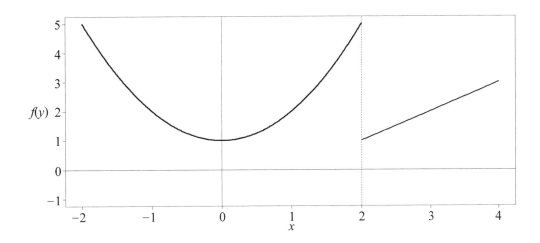

練習

(1) $\displaystyle \lim_{x \to 0.5^-} \sqrt{\frac{x+2}{x+1}} = ?$

(2) $\displaystyle \lim_{x \to 0.5} \left(\frac{x}{x+1}\right)\left(\frac{2x+5}{x^2+x}\right) = ?$

(3) 若 $f(x) = \begin{cases} 3-x, & x < 2 \\ \dfrac{x}{2}+1, & x > 2 \end{cases}$，繪出其圖形並分別計算 $\displaystyle \lim_{x \to 2^-} f(x)$ 與 $\displaystyle \lim_{x \to 2^+} f(x)$。

(4) 若 $f(x) = \begin{cases} 3-x, & x < 2 \\ 2, & x = 2 \\ x/2, & x > 2 \end{cases}$，繪出其圖形並分別計算 $\displaystyle \lim_{x \to 2^-} f(x)$ 與 $\displaystyle \lim_{x \to 2^+} f(x)$。

1.2 商數差異之極限

若函數 f 是定義於內含 a 數之開放區間，則於微積分內有一個重要的極限觀念稱為商數差異（difference quotient）之極限：

$$\lim_{h \to 0} \frac{f(a+h) - f(a)}{a+h-a} = \lim_{h \to 0} \frac{f(a+h) - f(a)}{h} \tag{6-1}$$

商數差異極限相當於計算斜率值之極限，即令 $y = f(x)$ 與 $h = x_1 - x_0$ 並以 x_0 取代 a，則 (6-1) 式可以改為：

$$\lim_{h \to 0} \frac{f(x_0 + h) - f(x_0)}{x_0 + h - x_0} = \lim_{x \to x_0} \frac{f(x_1) - f(x_0)}{x_1 - x_0} = \lim_{x \to x_0} \frac{\Delta y}{\Delta x} \tag{6-2}$$

例 1

就 $f(x) = 4x - 5$ 而言，考慮下列極限值：

$$\lim_{h \to 0} \frac{f(3+h) - f(3)}{h} = ?$$

解
$$\lim_{h \to 0} \frac{f(3+h) - f(3)}{3+h-3} = \lim_{h \to 0} \frac{[4(3+h) - 5] - [4(3) - 5]}{h}$$
$$= \lim_{h \to 0} \frac{12 + 4h - 5 - 12 + 5}{h}$$
$$= \lim_{h=0} \frac{4h}{h} = \lim_{h=0} 4 = 4$$

R 指令：

```
fx = function(x) 4*x-5
h = 1e-10
(fx(3+h)-fx(3))/h # 4
```

例 2 計算下列極限值：

(A) $\displaystyle\lim_{x \to 2} \frac{x^2 - 4}{x - 2}$ (B) $\displaystyle\lim_{x \to -1} \frac{x|x+1|}{x+1}$

解 若分子與分母之極限值皆為 0，通常可以先使用代數方法簡化，即：

$$\lim_{x \to 2} \frac{x^2 - 4}{x - 2} = \lim_{x \to 2} \frac{(x+2)(x-2)}{(x-2)} = \lim_{x \to 2}(x+2) = 4$$

至於 $\lim\limits_{x \to -1} \dfrac{x|x+1|}{x+1}$，可以分成二部分來看，即：

$$\lim_{x \to -1^+} \frac{x|x+1|}{x+1} = \lim_{x \to -1^+} x = -1 \text{ 而 } \lim_{x \to -1^-} \frac{x|x+1|}{x+1} = \lim_{x \to -1^+}(-x) = 1 \text{，故}$$

$$\lim_{x \to -1} \frac{x|x+1|}{x+1} \text{ 並不存在。}$$

R 指令：

```
fx = function(x) (x^2 - 4)/(x - 2)
fx(1) # 3
fx(1.9999) # 3.9999
fx(2.00001) # 4.00001
fx(2) # NaN
fx = function(x) x*abs(x+1)/(x + 1)
fx(1) # 1
fx(-1) # # NaN
# 左右極限並不相等
fx(-0.99999) # -0.99999
fx(-1.000001) # 1.000001
```

註：可留意上述 R 指令，於 $x = 2$ 或 $x = -1$ 處該函數極限值並不存在。

例3 就 $f(x) = 7 - 2x$ 而言，計算下列極限值：

$$\lim_{h \to 0} \frac{f(4+h) - f(4)}{h}$$

解 $\lim\limits_{h \to 0} \dfrac{f(4+h) - f(4)}{h} = \lim\limits_{h \to 0} \dfrac{[7 - 2(4+h)] - [7 - 2(4)]}{h} = \lim\limits_{h \to 0} \dfrac{7 - 8 - 2h - 7 + 8}{h}$

$= \lim\limits_{h \to 0} \dfrac{-2h}{h} = -2$

R 指令：

```
fx = function(x) 7-2*x
h = 1e-10
(fx(4+h)-fx(4))/h # -2
```

例 4 就 $f(x) = |x + 5|$ 而言，計算下列極限值：

$$\lim_{h \to 0} \frac{f(-5+h) - f(-5)}{h} = ?$$

解 $\lim_{h \to 0} \frac{f(-5+h) - f(-5)}{h} = \lim_{h \to 0} \frac{|(-5+h) + 5| - |-5+5|}{h} = \lim_{h \to 0} \frac{|h|}{h}$

明顯地，上述極限並不存在，即若 $h > 0$，其極限值為 1；但是，若 $h < 0$，其極限值則為 -1。

R 指令：

```
fx = function(x) abs(x+5)
h = 1e-10
(fx(-5+h)-fx(-5))/h # 1
h = -1e-10
(fx(-5+h)-fx(-5))/h # -1
```

例 5 就 $f(x) = \sqrt{x}$ 而言，計算下列極限值：

$$\lim_{h \to 0} \frac{f(2+h) - f(2)}{h} = ?$$

解 $\lim_{h \to 0} \frac{f(2+h) - f(2)}{h} = \lim_{h \to 0} \frac{\sqrt{2+h} - \sqrt{2}}{h}$

$$= \lim_{h \to 0} \frac{(\sqrt{2+h} - \sqrt{2})}{h} \frac{(\sqrt{2+h} + \sqrt{2})}{(\sqrt{2+h} + \sqrt{2})}$$

$$= \lim_{h \to 0} \frac{2 + h - 2}{h(\sqrt{2 + h} + \sqrt{2})}$$

$$= \lim_{h \to 0} \frac{1}{\sqrt{2 + h} + \sqrt{2}} = \frac{1}{\sqrt{2} + \sqrt{2}} = \frac{1}{2\sqrt{2}}$$

R 指令：

```
fx = function(x) sqrt(x)
h = 1e-10
(fx(2+h)-fx(2))/h # 0.3535527
1/(2*sqrt(2)) # 0.3535534
```

（練習）

(1) 若 $f(x) = |x - 1|$，計算 $\lim\limits_{h \to 0} \dfrac{f(1 + h) - f(1)}{h} = ?$

(2) 計算 $\lim\limits_{h \to 0} \dfrac{(a + h)^2 - a^2}{h} = ?$ （a 為一個實數）

(3) 計算 $\lim\limits_{h \to 0} \dfrac{(a + h)^{1/2} - a^{1/2}}{h} = ?$ （a 為一個實數）

(4) 若 $f(x) = 3x^3 + 2x^2$，計算 $\lim\limits_{h \to 0} \dfrac{f(2 + h) - f(2)}{h} = ?$

1.3 無限極限以及於無限值下之極限

　　本節，我們將介紹二種型態的極限：無限極限（infinite limits）以及於無限值下之極限（limits at infinity）。通常無限極限或稱垂直漸近線是用於說明當 x 接近於 a 時，$f(x)$ 會趨向於無限值；類似地，於無限值下之極限或稱水平漸近線是用於說明當 x 值接近於正或負無限值時，$f(x)$ 會趨向於某個固定的數值，可參考圖 6-3 的情況。

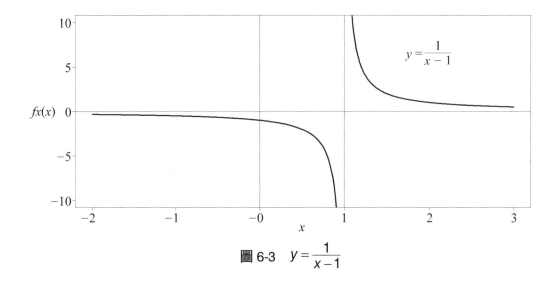

圖 6-3　$y = \dfrac{1}{x - 1}$

R 指令：

```
fx = function(x) 1/(x-1);windows()
x = seq(1.0001,3,length=200)
plot(x,fx(x),type="l",lwd=4,xlim=c(-2,3),ylim=c(-10,10),cex.lab=1.5)
abline(v=0,h=0);abline(v=1);x = seq(0.9999,-2,length=200)
lines(x,fx(x),lwd=4);text(2,8,labels=expression(y == frac(1,x-1)),pos=1,cex=1.5)
```

於圖 6-3，可看出 $y = 1/(x - 1)$，於 $x = 1$ 處之左與右邊極限值並不存在，即：

$$\lim_{x \to 1^+} \frac{1}{x - 1} = \infty \ \text{與} \ \lim_{x \to 1^-} \frac{1}{x - 1} = -\infty$$

換言之，當 x 接近於 1 時，不管其是由左至右或是由右至左接近，y 值不是負無窮大就是正無窮大，由於 ∞ 與 $-\infty$ 並不屬於實數，故極限值並不存在。延續圖 6-3 所附的 R 指令，亦可試下列的指令：

```
fx(1.001) # 1000
fx(1.00001) # 1e+05
fx(1.0000001) # 1e+07
fx(0.999) # -1000
```

fx(0.99999) # -1e+05
fx(0.9999999) # -1e+07

無限極限之垂直漸近線

若 $x \to a^+$ 或 $x \to a^-$，其中 $f(x) \to \infty$ 或 $f(x) \to -\infty$，則稱垂直線 $x = a$ 為 $y = f(x)$ 之垂直漸近線。

定理 3：有理函數之垂直漸近線

若 $f(x) = n(x)/d(x)$ 是一個有理函數（rational function），其中 $d(c) = 0$ 而 $n(c) \neq 0$，則稱垂直線 $x = c$ 為 $y = f(x)$ 之垂直漸近線。

註：上述定理 3 並不適用於 $d(c) = 0$ 且 $n(c) = 0$ 的情況。

例 1

找出下列函數之垂直漸近線：

$$f(x) = \frac{x^2 + x - 2}{x^2 - 1}$$

解 上述函數亦可寫成：

$$f(x) = \frac{x^2 + x - 2}{(x+1)(x-1)}$$

故其分母部分於 $x = 1$ 與 $x = -1$ 處會等於 0；不過，按照定理 3，可以發現 $d(-1) = 0$ 但 $n(-1) \neq 0$，因此垂直漸近線出現於 $x = -1$ 處，可參考下圖。

R 指令：

```
fx = function(x) (x^2 + x - 2)/(x^2 - 1);windows()
x = seq(-0.9999,5,length=100)
plot(x,fx(x),type="l",lwd=4,xlim=c(-5,5),ylim=c(-5,5),cex.lab=1.5)
abline(v=0,h=0);abline(v=-1);x = seq(-5,-1.0001,length=100);lines(x,fx(x),lwd=4)
text(2,4,labels=expression(f(x) == frac(x^2+x-2,x^2-1)),pos=1,cex=1.5)
```

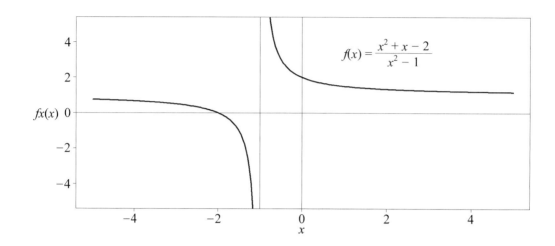

$$f(x) = \frac{x^2 + x - 2}{x^2 - 1}$$

例2

找出下列函數之垂直漸近線：

$$f(x) = \frac{x^2 + 20}{5(x-1)^2}$$

解 因 $n(x) = x^2 + 20$ 而 $d(x) = 5(x-1)^2$，故可知於 $x = 1$ 下 $d(1) = 0$ 而 $n(1) = 21$ ≠ 0；因此，按照定理 3，可知垂直漸近線出現於 $x = 1$ 處。不過，若檢視於 $x = 1$ 處之左右邊極限值，可得：

$$\lim_{x \to 1^-} f(x) = \lim_{x \to 1^+} f(x) = \infty$$

是故，其極限值為：

$$\lim_{x \to 1} f(x) = \infty$$

可參考下圖。

R 指令：

```
fx = function(x) (x^2+20)/(5*(x-1)^2);x = seq(1.0001,3,length=200)
windows()
plot(x,fx(x),type="l",lwd=4,xlim=c(-3,3),ylim=c(-1,40),cex.lab=1.5)
```

```
abline(v=0,h=0);abline(v=1)
x = seq(0.9999,-3,length=200)
lines(x,fx(x),lwd=4)
```

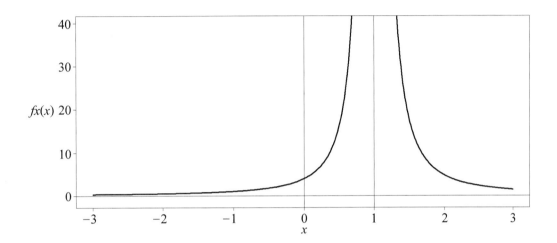

現在，我們來看於無限值下之極限。通常我們會使用 ∞ 或 $-\infty$，表示一個獨立變數的值會無限地遞增或遞減。換言之，若寫成 $x \to \infty$，表示 x 值會呈正數遞增至無限；同理，若寫成 $x \to -\infty$，表示 x 值會呈負數遞減至無限。我們可以利用冪函數 x^p 與 $1/x^p$ 說明，即：

$$\lim_{x \to \infty} x^p = \infty \text{ 或寫成：若 } x \to \infty \text{，則 } x^p \to \infty \text{。}$$

其次，

$$\lim_{x \to \infty} \frac{1}{x^p} = 0 \text{ 或寫成：若 } x \to \infty \text{，則 } \frac{1}{x^p} \to 0 \text{。}$$

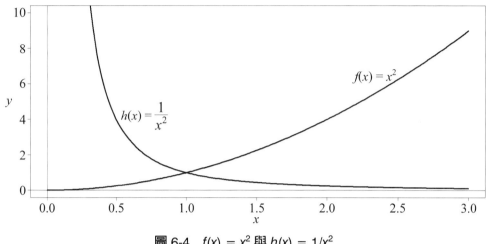

圖 6-4　$f(x) = x^2$ 與 $h(x) = 1/x^2$

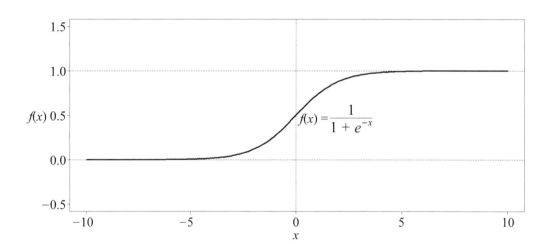

圖 6-5　$f(x) = 1/(1 + e^{-x})$

R 指令：

```
logit = function(x) 1/(1+exp(-x));x = seq(-10,10,length=200)
windows();plot(x,logit(x),type="l",lwd=4,ylim=c(-0.5,1.5),ylab="f(x)",cex.lab=1.5)
text(0,0.5,labels=expression(f(x) == frac(1,1+e^-x)),pos=4,cex=1.5)
abline(v=0,h=0,lty=2);abline(h=1,lty=2)
```

舉例來說，圖 6-4 繪出 $f(x) = x^2$ 與 $h(x) = 1/x^2$ 二個函數之圖形，可看出：

$$\lim_{x \to \infty} f(x) = \infty \text{ 與 } \lim_{x \to \infty} h(x) = 0$$

上述冪函數之極限型態可有二種差異：其一是若 x 為負值，則未必於所有的 p 下皆可以定義 x^p，例如於 $x^{1/2}$ 的情況下，x 就不應為負值；其二是若已定義 x^p，則其有可能因不同的 p 值而趨近 ∞ 或 $-\infty$，例如：

$$\lim_{x \to -\infty} x^2 = \infty \text{ 但是 } \lim_{x \to -\infty} x^3 = -\infty$$

就圖 6-4 的 $h(x)$ 的函數而言，直線 $y = 0$（即 x 軸）就是它的水平漸近線。因此，就 $y = h(x)$ 的圖形而言，若當 x 趨近 ∞ 時，$f(x)$ 會接近 b，則直線 $y = b$ 可以稱為 $h(x)$ 之水平漸近線，故寫成：

$$\lim_{x \to \infty} f(x) = b \text{ 或 } \lim_{x \to -\infty} f(x) = b$$

例如，於圖 6-5 可看出其內之 $f(x) = 1/(1 + e^{-x})$ 的水平漸近線為 $y = 1$ 與 $y = 0$。

定理 4：冪函數於無限值之極限

若 p 是一個正值的實數而 k 為非 0 之實數，則：

(1) $\lim\limits_{x \to -\infty} \dfrac{k}{x^p} = 0$ 或 $\lim\limits_{x \to \infty} \dfrac{k}{x^p} = 0$

(2) $\lim\limits_{x \to -\infty} kx^p = \pm\infty$ 或 $\lim\limits_{x \to \infty} kx^p = \pm\infty$

例 3

一個多項式 $f(x) = 4x^3 + x^2 + 7x - 3$，計算當 x 趨近 ∞ 或 $-\infty$ 之極限值。

解 該多項式可寫成：

$$f(x) = 4x^3 + x^2 + 7x - 3 = 4x^3(1 + \frac{x^2}{4x^3} + \frac{7x}{4x^3} - \frac{3}{4x^3}) = 4x^3(1 + \frac{1}{4x} + \frac{7}{4x^2} - \frac{3}{4x^3})$$

因小括號內之值於 x 趨近 ∞ 或 $-\infty$ 時，會接近 1；故：

$$\lim_{x \to \infty} f(x) = \infty \text{ 或 } \lim_{x \to -\infty} f(x) = -\infty$$

因此，從此例中可以看出最高次方所扮演的角色。

例 4

計算下列多項式於 x 趨近 ∞ 時之極限值：

$$f(x) = 3x^3 - 500x^2 \text{ 與 } g(x) = 3x^3 - 500x^4$$

解 可以檢視下列 R 指令：

```
fx = function(x) 3*x^3 - 500*x^2
fx(100000) # 2.995e+15
gx = function(x) 3*x^3 - 500*x^4
gx(100000) # -5e+22
```

例 5　找出水平漸近線

考慮下列函數：

$$f(x) = \frac{3x^2 - 5x + 9}{2x^2 + 7}$$

找出其水平漸近線。

解 上述函數可以改寫成：

$$f(x) = \frac{3x^2 - 5x + 9}{2x^2 + 7} = \frac{3x^2(1 - \frac{5}{3x} + \frac{9}{3x^2})}{2x^2(1 + \frac{7}{2x^2})}$$

故

$$\lim_{x \to \infty} f(x) = \lim_{x \to \infty} \frac{3x^2}{2x^2} \lim_{x \to \infty} \frac{1 - \frac{5}{3x} + \frac{9}{3x^2}}{1 + \frac{7}{2x^2}} = \frac{3}{2}$$

其水平漸近線為 $y = 3/2$，可參考下圖及所附之 R 指令。

R 指令：

```
fx = function(x) (3*x^2 - 5*x + 9)/(2*x^2 + 7);x = seq(-50,50,length=200)
windows();plot(x,fx(x),type="l",lwd=4,ylim=c(0,3),cex.lab=1.5)
abline(h=1.5) # 水平漸近線
abline(v=0,h=0)
```

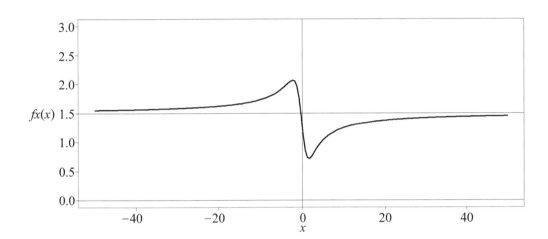

（練習）

(1) $f(x) = 4 + \dfrac{10}{x-2}$，找出其水平與垂直漸近線。

(2) $f(i, n) = (1 + i/n)^n$，找出其水平漸近線。

(3) 一張面額為 1,000 元的息票債券，其票面利率為 5% 且 1 年付息一次。若該債券到期期限為 $n = \infty$，其到期收益率為 6%，則該債券會趨向於何售價？

提示：如下圖

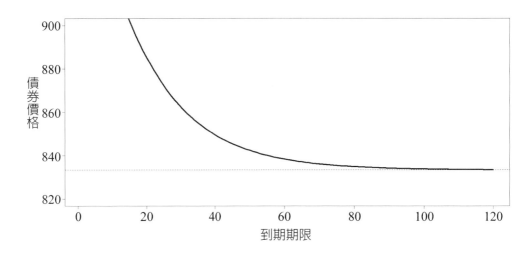

(4) 續 1.2 節練習 (3)，令 $h = 1/k$，故 $k \to \infty$ 相當於 $h \to 0$，因此：

$$\lim_{h \to 0} \frac{(a+h)^{1/2} - a^{1/2}}{h} = \lim_{k \to \infty} \frac{(a+1/k)^{1/2} - a^{1/2}}{1/k}$$

繪出其漸近線。

提示：如下圖

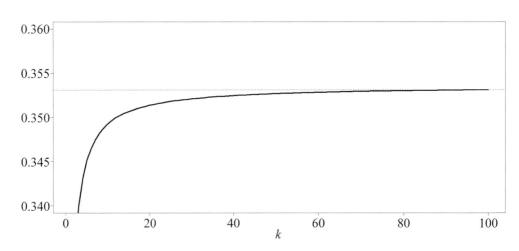

第二節　連續性

假定 $f(x)$ 是一個多項式函數或是一個於 $x = c$ 處，分母為非 0 之有理函數，若：

$$\lim_{x \to c} f(x) = f(c)$$

則稱該函數於 $x = c$ 處具有連續性（continuity）。例如，可以比較圖 6-6 內之三個函數圖形。明顯地，繪製三個函數圖形時，$f(x)$ 可以順手的畫出，但是繪製 $g(x)$ 與 $h(x)$ 時，卻需要「停頓一下」；因此，$f(x)$ 是一個連續的函數，但是 $g(x)$ 與 $h(x)$ 二者皆不是連續的函數。

　　自然界的現象如一段時間內溫度的變化，也許是屬於連續性的資料，但是經濟或財務的資料卻未必是連續的；例如，某公司向金融機構貸款，其貸款金額與利率之間可能是非連續的，假設貸款金額於 2 百萬元以下（含），利率爲 4%；超過 2 百萬元至 3 百萬元（含），利率爲 6%；超過 3 百萬元至 5 百萬元（含），利率爲 8%；至於 5 百萬元以上（含）利率則爲 10%。故其圖形如圖 6-7 所示，顯然爲非連續的。

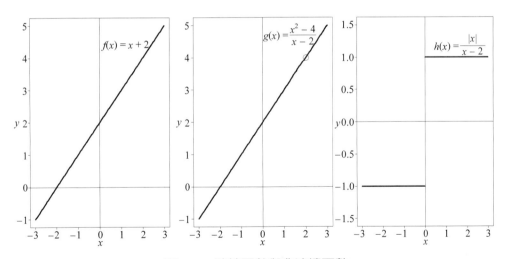

圖 6-6　連續函數與非連續函數

R 指令：

```
x = seq(-3,3,length=200);windows();par(mfrow=c(1,3));y = x+2
plot(x,y,type="l",lwd=4,cex.lab=1.5);abline(v=0,h=0)
text(1,4,labels=expression(f(x)==x+2),pos=1,cex=2)
```

```
plot(x,y,type="l",lwd=4,cex.lab=1.5);abline(v=0,h=0)
text(1,4,labels=expression(g(x)==frac(x^2-4,x-2)),pos=1,cex=2)
points(2,4,pch=1,cex=4);x = seq(0.0001,3,length=200);y = abs(x)/x
plot(x,y,type="l",lwd=4,xlim=c(-3,3),ylim=c(-1.5,1.5),cex.lab=1.5);abline(v=0,h=0)
x = seq(-0.0001,-3,length=200);y = abs(x)/x;lines(x,y,lwd=4)
text(2,1.25,labels=expression(h(x)==frac(abs(x),x-2)),pos=1,cex=2)
```

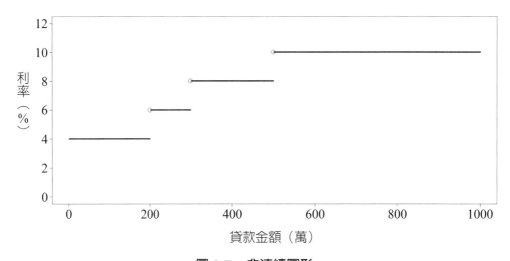

圖 6-7　非連續圖形

R 指令：
```
x = 1:200;y = 4*rep(1,200) # rep(1,200) 表示 1 重複 200 次
windows()
plot(x,y,type="l",lwd=4,xlim=c(0,1000),ylim=c(0,12),ylab=" 利率（%）",
     xlab=" 貸款金額（萬 )",cex.lab=1.5)
points(200,6,pch=1,cex=1.5);x = seq(201,300,length=200);y = 6*rep(1,200)
lines(x,y,lwd=4);points(300,8,pch=1,cex=2);x = seq(301,500,length=200)
y = 8*rep(1,200) ;lines(x,y,lwd=4);points(500,10,pch=1,cex=2)
x = seq(501,1000,length=200);y = 10*rep(1,200) ;lines(x,y,lwd=4)
```

連續性之定義

　　若符合下列三個性質，則稱函數 $f(x)$ 於點 $x = c$ 處是連續的：

性質 1：$\lim\limits_{x \to c} f(x)$ 是存在的。

性質 2：$f(c)$ 是存在的。

性質 3：$\lim\limits_{x \to c} f(x) = f(c)$。

　　因此，若稱一個函數 $f(x)$ 於開放的區間 (a, b) 內是連續的，是指就區間內的每個點而言，該函數是連續的。

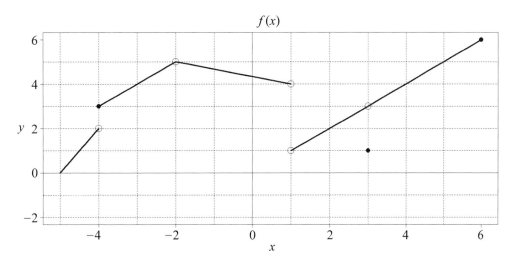

圖 6-8　非連續圖形

　　我們可以透過檢視圖 6-8 內的圖形 $f(x)$ 瞭解上述連續性定義的意思。首先，於圖內可看出該圖形於點 $x = -4$、-2、1 以及 3 時出現「中斷」的情況；換言之，我們可以利用上述連續性定義檢視，例如點 $x = -4$ 的情況：

$$\lim_{x \to 4^-} f(x) = 2$$

$$\lim_{x \to 4^+} f(x) = 3$$

因此 $\lim\limits_{x \to 4} f(x)$ 並不存在，且 $f(-4) = 3$，即 $f(x)$ 於 $x = -4$ 處並不連續！又例如在點 $x = 3$ 處，因：

$$\lim_{x \to 3^-} f(x) = 3$$

$$\lim_{x \to 3^+} f(x) = 3$$

$$\lim_{x \to 3} f(x) = 3$$

但是 $f(3) = 1$，故 $f(x)$ 於 $x = 3$ 處，亦無連續。

例 1

檢視下列函數於各點處是否連續：

(A) $f(x) = x + 2$ 於點 $x = 2$ 處。

(B) $g(x) = \dfrac{x^2 - 4}{x - 2}$ 於點 $x = 2$ 處。

(C) $h(x) = \dfrac{|x|}{x}$ 於點 $x = 0$ 與 $x = 1$ 處。

解 (A) 於點 $x = 2$ 處，$f(x)$ 是連續的，因

$$\lim_{x \to 2} f(x) = 4 = f(2)$$

(B) 因於點 $x = 2$ 處，$g(x)$ 無法定義，故 $g(x)$ 不是連續的。

(C) 因於點 $x = 0$ 處，$h(x)$ 無法定義，故 $h(x)$ 不是連續的；不過，因：

$$\lim_{x \to 1} h(x) = \lim_{x \to 1} \frac{|x|}{x} = 1 = h(1)$$

故 $h(x)$ 於點 $x = 1$ 處是連續的。

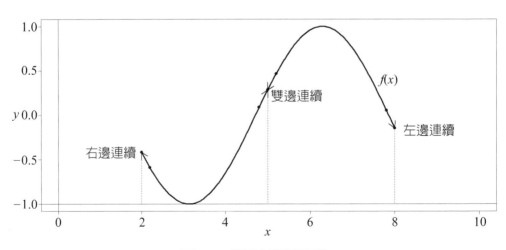

圖 6-9　單邊與雙邊連續

　　如同單邊極限，我們也可以考慮單邊連續性。例如，一個函數於 $x = c$ 處屬於右邊連續，或者是屬於左邊連續，可分別寫成：

$$\lim_{x \to c^+} f(x) = f(c) \text{ 或 } \lim_{x \to c^-} f(x) = f(c)$$

可參考圖 6-9，於圖內可看出函數於點 $x = 2$、8 與 5 處出現右邊、左邊以及雙邊連續的情況。

　　因此，若我們稱一個函數於 $[a, b]$ 是連續的，指的是該函數於 (a, b) 區間內是連續的，但是該函數卻於 a 處屬於右邊連續，而於 b 處屬於左邊連續，可以參考圖 6-10 之左圖。同理，圖 6-10 之右圖，指的是於 $x \in (0, 5)$ 內，$h(x)$ 是連續的。

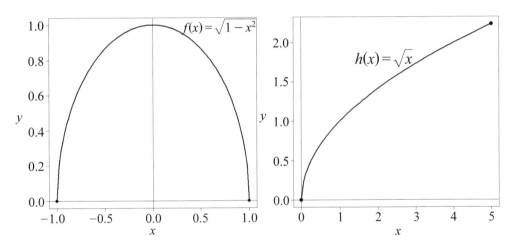

圖 6-10　於 $x \in (-1, 1)$，$f(x)$ 是連續的；$h(x)$ 連續於 $x \in (0, 5)$

R 指令：

```
x = seq(-1,1,length=100);y = sqrt(1-x^2)
windows();par(mfrow=c(1,2));plot(x,y,type="l",lwd=3);abline(v=0,h=0)
text(0.5,0.9,labels=expression(f(x)==sqrt(1-x^2)),pos=4,cex=1.5)
points(-1,0,pch=20,cex=2);points(1,0,pch=20,cex=2);x = seq(0,5,length=100);y = sqrt(x)
plot(x,y,type="l",lwd=3);abline(v=0,h=0)
points(0,0,pch=20,cex=2.5);points(5,sqrt(5),pch=20,cex=2.5)
text(3,sqrt(3),labels=expression(h(x)==sqrt(x)),pos=2,cex=1.5)
```

連續函數之一般性質

於相同的區間內，二連續函數之間的相加、相減、相乘以及商數等運算亦皆為連續函數（分母之函數值為 0 除外）。

換言之，上述連續函數之性質亦可寫成：若 f 與 h 二函數皆於 $x = c$ 處是連續的，則下列函數亦於 $x = c$ 處是連續的：

(1) 相加：$f + h$。

(2) 相減：$f - h$。

(3) 相乘：$f \cdot h$。

(4) 常數乘積：kf，k 為一個常數。

(5) 商數：f / h，其中 $h \neq 0$。

(6) 冪函數：$f^{r/s}$，其中 r 與 s 皆為整數。

我們可以利用定理 2 之極限之性質證明上述連續性之性質。例如：相加性質為：

$$\begin{aligned}
\lim_{x \to c}(f + h)(x) &= \lim_{x \to c}(f(x) + h(x)) \\
&= \lim_{x \to c} f(x) + \lim_{x \to c} h(x) \\
&= f(c) + h(c) \\
&= (f + h)(c)
\end{aligned}$$

上述連續函數之性質，可以推廣至許多特殊的函數上，讀者可利用 R 繪出其圖形以說明：

(1) 就所有的 x 而言，一個常數函數 $f(x) = k$ 是連續的，其中 k 為一個常數；例如 $f(x) = 4$。

(2) 就一個正整數 n 與所有的 x 而言，$f(x) = x^n$ 是連續的，例如 $f(x) = x^3$。

(3) 就所有的 x 而言，一個多項式函數是連續的，例如 $f(x) = 2x^3 - 2x^2 - x + 5$。

(4) 會使分母函數值為 0 之 x 值除外，就其餘的 x 而言，一個有理函數是連續的。例如：

$$f(x) = \frac{x^2 + 1}{x - 2}$$

練習

(1) 說明 $f(x) = 2x^3 - 2x^2 - x + 5$ 於 $x = -1$ 處是連續的。

(2) 說明 $f(x) = \dfrac{x^2 + 1}{x - 2}$ 於 $x = -2$ 處是不連續的。

(3) 繪圖說明 $f(x) = \dfrac{x}{(x+2)(x-3)}$ 是否是連續的函數。

(4) 繪圖說明 $f(x) = \sqrt[3]{x^2 - 4}$ 是否是連續的函數。

第三節　切線與斜率

　　首先我們先來分辨出割線（secant line）與切線（tangent line）之不同。於平面座標中，前者是指一條直線與一條曲線相交於二點，而後者則指直線與曲線相切於一點。我們以圖 6-11 說明，想像 Q 點沿著曲線往 P 點方向前進，我們分別繪出不同的點 P 與 Q 之割線，從圖內可看出當 Q 接近於 P 時（即 $Q \to P$），PQ 割線幾乎與切線重疊！

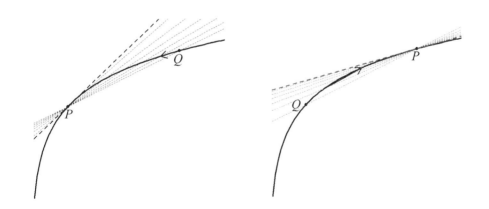

圖 6-11　P 點的切線相當於割線 PQ 但 $Q \to P$

例1

　　找出於 $y = x^2$ 上通過點 $P\,(2, 4)$ 之斜率與切線方程式。

解　我們開始想像一條通過 $P\,(2, 4)$ 與 $Q(2 + h, (2 + h)^2)$ 點的割線，然後想像 Q 接近於 P 的情況，參考圖 6-12。該割線的斜率可寫成：

$$\frac{\Delta y}{\Delta x} = \frac{(2+h)^2 - 2^2}{2+h-2} = \frac{4+4h+h^2-4}{h} = 4+h$$

因此，若 $Q \to P$，相當於 $h \to 0$，故

$$\lim_{h \to 0} \frac{\Delta y}{\Delta x} = 4$$

是故，切線方程式爲 $y = 4 + 4(x - 2) = 4x - 4$。

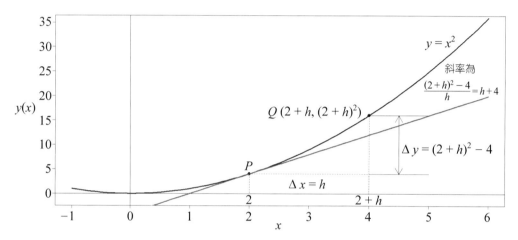

圖 6-12　找出於 $y = x^2$ 上通過點 $P(2, 4)$ 之斜率與切線方程式

R 指令：

```
x = seq(-1,6,length=100);y = function(x) x^2
windows();plot(x,y(x),type="l",lwd=4,ylim=c(-1,35),cex.lab=1.5);abline(v=0,h=0)
points(2,y(2),pch=20,cex=2);m = 4;y1 = y(2) + m*(x - 2);lines(x,y1,lwd=3,col="red")
segments(4,y(4),5,y(4));segments(4,y(2),5,y(2));segments(4,y(4),4,0,lty=2)
arrows(4.5,y(4),4.5,y(2),code=3);text(2,0,labels="2",pos=1)
segments(2,y(2),2,0,lty=2);text(4,0,labels="2+h",pos=1)
text(4.5,y(3),labels=expression(paste("△y = ",(2+h)^2-4)),pos=4)
segments(2,y(2),4,y(2),lty=2,col="red");text(3,y(2),labels="△x = h",pos=1)
segments(4,y(4),4,y(2),lty=2,col="red")
text(5,y(4.5),labels=expression(paste(" 斜率爲 ",frac((2+h)^2-4,h)==h+4)),pos=4)
text(5.5,y(5.5),labels=expression(y == x^2),pos=2,cex=2);text(2,y(2),labels="P",pos=3,cex=2)
points(4,y(4),pch=20,cex=2);text(4,y(4),labels=expression(Q(2+h,(2+h)^2)),pos=2,cex=2)
```

　　利用例 1 可知如何找出切線斜率的方法，我們可再進一步以一般的形式表示。事實上，早在 17 世紀時期，有關於如何於一條曲線上找出切線的問題，於當時數學界算是一個主流的問題。時至今日，在經濟與財務的應用上，切線的觀念已然占有一席之地。

　　就任意一條曲線 $y = f(x)$ 而言，為了找出該曲線上點 $P(x_0, f(x_0))$ 的切線，利用圖 6-12 求得斜率的方式，先計算點 P 與點 $Q(x_0 + h, f(x_0 + h))$ 之割線斜率，然後再檢視 $h \to 0$ 之極限值；若該極限值存在，則稱其為曲線上點 P 之斜率。可以參考圖 6-13。

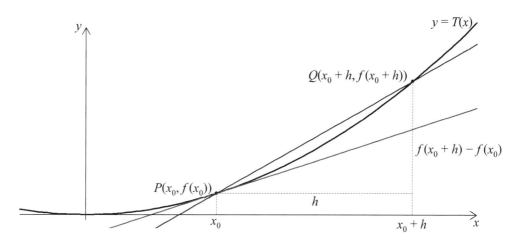

圖 6-13　P 點切線之斜率 $\lim\limits_{h \to 0} \dfrac{f(x_0 + h) - f(x_0)}{h}$

切線斜率之定義

　　曲線 $y = f(x)$ 上點 $P(x_0, f(x_0))$ 之斜率為：

$$m = \lim_{h \to 0} \frac{f(x_0 + h) - f(x_0)}{h}$$

只要存在 m 值，則 m 為通過點 P 之切線的斜率值。

　　利用上述定義，可知通過點 P 之切線方程式為 $y = f(x_0) + m(x - x_0)$。

例 2

　　找出一條無異曲線上不同點之斜率值。

解 若該無異曲線之函數型態為 $U = xy$，其中 x 與 y 為正常財貨之需求，而 U 是一個常數，可以表示效用。考慮一個簡單的情況：$y = 1/x$，其中 $x \neq 0$。利用上述切線斜率之定義，可知點 $(a, 1/a)$ 之斜率為：

$$m = \lim_{h \to 0} \frac{f(x_0 + h) - f(x_0)}{h} = \lim_{h \to 0} \frac{\frac{1}{a+h} - \frac{1}{a}}{h} = \lim_{h \to 0} \frac{1}{h} \frac{a - (a+h)}{a(a+h)}$$

$$= \lim_{h \to 0} \frac{-h}{ha(a+h)} = -\frac{1}{a^2}$$

故當 $a = 0.5$、1 或 2 時，其對應的斜率值分別為 $m = -4$、-1 或 -0.25。可參考對應之 R 指令與下圖。

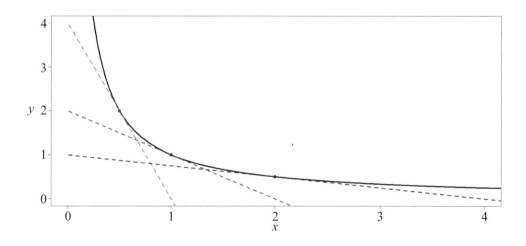

R 指令：

```
y = function(x) 1/x;x = seq(0.01,10,length=1000);windows()
plot(x,y(x),type="l",lwd=4,xlim=c(0,4),ylim=c(0,4),axes=TRUE,frame.plot=TRUE,
    ylab="y",cex.lab=1.5)
points(1,1,pch=20,cex=2);m1 = -1;y1 = 1 + m1*(x-1);lines(x,y1,lty=2,lwd=3,col=2)
points(0.5,2,pch=20,cex=2);m2 = -1/0.5^2;y2 = 2 + m2*(x-0.5);lines(x,y2,lty=2,lwd=3,col=3)
points(2,0.5,pch=20,cex=2)
m3 = -1/2^2;y3 = 0.5 + m3*(x-2);lines(x,y3,lty=2,lwd=3,col=4)
```

例3 **生產可能曲線**

一條生產可能曲線（production possibility frontier, *PPF*），曲線上任一點的斜率可以稱為邊際轉換率（marginal rate of transformation, *MRT*）。試繪出一條 *PPF* 上之多個 *MRT*。

解 簡單的 *PPF* 型態可以為 $y = (10 - x)^{1/2}$，其中 x 與 y 為二種財貨，故其 *MRT* 可寫成：

$$MRT(x_0) = \lim_{h \to 0} \frac{\sqrt{10-(x_0+h)} - \sqrt{10-x_0}}{h} = \lim_{h \to 0} \frac{10-(x_0+h)-(10-x_0)}{h(\sqrt{10-(x_0+h)} + \sqrt{10-x_0})}$$

$$= \frac{-1}{2\sqrt{10-x_0}}$$

可以參考所附之 R 指令。

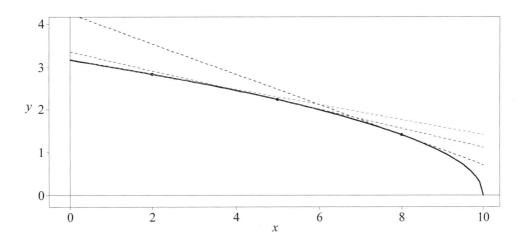

R 指令：

```
x = seq(0,10,length=100);y = function(x) sqrt(10-x);m = function(x) -1/(2*sqrt(10-x))
windows()
plot(x,y(x),type="l",lwd=4,xlim=c(-0.1,10),ylim=c(-0.1,4),ylab="y",cex.lab=1.5);abline(v=0,h=0)
points(5,y(5),pch=20,cex=2);m1 = m(5);y1 = y(5) + m1*(x-5);lines(x,y1,lwd=2,col=2,lty=2)
points(2,y(2),pch=20,cex=2);m2 = m(2);y2 = y(2) + m2*(x-2);lines(x,y2,lwd=2,col=3,lty=2)
points(8,y(8),pch=20,cex=2);m3 = m(8);y3 = y(8) + m3*(x-8);lines(x,y3,lwd=2,col=4,lty=2)
```

練習

(1) 若特定的無異曲線為 $xy = 5$，其中 x 與 y 為正常的二種財貨，試說明該無異曲線會凸向於原點是因邊際替代率遞減所造成的。

(2) 說明 PPF 會凹向於原點是邊際成本遞增所造成的。PPF 的函數型態可為：

$$y = (50 - x)^{1/2}$$

(3) 若無異曲線為 $y = (50 - x)^{1/2}$，則 x 與 y 互為何種財貨？為什麼？

(4) 若無異曲線為 $y + x = 10$，則 x 與 y 互為何種財貨？為什麼？

第四節　微分

於前一節內，我們定義一個函數（曲線）$y = f(x)$ 於點 $x = x_0$ 處之斜率為：

$$\lim_{h \to 0} \frac{f(x_0 + h) - f(x_0)}{h}$$

若此極限值存在的話，則稱為 $y = f(x)$ 於點 $x = x_0$ 處之微分。若我們逐一檢視 $y = f(x)$ 各點的斜率極限，就能導出微分函數。

微分函數

函數 $y = f(x)$ 對 x 微分為（若存在下列極限值）：

$$f'(x) = \lim_{h \to 0} \frac{f(x + h) - f(x)}{h} \tag{6-3}$$

上式亦可稱爲 $y = f(x)$ 對 x 的第一次微分。於 (6-3) 式內，若於所有的 x 下均存在 $f'(x)$，則稱 f 是一個可微分的（differentiable）函數。

　　其實，若令 $z = x + h$，則 $h = z - x$，當 h 接近於 0 相當於 z 接近於 x；因此，(6-3) 式亦可以下列式子表示：

$$\frac{dy}{dx} = \frac{df(x)}{dx} = f'(x) = \lim_{z \to x} \frac{f(z) - f(x)}{z - x} \qquad (6\text{-}4)$$

換言之，微分的定義亦可以如 (6-4) 式之「商數差異」表示，此種表示方式接近於斜率的定義，故：

$$\frac{dy}{dx} = \lim_{\Delta \to 0} \frac{\Delta y}{\Delta x} \qquad (6\text{-}5)$$

式內以 d 取代 Δ，表示「極微小的變動」。可以參考圖 6-14 內以另一種方式表示微分。

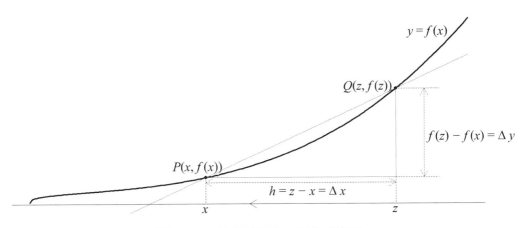

圖 6-14　微分以另外一種方式表示

　　既然微分或斜率可以用 (6-5) 式表示，那其究竟表示何意思？可以檢視下列例子。

例 1

　　解釋 $dy/dx = 2$ 與 $\Delta y / \Delta x = 2$ 之差異。

解　首先看 $\Delta y / \Delta x = 2$ 的情況，我們可以將其想像成計算例如 $y = 2x + 1$ 的斜

率；其實，直線上之斜率亦可以 $\tan\theta$ 表示（即以 θ 所形成之直角三角形之對邊／鄰邊），可以參考下圖。也就是說，於圖內可看出 $\tan\theta$ 可以表示成：

$$\tan\theta = \frac{\Delta y}{\Delta x} = \frac{0.8}{0.4} = \frac{\Delta y_1}{\Delta x_1} = \tan\theta_1 = \frac{\Delta y_2}{\Delta x_2} = \frac{0.4}{0.2} = 2$$

因此，縮小 Δy 與 Δx 的變動範圍並不會改變斜率的意義；換言之，繼續縮小 Δy 與 Δx 的變動範圍如微小的變動量例如：

$$\tan\theta = \frac{\Delta y}{\Delta x} = \frac{0.000\cdots08}{0.000\cdots04} = \frac{dy}{dx} = 2$$

斜率值依舊不變。是故，$dy/dx = 2$ 仍可以解釋成於其他情況不變下，若 x 平均增（減）一個單位，y 平均增（減）二個單位，與 $\Delta y/\Delta x = 2$ 的解釋相同。

R 指令：

```
library(plotrix);x = seq(0,1,length=1000);y = function(x) 2*x+1
windows();plot(x,y(x),type="l",lwd=4,cex.lab=1.5)
segments(0.4,y(0.4),0.8,y(0.4));segments(0.8,y(0.8),0.8,y(0.4))
draw.arc(0.4,y(0.4),0.1,deg1=0,deg2=40,col=2,lwd=2)
text(0.5,y(0.5)-0.1,labels=expression(theta),pos=4,cex=1.5)
segments(0.6,y(0.6),0.6,y(0.4));segments(0.6,y(0.6),0.8,y(0.6))
text(0.6,y(0.2),labels="△x = 0.4",pos=1,cex=1.5);arrows(0.6,y(0.2),0.4,y(0.4),lty=2)
arrows(0.6,y(0.2),0.8,y(0.4),lty=2);text(0.9,y(0.6),labels="△y = 0.8",pos=4,cex=1.5)
arrows(0.9,y(0.6),0.8,y(0.4),lty=2);arrows(0.9,y(0.6),0.8,y(0.8),lty=2)
text(0.5,y(0.4),labels=expression(paste("△",x[1]==0.2)),pos=1,cex=1.5)
text(0.6,y(0.5),labels=expression(paste("△",y[1]==0.4)),pos=4,cex=1.5)
draw.arc(0.6,y(0.6),0.1,deg1=0,deg2=40,col=2,lwd=2)
text(0.7,y(0.7)-0.1,labels=expression(theta[1]),pos=4,cex=1.5)
text(0.1,y(0.1),labels=expression(y==2*x+1),pos=4,cex=1.5)
text(0.7,y(0.6),labels=expression(paste("△",x[2]==0.2)),pos=1,cex=1.5)
text(0.8,y(0.7),labels=expression(paste("△",y[2]==0.4)),pos=2,cex=1.5)
```

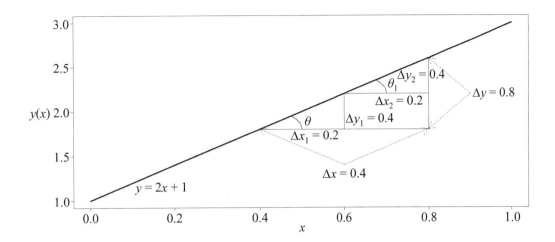

例 2

若某廠商之總成本函數爲 $TC = Q^3$，繪製出不同產量下，總成本函數的切線。

解　按照 (6-2) 與 (6-3) 二式的定義，該廠商之邊際成本函數可爲：

$$MC(Q) = TC'(Q) = \lim_{h \to 0} \frac{(Q+h)^3 - Q^3}{h} = \lim_{h \to 0} \frac{Q^3 + 3Q^2h + 3Qh^2 + h^3 - Q^3}{h} = 3Q^2$$

可參考所附之 R 指令及下圖。

R 指令：

```
TC = function(Q) Q^3;MC = function(Q) 3*Q^2;Q = seq(0,5,length=100)
windows();plot(Q,TC(Q),type="l",lwd=4,cex.lab=1.5)
points(1,TC(1),pch=20,cex=3);m1 = MC(1);TC1 = TC(1) + m1*(Q-1);lines(Q,TC1,lty=2,col=2)
points(3,TC(3),pch=20,cex=3);m2 = MC(3);TC2 = TC(3) + m2*(Q-3);lines(Q,TC2,lty=2,col=2)
points(3.5,TC(3.5),pch=20,cex=3)
m3 = MC(3.5);TC3 = TC(3.5) + m3*(Q-3.5);lines(Q,TC3,lty=2,col=2)
points(4,TC(4),pch=20,cex=3);m4 = MC(4);TC4 = TC(4) + m4*(Q-4);lines(Q,TC4,lty=2,col=2)
points(2,TC(2),pch=20,cex=3);m5 = MC(2);TC5 = TC(2) + m5*(Q-2);lines(Q,TC5,lty=2,col=2)
text(4.5,TC(4.5),labels=expression(TC==Q^3),pos=2,cex=1.5)
```

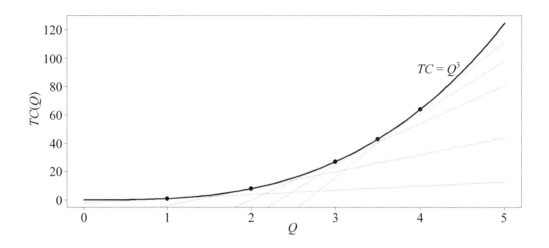

直接使用R微分

R 是否可以幫我們微分？答案是肯定的，不過我們須先瞭解微分的許多表示方式。最早牛頓是使用 $f'(x)$ 或 y' 的形式，而萊布尼茲則使用 d/dx 的型態；因此，就 $y = f(x)$ 函數而言，習慣上微分可有下列的表示方式：

$$f'(x) = y' = \frac{dy}{dx} = \frac{df}{dx} = \frac{d}{dx}f(x) = D(f)(x) = D_x f(x)$$

其中 d/dx 與 D 是指微分的操作，故稱為微分的操作式（differentiation operators）。R 就是使用微分的操作式來幫我們微分，可以試下列指令：

```
TC1 = expression(Q^3,'Q');MC1 = D(TC1 ,'Q');MC1 # 3 * Q^2
fx = expression(1/x,'x');D(fx,'x') # -(1/x^2)
y = expression(2*x+3,'x');D(y,'x') # 2
```

一般而言，為了計算特定的微分數值如 $x = a$，我們亦有下列表示方式：

$$f'(a) = \left.\frac{dy}{dx}\right|_{x=a} = \left.\frac{df}{dx}\right|_{x=a} = \left.\frac{d}{dx}f(x)\right|_{x=a}$$

例 3

若某廠商的總收益函數為 $TR = Q^{1/2}$，試計算其對應之平均收益及邊際收益函數。

解 可參考下圖及所附之 R 指令（光碟）。可注意：

$$MR(3) = \frac{dTR}{dQ}\bigg|_{Q=3} \approx 0.2887 \; ; \; MR(10) = \frac{dTR}{dQ}\bigg|_{Q=10} \approx 0.1581$$

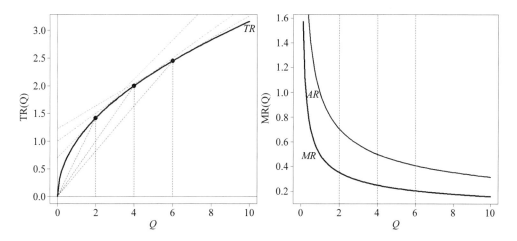

例 4

試說明於原點處 $y = |x|$ 是不可微分的。

解 類似單邊的連續性觀念，我們也可以定義於 $x = a$ 處之右微分與左微分，
分別為：

$$\lim_{h \to 0^+} \frac{f(a+h) - f(a)}{h} \;(\text{右微分})$$

$$\lim_{h \to 0^-} \frac{f(a+h) - f(a)}{h} \;(\text{左微分})$$

就 $y = |x|$ 而言，於原點處即 $a = 0$，故於 $a = 0$ 的右側之微分為：

$$y' = \frac{d}{dx}|x| = \frac{d}{dx}x = 1$$

而左側之微分為：

$$y' = \frac{d}{dx}|x| = \frac{d}{dx}(-x) = -1$$

故左、右側微分值並不相等，即於原點處是不可微分的。

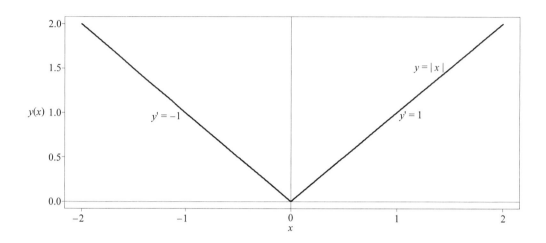

R 指令：

y = function(x) abs(x);x = seq(-2,2,length=1000);windows();plot(x,y(x),type="l",lwd=4,cex.lab=2)
abline(v=0,h=0);text(1.5,y(1.5),labels="y = |x|",pos=2,cex=2)
text(1,y(1),labels="y' = 1",pos=4,cex=2);text(-1,y(-1),labels="y' = -1",pos=2,cex=2)

例 5 一些無法微分的例子

解 如下圖。

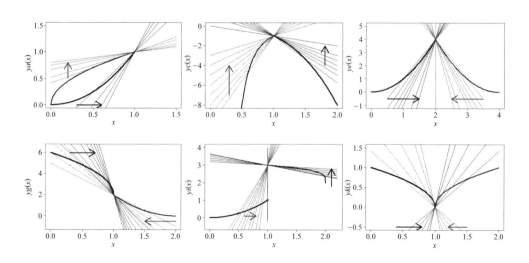

例6

若效用函數為 $U = x^{0.3} y^{0.7}$，我們如何得到特定效用 $U = 10$ 之 MRS？

解 可以利用 R 幫我們微分，可參考下圖以及所附的 R 指令。

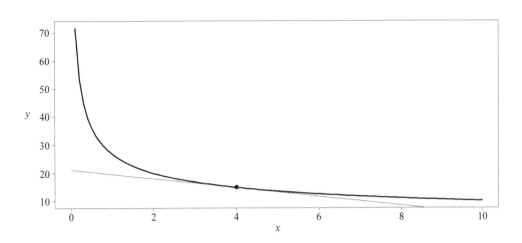

R 指令：

```
# U = (x^0.3)(y^0.7)
y = function(x,U) (U*(x^-0.3))^(1/0.7);m = expression((U*(x^-0.3))^(1/0.7),'x')
D(m,'x') # -((U*(x^-0.3))^((1/0.7)-1)*((1/0.7)*(U*(x^-(0.3+1)* 0.3))))
m1 = function(x,U) -((U*(x^-0.3))^((1/0.7)-1)*((1/0.7)*(U*(x^-(0.3+1)* 0.3))))
MRS = function(x,U) -m1(x,U);x = seq(0,10,length=100)
windows();plot(x,y(x,10),type="l",lwd=4,ylab="y",cex.lab=1.5)
points(4,y(4,10),pch=20,cex=3);y1 = y(4,10)+m1(4,10)*(x-4);lines(x,y1)
MRS(4,10) # 1.586752
```

練習

(1) 若效用函數為 $U = x^{0.5} y^{0.5}$，我們如何得到特定效用 $U = 20$ 之 MRS？

(2) 若成本函數為 $TC = 0.06Q^3 + 20Q^{1/3} + 50$，我們如何得到邊際成本函數？

(3) 若生產函數為 $Q = \min(L/a, K/b)$，則稱二種生產投入 L 與 K（勞動與資本）之間為完全互補的生產關係，其中 a 與 b 為常數。繪出其等產量曲線。

提示：若 $a = 2$ 與 $b = 3$ 表示 L 與 K 的最小值須分別為 $L = 2$ 與 $K = 3$ 方能

生產出 $Q = 1$，故擴張線之斜率為 $m = K/L = 3/2$。

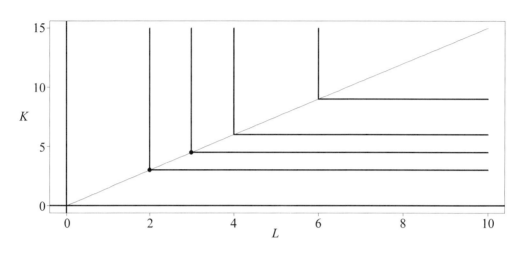

(4) 續上題，計算其 *MRS*。

本章習題

1. $f(x) = \dfrac{x^2 + x + 2}{x - 1}$，計算 $\lim\limits_{x \to 1^-} f(x)$、$\lim\limits_{x \to 1^+} f(x)$ 以及 $\lim\limits_{x \to 1} f(x)$。

2. $f(x) = \dfrac{1}{x + 1}$ 與 $h(x) = \dfrac{4x + 7}{5x + 1}$，分別計算 $\lim\limits_{x \to \pm\infty} f(x)$ 與 $\lim\limits_{x \to \pm\infty} h(x)$。

3. 若效用函數為 $U = \log x + \log y$，繪出其無異曲線。

4. 續上題，計算 $U = 5$ 以及 $x = 2$ 之 *MRS*。

5. 若效用函數 $U = \dfrac{x^\delta}{\delta} + \dfrac{y^\delta}{\delta}$，其中 $\delta \neq 0$ 且 $\delta < 1$，試繪出不同 δ 下之無異曲線。

   提示：如下圖

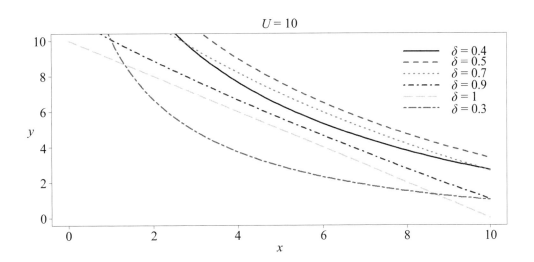

6. 續上題，若 $\delta = 1$，則 x 與 y 財二者爲完全替代品，計算 $U = 0$ 之 MRS。

7. 利用第 2 章內的 (2-14) 式，銀行貼現率爲 $d_b = \dfrac{M - p_d}{M} \times \dfrac{360}{n}$，若 $M = 1000$ 而 $n = 91$，計算 $dp_d / dd_b = ?$ 解釋其意義。

8. 續上題，若 $M = 10000$ 而 $n = 180$，則 $dp_d / dd_b = ?$ 解釋其意義。

9. 一張 n 年期面額爲 F 元的息票債券，其票面利率爲 i_b 且 1 年付息 f 次，其到期收益率 y 與售價 P 之間的關係可寫成：

$$P = \frac{C/f}{(1 + y/f)} + \frac{C/f}{(1 + y/f)^2} + \cdots + \frac{C/f + F}{(1 + y/f)^m}$$

其中 $m = nf$。若 $n = 2$ 且 $f = 1$，計算 $dP / dy = ?$

10. 續上題，若 $F = 1000$ 且 $i_b = 5\%$，計算 $dP / dy = ?$ 解釋其意義。

11. 續上題，若 $i_b = 8\%$，計算 $dP / dy = ?$ 解釋其意義。

    提示：如下圖

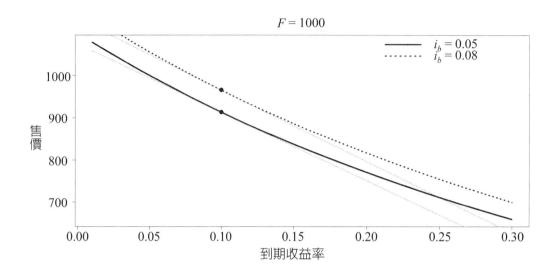

12. 續習題 5，若 $\delta = 0.5$，則 x 財屬於何種財貨？

    提示：如下圖

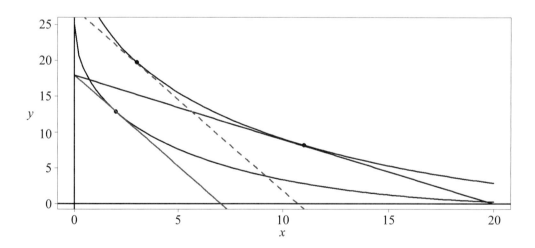

13. 某獨占廠商面對的需求曲線爲 $P = 10 - 0.9Q$，我們如何計算並繪出其平均收益及邊際收益曲線？

14. 續上題，爲什麼需求曲線就是平均收益曲線？

15. 續上題，該廠商的總成本函數爲 $TC = 30 + 20Q^{1/3} + 0.06Q^3$，其邊際成本函數與平均成本函數分別爲何？

16. 續上題，邊際成本函數與平均成本函數皆是總成本曲線上點之斜率，其分別爲何？

提示：如下圖

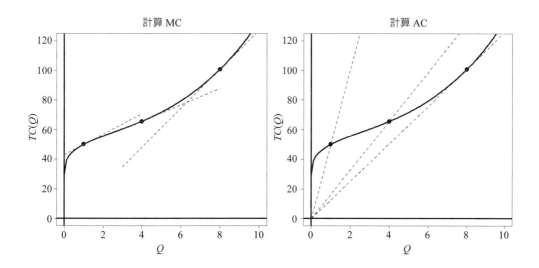

17. 續上題，該廠商利潤最大的產量及售價爲何？

提示：如下圖

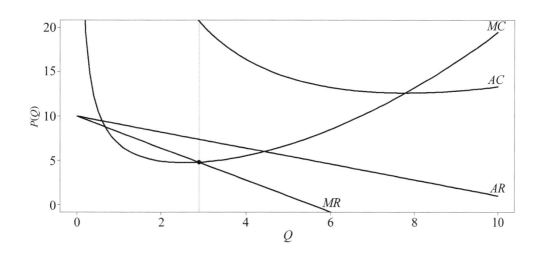

18. 於年複利下，1 元的未來值可以寫成 $FV(i, t) = (1 + i)^t$，其中 i 爲利率，而 t 表示時間。繪出 1 元的未來值與利率的關係，其斜率值爲何？

19. 於年複利下，1 元的現值可以寫成 $PV(i, t) = (1 + i)^{-t}$，其中 i 爲利率，而 t

表示時間。繪出 1 元的現值與利率的關係，其斜率值為何？

20. 於連續複利下，1 元的現值可以寫成 $PV(i, t) = e^{-it}$，其中 i 為利率，而 t 表示時間。繪出 1 元的現值與利率的關係，其斜率值為何？

21. 於連續複利下，1 元的未來值可以寫成 $PV(i, t) = e^{it}$，其中 i 為利率，而 t 表示時間。繪出 1 元的未來值與利率的關係，其斜率值為何？

提示：如下圖

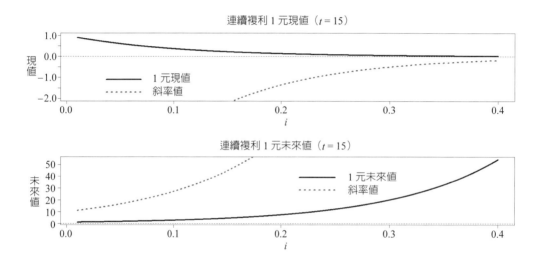

22. 某完全競爭產業是由 100 家廠商所構成，每家廠商面對的是相同的總成本函數為 $TC(Q) = 40 + 0.4Q^3$，該產業的市場需求線為 $P = 70 - 0.08Q$，計算每家廠商的利潤、產量以及市場的價格。

23. 續上題，繪出產業的供需曲線以及個別廠商的情況。提示：如下圖

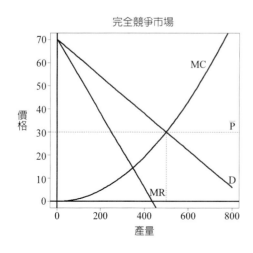

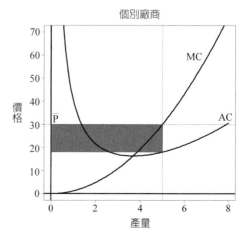

24. 續上題，若某獨占廠商收購該產業所有廠商，則其利潤最大的價格與產量為何？其利潤為何？

提示：

價格、產量以及利潤分別約為 42.23、347.13 以及 8986.01。

25. 續上題，由完全競爭產業轉為獨占產業，有何缺點？

提示：如下圖

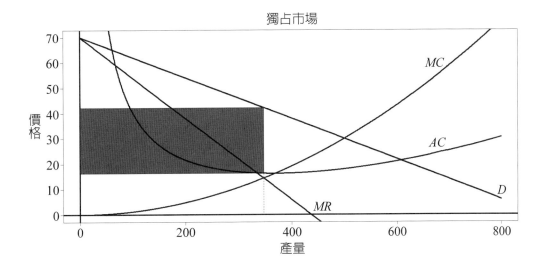

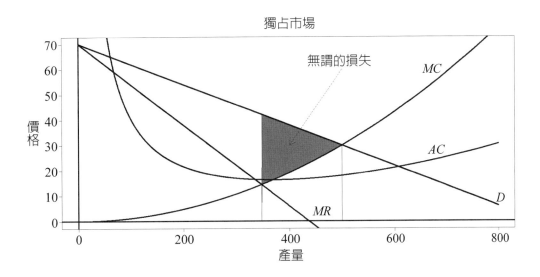

Chapter 7

微分技巧及應用

本章首先將介紹一些基本的微分技巧（或稱規則），並著重於微分技巧的應用，故省略這些技巧的證明，有意思的是，於 R 內也可以進行微分的代數操作。換言之，若讀者不能確定某些複雜的微分結果，也可以與 R 的微分結果比較。除了基本的微分操作之外，本章後半部將介紹高階的微分及其扮演的角色，例如瞭解第二階微分可以幫我們區別非線性函數的凸性（convexity）與凹性（concavity）之間的差異，函數之凸性與凹性於經濟與財務的應用上，屢見不鮮。此外，我們也可以利用高階的微分觀念，幫我們估計或簡化複雜的函數型態。

第一節　微分的技巧

首先介紹一些經常會用到的微分技巧，熟悉這些微分技巧對於增進經濟與財務觀念或理論的瞭解，具有相當的助益。換言之，讀者也許可以從所舉的微分應用例子內，發現許多經濟與財務理論本身就是利用微分的觀念所推導而來。

技巧 1：若 $f(x) = c$，則：

$$\frac{df(x)}{dx} = \frac{d}{dx}c = 0$$

```
f1 = expression(c,'x')
D(f1,'x') # 0
```

例 1

若 $y = f(x) = 2$，計算 $dy/dx = ?$

解 $dy/dx = 0$，隱含斜率為 0。

例 2

完全競爭廠商是市場價格的接受者（下圖），計算個別廠商於均衡時之供給彈性如 A 點（下右圖）。

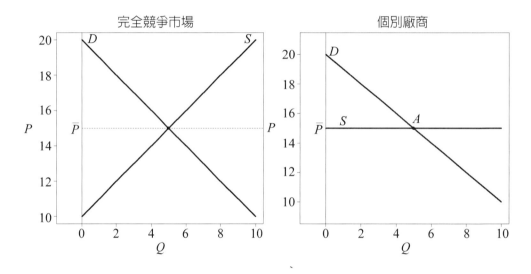

完全競爭市場　　　　　　　　個別廠商

解 按照點彈性可知 A 點之供給彈性為：

$$e^S\big|_{Q=Q^*} = \frac{\Delta Q}{\Delta P}\frac{P}{Q} \Rightarrow \varepsilon^S\big|_{Q=Q^*} = \frac{dQ}{dP}\bigg|_{Q=Q^*}\frac{P}{Q}$$

其中 Q^* 為 A 點對應之供給量，但因 $P = 15$，故 $dP/dQ = 0$，從而 $dQ/dP = \infty$；因此，$\varepsilon^S = \infty$（ε 音 epsilon），故完全競爭個別廠商面對的是一條完全有彈性的供給曲線。

技巧 2：若 $f(x) = x^n$，則：

$$\frac{df(x)}{dx} = \frac{d}{dx}x^n = nx^{n-1}$$

```
f2 = expression(x^n,'x')
D(f2,'x') # x^(n - 1) * n
```

技巧 3：若 $f(x) = cx^n$，則：

$$\frac{df(x)}{dx} = \frac{d}{dx}cx^n = cnx^{n-1}$$

```
f3 = expression(c*x^n,'x')
D(f3,'x') # c * (x^(n - 1) * n)
```

例 3

若 $y = 0.5x^3$ 與 $h = (1/4)x^{1/3}$，分別計算 y' 與 h'。

解 先試下列 R 指令：

```
y = expression(0.5*x^3,'x')
D(y,'x') # 0.5 * (3 * x^2)
h = expression((1/4)*x^(1/3),'x')
D(h,'x') # (1/4) * (x^((1/3) - 1) * (1/3))
```

故

$$y' = \frac{dy}{dx} = 1.5x^2 \text{ 與 } h' = \frac{dh}{dx} = \frac{1}{4}\frac{1}{3}x^{\frac{1}{3}-1} = \frac{1}{12}x^{-\frac{2}{3}}$$

技巧 4：若 u 與 v 皆為 x 之可微分之函數，則：

$$\frac{d}{dx}(u + v) = \frac{du}{dx} + \frac{dv}{dx} = u' + v'$$

例 4

某廠商之短期總成本函數為 $STC = 5 + 20Q^{1/3} + 0.02Q^3$，找出其短期邊際成本函數。

解 可以參考下圖以及所附的 R 指令。

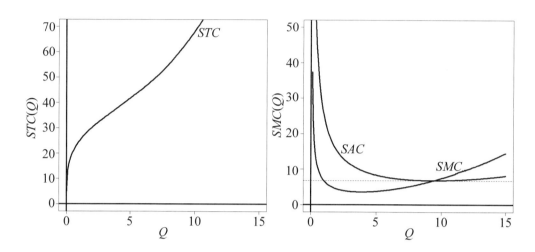

R 指令：

STC = expression(5+20*Q^(1/3)+0.02*Q^3,'Q');D(STC,'Q')

STC = function(Q) 5 + 20*Q^(1/3)+0.02*Q^3;SMC = function(Q) (20/3)*Q^(-2/3) + 0.06*Q^2

SAC = function(Q) (5 + 20*Q^(1/3)+0.02*Q^3)/Q;Q = seq(0,15,length=200)

windows();par(mfrow=c(1,2))

plot(Q,STC(Q),type="l",lwd=4,ylim=c(0,70));text(10,STC(10),labels="STC",pos=4,cex=2)

abline(v=0,h=0,lwd=4)

plot(Q,SMC(Q),type="l",lwd=4,ylim=c(0,50));abline(v=0,h=0,lwd=4);lines(Q,SAC(Q),lwd=4)

text(2,SAC(2),labels="SAC",pos=4,cex=2);text(12,SMC(12),labels="SMC",pos=2,cex=2)

abline(h=min(SAC(Q)),lty=2)

例 5

續例 4，找出 *SAC* 之水平切線（即 *SAC* 之最小值）。

解 $SAC(Q) = 5/Q + 20Q^{-2/3} + 0.02Q^2$，因水平切線斜率為 0，相當於第一次微分為 0，故

$$\frac{dSAC(Q)}{dQ} = -\frac{5}{Q^2} - \frac{40}{3}Q^{-5/3} + 0.04Q = 0$$

上式之圖形可繪製成如下圖所示，參考所附之 R 指令以找出相對應之產量。

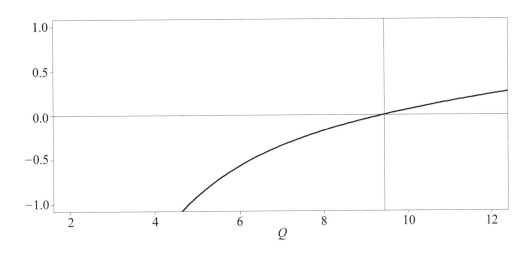

R 指令：

AC = expression(5/Q+20*Q^(-2/3)+0.02*Q^2,'Q')

D(AC,'Q') # 20 * (Q^((-2/3) - 1) * (-2/3)) - 5/Q^2 + 0.02 * (2 * Q)

(-40/3)*Q^(-5/3)-5/Q^2 + 0.04*Q=0

f = function(Q) (-40/3)*Q^(-5/3)-5/Q^2 + 0.04*Q;windows()

plot(Q,f(Q),type="l",lwd=4,xlim=c(2,12),ylim=c(-1,1),cex.lab=1.5);abline(h=0)

f(Q) # 於 126 處由負轉成正

min(SAC(Q)) # 6.789491

SAC(Q[126]) # 6.789491

abline(v=Q[126])

技巧 5：若 u 與 v 皆為 x 之可微分之函數，則：

$$\frac{d}{dx}(uv) = \frac{udv}{dx} + \frac{vdu}{dx} = uv' + vu'$$

例 6

$y = x^{-1}(x^2 + x^{-1})$，計算 $dy/dx = ?$

解　令 $u = x^{-1}$ 以及 $v = x^2 + x^{-1}$，則 $u' = -x^{-2}$ 以及 $v' = 2x - x^{-2}$，故

$$\frac{d}{dx}(uv) = uv' + vu' = x^{-1}(2x - x^{-2}) - (x^2 + x^{-1})x^{-2}$$

$$= 2 - x^{-3} - 1 - x^{-3} = 1 - 2x^{-3}$$

```
y = expression((x^(-1))*(x^2 + x^-1),'x')
D(y,'x') # x^((-1)-1)*(-1)*(x^2 + x^-1)+(x^(-1))*(2 * x - x^-(1 + 1))
```

例 7

若某廠商所面對的需求曲線為 $P^D = 20 - Q$，繪出其平均收益曲線與邊際收益曲線。

解 因總收益 $TR = P^D Q = 20Q - Q^2$，故平均收益曲線 $AR = TR/Q = P^D$，就是其需求曲線。至於邊際收益曲線 MR，因 $MR = dTR/dQ = 20 - 2Q$；不過，MR 有另外一種表示方式，即：

$$MR = \frac{dTR}{dQ} = \frac{d}{dQ}(P^D Q) = P^D \frac{dQ}{dQ} + Q \frac{dP^D}{dQ} = P^D (1 + \frac{Q}{P^D} \frac{dP^D}{dQ}) = P^D (1 - \frac{1}{\varepsilon^D})$$

其中 $\varepsilon^D = -\frac{dQ}{dP^D} \frac{P^D}{Q}$ 為需求的價格彈性。從上式可看出：

$$若 \ \varepsilon^D \geq 1，則 \ MR \geq 0$$

與

$$若 \ \varepsilon^D < 1，則 \ MR < 0$$

可參考下圖。

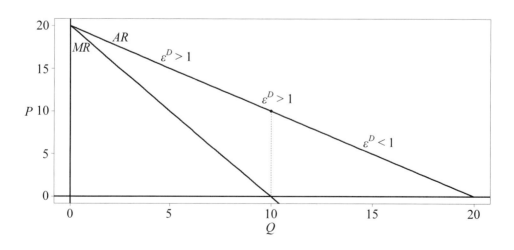

例 8

續例 4 與例 7，找出該廠商利潤最大之產量。

解 利潤函數可以為 $\pi(Q) = TR(Q) - STC(Q)$。參考下圖，其利潤最大出現於斜率為 0（即水平切線）處，即

$$\frac{d\pi(Q)}{dQ} = \frac{dTR(Q)}{dQ} - \frac{dSTC(Q)}{dQ} = MR(Q) - SMC(Q) = 0$$

故利潤最大之產量亦出現於 $MR(Q) = SMC(Q)$ 處。因此，利潤最大之產量出現於 $TR(Q)$ 與 $STC(Q)$ 之點切線處，兩切線相互平行，即二切線斜率相等。若欲找出利潤最大之產量，可參考所附之 R 指令。

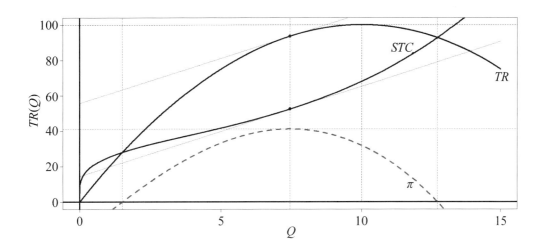

R 指令：

```
PI = function(Q) TR(Q) - STC(Q);PI(5);Q = seq(0,15,length=1000)
windows();plot(Q,TR(Q),type="l",lwd=4);abline(v=0,h=0,lwd=4);abline(h=100,lty=2)
segments(10,TR(10),10,0,lty=2);lines(Q,STC(Q),lwd=4);lines(Q,PI(Q),lty=2,col=2,lwd=4)
abline(h=max(PI(Q)),lty=2,col="red") # 41.16621
PI(Q) # 找出利潤最大及為 0 之產量位置
abline(v=Q[102],lty=2,col=2);abline(v=Q[847],lty=2,col=2);abline(v=Q[498],lty=2,col=2)
points(Q[498],TR(Q[498]),pch=20,cex=2);points(Q[498],STC(Q[498]),pch=20,cex=2)
m1 = MR(Q[498]);TR1 = TR(Q[498])+m1*(Q-Q[498]);lines(Q,TR1,lty=3)
m2 = SMC(Q[498]);STC1 = STC(Q[498])+m2*(Q-Q[498]);lines(Q,STC1,lty=3)
```

text(15,TR(15),labels="TR",pos=1,cex=2);text(12,STC(12),labels="STC",pos=2,cex=2)
text(12,PI(12),labels=expression(pi),pos=2,cex=2)

例 9

續例 8，以邊際方法找出最適產量及利潤。

解 如下圖所示，最大利潤出現於 $MR(Q) = SMC(Q)$ 處，產量為 Q^*，此時價格為 P^*；另一方面，利潤為紅色長方形面積。

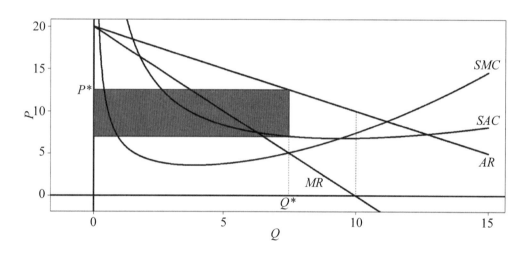

R 指令：

```
windows();plot(Q,PD(Q),type="l",lwd=4,ylab="P",ylim=c(-1,20),xlim=c(-1,15),cex.lab=1.5)
lines(Q,MR(Q),lwd=4);abline(v=0,h=0,lwd=4);text(15,PD(15),labels="AR",pos=1,cex=1.5)
text(9,MR(9),labels="MR",pos=2,cex=1.5);segments(10,PD(10),10,0,lty=2)
lines(Q,SAC(Q),lwd=4);lines(Q,SMC(Q),lwd=4);text(15,SMC(15),labels="SMC",pos=3,cex=1.5)
text(15,SAC(15),labels="SAC",pos=3,cex=1.5);MR(Q[498]) # 5.075075
SMC(Q[498]) # 5.087072
segments(Q[498],PD(Q[498]),Q[498],SAC(Q[498]),col=2,lwd=3)
segments(0,PD(Q[498]),Q[498],PD(Q[498]),col=2,lwd=3)
segments(0,SAC(Q[498]),Q[498],SAC(Q[498]),col=2,lwd=3)
segments(0,PD(Q[498]),0,SAC(Q[498]),col=2,lwd=3)
```

```
segments(Q[498],SAC(Q[498]),Q[498],0,col=2,lwd=1,lty=2)
text(0,PD(Q[498]),labels="P*",pos=2,cex=1.5);text(Q[498],0,labels="Q*",pos=1,cex=1.5)
rect(0,SAC(Q[498]),Q[498],PD(Q[498]),col="tomato");lines(Q,MR(Q),lwd=4)
lines(Q,SAC(Q),lwd=4);lines(Q,SMC(Q),lwd=4)
```

技巧 6：續規則 5，商數之微分可為：

$$\frac{d}{dx}\left(\frac{u}{v}\right) = \frac{v\dfrac{du}{dx} - u\dfrac{dv}{dx}}{v^2} = \frac{vu' - uv'}{v^2}$$

例 10

$y = \dfrac{5x+1}{x^2-1}$，計算 $\dfrac{dy}{dx} = ?$

解 先檢視下列 R 指令：

```
y = expression((5*x+1)/(x^2-1),'x')
D(y,'x') # 5/(x^2 - 1) - (5 * x + 1) * (2 * x)/(x^2 - 1)^2
```

故 $\dfrac{dy}{dx} = \dfrac{5}{(x^2-1)} - \dfrac{2x(5x+1)}{(x^2-1)^2}$

例 11

$y = k^{1/2}$，其中 y 與 k 分別表示產出與資本投入（以勞動單位表示），試說明於點 A 處的報酬是遞減的（下圖）。

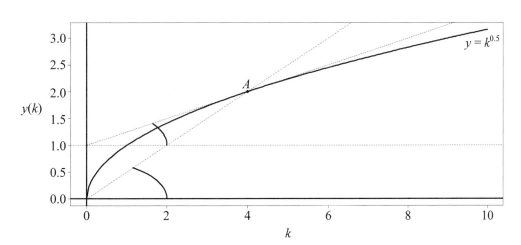

解 於點 A 處，其平均產出為 $y(k)/k$，可知：

$$\frac{d}{dk}y(k)/k = \frac{1}{k}\frac{dy(k)}{dk} - y(k)\frac{1}{k^2} = \frac{1}{k}(y'(k) - \frac{y(k)}{k}) < 0$$

其中 $y'(k)$ 表示邊際產出，於圖內以切線斜率表示。從圖中可看出 $y'(k) <$ $y(k)/k$，故上式為負值，因邊際產出小於平均產出，故隱含著報酬遞減。

技巧 7：鏈鎖法則（chain rule）

若 $y = f(u)$ 以及 $u = h(x)$，則：

$$\frac{dy}{dx} = \frac{dy}{du}\frac{du}{dx}$$

例 12

$y = (3x^2 + 1)^{3/2}$，$dy/dx = ?$

解 先檢視所附之 R 指令：

```
y = expression((3*x^2 + 1)^(3/2),'x')
D(y,'x') # (3 * x^2 + 1)^((3/2) - 1) * ((3/2) * (3 * (2 * x)))
```

令 $u = 3x^2 + 1$，故：

$$\frac{dy}{dx} = \frac{dy}{du}\frac{du}{dx} = \frac{3}{2}(3x^2 + 1)^{1/2}6x = 9x(3x^2 + 1)^{1/2}$$

例 13 **零息債券之存續期間**

一張面額為 F 元之零息債券，n 年到期且其貼現率（或殖利率）為 y，試計算該債券之存續期間（duration）。

解 令該零息債券之售價為 P，則

$$P = \frac{F}{(1+y)^n} \tag{7-1}$$

通常，我們可以價格對利率的微分（以正數表示）來表示存續期間；也就

是說，我們是使用「存續期間」來衡量債券價格對利率的敏感度！直覺而言，存續期間愈長，表示債券價格對利率的變動愈敏感，隱含著風險愈大。實務上，我們並不是使用「斜率」的概念來衡量存續期間，而是另外用二種方法來衡量：其一可稱為麥考利存續期間（Macaulay duration, D_{Mc}），而另一則稱為修正的存續期間（modified duration, D_{Md}）。事實上，D_{Mc} 就是債券價格的利率彈性；換言之，D_{Mc} 可寫成：

$$D_{Mc} = -\frac{dP}{d(1+y)}\frac{(1+y)}{P} = n\frac{F}{(1+y)^{n+1}}\frac{(1+y)}{P} = n \tag{7-2}$$

原來債券之存續期間指的是，就平均而言，投資人需多久方能收到現金流入；而就零息債券而言，其存續期間就是 n 年。有意思的是，計算存續期間的目的竟是用於計算利率風險，但因按照零息債券價格與其貼現率之間的關係如 (7-1) 式，可知其利率彈性是固定的，故零息債券的利率風險是固定的，從而麥考利存續期間為固定值。因此，麥考利存續期間的計算方式應做適當的修正。

　為了方便計算債券價格的變動，通常是利用修正的存續期間 D_{Md} 以計算存續期間之相當金額（資本利得或損失）；也就是說，D_{Mc} 與 D_{Md} 之間的關係可為：

$$D_{Md} = \frac{D_{Mc}}{1+y} \tag{7-3}$$

因此，比較 (7-2) 與 (7-3) 二式，可以發現存續期間之相當金額（dollar duration）可以寫成：

$$\Delta P = P_1 - P_0 = D_{Md}P_0\Delta y \tag{7-4}$$

其中Δ表示變動量；當然，若$\Delta \to 0$，則$\Delta P = dp$。其次，P_0 表示債券之持有成本（購買價格）而 P_1 則為利率變動之後的債券價格；另一方面，貼現率（或殖利率）的變動Δy，可以基本點（basic points, bp）的變動表示，其中一個基本點為 0.0001。因此，利用 (7-4) 式，可以計算利率變動一個基本點時，對債券價格之變動金額（price value of a basic point, $PVBP$）；也就是說，利用 (7-4) 式，可以計算利率變動之後的債券價格為

$$P_1 = P_0 + D_{Md}P_0(y_0 - y_1) \tag{7-5}$$

其中 y_0 與 y_1 分別表示購買時與變動後之貼現率。由 (7-5) 式可看出貼現率上升（下降）一個基本點時，債券價格會低於（高於）持有成本。可以參考下圖。

　　若比較 (7-1)〜(7-5) 式之間的關係，可以發現 (7-1) 式內所描述的債券價格與貼現率之間的函數關係，其圖形是凸向於原點的形狀，如下圖所示；另一方面，(7-5) 式是以直線形估計凸形，如圖內之切線。換句話說，下圖繪製出 2 年期與 5 年期面額皆為 1 億元之零息債券之價格與貼現率之間的關係，故以 (7-5) 式估計 (7-1) 式，從圖內可看出存在差距，而此差距就是由圖形的凸性所造成的。因此，若忽略函數的凸性，到期期限愈長的債券，以 (7-5) 式估計的價格波動的誤差就愈大；也就是說，若忽視債券價格與貼現率之間有「凸性」的函數關係，即便使用修正的存續期間估計，仍會低估實際價格的波動，而到期期限愈長的債券，低估會愈嚴重。

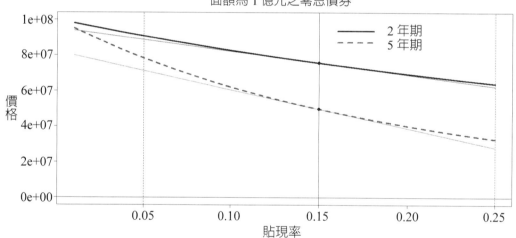

面額為 1 億元之零息債券

　　下表列出上圖的實際結果，也就是說，下表與上圖皆是考慮一張 2 年期與一張 5 年期面額為 1 億元之零息債券，二張零息債券皆以貼現率 0.15 為基準，而其售價分別為 75,614,367 元與 49,717,674 元。表內分別考慮二種情況，即貼現率上升或下降各 1 個基本點與 100 個基本點。從表內可看出，到期期限愈長，實際價格波動愈大。表內的 $PVBP$ 是指按照 (7-5) 式估計，而差距（即誤差）則是指實際價格減 $PVBP$ 的計算值，故可知到期期限愈長，貼現率下跌所導致價格上升的誤差高於貼現率上升之誤差；換言之，忽視的凸性，於價格上升與下降並不是對稱的。

單位：新臺幣

貼現率	實際價格	PVBP	差距（誤差）
2年期（5年期）			
0.1499	75,627,519 (49,739,296)	75,627,517 (49,739,290)	2 (6)
0.15	75,614,367 (49,717,674)	75,614,367 (49,717,674)	0 (0)
0.1501	75,601,218 (49,696,063)	75,601,216 (49,696,057)	2 (6)
0.14	76,946,753 (51,936,866)	76,929,399 (51,879,312)	17,354 (57,554)
0.16	74,316,290 (47,611,302)	74,299,334 (47,556,036)	16,956 (55,266)

例 14　息票債券的存續期間

一張面額為 F 元的息票債券，n 期到期且其殖利率為 y，試計算該債券的存續期間。

解　若將每期收到的現金流量令為 CF_t，則該息票債券的價格可寫成：

$$P = \sum_{t=1}^{m} \frac{CF_t}{(1+y/f)^t} = \sum_{t=1}^{m} CF_t(1+y/f)^{-t}$$

其中 f 表示 1 年支付利息的次數，故 $m = nf$。為了分析方便，假定 $f = 1$。直覺而言，持有人因每年皆有收到利息，故計算出的存續期間會小於 n。類似地，可以用價格的利率彈性定義麥考利存續期間，其可為：

$$D_{Mc} = -\frac{dP}{d(1+y)}\frac{(1+y)}{P} = \sum_{t=1}^{m} \frac{tCF_t}{(1+y)^{t+1}}\frac{(1+y)}{P} = \frac{1}{P}\sum_{t}^{m} \frac{tCF_t}{(1+y)^t} \tag{7-6}$$

比較 (7-2) 與 (7-6) 二式之不同，可知麥考利存續期間可以有另外一種表示方式[1]。

下圖繪製出不同到期期限息票債券之價格與其對應之殖利率之間的函數圖形，圖內是假定各有一張 10 年期與 30 年期面額為 1 元之息票債券，其票面利率皆為 0.06；不過，左圖是考慮 1 年付息一次，而右圖則半年付息一次。不同

---

[1]　本例中，我們有使用「有限加總」的符號，即 $\sum_{i=1}^{n} x_i = x_1 + x_2 + \cdots + x_n$，可以參考下一章。

於前述零息債券的例子，此時二張息票債券的函數圖形卻是相交的，且相交處恰位於殖利率於 0.06 處。雖說左、右二圖的形狀頗為類似，似乎顯示不同付息方式並不會影響價格與其對應之殖利率之間關係；不過，因半年付息一次，持有者能較早收到現金，故其存續期間較短，從而價格的波動相對上會比 1 年付息一次較小。值得注意的是，因存續期間係以「年」為單位，因此右圖內計算的（修正的）存續期間應調整，故左、右二圖之切線斜率並不相等[2]。換句話說，若依 10 年期與 30 年期的順序，左圖於殖利率為 0.06 下，其麥考利存續期間分別約為 7.8017 年與 14.5976 年；而右圖於殖利率為 0.03 下，則約為 7.6619 年與 14.2529 年，顯然提高付息的頻率，會降低存續期間。

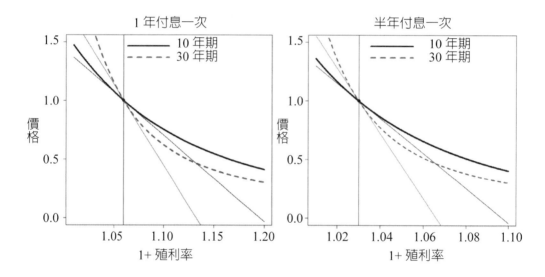

單位：新臺幣

殖利率	實際價格	PVBP	差距（誤差）
10年期（30年期）			
0.0999	100,061,472 (100,094,348)	100,061,446 (100,094,269)	26 (79)

---

[2] 也就是說，(7-6) 式應再乘以 1/f；不過，用此種方式容易出錯。最佳的方式，是將右圖之二張息票債券皆視為票面利率為 0.03，而其到期期數分別為 20 期與 60 期，即仍是以每期付息一次的計算方式較為妥當。值得注意的是，此時計算出的存續期間應再除以 2。

殖利率	實際價格	PVBP	差距（誤差）
0.1	100,000,000 (100,000,000)	100,000,000 (100,000,000)	0 (0)
0.1001	99,938,581 (99,905,809)	99,938,554 (99,905,731)	26 (79)
0.09	106,417,658 (110,273,654)	106,144,567 (109,426,914)	273,091 (846,740)
0.11	94,110,768 (91,306,207)	93,855,433 (90,573,086)	255,335 (733,122)

　　同樣地，上表列出各一張 10 年期與 30 年期面額為 1 億元之息票債券之實際價格與依 (7-5) 式計算的 *PVBP*，二張票面利率皆為 0.1 且 1 年付息一次。表內亦以殖利率 0.1 為基準，各上下變動 1 個與 100 個基本點。從表內除了可以看出到期期限愈長，價格的波動愈大，顯示出到期期限愈長，其利率風險愈大外；另一方面，表內亦隱含著因忽略價格與殖利率之間的「凸性」關係，而存在計算的誤差，且此誤差仍以殖利率向下調整所導致的價格波動較大。

　　技巧 9：若 $y = f(x)$，因 $dy/dx = f'(x)$，故：

$$dy = f'(x)dx$$

因 d 表示 $\Delta \to 0$，故上式可想成於 $y = f(x)$ 內，等號兩邊皆有微小的變動，而等號的右邊 x 的變動是以 $f'(x)$ 的型式呈現；換言之，上式亦可改寫成：

$$\frac{dy}{dx}dx = \frac{df(x)}{dx}dx$$

此處我們可以思考微分的另一層意義；也就是說，若欲衡量因變數 y 的微小變動量（differentials），應如何做？

微小變動量的定義

　　若 $y = f(x)$ 是一個可微分的函數，則：

(1) 自變數的微小變動量 dx 是一個任意的實數。

(2) 因變數的微小變動量 dy 可以定義成 $f'(x)$ 與 dx 之乘積，即 $dy = f'(x)dx$。

原本 dy/dx 是表示 y 對 x 的微分；不過，於此處微小變動量的定義，卻是將 dy 與 dx 各自視為固定的數值。

例 15

$y = 5x^3$，計算 $\dfrac{dy}{dx} = ?$

解 因 $dy = \dfrac{d(5x^3)}{dx}dx$，故 $dy = 15x^2 dx$，即 $\dfrac{dy}{dx} = 15x^2$。

技巧 10：若 $y = \log x$ 是一個連續且可微分的函數，則：

$$\frac{dy}{dx} = \frac{1}{x}$$

例 16

若 $y = \log(x^2 + 1)$，計算 $\dfrac{dy}{dx} = ?$

解 利用技巧 7 與 10，可得：

$$\frac{dy}{dx} = \frac{2x}{x^2 + 1}$$

```
y = expression(log(x^2+1),'x')
D(y,'x') # 2 * x/(x^2 + 1)
```

例 17　成長率的計算

若 $y = \log(P(t))$，則 $\dfrac{dy}{dt} = ?$

解 $\dfrac{dy}{dt} = \dfrac{\dot{P}(t)}{P(t)}$，其中 $\dot{P}(t) = \dfrac{dP(t)}{dt}$ 表示隨時間 t 的改變，引起 $P(t)$ 的變動。

例 18　報酬率的計算

若 $p = \log P$，其中 P 表示資產價格，計算資產之報酬率。

解　$dp = \dfrac{d \log P}{dP} dP$，故 $dp = \dfrac{dP}{P}$；換言之，資產價格經取對數值後，其變動值就是其報酬率。

例 19　再談固定成長模型

$A = A_0(1 + g)^t$，試解釋其意義。

解　上式經取過對數後，可得 $y = \beta_0 + \beta_1 t$，其中 $y = \log A$、$\beta_0 = \log A_0$、以及 $\beta_1 = \log(1 + g)$。因 $dy = dA/A = \beta_1 dt$，故若 β_1 為固定數值，其即屬於固定成長模型。

例 20　固定彈性模型

$Y_t = A X_t^{\beta_1}$，試解釋其意義。

解　上式經取過對數後，可得

$$y_t = \beta_0 + \beta_1 x_t$$

其中 $y_t = \log Y_t$、$\beta_0 = \log A$、以及 $x_t = \log X_t$。因 $y_t = \beta_0 + \beta_1 x_t$，可得：

$$\beta_1 = \frac{dy_t}{dx_t} = \frac{d \log Y_t}{d \log X_t} = \frac{dY_t / Y_t}{dX_t / X_t} = \frac{dY_t}{dX_t} \frac{X_t}{Y_t}$$

因此，β_1 可以稱為 Y_t 的 X_t 彈性。

可以再舉一個例子說明。下圖之左與右圖分別繪出中華電與台積電於 2013/1～2015/12 期間月收盤價與月預估股利之間的散佈圖，以及估計的固定彈性模型。二圖皆顯示出月收盤價與月預估股利之間存在穩定的關係，我們進一步發現月收盤價與月預估股利之間的固定彈性，中華電約為 1.04% 而台積電則約為 0.54%。

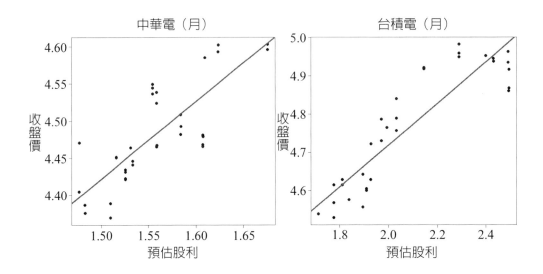

技巧 11：若 $y = e^x$，則 $\dfrac{dy}{dx} = e^x$。

例 21

$y_t = Ae^{\beta t}$，計算 $dy_t / dt = ?$

解 利用鏈鎖法，可得 $dy / dt = A\beta e^{\beta t}$，亦可寫成：

$$\frac{dy_t / dt}{Ae^{\beta t}} = \frac{dy_t / dt}{y_t} = \beta$$

因此，β 亦可稱為固定的成長率，不過其是以連續複利的方式計算。

練習

(1) 計算下列的 $dy / dx = ?$

(A) $y = 4x^{1/3} + 2x^2 + 3$　(B) $y = 4\log(x^3 + 2x)$　(C) $y = \dfrac{x^{1/5} + 4x^3}{x^2 + 1}$

(D) $y = e^{-0.02x}$　(E) $y = (x^3 + 2x^{1/4})(2x + 1)$　(F) $y = (x^2 + 1) / (1 - x)^{1/3}$

(2) 其實 (7-5) 式就是於 $x = x_0$ 處以直線值取代 $f(x_0)$。試舉一例說明。

提示：$y = f(x) = x^3$，$m(x) = \dfrac{dy}{dx} = 3x^2$ 以及 $y = f(x_0) + m(x_0)(x - x_0)$。

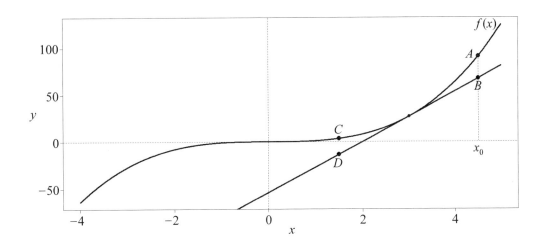

(3) 至 TEJ 下載和泰汽車 2000/1～2016/2 期間股票資料（除權息調整後），
以固定成長模型估計，其預估股利月成長率約爲多少？

(4) 續上題，其月收盤價與月預估股利之（固定）彈性約爲多少？

提示：如下圖

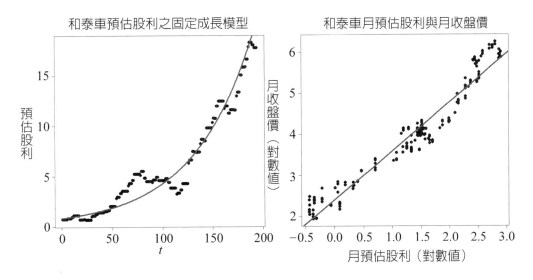

(5) 何謂 D_{Mc} 與 D_{Md}？二者的差異爲何？

(6) 二張面額爲 1,000 元票面利率皆爲 3% 的息票債券，其中一張 5 年期而另
一張則爲 15 年期，二張皆 1 年付息 1 次，繪出其售價與殖利率之間的關
係，有何涵義？

(7) 續上題，其 D_{Mc} 與 D_{Md} 分別爲何？

提示：如下圖

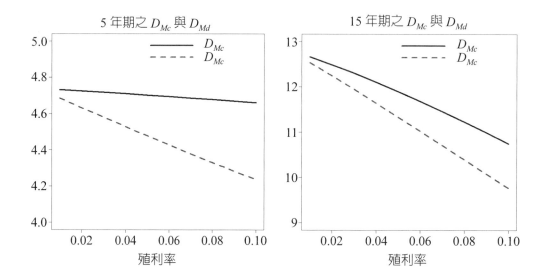

5 年期之 D_{Mc} 與 D_{Md}　　　　15 年期之 D_{Mc} 與 D_{Md}

(8) 續上題，假定二張債券的市價皆爲 1,000 元，殖利率皆爲 3%，試計算殖利率 $y = 0.03 \pm 0.0001$ 以及 $y = 0.03 \pm 0.01$ 的預估價格與實際價格的差距。

(9) 續上題，若 15 年期債券的殖利率爲 6%，則該債券的市價約爲 708.6325 元，試計算 $y = 0.03 \pm 0.01$ 的預估價格與實際價格的差距。其分別會低估多少？

提示：如下圖

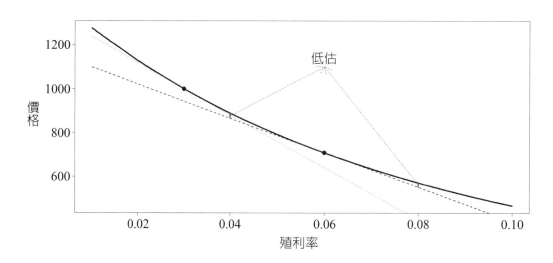

(10) 寫出所得彈性的公式。若是固定的所得彈性呢？

(11) 債券的利率彈性呢？

(12) 若 x 財的所得彈性為 1.5，則 x 財與所得之間的函數關係為何？若使用固定彈性模型，如何用圖形說明其所得彈性為固定值？

提示：如下圖

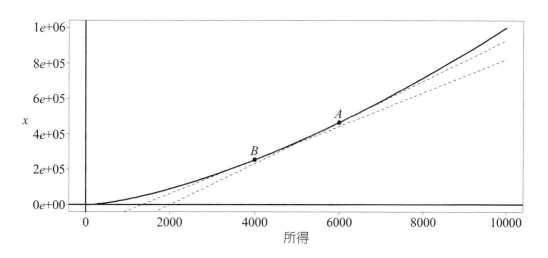

第二節　第二階及高階微分

若 $y = f(x)$ 是一個可以微分的函數，則其微分 $df(x)/dx$ 亦是一個函數。若 $df(x)/dx$ 也是一個可以微分的函數，則其微分可寫成 $d(df/dx)/dx$，我們稱後者為 $f(x)$ 之第二階微分（the second derivative of $f(x)$）。習慣上，$d(df/dx)/dx$ 亦有下列的表示方式：

$$\frac{d(df/dx)}{dx} = f''(x) = \frac{d^2y}{dx^2} = \frac{d}{dx}\left(\frac{dy}{dx}\right) = \frac{dy'}{dx} = y'' = D^2(f)(x) = D_x^2 f(x)$$

其中 D^2 表示執行二次微分。

因此，簡單來說，第二階微分就是再一次微分。即若 $y = 3x^2$，則 $dy/dx = 6x$，故：

$$y'' = \frac{dy'}{dx} = \frac{d}{dx}(6x) = 6$$

```
y = expression(3*x^2,"x")
D(y,"x") # 3 * (2 * x)
D(D(y,"x"),"x") # 3 * 2
```

可以注意第二階微分於 R 內如何表示。同理，若 y'' 亦是一個可以微分的函數，則對其微分可得 $y''' = dy'' / dx = d^3x / dx^3$ 稱爲 y 之第三階微分。按照相同的思考模式，即：

$$y^{(n)} = \frac{d}{dx} y^{(n-1)} = \frac{d^n y}{dx^n} = D^n y$$

稱爲 y 對 x 之第 n 階微分（n 爲一個正整數）。

通常，我們較少應用到高於二階的微分，不過第二階微分卻是普遍地用於判斷圖形向上或向下彎曲的情況。第二階微分的意義爲何？我們應如何解釋？就上述例子而言：

$$y' = \frac{dy}{dx} = 6x \text{ 而 } y'' = \frac{dy'}{dx} = 6$$

因第一階微分 dy/dx 爲 x 的函數，故可知於 $x = 1$ 處，若 x 平均增加（減少）1 單位，y 平均會增加（減少）6 單位，但是於 $x = 2$ 處，若 x 平均增加（減少）1 單位，y 卻平均會增加（減少）12 單位；是故，當 x 由 1 轉成 2 時，y 除了會增加 6 單位外，其還會額外再增加 6 單位，額外再增加的部分就是第二階微分所造成的！換言之，第一階微分就是斜率值，而第二階微分就是在衡量斜率值的變化！可以參考下列的例子。

例 1

因邊際替代率遞減，使得無異曲線凸向於原點。

解 假定消費者的無異曲線的函數型態爲：

$$2 = x^{0.5}y^{0.5}$$

其中 x 與 y 皆是正常的財貨。上式可改寫成：

$$y = \frac{4}{x}$$

故其邊際替代率 MRS 可定義成：

$$MRS = -\frac{dy}{dx}\bigg|_{U=2} = \frac{4}{x^2}$$

可知其爲 x 的函數。可參考下圖。下圖可看出（特定的）無異曲線之線上 MRS 的變化；也就是說，圖內考慮 x 財分別爲 0.5、1 與 2 之下，其對應 的 MRS 分別爲 16、4 以及 1。是故，當 x 財由 0.5 轉成 1 至 2 時，MRS 的 變化依序爲 12 與 3，其的確是遞減的；因此，按照上述定義可得：

$$\frac{dMRS}{dx} = -\frac{8}{x^3}$$

故於 $x > 0$ 下，$dMRS / dx < 0$。值得注意的是，此時：

$$\frac{dy}{dx} = -\frac{4}{x^2} < 0 \text{ 但 } \frac{d^2y}{dx^2} = \frac{8}{x^3} > 0$$

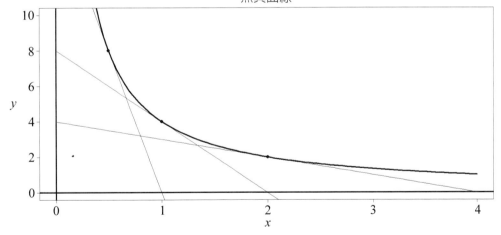

無異曲線

R 指令：
```
plot(x,y(x),type="l",lwd=4,xlim=c(0,4),ylim=c(0,10),ylab="y",
```

```
        main=" 無異曲線 ",cex.lab=1.5,cex.main=2)
abline(v=0,h=0,lwd=4);points(1,4,pch=20,cex=2);m1 = y1(1) # -4
ya = 4 + m1*(x - 1);lines(x,ya);points(0.5,y(0.5),pch=20,cex=2)
m2 = y1(0.5) # -16
yb = y(0.5) + m2*(x - 0.5);lines(x,yb);points(2,y(2),pch=20,cex=2)
m3 = y1(2) # -1
yc = y(2) + m3*(x - 2);lines(x,yc)
```

　　顧名思義，例 1 內的 *MRS* 是表示欲維持效用不變下，若消費至 $x = 1$，此時平均 1 單位 x 財可替換 4 單位的 y 財；不過，當消費至 $x = 2$ 時，此時平均 1 單位 x 財只可替換 1 單位的 y 財。因此，無異曲線形狀會凸向於原點，是因「邊際效用遞減」現象所造成的，此現象背後隱含著 *MRS* 隨 x 值的增加而遞減。一條曲線形狀凸向於原點，其特色是切線位於曲線的下方，該曲線的開口向上，我們稱此種圖形爲凹口向上（concave upward）。

例 2

　　生產可能曲線會凹向於原點，是因邊際機會成本遞增所造成的。

解 　如下圖所示，生產愈多的 x 財，犧牲 y 財的成本愈大。此時曲線凹向於原點的特色是切線位於曲線的上方，該曲線的開口向下，我們稱此種圖形爲凹口向下（concave downward）。假定該生產可能曲線爲：

$$y = \sqrt{10 - x}$$

因

$$\frac{dy}{dx} = -\frac{1}{2}(10 - x)^{-1/2} \text{ 而 } \frac{d^2 y}{dx^2} = -\frac{1}{4}(10 - x)^{-3/2}$$

故於 $x < 10$ 下，$\dfrac{d^2 y}{dx^2} < 0$。

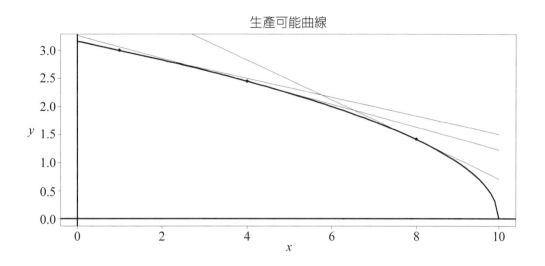

生產可能曲線

可記得生產可能曲線點上的斜率表示邊際轉換率 MRT，其可定義成：

$$MRT = -\frac{dy}{dx}\Big|_{A=A_0} = \frac{1}{2}(10-x)^{-1/2}$$

其中 A 泛指生產要素及生產技術等，A_0 為一個固定值。同理，可得：

$$\frac{d}{dx}MRT = \frac{1}{4}(10-x)^{-3/2} > 0$$

而於 $x < 10$ 下，$MRT > 0$（MRT 用正數值表示）；不過：

$$\frac{d}{dx}MRT > 0$$

其背後隱含著邊際機會成本遞增。

例 3

短期總成本函數 $STC = 0.02Q^3 + 20Q^{1/3} + 5$，檢視該函數上切線斜率的變化。

解 如下圖所示。

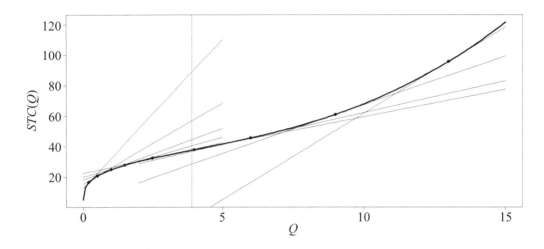

STC 函數切線斜率就是短期邊際成本函數 SMC，可寫成：

$$SMC = \frac{dSTC}{dQ} = 0.06Q^2 + \frac{20}{3}Q^{-2/3}$$

若令垂直虛線產量為 Q_1，則從圖內可看出當實際產量 Q 小於 Q_1 時，此時切線位於 STC 函數的上方，切線斜率呈現出隨產量的增加而遞減，故曲線呈凹口向下；同理，實際產量 Q 大於 Q_1 時，此時切線位於 STC 函數的下方，切線斜率呈現出隨產量的增加而遞增，故曲線呈凹口向上。

例 4　遞增、遞減、凹口向上以及凹口向下函數

解析下圖之四種函數。

R 指令：

```
x = seq(0,2,length=200);windows();par(mfrow=c(2,2))
plot(x,exp(x),type="l",lwd=4,cex.lab=1.5)
title(expression(paste("(a) ",y==e^x," , ",frac(dy,dx)>0," , ",frac(d^2*y,dx^2)>0)),cex.main=2)
plot(x,log(x),type="l",lwd=4,cex.lab=1.5)
title(expression(paste("(b) ",y==log(x)," , ",frac(dy,dx)>0," , ",frac(d^2*y,dx^2)<0)),cex.main=2)
plot(x,exp(-x),type="l",lwd=4,cex.lab=1.5)
title(expression(paste("(c) ",y==e^-x," , ",frac(dy,dx)<0," , ",frac(d^2*y,dx^2)>0)),cex.main=2)
y = function(x) sqrt(3-x);plot(x,y(x),type="l",lwd=4,cex.lab=1.5)
title(expression(paste("(d) ",y==sqrt(3-x)," , ",frac(dy,dx)<0," , ",frac(d^2*y,dx^2)<0)),cex.main=2)
```

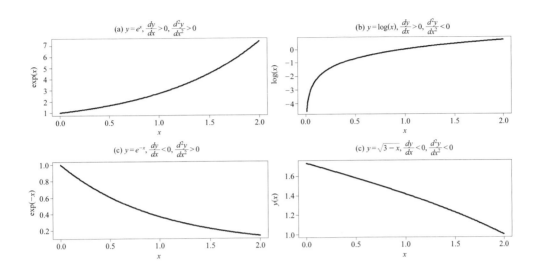

解 四圖考慮的範圍皆爲 $0 \leq x \leq 2$。圖 (a) 內的函數爲 $y = e^x$，其因 $dy/dx > 0$ 與 $d^2y/dx^2 > 0$，表現出來的圖形具有遞增（increasing）與凹口向上的特性；圖 (b) 內的函數爲 $y = \log(x)$，其因 $dy/dx > 0$ 與 $d^2y/dx^2 < 0$，表現出來的圖形具有遞增與凹口向下的特性；圖 (c) 內的函數爲 $y = e^{-x}$，其因 $dy/dx < 0$ 與 $d^2y/dx^2 > 0$，表現出來的圖形具有遞減（decreasing）與凹口向上的特性；圖 (d) 內的函數爲 $y = (3-x)^{1/2}$，其因 $dy/dx < 0$ 與 $d^2y/dx^2 < 0$，表現出來的圖形具有遞減與凹口向下的特性

因此，我們可以使用第一階與第二階微分來判斷上述函數性質。換言之，若函數之第一階微分大於（小於）0，則該函數是一個爲遞增的（遞減的）函數；另外，若函數之第二階微分大於（小於）0，則該函數圖形凹口向上（向下）。

遞增與遞減函數

$f(x)$ 與 $h(x)$ 皆是一個可以微分的函數，若 $f'(x) > 0$，則稱 $f(x)$ 是一個遞增的函數。若 $h'(x) < 0$，則稱 $h(x)$ 是一個遞減的函數。

凹口向上與凹口向下函數

$f(x)$ 與 $h(x)$ 皆是一個可以微分（二階以上）的函數，若 $f''(x) > 0$，則稱 $f(x)$ 是一個凹口向上的函數。若 $h''(x) < 0$，則稱 $h(x)$ 是一個凹口向下的函數。

例5

判斷 $y = x^3$ 之性質。

解 因

$$\frac{dy}{dx} = 3x^2 > 0$$

故 y 屬於遞增的函數。其次，又因

$$\frac{d^2 y}{dx^2} = 6x$$

故若 $x > 0$，則此時 y 屬於凹口向上的函數，而若 $x < 0$，則 y 卻轉成凹口向下的函數；因此，於 $x = 0$ 處，函數會有出現轉折的情況，可稱轉折點（inflection point），其特徵為：

$$\left.\frac{d^2 y}{dx^2}\right|_{x=0} = 6 \cdot 0 = 0$$

因此，由上述或由下圖可知 $y = x^3$ 的性質：於 $x = 0$ 處，因第二階微分等於 0，故於該處出現轉折點；明顯地，若 $x > 0$（$x < 0$），因第二階微分大於 0（小於 0），故該函數屬於凹口向上（凹口向下）的函數。

R 指令：

```
x = seq(-2,2,length=200);y = function(x) x^3
windows()
plot(x,y(x),type="l",lwd=4,cex.lab=1.5)
abline(v=0,h=0)
text(2,y(2),labels=expression(y==x^3),pos=2,cex=1.5)
text(1,y(1),labels=expression(frac(d^2*y,dx^2)>0),pos=3,cex=1.5)
text(-1,y(-1)-0.5,labels=expression(frac(d^2*y,dx^2)<0),pos=1,cex=1.5)
points(0,0,pch=20,cex=2)
text(-1,5,labels=expression(frac(d^2*y,dx^2)==0),pos=3,cex=1.5)
arrows(-1,5,0,0,code=1,lty=2)
```

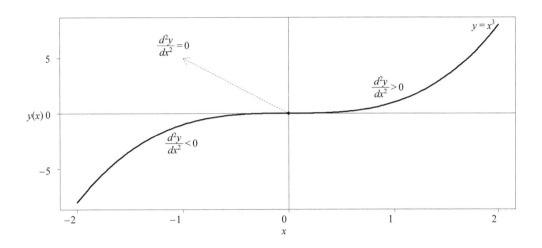

例6　凸函數與凹函數

　　一個函數 f 稱為凸函數（convex function）或其圖形之開口向上，是指就一個區間 I 而言：

$$f((1-t)a+tb) \leq (1-t)f(a)+tf(b)$$

其中 $a,b \in I$ 而 $t \in [0,1]$；同理，一個函數 f 稱為凹函數（concave function）或其圖形之開口向下，是指就一個區間 I 而言：

$$f((1-t)a+tb) \geq (1-t)f(a)+tf(b)$$

其中 $a,b \in I$ 而 $t \in [0,1]$。

解　若以例 1 的效用函數為例，其無異曲線就是一個凸函數（搭配使用優於單獨使用），可以參考所附之 R 指令及下圖，其中 $x_0 = tx_1 + (1-t)x_2$。

```
R 指令：
x = seq(0.01,4,length=100);y = function(x) 4*x^-1
windows()
plot(x,y(x),type="l",lwd=4,ylab="y",cex.lab=1.5,ylim=c(0,10),
    main=" 無異曲線 ",cex.main=2);points(0.5,y(0.5),pch=20,cex=3)
```

text(0.5,y(0.5),labels=expression(f(x[1])),pos=4,cex=2);points(3.5,y(3.5),pch=20,cex=3)

text(3.5,y(3.5),labels=expression(f(x[2])),pos=3,cex=2);segments(0.5,y(0.5),3.5,y(3.5),lwd=4)

abline(v=0,h=0,lwd=4);t = 0.5;x0 = t*0.5+(1-t)*3.5;y0 = t*y(0.5)+(1-t)*y(3.5)

points(x0,y0,pch=20,cex=3)

text(x0,y0+0.2,labels=expression(t*f(x[1])+(1-t)*f(x[2])),pos=4,cex=2)

segments(x0,y0,x0,0,lty=2);points(x0,y(x0),pch=20,cex=3)

text(x0,y(x0),labels=expression(f(x[0])),pos=3,cex=2);text(0.8,y(0.8),labels="y = f(x)",pos=2,cex=2)

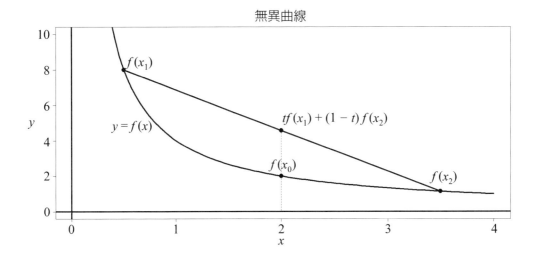

無異曲線

例7 債券的凸性

考慮下列債券價格公式：

$$P = \frac{CF_1}{1+y} + \frac{CF_2}{(1+y)^2} + \cdots + \frac{CF_n}{(1+y)^n}$$

計算該債券的 D_{Md} 與凸性。

解 債券價格對殖利率的第一次與第二次微分為：

$$\frac{dP}{d(1+y)} = -\frac{CF_1}{(1+y)^2} - \frac{2CF_2}{(1+y)^3} - \frac{3CF_3}{(1+y)^4} - \cdots - \frac{nCF_n}{(1+y)^{n+1}}$$

與

$$\frac{d^2P}{(d(1+y))^2} = \frac{2CF_1}{(1+y)^3} + \frac{6CF_2}{(1+y)^4} + \frac{12CF_3}{(1+y)^5} + \cdots + \frac{n(n+1)CF_n}{(1+y)^{n+2}}$$

按照 D_{Mc} 與 D_{Md} 的定義，可知

$$D_{Mc} = -\frac{dP}{d(1+y)}\frac{(1+y)}{P} = \frac{1}{P}\left(\frac{CF_1}{1+y} + \frac{2CF_2}{(1+y)^2} + \cdots + \frac{nCF_n}{(1+y)^n}\right) = \frac{1}{P}\sum_{t=1}^{n}\frac{tCF_t}{(1+y)^t}$$

$$D_{Md} = \frac{D_{Mc}}{1+y} = -\frac{dP}{P}\frac{(1+y)}{d(1+y)}\frac{1}{(1+y)} = -\frac{dP}{P}\frac{1}{d(1+y)}$$

接下來定義債券的凸性為：

$$C = \frac{1}{P}\frac{d^2P}{\left(d(1+y)\right)^2} = \frac{1}{P(1+y)^2}\left[\frac{2CF_1}{(1+y)} + \frac{6CF_2}{(1+y)^2} + \cdots + \frac{n(n+1)CF_n}{(1+y)^n}\right]$$

$$= \frac{1}{(1+y)^2}\sum_{t=1}^{n}\frac{t(t+1)CF_t/(1+y)^t}{P}$$

因此，若有考慮債券的凸性，(7-5) 式可以改為：

$$\Delta P = -P_0 D_{Md}\Delta y + \frac{1}{2}CP_0\left(\Delta y\right)^2 \tag{7-7}$$

例8

　　續例 7，一張 30 年期面額為 1,000 元的息票債券，其票面利率為 10% 且 1 年付息 1 次。若該債券的殖利率為 10%，利用 (7-7) 式計算殖利率變動 1 個基本點以及 2,000 個基本點價格。

解 已知債券的殖利率為 10%，該債券的價格為 1,000 元。若殖利率變動 1 個基本點，相當於殖利率分別為 9.99% 與 10.01%，則實際債券價格分別為 1,000.9435 元與 999.0581 元；若以 (7-5) 式估計其分別為 1,000.9427 元與 999.0573 元，但是若以 (7-7) 式估計則分別為 1,000.9433 元與 999.0579 元。同理，若殖利率變動 2,000 個基本點，相當於殖利率分別為 8% 與 12%，則實際債券價格分別為 1,225.1557 元與 838.8963 元；若以 (7-5) 式估計，則分別為 1,188.5383 元與 811.4617 元，但是若以 (7-7) 式估計則分別為 1,211.1620 元與 834.0854 元。顯然，以 (7-7) 式估計，「低估」的情況會較改善。可以參考下圖及所附之 R 指令。

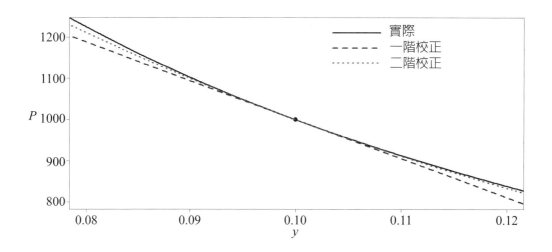

R 指令：

F: 面額 , ib: 票面利率 , y: 到期收益率 , f: 一年付息次數 , n: 債券到期年數

Convexity = function(F,ib,y,f,n,P) # P 為債券價格

{

C = ib*F/f;m = f*n;CF = c(C*rep(1,m),F);h = length(CF)-1;t = c(1:h,h)

weight = (CF/(1+y/f)^t)/P;weight1 = 1/(1+y/f)^2;Con = sum(t*(t+1)*weight*weight1) ;return(Con)

} (其餘可以參考光碟)

練習

(1) 短期總生產函數為 $TP = -(1/3)L^3 + 10L^2 - L$，其中 L 為勞動投入量。繪出總生產函數曲線，並檢視曲線上點斜率的變化，結果為何？

提示：

TP = function(L) -(1/3)*L^3+10*L^2-L;MP = function(L) -L^2+20*L-1;AP = function(L) TP(L)/L

(2) 續上題，勞動力是指勞動的平均產量 AP_L，我們如何利用 TP_L 取得 AP_L。

提示：如下圖

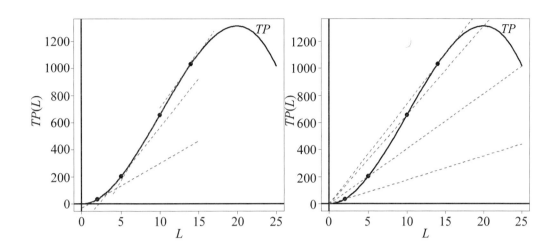

(3) 續上題,繪出平均產量與邊際產量曲線,並描述生產三階段。

提示:如下圖

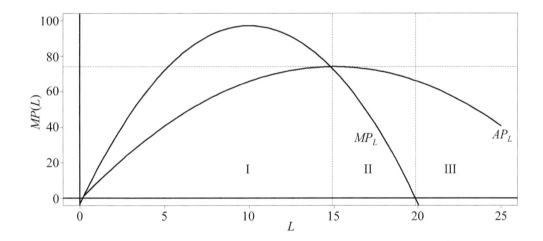

(4) $y = f(x) = 0.5x^3$,以類似 (7-7) 式估計於 $x = 2.5$ 處的 y 值。

(5) 試說明依平價發行的息票債券,不管到期年限為何,其市價就是面額值。

(6) 續上題,依平價發行的息票債券,到期年限愈長,其修正的存續期間如何變化?

(7) 續上題,那債券的凸性呢?

(8) 續上題,若是溢價發行呢?若到期年限愈長,修正的存續期間是否接近於無窮大?

(9) 續上題，試以面額、票面利率（1年付息1次）以及殖利率分別為1,000元、6%與4%說明債券市價、修正的存續期間以及債券的凸性如何隨到期年限變化。

提示：如下圖

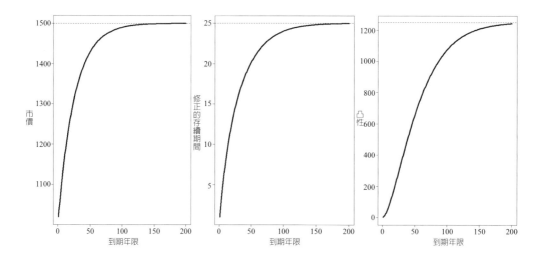

(10) 何謂凹函數？有何特色？試舉例說明。

提示：如下圖

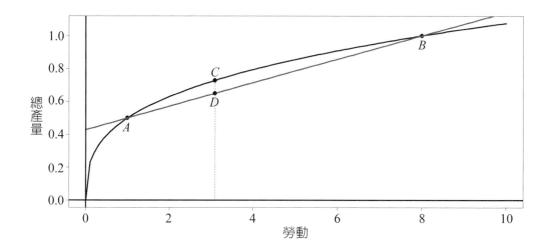

第三節　極大值與極小值

　　初學經濟學不久，一定對消費者與生產者的行爲是追求最大效用與最大利潤的假定，覺得稀鬆平常，本來就是。不過，若要進一步回答消費者最大效用的需求量爲何，或是生產者最大利潤的產量爲何，恐怕就不是一件簡單的事。事實上，利用前述微分技巧與觀念，再加上 R 的操作，若是要找出上述極值及其特徵，已非難事。

例 1

　　若消費者的效用函數 $TU(Q) = 2Q^2 - \dfrac{1}{30}Q^3$，找出最大效用及需求量。

解　可參考左下圖。注意 $TU(Q)$ 曲線切線斜率的變化，可以發現隨需求量的增加，斜率值的變化是先遞增後再遞減至 0，甚至於到最後呈現出負的斜率值。由於 $TU(Q)$ 曲線的切線斜率值就是邊際效用函數 $MU(Q)$，因此我們竟然能從 $TU(Q)$ 曲線上看到邊際效用遞增、邊際效用遞減、邊際效用等於 0 以及邊際效用爲負值（反效用）等現象。我們可以進一步計算出 $MU(Q)$，其可爲：

$$MU(Q) = \frac{dTU(Q)}{dQ} = 4Q - 0.1Q^2$$

可以參考右下圖。比較此二圖，可發現左圖的 A 點可以對應至右圖的 A' 點，由於邊際效用等於 0，故 A 點的總效用最大。值得留意的是，於 A 點處因斜率值爲 0，故其切線爲一條水平線；另一方面，也可注意到，於 A 點處圖形的凹口向下，隱含著 $TU(Q)$ 的第二階微分小於 0。類似的情況，亦出現於右圖之 B 點的需求量上，於 B 點處，因邊際效用由遞增轉爲遞減，故該處邊際效用最大，其特徵亦是一條水平切線以及 $MU(Q)$ 的第二階微分小於 0。

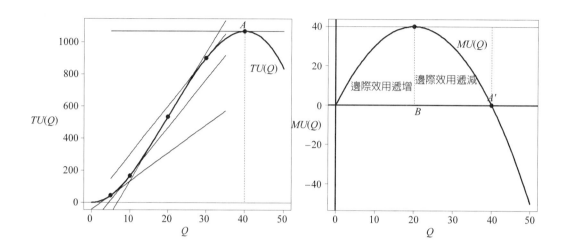

例2

考慮一條短期成本函數 $STC(Q) = 12{,}000Q^{1/5} + 0.002Q^3$，找出最小短期邊際成本與短期平均成本之產量。

解 可參考左下圖，$STC(Q)$ 函數切線斜率值的變化，於其中可看出隨著產量的提高，切線斜率值由遞減轉至遞增，顯示出生產初期長期邊際成本隨著產量的增加而下降，表示生產出現了「邊際報酬遞增」的情況，不過隨著產量超過圖內虛線產量後，此時再多生產，短期邊際成本已由下降改為上升，出現「邊際報酬遞減」的現象。從圖形可看出邊際報酬遞增，$STC(Q)$ 函數呈現凹口向下的形狀，但當邊際報酬遞減時，函數則呈現出凹口向上的形狀，故圖內虛線對應到的產量是一個轉折點，表示 $STC(Q)$ 函數於該產量處的第二階微分等於 0。有意思的是，$STC(Q)$ 函數的第二階微分等於 0，相當於短期邊際成本函數 $STC(Q)$ 的第一階微分等於 0，顯示出 $STC(Q)$ 有出現極值；換言之，我們已知於虛線產量處，會出現 $STC(Q)$ 之極值，只是我們仍需觀察 $LMC(Q)$ 之第二階微分，以確定會出現何種極值。是故，$LMC(Q)$ 可寫成：

$$SMC(Q) = \frac{dSTC(Q)}{dQ} = 2400Q^{-4/5} + 0.006Q^2$$

$$SMC'(Q) = \frac{d^2STC(Q)}{dQ^2} = -1920Q^{-9/5} + 0.012Q$$

$$SMC''(Q) = \frac{d^3 STC(Q)}{dQ^3} = 3456Q^{-14/5} + 0.012 > 0$$

因此，令 $STC(Q)$ 之第一階微分等於 0，可以得到於產量 $Q \approx 72.21$ 處，$STC(Q)$ 會出現極值；由於 $STC(Q)$ 之第二階微分大於 0，故可知 $STC(Q)$ 屬於凹口向上的函數，因此該極值為極小值，可參考右下圖。

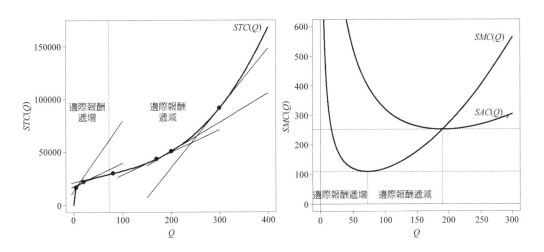

# 1920*Q^(-9/5)=0.012Q => Q^(-9/5)=(0.012/1920)*Q # => Q^(-14/5)=(0.012/1920)=>
Q = (0.012/1920)^(-5/14) # 72.21282
2456*Q^(9/5) + 0.012 # 5,441,693

於例 1 與 2 內，可以發現函數內若有極值出現，其共同的特色就是該函數的第一階微分等於 0，但是須經由函數的第二階微分方知該極值是極大值抑或是極小值；因此，函數的第一階微分等於 0 只是提供出現極值的「必要條件（necessary condition）」，而瞭解函數的第二階微分的結果，可辨別是極大值抑或是極小值的「充分條件（sufficient condition）」。

極大值與極小值的條件

$f(x)$ 是一個可以微分（二階以上）的函數，於 $x = x_0$ 處出現極值的第一階條件（the first order condition）或稱作必要條件為：

$$\frac{df(x)}{dx}\bigg|_{x=x_0} = f'(x_0) = 0 \text{。}$$

出現極值的第二階條件（the second order condition）或稱作充分條件為：

(1) 若 $f''(x_0) = \dfrac{d^2 f(x_0)}{dx^2} > 0$，則於 $f(x_0)$ 處出現極小值。

(2) 若 $f''(x_0) = \dfrac{d^2 f(x_0)}{dx^2} < 0$，則於 $f(x_0)$ 處出現極大值。

例3

試求 $y = x^3 - 12x - 5$ 之極值。

解 因

$$\frac{dy}{dx} = 3x^2 - 12 = 0 \text{，故 } x = \pm 2$$

$$\frac{d^2 y}{dx^2} = 6x \text{，故 } \frac{d^2 y}{dx^2}\bigg|_{x=2} = 12 > 0 \text{，但是 } \frac{d^2 y}{dx^2}\bigg|_{x=-2} = -12 < 0$$

從上述 y 極值之第一階與第二階條件知，於 $x = \pm 2$ 處分別出現極小值與極大值；不過，從下圖可以看出二個極值皆是屬於局部的（local）。例如，若 $0 \le x \le 4$，y 於 $x = 2$ 處會出現極小值 -21；而若 $-4 \le x \le 0$，則 y 於 $x = -2$ 處會出現極大值 11。但二個極值於 $-5 \le x \le 5$ 的範圍，並不是極大值或極小值。

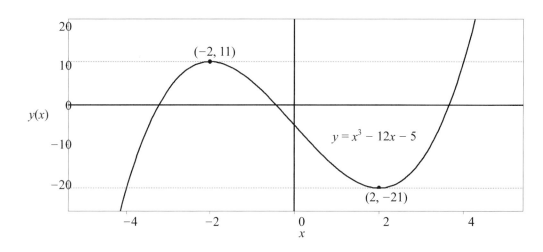

例 4

　　某廠商單位產品售價為 9 元，其總成本函數為 $TC(Q) = Q^3 - 6Q^2 + 15Q$，計算該廠商利潤最大之產量。（利潤與 Q 之單位為 10,000）

解　因總收益 TR 為價格乘以銷售量，故該廠商之總收益函數 $TR(Q) = 9Q$；因此該廠商之利潤函數為

$$\pi(Q) = TR(Q) - TC(Q) = 9Q - Q^3 + 6Q^2 - 15Q$$

故其利潤等於 0 的產量出現於「求解」下列的式子：

$$-Q^3 + 6Q^2 - 6Q = 0 \Rightarrow Q^2 - 6Q + 6Q = 0$$

可得 $Q \approx 1.2679$ 或 $Q \approx 4.7321$，即於上述二產量下利潤等於 0，可參考左下圖。

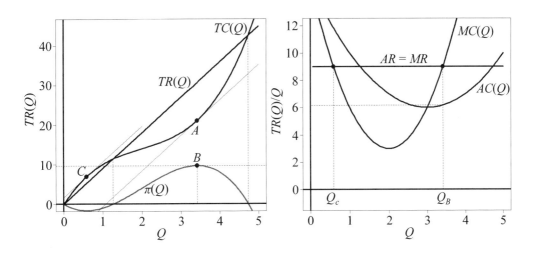

R 指令：

```
P = 9;TR = function(Q) P*Q;TC = function(Q) Q^3-6*Q^2+15*Q # Q^2-6Q+6
MC = function(Q) 3*Q^2-12*Q+15 ;AC = function(Q) TC(Q)/Q;PI = function(Q) TR(Q)-TC(Q)
solveQ = function(a,b,c) # 求解二元一次方程式
{
  Q1 = (-b+sqrt(b^2-4*a*c))/(2*a);Q2 = (-b-sqrt(b^2-4*a*c))/(2*a)
```

```
  return(c(Q1,Q2))
}
solveQ(1,-6,6) # 4.732051 1.267949
```

另一方面，利潤最大的第一階條件為：

$$\frac{d\pi(Q)}{dQ} = \frac{dTR}{dQ} - \frac{dTC}{dQ} = MR(Q) - MC(Q) = 9 - 3Q^2 + 12Q - 15 = 0$$

故利潤最大的第一階條件可用 $MR(Q) = MC(Q)$ 表示，相當於求解：

$$Q^2 - 4Q + 2 = 0$$

可得 $Q_C \approx 0.5858$ 或 $Q_B \approx 3.4142$，即上述二產量符合利潤最大之必要條件。為了取得利潤最大之充分條件，可得：

$$\frac{d^2\pi(Q)}{dQ^2} = \frac{d^2TR}{dQ^2} - \frac{d^2TC}{dQ^2} = \frac{dMR(Q)}{dQ} - \frac{dMC(Q)}{dQ} = -6Q + 12 < 0 \, \circ$$

因此利潤最大之充分條件亦可以用下式表示：

$$\frac{d^2TR}{dQ^2} < \frac{d^2TC}{dQ^2} \text{ 或 } \frac{dMR(Q)}{dQ} < \frac{dMC(Q)}{dQ}$$

也就是說，利潤最大之充分條件必須是邊際成本的斜率值大於邊際收益的斜率值；因此，若檢視 Q_C 與 Q_B 二個產量，Q_B 產量符合上述充分條件。

例5　三種租稅效果

假定一家獨占廠商面對的市場需求函數為 $P = 36 - 2.1Q$ 而其總成本函數為 $TC(Q) = 30 + 0.4Q^2$。現在考慮三種租稅效果：銷售稅、定額稅以及利潤稅。

解 該廠商之利潤函數為：

$$\pi(Q) = TR(Q) - TC(Q)$$

其中 $TR(Q) = PQ = 36Q - 2.1Q^2$。三種租稅對廠商的影響分別可為：

(1) 銷售稅（稅率為 t）

$$TC(Q) = 30 + 0.4Q^2 + tQ$$

故

$$\pi(Q) = 36Q - 2.5Q^2 - 30 - tQ$$

$$\frac{d\pi}{dQ} = 36 - 5Q - t$$

$$\frac{d^2\pi}{dQ^2} = -5 < 0$$

(2) 定額稅（稅額為 T）

$$TC(Q) = 30 + 0.4Q^2 + T$$

故

$$\pi(Q) = 36Q - 2.5Q^2 - 30 - T$$

$$\frac{d\pi}{dQ} = 36 - 5Q$$

$$\frac{d^2\pi}{dQ^2} = -5 < 0$$

(3) 利潤稅（稅率為 c）

$$\pi(Q) = [TR(Q) - TC(Q)](1 - c)$$

$$\frac{d\pi}{dQ} = (36 - 5Q)(1 - c)$$

$$\frac{d^2\pi}{dQ^2} = -5(1 - c)$$

故可知只有銷售稅會引起最大利潤產量的改變，其餘二種租稅並不會影響最大利潤產量，可參考下圖。

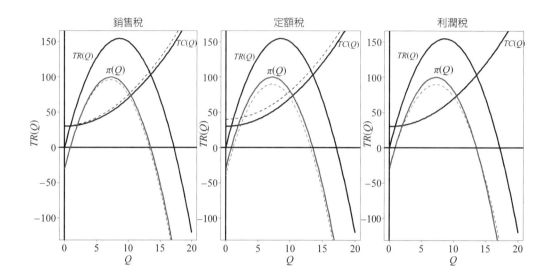

練習

(1) 試說明勞動的平均產量 AP_L 與勞動的邊際產量 MP_L 之間的關係。

(2) 某廠商的月銷貨函數為 $S(t) = \dfrac{125t^2}{t^2 + 100}$，試計算 $S'(10)$、$S''(30)$ 與 $\lim\limits_{t \to \infty} S(t)$。

(3) 續上題，是否存在最大月銷售量？試分析之。

提示：如下圖

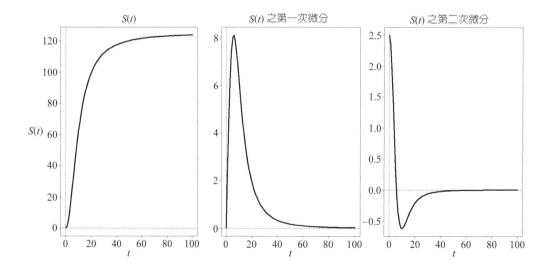

(4) 找出 $f(x) = x^3 - 6x^2 + 9x + 1$ 之轉折點。

(5) 續上題，找出其局部最大值與最小值。

(6) 某廠商估計出廣告支出 x 與銷售量 S 之間的關係為：

$$S = 3x^3 - 0.25x^4 + 200$$

其中 $0 \leq x \leq 9$。試計算於何範圍內銷售的成長率是隨 x 遞增？何範圍內銷售的成長率是隨 x 遞減？

(7) 若總成本函數為 $TC(Q) = 880 + 72Q - 14.5Q^2 + 1.5Q^3$，已知總成本為 9889，則產量 $Q = ?$

(8) 續上題，計算平均成本最小之產量。

第四節　一些應用：牛頓求解法

之前我們已經使用過圖形或用「畫格子」的方式，幫我們找出 $f(x) = 0$ 的解，現在我們再介紹另外一種求解的方式，稱為牛頓法（Newton's method）。牛頓法或稱為牛頓逼近法（Newton-Raphson method），牛頓法是數值演算方法 (numerical algorithms and methods) 的應用，我們從底下的一些例子中，就可以知道何謂數值演算方法。

牛頓法適用於當我們找不到合適的公式以求解 $f(x) = 0$。假定 $y = x^2 - 2$，可以知道 $x = \pm 2^{1/2}$ 是 $y = 0$ 的二個解，或稱為 $y = 0$ 之二個根（roots），參考圖 7-1 可以發現二個解出現於 $y = x^2 - 2$ 曲線與 x 軸相交處，如點 A 與點 B。我們將利用圖 7-1 的例子以說明如何使用牛頓法。

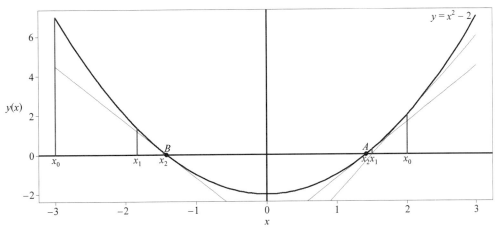

圖 7-1　$y = x^2 - 2$ 之二個解（根）

　　其實牛頓法也只不過是利用切線方程式的觀念而已；也就是說，於 $y = 0$ 處，我們可以使用切線方程式以取代 $y = f(x)$ 之圖形，即切線方程式可寫成：

$$y = f(x_1) = f(x_0) + f'(x_0)(x_1 - x_0) \tag{7-8}$$

其中 x_0 表示選取的期初值。利用 (7-8) 式，整理後可得：

$$x_1 = x_0 + \frac{f(x_1) - f(x_0)}{f'(x_0)} \tag{7-9}$$

透過 (7-9) 式，自然可以看出 x 值的變化，如 x_2, x_3, …；不過，我們必須提供 x 值變化的方向，即於 $y = 0$ 處，以 $f(x) = 0$ 取代 (7-9) 式內的 $f(x_1)$，故 (7-9) 式可以改寫成：

$$x_{n+1} = x_n - \frac{f(x_n)}{f'(x_n)} \tag{7-10}$$

其中 x_n 表示從 x_0 往 $y = 0$ 方向之第 n 個 x 的估計值，利用 (7-10) 式可以得到第 $n + 1$ 個 x 的估計值 x_{n+1}。(7-10) 式就是著名的牛頓法估計過程。

　　利用牛頓法估計過程，我們可以檢視圖 7-1 的例子。假定欲得出 $y = x^2 - 2$ 的根為正值，首先需選擇例如期初值為 $x_0 = 2$，然後按照 (7-10) 式可以分別得出不同的 x 值。從圖內可以看出，若期初值設為 2，大概至 x_2 就已經非常接近於 A 點；另一方面，若欲得出 $y = x^2 - 2$ 的根為負值且假定期初值為 -3，則 x 值亦不需轉換幾次就非常接近於 B 點。我們可以檢視下列的 R 指令，以瞭解牛頓法的特性：

```
y = function(x) x^2 - 2;m = function(x) 2*x # dy/dx
x1 = numeric(10);x1[1] = 2 # 期初值 2 設在 x1 內的第一個位置
for(i in 2:10)
 {
  x1[i] = x1[i-1] - y(x1[i-1])/m(x1[i-1]) # (10）式，牛頓法估計過程
 }
x1
# [1] 2.000000 1.500000 1.416667 1.414216 1.414214 1.414214 1.414214 1.414214
# [9] 1.414214 1.414214
sqrt(2) # 1.414214
```

上述第一與第二個指令是分別於 R 內建立名爲 y 與 m 的函數，m 函數事實上就是 y 函數的第一次微分。由於要有一個空間儲存不同的 x 值，故第三個指令是建立一個名爲 $x1$ 的變數，內可以儲存 10 個元素；若期初值設爲 2，可以將期初值置於 $x1$ 內的第一個位置，此爲第四個指令。接下來，我們執行牛頓法估計過程，其是以迴圈的方式爲之；於迴圈內，我們將遞延所得的 x 值依序置於 $x1$ 內。再檢視 $x1$ 內的元素，可以發現依牛頓法估計過程，最後的結果是 x 值是收斂至 1.414214，此恰爲 $2^{1/2}$ 之值。

有些時候，x 值收斂的情況並不像上述例子明顯，或是我們事先也無法知道 $x1$ 內的元素至何處開始方有收斂的情況，故上述「數值演算過程」可以改以其他的方式爲之。此處，我們再介紹 R 內之 while 指令，可先參考下列指令：

```
x0 = -2 # 期初值
epsilon = 2 # 期初值
error = 0.00001 # 誤差項
while(epsilon > error) # 只要 epsilon > 0.00001 就執行下列指令
{
  x1 = x0 - y(x0)/m(x0);epsilon = abs(x1-x0);x0 = x1
}
x0 # -1.414214
```

上述指令仍使用 y 與 m 函數。while 指令亦屬於以迴圈演算的一種形式，其使用方式爲：

```
while(...)
{...
}
```

首先檢視大括號內之指令，就上述的例子而言，可依牛頓法估計過程以 x_0 得出 $x1$，然後再檢視 $x0$ 與 $x1$ 之間的差距（以絕對值表示）而以 epsilon 變數表示此差距。當 epsilon 值仍大於例如誤差爲 0.00001 時，表示 x 值仍未收斂，故演算過程會繼續下去，並以 $x1$ 取代 $x0$，如此的循環過程直至 epsilon 值小於 0.00001 爲止。我們再檢視此時的 $x0$ 值，可以發現其恰爲 $-2^{1/2}$ 之值。因此，使用上述 while 指令，相當於「大括號內之指令是在連續執行小括號內之指令」。不過，為了能執行該指令，我們事先需提供 $x0$ 與 epsilon 的期初值[3]；其次，誤差也需事先設定。

我們可以再舉一個例子說明 while 指令的使用方式。可以參考下列指令：

```
i = 1;x = 0
while(i < 10)
{
x = c(x,i);i = i+1
}
x # [1] 0 1 2 3 4 5 6 7 8 9
```

故上述指令相當於找出大於等於 0 且小於 10 的整數。上述牛頓法的應用，比較麻煩的是我們需事先找出合適的期初值；不過，透過圖形的輔助，倒可以降低一些困難度。來看底下的一些例子。

例 1 殖利率的計算

1 張 5 年期面額為 1,000 元的息票債券，其票面利率為 10% 且 1 年付息 1 次。若該債券目前的售價為 1,100 元，則其殖利率為何？

解 由題意知債券價格 P 與殖利率 y 之間的關係可以寫成：

$$P = \frac{100}{1+y} + \frac{100}{(1+y)^2} + \cdots + \frac{100}{(1+y)^5} + \frac{1000}{(1+y)^5}$$

因此，求解 $P - 1,100$ 之 y 值，參考下圖及所附之 R 指令。從其中可看出若期初值為 0.08，按照牛頓法，可得 y 值約為 7.5266%。

R 指令：

```
F = 1000;ib = 0.1;I = ib*F
P = function(y) I*(1+y)^(-1)+I*(1+y)^(-2)+I*(1+y)^(-3)+I*(1+y)^(-4)+I*(1+y)^(-5)+F*(1+y)^(-5)
m = function(y) -I*(1+y)^(-2)-2*I*(1+y)^(-3)-3*I*(1+y)^(-4)-4*I*(1+y)^(-5)-
               5*I*(1+y)^(-6)-5*F*(1+y)^(-6) # dP/dy
```

---

[3] epsilon 的期初值可以為大於誤差的任何數值。

```
P(0.1) # 1000
y = seq(0.06,0.12,length=100);windows()
plot(y,P(y)-1100,type="l",lwd=4,xlab=" 殖利率 ",ylab=" 債券理論價格與實際售價之差距 ",
    cex.lab=1.5, xlim=c(0.06,0.1));abline(h=0,lwd=4);text(0.08,0,labels=expression(y[0]),pos=3,cex=2)
segments(0.08,P(0.08)-1100,0.08,0,lwd=4,col=2);arrows(0.08,-10,0.079,-10,lwd=4,col=2)
text(0.06,P(0.06)-1100,labels="P - 1100 元 ",pos=4,cex=2);y1 = numeric(10)
y1[1] = 0.08
for(i in 2:10) y1[i] = y1[i-1] -(P(y1[i-1])-1100)/m(y1[i-1])
y1;P(y1[10]) # 1100
points(y1[10],0,pch=20,cex=3) # 0.07526606
```

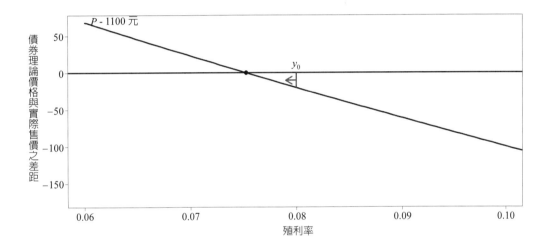

例 2　內部報酬率的計算

　　某投資計畫未來四年的淨現金流入量分別為 200、200、300、以及 400，若期初成本額為 900，計算其內部報酬率。（單位：百萬元）

解　依題意可知 *NPV* 與其內部報酬率之間的關係為：

$$NPV = -900 + \frac{200}{1+r} + \frac{200}{(1+r)^2} + \frac{300}{(1+r)^3} + \frac{400}{(1+r)^4} = 0$$

而二者之間關係的圖形，如下圖所示。若選期初值為 4%，按照牛頓法可得內部報酬率約為 7.5053%。

R 指令：

```
CF = c(200,200,300,400)
NPV = function(r) -900 + (CF[1]*(1+r)^(-1)+CF[2]*(1+r)^(-2)+CF[3]*(1+r)^(-3)+CF[4]*(1+r)^(-4))
m = function(r) -CF[1]*(1+r)^(-2) - 2*CF[2]*(1+r)^(-3) - 3*CF[3]*(1+r)^(-4) -
            4*CF[4]*(1+r)^(-5) # dNPV/dr
r = seq(0.01,0.1,length=100);windows();plot(r,NPV(r),type="l",lwd=4,cex.lab=1.5)
abline(h=0,lwd=4);segments(0.04,NPV(0.04),0.04,0,col=2,lwd=4)
text(0.04,0,labels=expression(r[0]),pos=1,cex=2);arrows(0.04,40,0.05,40,col=2,lwd=4)
r0 = 0.04;error = 0.000001;i = 1;epsilon = 2
while(epsilon > error)
{
 r1 = r0 - NPV(r0)/m(r0);epsilon = abs(r1-r0);r0 = r1 ;i = i+1
}
r0 # 0.07505318
i # 5
points(r0,0,pch=20,cex=3)
```

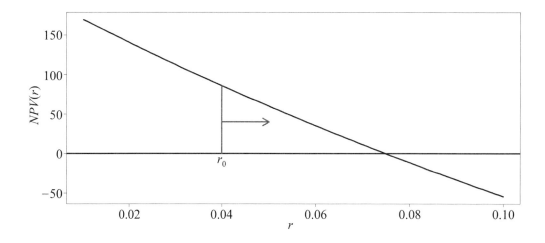

例3

　　阿德成立一家公司，資本額為 A 元，阿德希望 10 年內公司資本額可以增加一倍。若年成長率是以類似「複利」的方式計算，則阿德每年的成長率至少應為何？假定誤差不超過 0.000001。

解 令 r 表示年成長率，則阿德心目中的目標函數可為 $f(r) = 2 - e^{10r} = 0$，故 r 與 $f(r)$ 之間的關係，可以繪製如下圖所示（圖內假定 $A = 100$）。若令期初值為 0.04 以及控制誤差不超過 0.000001，使用牛頓法，可得年成長率至少約為 6.9315%。

R 指令：

```
A = 100;t = 10;f = function(r) 2*A - A*exp(r*t);m = function(r) -A*t*exp(r*t) # df/dr
r = seq(0.01,0.1,length=200);windows();plot(r,f(r),type="l",lwd=3);abline(h=0,lwd=3)
r0 = 0.04;error = 0.000001;i = 1;epsilon = 2
while(epsilon > error)
{
 r1 = r0 - f(r0)/m(r0);epsilon = abs(r1-r0);r0 = r1;i = i+1
}
r0 # 0.06931472
i # 5
points(r0,0,pch=20,cex=3);segments(0.04,f(0.04),0.04,0,lwd=3,col=2)
text(0.04,0,labels=expression(r[0]),pos=1)
```

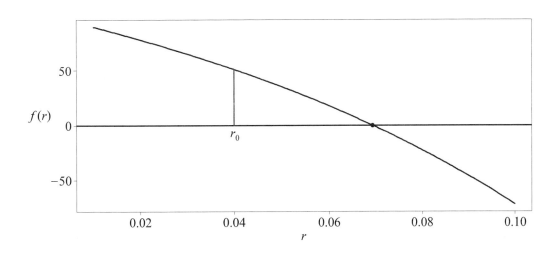

練習

(1) 總成本函數若為 $TC(Q) = 880 + 72Q - 14.5Q^2 + 1.5Q^3$，找出平均成本最小之產量。

提示：

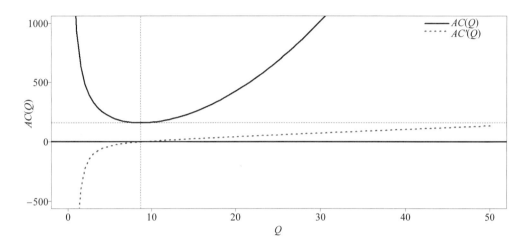

(2) 某投資計畫未來 5 年的淨現金流入量分別為 200、200、300、400 以及 400，若期初成本額為 1,200，計算其內部報酬率。（單位：百萬元）

(3) 1 張 10 年期面額為 1,000 元的息票債券，其票面利率為 5% 且 1 年付息 1 次。若該債券目前的售價為 1,100 元，則其殖利率為何？

(4) 阿德期初存 2 萬元，若以 2% 的連續複利計算，多少年後可得 5 萬元？

(5) 解釋牛頓法。

本章習題

1. 計算下列的 y'：

   (A) $y = e^{0.03x}$　(B) $y = \log(x^2 + 1)$　(C) $y = (1/4)x^3 + 2x^{1/3} + 2$　(D) $y = \dfrac{x^3 + 1}{x^{2/5} + 3}$

2. 續上題：計算 y''。

3. 廠商的短期邊際成本與平均成本分別為

$$MC = 40 + 0.5Q^2$$

與

$$AC = 40 + (0.5/3)Q^2 + 20/Q$$

繪出其總成本函數。

4. 續上題，找出平均成本最小的產量。

5. 一家獨占廠商於二個市場進行差別取價（price-discriminating），二市場的需求函數分別為 $P_1 = 200 - 20q_1$ 與 $P_1 = 120 - 5q_1$。總產出 $Q = q_1 + q_2$ 而該廠商的邊際成本為 $MC = 40 + 0.5Q^2$，則利潤最大下價格與需求量分別為何？

提示：如下圖

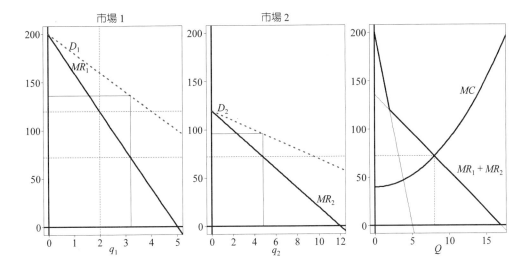

6. 一家獨占廠商有二個工廠，其邊際成本函數分別為：

$$MC_1 = 42.5 + 0.5q_1$$

與

$$MC_2 = 130 + 2q_2$$

若市場需求函數為 $Q = 1160 - 20P$，則二個工廠的產量分別為何？售價為何？

7. 一家獨占廠商有二個工廠，其邊際成本函數分別為：

$$MC_1 = 22.5 + 0.25q_1$$

與

$$MC_2 = 15 + 0.25q_2$$

該獨占廠商面對二個市場，其需求函數分別為：

$$P_1 = 600 - 0.125q_1$$

與

$$P_2 = 850 - 0.1q_2$$

計算該獨占廠商於利潤最大下之總產量。

提示：如下圖

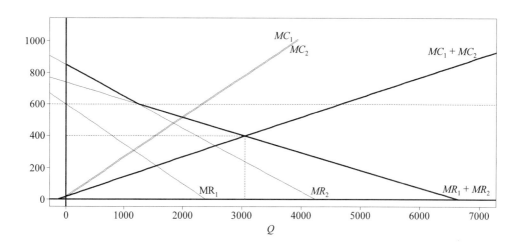

8. 續上題，二市場之售價與交易量分別爲何？

提示：如下圖

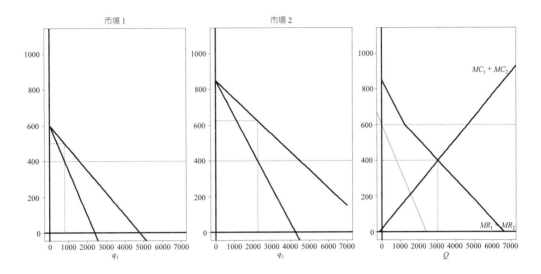

9. $y = f(x) = -0.0002x^6 + 0.005x^5 + 0.2x^4 - 1.5x^3 + 2x^2 + 14x - 1340 = 0$，解 x = ?

10. 某投資計畫期初成本爲 40 萬元，之後 3 年分別可得 10 萬、30 萬與 20 萬元，計算該計畫之投資報酬率。

11. 計算下列的 dy/dx：

    (A) $y = 2^x$　(B) $y = (1 + 0.02)^x$　(C) $y = e^{-0.06x}$

12. 2015 年臺灣名目國民生產毛額爲 540,515（單位：百萬美元），每人平均生產毛額爲 23,040 美元。若名目國民生產毛額與人口數分別以 3% 與 1% 的速度成長，則多少年後，每人平均生產毛額可達 30,000 美元？

13. 一張 25 年期面額爲 10 萬元的息票債券，票面利率爲 5% 且 1 年付息 1 次；若殖利率爲 4%，則該債券市值爲何？其修正的存續期間爲何？凸性爲何？

14. 續上題，若以殖利率爲 4% 爲基準，殖利率變動 100 基本點，實際債券價格爲何？若只考慮存續期間的校正，則預估的債券價格變動爲何？若再考慮債券的凸性，則預估的債券價格變動爲何？

15. 續上題，若票面利率仍爲 5% 且 1 年付息 2 次，其結果又爲何？

16. 續上題，結論爲何？

17. 若市場的需求函數爲 $P = 500 - 2Q$，說明邊際收益與總收益之間的關係。

    提示：如下圖

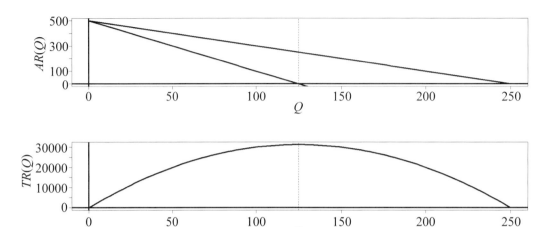

18. 追求最大利潤的廠商之總成本函數與總收益函數分別為：

$$TC = 4 + 97Q - 8.5Q^2 + \frac{1}{3}Q^3$$

與

$$TR = 58Q - 0.5Q^2$$

其利潤最大的產量為何？我們如何得知該產量為最大利潤？

19. 續上題，試以邊際收益與邊際成本方法分析。其產品的售價為何？最大利潤為何？

20. 續上題，最小平均成本的產量與成本為何？

21. 市場的供需函數分別為 $P = 12 + 3Q$ 與 $P = 92 - 2Q$。試繪圖說明均衡價格與交易量如何決定。若考慮一個外在的力量（外生變數），使得上述需求函數變成 $P = 12 + 3Q + I$，其中 I 表示外生變數，計算 $I = 5$ 的均衡價格與交易量。

22. 續上題，考慮課徵銷售稅（從價稅），則供給函數變成 $P = 12 + 3Q + t$，其中 t 為銷售稅額。為達到最大稅收，稅率應為何？

提示：如下圖

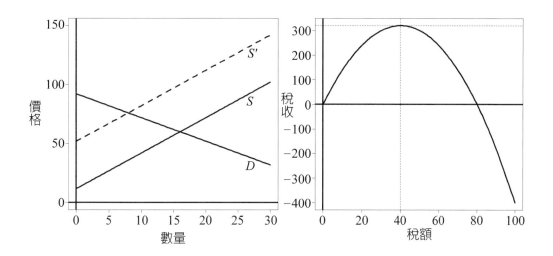

23. 繪圖舉例說明邊際效用遞增與遞減法則。

24. 續上題，於何處產生邊際效用最大？

25. 續上題，加總所有的邊際效用大於等於 0 的部分是否等於總效用？爲什麼？

Chapter 8

積分及其應用

前面二章，我們已介紹微分的觀念及其應用。本章我們將介紹微積分內的另一個重要觀念：積分。積分通常是用於計算面積（areas）或是容積（volumes）等方面；不過，我們還是著重於經濟與財務上的應用，特別是有關機率的計算。

直覺來看，積分與微分似乎是不相關的；不過，從本章第 3 節內的微積分之基本定理（the fundamental theorem of Calculus）來看，二者的關係其實是密不可分的。

第一節　預備

欲瞭解積分的觀念，需要一些準備工作；也就是說，我們必須先介紹一些相關的觀念，其中以反導函數（antiderivative）與有限加總（finite sum）的觀念最為重要。

1.1 反導函數

反導函數就是原函數；換言之，一個函數 $F(x)$ 是函數 $f(x)$ 的反導函數，表示：

$$F'(x) = f(x)$$

故反導函數相當於將已經微分過的函數「還原」。考慮函數 $F(x) = x^3/3$，因：

$$\frac{d}{dx}\left(\frac{x^3}{3}\right) = x^2$$

故 $f(x) = x^2$ 的反導函數就是 $F(x)$。雖說如此，有許多類似於 $F(x)$ 的函數卻是 $f(x) = x^2$ 的反導函數，因為：

$$\frac{d}{dx}\left(\frac{x^3}{3} + 2\right) = x^2, \quad \frac{d}{dx}\left(\frac{x^3}{3} + \pi\right) = x^2, \quad \frac{d}{dx}\left(\frac{x^3}{3} + \sqrt{3}\right) = x^2, \cdots$$

這些「被微分的函數」皆是 $f(x) = x^2$ 的反導函數！我們可以將上述「被微分的函數」寫成：

$$F(x) = \frac{x^3}{3} + C$$

其中 C 是一個常數項。上述函數可以稱為屬於同一族群的函數，可參考圖 8-1 內之函數，其中 $C = -2, -1, 0, 1, 2$。

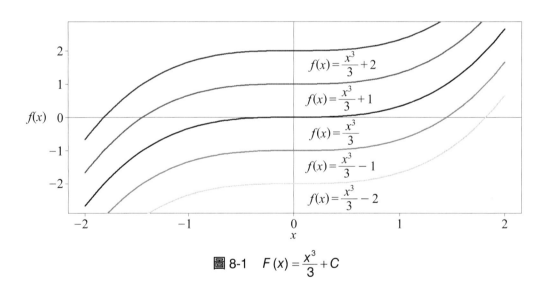

圖 8-1　$F(x) = \frac{x^3}{3} + C$

R 指令：

```
x = seq(-2,2,length=100);fx = function(x,C) (1/3)*x^3 + C
windows();plot(x,fx(x,0),type="l",lwd=4,ylab="f(x)",cex.lab=1.5);abline(h=0,v=0)
lines(x,fx(x,1),lwd=4,col=2);lines(x,fx(x,-1),lwd=4,col=3);lines(x,fx(x,2),lwd=4,col=4)
lines(x,fx(x,-2),lwd=4,col=5);text(0.5,fx(0.5,0),labels=expression(f(x)==frac(x^3,3)),pos=1,cex=2)
```

text(0.5,fx(0.5,1),labels=expression(f(x)==frac(x^3,3)+1),pos=1,cex=2)
text(0.5,fx(0.5,2),labels=expression(f(x)==frac(x^3,3)+2),pos=1,cex=2)
text(0.5,fx(0.5,-1),labels=expression(f(x)==frac(x^3,3)-1),pos=1,cex=2)
text(0.5,fx(0.5,-2),labels=expression(f(x)==frac(x^3,3)-2),pos=1,cex=2)

因此，我們再重新定義 $F(x)$ 與 $f(x)$ 之間的關係：若於一個區間內 $F(x)$ 是 $f(x)$ 的反導函數，則 $F(x)$ 之同族群亦是 $f(x)$ 的反導函數，即：

$$F(x) + C \text{ 是 } f(x) \text{ 的反導函數} \tag{8-1}$$

其中 C 是一個常數項。通常我們稱 (8-1) 式爲一般式，而稱有特定的 C 值爲特定式。

例 1

若某函數之斜率函數爲 $3x^2$，且該函數通過點 $(1, -1)$，試找出該函數。

解 利用 (8-1) 式，可知 $3x^2$ 之反導函數爲 $y(x) = x^3 + C$，因 $y(1) = 1 + C = -1$，故 $C = -2$。因此，該函數爲 $y(x) = x^3 - 2$。

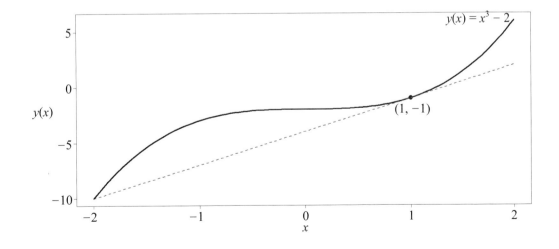

例 2

　　若廠商之邊際成本函數為 $MC(Q) = 0.3Q^2 + 2Q$，已知總固定成本為 2,000，試找出該廠商之短期總成本函數。（單位：萬元）

解 利用 (8-1) 式以及 $dSTC(Q)/dQ = MC(Q)$ 的關係，可知短期總成本函數可為：

$$STC(Q) = 0.1Q^3 + Q^2 + K$$

其中 K 是一個常數。因 $STC(0) = K = 2,000$，故：

$$STC(Q) = 0.1Q^3 + Q^2 + 2000$$

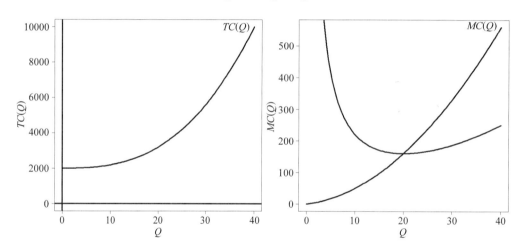

例 3　投資與資本形成（Investment and capital formation）

　　資本的形成相當於資本的累積。通常，我們將資本存量 K 寫成時間 t 的函數，即 $K(t)$；因此，$\dot{K}(t) = dK/dt$ 表示隨時間經過的資本形成率，就是淨（net）投資（率）$I(t)$，故 $\dot{K}(t) = dK/dt = I(t)$。是故，經濟學中是用存量（stock）與流量（flow）的觀念來描述資本與投資的關係，而微積分則以函數與反導函數表示二者之間的關係，即 $I(t)$ 的反導函數就是 $K(t)$。如此來看，至 t 期的資本存量，就是從期初累積不同時間的投資流量所形成的。不過，我們一般會將投資再分成毛（gross）投資 I_g 與淨投資 I 二種，二者的差距是由資本的折舊所造成，即：

$$I_g = I + \delta K$$

其中 δ 為折舊率。

底下，我們舉一個例子說明。假定 $\delta = 0$ 而淨投資函數為：

$$I(t) = 3t^{1/2}$$

因

$$\frac{d}{dt}\left(2t^{3/2} + C\right) = 3t^{1/2}$$

故 $K(t) = 2t^{3/2} + K(0)$，其中 $K(0)$ 為期初之固定存量。下圖繪出 $K(t)$ 的時間走勢，可以注意 $K(t)$ 曲線上點之斜率就是 $I(t)$。

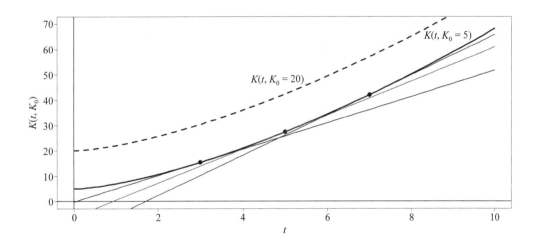

練習

(1) 因 $\dfrac{d}{dx}\left(\dfrac{x^2}{3}\right) = \dfrac{2}{3}x$，找出 $f(x) = \dfrac{2}{3}x$ 的所有反導函數。

(2) 續上題，若 $f(x) = (2/3)x - 5/3$ 為通過點 $(1, -5/3)$ 之切線，試找出其特定的反導函數。

(3) 假定 $\delta = 0$ 與 $K(0) = 25$，而淨投資函數為 $I(t) = 12t^{1/3}$，試繪出 $K(t)$ 之走勢。

(4) 續上題，繪出 $K(t)$ 線上點之切線。

第二節　不定積分

由 (8-1) 式可知，若多個函數的微分是相同的，則這些函數的差異最多也只是一個常數，我們稱這些函數是屬於同一族群。我們可以用下列的表示方式來表示 $f(x)$ 之同一族群的反導函數，即：

$$\int f(x)dx$$

並稱之為不定積分（indefinite integral）；換言之，$f(x)$ 之反導函數，如 (8-1) 式，亦可寫成：

$$\int f(x)dx = F(x) + C \tag{8-2}$$

其中 $F'(x) = f(x)$。$\int$ 為積分的符號，而 $f(x)$ 則稱為「被積分的函數（integrand）」；其次，dx 是指反導函數針對變數 x 的推導。

(8-2) 式的計算是以「反推導」的方式進行；例如：

$$\int x^2 dx = \frac{x^3}{3} + C$$

而

$$\frac{d}{dx}\left(\frac{x^3}{3} + C\right) = x^2$$

因此，不定積分與微分之間的確是有關係的；也就是說，二者之間的操作是「顛倒抵銷的」，即：

$$\frac{d}{dx}\left[\int f(x)dx\right] = f(x)$$

與

$$\int \frac{d}{dx}F(x)dx = F(x) + C$$

2.1 不定積分之技巧與性質

如同微分的技巧，底下列出不定積分的技巧：

技巧 1：

$$\int x^n dx = \frac{x^{n+1}}{n+1} + C, \; n \neq -1$$

例 1

$$\int 3dx = ?$$

解 $\int 3dx = 3x + C$。

例 2

$$\int t^7 dt = ?$$

解 $\int t^7 dt = \frac{t^8}{8} + C$。

技巧 2：

$$\int e^x dx = e^x + C$$

技巧 3：

$$\int \frac{1}{x} dx = \log|x| + C$$

下列技巧亦可視為不定積分的性質。

技巧 4：

若 k 是一個常數，則

$$\int kf(x)dx = k\int f(x)dx$$

技巧 5：

$$\int \left[f(x) \pm h(x) \right] dx = \int f(x)dx \pm \int h(x)dx$$

例 3

$$\int 9e^x dx = ?$$

解 $\int 9e^x dx = 9\int e^x dx = 9e^x + C$

例 4

$$\int (4x^3 - 2x + 1)\, dx = ?$$

解 $\int (4x^3 - 2x + 1)\, dx = \int 4x^3 dx - \int 2xdx + \int 1dx$

$$= 4\int x^3 dx - 2\int xdx + \int 1dx$$

$$= \frac{4x^4}{4} + C_1 - 2\frac{x^2}{2} + C_2 + x + C_3$$

$$= x^4 - x^2 + x + C$$

註：三個常數項 C_1、C_2 以及 C_3 可以合併而以一個常數項 C 取代。

例 5

$$\int \left(2e^x + \frac{5}{x} \right) dx = ?$$

解 $\int \left(2e^x + \frac{5}{x} \right) dx = 2\int e^x dx + 5\int \frac{1}{x} dx = 2e^x + 5\log|x| + C$

例 6

某廠商的短期邊際成本函數為：

$$SMC(Q) = 3Q^2 - 24Q + 53$$

已知總固定成本為 30，計算產量為 8,000 之總成本為何？（單位：萬元）

解 令短期總成本函數為 $STC(Q)$，因

$$\frac{dSTC(Q)}{dQ} = SMC(Q)$$

故

$$STC(Q) = \int SMC(Q)dQ = \int(3Q^2 - 24Q + 53)dQ$$
$$= Q^3 - 12Q^2 + 53Q + C$$

因 $STC(0) = C = 30$，故

$$STC(Q) = Q^3 - 12Q^2 + 53Q + 30$$

下圖繪出產量以 1,000 個為單位計算之成本函數圖形，由所附的 R 指令可知，於產量為 8 時，總成本為 198。

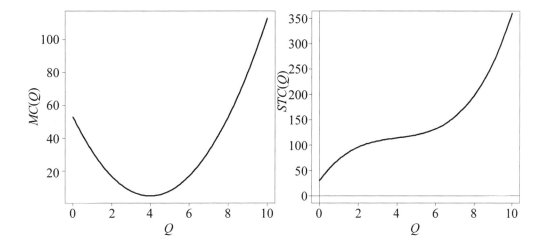

R 指令：

```
MC = function(Q) 3*Q^2 - 24*Q + 53;Q = seq(0,10,length=100)
windows();par(mfrow=c(1,2));plot(Q,MC(Q),type="l",lwd=4,cex.lab=1.5)
STC = function(Q) Q^3 - 12*Q^2 + 53*Q + 30
plot(Q,STC(Q),type="l",lwd=4,ylim=c(0,350),cex.lab=1.5);abline(v=0,h=0);STC(8)*10000 # 1980000
```

（練習）

(1) 計算下列的不定積分：

    (A) $\int 6dx$　(B) $\int 6e^t dt$　(C) $\int 6x^5 dx$　(D) $\int(6x^3 - 3x^2 + x)dx$　(E) $\int\left(\dfrac{4}{x} - 3e^x\right)dx$

(2) 某廠商的邊際收益為 $MR(Q) = 200 - 0.5Q$，找出其總收益函數 $TR(Q)$。

提示：$TR(0) = 0$

(3) 阿德以 $3e^{0.03t}$ 的速率增加其財富，多久可得 300 元？

(4) 某公司的月銷售函數 $S(t)$ 以下列的函數遞減：

$$S'(t) = -24t^{1/3}$$

公司打算月銷售額降至 300 就停止生產。若期初（即 $t = 0$）月銷售額為 1200，則公司會繼續生產多久？

2.2 代換積分法

前述不定積分的技巧，大多根據直接的微分技巧回推而得。現在我們進一步介紹根據鏈鎖法的微分技巧而得的不定積分技巧。試回想微分的鏈鎖法如：

$$\frac{d}{dx} f[h(x)] = f'[h(x)]h'(x)$$

因此 $f'[h(x)]h'(x)$ 的反導函數可為：

$$\int f'[h(x)]h'(x)dx = f[h(x)] + C$$

假定我們有興趣計算下列的不定積分：

$$\int 3x^2 e^{x^3-1} dx$$

可知被積分函數相當於使用鏈鎖法之微分，即對 $e^{h(x)}$ 微分，其中 $h(x) = x^3 - 1$；因此，上述不定積分可為：

$$\int 3x^2 e^{x^3-1} dx = e^{x^3-1} + C$$

又若是我們欲計算下列的不定積分：

$$\int x^2 e^{x^3-1} dx$$

故

$$\int x^2 e^{x^3-1}dx = \int \frac{1}{3}3x^2 e^{x^3-1}dx = \frac{1}{3}\int 3x^2 e^{x^3-1}dx$$
$$= \frac{1}{3}e^{x^3-1} + C$$

因此，我們可以延續前一節有關於不定積分的技巧，而有：

技巧 6：

$$\int [f(x)]^n f'(x)dx = \frac{[f(x)]^{n+1}}{n+1} + C, n \neq 1$$

技巧 7：

$$\int e^{f(x)} f'(x)dx = e^{f(x)} + C$$

技巧 8：

$$\int \frac{1}{f(x)} f'(x)dx = \log|f(x)| + C$$

例 1

計算下列的不定積分：

(1) $\int (3x+4)^8 3dx = ?$　(2) $\int e^{x^3} 3x^2 dx = ?$　(3) $\int \frac{1}{1+x^2} 2x dx = ?$

解

(1)　$\int (3x+4)^8 3dx = \frac{(3x+4)^9}{9} + C$

(2)　$\int e^{x^3} 3x^2 dx = e^{x^3} + C$

(3)　$\int \frac{1}{1+x^2} 2x dx = \log|1+x^2| + C$

　　上述不定積分的技巧亦可稱為代換積分法（integration by substitution）。有時候我們使用代換積分法，除了比較不會產生混淆之外，也可讓我們瞭解如何於積分內「轉換變數」。不過，在尚未正式介紹之前，我們仍需回顧一下有關於微分的另一個意義；也就是說，可將微分內的微小變動量 dy 與 dx 視為固定數值。

例2

計算下列函數之微分而以微小變動量表示：

(1) $y = f(x) = x^2$　　(2) $u = g(x) = e^{2x}$　　(3) $w = h(t) = \log(2 + 3t)$

解

(1)　$dy = f'(x)dx = 2xdx$

(2)　$du = g'(x)dx = 2e^{2x}dx$

(3)　$dw = h'(t)dt = \dfrac{3}{2 + 3t}dt$

例3

計算 $\int (x^2 + 2x + 5)^4 (2x + 2)dx = ?$

解　令 $u = x^2 + 2x + 5$，則 $du = (2x + 2)dx$，故：

$$\int (x^2 + 2x + 5)^4 (2x + 2)dx = \int u^4 du = \frac{u^5}{5} + C$$

$$= \frac{1}{5}(x^2 + 2x + 5)^5 + C$$

註：上述代換積分法亦可稱為變數轉換法（change of variable method）；顧名思義，即表示如何於積分內以 u 變數取代 x 變數。

例4

計算下列不定積分：

(1) $\int \dfrac{1}{4x + 6}dx = ?$　　(2) $\int te^{-t^2} dt = ?$　　(3) $\int 4x^2 \sqrt{5x^3 + 7}dx = ?$

解　使用變數轉換法。

(1)　令 $u = 4x + 6$，則 $du = 4dx$，而 $du/4 = dx$，故：

$$\int \frac{1}{4x + 6}dx = \int \frac{1}{u}\frac{1}{4}du = \frac{1}{4}\int \frac{1}{u}du = \frac{1}{4}\log|u| + C = \frac{1}{4}\log|4x + 6| + C$$

(2)　令 $u = -t^2$，則 $du = -2tdt$，而 $-du/2t = dt$，故：

$$\int te^{-t^2} dt = \int te^u (-du/2t) = -\frac{1}{2}\int e^u du = -\frac{1}{2}e^u + C = -\frac{1}{2}e^{-t^2} + C$$

(3)　令 $u = 5x^3 + 7$，則 $du = 15x^2 dx$，而 $du/15x^2 = dx$，故：

$$\int 4x^2 \sqrt{5x^3 + 7}\, dx = \int 4x^2 \sqrt{u}\, \frac{1}{15x^2}\, du = \frac{4}{15} \int \sqrt{u}\, du$$

$$= \frac{4}{15} \frac{2}{3} u^{3/2} + C = \frac{8}{45} u^{3/2} + C$$

例 5

某公司新開發的產品之估計的月邊際銷貨收入為：

$$S'(t) = 10 - 10e^{-0.1t}$$

該公司於期初（$t = 0$）並無該產品的銷售。試計算該公司新開發的產品之估計的月銷貨收入函數為何？若欲達到銷貨收入為 100 的目標，則多少月後方有可能達成？（單位：千萬元）

解 利用不定積分的技巧可得：

$$S(t) = \int (10 - 10e^{-0.1t})dt = 10t - 10 \int e^{-0.1t} dt = 10t + 100e^{-0.1t} + C$$

因 $S(0) = 100 + C = 0$，故 $C = -100$。下圖繪製出該銷貨收入函數圖形，利用牛頓法，期初值為 $t_0 = 10$，可估得至少約經過 18.41 個月才能達到目標，可參考所附之 R 指令。

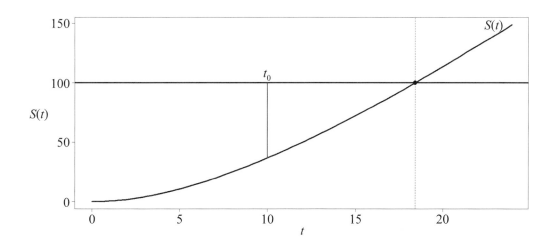

R 指令：

```
S = function(t) 10*t+100*exp(-0.1*t)-100;m = function(t) 10-10*exp(-0.1*t)
t = seq(0,24,length=100);windows();plot(t,S(t),type="l",lwd=4,cex.lab=1.5);abline(h=100,lwd=4)
# 牛頓法
t0 = 10;i = 1;error = 1e-10 ;epsilon = 2
while(epsilon > error) t1 = t0 - (S(t0)-100)/m(t0);epsilon = abs(t1-t0);t0 = t1;i = i+1
t0 # 18.41406
i # 6
points(t0,100,pch=20,cex=3);text(10,100,labels=expression(t[0]),pos=3,cex=2)
segments(10,S(10),10,100,col=2,lwd=3);text(24,S(24),labels="S(t)",pos=2,cex=2);abline(v=t0,lty=2)
```

例 6

某產品之價格 P 與需求量 Q 之間的斜率函數為：

$$\frac{dP}{dQ} = -0.015e^{-0.01Q}$$

已知 $P = 4.35$ 時 $Q = 50$，計算其需求函數。

解 令 $u = -0.01Q$，故 $du = -0.01dQ$；因此，利用不定積分技巧，可得該需求函數可為：

$$
\begin{aligned}
P(Q) = \int -0.015e^{-0.01Q}dQ = \int -0.015e^{u}\frac{1}{(-0.01)}\,du &= 1.5\int e^{u}\,du \\
&= 1.5e^{u} + C \\
&= 1.5e^{-0.01Q} + C
\end{aligned}
$$

因 $P(Q = 50) = 4.35$，代入上式可得 C 值約為 3.44。因此，需求函數可為：

$$P(Q) = 1.5Q^{-0.01Q} + 3.44$$

例 7

若本金 $A = 50,000$ 元，月複利之利率為 $i = 0.05$，則本利和是以 $At(1 + i)^{i-1}$ 的速度增加，多久之後本利和為 80,000 元？

解 令本利和為 $FV(t)$，故可知：

$$FV(t) = \int At(1+i)^{t-1}dt = A\int t(1+i)^{t-1}dt = A(1+i)^t + C$$

因 $FV(0) = A + C = A$，故 $C = 0$。使用牛頓法以及令期初值 $t_0 = 15$，可以估得 t 值約為 9.63 月後本利和為 80,000 元。

上述所介紹的代換積分法除了以上的應用外，亦可應用於部分積分法（integration by parts），其是來自於「乘積」的微分技巧，即：

$$\frac{d}{dx}(uv) = u\frac{dv}{dx} + v\frac{du}{dx}$$

若寫成微小的變動量形式，上式亦可改寫成：

$$d(uv) = udv + vdu$$

或

$$udv = d(uv) - vdu$$

對上式取不定積分，即得部分積分法。

技巧 9：若 u 與 v 皆是一個可以微分的函數，則：

$$\int udv = uv - \int vdu$$

例 8

計算下列式子：

(1) $\int \log x\,dx = ?$　　(2) $\int x^2 e^x dx = ?$

解 (1)　令 $u = \log x$，則 $du = \dfrac{1}{x}dx$；另一方面，令 $v = x$，則 $dv = dx$。利用技巧 9，可得：

$$\int \log x\,dx = x\log x - \int x\frac{1}{x}dx = x\log x - \int dx = x\log x - x + C$$

(2) 令 $u = x^2$，則 $du = 2xdx$；另一方面，令 $v = e^x$，則 $dv = e^x dx$。利用技巧 9，可得：

$$\int x^2 e^x dx = x^2 e^x - \int e^x 2x dx = x^2 e^x - 2\int xe^x dx$$

同理，令 $u_1 = x$，則 $du_1 = dx$；及令 $v = e^x$，則 $dv = e^x dx$，並利用技巧 9，可得：

$$\int xe^x dx = xe^x - \int e^x dx = xe^x - e^x + C_1$$

因此

$$\int x^2 e^x dx = x^2 e^x - 2(xe^x - e^x + C_1) = x^2 e^x - 2xe^x + 2e^x + C$$

練習

(1) 計算下列的不定積分：

(A) $\int (x^2 - 1)^6 (2x) dx = ?$ (B) $\int \frac{1}{5x - 7} dx = ?$ (C) $\int (6t - 1)^{-3} dt = ?$

(D) $\int \frac{1 + x}{4 + x + x^2} dx = ?$

(2) 需求函數的斜率為：

$$P'(Q) = \frac{-3600}{(3Q + 50)^2}$$

其中 $P(150) = 10$。計算 $P(50) = ?$

(3) 若收益函數為 $R(Q)$ 且 $R(0) = 0$，其邊際收益為：

$$R'(t) = 40 - 0.02Q + \frac{100}{Q + 1}$$

計算最大收益之產量。

(4) 某公司研發一種新的產品，其估計之月銷售量 $S(t)$ 以下列函數遞增：

$$S'(t) = 40 - 40Q^{-0.1t}$$

若假定 $S(0) = 0$，則 $S(t)$ 為何？多久才能有 3,000 的銷售量？（單位：百萬）

2.3 微分方程式之求解以及應用

前一節內我們曾考慮到下列的數學型態：

$$S'(t) = 10 - 10e^{-0.1t} \text{ 或 } \frac{dP}{dQ} = -0.015e^{-0.01Q}$$

這些型態皆是屬於微分方程式（differential equations）的例子。一般而言，若方程式內有牽涉到一個未知的函數與一個或多個微分型式，則該方程式就是一個微分方程式。微分方程式的例子尚有例如：

$$\frac{dy}{dt} = ky \text{、} \frac{dy}{dx} = 3xy \text{ 或 } y'' - xy' + x^2 = 5$$

前二者因只有第一階微分型態，故可稱爲一階微分方程式；而最後一個則屬於二階微分方程式。

前一節中的例 5～7 內，我們發現透過不定積分技巧就可以求解微分方程式，而微分方程式之解就是一個函數；不過，有些時候，僅透過不定積分技巧未必能求解微分方程式，因此我們需要使用另外一種方式。此處，我們僅介紹一種簡單的微分方程式求解方法，考慮下列的微分方程式：

$$\frac{dy}{dt} = ky + C \tag{8-3}$$

其中 k 與 C 皆是常數。(8-3) 式是一個線性的一階微分方程式（linear first order differential equation），我們稱其爲一階是因爲於 (8-3) 式內並沒有看到有高於一階的微分型態；此外，(8-3) 式亦屬於線性的方程式，因爲其中並沒有出現非線性項，如 $y(dy/dt)$ 等項。

微分方程式如 (8-3) 式會引起我們注意，是因單獨使用不定積分技巧並不能幫我們找出 $y(t)$ 函數。(8-3) 式的特徵是「微分後仍是函數本身」，而在微分的技巧當中，卻只有 e^t 函數有此特色；換言之，若 $y = e^{kt}$，則：

$$\frac{dy}{dt} = ke^{kt} = ky$$

不過，若欲求解例如：

$$y = 3e^{kt}$$

則因

$$\frac{dy}{dt} = k3e^{kt} = ky$$

或 $y = 10e^{kt}$，而

$$\frac{dy}{dt} = k10e^{kt} = ky$$

似乎有無窮多的解。因此，若假定 (8-3) 式內 $C = 0$，我們可以找出 (8-3) 的解為：

$$y(t) = Ae^{kt} \tag{8-4}$$

其中 A 是一個常數。(8-4) 式是一個齊次微分方程式（homogeneous differential equations）的一般解（general solution, *GS*）。齊次微分方程式指的是微分方程式內無常數項，就 (8-3) 式而言，即 $C = 0$。

例 1

解微分方程式 $dy/dt = 0.04y$，其中若 $t = 0$，則 y 值為 1.5。當 y 值為 3 時，$t = ?$

解 依 (8-4) 式，可知 $dy/dt = 0.04y$ 的 *GS* 為：

$$y(t) = Ae^{0.04t}$$

因 $y(0) = A = 1.5$，故：

$$y(t) = 1.5e^{0.04t}$$

利用牛頓法，可以估得 $t \approx 17.33$ 時，y 值等於 3。

就例 1 而言，事實上存在有二種成長率或報酬率，二者容易產生混淆，前者是 $dy/dt = 0.04y$（姑且稱為必要成長率），其是表示隨著 t 的增加，y 值也會隨之提高；後者為 $(dy/dt)/y = 0.04$ 則強調 y 值的成長率維持於固定的 4%。明顯地，前者增加的速度高於後者，試比較圖 8-2 左右圖形的差異。於圖 8-2 可看出，若欲維持 y 值的固定成長率，必要成長率必須維持遞增的態勢；換言之，圖 8-2 繪製出必要成長率隨 t 值遞增的曲線，而圖內是以紅色虛線表示。

因此，例 1 或圖 8-2 給予我們的啟示是，若要長時間維持固定的成長率，y 值的必要成長率需隨 t 遞增！表 8-1 列出於 $t = 1, 2, \cdots, 10$ 下固定成長率與必要成長率之間的比較，可以發現當 $t = 10$ 時，必要成長率需成長至約為 8.95% 方能繼續維持 4% 的固定成長率。

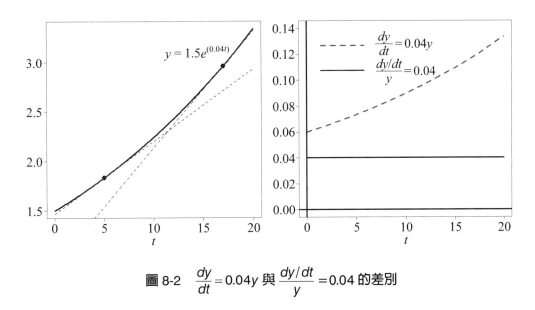

圖 8-2　$\dfrac{dy}{dt} = 0.04y$ 與 $\dfrac{dy/dt}{y} = 0.04$ 的差別

表 8-1　固定成長率與必要成長率

t	k	$dy/dt = 0.04y$	d^2y/dt^2
1	0.04	0.0624	0.0025
2	0.04	0.0650	0.0026
⋮	⋮	⋮	⋮
9	0.04	0.0860	0.0034
10	0.04	0.0895	0.0036

註：k 為固定成長率，dy/dt 為必要成長率

R 指令：

```
A = 1.5;y = function(t) A*exp(0.04*t);m = function(t) 0.04*A*exp(0.04*t) # dy/dt
m1 = function(t) (0.04^2)*A*exp(0.04*t) # dm/dt
t = seq(0,20,length=200);windows();par(mfrow=c(1,2))
plot(t,y(t),type="l",lwd=4,ylab="",cex.lab=1.5);points(5,y(5),pch=20,cex=3)
m1 = m(5);y1 = y(5)+m1*(t-5);lines(t,y1,col=2,lty=2,lwd=2);points(17,y(17),pch=20,cex=3)
```

```
y2 = y(17) + m(17)*(t-17);lines(t,y2,col=2,lty=2,lwd=2)
text(18,y(18),labels=expression(y==1.5*e^(0.04*t)),pos=2,cex=1.5)
plot(t,m(t)/y(t),type="l",lwd=4,ylab="",cex.lab=1.5,ylim=c(0,0.14));lines(t,m(t),lwd=4,lty=2,col=2)
abline(v=0,h=0,lwd=4);legend("topleft",col=2:1,c(expression(frac(dy,dt)==0.04*y),
        expression(frac(dy/dt,y)==0.04)),lty=2:1,lwd=4,cex=1.5,bty="n");t = 1:10
m(t)/y(t)
m(t)
m1(t)
```

　　上述微分方程式的求解是假定 (8-3) 式內的 C 值等於 0，若 $C \neq 0$，則微分方程式的求解過程可分成輔助函數（complementary function, CF）與特殊解（particular solution, PS）二部分，其中 CF 就是 (8-4) 式，而 PS 則指於 $dy/dt = 0$ 下的解。換言之，一個微分方程式的完整解或一般解（GS），是由 CF 與 PS 所構成的，即：

$$GS = CF + PS = Ae^{kt} + PS \qquad (8\text{-}5)$$

我們可以檢視底下的例子，以瞭解微分方程式的應用。

例 2

　　解微分方程式 $dy/dt = 0.04y + C$。已知 $y(t = 0) = 1.5$，$dy/dt|_{t = 17.33} = 0$。

 解

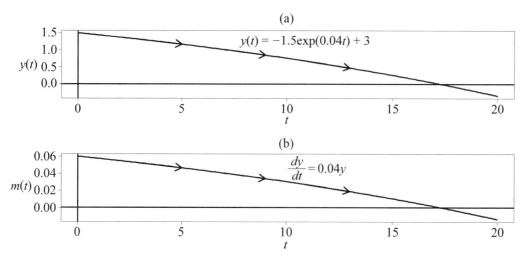

由例 1 可知，若固定成長率爲 4%，而期初的投入金額爲 1.5，於 t 值約爲 17.33 時，該期初金額會倍增至 3。我們可以將上述想像成，期初現金流量爲 −1.5，目標値爲 3；當目標値達成時，y 值即不再變動，故此時 $dy/dt = 0$。首先，我們先求取上述微分方程式之 PS，因：

$$\left.\frac{dy}{dt}\right|_{t=t_1} = 0.04y(t=t_1) + C = 0.04(3) + C = 0$$

其中 $t_1 = 17.33$。由上式可得 $C = -0.12$，故可知此時 $PS = y = 3$。利用 (8-5) 式可得：

$$y(t) = Ae^{0.04t} + 3$$

因 $y(t=0) = 1.5$，故 $A = -1.5$。因此，微分方程式 $dy/dt = 0.04y - 0.12$ 之解爲：

$$y(t) = -1.5e^{0.04t} + 3 \text{ 。}$$

觀察上圖之圖 (a)，可以檢視於不同 t 期下，距離目標金額的調整變化情況，此是求解微分方程式的特色；換言之，目標變數若是以時間表示，透過微分方程式求解，我們可以觀察到目標變數的動態調整路徑。同樣地，圖 (b) 亦繪製出 dy/dt 之動態走勢圖，值得注意的是，此時因 $y(t) = -1.5e^{0.04t} + 3$，故 dy/dt 內並無常數項（即 $dy/dt \neq 0.04y - 0.12$）。

例 3

求解 $dy/dt = 0.06y - 0.24$，其中 $y(t=0) = 2$。

解 首先計算 PS，PS 是出現於 $dy/dt = 0$ 處，故 $PS = y = 4$；另一方面，利用 (8-4) 式可知 $CF = Ae^{0.06t}$，因 $GS = CF + PS$，故一般解爲：

$$y(t) = Ae^{0.06t} + 4$$

利用期初條件 $y(t=0) = 2$，可得 $A = -2$，故：

$$y(t) = -2e^{0.06t} + 4$$

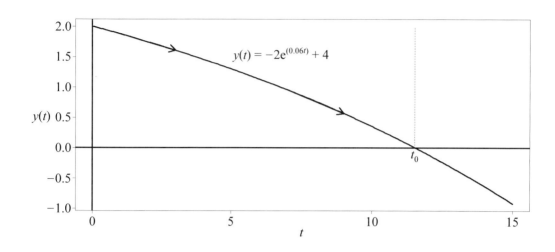

R 指令：

```
y = function(t) -2*exp(0.06*t)+4;t = seq(0,15,length=200)
windows();plot(t,y(t),type="l",lwd=4,cex.lab=1.5);abline(v=0,h=0,lwd=4)
y(t) # y(t[154]) 接近於 0
t0 = t[154]
segments(t0,0,t0,2,lty=2);text(t0,0,labels=expression(t[0]),pos=1,cex=1.5)
arrows(1,y(1),3,y(3),lwd=4);arrows(7,y(7),9,y(9),lwd=4)
text(5,1.5,labels=expression(y(t)==-2*e^(0.06*t)+4),pos=4,cex=1.5)
m = function(t) 0.06*y(t);m(t0) # 0.0002848025
```

　　一般而言，於經濟上的應用，我們可以透過微分方程式的觀念以瞭解經濟體系於受到外在的（exogenous）衝擊後，目標變數如何調整至其均衡值，例如：考慮一個簡單的凱因斯模型：

$$AD = C + I$$
$$C = c_0 + mY$$

均衡時，因 $AD = Y$，故 $AD = Y = C + I$。若假定（均衡）所得的調整是根據總合需求 AD 與所得 Y 之間的差距，即：

$$\frac{dY}{dt} = \lambda(AD - Y) = \lambda(C + I - Y)$$

$$= \lambda(c_0 + mY + I - Y)$$

$$= \lambda(m-1)Y + \lambda(c_0 + I)$$

明顯地，上式就是一個線性的一階微分方程式。

例 4

在一個簡單的凱因斯模型中，若 $C = 100 + 0.8Y$ 而 $I = 200$，試繪出所得之動態調整過程。

解 假定原先經濟體系並無投資行為，由下圖之左圖可看出均衡所得出現於：

$$Y = C$$

即

$$Y = 100 + 0.8Y \Rightarrow Y^* = \frac{100}{1 - 0.8} = 500$$

假定存在外在的自發性投資 $I = 200$，故均衡所得移至 $Y = C + I$ 處，從而

$$Y = 300 + 0.8Y \Rightarrow Y^* = \frac{300}{1 - 0.8} = 1500$$

假定 $\lambda = 0.25$，由題意可知 $m = 0.8$ 與 $c_0 = 100$，故：

$$\frac{dY}{dt} = \lambda(m-1)Y + \lambda(c_0 + I) = 0.25(0.2 - 1)Y + 0.25(100 + 200) = -0.05Y + 75$$

首先求解上式之 PS。因於均衡時，$dY/dt = 0$，故可得 $PS = Y = 1,500$；其次，利用 (8-5) 式可得：

$$Y(t) = Ae^{-0.05t} + 1,500$$

因 $Y(t = 0) = 500$，故 $A = -1,000$，因此上述微分方程式之一般解為：

$$Y(t) = -1000e^{-0.05t} + 1,500$$

根據上式，我們可以繪製出於 $\lambda = 0.25$ 下，均衡所得由 500 調整至 1,500 的動態過程如下圖之右圖所示。

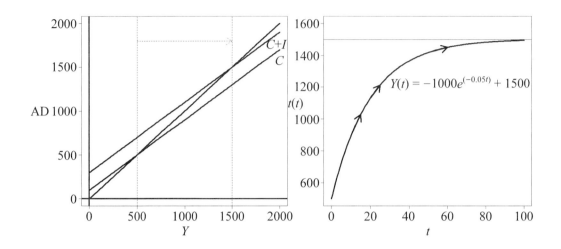

例5

解下列微分方程式：

$$\frac{dy}{dt} + ay = b$$

解 首先考慮 CF，其可寫成：

$$y_c = Ae^{-at}$$

其中 A 是一個常數。接下來，考慮 PS。因 $dy/dt = 0$，可得：

$$y_p = b/a$$

故其解為：

$$y = y_c + y_p = Ae^{-at} + b/a$$

因 $y(t = 0) = y(0) = A + b/a$，故可得 $A = y(0) - b/a$ 代入上式，可得：

$$y = \left[y(0) - \frac{b}{a} \right] e^{-at} + \frac{b}{a}$$

我們可以證明上式就是微分方程式 $dy/dt + ay = b$ 的一個解，即將上式代入該微分方程式內，可得：

$$-a\left[y(0)-\frac{b}{a}\right]e^{-at}+a\left[y(0)-\frac{b}{a}\right]e^{-at}+b=b$$

故微分方程式的解是一個函數。

　　就上述微分方程式體系而言，我們可以進一步探討該體系隨時間經過是否會安定；換言之，若 $a>0$（$a<0$），則該體系會趨向於收斂（發散），故該體系是安定的（不安定）。假定 $b=1$，我們考慮二種情況：

情況 1：$a=-0.8$ 以及 $y(0)=\pm2$，由上可知，$y(t)$ 的走勢是發散的，可參考下圖之 (a) 圖；

情況 2：$a=0.8$ 以及 $y(0)=\pm2$，由上可知，$y(t)$ 的走勢是收斂的，可參考下圖之 (b) 圖；

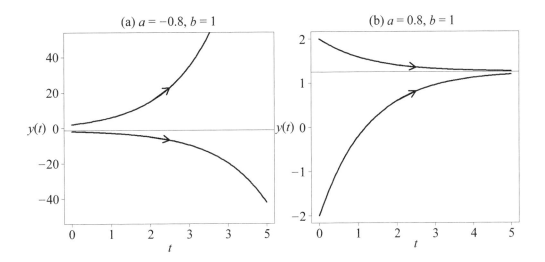

練習

(1) 2015 年（$t=0$）臺灣的人口數約為 2.3（千萬人）。若 P 表示人口數，而從 2015 年後人口的成長率以 0.15% 的速度增加（連續複利），則人口的成長函數 $P(t)$ 為何？

(2) 續上題，於 2030 年臺灣人口數為何？

(3) 續上題，多久後臺灣人口數會增加 1 倍？

(4) 續上題，若死亡率爲 0.65%，則多久後臺灣人口數會降爲 1？

(5) 何謂微分方程式？如何求解？

(6) 續練習 (4)，改以微分方程式的方式表示，$P(t)$ 爲何？其解爲何？提示：

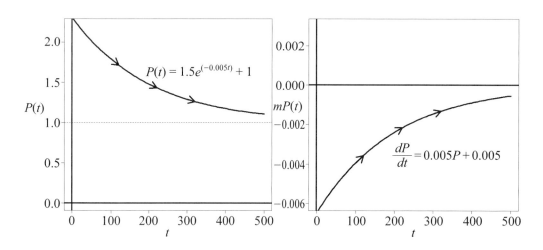

第三節　有限加總

通常我們會連續加總一連串的數字或變數，我們可以使用較簡潔的方式，即使用 Σ（音 Sigma）的操作。若寫成：

$$\sum_{i=1}^{n} x_i = x_1 + x_2 + x_3 + \cdots + x_n \tag{8-6}$$

Σ 表示加總（sum），其中上下標 i 與 n 表示連續加總的開始與結束。屬於 (8-6) 式的例子有：

$$1^2 + 2^2 + 3^2 + 4^2 + 5^2 + 6^2 + 7^2 + 8^2 + 9^2 + 10^2 = \sum_{k=1}^{10} k^2$$

或

$$f(1) + f(2) + f(3) + \cdots + f(1000) = \sum_{j=1}^{1000} f(j)$$

因此，使用 Σ 以取代一連串連續加總，表示上的確比較方便。

例 1

列出下列結果：

(1) $\displaystyle\sum_{k=1}^{5} k = ?$ (2) $\displaystyle\sum_{k=1}^{5} (-1)^k k = ?$ (3) $\displaystyle\sum_{k=1}^{2} \frac{k}{k+1} = ?$ (4) $\displaystyle\sum_{k=4}^{5} \frac{k^2}{k-1} = ?$

解

(1) $\displaystyle\sum_{k=1}^{5} k = 1 + 2 + 3 + 4 + 5$

(2) $\displaystyle\sum_{k=1}^{5} (-1)^k k = -1 + 2 - 3 + 4 - 5$

(3) $\displaystyle\sum_{k=1}^{2} \frac{k}{k+1} = \frac{1}{1+1} + \frac{2}{2+1}$

(4) $\displaystyle\sum_{k=4}^{5} \frac{k^2}{k-1} = \frac{4^2}{4-1} + \frac{5^2}{5-1}$

有限加總的性質有：

(1) $\displaystyle\sum_{k=1}^{n} (x_k \pm y_k) = \sum_{k=1}^{n} x_k \pm \sum_{k=1}^{n} y_k$

(2) $\displaystyle\sum_{k=1}^{n} c x_k = c \sum_{k=1}^{n} x_k$

(3) $\displaystyle\sum_{k=1}^{n} c = cn$

其中 c 是一個常數。上述性質並不難理解，再看下面的例子。

例 2

計算下列結果：

(1) $\displaystyle\sum_{k=1}^{100} (3k - k^2) = ?$ (2) $\displaystyle\sum_{k=1}^{n} (-a_k) = ?$ (3) $\displaystyle\sum_{k=1}^{50} (3k - 4) = ?$ (4) $\displaystyle\sum_{k=1}^{10000} \frac{1}{k} = ?$

解

(1) $\displaystyle\sum_{k=1}^{100} (3k - k^2) = 3\sum_{k=1}^{100} k - \sum_{k=1}^{100} k^2 = -323200$

R 指令：

```
f = function(k) 3*k - k^2
k = 1:100
sum(f(k)) # -323200
```

(2) $\displaystyle\sum_{k=1}^{n}(-a_k)=-\sum_{k=1}^{n}a_k$

(3) $\displaystyle\sum_{k=1}^{50}(3k-4)=3\sum_{k=1}^{50}k-\sum_{k=1}^{50}4=3(1+2+\cdots+50)-200=3625$

R 指令：

```
g = function(k) 3*k - 4;k = 1:50
sum(g(k)) # 3625
sum(3*k) # 3825
```

(4) $\displaystyle\sum_{k=1}^{10000}\frac{1}{k}=\frac{1}{1}+\frac{1}{2}+\frac{1}{3}+\cdots+\frac{1}{10000}\approx 9.7876$

R 指令：

```
k = 1:10000;sum(1/k) # 9.787606
```

例 3

以 R 說明下列式子：

(1) $\displaystyle\sum_{k=1}^{n}k=\frac{n(n+1)}{2}$ (2) $\displaystyle\sum_{k=1}^{n}k^2=\frac{n(n+1)(2n+1)}{6}$ (3) $\displaystyle\sum_{k=1}^{n}k^3=\left(\frac{n(n+1)}{2}\right)^2$

```
k = 1:10
sum(k) # 55
sum(k^2) # 385
sum(k^3) # 3025
f1 = function(n) n*(n+1)/2;f2 = function(n) n*(n+1)*(2*n+1)/6;f3 = function(n) f1(n)^2
f1(10) # 55
f2(10) # 385
f3(10) # 3025
k = 1:100;sum(k) # 5050
sum(k^2) # 338350
sum(k^3) # 25502500
f1(100) # 5050
```

f2(100) # 338350
f3(100) # 25502500

3.1 一些應用：平均數與變異數

其實，有限加總的觀念早就被應用於如息票債券的定價或是 NPV 的計算，即如第 2 章的 (2-7) 與 (2-23) 式，可分別改寫成：

$$p = \frac{C/f}{1+y/f} + \frac{C/f}{(1+y/f)^2} + \cdots + \frac{(C/f+F)}{(1+y/f)^{fn}}$$
$$= \sum_{i=1}^{fn} \frac{C/f}{(1+y/f)^i} + \frac{F}{(1+y/f)^{fn}}$$

與

$$NPV = -CF_0 + \frac{CF_1}{(1+r)} + \frac{CF_2}{(1+r)^2} + \cdots + \frac{CF_n}{(1+r)^n}$$
$$= -CF_0 + \sum_{i=1}^{n} \frac{CF_i}{(1+r)^i}$$

底下，我們將介紹二個重要的樣本統計量（sample statistic）[1]，二個統計量皆是使用有限加總表示。第一個統計量稱為樣本平均數，其可寫成：

$$\bar{x} = \frac{1}{n} \sum_{i=1}^{n} x_i \tag{8-7}$$

其中 n 表示實際可以觀察到的樣本個數。(8-7) 式就是一般計算平均數（mean）的公式，$\bar{x}$（音 x bar）是用以表示 n 個實際觀察到的資料的「集中」情況，故透過 $\bar{x}$ 的計算，大概可以知道 n 個資料的位置。

第二個統計量稱為樣本變異數（sample variance），其可寫成：

---

[1] 樣本統計量可以由樣本觀察值計算而得，可用於估計母體（population）的參數。樣本觀察值是指可以觀察到的實際資料，本書所使用的實際資料皆是屬於樣本觀察值，而樣本統計量就是在計算樣本觀察值的特徵。樣本觀察值是屬於母體的某一個部分，通常我們可以從母體內抽取出樣本觀察值；換句話說，母體指的是「全部」，而樣本指的是「部分」，由部分推估全部，需用統計方法。因此，樣本統計量可以用統計方法推估母體參數值。

$$s^2 = \frac{1}{n-1} \sum_{i=1}^{n} (x_i - \bar{x})^2 \tag{8-8}$$

上述樣本變異數的計算，可用以衡量 n 個資料的「離散程度」[2]。s 可以稱爲樣本標準差（sample standard deviation），不管是使用 s^2 或 s 計算，透過其中之一的計算，可讓我們得知 n 個實際觀察到的資料的「分散」程度，而此「分散（或分布）」程度，與「風險（risk）」的概念不謀而合。

因此，(8-7) 與 (8-8) 二式的計算是重要的，因爲我們常聽到「高報酬高風險」或「高報酬著實脫離不了高風險」，若要實際觀察此種現象是否存在，就是要計算資產報酬率的平均數與變異數（或標準差）。

例1 計算日簡單報酬率與對數報酬率

下表是日月光於 2016/6/24 前 10 個交易日之收盤價（除權息調整）資料，將日收盤價轉成日報酬率資料（資料來源：TEJ）。

日期	6/13	6/14	6/15	6/16	6/17	6/20	6/21	6/22	6/23	6/24
P_t（元）	36.1	35.65	35.65	35.25	35.65	36.35	35.95	35.6	35.6	34.95
r_t（%）		-1.25	0.00	-1.12	1.13	1.96	-1.10	-0.97	0.00	-1.83
lr_t（%）		-1.25	0.00	-1.13	1.13	1.94	-1.11	-0.98	0.00	-1.84

註：P_t 爲收盤價、r_t 表示日簡單報酬率、lr_t 則爲日對數報酬率。

解 我們有二種方式可以計算日報酬率，即：

$$r_t = \frac{P_t - P_{t-1}}{P_{t-1}} \times 100 \quad \text{與} \quad lr_t = \log\left(\frac{P_t}{P_{t-1}}\right) \times 100$$

其中 r_t 與 lr_t 分別爲第 t 期之日簡單報酬率與日對數報酬率的計算公式，P_t 爲第 t 期之日收盤價。將上表第一列的收盤價序列資料代入上二式內，其結果分別列於第二與第三列，於其中可發現日簡單報酬率與日對數報酬率

---

[2] 按照 (8-5) 式的表示方式，可將變異數想像成欲計算「n 個離平均數差異平方的平均數」。換句話說，(8-5) 式的分母應爲 n 而不是 $n-1$；不過，就統計學而言，於小樣本數（即 n 較小）下，其認爲用 $n-1$ 較恰當。

之間的差距並不大，最大的差距不超過 0.0002；因此，可以使用後者取代前者的計算，注意所附的 R 指令內有關於日對數報酬率的計算。

R 指令：
```
Pt = c(36.1,35.65,35.65,35.25,35.65,36.35,35.95,35.6,35.6,34.95) # 收盤價
n = length(Pt);n # 10 個觀察值
rt = 100*(Pt[2:n]-Pt[1:(n-1)])/Pt[1:(n-1)]
round(rt,2) # 4 捨 5 入 ,-1.25 0.00 -1.12 1.13 1.96 -1.10 -0.97 0.00 -1.83
lrt = 100*(log(Pt[2:n])-log(Pt[1:(n-1)]))
round(lrt,2) # -1.25 0.00 -1.13 1.13 1.94 -1.11 -0.98 0.00 -1.84
round(100*diff(log(Pt)),2) # -1.25 0.00 -1.13 1.13 1.94 -1.11 -0.98 0.00 -1.84
```

例 2

續例 1，利用日對數報酬率資料，計算平均數與標準差。（單位：%）

解 利用上表，可將 -1.25 視為 x_1、0.00 視為 x_2、-1.13 視為 x_3、……依此類推；故可得：

$$\bar{x} = \frac{-1.25 + 0.00 + (-1.13) + \cdots + (-1.84)}{9} \approx -0.36$$

$$s^2 = \frac{(-1.25-(-0.36))^2 + (0.00-(-0.36))^2 + \cdots + (-1.84-(-0.36))^2}{9-1} \approx 1.54$$

$$s = \sqrt{s^2} \approx 1.24$$

R 指令：
```
x = lrt;n = length(x);xbar = sum(x)/n;xbar # -0.3597155
mean(x) # -0.3597155
xbar
s2 = sum((x-xbar)^2)/(n-1);s2 # 1.539191
var(x) # 1.539191
s = sqrt(s2)
s # 1.240641
sd(x) # 1.240641
```

註：於 R 內，樣本平均數、樣本標準差以及樣本變異數的（函數）指令分別為 $mean(\cdot)$、$sd(\cdot)$ 與 $\mathrm{var}(\cdot)$。

例 3

　　於 TEJ 下載台達電（2308）與日月光（2311）二檔股票之除權息調整日收盤價，再根據日收盤價歷史資料，計算日對數報酬率。若以 2016/6/24 為準，找出最近 1 年（約 250 個交易日）日對數報酬率序列資料，並分別計算二檔股票日對數報酬率之樣本平均數與樣本標準差。

解　參考下列 R 指令，可以計算出台達電與日月光最近 1 年（約 250 個交易日），日對數報酬率之樣本平均數與樣本標準差分別約為 -0.0078% 與 2.0487%，以及 -0.0359% 與 2.4510%。明顯地，就 250 個日對數報酬率的平均值與分散程度而言，台達電皆優於日月光。

```
# 2000/1/4~2016/6/24
two = read.table("D:\\BM\\ch8\\two.txt",header=T);names(two);attach(two)
P1 = 台達電 ;P2 = 日月光 ;r1 = 100*diff(log(P1)) # 日對數報酬率
r2 = 100*diff(log(P2));T = length(r1)
r1a = r1[(T-249):T] # 最近 250 個交易日
length(r1a) # 250
r2a = r2[(T-249):T];mean(r1a) # -0.007818177
sd(r1a) # 2.048723
mean(r2a) # -0.03588083
sd(r2a) #  2.451021
```

例 4

　　實際上，報酬率的標準差可以稱為波動率（volatility），其是以年率化表示；顧名思義，波動率可以用以衡量資產價格波動的程度。利用例 3 的台達電與日月光資料，分別計算各自的波動率。

解　因所使用的是日資料，故年率化須將日對數報酬率之標準差乘以 $250^{1/2}$（即將標準差改以變異數表示，再乘以 250，此處假定 1 年有 250 個交易日）。參考下列之 R 指令，可以分別得到台達電與日月光的估計波動率分別約爲 32.3932% 與 38.7540%。

```
vol1 = sd(r1a)*sqrt(250)
vol1 # 32.39315
vol2 = sd(r2a)*sqrt(250)
vol2 # 38.75404
```

練習

(1) 至 TEJ 下載聯強（2347）與台泥（1101）二檔股票之除權息調整日收盤價，再根據日收盤價歷史資料，計算日對數報酬率。若以 2016/9/5 爲準，找出最近 1 年（約 250 個交易日）日對數報酬率序列資料，並分別計算二檔股票日對數報酬率之樣本平均數與樣本標準差。

(2) 續上題，此二檔股票波動率分別爲何？何者波動較大？

(3) 此處我們計算的（樣本）平均數又稱爲算術平均數（arithmetic mean），與之相對應的是幾何平均數（geometric mean），前者是指若有許多不同的數值，我們可以計算其平均值，而後者的使用，可檢視下列的例子。阿德以 500 萬元買了一棟房子，5 年後以 800 萬元賣出，阿德的年報酬率爲何？

提示：$500(1 + i)^5 = 800$。

(4) 若 $i_1 = 0.03$、$i_2 = 0.035$、$i_3 = 0.032$、$i_4 = 0.03$ 以及 $i_5 = 0.036$，則幾何平均數爲：

$$\sqrt[5]{(1+i_1)(1+i_2)(1+i_3)(1+i_4)(1+i_5)} - 1$$

計算其結果，並與算術平均數比較。

(5) 比較算術平均數與幾何平均數之差異。

第四節　積分

　　古典幾何學的最大貢獻之一是幫我們找出三角形之面積與球體或圓錐體容積等的計算公式。本節我們介紹另一種計算面積與容積的一般性方法，此方法就是積分。積分觀念的應用相當廣泛；不過，此處我們仍只侷限於經濟與財務統計上的應用之介紹。

如前所述，微分可以視為「極為微小的變動量」，那我們如何將其「加總起來」？也就是說，直覺而言，既然積分可用於計算面積，那如果我們將積分計算出的面積細切成無數多的「片斷」，並加總這些「片斷」，不就是還原成原面積嗎？如此一來，積分不就是相當於「無限加總」嗎？

4.1 以有限加總估計

假定我們想要計算 $y = 1 - x^2$、$x > 0$ 與 $y > 0$ 所形成的面積 A（即 $y = 1 - x^2$ 底下的面積），如圖 8-3 所示。首先我們將 A 分割成多個長方形，並以這些長方形的面積取代 A。圖中，我們可以看出長方形有三種表示方式：

下加總，如圖 (a)：

$$A \approx \frac{1}{4} \cdot \frac{15}{16} + \frac{1}{4} \cdot \frac{12}{16} + \frac{1}{4} \cdot \frac{7}{16} = 0.53125$$

以中間值加總，如圖 (b)：

$$A \approx \frac{1}{4} \cdot \frac{63}{64} + \frac{1}{4} \cdot \frac{55}{64} + \frac{1}{4} \cdot \frac{39}{64} + \frac{1}{4} \cdot \frac{15}{64} = 0.671875$$

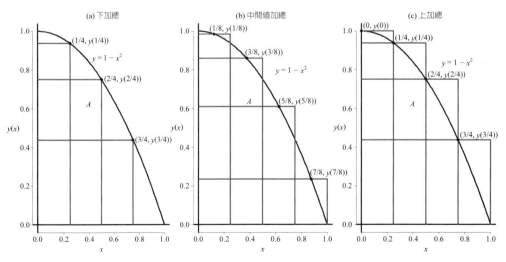

圖 8-3　計算 $y = 1 - x^2$ 底下之面積

上加總，如圖 (c)：

$$A \approx \frac{1}{4} \cdot \frac{4}{4} + \frac{1}{4} \cdot \frac{15}{16} + \frac{1}{4} \cdot \frac{12}{16} + \frac{1}{4} \cdot \frac{7}{16} = 0.78125$$

故可知 A 之值大概介於 0.53125 與 0.78125 之間。

表 8-2　面積之有限估計

Δx	下加總	以中間值加總	上加總
0.25	0.53125	0.671875	0.78125
0.1	0.615	0.696	0.715
0.01	0.66165	0.671451	0.67165
0.001	0.6661665	0.6671645	0.6671665
0.0001	0.6666167	0.6667166	0.6667167
0.00001	0.6666617	0.6666717	0.6666717
0.000001	0.6666662	0.6666672	0.6666672

上述三種方法之一般式可寫成：

$$A \approx f(c_1)\Delta x + f(c_2)\Delta x + f(c_3)\Delta x + \cdots + f(c_n)\Delta x \qquad (8\text{-}9)$$

換言之，上述三種計算面積的方法，其不同處是取決於 (8-9) 式內，點 c_i 之認定。就圖 8-3 而言，(8-9) 式的意思是指將 0 與 1 之間分割成 n 個等分，每個等分皆以 Δx 表示，故只要再乘以「高度」$f(c_i)$，就是單一個長方形的面積。因此，可以想像，若縮小 Δx（即寬度），漸漸會提高估計面積的準確度。

　　表 8-2 列出 $\Delta x \to 0$ 以及用上述三種計算面積的情況。從表內可以看出，以中間值加總方法計算的面積是介於下加總（即下限值）與上加總（即上限值）之間；不過，隨著 Δx 的逐漸縮小，三者之間的差距漸不明顯。因此，不管用何方法計算，表內的結果竟顯示出三者皆會收斂至同一個數值 A。

例 1

以圖 8-3 為例，以下加總方法估計面積 A。

解 面積 A 是以加總 n 個長方形面積估計，每個長方形的寬爲$\Delta x = (1 - 0)/n$，而我們可以檢視 $n \to \infty$ 的結果；也就是說，首先可將 [0, 1] 區間分割成 n 個相同寬度的小區間，即：

$$\left[0, \frac{1}{n}\right], \left[\frac{1}{n}, \frac{2}{n}\right], \left[\frac{2}{n}, \frac{3}{n}\right], \dots, \left[\frac{n-1}{n}, n\right]$$

因此，每個小區間的寬度皆爲 1/n。檢視圖 8-3 內之 (a) 圖，可發現每個長方形的高度是以小區間的下限函數值爲準；是故，加總所有長方形的面積，其可爲：

$$f\left(\frac{1}{n}\right)\left(\frac{1}{n}\right) + f\left(\frac{2}{n}\right)\left(\frac{1}{n}\right) + \dots + f\left(\frac{n-1}{n}\right)\left(\frac{1}{n}\right) + f\left(\frac{n}{n}\right)\left(\frac{1}{n}\right)。$$

因 $f\left(\dfrac{k}{n}\right) = 1 - \left(\dfrac{k}{n}\right)^2$，故上述加總可寫成：

$$\sum_{k=1}^{n} f\left(\frac{k}{n}\right)\left(\frac{1}{n}\right) = \sum_{k=1}^{n}\left(1 - \left(\frac{k}{n}\right)^2\right)\left(\frac{1}{n}\right) = \sum_{k=1}^{n}\left(\frac{1}{n} - \frac{k^2}{n^3}\right)$$

$$= \sum_{k=1}^{n}\frac{1}{n} - \sum_{k=1}^{n}\frac{k^2}{n^3}$$

$$= n\frac{1}{n} - \frac{1}{n^3}\sum_{k=1}^{n}k^2$$

$$= 1 - \left(\frac{1}{n^3}\right)\frac{n(n+1)(2n+1)}{6}$$

$$= 1 - \frac{2n^3 + 3n^2 + n}{6n^3}$$

因

$$\lim_{n \to \infty}\left(1 - \frac{2n^3 + 3n^2 + n}{6n^3}\right) = 1 - \frac{2}{6} = \frac{2}{3}$$

故下加總之極限估計值爲 2/3 。

實際上，我們也可以使用 R 以估計圖 8-3 內之面積 A，試下列之 R 指令：

```
y = function(x) 1 - x^2
?integrate
integrate(y,0,1) # 0.6666667 with absolute error < 7.4e-15
```

　　上述第一個指令是於 R 內設一個函數 $y(x) = 1 - x^2$，第二個指令是詢問 integrate 是何意思或如何使用，第三個指令是使用 integrate(.,.,.,) 函數指令，可以注意小括號內需輸入三個「輸入值」：第一個為函數名稱、第二個為下限積分值、以及第三個為上限積分值。換句話說，第三個指令是要 R 計算於 $y(x) = 1 - x^2$ 的函數下，由 0 至 1 的積分值（即面積），我們稱此種積分為定積分（definite integral）。

　　我們於圖 8-3 與表 8-2 內是以有限加總的方式估計面積，該方法最早是由德國數學家黎曼（Riemann）所提出，故其又可稱為黎曼加總或是黎曼和（Riemann sum）。黎曼加總是下一節定積分定理的基礎。

　　黎曼加總是指於一個封閉的區間 $[a, b]$ 內的一個函數 f，其中 f 可以為正值或負值。我們可以將 $[a, b]$ 區間分割成 n 個小區間，每個小區間的寬度未必皆相同；因此，若於 a 與 b 之間選擇 $n - 1$ 點 $\{x_1, x_2, \cdots, x_{n-1}\}$，而其中

$$a = x_0 < x_1 < x_2 < \cdots < x_{n-1} < x_n = b$$

　　則我們稱上述的劃分是一種分割（partition）；理所當然，上述的分割方式有多種可能。我們可以稱第一個小區間的寬度為 Δx_1，第二個小區間的寬度為 Δx_2，依此類推；因此，第 k 個小區間的寬度為 $\Delta x_k = x_k - x_{k-1}$。如前所述，黎曼加總的計算未必要求上述小區間的寬度皆相同。

　　我們可以進一步於每個小區間內任意挑出一點，以決定小區間內長方形的高度，例如於第 k 個小區間 $[x_{k-1}, x_k]$ 內挑出 c_k 點，並以 $f(c_k)$ 為高度；因此，每個小區間的面積可以 $f(c_k) \Delta x_k$ 取代；是故，$[a, b]$ 區間的面積可以為：

$$S_P = \sum_{k=1}^{n} f(c_k) \Delta x_k$$

　　注意上述總和 S 之下標 P，表示其是根據一種分割 P 所計算而成。

　　上述計算面積的方法稱為黎曼加總。事實上，黎曼加總的計算仍是根據「加總許多微小的長方形面積」而來；不過，比較特別的是，黎曼加總並不需要特定的分割方式以決定小長方形的寬度，同時也不需要函數的特定點以決定小長方形的高度。因此，圖 8-2 與表 8-1 所使用方法，皆是屬於黎曼加總的一個特例。

例 2

計算於 $0 \leq x \leq 2$ 的範圍下，函數 $y = x^2 - 1$ 與 x 軸所形成之面積。

解 因於 $0 \leq x \leq 1$ 處，$y < 0$；而於 $1 < x \leq 2$ 處，$y > 0$，故按照黎曼加總計算面積的方法，於上述範圍內之「面積」分別為負值與正值[3]。我們試著使用黎曼加總的計算方式，即分別於 $1 < x \leq 2$ 與 $0 \leq x < 1$ 處分別使用不同的分割方式，即前者的小長方形寬度值大於後者之寬度；另一方面，小長方形的高度所挑選的方式亦有不同，前者是使用下加總而後者則使用上加總。可以檢視所附之 R 指令，可得面積約為 0.6667。

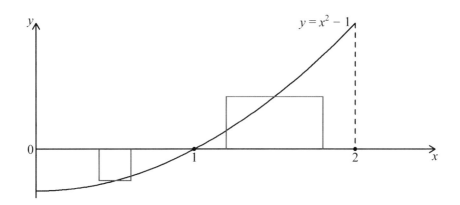

R 指令：

```
delta1 = 0.000001;delta2 = 0.000002;x1 = seq(0,1,by = delta1);x2 = seq(1,2,by=delta2)
n1 = length(x1);n2 = length(x2);x1a = x1[2:n1];x2a = x2[1:(n2-1)]
sum(delta1*y(x1a))+ sum(delta2*y(x2a)) # 0.6666642
integrate(y,0,2) # 0.6666667 with absolute error < 2.2e-14
```

4.2 定積分

如前所述，黎曼加總並不強調用什麼方式分割 $[a, b]$ 區間且所分割成的小區間的寬度也未必相同。假定若有一種稱為 P 的分割方式，我們稱其內最大

---

[3] 數學並不知我們所謂的面積的意思，故就數學而言，有可能出現面積為負的情況。於實際應用上，我們的確也會計算出負的面積，例如負的利潤或收益。

的小區間寬度爲「最大長度（norm）」，可以 $\| P \|$ 表示；因此，當 $\| P \|$ 接近於 0 時，我們稱爲函數 f 於 $[a, b]$ 區間內之定積分，其可寫成：

$$\int_a^b f(x)dx$$

上述表示方式是來自於萊布尼茲的使用方式，其是以積分的 S 形表示黎曼加總的極限值。換句話說，當 $\| P \| \to 0$ 隱含著 $\Delta x \to 0$；萊布尼茲除了用微小的變動量 dx 取代變動量 Δx 外，亦以「無限加總」$\int$ 符號取代有限加總 Σ 符號。

　　值得注意的是，雖說我們有許多有關於分割方式以及 $f(c_k)$ 的不同選擇，但是只要定積分存在（即存在黎曼加總之極限），則上述不同分割方式或是有關於 c_k 的不同選擇所得到的結果應是一樣的，只是我們如何知道定積分的存在？

定理 1：定積分的存在

　　一個連續的函數是一個可積分的（integrable）函數。即於 $[a, b]$ 區間內，若 f 是一個連續的函數，則定積分是存在的。

　　因此，定積分的存在條件爲被積分函數 $f(x)$ 須爲一個連續的函數。當 $f(x)$ 是一個連續的函數，我們可以於 $[x_{k-1}, x_k]$ 的小區間內找出 $f(x)$ 的最大值，此稱爲上加總（upper sum）；同樣地，亦可以於 $[x_{k-1}, x_k]$ 的小區間內找出 $f(x)$ 的最小值，此稱爲下加總（lower sum）；或是於 $[x_{k-1}, x_k]$ 的小區間內找出組中點 c_k 或是其他方法，不管是採用何種方式，只要 $\| P \| \to 0$，其極限值皆爲：

$$\int_a^b f(x)dx$$

定理 1 背後隱含的意義就是上述極限值是唯一的。

4.3 定積分的性質與技巧

　　我們說 $\sum_{k=1}^{n} f(c_k)\Delta x_k$ 的極限值是 $\int_a^b f(x)dx$，是指於 $[a, b]$ 區間內 x 的加總方向是由左至右。倘若現在加總方向是顛倒的，即由 $x_0 = b$ 加總至 $x_n = a$ 呢？若加總的方向是由右至左，此時可以知道黎曼加總內的 $\Delta x = x_k - x_{k-1} < 0$，是故黎曼加總之極限值的「符號」由正值轉成負值，即：

性質 1：$\int_a^b f(x)dx = -\int_b^a f(x)dx$

我們再思考另一種情況。若 $a = b$，則因 $\Delta x = 0$ 使得 $f(c_k)\Delta x = 0$，故：

性質 2：$\int_a^a f(x)dx = 0$

應用類似的思考模式，我們可以整理出有關於定積分的其他性質：

性質 3：$\int_a^b kf(x)dx = k\int_a^b f(x)dx$，其中 k 是一個常數

性質 4：$\int_a^b (f(x) \pm g(x))dx = \int_a^b f(x)dx \pm \int_a^b g(x)dx$

性質 5：$\int_a^b f(x)dx + \int_b^c f(x)dx = \int_a^c f(x)dx$

性質 6：令於 $[a, b]$ 區間內 $f(x)$ 的最大值與最小值分別為 $\max f$ 與 $\min f$，則：

$$\min f \cdot (b-a) \le \int_a^b f(x)dx \le \max f \cdot (b-a)$$

性質 7：於 $[a, b]$ 區間內，若 $f(x) \ge g(x)$，則 $\int_a^b f(x)dx \ge \int_a^b g(x)dx$

若 $f(x) \ge 0$，則 $\int_a^b f(x) \ge 0$

例 1 定積分的性質應用

若 $\int_0^2 xdx = 2$、$\int_0^2 x^2 dx = 8/3$ 以及 $\int_2^3 x^2 dx = 19/3$，計算下列結果：

(1) $\int_0^2 12x^2 dx = ?$　　(2) $\int_0^2 (2x - 6x^2)dx = ?$　　(3) $\int_3^2 x^2 dx = ?$

(4) $\int_2^2 x^2 dx = ?$　　(5) $\int_0^3 3x^2 dx = ?$

解

(1)　$\int_0^2 12x^2 dx = 12\int_0^2 x^2 dx = 12 \cdot \frac{8}{3} = 32$

(2)　$\int_0^2 (2x - 6x^2)dx = 2\int_0^2 xdx - 6\int_0^2 x^2 dx = 2(2) - 6 \cdot \frac{8}{3} = -12$

(3)　$\int_3^2 x^2 dx = -\int_2^3 x^2 dx = -\frac{19}{3}$

(4)　$\int_2^2 x^2 dx = 0$

(5)　$\int_0^3 3x^2 dx = 3\int_0^2 x^2 dx + 3\int_2^3 x^2 dx = 3 \cdot \frac{8}{3} + 3 \cdot \frac{19}{3} = 27$

R 指令：

```
f1 = function(x) x;integrate(f1,0,2) # 2 with absolute error < 2.2e-14
f2 = function(x) x^2;integrate(f2,0,2) # 2.666667 with absolute error < 3e-14
```

integrate(f2,2,3) # 6.333333 with absolute error < 7e-14

f3 = function(x) 12*x^2;integrate(f3,0,2) # 32 with absolute error < 3.6e-13

f4 = function(x) 2*x-6*x^2;integrate(f4,0,2) # -12 with absolute error < 1.3e-13

integrate(f2,3,2) # -6.333333 with absolute error < 7e-14

integrate(f2,2,2) # 0 with absolute error < 0

f5 = function(x) 3*x^2;integrate(f5,0,3) # 27 with absolute error < 3e-13

例 2

需求函數為 $P = 60 - 2Q$，市場價格為 $P = 30$，計算消費者剩餘（consumer surplus）。

解 可參考下圖及所附之 R 指令。

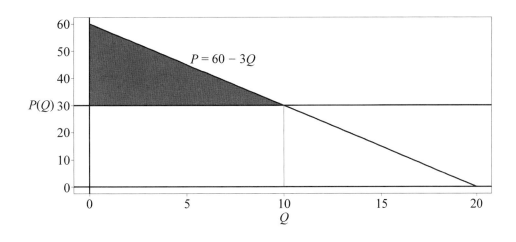

R 指令：

P = function(Q) 60-3*Q;Q = seq(0,20,length=100)

windows();plot(Q,P(Q),type="l",lwd=4,cex.lab=1.5);abline(v=0,h=0,lwd=4);abline(h=30,lwd=4)

i = Q >=0 & Q <= 10;polygon(c(0,Q[i],10),c(0,P(Q[i]),0),col="tomato");rect(0,0,10,30,col="white")

abline(v=0,h=0,lwd=4);abline(h=30,lwd=4)

lines(Q,P(Q),lwd=4);integrate(P,0,10) # 450 with absolute error < 5e-12

CS = 450 - 10*30 # 150

text(5,P(5),labels=expression(P==60-3*Q),pos=4,cex=2)

例 3

計算 $\int_0^5 \dfrac{x}{x^2+10} dx$。

解 可參考下圖及所附之 R 指令。

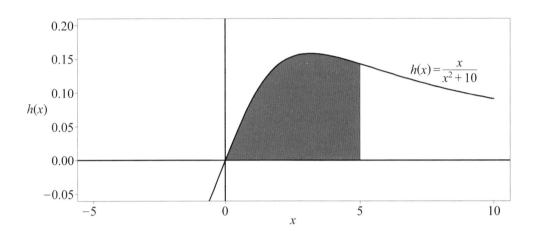

R 指令：

```
h = function(x) x/(x^2+10);x = seq(-5,10,length=100);windows()
plot(x,h(x),type="l",lwd=4,cex.lab=1.5,ylim=c(-0.05,0.2))
abline(v=0,h=0,lwd=4);segments(5,h(5),5,0,lty=2)
i = x >=0 & x <= 5;polygon(c(0,x[i],5),c(0,h(x[i]),0),col="tomato")
lines(x,h(x),lwd=4);abline(v=0,h=0,lwd=4)
text(8,h(8),labels=expression(h(x)==frac(x,x^2+10)),pos=3,cex=2)
integrate(h,0,5) # 0.6263815 with absolute error < 6.1e-13
```

例 4

　　總效用函數為 $TU(Q) = -\dfrac{1}{3}Q^3 + 10Q^2 - Q$，試利用邊際效用函數計算總效用。

解 邊際效用函數為 $MU(Q) = -Q^2 + 20Q - 1$，可以參考下圖及所附之 R 指令。

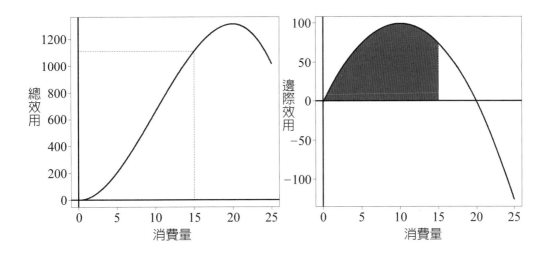

R 指令：

```
TU = function(Q) -(1/3)*Q^3+10*Q^2-Q;MU = function(Q) -Q^2+20*Q-1
Q = seq(0,25,length=1000);windows();par(mfrow=c(1,2))
plot(Q,TU(Q),type="l",lwd=4,xlab=" 消費量 ",ylab=" 總效用 ",cex.lab=1.5)
abline(v=0,h=0,lwd=4);segments(15,TU(15),15,0,lty=2);segments(15,TU(15),0,TU(15),lty=2)
TU(15) # 1110
plot(Q,MU(Q),type="l",lwd=4,xlab=" 消費量 ",ylab=" 邊際效用 ",cex.
lab=1.5);abline(v=0,h=0,lwd=4)
segments(15,MU(15),15,0,lty=2);i = Q >=0 & Q <=15
polygon(c(0,Q[i],15),c(0,MU(Q[i]),0),col="steelblue");lines(Q,MU(Q),lwd=4)
abline(v=0,h=0,lwd=4);segments(15,MU(15),15,0,lty=2)
integrate(MU,0,15) # 1110 with absolute error < 1.2e-11
```

例 5　恆常現金流量的現值

　　假定流入的現金流量如 $R(t)$ 亦是時間 t 的函數，若連續的貼現率為 i，則該現金流量的現值 Π 可寫成：

$$\Pi = \int_0^\infty R(t)e^{-it}dt$$

上式是假定期限是永久的。當然，因 $R(t)$ 為未知的型態，故無法計算上述積分值；不過，若假定 $R(t)$ 為一個固定值如 $\overline{R}$，則我們不就可以計算出恆常現金流量（perpetual cash flow）的現值嗎？爲何會有恆常現金流量的想法，我們不是時常講「永續經營」嗎？假定每年會有 50 的現金流入，而 $i = 0.05$，則 t 爲 80、100 與 ∞ 的現值各爲何？

解 上述積分可改寫成：

$$\Pi(t) = \overline{R}\int_0^\infty e^{-it}dt = \lim_{y\to\infty}\overline{R}\int_0^y e^{-it}dt = \lim_{y\to\infty}\frac{\overline{R}}{i}(1-e^{-iy}) = \frac{\overline{R}}{i}$$

依上式之結果，可得於 t = 80、100、∞ 下，現金流量的現值分別約爲 981.68、993.26 以及 1000。可參考下圖。

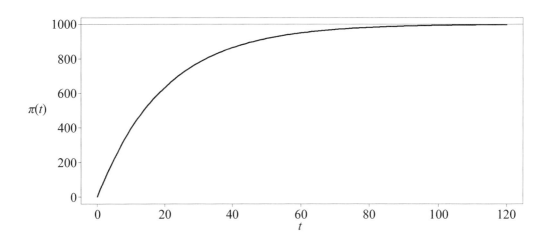

練習

(1) 市場需求函數爲 $P = 100 - 2Q$，試說明以邊際收益函數如何計算總收益。
提示：

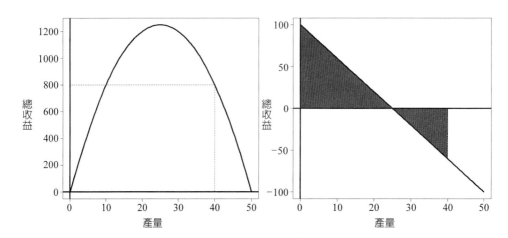

(2)　計算 $\int_2^5 \dfrac{1}{\sqrt{6-x}} dx$。

(3)　計算 $\int_{-1}^2 e^{-x^2} dx$。

(4)　供給函數為 $P = 10(e^{0.02Q} - 1)$，若市價為 2.97，計算生產者剩餘。

(5)　續練習 (1)，若產量 Q 為含 0 之正整數，試計算至 $Q = 30$ 的邊際收益之總額，其與總收益有無不同，何者較合理？為什麼？

(6)　續上題，我們還可以用何方式計算總收益？

4.4 微積分的基本定理

前述一個函數 $f(x)$ 於 $[a, b]$ 區間內的定積分是一個數值，若 $f(x) > 0$，該數值指的就是 $f(x)$ 與 x 軸（由 $x = a$ 至 $x = b$）之間的面積。如前所述，不定積分只是一群反導函數的函數，我們並未明確地區別出不定積分與定積分之差異；不過，於此節透過微積分的基本定理，倒是可以將上述二種積分緊密地串連起來。

首先，我們看底下的例子。假定某廠商的總成本函數為 $TC(Q) = 9Q^2 + 10Q$，故其邊際成本函數為 $MC(Q) = 18Q + 10$（單位：萬元）。若該廠商想要計算產量 $Q = 5$ 至 $Q = 15$ 所增加的成本，則其所增加的成本為 $TC(15) - TC(5) = 1{,}900$；另一方面，亦可以定積分的方式計算，即：

$$\int_5^{15} MC(Q)dQ = \int_5^{15} (18Q + 10)dQ = 1{,}900$$

二者計算的結果是相等的。換句話說，我們發現：

$$TC(15) - TC(5) = \int_5^{15} MC(Q)dQ = 1{,}900$$

二者之間的關係可以參考圖 8-4。

於圖 8-4 內，可看出右圖內 $MC(Q) = 18Q + 10$ 底下的面積（以紅色表示）恰為左圖內虛線之間的差距；另一方面，紅色面積亦可拆成以一個長方形與一個三角形面積和表示。可留意所附之 R 指令，若用有限加總 Q 於 $[5, 15]$ 區間的 MC 並不等於定積分之值。

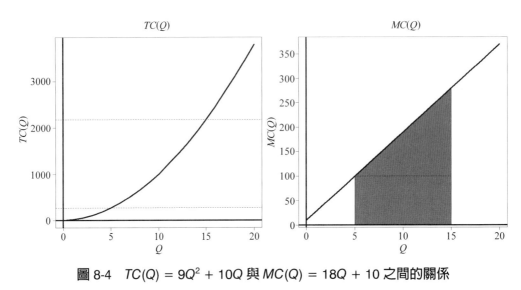

圖 8-4　$TC(Q) = 9Q^2 + 10Q$ 與 $MC(Q) = 18Q + 10$ 之間的關係

上述例子說明了如何計算定積分。我們可以總結爲：

定理 2：微積分的基本定理

若 $f(x)$ 是一個連續的函數，而其反導函數爲 $F(x)$，則：

$$\int_a^b f(x)dx = F(b) - F(a)$$

雖說可以注意任何 $f(x)$ 之反導函數皆適用於定理 2；不過，我們可以透過不定積分找出最簡單的反導函數，即：

$$\int f(x)dx = F(x) + C$$

其中 $C = 0$。如此，可以看出不定積分與定積分之間的關係。

通常，我們亦可以 $F(x)\Big|_a^b = F(b) - F(a)$ 表示定積分。

例 1

計算 $\int_1^2 \left(2x + 4e^x - \dfrac{5}{x} \right) dx = ?$

解

$$\int_1^2 \left(2x + 4e^x - \frac{5}{x} \right) dx = 2\int_1^2 x\,dx + 4\int_1^2 e^x dx - 5\int_1^2 \frac{1}{x}\,dx$$

$$= 2\frac{x^2}{2}\Big|_1^2 + 4e^x\Big|_1^2 - 5\log x\Big|_1^2$$

$$= (2^2 - 1^2) + 4(e^2 - e) - (5\log 2 - 5\log 1) \approx 18.2174$$

R 指令：

```
y = function(x) 2*x + 4*exp(x)-5/x
integrate(y,1,2) # 18.21736 with absolute error < 2e-13
(2^2-1)+4*(exp(2)-exp(1))-5*(log(2)-log(1)) # 18.21736
```

例 2

　　某一獨占廠商的總收益曲線為 $TR(Q) = 540Q - 0.2Q^3$，其面對的總成本曲線為 $TC(Q) = 180Q + 0.1Q^3 + 65$，計算利潤最大的產量及其利潤。

解　可以令利潤函數為 $\pi(Q) = TR(Q) - TC(Q) = 360Q - 0.3Q^3 - 65$，故可得利潤最大化為：

$$\pi'(Q) = MR(Q) - MC(Q) = 360 - 0.9Q^2 = 0$$

可得 $Q = \pm 20$，因 $\pi''(Q) = -0.18Q$，且 $\pi''(Q = 20) = -3.6 < 0$，故於 $Q = 20$ 處有最大利潤 $\pi(Q = 20) = 4{,}735$。上述結果亦可參考下圖之右圖。

　　除了使用上述方法之外，我們也可以繪製出邊際收益函數 $MR(Q)$ 與邊際成本函數 $MC(Q)$，其中 $MR(Q) = 540 - 0.6Q^2$ 與 $MC(Q) = 180 + 0.3Q^2$，如下圖之左圖所示。同樣地，於圖內可以發現於 $Q = 20$ 處有最大利潤，而此最大利潤可以圖內的紅色面積表示，若寫成積分型態可為：

$$\int_0^{20} (MR(Q) - MC(Q))\, dQ$$

可以參考所附之 R 指令，上述定積分之值為 4,800；值得注意的是，上述結果並未考慮總固定成本 65，故利潤最大應為 4,800 - 65 = 4,735。

左圖之 R 指令：

```
MC = function(Q) 180+0.3*Q^2;MR = function(Q) 540-0.6*Q^2
windows();par(mfrow=c(1,2));Q = seq(0,25,length=200)
```

```
plot(Q,MR(Q),type="l",lwd=4,ylim=c(0,540),cex.lab=1.5)
text(24,MR(24)-30,labels="MR(Q)",pos=1,cex=1.5)
text(24,MC(24)-50,labels="MC(Q)",pos=2,cex=1.5)
Q1 = seq(0,20,length=100);polygon(c(0,Q1,20),c(0,MR(Q1),0),col="tomato")
polygon(c(0,Q1,20),c(0,MC(Q1),0),col="white");lines(Q,MC(Q),lwd=4);abline(v=0,h=0,lwd=4)
integrate(MR,0,20) # 9200 with absolute error < 1e-10
integrate(MC,0,20) # 4400 with absolute error < 4.9e-11
9200-4400 # 4800
4800-65 # 4735
```

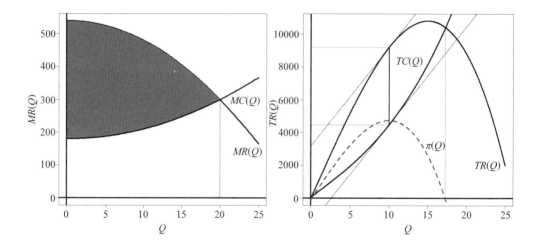

例3

投資 1 元而以 4.3% 的連續複利計算，10 年後可得多少本利和。

解 本利和函數可為 $F = Pe^{it}$ 且其增加的速率為 $F = tPe^{it}$。由題意可知，$P = 1$、$i = 0.043$ 以及 $t = 10$。我們可以使用 $F(t)$ 或 $F'(t)$ 計算本利和，如下圖所示。

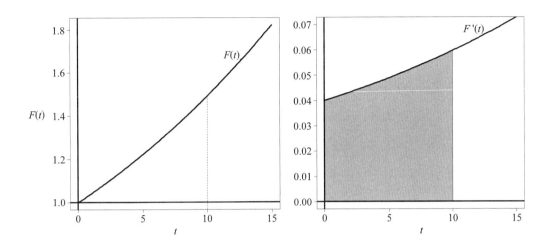

例 4

$F(x) = \dfrac{x^2}{2}\log x - \dfrac{x^2}{4}$，計算 $\int_3^4 x\log x\,dx$。

解　$F'(x) = f(x) = x\log x + \dfrac{x^2}{2}\dfrac{1}{x} - \dfrac{x}{2} = x\log x$，故 $\int_3^4 x\log x\,dx = F(4) - F(3)$。其

關係如下圖所示。

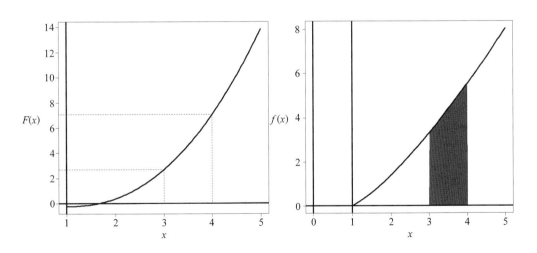

羅倫茲曲線（Lorenz curve）

若 $f(x) = x^2 e^{x-1}$，計算 $\int_0^x f(x)dx$。

解 令 $u = x^2$ 與 $v = e^{x-1}$，則 $du = 2xdx$ 以及 $dv = e^{x-1}dx$。因 $d(uv) = udv + vdu$，故：

$$\int_0^x d(uv) = x^2 e^{x-1} = \int_0^x x^2 e^{x-1}dx + 2\int_0^x e^{x-1}xdx$$

故

$$\int_0^x x^2 e^{x-1}dx = x^2 e^{x-1} - 2\int_0^x xe^{x-1}dx$$

同理，令 $u_1 = x$，則 $du_1 = dx$；因此，$d(u_1 v) = u_1 dv + vdu_1$，使得：

$$xe^{x-1} = \int_0^x xe^{x-1}dx + \int_0^x e^{x-1}dx => xe^{x-1} - (e^{x-1} - e^{-1}) = \int xe^{x-1}dx$$

故

$$\int_0^x xe^{x-1}dx = xe^{x-1} - (e^{x-1} - e^{-1})$$

因此

$$F(x) = \int x^2 e^{x-1}dx = x^2 e^{x-1} - 2\int_0^x xe^{x-1}dx = x^2 e^{x-1} - 2(xe^{x-1} - e^{x-1} + e^{-1})$$

$f(x)$ 與 $F(x)$ 之間的關係可參考下圖，其中 $f(x)$ 可稱為羅倫茲曲線。

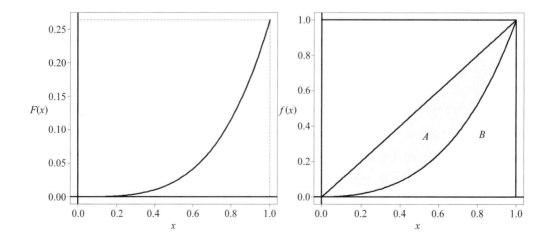

例 6　吉尼係數（Gini coefficient）

　　續例 5，於經濟學內，羅倫茲曲線可以用於描述所得或財富分配，即右上圖的 x 值表示實際的累加所得或財富（以百分比表示），而圖內之對角線是根據 $f(x) = x$ 所繪，因此對角線上之點表示所得分配絕對公平。我們可以使用吉尼係數衡量某個地區或國家所得分配是否公平，吉尼係數可以定義成：

$$Gini = \frac{A}{A+B}$$

因此吉尼係數之估計值介於 0 與 1 之間；其次，吉尼係數愈大表示所得分配愈不公平。按照上圖，我們有幾種方式可以衡量吉尼係數？

解　二種，其中之一是使用 $F(x)$，另一則使用 $f(x)$；換言之，可以利用 $F(x)$ 或 $f(x)$ 估計圖內 B 面積，其為

$$0.5 - \int_0^1 f(x)dx = 0.5 - (F(1) - F(0))$$

　　可以參考所附之 R 指令。

```
R 指令：
F = function(x) (x^2)*exp(x-1)-2*(x*exp(x-1)-exp(x-1)+exp(-1))
f = function(x) (x^2)*exp(x-1)
F(1)-F(0) # 0.2642411
integrate(f,0,1) # 0.2642411 with absolute error < 2.9e-15
Gini = (0.5-0.2642411)/((0.5-0.2642411)+0.2642411) # 0.4715178
```

例 7

　　至 TEJ 下載臺灣家庭所得按戶數五等分位資料 [4]，其結果如下表所示：

---

[4]　即分成最低所得組、第二位 20% 分位、第三位 20% 分位、第四位 20% 分位、以及第五位 20% 分位；其可想成：先將家庭所得由小到大排列，然後再將其分成五等分，第二與第三等分之間的「界限」，就是第二位 20% 分位，其餘類推。

	最低所得組（%）	第二位20%分位（%）	第三位20%分位（%）	第四位20%分位（%）	第五位20%分位（%）
2015/12	6.64	12.18	17.35	23.63	42.21
2000/12	7.07	12.82	17.47	23.41	39.23
1970/12	8.44	13.27	17.09	22.51	38.69

計算各年之吉尼係數。

解 下圖繪出各年度累加所得分配的散佈圖，於圖內大致可以看出愈高年度所得分配愈不公平。我們嘗試以多項式函數 $f(x) = ax^3 + bx^2 + cx + d$ 估計累加所得之分配，其估計結果以紅色虛線表示；另一方面，利用估計的多項式函數，可以再進一步計算吉尼係數分別約為 0.3418、0.3273 以及 0.3068（按照 2015、2000 與 1970 年順序）。果然，2015 年的吉尼係數估計值最大。

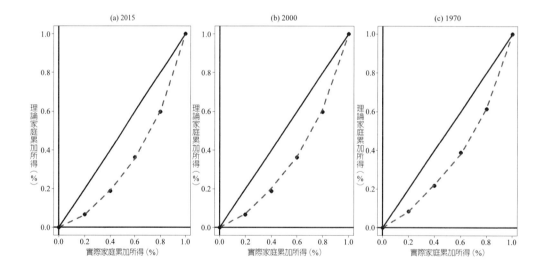

R 指令：

```
y2 = c(8.44,13.27,17.09,22.51,38.69)/100;x = seq(0.2,1,by=0.2);x1 = x; x2 = x^2;x3 = x^3
cumy2 = cumsum(y2);model = lm(cumy2~x1+x2+x3);model
plot(c(0,x),c(0,cumy2),type="p",pch=20,cex=4,xlab=" 實際家庭累加所得 (%)",cex.lab=1.5,
     ylab=" 理論家庭累加所得 (%)",main="(c) 1970",cex.main=2)
```

lines(c(0,x),c(0,fitted(model))),lwd=4,col=2,lty=2);abline(v=0,h=0,lwd=4);lines(c(0,x),c(0,x),lwd=4)
f = function(x) -0.09938+1.12343*x-1.31286*x^2+1.28750*x^3;integrate(f,0,1) # 0.34659
Gini = (0.5-0.34659)/((0.5-0.34659)+0.34659) ;Gini # 0.30682
(只列出圖 (c) 之指令)

練習

(1) 舉一例說明邊際收益的加總等於總收益。

(2) 獨占廠商面對的市場供需函數分別為 $P = 50 + 2Q$ 與 $P = 200 - 4Q$，其市價與產量為何？計算該廠商利潤。

提示：如下圖

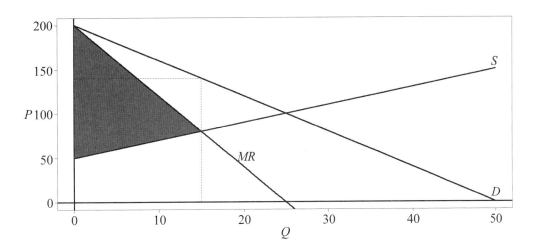

(3) 續上題，若將該獨占產業「敲碎」成完全競爭產業，也就是說，整個產業的供給可以分割成 100 家完全競爭廠商，即 $Q = 100q$，其中 q 為個別廠商產量；因此，完全競爭廠商的邊際成本函數為 $MC = 50 + 200q$。假定市場需求不變且該完全競爭產業亦處於長期均衡狀態，則個別廠商的價格與產量為何？個別廠商的生產者剩餘為何？

(4) 續上題，該產業由獨占產業轉成完全競爭產業，市場價格與產量如何變化？生產者剩餘與消費者剩餘各會增加多少？

提示：如下圖

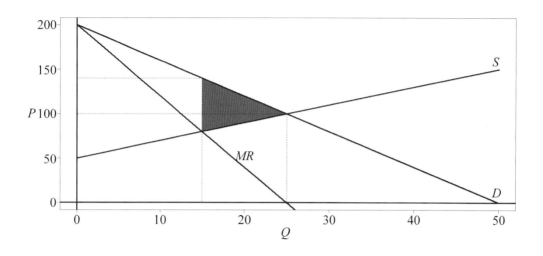

附 錄：動態與定差方程式

　　本章第二節 2.3 小節中，我們曾介紹微分方程式，與微分方程式相對應的是定差方程式（difference equations），二者的觀念與其求解的方法頗為類似，前者可用於檢視連續性變數而後者則用於探究間斷性（discrete）變數的時間軌跡。換句話說，於前面的章節，我們大多只探討比較二種靜態的情況（即比較二種不同的結果），而於經濟或財務的應用上，除了使用微分方程式外，我們亦可以使用定差方程式以找出隨時間經過的變數軌跡，或是找出一種結果（均衡）如何調整至另一種結果（均衡）的時間路徑。

　　上述的觀念亦可以應用於市場均衡價格與交易量之動態調整上。資產市場上，價格或交易量的調整可說是相當迅速的，相對於商品市場而言，其價格或交易量的調整就較為緩慢；因此，於經濟或財務模型內，我們並不易找出一個一般的調整過程可以應用於所有的市場上。底下，我們僅介紹一種簡單的動態調整過程。

附錄 1 蛛網模型

　　蛛網模型（Cobweb model）可以說是一個最典型的動態調整模型。蛛網模型強調有些市場，尤其是農產品市場，供給者無法立即配合需求量的提高而增加其供給量；因此，蛛網模型假定供給量是過去價格的函數與需求量則為當期價格的函數，即：

$$Q_t^S = f(P_{t-1}) \text{ 與 } Q_t^D = f(P_t)$$

其中 Q 與 P 分別表示交易量與價格，上標 S 與 D 分別表示供給與需求而下標 t 則表示時間。

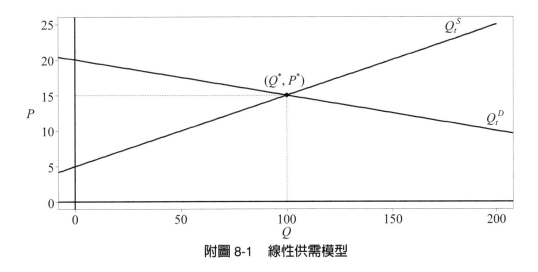

附圖 8-1　**線性供需模型**

上述模型的假定是強調當期供給量是受到落後 1 期價格的影響，但當期價格會影響當期的需求量。我們考慮一個簡單的線性模型如：

$$Q_t^D = a + bP_t \text{ 與 } Q_t^S = c + dP_{t-1} \tag{附 8-1}$$

其中 a、b、c 與 d 皆為常數。可以參考附圖 8-1。

利用 (附 8-1) 式，可知於均衡時，$Q_t^D = Q_t^S$，此時價格的調整過程可寫成：

$$P_t = \frac{c-a}{b} + \frac{d}{b} P_{t-1} \tag{附 8-2}$$

(附 8-2) 式就是一個線性的一階定差方程式。定差方程式的特色為某時期的變數是該變數落後期的函數；因此，(附 8-2) 式說明了當期價格 P_t 是落後 1 期價格 P_{t-1} 的函數，是故透過 (附 8-2) 式，我們可看出隨時間經過，價格調整的路徑。

例 1

若 $Q_t^D = 400 - 20P_t$ 與 $Q_t^S = -50 + 10P_{t-1}$，假定 $Q_0 = 160$，試繪出由 Q_0 調整至均衡價格與交易量之路徑。

解 若無其他的「外在的干擾」，於「長期」，價格與交易量會趨向於均衡，即：

$$P^* = P_t = P_{t-1} = \cdots \text{ 與 } Q^* = Q_t = Q_{t-1} = \cdots$$

因此，於期初 $Q_0 = 160$ 下，可得價格為 $P_0 = 12$，利用供給函數，可得下一期供給量為 $Q_1 = 70$，可得 $P_1 = 16.5$；然後，$Q_2 = 115$ 而 $P_2 = 14.25$，接下來，$Q_3 = 92.5$ 且 $P_3 = 15.375$，……。最後，價格與交易量調整至均衡值 $Q^* = 100$ 與 $P^* = 15$，調整過程如下圖所示。

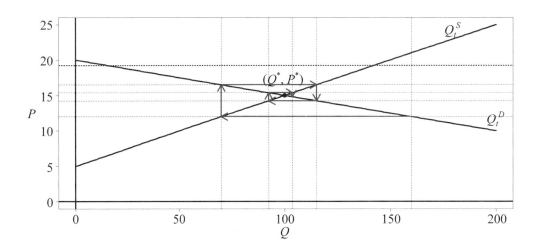

例 2

續例 1，繪製出價格與交易量之調整路徑。

解 可參考下圖。

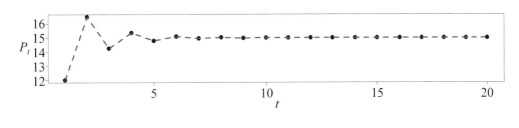

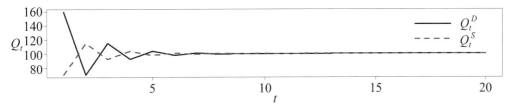

 例 3

若 $Q_t^D = 120 - 4P_t$ 與 $Q_t^S = -80 + 16P_{t-1}$，假定 $Q_0 = 81$，試繪出由 Q_0 調整至均衡價格與交易量之路徑。

解

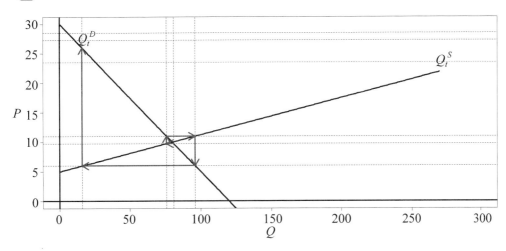

參考上圖。假定於均衡處，發生一個外在的干擾，使其交易量上升為 $Q_0 =$ 81，我們發現於其他情況不變下，價格與交易量已無法恢復至原來的均衡水準，因此該市場是屬於一個不安定的市場。

　　例 1 與 3 分別是屬於一個安定與不安定市場的例子，若市場期初是處於不均衡的情況，隨著時間經過，前者會收斂至均衡水準，而後者之價格與交易量卻會「發散」，遠離均衡水準。利用 (附 8-2) 式，可看出市場安定的條件分別爲：

$$\text{安定}：\left|\frac{d}{b}\right| < 1 \text{ 與 不安定}：\left|\frac{d}{b}\right| \geq 1$$

例 4

於 (附 8-2) 式內，P_t 仍是一個確定的變數，利用第 5 章 2.3 節的標準常態隨機變數，我們可以將 P_t 轉換成隨機變數，試分別模擬出下列二個模型：

$$P_t = 0.2 + 0.5P_{t-1} + u_t \text{ 與 } P_t = 0.2 + P_{t-1} + u_t$$

其中 u_t 爲一個標準常態隨機變數而 $P_0 = 50$。

解 我們分別模擬出二模型的二種情況，可參考下圖以及所附之 R 指令。

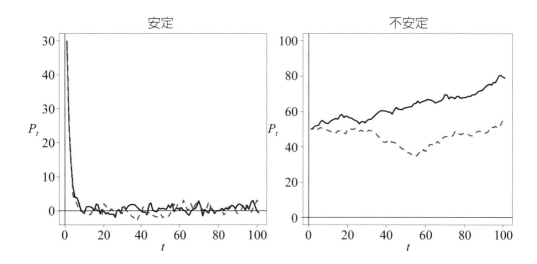

R 指令：

```
set.seed(123);u = rnorm(101);set.seed(1234);u1 = rnorm(101)
P1a = rep(0,101);P1a[1] = 50;P2a = P1a;P1b = P1a;P2b = P2a;
for(i in 2:101)
```

```
{
  P1a[i] = 0.2+0.5*P1a[i-1]+u[i];P2a[i] = 0.2+0.5*P2a[i-1]+u1[i]
  P1b[i] = 0.2+P1b[i-1]+u[i];P2b[i] = 0.2+P2b[i-1]+u1[i]
}
t = 1:101;windows();par(mfrow=c(1,2))
plot(t,P1a,type="l",lwd=4,ylab=expression(P[t]),cex.lab=1.3,main=" 安定 ",cex.main=2)
lines(t,P2a,lwd=4,col=2,lty=2);abline(v=0,h=0,lwd=2)
plot(t,P1b,type="l",lwd=4,ylim=c(0,100),ylab=expression(P[t]),cex.lab=1.3,main=" 不安定 ",
     cex.main=2);lines(t,P2b,lwd=4,col=2,lty=2);abline(v=0,h=0,lwd=2)
```

例5 簡單的凱因斯模型

於簡單的凱因斯模型（無政府與國外部門）中，均衡所得是由總所得等於總支出即 $Y_t = C_t + I_t$，不過因消費支出未必能立即反映當期所得，故假定消費支出是落後 1 期所得的函數，即 $C_t = a + bY_{t-1}$，其次投資支出 I_t 可視為一個外生變數。是故，所得的調整可依下式表示：

$$Y_t = C_t + I_t = a + bY_{t-1} + I_t$$

假定 $a = 40$、$b = 0.6$ 以及 $I_t = 300$，試計算均衡所得。若有一個外在的力量，使得 I_t「永久地」降至 $I_t = 100$，試繪出調整至新均衡所得的路徑。

解 可參考下圖及所附之 R 指令。

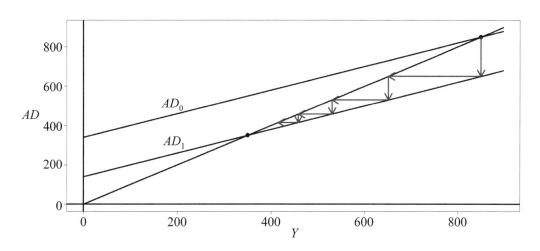

R 指令：

```
a = 40;b = 0.6;AD = function(It,Y) a+b*Y+It;Y = seq(0,900,length=901)
windows();plot(Y,AD(300,Y),type="l",lwd=4,ylim=c(0,900),cex.lab=1.5,ylab="AD")
lines(Y,Y,lwd=4);abline(v=0,h=0,lwd=4);lines(Y,AD(100,Y),lwd=4)
ystar = (a+300)/(1-b) # 850
points(ystar,ystar,pch=20,cex=3);ystar1 = (a+100)/(1-b) # 350
points(ystar1,ystar1,pch=20,cex=3);y1 = AD(100,ystar);arrows(ystar,ystar,ystar,y1,lwd=4,col=2)
arrows(ystar,y1,y1,y1,lwd=4,col=2);y2 = AD(100,y1);arrows(y1,y1,y1,y2,lwd=4,col=2)
arrows(y1,y2,y2,y2,lwd=4,col=2);y3 = AD(100,y2);arrows(y2,y2,y2,y3,lwd=4,col=2)
arrows(y2,y3,y3,y3,lwd=4,col=2);y4 = AD(100,y3);arrows(y3,y3,y3,y4,lwd=4,col=2)
arrows(y3,y4,y4,y4,lwd=4,col=2);text(200,AD(300,200),labels=expression(AD[0]),pos=3,cex=2)
text(200,AD(100,200),labels=expression(AD[1]),pos=3,cex=2)
```

例 6

　　續例 5，試繪出所得調整的時間軌跡。

解　可參考下圖及所附之 R 指令。

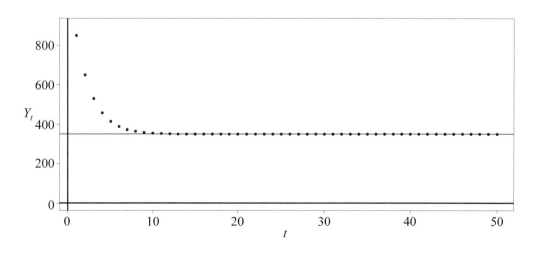

R 指令：

```
Yt = function(It,Y) a+b*Y+It;Y = rep(0,50);Y[1] = ystar;Y[2] = y1
```

```
for(i in 3:50) Y[i] = Yt(100,Y[i-1])
Y
t = 1:50;windows();plot(t,Y,lwd=4,ylim=c(0,900),ylab=expression(Y[t]),cex.lab=1.3)
abline(h=ystar1,lwd=2);abline(v=0,h=0,lwd=4)
```

附錄 2 定差方程式之求解

重寫 (8-3) 式與 (附 8-2) 式，可分別為：

$$\frac{dy}{dt} = ky + C \tag{8-3}$$

與

$$P_t - \frac{d}{b}P_{t-1} = \frac{c-a}{b} \tag{附 8-2}$$

比較上二式，可發現二式其實有點雷同；因此，定差方程式的求解類似微分方程式。如同微分方程式的一般解 GS，就定差方程式而言，其 GS 亦可分成特殊解 PS 與輔助函數 CF。如前所述，(8-3) 式的 PS 是指 $dy/dt = 0$ 的解，故就定差方程式如 (附 8-2) 式而言，其特殊解就是指價格不會再調整了，故均衡價格水準就是特殊解的一個選項；因此，於均衡價格水準下，因

$$P^* = P_t = P_{t-1}$$

故可得

$$P^* - \frac{d}{b}P^* = \frac{c-a}{b} \Rightarrow P^* = \frac{a-c}{d-b}$$

其中 P^* 為均衡價格，其為 (附 8-2) 式的 PS。

比較麻煩的是定差方程式的 CF 的選定。CF 是指價格隨時間的調整過程，我們試著選擇下式之型態：

$$P_t = Ak^t \tag{附 8-3}$$

其中 A 與 k 皆為未知之常數。利用 (附 8-3) 式，可得：

$$P_{t-1} = Ak^{t-1} \qquad\qquad (\text{附 8-4})$$

就微分方程式而言，其 CF 是指 (8-3) 式內的常數項為 0（即 $C = 0$）的解；同理，令 (附 8-2) 式的常數項為 0（即 $(c - a)/b = 0$）後，再將 (附 8-3) 與 (附 8-4) 二式代入 (附 8-2) 式，可得：

$$Ak^t = \frac{d}{b}Ak^{t-1} \Rightarrow k = \frac{d}{b}$$

故 (附 8-2) 式之一般解可為：

$$P_t = PS + CF = \frac{a-c}{d-b} + A\left(\frac{d}{b}\right)^t \qquad\qquad (\text{附 8-5})$$

本章習題

1. 某廠商的供給函數為：

$$P(Q) = \frac{5Q}{500 - Q}$$

   計算價格為 2 之生產者剩餘。

2. 續上題，若將該供給函數視為邊際成本函數且總固定成本為 30，計算產量為 100 之總成本。

3. 計算 $\int_1^e \ln x\,dx = ?$

   提示：如下圖

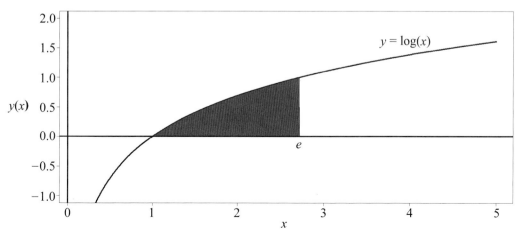

4. 解微分方程式 $dy/dt = 0.06y$，其中 $t = 0$，則 $y = 10,000$。當 $y = 30,000$ 時，$t = ?$

5. 續上題，我們有多少種方法可以得出 t 值？各爲何？

6. 續上題，連續複率的本金與利率各分別爲何？

7. 續上題，若存款金額是以 $f(t) = 600e^{0.06t}$ 的速率增加，試計算至第 2 年（即 $t = 2$）的增加額。

8. 續上題，若存款金額是以 $f(t) = 600e^{0.06t}$ 的速率增加，試計算至第 19 年（即 $t = 19$）的增加額。

   提示：如下圖

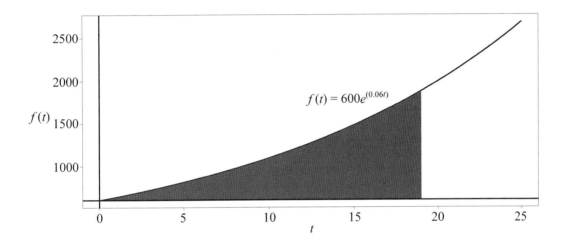

9. 計算 $\int_1^\infty \dfrac{dx}{x^2} = ?$

10. 某機器的預期壽命（以年爲單位）以下列的連續函數計算其機率，即以面積表示機率（可參考第 10 章）：

$$f(x) = \frac{2}{(x+2)^2},\ x \geq 0$$

   計算所有的機率加總恆等於 1。

11. 續上題，計算 $0 < x < 0.2$ 以及 $0.5 < x < 3$ 的機率。

12. 若邊際儲蓄傾向（marginal propensity to save, MPS）爲所得 Y 的函數，即：

$$\frac{dS(Y)}{dY} = 0.3 - 0.1Y^{-1/2}$$

已知 $Y = 100$，總儲蓄額 $S = 0$。當所得由 300 增加至 500，總儲蓄額增加多少？

13. 若每年連續的現金流量為 1,000，至 10 年的現值。

14. 續上題，若連續的現金流量為 1,000 出現於第 1 年與第 3 年之間，於貼現率為 4% 下，計算該流量第 0 年之現值。

15. 試求解 $dy/dt + 2y = C$，其中 $y(0) = 10$ 而 C 為 6 或 4，繪出 $y(t)$ 之時間走勢。

16. 計算下列積分值：

   (A) $\int_1^3 \frac{1}{2}x^2 dx = ?$ (B) $\int_2^4 (x^3 - \frac{1}{2}x^2)dx = ?$ (C) $\int_1^3 3\sqrt{x}\, dx = ?$ (D) $\int_4^2 x^2\left(\frac{1}{3}x^3 + 1\right)dx = ?$

17. 計算下列積分值：

   (A) $\int_1^2 e^{-0.2x} dx = ?$ (B) $\int_2^3 (e^{2x} + e^x)dx = ?$ (C) $\int_{-1}^{e-2} \frac{dx}{x+2} = ?$ (D) $\int_e^6 \left(\frac{1}{x} + \frac{1}{x+1}\right)dx = ?$

18. 某商品的供需函數可寫成：

$$Q^D = \alpha - \beta P \ \text{與} \ Q^S = -\gamma + \delta P$$

其中 α、β、γ 以及 δ 皆為大於 0 之常數。試證明均衡價格 $\overline{P} = \frac{\alpha + \gamma}{\beta + \delta}$；其次，若價格是按照下列的超額需求函數調整：

$$\frac{dP}{dt} = \lambda(Q^D - Q^S)$$

其中 $\lambda > 0$ 為調整係數。試證明：

$$P(t) = \left[P(0) - \overline{P}\right]e^{-kt} + \overline{P}$$

其中 $k = \lambda(\beta + \delta)$。

19. 續上題，若 α、β、γ 以及 δ 分別為 20、2、3 與 4，試繪出價格之動態調整過程，其中 $P(0) = 4$ 與 $\lambda = 0.33$。

20. 續題 18，若將供給函數改成：

$$Q_t^S = -\gamma + \delta P_{t-1}$$

故供需相等時可得：

$$Q_t^D = Q_t^S \Rightarrow \alpha - \beta P_t = -\gamma + \delta P_{t-1} \Rightarrow P_t = \left(-\frac{\delta}{\beta}\right)P_{t-1} + \left(\frac{\alpha + \gamma}{\beta}\right)$$

試證明：

$$P_t = \left(P_0 - \overline{P}\right)\left(-\lambda\right)^t + \overline{P}$$

其中 $\lambda = \delta/\beta$ 而 $\overline{P} = (\alpha + \gamma)/(\beta + \delta)$。

21. 續上題，若 α、β、γ 以及 δ 分別為 20、4、3 與 2，試繪出價格之動態調整過程，其中 $P(0) = 0$，其走勢是收斂或發散？

22. 續上題，若 α、β、γ 以及 δ 分別為 20、2、3 與 4，試繪出價格之動態調整過程，其中 $P(0) = 0$，其走勢是收斂或發散？又若 $\beta = \delta$，結果又如何？

提示：如下圖

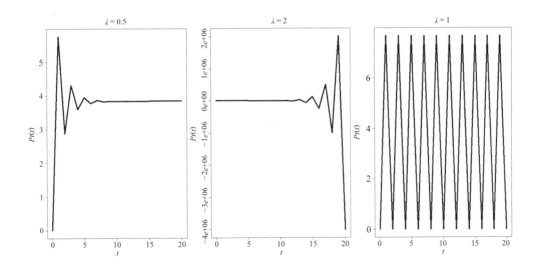

23. 至央行網站下載美元兌新臺幣日匯率序列資料（1995/1/3～2016/12/30)，將其轉成日對數報酬率序列後（假定持有美元），試分別計算日對數報酬率序列之平均數與變異數。

24. 續上題，若假定一年有 252 個交易日，計算美元兌新臺幣日匯率之波動率。

25. 續上題，是否有辦法找出每隔 252 個交易日的波動率（重疊），其最大值與最小值分別爲何？

機率論

　　爲何要介紹此一主題？第 5 章我們已經嘗試使用隨機的（stochastic）數學模型來說明（或模型化）實際的財金資料。隨機的數學模型又可稱爲機率模型（probability model）[1]；簡單來講，機率模型就是以隨機變數表示的數學模型。機率模型是重要的，畢竟我們所面對的財經變數皆是屬於隨機變數，若我們能找出財經隨機變數的數學模型，則不管是從事決策、評估或預測等方面，應該能更上一層樓。

　　既然研究機率模型是有意義的，那機率與其模型究竟是什麼意思？我們是否可以找出一些共通性、規則性或架構以處理不同的情況？欲回答上述問題，就是本章與下一章的主題。本章我們將介紹機率的性質，尤其強調「實證模型（empirical models）」與「理論模型（theoretical models）」之間的關係，而下一章則介紹機率的計算。

第一節　　實證模型

　　前面的章節內，我們曾多次使用實際的財經資料觀察值，而該觀察值可視爲財經隨機變數的實現值；同理，由實際資料所構成的實證模型（底下就會解釋），可視爲未知的理論模型的實現值模型。因此，實證模型與未知的理論模型之間的關係，類似於實際的觀察值與隨機變數之間的關係。有意思的是，實

---

[1]　機率模型又稱爲統計模型。

證模型與未知的理論模型皆是屬於「隨機函數[2]」。顧名思義，隨機函數就是隨機變數的函數，因此我們也無法確定該函數值為何；例如，第 5 章所介紹的冪次律就是一種隨機函數。我們所處的環境，還真的有些複雜。

1.1 隨機內的規則性

還沒介紹之前，先看圖 9-1 的結果。假想玩擲二骰子遊戲，我們關心的是二骰子點數之總和。圖 9-1 的上圖就是記錄擲 100 次，每次的結果。我們從圖中可看出我們所處的環境是不確定的，是隨機的，甚至於面對簡單的遊戲，如擲骰子亦莫可奈何，我們皆無法確定下一次（或未來）會出現什麼結果？不過，雖說圖 9-1 的上圖出現隨機的走勢，我們竟然發現該走勢是「亂中有序」；也就是說，若將該走勢「整理一下」，竟出現井然有序的圖形，如圖 9-1 的下圖所示。我們如何解釋圖 9-1 的現象，機率與機率分配（probability distribution）可能是其中之一的答案。

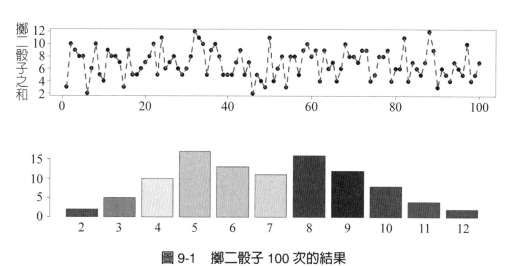

圖 9-1　擲二骰子 100 次的結果

R 指令：

x1 = 1:6;x2 = x1;windows();par(mfrow=c(2,1));n = 100;set.seed(12)

---

[2]　第 5 章的 (9-9) 式內的 Y 就是一個隨機函數，而將 Y 內誤差項除去，剩下的就是「確定函數」。可參考本書第 14 章。

```
sx1 = sample(x1,n,replace=T);set.seed(123);sx2 = sample(x2,n,replace=T);sxa = sx1+sx2
plot(1:n,sxa,type="p",pch=20,cex=3,xlab="",ylab=" 擲二骰子之和 ",cex.lab=1.5)
lines(1:n,sxa,lty=2,col=2,lwd=4);table(sxa) # 整理成表
barplot(table(sxa),col=rainbow(10))
```

註：我們可以用「抽出放回」的方式玩擲骰子遊戲，可參考 1.2 節的例 1。

例 1

　　至央行網站下載美元兌新臺幣日匯率序列資料（1995/1/3～2016/12/30），將其轉成日對數報酬率序列後（假定持有美元），試分別繪出日匯率與日對數報酬率序列時間走勢圖與直方圖。

解 可參考所附之 R 指令與下圖。

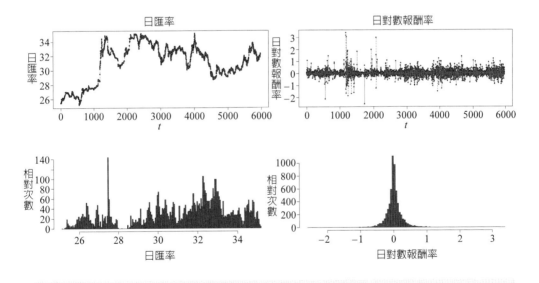

R 指令：

```
NTD = read.table("D:\\BM\\ch9\\NTDUSD.txt");exch = NTD[1];exchr = 100*diff(log(exch))
n = length(exch);windows();par(mfcol=c(2,2))
plot(1:n,exch,type="p",cex=1,pch=20,xlab="t",ylab=" 日匯率 ",cex.lab=1.5,
    main=" 日匯率 ",cex.main=2);lines(1:n,exch,lty=2,col=2,lwd=1)
hist(exch,breaks=200,xlab=" 日匯率 ",ylab=" 相對次數 ",cex.lab=1.5,main="",col=2)
```

```
plot(1:(n-1),exchr,type="p",cex=1,pch=20,xlab="t",ylab=" 日對數報酬率 ",cex.lab=1.5,
    main=" 日對數報酬率 ",cex.main=2);ines(1:(n-1),exchr,lty=2,col=2,lwd=1)
hist(exchr,breaks=200,xlab=" 日對數報酬率 ",ylab=" 相對次數 ",cex.lab=1.5,main="",col=2)
```

由圖 9-1 與例 1 的例子內，自然會發現擲骰子與檢視日匯率與日對數報酬率的結果竟然有些類似，我們於其中不難有下列的結論：

第一：即使簡單例如擲骰子的例子，我們事先仍無法知道會出現何結果？因此，若我們無法預知未來的匯率或對數報酬率的走勢，不是與不知擲骰子的結果為何一樣嗎？

第二：現實社會內，仍有許多類似的例子，像資產價格類似於匯率，而擲銅板或抽紙牌等則類似於擲骰子。隨機現象到處可見。

第三：雖說日外匯對數報酬率的時間走勢有點「雜亂無章」，不過透過例如直方圖的繪製，竟然發現該直方圖有點接近於「高峰鐘形對稱」的分配。值得注意的是，匯率的直方圖就較不明確。

第四：直覺而言，就所有的二骰子的點數總和而言，其中 7 點出現的機率最大（為 1/6），可參考圖 9-2，因此我們有時會有「幸運 7（lucky seven）」的講法。除了可用直覺判斷外，圖 9-1 提醒我們也可以觀察實際資料的相對次數計算機率，只是觀察值的個數需較多才行。

第五：擲骰子的例子是有意義的，畢竟除了透過圖 9-2 外，這個例子也指出亦可使用圖 9-1 的方式檢視一種隨機實驗（random experiment）的結果。此處我們稱為隨機實驗是指一種「事先會知道即將會有什麼結果出現，但是就是不知哪一個結果會出現」；因此，如果我們面對的是不確定或隨機的環境，就可視為從事一種隨機實驗。例如，上述美元兌新臺幣日匯率的例子，若我們有興趣預測未來匯率的走勢，則因無圖 9-2 作為輔助，我們只能單靠圖 9-1 的方式找出對應的「實證模型」；不過，也許我們還可以透過實證模型，找出對應的理論或機率模型，如圖 9-2 背後所隱藏的模型。

第六：就圖 9-1 與例 1 的例子而言，它們指出許多經濟或財務的隨機現象；也就是說，雖說資產價格的隨機性較難以掌握，不過就報酬率（或變動率）而言，後者相對上就明確安定多了。例如，再檢視例 1 的日對數報酬率序列，該序列雖有出現隨機性，但是其平均數似乎是一個常數值，而圍繞於平均數的波動幅度也趨向於固定[3]。不過該序列卻有一個現象值得我們注意，就是「大波動會伴隨大波動，小波動會伴隨小波動，即波動具有群聚（cluster）現象」。

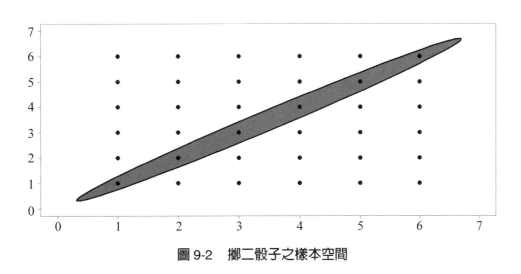

圖 9-2　擲二骰子之樣本空間

例2　非定態與定態

　　至 World Gold Council 下載每盎司黃金日美元價位（1978/12/29～2016/12/30）[4]，試分別繪出日黃金價格與日黃金對數變動率序列時間走勢圖與直方圖。

解　可參考下圖。值得注意的是，黃金日價格序列所形成的直方圖呈右偏的分配（即右邊的尾部較長），此說明了黃金日價格波動的範圍相當大，未來也不知其波動的幅度為何，故由直方圖可知黃金日價格序列偏向於「不安定的」序列，我們稱為之為非定態序列（nonstationary series），例1內的美元兌新臺幣序列亦屬於此類。

---

[3]　雖說於所觀察的期間內，日對數報酬率的最大值與最小值分別約為 3.585% 與 -2.558%，不過二極端值出現的可能性並不大，大部分的資料仍集中於 1% 與 -1% 的區間內，其占的比重約為 99%。

[4]　http://www.gold.org/research/download-the-gold-price-since-1978。

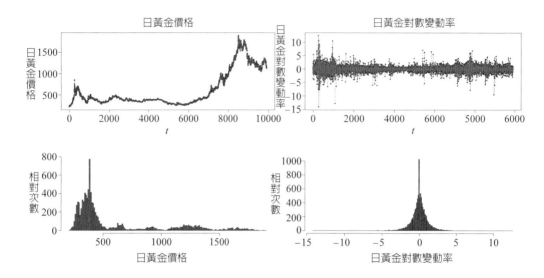

與非定態序列對應的是定態序列（stationary series），後者可表現於日黃金對數變動率序列或例 1 內的日外匯對數報酬率序列上。定態序列的（財金）資料特色是其直方圖趨向於「（高峰）鐘形對稱」分配，故相對上定態序列較為安定。

練習

(1) 為何同時擲二骰子出現 7 點和的機率為 1/6？

(2) 繪製出同時擲三個骰子的直方圖。

(3) 續上題，須同時擲多少次以上該直方圖方有明顯的形狀出現？

(4) 至 Fred 網站下載西德州原油價格（WTI）（1986/1/2～2017/1/3），試分別繪出日價格與日對數變動率序列時間走勢圖與直方圖。

提示：如下圖

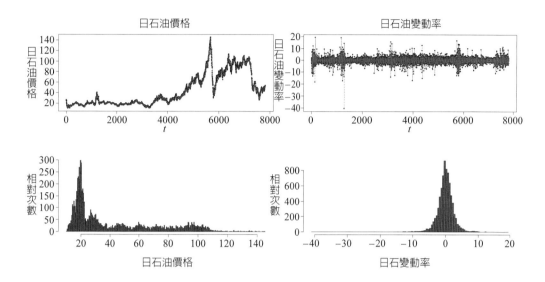

(5) 至央行網站下載商業本票次級市場 31-90 天期月利率（1987/5～2016/11），試分別繪出月利率與月利率對數變動率序列時間走勢圖與直方圖。

(6) 續上題，利率的走勢是屬於定態或非定態序列？

(7) 直覺而言，定態或非定態序列為何？

1.2 大數法則

　　前一節的練習 (2) 與 (3) 或圖 9-1 提醒我們一個事實：若有足夠的觀察次數，我們可以由相對次數得到真正的機率值。上述事實可稱為大數法則（law of large numbers）；換句話說，令 A 表示某事件（event）如出現 7 點的事件，A 的相對次數可寫成：

$$f(A) = \frac{N(A)}{N}$$

其中 $N(A)$ 表示 A 出現的次數而 N 表示總觀察次數。按照大數法則，若提高觀察的總次數，A 出現的相對次數會接近於 A 的真實機率，即

$$\lim_{N \to \infty} f(A) = P(A)$$

其中 $P(A)$ 表示 A 事件的真實機率。

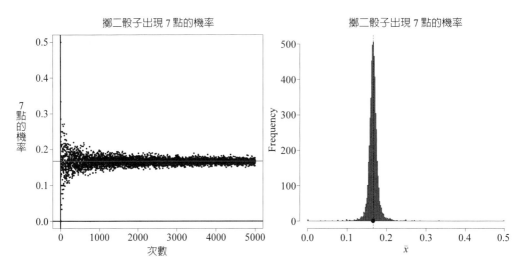

圖9-3 大數法則或中央極限定理

R 指令：

```
x1 = 1:6;x2 = x1;N = 5000;xbar = rep(0,N)
for(i in 1:N)
{
set.seed(12+i);sx1 = sample(x1,i,replace=T)
set.seed(123+i);sx2 = sample(x2,i,replace=T)
sxa = sx1+sx2;j = sxa == 7 # 二個等號
xbar[i] = mean(as.numeric(j))
}
windows();par(mfrow=c(1,2))
plot(1:N,xbar,type="p",pch=20,cex=1,xlab=" 次數 ",ylab="7 點的機率 ",cex.lab=1.5,
    main=" 擲二骰子出現 7 點的機率 ",cex.main=2)
abline(h=1/6,col=2,lwd=2);abline(v=0,h=0,lwd=3)
hist(xbar,breaks=200,xlab=expression(bar(x)),main=" 擲二骰子出現 7 點的機率 ",cex.lab=1.5,
    cex.main=2,col="tomato");abline(v=mean(xbar),lty=2);points(1/6,0,pch=20,cex=3)
```

利用 R，我們不難證明出大數法則的確存在，可參考圖 9-3 以及所附之 R 指令。欲瞭解圖 9-3 以及所附的 R 指令，可先參考例 1。

例 1

擲一個公平的骰子 6 次，計算出現 4 點的相對次數。

解 利用 R，我們可以使用「抽出放回」的方法來擲骰子，先參考下列的 R 指令：

```
A = c(1:6);sample(A,6,replace=TRUE);sample(A,6,replace=TRUE)
set.seed(1234);x = sample(A,6,replace=TRUE);h = x == 4 # 二個等號
h # FALSE  TRUE  TRUE  TRUE  FALSE  TRUE
as.numeric(h) # 0 1 1 1 0 1,FALSE 用 0 而 TRUE 用 1 表示
xbar = mean(as.numeric(h))
xbar # 0.666666
```

上述第 1 個指令是令 A 為一個集合，而其內有 1 至 6 的數值，因此可視 A 為一個骰子。第 2 與第 3 個指令是指從 A 內以「抽出來再放回去」的方法逐次抽出 6 個數值，故此動作相當於擲一個骰子 6 次。若檢視第 2 與第 3 個指令的結果數次，可發現每次的結果皆不一樣；本來就是，擲幾次骰子的結果本來就會不同。倘若我們想要有相同的結果，則第 4 與第 5 個指令必須同時使用，其中 set.seed(·) 內的數字是隨意取的；因此，透過此種方式，抽取許多次後，若我們每次皆使用 set.seed(·) 內相同的數字，則我們所得出的結果應會相同。

第 6 個指令是將所抽出的結果令為 x，下一個指令是將 x 內的元素等於 4 的結果令為 h，我們可以看出 x 內的第 1 個元素並非等於 4，而第 2～4 個元素等於 4，以及最後一個元素不等於 4，上述結果是表現於 h 內。也就是說，於 h 內，「不等於 4」與「等於 4」的元素分別是以 FALSE 以及 TRUE 表示。最後，第 8 個指令是將 h 內的元素以 0 或 1 表示，即 FALSE 為 0 而 TRUE 為 1；因此，我們可看出相對次數的概念其實就是一種平均數的計算。上述的觀念可以擴充，再檢視下列指令：

```
x # 1 4 4 4 6 4
i = x <= 4;xbar = mean(as.numeric(i))
xbar # 0.8333333
```

　　上述指令是表示 x 內有 1、4 以及 6 三個數值，其中 4 有 4 個。我們繼續計算小於等於 4 的相對次數，依舊可以用平均數的觀念計算。換句話說，我們計算某事件的相對次數，相當於計算該事件的平均數！

　　現在我們就可以解釋圖 9-3 的意思了。由圖 9-2 可知出現擲二骰子之和為 7 的機率為 1/6，只是我們如何證明出上述結果？直覺而言，可多丟幾次看看！局勢混淆不清，混沌不明，可再多觀察幾次看看！大數法則就是說明多檢視幾次，事情自會明朗。因此，我們試著擲二骰子 1～5,000 次，每次皆記錄下出現 7 點的相對次數並繪於圖 9-3，從左圖內可看出隨著觀察次數的增加，出現 7 點的相對次數的確逐漸接近於真實的機率 1/6。

　　我們也可以從另一種角度檢視出現 7 點的機率。圖 9-3 的右圖就是繪出上述擲 5,000 次後，所有相對次數之直方圖。值得注意的是，我們是用平均數的方法計算相對次數，因此右圖可視為一種「平均數所形成的分配」，其竟然也是出現「高峰對稱的」型態；有意思的是，若我們將 5,000 次的平均數再計算一次總平均數，如圖內的斜線所示，其居然接近於真實的機率 1/6（即真正的平均數），如圖內的黑點所示。此種「平均數分配的平均數等於真正的平均數」，我們稱為中央極限定理（the central limit theorem）；換言之，大數法則的另一種表現方式就是中央極限定理。

　　若仔細再思索，其實圖 9-3 背後所隱含的意義還真的有意思。「丟一個銅板 10 次，真的會出現 5 次正面，5 次反面嗎？」。為何不易出現此種結果？圖 9-3 的例子就是告訴我們：觀察次數不夠，事情還未明朗化，自然不易出現我們預期的結果。也就是說，為何我們所面對的皆是隨機變數，為何會有隨機的結果（即事先不知何結果會出現），其竟然與擲骰子不知會有何結果一樣；還好，大數法則或中央極限定理有提醒我們：多觀察幾次，事情的隨機性才會逐漸消失。「報載，西太平洋有颱風生成，目前仍不知是否會影響臺灣」。「颱風逐漸逼近，侵臺的機率大增；不過，我們是否真的會受影響，仍有待觀察」。

例2 **樣本空間與事件**

至英文 YAHOO 網站下載 Dow Jones 日（調整後）收盤價指數（1985/1/2~2016/12/30），試將其轉換成日對數報酬率序列並令為 r。若將 r 分成 $r \leq -1$、$-1 < r < 1$、以及 $r \geq 1$ 三個部分（事件），試分別計算三個事件的機率。（單位：%）

解 上述三個事件分別以 A、B 以及 C 表示，而稱

$$S = \{\omega_1, \omega_2, \cdots\}, \ i = 1, \cdots, N$$

為樣本空間（sample space），其中 ω_i 為樣本點（sample point）以及樣本點的總個數 N，而事件就是樣本空間的部分集合。故若以相對次數表示機率而每個樣本點的機率為 $1/N$，我們可以先計算出事件內的樣本點數為何，即可得該事件的機率；例如，A 事件的機率可寫成：

$$P(A) = \sum_{\omega_i \in A} P(\omega_i)$$

其中 $P(\omega_i)$ 表示樣本點 ω_i 出現的機率。

就上述期間的 Dow Jones 日對數報酬率序列而言，可計算出總樣本點個數為 $N = 8{,}048$，其中 A、B 以及 C 事件內的樣本點數分別為 934、6,072 以及 1,042；因此，A、B 以及 C 事件的機率分別約為 0.12、0.75 以及 0.13，可參考下列 R 指令。

R 指令：
```
DW = read.table("D:\\BM\\ch9\\DowJones.txt");R = 100*diff(log(DW[,1]));T = length(R) # 8048
windows();plot(R,type="l",lwd=4)
i = R <= -1;R1 = R[i];T1 = length(R1) # 934
i = R > -1 & R < 1;R2 = R[i];T2 = length(R2) # 6072
i = R >= 1;R3 = R[i];T3 = length(R3) # 1042
# hist(R,breaks=100)
T1+T2+T3 # 8048
p1 = T1/T # 0.1160537
p2 = T2/T # 0.7544732
p3 = T3/T # 0.1294732
```

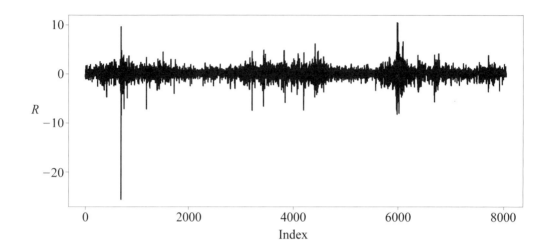

例 3

　　續例 2，於上圖內可看出 Dow Jones 日對數報酬率序列「群聚的現象」相當明顯，上述現象是否會影響到中央極限定理的成立？就擲骰子的例子而言，每次擲骰子幾乎可以視爲從事一種相同的隨機實驗；類似地，我們以「抽出放回」的方法取代，每次抽取亦可視爲從事相同的隨機抽樣。將 A、B 以及 C 事件的機率視爲眞實的機率，試以 R 證明隨著抽取的樣本數增加，機率值會趨向於眞實的機率。

解　可參考下圖以及所附之 R 指令。

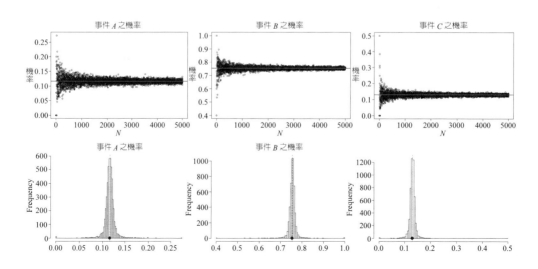

R 指令：

```
N = 5000;spA = rep(0,N);spB = spA;spC = spA
for(i in 1:N)
{
 sp = sample(R,i,replace=T); j = sp <= -1 ;spA[i] = mean(as.numeric(j))
 sp = sample(R,i,replace=T);j = sp > -1 & sp < 1 ;spB[i] = mean(as.numeric(j))
 sp = sample(R,i,replace=T);j = sp >= 1;spC[i] = mean(as.numeric(j))
}
windows();par(mfcol=c(2,3))
plot(1:N,spA,type="p",pch=1,cex=1,xlab="N",ylab=" 機率 ",cex.lab=1.5,main=" 事件 A 之機率 ",
    cex.main=2);abline(h=p1,lwd=2,col=2)
hist(spA,breaks=100,xlab="",main=" 事件 A 之機率 ",cex.main=2);abline(v=mean(spA),lty=2,col=2)
points(p1,0,pch=20,cex=3) # 0.1160537
plot(1:N,spB,type="p",pch=1,cex=1,xlab="N",ylab=" 機率 ",cex.lab=1.5,main=" 事件 B 之機率 ",
    cex.main=2);abline(h=p2,lwd=2,col=2)
hist(spB,breaks=100,xlab="",main=" 事件 B 之機率 ",cex.main=2);abline(v=mean(spB),lty=2,col=2)
points(p2,0,pch=20,cex=3) # 0.7544732
plot(1:N,spC,type="p",pch=1,cex=1,xlab="N",ylab=" 機率 ",cex.lab=1.5,main=" 事件 C 之機率 ",
    cex.main=2);abline(h=p3,lwd=2,col=2)
hist(spC,breaks=100,xlab="",main=" 事件 C 之機率 ",cex.main=2);abline(v=mean(spC),lty=2,col=2)
points(p3,0,pch=20,cex=3) # 0.1294732
```

練習

(1) 何謂大數法則？試舉一例說明。

(2) 何謂中央極限定理？試舉一例說明。中央極限定理與大數法則有何關聯？

(3) 擲一個銅板 2 次，為什麼未必會出現 1 次正面與 1 次反面？

(4) 為何會有隨機的結果？

(5) 利用上述 Dow Jones 的序列資料，計算整個期間日對數報酬率的樣本變異數約為 1.25。若將上述樣本變異數視為真正的變異數，試以 R 證明隨著抽取的樣本數增加，樣本變異數會逐漸接近真正的變異數。

提示：如下圖

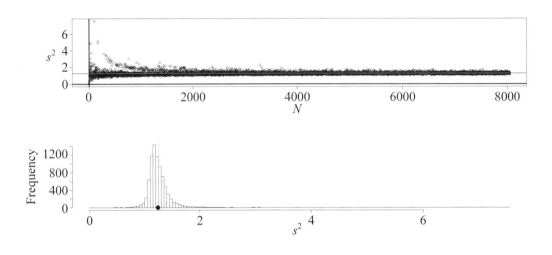

第二節　機率理論

於前一節內，我們大多以實際的資料或以直覺的方式介紹機率；明顯地，上述方式並不滿足我們所需，我們需要有一種方式（或架構）能夠探究實際資料是如何產生的，或是說存在有一個「理論模型」而我們所觀察到的實際資料，就是從該理論模型中抽取而來。事實上，該理論模型，就是建立在由機率理論所發展出的數學模型的基礎上。

2.1　事件空間

如前所述，利用實際資料所形成的實證模型，我們有看到「隨機內的規則性」現象，該現象就是說明了，雖說存在著不確定性，不過其內卻隱藏著有規則，有脈絡可循的軌跡。機率模型建構的目的，就是要找出實際資料內隱藏的「隨機內的規則性」的數學模型。欲瞭解機率模型，我們須從一個簡單能產生實際資料的隨機實驗開始。一個隨機實驗須符合下列三個條件：

第一：事先知道會有多少種不同的結果出現；
第二：但是事先卻不知哪一個結果會出現，不過這些結果卻有一些規則可循；
第三：於相同的條件下，可重複實驗。

上述第二個條件乍看之下似乎有些衝突：單一結果是無法預期的，不過卻有一些脈絡可循。不過，於前一節內，我們已經發現可以透過例如大數法則的應用，找出規則性。因此，面對上述衝突，我們可分成二個層面解決：第一，所關心的事件（events of interest）的形式化；第二，將上述事件以機率表示。

例 1

符合隨機實驗的情況不在少數，底下列出一些例子：

(A) 假定我們可以於相同的條件下重複隨機實驗，例如擲一個銅板並記錄其結果；明顯地，不同的結果可寫成以一個集合表示，如 $\Omega = \{H, T\}$，其中 H 與 T 分別表示正面與反面。

(B) 擲三個銅板並記錄其結果，即所有不同的結果可寫成：

$$\Omega = \{HHH, HHT, HTH, HTT, THH, TTH, THT, TTT\}$$

(C) 連續檢視某檔股票價格一直至出現上漲為止，其亦可視為從事一種隨機實驗，即若視 U 與 D 分別表示上漲與不上漲，則其不同的結果可寫成：

$$\Omega = \{U, DU, DDU, DDDU, DDDDU, \cdots\}$$

(D) 計算某檔股票價格於同一交易日的一段時間內以市價交易的次數，其不同的結果可用含 0 的正整數 N 表示，即：

$$\Omega = \{0, 1, 2, 3, 4, \cdots\}$$

(E) 檢查一個 LED 電燈的壽命，其不同的結果可用大於等於 0 的實數表示，即：

$$\Omega = [0, \infty)$$

瞭解隨機實驗的意義後，我們就可以介紹樣本空間的觀念。樣本空間就是將隨機實驗的所有結果以一個集合表示，通常以 S 表示，S 內的元素可以稱為基本的結果。因此，就例 1 的例子而言，我們可以樣本空間 S 表示實驗的結果，即：

(A) $S = \{H, T\}$

(B) $S = \{HHH, HHT, HTH, HTT, THH, TTH, THT, TTT\}$

(C) $S = \{U, DU, DDU, DDDU, DDDDU, \cdots\}$

(D) $S = \{x : x \in \{0\} \cup N\}$

(E) $S = \{x : x \in R, 0 \le x < \infty\}$

值得注意的是，上述樣本空間有些是屬於有限的（finite）集合，如 (A) 與 (B)；但是，有些卻是屬於無限的（infinite）集合，如 (C) 與 (D)。上述 (A)～(D) 皆是屬於可數的（countable）的集合，不過 (E) 卻屬於不可數的（uncountable）的集合。

例2　集合的操作

　　上述所關心的事件與基本的結果有何不同？假定有一個隨機實驗為擲一個公平的銅板二次，故其樣本空間可為：

$$S = \{(H,T), (T,H), (H,H), (T,T)\}$$

我們可以定義下列所關心的事件分別為：

$$A = \{(H,T), (T,H), (H,H)\}$$
$$B = \{(T,T), (H,H)\}$$
$$C = \{(H,T), (T,H), (T,T)\}$$

是故，我們可以應用集合的觀念表示，例如：

$$A \subset S, B \subset S, C \subset S\ （A, B, C\ 皆是\ S\ 的子集合）$$
$$A \cup B = S\ （A\ 與\ B\ 之聯集為\ S）$$
$$A \cap B = \{(H,H)\}\ （A\ 與\ B\ 之交集為\ \{(H,H)\}）$$
$$\overline{C} = \{(H,H)\}\ （C\ 之餘集為\ \{(H,H)\}）$$
$$C \cap \overline{C} = \{\} = \varnothing\ （C\ 與\ \overline{C}\ 之交集為空集合）$$
$$A - B = A \cap \overline{B} = \{(H,T), (T,H)\}\ （A\ 減\ B\ 為\ \{(H,T),(T,H)\}）$$
$$A \Delta B = (A \cap \overline{B}) \cup (\overline{A} \cap B) = \{(H,T), (T,H), (T,T)\}$$

其中我們定義二個集合之對稱差（symmetric difference）為：

$$A \Delta B = (A \cap \overline{B}) \cup (\overline{A} \cap B) = \{x : x \in A \ or \ x \in B \ and \ x \notin A \cap B\}$$

可參考下圖。

　　因此，若不使用事件而只使用基本的結果，雖說後者仍可應用集合論來定義所關心的事件，不過也「太辛苦了」。底下，我們介紹一些特殊的事件。首先，是全集（the universal set）S，亦可稱為確定集（sure set），全集就是樣本空間，其是表示無論結果為何，它一定會出現；換言之，全集相當於在說明「考試的成績介於0至100分的可能性為100%」或「明天鐵定會下雨」等事件。與全集對應的是空集合 $\varnothing$，其亦稱為不可能的事件，表示不可能出現的事件。

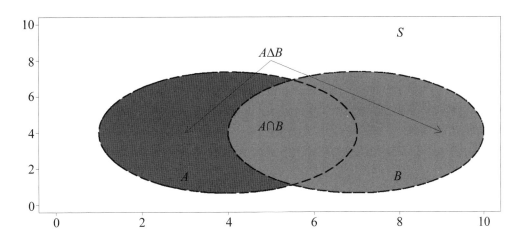

　　有意思的是，不可能的事件常出現於 $A \cap B = \varnothing$ 的情況；也就是說，當二事件的交集為空集合時，表示二事件不可能同時存在，彼此會相互排斥（mutually exclusive），故稱二事件屬於互斥事件。例如：「股價不會同時上漲又下跌」。利用互斥事件，我們倒是想到如何分割一個樣本空間 S。若事件 A_1、A_2、$\cdots$、A_n 稱構成 S 的一個分割，則：

(A) 就所有的 $i \neq j, i, j = 1, 2, \cdots, n$ 而言，$A_i \cap A_j = \varnothing$。

(B) $\bigcup_{i=1}^{n} A_i = S$。

例 3 事件空間

由例 2 可看出利用所關心的事件來表示實驗的結果，應該比直接用基本的結果來得有效；因此，若不能確定實驗的何種結果會出現，需要用機率表示時，當然也是用事件機率表示較好。不過還沒定義事件機率之前，我們仍需建立一些觀念。

直覺而言，若選擇 A 與 B 二個有興趣的事件，則間接的例如 $\bar{A}$、$\bar{B}$、$A \cup B$、$A \cap B$、$A \triangle B$、……等事件應該也「被迫」感興趣才對；也就是說，除了 A 與 B 二事件外，我們必須再找出 S 內所有的子集合（或部分集合）出來才合理。因此，我們須再考慮二種特殊的事件空間，其一是明顯的事件空間（trivial event space），另一則是冪集（power set）。即：

(A) $F_0 = \{S, \varnothing\}$

(B) $P_0(S) = \{A : A \subset S\}$

上述 (A) 是指 F_0 是一個明顯的事件空間，其內包含樣本空間 S 與空集合 $\varnothing$，不過因為後二者並未提供有用的訊息，反而變成不是我們感興趣的標的。(B) 則表示 S 之冪集 $P_0(S)$，它是表示 S 內所有的子集合所形成的集合。S 之冪集是重要的，因為它可包括事件之所有的集合操作，即 $P_0(S)$ 是一個封閉的（closed）集合[5]。

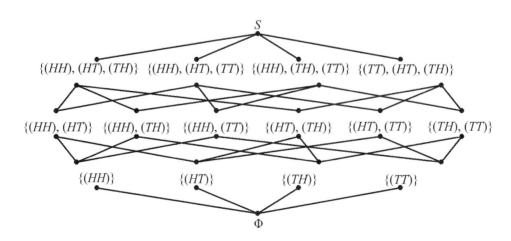

---

[5] 我們稱 $P_0(S)$ 是一個封閉的集合，是指所有 S 內的事件之交集、聯集與餘集等集合操作結果仍包含於 $P_0(S)$ 內。

就例 2 而言，我們如何得到 $F(S)$？參考上圖可知：

$$S = \{(HT),(TH),(HH),(TT)\}$$

$$\begin{aligned}
P_0(S) = \{&S,[(HH)(HT)(TH)],[(HH)(HT)(TT),[(HH)(TH)(TT)],\\
&[(TT)(HT)(TH)],[(HH)(HT)],[(HH)(TH)],[(HH)(TT)],[(HT)(TH)],\\
&[(HT)(TT)],[(TH)(TT)],[(HH)],[(HT)],[(TH)],[(TT)],\varnothing\}
\end{aligned}$$

不過，我們可從二個方向可看出 $P_0(S)$ 的使用是不恰當的：第一，若 S 為一個可數的集合，而其內有 n 個元素，則 $P_0(S)$ 內將有 2^n 個子集合，明顯地計算過程將非常繁雜；第二，就數學的觀點而言，若 S 為一個不可數的集合，例如；

$$S = \{x : 0 \leq x \leq 1, x \in R\}$$

則因無法找出合適的子集合當作事件，因此無法分派機率。

例 4 域

　　樣本空間是重要的，只是我們希望有一個（數學）架構能利用事件的觀念來表示隨機實驗的結果並分派機率。如前所述，若 A 與 B 是我們所關心的二事件，則與 A 與 B 有關的事件如$A \cup B$、$A \cap B$、$A \cup \bar{B}$ 或 $\bar{A} \cup B$ 等，應該也是我們所關心的事件。例 3 介紹的冪集觀念雖能符合上述的要求，不過因冪集不具實用性且無法克服，例如不可數的集合等技術上的問題，數學家只好另找其他的觀念取代。他們想出「域（field）」這個抽象的概念，基本上「域」是來自於冪集觀念的提昇。

　　我們稱 F 是樣本空間 S 的一個域（F 收集 S 內的子集合），須滿足下列三個條件：

(1) $S \in F$；
(2) 若$A \in F$，則 $\bar{A}$ 也屬於 F（$\bar{A} \in F$）；
(3) 若 A 與 B 皆屬於 F，則 A 與 B 之聯集亦皆屬於 F。

顯然，域的「想像空間」大於冪集，底下列出域的例子：

(A) 例 3 內的 $F(S)$ 是一個域。

(B) $F_0 = \{S, \varnothing\}$ 是一個明顯的域，因：

$$S \in F_0,\ S \cup \varnothing = S \in F_0,\ S \cap \varnothing = \varnothing \in S,\ S - \varnothing = S \in S$$

(C) A 事件所產生的一個域，寫成 $F(A)$，$F(A) = \{S, \varnothing, A, \overline{A}\}$。$F(A)$ 是一個域，是因：

$$
\begin{array}{llll}
S \in F(A) & S \cup \varnothing = S \in F(A) & A \cup S = S \in F(A) & \overline{A} \cap S = \overline{A} \in F(A) \\
A, \overline{A} \in F(A) & S \cap \varnothing = \varnothing \in F(A) & A \cup \overline{A} = S \in F(A) & A \cap \overline{A} = \varnothing \in F(A) \\
\varnothing \in F(A) & S - \varnothing = S \in F(A) & A \cap S = A \in F(A) & \overline{A} \cup S = S \in F(A)
\end{array}
$$

答案已經快要呼之欲出了；明顯地，於上述例 (C) 內，已經讓我們看到一個機率模型架構的雛形了。於一個機率模型內，F_0 是基本的結果，因為其內有含「完全有可能」與「完全不可能」的二種結果；其次，若所關心的事件為 A，則除了 A 事件出現的機率外，我們也應該包含任何與 A 事件有關的機率，與 A 事件有關的事件，當然是以集合的操作表示。因此，例 (C) 倒是提供一種建立機率架構的方式。例如：$S = \{(HT), (TH), (HH), (TT)\}$，二個事件 A 與 B 分別為 $A = \{(HH), (HT)\}$ 與 $B = \{(HT), (TH)\}$，令 $D_1 = \{A, B\}$，則如何產生 $F(D_1)$ 以及其他相關的域？我們可以分成三個步驟說明：

步驟 1

首先，形成一個有包含 A 與 B 之餘集的集合 $D_2 = \{S, \varnothing, A, B, \overline{A}, \overline{B}\}$；因此，$\overline{A} = \{(TT), (TH)\}$ 而 $\overline{B} = \{(HH), (TT)\}$。

步驟 2

其次，形成一個有包括 D_2 內所有元素交集的集合，即

$$D_3 = \{D_2, (A \cap B), (\overline{A} \cap B), (A \cap \overline{B}), (\overline{A} \cap \overline{B})\}$$

步驟 3

類似步驟 2，形成一個有包括 D_3 內所有元素聯集的集合，即

$$D = \{D_3, (A \cup B), (\overline{A} \cup B), (A \cup \overline{B}), (\overline{A} \cup \overline{B}), \cdots\}$$

其中 D 是一個域。因 $D_1 \subset D_2 \subset D_3 \subset D$，故我們稱 D 為由 $F(D_1)$ 所產生的一個

最小的一個域，寫成 $F(D_1) = D$。顯而易見的是，D 就是冪集 $P_0(S)$。因此，我們亦可以使用上述步驟建立冪集！

例 5　σ 代數或 σ 域

再考慮擲一個銅板二次的例子，令 $A_1 = \{(HH)\}$ 與 $A_2 = \{(TT)\}$，明顯地由 A_1 與 A_2 所形成的集合並不是一個域，不過由該集合所產生的域可為：

$$F_2 = \{S, \varnothing, A_1, A_2, (A_1 \cup A_2), \overline{A_1}, \overline{A_2}, (\overline{A_1} \cap \overline{A_2})\}$$

F_2 的形成倒是提醒我們：若是期初的事件如 A_1 與 A_2 是分割 S 的二個事件，則由該二事件所形成的域不就是 F_2 嗎！我們也可以再考慮有多個期初事件的情況。考慮 S 是由 n 個事件 $\{A_1, A_2, \cdots, A_n\}$ 所分割而成，則由 $A = \{\varnothing, A_1, A_2, \cdots, A_n\}$ 內的元素的所有聯集所形成的集合可形成一個域，其可寫成：

$$F(A) = \{B : B = \bigcup_{i=I} A_i, I \subseteq N\}$$

$F(A)$ 就稱為一個 σ 域（σ-field），亦稱為一個 σ 代數（σ-algebra）。換言之，若 F 收集 S 內的一些子集合，我們稱 F 是一個 σ 域（讀成 sigma-field），須滿足下列三個條件：

(1) $S \in F$；
(2) 若 $A \in F$，則 $\overline{A} \in F$；
(3) 若 $A_i \in F, i = 1, 2, \cdots, n, \cdots$，則集合 $\bigcup_{i=1}^{\infty} A_i \in F$。

值得注意的是，利用上述條件 (2)，條件 (3) 亦可寫成：

$$\bigcap_{i=1}^{\infty} A_i \in F \left(因 \overline{\bigcup_{i=1}^{\infty} A_i} = \bigcap_{i=1}^{\infty} \overline{A_i}\right)$$

因此，一個 σ 域是一個具有封閉性（於集合操作下）的非空集合，σ 域的確幫事件空間提供了一個極一般化的數學架構；無可諱言的是，一般所說到的域，皆是屬於 σ 域內的一個特例。

例6 Borel σ 域

機率理論中，最重要的 σ 域，莫過於定義在實數上，我們稱爲 Borel σ 域或稱爲 Borel 域，可寫成 $B(R)$。我們如何於一條數線 R 上定義 $B(R)$？於一條數線上，我們可以區間如 (a, ∞)、(a, b) 或 $(-\infty, b)$ 等取代事件，結果我們發現以半一無限值區間 $(-\infty, b]$ 取代最恰當；也就是說，若 S 表示數線 $R = \{x: -\infty < x < \infty\}$ 而所關心的事件爲：

$$J = \{B_x : x \in R\}$$

其中

$$B_x = \{z : z \leq x\} = (-\infty, x]$$

則由 B_x 形成的 σ 域究竟爲何？姑且將其稱爲 $\sigma(J)$。我們可以從 B_x 開始，再擴充至 B_x 的餘集，即

$$\overline{B_x} = \{z : z \in R, z > x\} = (x, \infty) \in \sigma(J)$$

接著，再考慮 B_x 的可數的聯集，即

$$\bigcup_{n=1}^{\infty}(-\infty, x - (1/n)] = (-\infty, x) \in \sigma(J)$$

故 $\sigma(J)$ 的確是一個域。我們也可以進一步檢視 $\sigma(J)$ 有多大。考慮下列的情況：

$$(x, \infty) = \overline{(-\infty, x]} \in \sigma(J)$$
$$[x, \infty) = \overline{(-\infty, x)} \in \sigma(J)$$
$$(x, z) = \overline{(-\infty, x] \cup [z, \infty)} \in \sigma(J)$$
$$\{x\} = \bigcap_{n=1}^{\infty}(x, x - 1/n] \in \sigma(J)$$

顯然，R 內的許多可想到的子集合幾乎皆可包括於 $\sigma(J)$ 內；另一方面，R 內其他的子集合所形成的域，也幾乎與 $\sigma(J)$ 重疊，故通常我們寫成 $\sigma(J) = B(R)$。

瞭解事件空間的表示方式後，我們就可以考慮機率的分派。類似 1.2 節的例 2，我們可以先考慮樣本空間內的樣本點爲一個有限的結果，即：

$$S = \{\omega_1, \omega_2, \cdots, \omega_n\}$$

單一結果的機率可寫成 $P(w_i)$。直覺而言，利用上述集合的觀念，可有

$$\bigcup_{i=1}^{n} \omega_i = S$$

即 $\omega_1, \omega_2, \cdots, \omega_n$ 構成 S 的一種分割，故

$$P(\bigcup_{i=1}^{n} \omega_i) = P(S) = 1$$

顯然，若分派機率值至每一結果，即可形成 S 的一種簡單的機率分配，即：

$$\begin{cases} \omega_1 \to 0 \le P(\omega_1) \le 1 \\ \omega_2 \to 0 \le P(\omega_2) \le 1 \\ \qquad \vdots \\ \omega_n \to 0 \le P(\omega_n) \le 1 \end{cases} \text{而} \sum_{i=1}^{n} P(\omega_i) = 1$$

理所當然，愈瞭解機率的架構，愈會發現要得出機率分配的特殊型態以及對應的機率的衡量，並不是一件簡單的事。

（練習）

(1) 擲一個公正的銅板三次，其樣本空間為何？$P(S) = ? \ P(\varnothing) = ?$
　　提示：$S = \{(HHH), (HHT), (HTT), (HTH), (TTT), (TTH), (THT), (THH)\}$

(2) 續上題：令 $A_1 = \{(HHH)\}$ 與 $A_2 = \{(TTT)\}$，試計算：

$$P(A_2), P(\overline{A_1}), P(\overline{A_2}), P(A_1 \cup A_2), P(\overline{A_1} \cap \overline{A_2})$$

(3) 何謂 σ 域？試解釋之。
(4) 為何我們要使用集合的操作？有何涵義？
(5) 何謂 Borel σ 域？試解釋之。

2.2 機率空間

直覺而言，利用樣本點來分派機率是不夠的，我們可以用事件來定義機

率；換言之，我們可以將機率的計算[6]想像成是一個機率集合函數，其是由一個 σ 域 F 對應至 $[0, 1]$，故可寫成：

$$P(\cdot) : F \to [0, 1]$$

若 $P(\cdot)$ 是一個機率集合函數，就必須滿足下列三個條件：

(1) 就任何的樣本空間 S 而言，$P(S) = 1$；
(2) 就任何事件 $A \in F$ 而言，$P(A) \geq 0$；
(3) 可數的加總（Countable addition）。就一個可數的相互排斥的序列事件而言，即 $A_i \in F, i = 1, 2, \cdots, n, \cdots, A_i \cap A_j = \varnothing \ (i \neq j)$，則：

$$P(\bigcup_{i=1}^{\infty} A_i) = \sum_{i=1}^{\infty} P(A_i)$$

上述機率性質是適用於可數的事件空間的情況，至於不可數的事件空間之數學架構，已超出本書所欲介紹的數學範圍，有興趣的讀者可參考 Williams（1991）[7]。不過，於下一章內，我們倒是利用積分來取代上述加總，來計算不可數的事件機率。之前，我們是用直覺或相對次數來計算機率，底下我們將介紹一些特殊的機率分配與其性質，利用特殊的機率分配來計算機率，可以避免樣本數量不足的窘境；不過，於未介紹之前，我們仍須澄清一些觀念。

例 1 機率空間

若注意上述機率集合函數 $P(\cdot)$，我們發現 $P(\cdot)$ 是根據樣本空間 S 與事件空間 F 而來；也就是說，若我們要計算單一結果的機率，相當於是從事於一種隨機實驗，我們必須先定義（思考）S 與 F，才能得出 $P(\cdot)$，值得注意的是，此時 $P(\cdot)$ 是一個機率分配。因此，(S, F, P) 可視為一體，若隨機實驗可以重複 n

---

[6] 我們已經知道事件空間也有可能屬於 $B(R)$ 而我們是用「區間（或空間）」來表示事件，故事件的機率有牽涉到如何衡量「區間（或空間）的長度」，故一般是以機率衡量（probability measure）表示機率值的取得；換言之，用直覺來得到機率值只是機率衡量的一個特例。本書並沒有介紹機率衡量，故以機率的計算取代。

[7] Williams, D. (1991), Probability with Martingale, Cambridge University Press, Cambridge.

次，則我們不就是於 n 個相同的分配（identical distribution）下，欲計算 n 個結果的機率，此時每一分配皆爲 (S, F, P)。爲何 (S, F, P) 如此重要？可再思考下列的例子。

一個簡單的例子是擲一個公正的銅板二次，則因每次的結果只有 $\{H, T\}$，故

$$S = \{H,T\} \times \{H,T\} = \{HH, HT, TH, TT\}$$

另一方面，事件空間就是表示所有可能的事件所形成的集合，其可爲：

$F = \{[(HH),(HT),(TH)],[(HH),(HT),(TT)],[(HH),(TH),(TT)],[(TT),(HT)(TH)],$
$[(HH),(TH)],[(HH),(TH)],[(HH),(TT)],[(HT),(TH)],[(HT),(TT)],[(TH),(TT)],$
$[(HH)],[(TT)],[(TH)],[(HT)],S,\varnothing\}$

故事件空間相當於提醒我們可有多少種「有興趣」的事件，只要我們關心其中一個，例如 A 爲至少出現一次正面的事件，則任何與 A 有關的事件（以集合操作表示）皆在 F 內，因此可以進一步計算該事件的機率$P(\cdot)$。所以，就數學的觀點（架構）來看，其目標是相當「深遠的」，畢竟它想要思索「能涵蓋所有事物」的機率架構。雖說，我們只想計算出 A 以及與 A 有關的事件的機率，不過機率的數學架構卻提醒我們該機率的確是存在的；因此，整個順序應該顛倒過來：首先，於 (S, F, P) 內，可以知道所關心的事件的機率的確存在，我們的目標就是要估計出該機率來。

例 2

試說明 $P(A) = 1 - P(\overline{A})$。

解　$P(\overline{A})$ 是表示 A 事件餘集的機率。某一事件之餘集的觀念是相當好用的，畢竟所關心的爲 A 事件，則 $\overline{A}$ 是指「非所關心的」事件。通常所關心的事件，我們是用「成功」事件表示，則非所關心的事件就是「失敗」的事件。例如，明天下雨的機率爲 0.7，則明天不下雨的機率爲 0.3；又例如，例 1 中，若 A 是指至少出現一次正面事件，則 $A = \{(HH), (HT), (TH)\}$，故 $\overline{A} = \{(TT)\}$；因此，$P(A) = 3/4$ 而 $P(\overline{A}) = 1/4$，此處「明天下雨」與「至少出現一次正面」皆可視爲成功的事件。

例 3 伯努尼機率分配

　　老實說，我們雖然已經知道機率的數學架構如 (S, F, P)，但是該架構所隱含的觀念是抽象的，對於欲實際計算機率的我們幫助不大。如前所述，除了可用「直覺」或用「大樣本數下的相對次數」觀念幫我們計算機率外，於機率論的發展過程中，倒是發展出一些特殊的機率分配，我們只要知道這些機率分配的性質與用法，反而可以簡單地計算出機率來。

　　下列我們介紹一種簡單的參數型機率分配函數（parametric probability distribution function），該機率分配函數稱為伯努尼機率分配（Bernoulli probability distribution）。伯努尼機率分配可以說是幫例 1 內的「成功」與「失敗」事件之二分法的實驗結果，提供了一種一般化的表示方式；換言之，伯努尼機率分配的數學型態可寫成：

x	0	1
$f(x; \theta)$	$1 - \theta$	θ

其中 θ（音 theta）就是一個參數（未知數），其值是介於 0 與 1 之間，而稱 $f(x; \theta)$ 為一個機率函數。我們也可以將上述的數學型態改寫成：

$$f(x; \theta) = \theta(1 - \theta)^{1-x}, \ \theta \in [0,1], \ x = 0,1$$

伯努尼機率分配可用於計算一個隨機實驗只有二種結果的機率。例如，擲一個公正的骰子一次，若所關心的是出現 5 點以上（含）的機率，可將出現 5 點以上（含）的事件，令為成功的事件並用 $x = 1$ 表示；理所當然，$x = 0$ 就是表示失敗的事件。直覺而言，因 $P(x = 1) = 1/3$，故若將 $x = 1$ 代入上述機率函數內，可得 $f(1; \theta) = \theta$，是故伯努尼機率分配內的參數 θ，就是表示成功事件的機率。可參考下圖以及所附之 R 指令。

R 指令：

```
x = c(0,0,0,0,1,1);f = table(x)/6
windows();barplot(f,col=rainbow(5),ylab="f(x)",xlab="x",cex.lab=1.5,
        main=" 伯努尼機率分配 ",cex.main=2);abline(h=0,lwd=4)
```

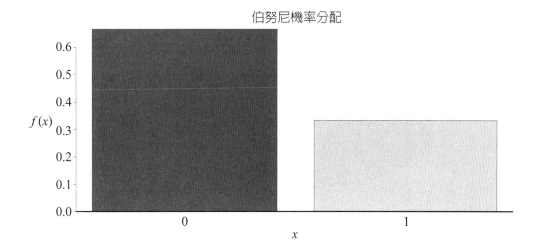

伯努尼機率分配

$f(x)$

例 4

試證明 $P(A \cup B) = P(A) + P(B) - P(A \cap B)$。

解 我們可以用上述一個機率集合函數內的可數的加總條件證明，即令事件 $C = \{A - (A \cap B)\}$，而 C 與 B 二事件為互斥事件；因此：

$$P(A \cup B) = P(C \cup B) = P(A - (A \cap B)) + P(B) = P(A) + P(B) - P(A \cap B)$$

可參考下圖以及所附之 R 指令。

R 指令：

```
library(plotrix);windows();plot(c(0,10),c(0,10),xlab="",ylab="",type="n")
draw.circle(4,4,3,lwd=4,col=2,lty=2);draw.circle(7,4,3,lwd=4,col=3,lty=3)
text(5,8,labels="C",pos=3,cex=3);draw.circle(4,4,3,lwd=4,lty=5)
text(5,4,labels="A ∩ B",pos=3,cex=3);draw.circle(7,4,3,lwd=4,lty=5)
arrows(5,8,9,4);arrows(5,8,3,4);text(8,10,labels="S",cex=3,pos=1)
text(3,2,labels="A",cex=3,pos=1);text(8,2,labels="B",cex=3,pos=1)
```

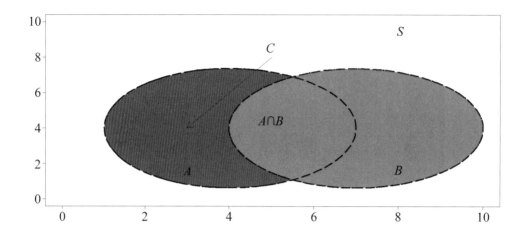

例5 條件機率

有些時候，我們可能事先能取得有關於隨機實驗的額外資訊，此時計算出的機率，就稱為條件機率（conditional probability）。就擲一個公正的銅板二次的例子而言，若已經知道至少會出現一次反面的資訊，則其餘結果出現的機率各為何？

解 若已經知道至少會出現一次反面的資訊，而令 B = {(HT), (TH), (TT)}，則樣本空間僅剩下：

$$S_B = \{(HT), (TH), (TT)\}$$

故每種實驗結果出現的機率不再是 1/4 而是 1/3，可寫成：

$$P_B(HT) = P((HT)\,|\,B) = \frac{1}{3}$$

表示於 B 事件出現的條件下，出現 A = {(HT)} 的機率為 1/3。通常我們亦以下列方式表示條件機率：

$$P(A\,|\,B) = \frac{P(A \cap B)}{P(B)}$$

其中 $P(B) > 0$。因此，就上述例子而言，因 $A \cap B$ = {(HT)}，故

$$P(A \mid B) = \frac{P(A \cap B)}{P(B)} = \frac{\dfrac{1}{4}}{\dfrac{3}{4}} = \frac{1}{3}$$

例 6 **聯合機率分配、邊際機率分配與條件機率分配**

　　至英文版的 YAHOO 網站下載 NASDAQ 與 TWI 之週收盤價（調整後）序列資料（2000/1/4～2017/1/19）[8]，將二週收盤價轉成週對數報酬率序列後，可編製列聯表（contingency table）如下所示：

	B	$\overline{B}$	
A	324 (0.37)	144 (0.17)	468 (0.54)
$\overline{A}$	155 (0.18)	248 (0.28)	403 (0.46)
	479 (0.55)	392 (0.45)	871 (1)

其中 A 與 B 分別表示 NASDAQ 與 TWI 之週對數報酬率序列大於 0 的事件。上表內的數字表示如下：若以 $N(A)$ 表示 A 事件內的個數，從上表可看出 $N(A)$ = 468 而 $N(\overline{A})$ = 403，故 $N(A \cup \overline{A}) = 871$，表示 NASDAQ 之週對數報酬率序列總共有 871 個觀察值，其中共有 468 個大於 0 而有 403 個小於等於 0。我們可以進一步以相對次數估計事件出現的機率值，例如：

$$P(A) = \frac{N(A)}{N(A \cup \overline{A})} = \frac{468}{871} \approx 0.54$$

該機率值就列於表內而以小括號內的數字表示。同理，我們也可以計算出事件 B 的機率值。

　　我們也可以再將 A 與 B 二事件各分別以機率分配的型態表示，即令 x 為 1 與 0 分別表示 A 與 $\overline{A}$，令 y 為 1 與 0 分別表示 B 與 $\overline{B}$，並分別以 $h(x)$ 與 $k(y)$ 代表其對應的機率值，我們即可分別列出 x 與 y 的機率分配，如下表所示。不過，由於二機率分配分別位於列聯表的兩側（上表），故我們稱 A 與 B 事件的機率分配為邊際的機率分配（marginal probability distribution）。

---

[8]　應注意二序列資料時間（同週）要一致，故可同時刪除一方無交易資料的單週資料。

x	0	1	y	0	1
$h(x)$	0.46	0.54	$k(y)$	0.45	0.55

　　我們繼續檢視 $P(A \cap B)$ 等的機率，若依舊以 x 與 y 變數表示，則可以得到一個聯合的機率分配（joint probability distribution）函數 $f(x, y)$；也就是說，例如 $P(A \cap \overline{B}) = 0.17$，我們可以將其轉成以 $f(x = 1, y = 0) = 0.17$ 的形式表示，其餘的則可類推。聯合機率分配與邊際機率分配之間的關係，可參考下表。

　　習慣上，於上表內，可發現 $f(x, y)$ 與 $k(y)$ 以及 $f(x, y)$ 與 $h(x)$ 之間亦可用下列關係表示：

$$\sum_{x=0}^{1} f(x, y) = k(y) \ \text{與} \ \sum_{y=0}^{1} f(x, y) = h(x)$$

	$f(x, y)$	y 0	1	$h(x)$
x	0	0.28	0.18	0.46
	1	0.17	0.37	0.54
	$k(y)$	0.45	0.55	

即加總聯合機率分配 $f(x, y)$ 內的 x (y) 部分，可得 y (x) 的邊際機率分配。另一方面，條件機率也可改寫以機率分配表示，即：

$$w(x \mid y) = \frac{f(y, x)}{k(y)} \ \text{與} \ z(y \mid x) = \frac{f(y, x)}{h(x)}$$

同理，我們計算例如 $P(A \mid B) = \dfrac{P(A \cap B)}{P(B)} = \dfrac{324/871}{479/871} = \dfrac{324}{479}$，相當於計算：

$$w(x = 1 \mid y = 1) = \frac{f(y = 1, x = 1)}{k(y = 1)} = \frac{324/871}{479/871} = \frac{324}{479}$$

因此，我們分別得出於 $y = 0$ 與 $y = 1$ 下，x 之條件機率分配，如下表所示：

$x \mid y = 0$	0	1	$x \mid y = 1$	0	1
$w(x \mid y = 0)$	0.63	0.37	$w(x \mid y = 1)$	0.32	0.68

同理，我們也分別得出於 $x = 0$ 與 $x = 1$ 下，y 之條件機率分配，如下表所示：

$y \mid x = 0$	0	1	$y \mid x = 1$	0	1
$z(y \mid x = 0)$	0.61	0.38	$z(y \mid x = 1)$	0.31	0.69

R 指令：

```
nastwiw = read.table("D:\\BM\\ch9\\NASTWIW.txt",header=TRUE);names(nastwiw)
attach(nastwiw);r1 = 100*diff(log(NASDAQ));r2 = 100*diff(log(TWI))
n = length(r1) # 871
r1bar = mean(r1) # 0.04151829
r2bar = mean(r2) # 0.006665531
i = r1 > 0;length(r1[i]) # 468
mean(as.numeric(i)) # 0.5373134
468/n # 0.5373134
i = r1 <= 0;length(r1[i]) # 403
mean(as.numeric(i)) # 0.4626866
j = r2 > 0;length(r2[j]) # 479
mean(as.numeric(j)) # 0.5499426
479/n # 0.5499426
j = r2 <= 0;length(r2[j]) # 392
mean(as.numeric(j)) # 0.4500574
k = r1 > 0 & r2 > 0;length(r1[k]) # 324
length(r2[k]) # 324
mean(as.numeric(k)) # 0.3719862
k = r1 > 0 & r2 <= 0;length(r1[k]) # 144
mean(as.numeric(k)) # 0.1653272
k = r1 <= 0 & r2 <= 0;length(r1[k]) # 248
mean(as.numeric(k)) # 0.2847302
k = r1 <= 0 & r2 > 0;length(r1[k]) # 155
mean(as.numeric(k)) # 0.1779564
324+144+248+155 # 871
```

例 7 獨立事件

續例 6，利用前述條件機率的觀念，我們可以定義 A 與 B 二事件相互獨立（independence）的條件爲：

$$P(A\,|\,B) = P(A) \Rightarrow \frac{P(A \cap B)}{P(B)} = P(A) \Rightarrow P(A \cap B) = P(A)P(B)$$

表示 A 事件出現的機率並不受 B 事件出現的影響，故 $P(A)$ 可稱爲 A 事件之非條件機率；另一方面，上述式子亦說明了，若 A 與 B 屬於獨立事件，則 A 與 B 交集的機率，爲 A 與 B 二事件之非條件機率相乘。我們也可以繼續擴充上述觀念至以機率分配表示，即若 x 與 y 之間相互獨立，則 $f(x, y) = h(x)k(y)$。

例 8

顧名思義，每日的條件機率應不相同，但是非條件機率可能相同。令 I_t 表示蒐集至 t 期的資訊，則 $P(A\,|\,I_{t-1}\,|\,I_t) = P(A\,|\,I_t)$。我們可以舉一例說明。若某股票每日的收盤價屬於一種「公平的遊戲」，即上漲與下跌的機率皆爲 1/2，則連續上漲三天的機率爲 1/8，此爲非條件機率。觀察一天後，若股價眞的上漲，則再連續上漲二天的機率爲 1/4；同理，觀察二天後，股價繼續上漲的機率只剩 1/2。後二者皆爲條件機率；其次，至第二天後，前一天的資訊已經已知，故不再成爲「條件」。

練習

(1) 利用例 6 的例子，計算 $P(\overline{B}\,|\,\overline{A}) = ?$ 並解釋其意思。

(2) 續上題，A 與 B 之間互爲獨立事件？還是相依事件（dependent events）？爲什麼？

(3) 條件機率與非條件機率有何差別？可否舉例說明。

(4) 利用第 1 節內的美元兌新臺幣匯率以及 Dow Jones 日對數報酬率序列資料，說明 t 與 $t-1$ 期二天的對數報酬率之間可能無關。

提示：如下圖

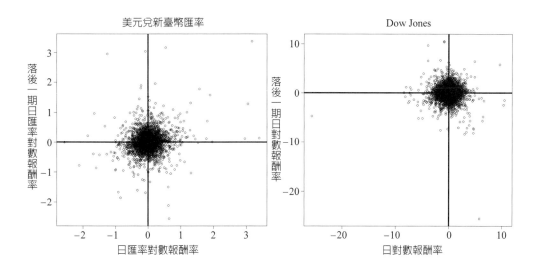

第三節　隨機變數與機率分配

於 2.2 節的例 6 內，我們已經使用過隨機變數 x 與 y。事實上，「隨機變數」這個名詞有點誤用，因為它既不是「隨機的（random）」也不是「變數」，更與機率無關，其實隨機變數只是一個數值函數。我們可再以擲一個公正的銅板二次的例子說明。若我們所關心的是出現正面的個數，則直覺而言，我們可以定義一個函數 $X(\cdot)$，直接將樣本空間 S 內的元素對應至一條直線 R，即：

$$X(\cdot): S \to R_x$$

也就是說，上述函數是將 S 內的每一元素 ω_i 以數值 $x_i = X(\omega_i)$ 表示，其中 $x_i \in R$ 而 $\omega_i \in S$。因此，就擲銅板出現正面的例子而言，X 值分別可為 $R_x = \{0, 1, 2\}$，如圖 9-4 所示。

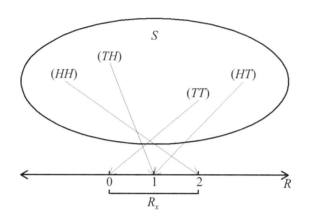

圖 9-4　出現正面的次數以數值表示

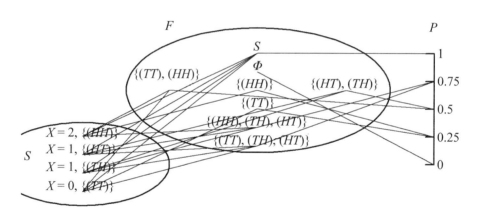

圖 9-5　出現正面的次數之 (S, F, P)

　　上述以一個函數直接將 S 內的結果逐一對應至 R 的方式，雖說簡易，但是卻無法配合 (S, F, P) 的架構，畢竟我們是利用後者來計算機率。換言之，隨機變數的定義或設定，應需保留樣本空間的特性（即可使用集合的操作）。因此，圖 9-4 的設定可以改成以事件表示，即 X 值分別為 0、1 與 2 可對應至 $\{(TT)\}$、$\{(TH),(HT)\}$ 以及 $\{(HH)\}$，故若以逆函數的型態表示，可為：

$$X^{-1}(0) = \{(TT)\},\ X^{-1}(1) = \{(TH),(HT)\},\ X^{-1}(2) = \{(HH)\}$$

我們可以看出，利用此種方式可以保留 F 的性質；例如：

$$X^{-1}(0) \in F, X^{-1}(1) \in F, X^{-1}(2) \in F$$

$$X^{-1}(\{0\} \cup \{1\}) = \{(TT),(TH),(HT)\} \in F$$

$$X^{-1}(\{0\} \cup \{2\}) = \{(TT),(HH)\} \in F$$

$$X^{-1}(\{1\} \cup \{2\}) = \{(TH),(HT),(HH)\} \in F$$

如此一來，自然能再進一步計算機率，可以參考圖 9-5。圖 9-5 說明了利用 S 內結果所定義的「隨機變數函數」，可以產生一個事件空間，再從後者找出對應的機率。

3.1 隨機變數

如前所述，隨機變數的定義應與事件空間 F 有關，故一個簡單的隨機變數之定義可寫成：

$$X(\cdot): S \to R \text{ 而 } A_x = \{\omega: X(\omega) = x\} \in F \text{ 其中 } x \in R \tag{9-1}$$

因此，一個隨機變數相當於一個函數將 S 內的所有結果以數值表示，該函數仍保留事件空間的架構。就是因為仍保留後者，我們才可以得出與「以事件定義機率」的結果一致。

例 1　指標函數

指標函數（indicator function）是上述簡單隨機變數的一個重要的例子。例如，事件 A 出現與否是可以一個指標函數表示，該函數可寫成：

$$I_A(\omega) = \begin{cases} 1, & \omega \in A \\ 0, & \omega \notin A \end{cases}$$

我們發現上述指標函數實際上就是一個隨機變數，即考慮其逆函數，可得：

$$I_A^{-1}(0) = \overline{A} \in F \text{ 與 } I_A^{-1}(1) = A \in F$$

其中 $F_A = \{S, \varnothing, A, \overline{A}\}$。顯然，$I_A(\cdot)$ 是 F_A 的一個隨機變數，而後者是前者所產生的一個最小的事件空間。

例2 機率分派

由於上述隨機變數的定義並不會影響 (S, F, P) 結構，故我們可以定義下列的點函數為：

$$f_x(x) = P(X = x), \, x \in R_x$$

上述 $f_x(x)$ 亦稱為密度函數（density function）。顯然，上式內的 $(X = x)$ 可說是 $A_x = \{\omega: X(\omega) = x\}$ 的簡稱。就 $x \notin R_x$ 而言，因 $X^{-1}(x) = 0$，故 $f_x(x) = 0$。就例 1 內的指標函數而言，我們可以令 $X(\omega) = I_A(\omega)$，故可定義機率密度函數為：

$$f_x(1) = P(X = 1) = \theta \text{ 與 } f_x(0) = P(X = 0) = 1 - \theta$$

其中 $f_x(x)$ 稱為伯努尼密度函數。

例3 機率分配

再回來看「擲一個公正的銅板二次」的例子，若假定隨機變數 X 為出現正面的次數，則 $R_x = \{0, 1, 2\}$；另一方面，假定下列事件：

$$A_1 = \{\omega: X = 0\} = \{(TT)\}$$
$$A_2 = \{\omega: X = 1\} = \{(HT),(TH)\}$$
$$A_3 = \{\omega: X = 2\} = \{(HH)\}$$

因單一結果的機率為 1/4，故上述事件機率分別為：

$$P(A_1) = P(\{\omega: X = 0\}) = P(\{(TT)\}) = \frac{1}{4}$$
$$P(A_2) = P(\{\omega: X = 1\}) = P(\{(HT),(TH)\}) = P(\{(HT)\}) + P(\{(TH)\}) = \frac{2}{4}$$
$$P(A_3) = P(\{\omega: X = 2\}) = P(\{(HH)\}) = \frac{1}{4}$$

因此，透過隨機變數的使用可以將機率結構 (S, F, P) 轉成一種函數型態 $(R_x, f_x(\cdot))$，其中

$$\{f_x(x_1), f_x(x_2), \cdots, f_x(x_n)\} \text{ 而 } \sum_{i=1}^{n} f_x(x_i) = 1$$

稱爲隨機變數 X 之機率分配。換言之，機率分配就是將隨機變數 X 的所有實現值與其機率值分別列示出來。

例 4　二項式機率分配

2.2 節我們介紹過伯努尼實驗，若重複 n 次伯努尼實驗，就可得到二項式實驗。典型的二項式實驗的例子有：「擲一個公正的銅板 n 次，計算正面的次數」；因此，n 次二項式實驗的結果可寫成 $S = \{H, T\}^n$（即 $\{H, T\}$ 的 n 次乘積），而出現單一正與反面的機率分別爲 $P(H) = \theta$ 與 $P(T) = 1 - \theta$。若進一步定義隨機變數 X 表示出現正面的次數，故 $R_x = \{0, 1, 2, \cdots, n\}$，則隨機變數 X 的機率分配可稱爲二項式機率分配（binomial probability distribution），其機率（密度）函數可寫成：

$$f_x(x;\theta) = \binom{n}{x}\theta^x(1-\theta)^{n-x},\ x = 0,1,2,\cdots,n;\ 0 \le \theta \le 1$$

其中

$$\binom{n}{x} = \frac{n!}{x!(n-x)!} \text{ 以及 } n! = n \cdot (n-1) \cdot (n-2) \cdots (3) \cdot (2) \cdot 1$$

因此，就擲一個公正銅板的例子而言，可知 $\theta = 1/2$，例如若 $n = 10$ 與 $x = 5$，表示擲 10 次銅板其中有 5 次出現正面，代入二項式機率分配可得機率約爲 0.25。我們進一步計算所有的 $X = x$ 值所對應的機率值，可列表如下表所示。下表不僅列出 f_x 值，同時亦列出不同 f_x 的累積值 F_x，f_x 與 F_x 之間的關係可爲：

$$F_x(x_0) = \sum_{x=0}^{x_0} f_x(x)$$

x	0	1	2	3	4	5	6	7	8	9	10
f_x	0.00	0.01	0.04	0.12	0.21	0.25	0.21	0.12	0.04	0.01	0.00
F_x	0.00	0.01	0.05	0.17	0.38	0.62	0.83	0.95	0.99	1	1

上表之計算可參考下列之 R 指令：

```
?dbinom
```

```
n = 10;theta = 0.5;X = 5;choose(n,X)*(theta^X)*(1-theta)^(n-X) # 0.2460938
x = 0:10;fx = round(dbinom(x,n,theta),2)
fx # 0.00 0.01 0.04 0.12 0.21 0.25 0.21 0.12 0.04 0.01 0.00
Fx = round(pbinom(x,n,theta),2)
Fx # 0.00 0.01 0.05 0.17 0.38 0.62 0.83 0.95 0.99 1.00 1.00
x = c(1,2,3,4,5,4,3,2,1);windows();par(mfrow=c(1,2))
barplot(dbinom(x,n,theta),col="mistyrose",border="black",main=" 機率值 ",cex.main=2)
barplot(Fx,col="cornsilk",border="black",main=" 累積機率值 ",cex.main=2)
```

上述第一個指令是詢問 dbinom 函數指令是何意思；第二與第三個指令是計算 $\theta = 1/2$、$n = 10$ 與 $x = 5$ 之二項式機率值，可留意 choose 函數指令的用法；最後剩下的指令是分別使用 dbinom 與 pbinom 函數指令，以計算 x 值從 0 至 10 的個別機率值，後者是前者的累加機率值。我們也可以繼續繪出後二者的直方圖，如下圖所示，讀者應能分出下二圖的差異。

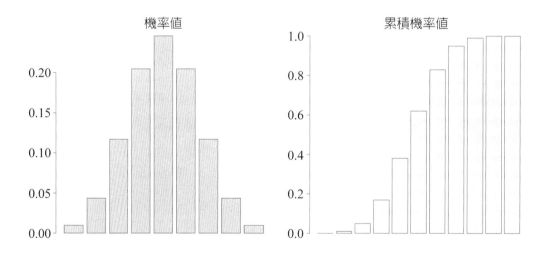

例 5

續例 4，利用二項式機率分配，我們倒是可以計算出許多意想不到的機率值，例如利用 1.2 節的 Dow Jones 之日對數報酬率序列資料，考慮下列三種指標函數：

$$I_{A_1}(\omega) = \begin{cases} 1, & \omega \in A_1 \\ 0, & \omega \notin A_1 \end{cases} \cdot I_{A_2}(\omega) = \begin{cases} 1, & \omega \in A_2 \\ 0, & \omega \notin A_2 \end{cases} \text{以及} I_{A_3}(\omega) = \begin{cases} 1, & \omega \in A_3 \\ 0, & \omega \notin A_3 \end{cases}$$

其中 A_1、A_2 與 A_3 分別表示日對數報酬率大於 0、大於 2% 以及小於等於 −2% 事件，試分別計算上述三事件的機率值。若總共觀察 10 天，其中有三天符合上述事件的機率值分別為何？

解 可參考底下之 R 指令：

```
DW = read.table("D:\\BM\\ch9\\DowJones.txt");R = 100*diff(log(DW[,1]));T = length(R) # 8048
i = R > 0 ;p1 = mean(as.numeric(i)) # 0.5309394
n = 10; x = 3;dbinom(x,n,p1) # 0.08972613
j = R > 2 ;p2 = mean(as.numeric(j)) # 0.02907555
dbinom(x,n,p2) # 0.002399181
k = R <= -2 ;p3 = mean(as.numeric(k)) # 0.03218191
dbinom(x,n,p3) #  0.003181067
```

上述簡單隨機變數的定義如 (9-1) 式，只可適用於隨機實驗結果為可以數的數值，故可稱為間斷的隨機變數；倘若，隨機實驗結果為不可以數的數值，則我們就必須改變 (9-1) 式內隨機變數的定義。換句話說，假定隨機實驗結果屬於實數 R，為了能涵蓋所有的 R 值，我們可以使用區間事件 $\{\omega : X(\omega) \le x\}$ 取代「點事件」$\{\omega : X(\omega) = x\}$，即 (9-1) 式可改寫成：

$$X(\cdot) : S \to R \text{ 而 } A_x = \{\omega : X(\omega) \le x\} \in B(R) \tag{9-2}$$

其中 $B(R)$ 為 Borel 域。因此，就機率的分派而言，相當於將 Borel 域轉至 $[0,1]$，而其機率值可寫成：

$$P(X(\omega) \le x) = P(X^{-1}((-\infty, x])) \tag{9-3}$$

(9-3) 式就是連續隨機變數機率值的表示方式；換句話說，於連續的隨機變數下，我們是用「累積機率的方式」計算機率值。此時，機率空間已由 $(S, F, P(\cdot))$ 轉成 $(R, B(R), P(\cdot))$。

（練習）

(1) 試列出擲一個公正的骰子的機率分配。

(2) 續上題，計算至多 4 點的機率值。

(3) 續上題，繪出機率分配與累積機率分配。

提示：如下圖

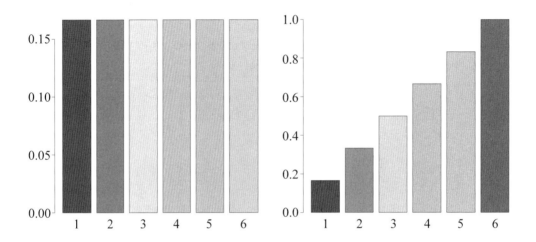

(4) 至英文版的 YAHOO 網站下載 TWI 日收盤價序列資料（2000/1/4～2017/1/20），將其轉成日對數報酬率序列資料，計算日對數報酬率大於 0 的機率。若觀察 20 天，其中有 10 天日對數報酬率大於 0 的機率爲何？

(5) 續上題，將日對數報酬率大於 0 的事件改爲日對數報酬率大於 4% 以及小於等於 0 的事件，重做練習 4。

3.2 機率分配的性質

嚴格來講，至目前爲止，機率的計算還是止於依直覺或利用特殊機率分配計算，其實我們還有另一種方式計算機率值，就是利用 (9-3) 式計算。利用半區間 $(-\infty, x]$ 的特性，我們可以定義累積分配函數（cumulative distribution function, *CDF*）爲：

$$F_x(\cdot) = R \to [0,1] \text{ 其中 } F_x(\cdot) = P\{\omega : X(\omega) \leq x\} = P((-\infty, x]) \qquad (9\text{-}4)$$

簡單來講，x 之累積分配函數 $F_x(\cdot)$ 就是將 $(-\infty, x]$ 轉至 $[0, 1]$。換句話說，若

欲計算 x 介於 a 與 b 之間的機率，我們不就可以利用 (9-4) 式而以 $F_x(b) - F_x(a)$ 計算，即：

$$P(\omega: a < X(\omega) \le b) = P(\omega: X(\omega) \le b) - P(\omega: X(\omega) \le a) = P((a,b]) = F_x(b) - F_x(a)$$

其中 $F_x(-\infty) = 0$。

上述 *CDF* 有下列三個性質：

(1) 就任何實數 x_1 與 x_2 而言，若 $x_1 \le x_2$，則 $F_x(x_1) \le F_x(x_2)$；
(2) 就任何實數 x_0 而言，$\lim\limits_{x \to x_0^+} F_x(x_0) = F_x(x_0)$；
(3) $\lim\limits_{x \to \infty} F_x(x) = F_x(\infty) = 1$，$\lim\limits_{x \to -\infty} F_x(x) = F_x(-\infty) = 0$。

例 1　實證的 *CDF* 與實證的分位數

利用 3.1 節練習 (4) 的 TWI 日對數報酬率序列資料，我們不難計算出實證的 *CDF*；也就是說，例如我們打算計算 TWI 日對數報酬率至多為 0.042% 的機率，其機率值約為 0.5，故可以寫成：

$$P(r \le 0.042\%) = 0.5$$

其中 r 為 TWI 日對數報酬率，值得注意的是，$r = 0.042\%$ 稱為實證的分位數（empirical quantile）；同理，我們也可以計算

$$P(r \le 1.5\%) = 0.9$$

則其對應的實證的分位數為 $r = 1.5\%$。

上述的計算過程並不難瞭解：將 r 由小到大重新排列，按照相對次數法計算機率，則至多第 1 個分位數、至多第 2 個分位數、……、至至多第 k 個分位數的機率不就是 $1/n$、$2/n$……、k/n 嗎？於本例中 $n = 4{,}216$，表示總共有 4,216 個日對數報酬率。上述過程可用 R 計算，即

```
twid = read.table("D:\\BM\\ch9\\twid.txt");P = twid[,1];r = 100*diff(log(P)) # P 為日收盤價
n = length(r) # 4216
```

```
F = ecdf(r) # F 是一個函數
sr = sort(r) # 由小到大排列
F(sr[2108]) # 0.5
sr[2108] # 0.04169027
quantile(r,0.5) # 0.04191931
F(sr[3795]) # 0.9001423
sr[3795] # 1.501346
quantile(r,0.9) # 1.50063
```

可注意 F = ecdf(·) 與 quantile(·) 二個函數指令，前者用以計算實證的 *CDF*，可留意 F 為一個函數，而後者就是計算實證的分位數。

明瞭於 R 內如何計算後，我們可以進一步繪出 *r* 之實證的 *CDF* 與實證的分位數的型態，如下二圖所示。可注意二圖之座標，即左圖的「翻轉」結果，就是右圖。

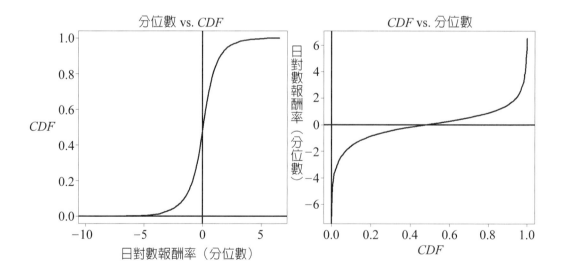

R 指令：

```
windows();par(mfrow=c(1,2))
plot(sr,F(sr),type="l",lwd=4,xlab=" 日對數報酬率（分位數 )",ylab="CDF",cex.lab=1.5)
mtext(" 分位數 vs. CDF",side=3,cex=3);abline(v=0,h=0,lwd=4)
plot(F(sr),quantile(r,F(sr)),type="l",lwd=4,xlab="CDF",ylab=" 日對數報酬率（分位數 )",cex.lab=1.5)
abline(v=0,h=0,lwd=4);mtext("CDF vs. 分位數 ",side=3,cex=3)
```

　　瞭解 CDF 的性質後，我們可以想辦法找出對應的機率密度函數
（probability density function, PDF）。此可以分成二個方向來看：其一是連續
隨機變數的 PDF，另一則是間斷隨機變數的 PDF。首先，我們來看間斷隨機
變數的 PDF，之前我們已於 3.1 節的例 4 或本節的例 1 內看到間斷隨機變數的
PDF 與 CDF 之間的關係；也就是說，若隨機實驗的結果是屬於實數 R 內「可
以數」的部分，即：

$$R_x = \{x_1, x_2, \cdots, x_n\} \text{ 其中 } x_1 < x_2 < \cdots < x_n$$

則隨機變數 $X(\cdot)$ 的 PDF 與 CDF 之間的關係可寫成：

$$F_x(x_k) = P(\{\omega : X(\omega) \le x_k\}) = \sum_{i=1}^{k} f_x(x_i),\ k = 1,2,\cdots,n$$

因此，簡單（或稱間斷的）隨機變數的 CDF 形狀是一種「階梯」型態而任二
階梯的差距為：

$$f_x(x_i) = F_x(x_i) - F_x(x_{i-1}),\ i = 1,2,\cdots,n$$

其中 $f_x(x_i)$ 就是對應的 PDF。因此，間斷隨機變數的 PDF 具有下列三個特性：

(D1) 就所有的 $x \in R_x$ 而言，$f_x(x_i) \ge 0$；

(D2) $\sum_{x \in R_x} f_x(x_i) = 1$；

(D3) $F_x(b) - F_x(a) = \sum_{a < x_i < b} f_x(x_i),\ a < b,\ a \in R,\ b \in R$。

值得注意的是，此時 PDF 表示某一結果的機率值。具有上述性質的機率分
配，我們就稱為間斷的機率分配，例如之前介紹過的伯努尼與二項式機率分配
皆屬之。

　　與間斷的機率分配對應的就是連續的機率分配，假定存在一個連續的
PDF，其形態可為：

$$f_x(\cdot) : R \to [0, \infty)$$

則其對應的 CDF 可寫成：

$$F_x(x) = \int_{-\infty}^{x} f_x(u)du \tag{9-5}$$

上述是指隨機實驗的結果屬於實數 R（不可數），因此我們是以積分的方式取代有限加總；其次，回想微積分的基本定理，可知：

(A) 若 $F_x(x) = \int_{-\infty}^{x} f_x(u)du$，則 $\dfrac{dF_x(x)}{dx} = f_x(x)$；

(B) 若 $\dfrac{dF_x(x)}{dx} = f_x(x)$，則 $\int_{a}^{b} f_x(u)du = F_x(b) - F_x(a)$。

因此，於連續的機率分配下，PDF 不再表示某一結果的機率值，反而成為被積分的函數，此時計算機率的方式只有一種，就是透過 CDF 取得機率值。

同理，連續的 PDF 具有下列的特性：

(C1) 就所有的 $x \in R_x$ 而言，$f_x(x_i) \geq 0$；
(C2) $\int_{-\infty}^{\infty} f_x(x)dx = 1$；
(C3) $F_x(b) - F_x(a) = \int_{a}^{b} f_x(x)dx$, $a < b$, $a \in R$, $b \in R$。

我們可以比較間斷機率分配與連續機率分配的 PDF 性質，即 (D1)～(D3) 與 (C1)～(C3) 之間的相似與差異，藉以瞭解二種分配的差距。

例 2 均等機率分配

最簡單的「連續型」的機率分配，莫過於均等機率分配（uniform probability distribution），其 PDF 可寫成：

$$f_x(x;\theta) = \frac{1}{b-a}, \ \theta = (a,b) \in R^2, \ a \leq x \leq b$$

其中 θ 可視為一個參數集合，因其內有 a 與 b 二個參數。若 $a = 0$ 與 $b = 1$，顯然 PDF 並不是機率值而是一個被積分函數；因此，若要計算介於 $a_1 = 0.3$ 與 $b_1 = 0.8$ 之間的機率值，可得：

$$F_x(0.8) = \int_{0}^{0.8} dx = 0.8 \ \text{與} \ F_x(0.3) = \int_{0}^{0.3} dx = 0.3$$

故

$$P(0.3 < x < 0.8) = F_x(0.8) - F_x(0.3) = 0.5$$

上述結果亦可繪圖如下圖表示。可留意既然機率值已用面積表示，故此時該面積有無包含「端點」已差距不大[9]。可參考下圖以及所附之 R 指令。

```
?dunif
x = seq(0,2,length=200);fx = function(x) 1
integrate(dunif,0.3,0.8) # 0.5 with absolute error < 5.6e-15
integrate(Vectorize(fx),0.3,0.8) # 0.5 with absolute error < 5.6e-15
windows();par(mfrow=c(1,2))
plot(x,dunif(x),type="l",lwd=4,ylim=c(0,1.5),ylab="f(x)",cex.lab=1.5,xlim=c(0,2),
 main="PDF",cex.main=2)
i = x <= 0.8 & x > 0.3;polygon(c(0.3,x[i],0.8),c(0,dunif(x[i]),0),col="red");abline(v=0,h=0,lwd=4)
plot(x,punif(x),type="l",lwd=4,ylab="Fx(x)",cex.lab=1.5,main="CDF",cex.main=2)
abline(v=0,h=0,lwd=4);segments(0,0.8,0.8,0.8,col=2,lwd=2)
segments(0.8,0.8,0.8,0,col=2,lwd=2);segments(0,0.3,0.3,0.3,col=2,lwd=2)
segments(0.3,0.3,0.3,0,col=2,lwd=2);punif(0.8)-punif(0.3) # 0.5
```

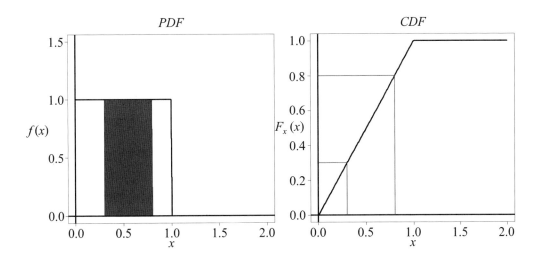

---

[9] 於實數 R 內，某一特定結果的機率值接近於 0，即 $P(0.3) \approx 0$，故 $P(0.3 \le x) \approx P(0.3 < x)$。

例3 runif、dunif、punif 以及 qunif

　　其實每一種機率分配（間斷或連續的機率分配），我們可以從四個角度檢視該機率分配的特性，四種角度分別為：該分配的觀察值（隨機變數的實現值）、PDF 的型態、CDF 以及分位數函數的形狀。續例2，以均等分配為例，我們可以分別出 R 指令內 runif、dunif、punif 以及 qunif 函數指令之不同；換句話說，在 R 中我們可以利用 runif 指令，從均等分配內「抽出」觀察值[10]。若仍假定 $a = 0$ 與 $b = 1$，則均等分配的觀察值為何？不就是介於 0 與 1 之間的所有數值皆有可能被抽出嗎？0 與 1 之間的每一數值被「抽中」的可能性皆相同，不就是均等分配嘛！可參考下圖之 (a) 圖，於圖內我們繪出 50 個觀察值的位置，可發現每一觀察值是介於 0 與 1 之間。

　　若介於 0 與 1 之間的 50 個觀察值，其中每一個觀察值被抽中的可能性皆相同，則以連續的 PDF 型態表示，該型態為何？答案就是下圖的 (b) 圖。下圖的 (c) 與 (d) 圖類似例 1 內的圖形，表示均等分配內 CDF 與分位數函數之間的關係，讀者可以嘗試解釋二者之關聯。可留意底下所列之 R 指令。

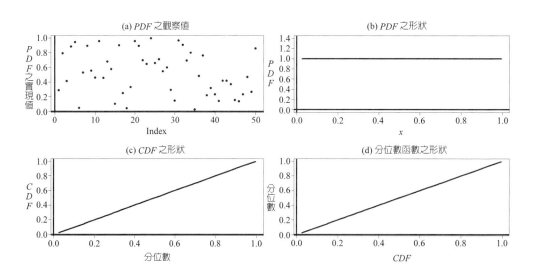

```
set.seed(123);x = runif(50);windows();par(mfrow=c(2,2))
plot(x,type="p",pch=20,cex=2,ylab="PDF 之實現值 ",cex.lab=1.5,main="(a) PDF 之觀察值 ",
    cex.main=2);abline(v=0,h=0,lwd=4);sx = sort(x)
plot(sx,dunif(sx),type="l",lwd=4,ylab="PDF",cex.lab=1.5,main="(b) PDF 之形狀 ",cex.main=2,
    xlab="x",ylim=c(0,1.4));abline(v=0,h=0,lwd=4)
plot(sx,punif(sx),type="l",lwd=4,ylab="CDF",cex.lab=1.5,main="(c) CDF 之形狀 ",
    cex.main=2,xlab=" 分位數 ");abline(v=0,h=0,lwd=4)
plot(punif(sx),qunif(punif(sx)),type="l",lwd=4,ylab=" 分位數 ",cex.lab=1.5,
    main="(d) 分位數函數之形狀 ",cex.main=2,xlab="CDF");abline(v=0,h=0,lwd=4)
```

例 4

續例 1，除了 *CDF* 與分位數函數之外，試再繪製出 TWI 日對數報酬率序列資料的其他二個特徵。

解 可參考下圖及所附之 R 指令。

R 指令：

```
twid = read.table("D:\\BM\\ch9\\twid.txt");P = twid[,1]
r = 100*diff(log(P)) # P 為日收盤價
windows();par(mfrow=c(1,2))
plot(r,type="p",pch=1,cex=2,ylab="TWI 日對數報酬率 ",cex.lab=1.5)
hist(r,breaks=100,prob=TRUE,xlab="TWI 日對數報酬率 ",cex.lab=1.5)
lines(density(r),lwd=4,col=2)
```

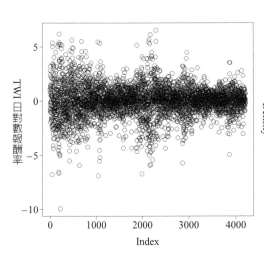
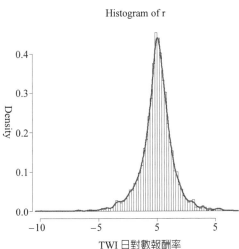

445

（練習）

(1) 試比較 rbinom、dbinom、pbinom 以及 qbinom 之不同。

(2) 何謂分位數？試解釋之。

(3) *CDF* 與 *PDF* 的差異為何？試解釋之。

(4) 利用例 1 內 TWI 日對數報酬率序列資料，試繪出其估計的 *PDF*。若以樣本資料的中位數（median）[11] 為中心左右各擴充 0.475，試分別解釋兩端點之涵義。

提示：如下圖

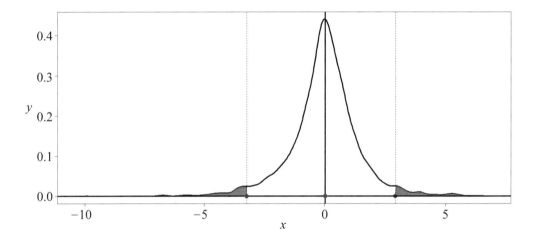

第四節 機率模型

　　如前所述，本章最主要的目的是要建立理論的機率模型。為何要建立理論的機率模型？至少有四個理由可以說明：

第一，有了參考的理論機率模型，我們就不需透過大量的資料（大數法則）以取得機率的估計值。

第二，理論的機率模型有許多顯著的特徵（底下會說明），提醒我們應如何整

---

[11] 即第 50 個（百）分位數，相當於小於等於中位數的累積機率為 0.5。

理資料或從事資料分析。

第三，如前所述，實際的資料可能會出現「隨機中的規則性」，有了理論的機率模型作為標的或參考，我們才可能利用實際資料建立「實證模型」，憑此我們才有辦法於「不確定的環境內做決策」。

第四，機率模型內的變數是隨機變數，當我們觀察實際的經濟或財務（金）資料時，難道我們不會懷疑這些實際的資料，究竟是由哪一種機率模型內的隨機變數所產生的嗎？是故，瞭解機率模型是迫切的。

　　因此，理論的機率模型是重要的，只是我們如何描述它們？利用之前介紹的特殊機率分配如二項式或均等機率分配的型態，我們倒是可以嘗試寫出理論機率模型的一般化型態。也就是說，我們好不容易由抽象的機率空間如 $(R, B(R), P)$ 發展至較實際的 PDF，而我們可以再進一步將後者擴充至一種更一般化的型態，其架構可寫成：

$$\Phi = \{f(x;\theta), \theta \in \Theta, x \in R_x\} \tag{9-6}$$

其中 Θ（音 theta）稱為參數空間。顯然，(9-6) 式就是將不同參數的 θ 的同一種 PDF 收集於 Φ（音 phi），而我們就稱 Φ 為一種機率模型。

　　利用 PDF 與 CDF 之間的關係，可知機率模型尚有另一種表示方式，即：

$$\Phi_F = \{F(x;\theta), \theta \in \Theta, x \in R_x\} \tag{9-7}$$

明顯地，(9-7) 式比 (9-6) 式更一般化，畢竟我們是利用 CDF 定義單一結果的機率，而由 CDF 才可找出對應的 PDF。

4.1 一些特殊的機率模型

　　我們所處的經濟與財務環境是複雜的，而由該環境所產生的資料更是難以捉摸，還好我們有許多特殊的機率模型可以讓我們參考。可以參考下面的例子。

例1 *t* 分配

考慮下列 *t* 分配的 PDF：

$$f(x;\theta) = \frac{\Gamma\left(\frac{v+1}{2}\right)}{\Gamma\left(\frac{v}{2}\right)\sqrt{v\pi}\sigma}\left(1+\frac{1}{v}\left(\frac{x-\mu}{\lambda}\right)^2\right)^{-\frac{(v+1)}{2}}, \quad -\infty < x < \infty$$

其中 $\theta = \{\mu, \lambda, v\}$ 與 Γ 是 Gamma 函數[12]。上述 t 分配的 *PDF* 內有三個參數，其分別為：

$$就 v > 1 而言，E[x] = \mu$$

$$就 v > 2 而言，Var(x) = \sigma^2 = \lambda^2\frac{v}{(v-2)} \Rightarrow \lambda = \sigma\sqrt{\frac{(v-2)}{v}}$$

其中 μ、σ 與 λ 分別為隨機變數 x 的期望值（expected value）、標準差與尺度（scale）。前二者類似之前介紹的樣本平均數與樣本標準差，而尺度則類似標準差，二者皆可以用以表示（資料）分配的離散程度。我們可從上式看出於 t 分配下，尺度與標準差之間的關係。至於分配的離散程度，我們可以考慮下列的二種「標準化」轉換：

$$t_1 = \frac{x-\mu}{\sigma} \Rightarrow x = \mu \pm t_1\sigma \text{ 與 } t_2 = \frac{x-\mu}{\lambda} \Rightarrow x = \mu \pm t_2\lambda$$

透過上述轉換，可知隨機變數 x 有二種表示方式：離平均數的 t_1 個「標準差」距離以及離平均數的 t_2 個「尺度」距離；因此，標準差（或尺度）愈大（愈小），表示（資料）分配的分布愈離散（愈集中)。是故，t 分配可有二種表示方式：其一是使用 t_1，我們稱為標準的 t 分配；另一則是使用 t_2，則稱為古典的 t 分配。不管是標準的或是古典的 t 分配，二者皆有一個共同的參數 v（音nu），v 則稱為自由度（degree of freedom）。

　　不管是標準的或是古典的 t 分配，二種分配皆有三個參數，我們如何看出每一參數所扮演的角色？一個可解決的方法是繪圖看看，如下圖所示；不過，於 R 內，二種分配的使用方式卻有差異，古典 t 分配是將隨機變數 t 轉成以 t_2 表示，故其只剩 v 一個參數，而標準 t 分配則維持未標準化前的型態，故使用時仍需三個參數。於所附的 R 指令，讀者可比較 dt($\cdot$) 與 dstd($\cdot$) 二個函數指令

---

[12] 可上網查詢。

之不同，值得注意的是，後者是屬於 fGarch 程式套件的指令[13]。

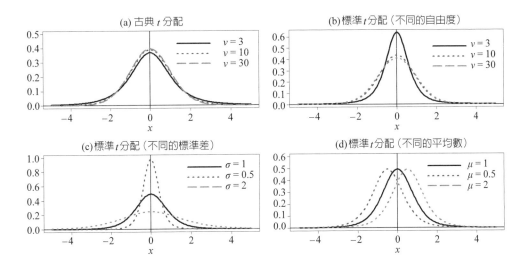

R 指令：

```
library(fGarch);windows()
par(mfrow=c(2,2));x = seq(-5,5,length=200)
plot(x,dt(x,3),type="l",lwd=4,ylim=c(0,0.5),ylab="",main="(a）古典 t 分配 ",cex.main=2)
abline(v=0,h=0,lwd=2);lines(x,dt(x,10),lwd=4,lty=3,col=2);lines(x,dt(x,30),lwd=4,lty=5,col=3)
legend(0.5,0.5,c(expression(nu == 3),expression(nu == 10),expression(nu == 30)),
        lty=c(1,3,5),col=c(1,2,3),lwd=4,cex=1.5,bty="n")
plot(x,dstd(x,0,1,3),type="l",lwd=4,ylab="",main="(b）標準 t 分配（不同的自由度)",cex.main=2)
abline(v=0,h=0,lwd=2);lines(x,dstd(x,0,1,10),lwd=4,lty=3,col=2)
lines(x,dstd(x,0,1,30),lwd=4,lty=3,col=3)
legend(1,0.6,c(expression(nu == 3),expression(nu == 10),expression(nu == 30)),
        lty=c(1,3,5),col=c(1,2,3),lwd=4,cex=1.5,bty="n")
```

（只列出二上圖）

---

[13] 可記得每一分配可從四個角度檢視，即可比較 rt、dt、pt 與 qt 以及 rstd、dstd、pstd 與 qstd 之不同。如何於古典 t 分配與標準 t 分配的假定下計算機率，可參考《財統》。

例2 一般化極值分配

　　至目前爲止，我們有介紹三種連續型的機率分配：均等、常態以及 t 分配。三種機率分配最大的差異之一，恐怕是分配尾部的遞減速度；也就是說，倘若我們於上述三種分配內隨機抽取 10,000 個觀察值，而每隔 n 個觀察值檢視其內之最大值（或最小值），則上述極值之分配會接近於何分配？上述的想法是有意義的，畢竟其可提醒我們所觀察到的最大報酬或最小損失會不會「破記錄」。於機率分配內，倒是眞的有討論到此種極值分配，我們稱爲一般化極值（generalized extreme value, GEV）分配。

　　GEV 分配的原理類似中央極限定理，只不過是 GEV 分配以最大值（最小值）取代後者的平均數（或總和)；也就是說，若 x_1，x_2，$\cdots$爲一連串獨立且相同分配（independently identical distribution, iid）的隨機變數，我們可以定義 n 個實際觀察值之最大值爲：

$$M_n = \max(x_1, \cdots, x_n)$$

我們有興趣想要知道 M_n 屬於何種分配？按照 Fisher-Tippett 定理[14]，若將上述極值標準化，即：

$$Z_n = \frac{M_n - a_n}{b_n}$$

其中 a_n 與 b_n 分別爲 M_n 之位置與尺度參數[15]，則 Z_n 分配之 CDF 會接近於 GEV 分配。GEV 分配的 CDF 型態可寫成：

$$H_\xi(z) = \begin{cases} \exp\{-(1+\xi z)^{-1/\xi}\} & \xi \neq 0, \ 1+\xi z > 0 \\ \exp\{-\exp(-z)\} & \xi = 0, \ -\infty < z < \infty \end{cases}$$

其中 ξ（音 xi）是一個型態（shape）參數。我們可以從下左圖看出 ξ 所扮演的角色。

　　接下來，我們可以將 GEV 分配的 CDF 轉成 PDF 的型態，按照尾部的型

---

[14] 可參考 Coles, S. (2001), *An Introduction to Statistical Modeling of Extreme Values*. Springer-Verlag, New York.

[15] 位置與尺度參數未必是平均數與標準差，不過底下的模擬或計算，我們是用後二者表示。

態可分成三類：

- Weibull 分配：$\xi < 0$，其特色是存在有限的尾部，典型的例子爲均等分配。
- Gumbel 分配：$\xi = 0$，其特色是存在薄的尾部，典型的例子爲常態分配。
- Fréchet 分配：$\xi > 0$，其特色是存在厚的尾部，典型的例子爲 t 分配。

三種型態分配之 PDF 可參考下右圖。因此，按照先前的想法，若分別從均等、常態以及 t 分配內隨機抽取 10,000 個觀察值，而每隔 50 個觀察值檢視其內之最小值（以正數值表示），則可估計最小值之 PDF 如下圖所示，於圖內可看出 t 分配（假定自由度爲 4），的確表現出「高峰厚尾」的特性，我們可注意其尾部具有冪函數的性質；至於常態分配因具有指數型尾部，相對尾部較薄，故可知屬於 GEV 分配內的 Gumbel 型態特例。最後，均等分配因屬於 Weibull 分配型態，故其尾部有中斷的特色。

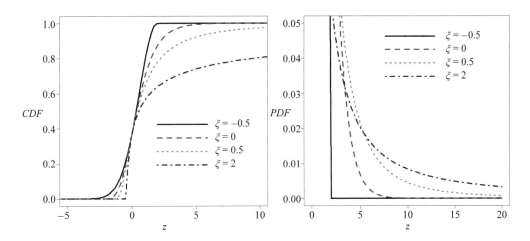

R 指令：

```
library(fExtremes);windows();par(mfrow=c(1,2));z = seq(-20,20,length=200)
plot(z,pgev(z,xi=-0.5),lwd=4,type="l",xlim=c(-5,10),ylab="CDF",cex.lab=1.5)
lines(z,pgev(z,xi=0),lwd=4,col=2,lty=2);lines(z,pgev(z,xi=0.5),lwd=4,col=3,lty=3)
lines(z,pgev(z,xi=2),lwd=4,col=4,lty=4)
legend(0,0.5,c(expression(xi==-0.5),expression(xi==0),expression(xi==0.5),
    expression(xi==2)),lty=1:4,lwd=4,cex=1.8,col=1:4,bty="n")
```

```
z = seq(0,20,length=200)
plot(z,dgev(z,xi=-0.5,mu=0,beta=1,log=FALSE),lwd=4,type="l",ylim=c(0,0.05),ylab="PDF",
    cex.lab=1.5)
lines(z,dgev(z,xi=0),lwd=4,col=2,lty=2);lines(z,dgev(z,xi=0.5),lwd=4,col=3,lty=3)
lines(z,dgev(z,xi=2),lwd=4,col=4,lty=4)
legend(5,0.05,c(expression(xi==-0.5),expression(xi==0),expression(xi==0.5),
        expression(xi==2)),lty=1:4,lwd=4,cex=1.8,col=1:4,bty="n")
```

R 指令：

```
set.seed(1234);M = 10000;x1 = runif(M);x2 = rnorm(M);x3 = rt(M,4);n = 50;m = M/n
un = rep(0,m);norm = un;ct = un
for(i in 1:m)
{
 h = (i-1)*n+1;k = i*n
 un[i] = min(x1[h:k]);norm[i] = min(x2[h:k]);ct[i] = min(x3[h:k])
}
un = -un;norm = -norm;ct = -ct;sun = (un-mean(un))/sd(un)
snorm = (norm-mean(norm))/sd(norm);sct = (ct-mean(ct))/sd(ct)
windows();plot(density(sun),lwd=4,xlim=c(-2,6),xlab="x",ylab="",main="",ylim=c(0,0.6))
lines(density(snorm),lwd=4,lty=2,col=2);lines(density(sct),lwd=4,lty=3,col=3)
legend(2,0.6,c("均等","常態","t分配（自由度為4)"),lwd=4,cex=2,col=1:3,lty=1:3,bty="n")
```

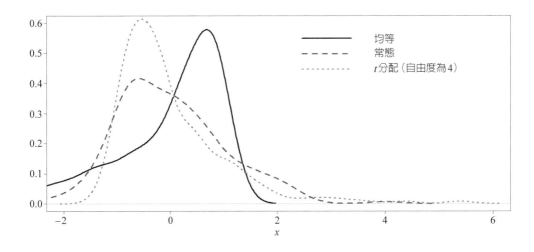

例 3

　　利用 1.1 節內的黃金日對數報酬率序列資料，每隔 20 個交易日檢視一次最小值（不重疊），繪製出最小值之分配。

解 可參考下圖以及所附之 R 指令。

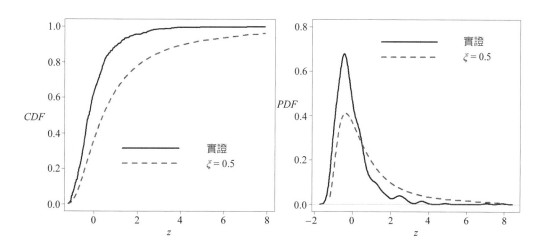

R 指令：

goldprice = read.table("D:\\BM\\ch9\\GoldPrices.txt");gp = goldprice[,1];gpr = 100*diff(log(gp))

length(gpr) # 9915

gpr1 = gpr[17:9915] ;T = length(gpr1) # 9900

n = 20;m = T/n;maxr = rep(0,m);minr = maxr

for(i in 1:m) h = (i-1)*n+1;k = i*n;maxr[i] = max(gpr1[h:k]);minr[i] = min(gpr1[h:k])

minr = -minr ;sminr = (minr-mean(minr))/sd(minr)

windows();par(mfrow=c(1,2));F = ecdf(sminr)

plot(sort(sminr),F(sort(sminr)),type="l",lwd=4,ylab="CDF",xlab="z",cex.lab=1.5,xlim=c(-1,8))

lines(sort(sminr),pgev(sort(sminr),xi=0.5),lwd=4,lty=2,col=2)

legend(0,0.4,c(" 實證 ",expression(xi==0.5)),lty=1:2,lwd=4,col=1:2,cex=2,bty="n")

plot(density(sminr),lwd=4,ylim=c(0,0.8),xlab="z",main="",ylab="PDF",cex.lab=1.5)

lines(sort(sminr),dgev(sort(sminr),xi=0.5),col=2,lwd=4,lty=2)

legend(0,0.8,c(" 實證 ",expression(xi==0.5)),lty=1:2,lwd=4,col=1:2,cex=2,bty="n")

練習

(1) 利用本節的黃金日對數報酬序列資料，試比較其估計的 *CDF(PDF)* 與 *t* 分配之不同。（假定 *t* 分配的自由度為 2.5）

提示：如下圖

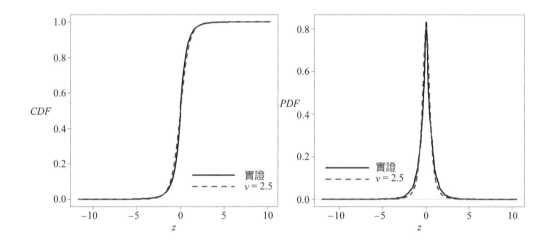

(2) 續練習 (1)，計算黃金日對數報酬率小於 −10% 以及介於 −10% 與 10% 之間的機率。

(3) *t* 分配與 *GEV* 分配有何不同？試舉例說明。

(4) 標準常態分配與標準 *t* 分配有何不同？試舉例說明。

(5) 標準常態分配與標準 *t* 分配有何特徵？試解釋之。

4.2 參數與動差

於 4.1 節我們介紹一些特殊的機率模型，這些機率模型的特徵是由未知的參數所主宰；也就是說，有關機率模型的位置、離散尺度或型態特徵，取決於參數值的大小或正負值。可惜的是，通常我們不知這些參數值為何。因此，若要使用機率模型，就要事先計算或估計模型內的參數值。本節，介紹機率分配的動差（moments）觀念，我們發現機率分配的動差大致與其內未知的參數值有關。

一個機率分配的動差可以定義成隨機變數 *x* 所形成的函數 *h(x)* 的數學期望

值，即：

$$E[h(x)] = \int_{-\infty}^{\infty} h(x) f(x;\theta) dx \qquad (9\text{-}8)$$

其中 $h(x)$ 可以為：

$$h(x) = x^r,\ h(x) = |x|^r,\ r = 1,2,\cdots$$

我們可以將 (9-8) 式視為參數 θ 的函數，寫成：

$$E[h(x)] = g(\theta)$$

自然可看出 $g(\theta)$ 與 $f(x;\theta)$ 的動差有關。

　　之前我們計算過樣本平均數 $\bar{x}$ 與樣本變異數 s^2，二者皆是利用實際觀察資料計算而得；倘若我們只有機率分配而無實際觀察資料，則透過 (9-8) 式仍可計算平均數（或稱期望值）與變異數，其分別為 [16]：

$$E(x) = \mu = \int_{-\infty}^{\infty} x f(x;\theta) dx\ 與\ Var(x) = \sigma^2 = \int_{-\infty}^{\infty} (x-\mu)^2 f(x;\theta) dx$$

可記得 σ 稱為標準差。

例 1

　　於第 5 章的 3.3 節內，我們曾介紹常態分配，其 *PDF* 為：

$$f(x) = \frac{1}{\sqrt{2\pi}\sigma} e^{-\frac{1}{2}\left(\frac{x-\mu}{\sigma}\right)^2},\ -\infty < x < \infty$$

其中 x 是常態分配的隨機變數 [17]。假定 $\mu = 1$ 而 $\sigma = 2$，試計算期望值與變異數。

解 可參考下列 R 指令：

---

[16] 此處假定連續的隨機變數。若為間斷的隨機變數，則以有限加總取代積分以計算平均數與變異數。

[17] 就筆者而言，x 與 X 皆是變數，故有些時候我們亦用 x 表示隨機變數，希望讀者不會產生混淆。

```
mu = 1; sigma = 2;fx = function(x) (1/(sqrt(2*pi)*sigma))*exp(-0.5*(((x-mu)/sigma)^2))
integrate(fx,-Inf,Inf) # 1 with absolute error < 4.5e-05
Ex = function(x) x*fx(x)
integrate(Ex,-Inf,Inf) # 1 with absolute error < 3.1e-08
Varx = function(x) ((x-mu)^2)*fx(x)
integrate(Varx,-Inf,Inf) # 4 with absolute error < 1.7e-07
```

例2

二項分配的 *PDF* 可寫成：

$$g(x) = \frac{n!}{x!(n-x)!} p^x (1-p)^{n-x}, \ x = 0,1,2,\cdots,n$$

其中期望值與變異數分別為：

$$\mu = n \cdot p \ \text{與} \ \sigma^2 = n \cdot p \cdot (1-p)$$

若 $n = 10$ 與 $p = 0.5$，試計算期望值與變異數。

解 可參考下列 R 指令：

```
n = 10; p = 0.5;gx = function(x) choose(n,x)*(p^x)*(1-p)^(n-x)
x = 0:n;sum(gx(x)) # 1
Exb = function(x) x*gx(x);sum(Exb(x)) # 5
Varxb = function(x) ((x-5)^2)*gx(x);sum(Varxb(x)) # 2.5
```

上述期望值與變異數的計算，亦可分別稱為原始動差（raw moments）與中央動差（central moments）；類似 (9-8) 式，中央動差亦可擴充至更高階的計算，即：

$$\mu_r = E[(x - \mu)^r] = \int_{-\infty}^{\infty} (x - \mu)^r f(x;\theta)dx \tag{9-9}$$

其中 $E(x) = \mu$；換言之，變異數就是第二階（級）中央動差，即 $\sigma^2 = \mu_2$。將動差改成中央動差表示是有意義的，因為後者可以幫我們定義機率分配的偏態

（skewness）與峰態（kurtosis）分別為：

$$\alpha_3(X) = \frac{\mu_3}{\left(\sqrt{\mu_2}\right)^3} \text{ 與 } \alpha_4(X) = \frac{\mu_4}{(\mu_2)^2} \tag{9-10}$$

透過底下的例子，自然可以知道機率分配的偏態與峰態所扮演的角色。一個機率分配的期望值、變異數、偏態以及峰態可以稱為該機率分配的第一至四階（級）動差。

例 3

續例 1，計算常態分配之偏態與峰態係數分別為 0 與 3。

解 可參考下列 R 指令：

```
mu3 = function(x) ((x-mu)^3)*fx(x)
integrate(mu3,-Inf,Inf) # 1.055875e-13 with absolute error < 5.1e-06
mu4 = function(x) ((x-mu)^4)*fx(x)
integrate(mu4,-Inf,Inf) # 48 with absolute error < 4.1e-05
mu = 2 ;integrate(mu3,-Inf,Inf) # 2.404865e-13 with absolute error < 1.1e-05
integrate(mu4,-Inf,Inf) # 48 with absolute error < 8.9e-05
alpha4 = 48/2^4 # 3
```

例 4

於例 1 與 2 內，我們是直接使用常態與二項式分配之 *PDF* 函數型態，其實我們也可以使用 R 內的函數指令以避免使用太複雜的數學型態，試計算標準 *t* 分配之前四級動差 [18]。

解 可參考下列 R 指令：

```
mu = 2; sigma = 1.5;nu = 4.1;fx = function(x) dnorm(x,mu,sigma)
Ex = function(x) x*fx(x);integrate(Ex,-Inf,Inf) # 2 with absolute error < 5.8e-07
```

---

[18] *t* 分配峰態係數的公式為 $3 + 6/(v - 4)$，故峰態係數存在的條件為 $v > 4$；可參考維基百科。

```
library(fGarch);tx = function(x) dstd(x,mu,sigma,nu)
Etx = function(x) x*tx(x);integrate(Etx,-Inf,Inf) # 2 with absolute error < 1.3e-05
mu2t = function(x) ((x-mu)^2)*tx(x);integrate(mu2t,-Inf,Inf) # 2.25 with absolute error < 1.4e-05
mu3t = function(x) ((x-mu)^3)*tx(x)
integrate(mu3t,-Inf,Inf) # -3.405459e-08 with absolute error < 2.8e-05
mu4t = function(x) ((x-mu)^4)*tx(x);integrate(mu4t,-Inf,Inf) # 318.9375 with absolute error < 0.036
318.9375/2.25^2 # 63
3+ 6/(nu-4) # 63
nu = 8;integrate(mu4t,-Inf,Inf) # 22.78125 with absolute error < 3.6e-07
22.78125/2.25^2 # 4.5
3 + 6/(nu-4) # 4.5
```

因此，自由度愈低，峰態（係數）愈高，可參考下圖。

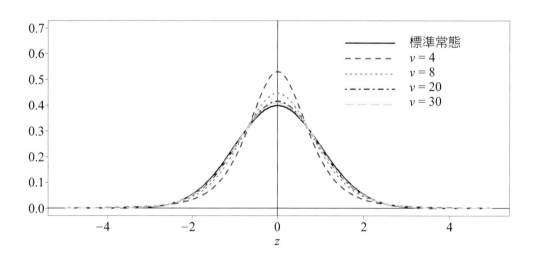

R 指令：

```
z = seq(-5,5,length=300);windows();plot(z,dnorm(z),type="l",lwd=4,ylim=c(0,0.7),ylab="")
abline(v=0,h=0,lwd=2);lines(z,dstd(z,0,1,4),lwd=4,col=2,lty=2)
lines(z,dstd(z,0,1,8),lwd=4,col=3,lty=3);lines(z,dstd(z,0,1,20),lwd=4,col=4,lty=4)
lines(z,dstd(z,0,1,30),lwd=4,col=5,lty=5)
leg = c(" 標準常態 ",expression(nu==4),expression(nu==8),expression(nu==20),
        expression(nu==30));legend(1,0.7,leg,lty=1:5,lwd=4,col=1:5,bty="n",cex=2)
```

例 5　動差法

中央動差是以 μ 爲中心，若 $\mu = 0$，則稱爲原始動差；換言之，例如第二階原始動差可寫成：

$$\mu_2' = E(x^2) = \int_{-\infty}^{\infty} x^2 f(x;\theta)dx$$

更高階次的原始動差可類推。透過簡單的數學操作 [19]，可發現變異數 σ^2 亦可用原始動差表示，即：

$$\sigma^2 = \mu_2 = E[(x-\mu)^2] = E(x^2) - \mu^2 = \mu_2' - \mu^2$$

至目前爲止，所介紹的皆是屬於理論的（或稱母體）動差。至於實證的（或稱樣本）動差呢？當然實證的動差可以「模仿」理論的動差，利用前者以估計後者，就稱爲動差法（method of moments）；換言之，利用上述結果，我們可以使用動差法估計 μ 與 σ^2，其估計式分別爲：

$$\bar{x} = \frac{1}{n}\sum_{i=1}^{n} x_i \text{ 與 } s_M^2 = \bar{x}_2' - \bar{x}^2$$

其中

$$\bar{x}_2' = \frac{1}{n}\sum_{i=1}^{n} x_i^2$$

值得注意的是，除了樣本平均數外，動差法是使用 s_M^2 而非樣本變異數 s^2 估計母體動差，不過二者的差距不大，前者是使用實際觀察值數 n 而後者則是使用 $n-1$。此結果倒是提醒我們，若 s^2 是 σ^2 的良好估計式，則動差法應適用於大樣本數（即 n 較大）的情況。

例 5 的例子是具有啓發的效果，也就是說，我們竟然只需利用到動差的觀念而不須用到整體的機率分配或假定該機率分配屬於何分配，而可以估計到整個機率模型的參數 [20]！因此，上述動差法可以繼續擴充至更一般化的情況，

---

[19] $E(x-\mu)^2 = E(x^2 - 2\mu x + \mu^2) = E(x^2) - 2\mu E(x) + E(\mu^2) = E(x^2) - \mu^2$

[20] 例如，迴歸模型就是一個機率模型，故一個機率模型未必只有單獨一個機率分配。

我們就稱爲一般化動差法（generalized method of moments, *GMM*）[21]。換言之，假定有一系列的隨機變數 $y_1, y_2, \cdots, y_N$ 以及一個有 K 個參數之向量 θ，則一個 *GMM* 模型的設定是由一個 N 維的函數向量所組成；換言之，若 θ_0 爲眞實的參數向量，則一個 *GMM* 模型可爲 [22]：

$$E[m(y_t; \theta_0)] = 0, \ t = 1, 2, \cdots, N \tag{9-11}$$

(9-11) 式可想像成一個聯立方程式體系，其中有 K 個未知參數不過卻有 N 條方程式；因此，這些 N 條方程式可以稱爲母體動差條件，可以構成一個 *GMM* 模型。若 $N = K$，表示此體系屬於「恰爲認定（exactly identified）」。我們可以分別思考 $N = K = 1$ 與 $N = K = 2$ 的例子。即：

$$\text{若 } \theta = \mu \text{ 或 } \theta = \begin{pmatrix} \mu \\ \sigma^2 \end{pmatrix}$$

$$\text{則 } m(y_t; \theta) = y_t - \mu \text{ 或 } m(y_t; \theta) = \begin{bmatrix} y_t - \mu \\ (y_t - \mu)^2 - \sigma^2 \end{bmatrix}$$

故代入 (9-11) 式，可得：

$$E(y_t) = \mu \text{ 或 } E(y_t - \mu)^2 = \sigma^2$$

上述思考可以推廣至設定 K 階原始動差與中央動差，即：

$$m(y_t; \theta) = \begin{bmatrix} y_t - \theta_1 \\ y_t^2 - \theta_2 \\ \vdots \\ y_t^K - \theta_K \end{bmatrix} \text{ 與 } m(y_t; \theta) = \begin{bmatrix} y_t - \theta_1 \\ (y_t - \theta_1)^2 - \theta_2 \\ \vdots \\ (y_t - \theta_1)^K - \theta_K \end{bmatrix}$$

類似動差法，*GMM* 亦強調可以樣本動差或稱實證動差取代母體動差。就任何的 θ 而言，實證動差的一般式可寫成：

---

[21] Hansen, L. P. (1982), "Large sample properties of Generalized Method of Moments estimators". *Econometrica*, 50 (4),1029–1054.

[22] 底下是以向量的型態表示，可參考第 13 章。

$$M_n(\theta) = \frac{1}{n}\sum_{t=1}^{n} m(y_t;\theta)$$

因此，就上述「恰爲認定」的例子內，(9-11) 式的「實證模樣」可爲：

$$M_n(\theta_G) = 0 \tag{9-12}$$

其中 θ_G 爲 *GMM* 的估計式。故就上述 $N = K = 1$ 與 $N = K = 2$ 的例子，可分別得出 *GMM* 的估計式爲（以下標有 "G" 表示）：

$$\mu_G = \frac{1}{n}\sum_{t=1}^{n} y_t \ 與 \ \sigma_G^2 = \frac{1}{n}\sum_{t=1}^{n}(y_t - \mu_G)^2$$

因此，*GMM* 與動差法的估計式相同。

同理，K 階原始動差與中央動差的實證動差可爲：

$$M_n(\theta) = \left[\frac{1}{n}\sum_{t=1}^{n} y_t - \theta_1 \quad \frac{1}{n}\sum_{t=1}^{n} y_t^2 - \theta_2 \quad \cdots \quad \frac{1}{n}\sum_{t=1}^{n} y_t^K - \theta_K\right]^T$$

從而其 *GMM* 估計式爲：

$$\theta_{G,i} = \frac{1}{n}\sum_{t=1}^{n} y_t^i$$

以及

$$M_n(\theta) = \left[\frac{1}{n}\sum_{t=1}^{n} y_t - \theta_1 \quad \frac{1}{n}\sum_{t=1}^{n}(y_t - \theta_1)^2 - \theta_2 \quad \cdots \quad \frac{1}{n}\sum_{t=1}^{n}(y_t - \theta_1)^K - \theta_K\right]^T$$

而其 *GMM* 估計式爲 $\theta_{G,1} = \frac{1}{n}\sum_{t=1}^{n} y_t$ 與 $\theta_{G,i} = \frac{1}{n}\sum_{t=1}^{n}(y_t - \theta_{G1})^i$。

我們舉一個例子說明 *GMM* 的應用。考慮下列的古典 t 分配之 *PDF*，即：

$$f(X \mid v,\mu,\sigma) = \frac{\Gamma\left(\dfrac{v+1}{2}\right)}{\Gamma\left(\dfrac{v}{2}\right)\sqrt{v\pi}\sigma}\left(1 + \frac{1}{v}\left(\frac{x-\mu}{\lambda}\right)^2\right)^{-\frac{(v+1)}{2}}, \ -\infty < x < \infty$$

其中參數 μ、λ 與 v 分別表示隨機變數 X 的平均數、尺度與自由度。雖說 σ（即 x 的標準差）亦是另一個參數，不過若觀察分配的前二階動差，可知：

就 $v > 1$ 而言，$E[X] = \mu$

$$就 \ v > 2 \ 而言，Var(X) = \sigma^2 = \lambda^2 \frac{v}{(v-2)} 。$$

故 λ 與 σ 之間可以任選一個當作未知的參數即可。不過，若只考慮前二階動差，因 $N = 2$ 而 $K = 3$，此時反而是二條方程式求解三個未知數，故處於「缺乏認定」的情況。

我們可以試著考慮至前四階動差以改善上述「缺乏認定」的情況。我們不難發現 t 分配之偏態係數爲 0（t 分配爲對稱的分配），但其峰態係數爲 [23]：

$$\alpha_4(X) = \frac{E(X-\mu)^4}{(\sigma^2)^2} = 3 + \frac{6}{v-4}$$

其中 $v > 4$。由於 t 分配之峰態係數只受到 v 的影響，因此，若考慮至第四階動差，此時方程式體系屬於「恰爲認定」。是故，我們可有母體的動差分別爲（下標有 "0"，表示眞實值）：

$$E(X) = \mu_0 、 E(X-\mu_0)^2 = \sigma_0^2 \ 以及 \ E(X-\mu_0)^4 = (3 + \frac{6}{v_0 - 4})\sigma_0^4$$

其中 $\sigma_0^2 = \lambda_0^2 \frac{v_0}{v_0 - 2}$。因此，針對 $\theta = \begin{pmatrix} \mu & \lambda & v \end{pmatrix}^T$ 之 GMM 模型可爲：

$$m(X;\theta) = \begin{bmatrix} x - \mu \\ (x-\mu)^2 - \lambda^2 \frac{v}{v-2} \\ (x-\mu)^4 - (3 + \frac{6}{v-4})\lambda^2 \frac{v}{v-2} \end{bmatrix}$$

因此求解 (9-12) 式，可得 GMM 之估計式分別爲：

$$\mu_G = \frac{1}{n}\sum_{t=1}^{n} x_t 、 \sigma_G^2 = \frac{1}{n}\sum_{t=1}^{n}(x_t - \mu_G)^2 \ 以及 \ \alpha_G = \frac{1}{n}\sum_{t=1}^{n}(x_t - \mu_G)^4$$

其中 $\alpha_G = (3 + \frac{6}{v_G - 4})\sigma_G^2 \Rightarrow v_G = \frac{6}{\frac{\alpha_G}{\sigma_G^2} - 3} + 4$ 以及 $\lambda_G = \sqrt{\sigma_G^2 \frac{(v_G - 2)}{v_G}}$ 。

---

[23] 同註 17。

例6

　　利用 1.1 節內黃金日對數報酬率序列資料，試比較常態與古典 t 分配模型化該資料的結果。

解 可參考下圖以及所附之 R 指令，其中可發現利用 *GMM* 方法可得尺度 λ 與自由度 v 的估計值分別約為 0.89 與 4.3；另一方面，利用 t 分配模型化黃金日對數報酬率序列資料，相對上比常態分配佳。

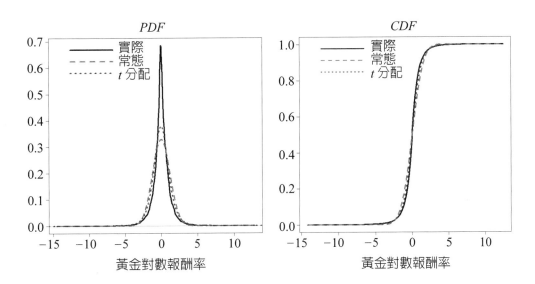

R 指令：

```
goldprice = read.table("D:\\BM\\ch9\\GoldPrices.txt");gp = goldprice[,1];gpr = 100*diff(log(gp))
library(fGarch);library(fBasics);basicStats(gpr)
library(moments);kurtosis(gpr) # 超額峰態 ,12.33299
windows();par(mfrow=c(1,2))
plot(density(gpr),xlab=" 黃金對數報酬率 ",ylab="",lwd=4,main="PDF",cex.lab=1.5,cex.main=2)
lines(sort(gpr),dnorm(sort(gpr),mean(gpr),sd(gpr)),lty=2,col=3,lwd=4)
# GMM 估計
n = length(gpr);xbar = mean(gpr);sigmahat = sum((gpr-xbar)^2)/n
kuhat = sum((gpr-xbar)^4)/n ;nuhat = 6/((kuhat/sigmahat^2)-3) + 4
nuhat # 4.486378
lambdahat = sqrt(sigmahat*(nuhat-2)/nuhat);lambdahat # 0.9057356
```

```
t = (gpr-xbar)/lambdahat;lines(sort(t),dt(sort(t),nuhat),lty=3,lwd=4,col=2)
legend("topleft",c(" 實際 "," 常態 ","t 分配 "),lty=1:3,col=c(1,3,2),lwd=4,bty="n",cex=1.5)
F = ecdf(gpr);x = sort(gpr)
plot(x,F(x),type="l",lwd=4,main="CDF",cex.main=2,xlab=" 黃金對數報酬率 ",ylab="",cex.lab=1.5)
lines(x,pnorm(x,xbar,sd(x)),lwd=4,col=3,lty=2)
lines(x,pstd(x,xbar,sd(x),nuhat),lwd=4,col=2,lty=3) # 標準 t 分配
legend("topleft",c(" 實際 "," 常態 ","t 分配 "),lty=1:3,col=c(1,3,2),lwd=3,bty="n",cex=1.5)
```

（練習）

(1) 利用母體偏態與峰態的「模樣」，計算本節黃金日對數報酬率序列資料之樣本偏態與峰態係數。

提示：

```
n = length(gpr);s = sd(gpr);s3 = sum((gpr-xbar)^3)/n
skewhat = s3/s^3 # 0.02596486
s4 = sum((gpr-xbar)^4)/n
kurthat = s4/s^4 # 15.33299
```

(2) 何謂超額峰態？有何涵義？

(3) 試比較常態分配與 t 分配的尾部面積。有何涵義？

(4) 常態分配與 t 分配是否是對稱的分配？試解釋之。

(5) 試解釋 GMM 方法。

(6) 我們如何於 t 分配下計算機率？

本章習題

1. 低闊峰。考慮下列稱為皮爾森第二（PearsonII）機率分配之 PDF：

$$f(X) = \frac{\Gamma(2a)}{\Gamma(a)^2}\left(\frac{x-\lambda}{s}\left(1-\frac{x-\lambda}{s}\right)\right)^{a-1}, \ a>0, \ s\neq 0, \ 0<\frac{x-\lambda}{s}<1$$

其中 a、s 以及 λ 分別表示型態、尺度、以及位置參數。R 之程式套件

　PearsonDS 有提供皮爾森第二機率分配的用法，如下圖以及所附之 R 指令所示：

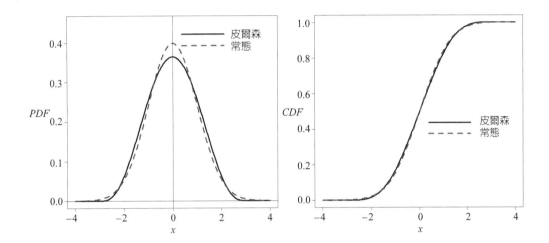

R 指令：

```
library(PearsonDS);x = seq(-4,4,length=300);windows();par(mfrow=c(1,2))
params = list(a = 4,location=-3,scale=6)
plot(x,dpearsonII(x,params=params),type="l",lwd=4,ylim=c(0,0.45),ylab="PDF",
 cex.lab=1.5);lines(x,dnorm(x),lwd=4,col=2,lty=2)
legend(-0.5,0.45,c(" 皮爾森 "," 常態 "),lty=1:2,col=1:2,lwd=4,cex=1.5,bty="n")
abline(v=0,h=0);plot(x,ppearsonII(x,params=params),type="l",lwd=4,ylab="CDF",cex.lab=1.5)
lines(x,pnorm(x),lwd=4,col=2,lty=2)
legend(-0.5,0.5,c(" 皮爾森 "," 常態 "),lty=1:2,col=1:2,lwd=4,cex=1.5,bty="n")
```

　　從上圖可看出，若與常態分配比較，皮爾森第二機率分配是屬於低闊峰（platykurtic）分配。圖內參數的設定（即 $\lambda = -3$, $s = 6$）可得出隨機變數的範圍為 $-3 \leq x \leq 3$，故該分配的位置與尺度參數分別以隨機變數的最小值與全距（即最大值減最小值）表示，若仍假定 $\lambda = -3$、$s = 6$，試計算該分配之前四階動差，其中變異數須為 1。

2. 高狹峰。考慮下列稱為羅吉斯（logistic）機率分配之 *PDF*：

$$f(X) = \frac{\exp\left\{-\left(\dfrac{x-\alpha}{\beta}\right)\right\}}{\beta\left(1+\exp\left\{-\left(\dfrac{x-\alpha}{\beta}\right)\right\}\right)^2}, \ \theta = (\alpha, \beta)$$

其中 α 與 β 分別表示位置與尺度參數。於 R 內，羅吉斯分配可用 dlogis、plogis 等函數指令，可參考下圖以及所附之 R 指令。

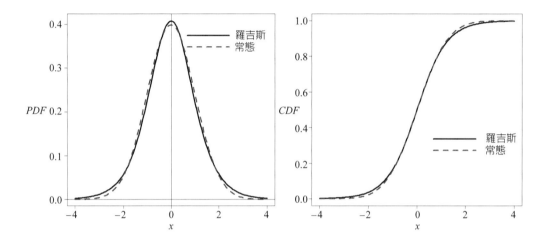

R 指令：

```
x = seq(-4,4,length=200);alpha = 0;beta = 0.5514
windows();par(mfrow=c(1,2));plot(x,dlogis(x,alpha,beta),type="l",lwd=4,ylab="PDF",cex.lab=1.5)
lines(x,dnorm(x),lwd=4,lty=2,col=2);abline(v=0,h=0)
legend(-0.2,0.4,c(" 羅吉斯 "," 常態 "),lty=1:2,col=1:2,lwd=4,cex=1.5,bty="n")
plot(x,plogis(x,alpha,beta),type="l",lwd=4,ylab="CDF",cex.lab=1.5)
lines(x,pnorm(x),lwd=4,col=2,lty=2)
legend(-0.2,0.4,c(" 羅吉斯 "," 常態 "),lty=1:2,col=1:2,lwd=4,cex=1.5,bty="n")
```

　　從上圖可看出，若與常態分配比較，羅吉斯機率分配是屬於高狹峰（leptokurtic）分配，其中參數 α 可以用平均數表示，但是參數 β 未必是指標準差，利用上述 R 程式內的參數設定值，試計算該分配之前四階動差，其中變異數須為 1。

3. 常態分配是屬於常態峰（mesokurtic）分配。常態分配是屬於對稱的分配，且其峰態恆等於 3。試比較低闊峰、高狹峰以及常態峰分配的差異。

提示：如下圖

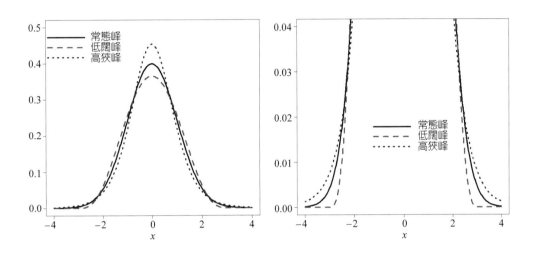

4.　擲一個公正的骰子一次，其機率分配為何？

5.　續上題，計算其期望值、變異數、偏態以及峰態。

6.　考慮下列的間斷機率分配之期望值、變異數、偏態以及峰態。

x	0	1	2
$f(x)$	0.3	0.4	0.3

7.　若隨機變數 X 的 PDF 為 $f(x) = 2x$，$0 < x < 1$，試計算其前四階的中央動差。

8.　分位數的計算。第 p 個分位數寫成 x_p，其可定義成：

$$就\ p \in [0,1]\ 而言，F_x(x_p) \ge p$$
$$\Rightarrow x_p = F_x^{-1}(p) = \inf_{x \in R_x}\{x : F(X) \ge p\}$$

其中 F_x 為隨機變數 X 之 CDF，而 $\inf_{x \in R_x}$ 只是一種最小值的表示方式；換言之，分位數是指滿足 CDF 大於等於 p 之最小的 x 值。若 F_x 是 x_p 的嚴格遞增連續函數，則：

$$F_x(x_p) = p$$

利用 qnorm(p) 函數指令，計算 $p = 0.25$ 與 $p = 0.75$ 之分位數，並解釋其意義。

9. 續上題，若常態分配的平均數與標準差分別爲 3 與 4，則 $p = 0.05$ 與 $p = 0.95$ 的分位數爲何？

提示：如下圖

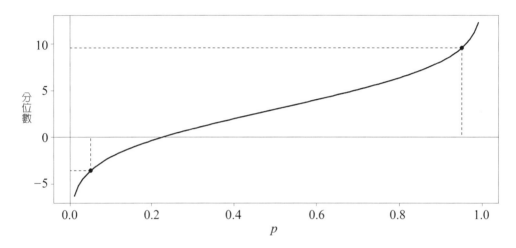

10. 考慮下列的機率以列聯表方式表示：

y/x	1	2	3	$k(y)$
0	0.2	0.1	0.15	0.45
1	0.1	0.25	0.05	0.4
2	0.01	0.06	0.08	0.15
$h(x)$	0.31	0.41	0.28	1

框內之機率值表示 x 與 y 值「同時存在」，故其可稱爲聯合的機率密度函數 $f(x, y)$，試檢視：

$$\sum_{x=1}^{3} \sum_{y=0}^{2} f(x, y) = 1$$

以及二個邊際 PDF 分別爲：

$$\sum_{x=1}^{3} f(x,y) = k(y) \text{ 與 } \sum_{y=0}^{2} f(x,y) = h(x)$$

11. 續上題，試導出條件 *PDF* 如 $f(y\,|\,x)$ 與 $f(x\,|\,y)$，其中

$$f(y\,|\,x) = \frac{f(x,y)}{h(x)} \text{ 與 } f(x\,|\,y) = \frac{f(x,y)}{k(y)}$$

12. 題 10 與 11 是可以推廣的，也就是說，若

$$P(a_1 < x < a_2,\, b_1 < y < b_2)$$

   試解釋上述性質並說明：$F(a_2, b_2) - F(a_2, b_1) - F(a_1, b_2) + F(a_1, b_1)$ 爲何？

13. 續題 10，計算 $P(x=1\,|\,y=2)$ 以及 $P(x=2\,|\,y=1)$。

14. 續題 10，我們如何計算條件機率分配？

15. 試解釋 *CDF*，爲何 *CDF* 的觀念非常重要？

16. 何謂「高峰、腰瘦以及厚尾」，試解釋之。

17. 樣本的相關係數與共變異數應爲何？有何涵義？

18. 條件期望值與條件變異數的意義爲何？試以題 10 的例子說明。

19. 一個機率分配的前四級動差各扮演何角色？試解釋之。

20. 利用 1.1 節的美元兌新臺幣日對數報酬率序列資料，試計算其樣本偏態與峰態係數。

21. 續上題，若使用 *GMM* 方法估計日對數報酬率序列資料，則 *t* 分配的自由度與尺度的估計值爲何？

22. 續上題，試以常態分配與標準 *t* 分配模型化日對數報酬率序列資料，結果爲何？

23. 續上題，試利用 *t* 分配與常態分配計算日對數報酬率介於 −1% 與 1% 之間的機率以及小於 −0.8% 的機率。

24. 續上題，利用 *t* 分配，日對數報酬率的 1% 與 99% 的分位數爲何？其實證的分位數又爲何？

25. 續上題，利用常態分配，日對數報酬率的 1% 與 99% 的分位數爲何？有何涵義？

26. 試說明多個常態分配彼此之間若不相關，隱含著它們之間相互獨立。

27. 條件機率分配有何性質？試說明之。

28. 試解釋 R 內 rt、dt、qt 以及 pt 的意義。

29. 續上題，一個機率分配可從四個角度觀察，究竟是什麼意思？

30. 我們可以有多少種方式計算機率？依讀者而言，何種最重要？

31. 間斷的與連續的 *PDF* 有何差別？試解釋之。

機率的計算

　　日常生活中，我們常聽到機率或需要計算機率。事實上，機率或其計算可以分成二種：間斷的機率與連續的機率。直覺而言，似乎間斷的機率比較直接或合乎我們的想法，不過其適用的範圍卻相當狹隘，取而代之的是使用連續的機率。欲瞭解連續的機率的計算，必須要有微分與積分的基礎；換言之，本章可以視為前述微分與積分章節的應用。

　　之前我們曾介紹過常態機率分配，於本章我們將介紹常態機率分配於經濟與財務上所扮演的角色，尤其是對數常態機率分配常被用於模型化資產價格，故常態機率分配的重要性不容忽視。

第一節　機率的計算

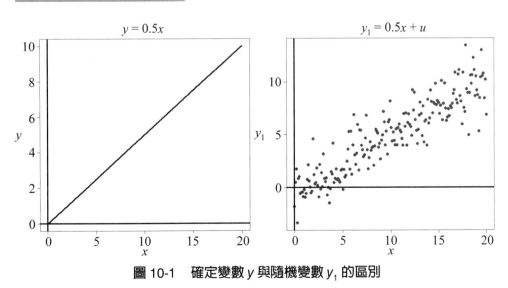

圖 10-1　確定變數 y 與隨機變數 y_1 的區別

R 指令：

```
set.seed(1234);u = rnorm(200) # 從標準常態分配內抽出 200 個觀察值
y = function(x) 0.5*x;y1 = function(x) 0.5*x + 1.5*u
windows();par(mfrow=c(1,2));x = seq(0,20,length=200)
plot(x,y(x),type="l",lwd=4,ylab="y",cex.lab=1.5);title("y = 0.5x",cex.main=2)
abline(v=0,h=0,lwd=4)
plot(x,y1(x),type="p",pch=20,cex=2,col=2,ylab=expression(y[1]),cex.lab=1.5)
title(expression(y[1]==0.5*x+u), cex.main=2);abline(v=0,h=0,lwd=4)
```

於第 5 章的 2.3 節，我們曾比較確定變數與隨機變數之間的差異，此處我們再進一步介紹二變數之間的差別。圖 10-1 內之 y 與 y_1 皆是已知變數 x 的函數，其中 $x = 0, 1, 2, \cdots, 20$。雖說 y 變數我們事先也無法預知其值為何，不過只要知道 $y(x)$ 的函數型態（其為 $y = 0.5x$），我們的確可以預知 y 值為何，此大概是確定變數的特色；反觀 y_1 變數，即使我們知道 $y_1(x)$ 的函數型態（其為 $y_1 = 0.5x + u$），我們卻仍不知實際的 y_1 值為何，因此我們稱 y_1 為一個隨機變數。

究竟什麼是隨機變數？我們再看圖 10-2 內隨機變數 $y(t)$ 之時間軌跡，值得注意的是，我們是「事後」才有辦法繪出上述軌跡，於「事前」的確無法確定其走勢；例如，於 $t = 4$ 期時，就事前而言，$y(t)$ 值亦有可能落於點 A 或點 B，因此，顧名思義，隨機變數就是「落點」是隨機的變數。

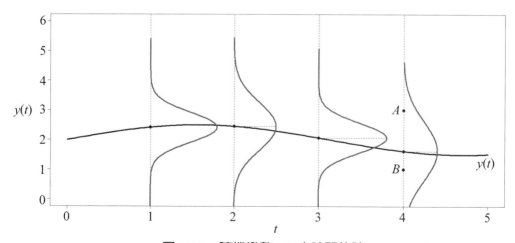

圖 10-2　隨機變數 $y(t)$ 之時間軌跡

為什麼我們要注意到隨機變數？原來經濟與財務變數幾乎皆是隨機變數，因為我們無法明確地繪製出這些變數的未來時間走勢！我們只能根據實際出現過的資料繪出其走勢，此時確定變數就派上用場了；例如，圖 10-2 內的「事後」時間軌跡，就是根據確定變數 $y(t) = 0.5\sin(t) + 2$ 所繪製。因此，我們大概有一個結論：我們實際上所面對的經濟與財務變數皆是隨機變數，其可包括總體經濟變數、資產價格或其報酬率、匯率或其報酬率、商品價格、房地產或原物料價格等等；或許，我們可以使用確定變數掌握隨機變數大概的走勢，由此觀點來看，隨機變數與確定變數的重要性應不分軒輊。

雖說如此，隨機變數的處理還是比較麻煩。目前，我們想到的是隨機變數的實際結果可以用機率來表示；換言之，圖 10-2 內每一個時期隨機變數的「事前」實現值是用紅色的機率分配表示，機率分配是指列出所有可能結果之機率值。也就是說，既然我們無法於事前知道隨機變數的實現值為何，我們倒是可以將可能出現的結果以機率的形式表示；不過，機率或機率分配會因隨機變數的性質而有不同，底下我們分成間斷的機率分配與連續的機率分配二種來看。

1.1　間斷的機率分配

間斷的機率分配就是指隨機變數為間斷的，其可寫成例如：

$$f(x) = \frac{1}{2},\ x = 0,\ 1 \text{ 或 } h(y) = \frac{1}{6},\ \ y = 1,\ 2,\ \cdots,\ 6$$

上述 x 與 y 皆是一個間斷的隨機變數，我們可以看出 x 與 y 的實現值，前者只有 0 與 1，而後者則為 1 至 6 的整數。x 與 y 是二個典型隨機變數的例子，其特色是事先我們不知 x 值會為何？是會出現 0 呢？抑或是會出現 1？同樣地，我們也不是很肯定 y 的實現值究竟為何。

雖說如此，我們還是可以進一步取得有關於 x 與 y 的一些資訊，我們可以估計 $f(x)$ 與 $f(y)$ 二個機率函數（probability functions, PF），PF 就是 x 或 y 出現的機率[1]；例如，$f(x = 1) = 1/2$ 就是表示出現 $x = 1$ 的機率為 1/2，而 $f(y = 5) = 1/6$ 則表示有 1/6 的可能性 y 值會等於 5。因此，機率相當於「出現的可能

---

[1]　於前一章內，PF 亦稱為 PDF，為了分別起見，本章將間斷隨機變數的 PDF 稱為 PF。

性」。若比較隨機變數的可能結果與其對應的機率函數，可以發現後者較前者難以取得；不過，我們倒是可考慮後者的性質。

機率的性質：

一個隨機變數 x 的所有可能結果爲 $x_1, x_2, \cdots, x_n$ 而 $f(x)$ 爲其對應的 PF，則 $f(x)$ 須符合下列二個性質：

(1) $0 \leq f(x_i) \leq 1$

(2) $\sum_{i=1}^{n} f(x_i) = 1$

上述機率的性質並不難瞭解：性質 (1) 是指隨機變數之單一結果的機率值須介於 0 與 1 之間；性質 (2) 則指隨機變數之所有結果的機率值加總恆等於 1。機率值本來就不會小於 0，「阿德有 120% 的把握，只是表示阿德很有把握而已」，或是「出現下雨的機率爲 40%，沒有下雨的機率當然不會等於 70%」。

若再檢視 $f(x) = 1/2, x = 0, 1$ 或 $h(y) = 1/6, y = 1, 2, \cdots, 6$ 的例子，可以發現隨機變數 x 值大概集中於 0.5 附近，但是要判斷隨機變數 y 值的「大概位置」就有點困難；另一方面，也可以看出 y 值出現的可能值之「離散程度」大於 x 值。因此，類似於第 8 章之 1.3.1 節內的樣本平均數與樣本變異數觀念，我們也可以於機率分配下，計算隨機變數的「集中程度」與「離散程度」，我們稱前者爲期望值以 $E(\cdot)$ 表示，而後者則稱爲變異數以 $Var(\cdot) = \sigma^2(\cdot)$ 表示。

一個隨機變數 x 的所有可能結果爲 $x_1, x_2, \cdots, x_n$ 而 $f(x)$ 爲其對應的 PF，則其 $E(x)$ 與 $\sigma^2(x)$ 可以分別寫成：

$$E(x) = \sum_{i=1}^{n} x_i f(x_i) \tag{10-1}$$

與

$$Var(x) = \sigma^2(x) = \sum_{i=1}^{n} (x - E(x))^2 f(x) \tag{10-2}$$

就 $f(x) = 1/2, x = 0, 1$ 或 $h(y) = 1/6, y = 1, 2, \cdots, 6$ 的例子而言，可以分別計算期望值與變異數分別爲：

$$E(x) = \sum_{i=1}^{2} x_i f(x_i) = 0 \times 1/2 + 1 \times 1/2 = 0.5$$

$$\sigma^2(x) = \sum_{i=1}^{2}(x - E(x))^2 f(x) = (0 - 1/2)^2 \times 1/2 + (1 - 1/2)^2 \times 1/2 = 0.25$$

以及

$$E(y) = 1 \times \frac{1}{6} + 2 \times \frac{1}{6} + 3 \times \frac{1}{6} + 4 \times \frac{1}{6} + 5 \times \frac{1}{6} + 6 \times \frac{1}{6} = 3.5$$

$$\sigma^2(y) = \frac{1}{6}[(1 - 3.5)^2 + (2 - 3.5)^2 + (3 - 3.5)^2 + (4 - 3.5)^2 + (5 - 3.5)^2 + (6 - 3.5)^2] \approx 2.92$$

R 指令：

```
(1/2)*(0-1/2)^2+(1/2)*(1-1/2)^2 # 0.25
(1/6)*(1+2+3+4+5+6) # 3.5
(1/6)*((1-3.5)^2+(2-3.5)^2+(3-3.5)^2+(4-3.5)^2+(5-3.5)^2+(6-3.5)^2) # 2.916667
y = 1:6;mean(y) # 3.5
var(y)*(5/6) # 2.916667
```

　　下面我們舉一個實際的例子說明。圖 10-3 繪製出人民幣兌新臺幣於 2000/1～2017/2 期間 [2] 之月匯率與月對數報酬率之次數分配圖（假定持有人民幣），該圖相當於將月匯率的原始資料整理成次數分配資料；例如，於所分析的期間內，月人民幣價格介於 4.6 元與 4.8 元之間總共有 44 個（次）；而月對數報酬率介於 −1 與 0（單位：%）之間則總共有 61 個（次）。利用圖 10-3 的資料，我們可以將月人民幣價格與月對數報酬率轉換成間斷的機率分配型態，如圖 10-4 所示。

R 指令：

```
ntdcny = read.table("D:\\BM\\ch10\\ntdcnym.txt",header=T);names(ntdcny)
attach(ntdcny) #  "NTD" "CNY", 二者皆以美元計價
P = NTD/CNY ;r = 100*diff(log(P));windows();par(mfrow=c(2,1))
hist(P,breaks=6,xlab=" 匯率 ",ylab=" 次數 ",main=" 人民幣兌新臺幣匯率之次數分配 ",
    col="tomato",border="green",cex.lab=1.5,cex.main=2)
hist(r,breaks=6,xlab=" 月對數報酬率 ",ylab=" 次數 ", col="blue",border="red",cex.lab=1.5,
    main=" 人民幣兌新臺幣匯率月對數報酬率之次數分配 ", cex.main=2)
```

---

[2] 取自央行網站。

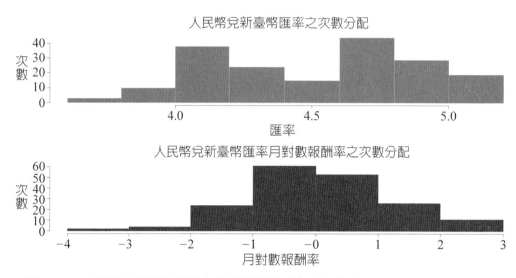

圖 10-3　人民幣兌新臺幣月匯率與月對數報酬率之次數分配圖（2000/1～2017/2）

　　圖 10-4 的特色是於圖 10-3 的各分組資料內找出一個代表值，我們是以各組內的組中點爲代表；另一方面，亦可將圖 10-3 內各組的次數改成相對次數表示，相對次數是指次數除以總次數。例如，前述之月匯率價格落於 4.6 元與 4.8 元之間總共有 44 次而總次數爲 182 次（即總共有 182 個匯率價格），故相對次數約爲 54/194 ≈ 0.24。我們如何解釋相對次數約爲 0.24，不就是機率

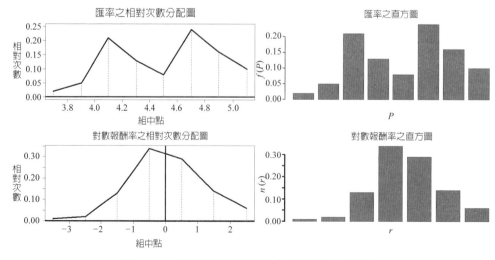

圖 10-4　股價與對數報酬率之相對次數分配

嗎？因此，我們得到一個結果：月匯率價格（約）為 4.7（組中點）的機率約為 0.24！圖 10-4 內之上圖與下圖之相對次數分配，就是我們估計之匯率與其報酬率的機率分配！

```
R 指令：
n = length(P);hP = hist(P,breaks=6,plot=FALSE) # 不繪圖
hP
Pmids = hP$mids # 組中點
Prf = round(hP$counts/n,2) # 相對次數
windows();par(mfrow=c(2,2))
plot(Pmids,Prf,type="l",lwd=4,xlab=" 組中點 ",ylab=" 相對次數 ",main=" 匯率之相對次數分配圖 ",
    cex.lab=1.5,cex.main=2,ylim=c(0,0.25));abline(v=0,h=0,lwd=4)
segments(Pmids[1],Prf[1],Pmids[1],0,lty=2);segments(Pmids[2],Prf[2],Pmids[2],0,lty=2)
segments(Pmids[3],Prf[3],Pmids[3],0,lty=2);segments(Pmids[4],Prf[4],Pmids[4],0,lty=2)
segments(Pmids[5],Prf[5],Pmids[5],0,lty=2);segments(Pmids[6],Prf[6],Pmids[6],0,lty=2)
segments(Pmids[7],Prf[7],Pmids[7],0,lty=2);segments(Pmids[8],Prf[8],Pmids[8],0,lty=2)
barplot(Prf,width=1,horiz=F,xlab="P",ylab=expression(f(P)), border="black",
    main=" 匯率之直方圖 ", col="tomato",lwd=2,cex.lab=1.3,cex.main=2)
( 只列出上圖之指令 )
```

　　若將圖 10-4 內之相對次數分配各組的組距縮小至寬度為 1（各組以組中點為中心），再將對應之相對次數視為機率的估計值，如此就是圖 10-4 中右方的直方圖。直方圖的特色是機率值有二種表示方式：一是高度，另一則是面積；換言之，圖內的直方圖說明了我們如何利用隨機變數如匯率與報酬率的「許多」實際觀察值，轉成間斷的機率分配後，以面積代表機率。也就是說，我們估計出月匯率價（約）為 4.7 元的機率值約為 0.24，而此機率值可以用面積表示！直覺而言，若能使用的實際觀察值數量愈多，則該機率的估計值就愈準確！

例 1

　　列出圖 10-4 內之直方圖之機率分配。

解　若令 p 與 $f(p)$ 分別表示月匯率價與其對應的機率函數，則其機率分配可為：

p	3.7	3.9	4.1	4.3	4.5	4.7	4.9	5.1
$f(p)$	0.0165	0.0549	0.2088	0.1319	0.0824	0.2418	0.1593	0.1044

若令 R 與 $h(r)$ 分別表示月對數報酬率與其對應的機率函數，則其機率分配可為：（單位：%）

r	−3.5	−2.5	−1.5	−0.5	0.5	1.5	2.5
$h(r)$	0.011	0.0221	0.1326	0.337	0.2928	0.1436	0.0608

R 指令：

```
P = hP$mids # 組中點
fP = round(hP$counts/n,4) # 相對次數
fP # 0.0165 0.0549 0.2088 0.1319 0.0824 0.2418 0.1593 0.1044
sum(fP) # 1
r = hr$mids # 組中點
r # -3.5 -2.5 -1.5 -0.5  0.5  1.5  2.5
hr1 = round(hr$counts/m,4) # 相對次數
hr1 # 0.0110 0.0221 0.1326 0.3370 0.2928 0.1436 0.0608
sum(hr1) # 0.9999
```

例 2

續例 1，計算對應的期望值與變異數。

解 可參考所附之 R 指令。

R 指令：

```
EP = sum(P*fP);EP # 4.51868
sigma2P = sum(fP*(P-EP)^2);sigma2P # 0.1414031
Er = sum(r*hr1);Er # 0.05265
sigma2r = sum(hr1*(r-Er)^2);sigma2r # 1.429003
```

例3

續例 1，計算月對數報酬率介於 $-2.5\% \le r \le 1.5\%$ 的機率。

解 令 $\Pr(A)$ 表示 A 出現的機率，則：

$$\Pr(-2.5\% \le r \le 1.5\%) = \sum_{i=2}^{6} h(r_i) = h(r_2) + h(r_3) + \cdots + h(r_6)$$
$$= h(-2.5\%) + h(-1.5\%) + \cdots + h(1.5\%)$$
$$= 0.9281$$

R 指令：
sum(hr1[2:6]) # 0.9281

練習

(1) 至主計總處下載 1981～2015 年期間實質 GDP 年資料，轉成經濟成長率後再分別繪出相對次數分配圖與直方圖。
(2) 續上題，經濟成長率之間斷的機率分配為何？計算 $\Pr(3\% \le yr \le 7\%) = ?$ 其中 yr 表示經濟成長率。
(3) 續上題，計算經濟成長率的期望值與變異數。
(4) 續上題，有何涵義？
(5) 期望值與樣本平均數有何異同？舉一例說明。
(6) 變異數與樣本變異數有何異同？舉一例說明。
(7) 標準差與樣本標準差有何異同？舉一例說明。
(8) 間斷隨機變數的 *CDF* 亦稱為分配函數，試解釋其意義。

1.2 連續的機率分配

若圖 10-4 內的小直方圖的寬度不再維持為 1，而是縮小為 0.001 或更小，此時相當於小直方圖往上竄高，故直方圖本身的高度不再表示成機率，但是面積仍是代表機率；換句話說，若隨機變數是屬於連續的變數，相當於直方圖的寬度縮至更小，此時機率只有一種表示方式，就是面積。可參考圖 10-5。

於圖 10-5 內，我們利用 1985/1/2～2016/12/30 期間 Dow Jones 之調整日收

盤價資料，將其轉成不同保有天數之報酬率資料；同理，我們有二種方法可以
計算報酬率：

$$保有\ k\ 天之簡單報酬率：r_{kt} = \frac{P_t - P_{t-k}}{P_{t-k}}$$

$$保有\ k\ 天之對數報酬率：lr_{kt} = \log\left(\frac{P_t}{P_{t-k}}\right) = \log P_t - \log P_{t-k}$$

利用最後一式，我們可以計算保有天數分別為 $k = 1, 20, 80, 120$ 天之對數報酬
率分配，如圖 10-5 所示。

　　注意圖 10-4 內之直方圖，其高度就是 PF，圖 10-5 內之各圖亦是由許多
小直方圖所構成，不過小直方圖的寬度卻遠小於 1；換言之，若上述小直方圖
的寬度接近於 0 時，PF 就會接近於連續變數之 PDF，而圖內之紅色曲線就是
利用直方圖的資訊所估計的 PDF。由於直方圖的面積並不會因寬度縮小而改
變，故 PDF 底下的面積，就是機率。

　　圖 10-5 內各圖的例子，說明了連續機率分配存在的可能性；換句話說，
圖內因報酬率序列已接近於連續的隨機變數，而 PF 亦接近於 PDF，此時我們
應如何計算機率值？如何計算 PDF 的特徵？如何瞭解連續隨機變數的特色？
直覺而言，此時我們再去細數報酬率的所有可能結果已漸吃力；因此，可以使
用連續的機率分配取代，我們可以先瞭解連續機率分配的性質。

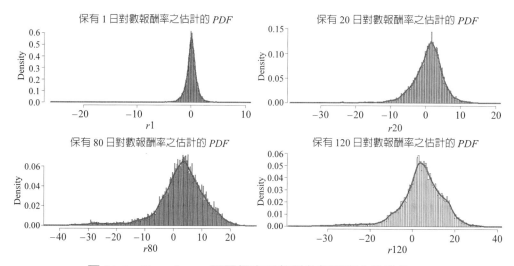

圖 10-5　Dow Jones 不同保有天數對數報酬率之估計的 PDF

R 指令：

```
DW = read.table("D:\\BM\\ch9\\DowJones.txt");p = DW[,1];min(p) # 1242.05
max(p) # 19974.62
n = length(p);n # 8049
r1 = 100*diff(log(p)) # 保有 1 日之對數報酬率
r20 = 100*diff(log(p),20) # 保有 20 日之對數報酬率
r80 = 100*diff(log(p),80) # 保有 80 日之對數報酬率
r120 = 100*diff(log(p),120) # 保有 120 日之對數報酬率
windows()
par(mfrow=c(2,2))
hist(r1,breaks=300,prob=T,main=" 保有 1 日對數報酬率之估計的 PDF",cex.lab=1.5,cex.main=2)
lines(density(r1),col=2,lwd=4)
hist(r20,breaks=300,prob=T,main=" 保有 20 日對數報酬率之估計的 PDF",cex.lab=1.5,cex.main=2)
lines(density(r20),col=2,lwd=4)
hist(r80,breaks=300,prob=T,main=" 保有 80 日對數報酬率之估計的 PDF",cex.lab=1.5,cex.main=2)
lines(density(r80),col=2,lwd=4)
hist(r120,breaks=300,prob=T,main=" 保有 120 日對數報酬率之估計的 PDF",cex.lab=1.5,cex.main=2)
lines(density(r120),col=2,lwd=4)
```

連續機率分配的性質

若 x 為一個連續的隨機變數（即 $x \in R$），$f(x)$ 為對應的 PDF，則：

(1) $f(x) \geq 0$，$f(x)$ 的函數值並不是表示機率值。

(2) $\int_{-\infty}^{\infty} f(x)dx = 1$。

(3) $F(x) = \int_{-\infty}^{x} f(x)dx$，其中 $F'(x) = f(x)$，我們稱 $F(x)$ 為隨機變數 x 之累積機率分配函數 CDF。

(4) $\Pr(a \leq x \leq b) = \Pr(a < x < b) = \Pr(a \leq x < b) = \Pr(a < x \leq b) = F(b) - F(a)$。

上述性質 (1) 是指 PDF 為被積分函數而其值並不是機率值，因機率值為正數或 0，故 PDF 不應為負數；性質 (2) 則強調加總所有可能結果的機率值恆等於 1，此處是以積分取代有限加總；性質 (3) 指出「累加 PDF」就是 CDF，其實 CDF 就是計算例如 x 值至多為 x_1 的機率值，寫成 $P(x \leq x_1) = F(x_1)$。最後一個性質則提醒我們留意，於連續的隨機變數 x 下，出現單獨一點如 x_0 的機率等於 0，寫成 $P(x = x_0) = 0$。

類似 (1) 與 (2) 二式，我們也可以計算 PDF 的特徵如 μ 與 σ，即：

$$\mu = E[x] = \int_{-\infty}^{\infty} xf(x)dx \tag{10-3}$$

其中 μ 就是隨機變數 x 的期望值 $E[x]$，μ 值可以表示隨機變數 x 的「集中位置」；另一方面，σ 稱為標準差，其平方就是變異數 σ^2，σ^2 可寫成：

$$Var(x) = \sigma_x^2 = E\left[(x-\mu)^2\right] = \int_{-\infty}^{\infty}(x-\mu)^2 f(x)dx \tag{10-4}$$

(10-4) 式亦類似於 (10-2) 式，故 σ 亦用於衡量隨機變數 x 的「離散分布程度」。

例 1　再談常態分配

於前面的章節內，我們曾介紹常態分配，其 PDF 可為：

$$f(x) = \frac{1}{\sqrt{2\pi}\sigma}e^{-\frac{1}{2}\left(\frac{x-\mu}{\sigma}\right)^2},\ -\infty < x < \infty$$

其中 x 是常態分配的隨機變數。常態分配有二個參數（未知數）μ 與 σ，試比較不同 μ 與 σ 值下 PDF 的形狀。

解　如下圖所示，μ 與 σ 值分別扮演著衡量隨機變數 X 之「位置」與「離散程度」的角色，可參考所附之 R 指令，以瞭解如何於 R 內使用常態分配。

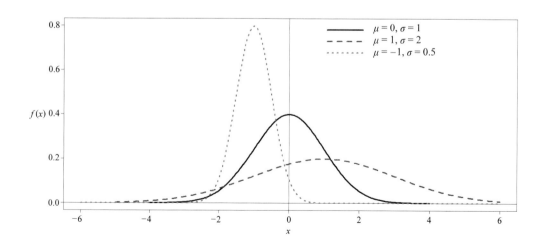

R 指令：

```
windows();x1 = seq(-4,4,length=200)
plot(x1,dnorm(x1),type="l",lwd=4,xlim=c(-6,6),ylim=c(0,0.8),xlab="x",
    ylab="f(x)",cex.lab=1.5);abline(v=0,h=0);x2 = seq(-5,6,length=200)
lines(x2,dnorm(x2,1,2),col=2,lwd=4,lty=2);x3 = seq(-6,6,length=200)
lines(x3,dnorm(x3,-1,0.5),col=3,lwd=4,lty=3)
leg = c(expression(paste(mu==0,", ",sigma==1)),expression(paste(mu==1,", ",sigma==2)),
    expression(paste(mu==-1,", ",sigma==0.5)))
legend("topright",leg,lty=1:3,col=1:3,lwd=4,cex=1.5,bty="n")
```

例2

　　其實圖 10-5 內的報酬率資料並不適合用機率分配模型化，因為報酬率之間可能存在相關，我們可以改以計算「不重疊」的保有 k 日對數報酬率資料，即例如利用常態分配，計算保有 6 日報酬率介於 -25 與 10 之間的機率（單位：%）。

解 可注意如何計算「不重疊」的保有 6 日對數報酬率序列，可參考所附之 R 指令。我們將該資料的樣本平均數與樣本變異數當作常態分配內之參數值的估計值，然後再比較估計的 PDF 與常態分配 PDF 之差異，可以參考下圖。於下圖，我們先用 Dow Jones 的保有 6 日對數報酬率序列資料，估計該序列資料的 PDF，為黑色實線；然後再用相同的資料繪製出常態分配的 PDF，如紅色虛線。我們嘗試以常態分配的 PDF 取代估計的 PDF，即假定保有 6 日對數報酬率序列資料為常態分配，然後再以常態分配計算綠色面積，即 $P(-25 \leq r6 \leq 10) \approx 1$。

R 指令：

```
P = DW[,1];n = length(P) # 8049
k = 5 # 1 2 3 4 5 6 7 8 9 10 11 12 13
h = seq((k+1),n,by=k+1);m = length(h) ;r6 = rep(0,m)
for(i in 1:m) w = h[i];j = h[i]-k;r6[i] = 100*(log(P[w]/P[j]))
muhat = mean(r6);varhat = var(r6);x = sort(r6) # 由小到大排列
```

```
windows()
plot(density(r6),lwd=4,xlab="",main=" 保有 6 天報酬率之機率分配 ",cex.lab=1.5,cex.main=2)
x1 = seq(-20,20,length=200);polygon(c(-20,x1,10),c(0,dnorm(x1,muhat,sqrt(varhat)),0),col="green")
lines(x,dnorm(x,muhat,sqrt(varhat)),lwd=4,col=2,lty=2);lines(density(r6),lwd=4)
legend(-15,0.2,c(" 估計的 PDF"," 常態分配之 PDF"),lty=1:2,lwd=4,col=1:2,bty="n",cex=1.5)
abline(h=0,lwd=4);f = function(x) dnorm(x,muhat,sqrt(varhat))
integrate(f,-25,10) # 0.9999918 with absolute error < 2.4e-05
pnorm(10,muhat,sqrt(varhat))-pnorm(-25,muhat,sqrt(varhat)) # 0.9999918
```

保有 6 天報酬率之機率分配

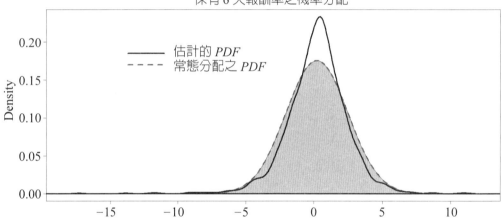

例 3

於例 2 我們使用常態分配的 CDF 指令：*pnorm*(*x*, *μ*, *σ*)。試利用該指令計算標準常態機率分配下隨機變數 *x* 值小於 −1 與大於 1 的機率。

解 CDF 就是 PDF 的反導函數；換言之，若 *F*(*x*) 與 *f*(*x*) 分別表示常態機率分配的 CDF 與 PDF，其中 *x* 為常態機率分配的隨機變數，則：

$$F(b) - F(a) = \int_b^a f(x)\,dx$$

另一方面，若 *μ* = 0 與 *σ* = 1，則常態分配稱為標準常態分配。為了方便起見，於 R 內，$pnorm(x, \mu = 0, \sigma = 1) = pnorm(x)$，可以留意所附之 R 指令[3]。
為何我們會強調常態分配？通常我們所謂的「非常態」的意思為何？
一個簡單的例子為：若 $h(x \leq 0) \neq h(x \geq 0)$，則 $h(x)$ 應不是一個常態的分
配；換句話說，常態（機率）分配的最明顯特徵是 $f(x \leq 0) = f(x \geq 0)$ 或
$F(x \leq 0) = F(x \geq 0) = 0.5$，也就是說，常態分配以 μ 為中心左右對稱！可
以參考下圖。

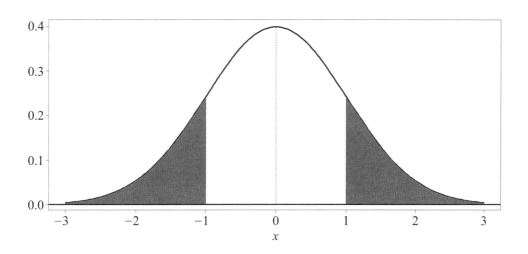

R 指令：

```
x = seq(-3,3,length=200);windows()
plot(x,dnorm(x),type="l",lwd=4,ylab="",cex.lab=1.5) # mu=0,sigma=1
x1 = seq(-3,-1,length=100);polygon(c(-3,x1,-1),c(0,dnorm(x1),0),col="tomato")
x2 = seq(1,3,length=100);polygon(c(1,x2,3),c(0,dnorm(x2),0),col="tomato")
abline(h=0,lwd=4);segments(0,dnorm(0),0,0,lty=2);pnorm(-1) # 0.1586553
qnorm(0.1586553) # -0.9999998, 計算出對應的 x=-1 值
1-pnorm(1) # 0.1586553
qnorm(1-0.1586553) # 0.9999998, 計算出對應的 x=1 值
```

---

[3] 同理，$dnorm(x, \mu = 0, \sigma = 1) = dnorm(x)$ 或 $rnorm(x, \mu = 0, \sigma = 1) = rnorm(x)$。

例 4 選擇權價格

歐式選擇權價格最著名的莫過於使用 Black-Scholes（BS）公式計算，也就是說，令 C 與 P 分別表示歐式選擇權之買權與賣權價格，按照 BS，C 與 P 分別可寫成：

$$C = S_0 e^{-qT} N(d_1) - K e^{-rT} N(d_2) \text{ 與 } P = K e^{-rT} N(-d_2) - S_0 e^{-qT} N(-d_1)$$

而

$$d_1 = \frac{\log(S_0/K) + (r - q + \sigma^2/2)T}{\sigma\sqrt{T}}$$

與

$$d_2 = \frac{\log(S_0/K) + (r - q - \sigma^2/2)T}{\sigma\sqrt{T}} = d_1 - \sigma\sqrt{T}$$

其中 S_0、K、r、q、T 以及 σ 依序表示標的資產價格、履約價、無風險利率、股利支付率、到期期限、以及標的資產的波動率，後二者以年率表示；另一方面，$N(\cdot)$ 表示標準常態分配之 *CDF*。

假定 $S_0 = 42$、$K = 40$、$r = 0.1$、$q = 0$、$T = 0.5$ 以及 $\sigma = 0.2$，計算 C 與 P。

解 可以參考下列 R 指令：

```
BS = function(S0,K,r,q,T,sigma)
{
 d1 = (log(S0/K)+(r-q+(sigma^2)/2)*T)/(sigma*sqrt(T));d2 = d1-sigma*sqrt(T)
 C = S0*exp(-q*T)*pnorm(d1)-K*exp(-r*T)*pnorm(d2)
 P = K*exp(-r*T)*pnorm(-d2)-S0*exp(-q*T)*pnorm(-d1)
 return(list(C=C,P=P,d1=d1,d2=d2))
};BS(42,40,0.1,0,0.5,0.2)
Option = BS(42,40,0.1,0,0.5,0.2)
Option$C # 4.759422
Option$P # 0.8085994
Option$d1 # 0.7692626
Option$d2 # 0.6278413
```

例 5

續例 4，若 S_0 為未知，分別繪製買賣權價格與 S_0 之間的關係。

解 我們考慮二種情況：$T = 0.5$ 與 $T = 0.0001$，其中後者相當接近到期日。其結果可以參考所附 R 指令及下圖。

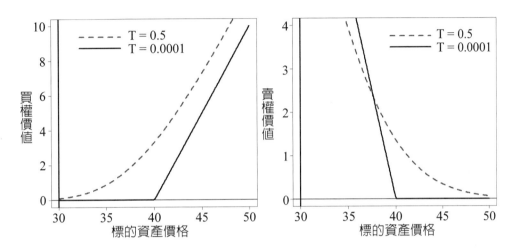

R 指令：

```
S = seq(30,50,by=0.05);n = length(S);C = numeric(n);P = C;C1 = C;P1 = C
for(i in 1:n)
{
 tem = BS(S[i],40,0.1,0,0.5,0.2);tem1 = BS(S[i],40,0.1,0,0.0001,0.2)
 C[i] = tem$C;C1[i] = tem1$C
 P[i] = tem$P;P1[i] = tem1$P
}
windows();par(mfrow=c(1,2))
plot(S,C,type="l",lwd=4,lty=2,col=2,ylim=c(0,10),xlab=" 標的資產價格 ",
     ylab=" 買權價值 ",cex.lab=1.5);lines(S,C1,lwd=4);abline(v=30,lwd=4);abline(h=0,lwd=2)
legend(30,10,c("T = 0.5","T = 0.0001"),lwd=4,col=c(2,1),lty=c(2,1),bty="n",cex=1.5)
plot(S,P,type="l",lwd=4,lty=2,col=2,ylim=c(0,4),xlab=" 標的資產價格 ",
     ylab=" 賣權價值 ",cex.lab=1.5);lines(S,P1,lwd=4);abline(v=30,lwd=4);abline(h=0,lwd=2)
legend(38,4,c("T = 0.5","T = 0.0001"),lwd=4,col=c(2,1),lty=c(2,1),bty="n",cex=1.5)
```

考慮台指選擇權 2016 年 6 月到期履約價為 9,000 點之買權與賣權。若假定 1 年有 252 個交易日，股利支付率為 0.01，且以第一銀行 1 年期定存利率為 1.125% 為無風險利率，利用 BS 公式計算買權與賣權的理論價格，繪出到期日前 31 個交易日之理論與實際價格[4]。

解 到期日前 31 個交易日為 2016/05/03。下圖繪出 2016/05/03～2016/06/15 期間標的資產價格（TWI）、買權與賣權之理論（紅色實線）與實際價格（黑點）。從圖內可以看出因現貨 TWI 價格上升而帶動買權價格上升與賣權價格下跌，表示標的資產與選擇權價格之間的相關性；另一方面，因買權之理論與實際價格之間的配適度不佳，實際價格大多低於理論價格，似乎顯示出投資人已有點「居高思危」的味道。

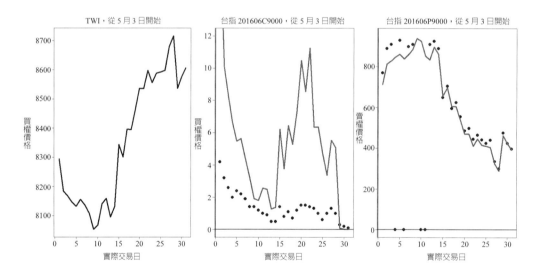

---

[4] 台指選擇權 2016 年 6 月到期履約價為 9,000 點之買權與賣權，可簡寫成 TXO201606C9000 與 TXO201606P9000（TEJ 的表示方式），上述二契約是 2015/09/17 上市，而於 2016/06/15 到期。可至 TEJ 下載實際買賣權收盤價。此處無風險利率是取自 TEJ。底下之計算皆以 1 年有 252 個交易日且是以實際交易日為基準，故與 TEJ 以實際到期天數計算有些微的差異。

例 7 二元選擇權（binary options）

前述 BS 公式亦可以簡化成計算二種極簡單的選擇權：cash-or-nothing (CN) 與 asset-or-nothing (AN) 選擇權。最簡易的 CN 買權（賣權）是指到期時，若標的資產價格 S_T 大於履約價格 K，可得 Q_0 元（0 元）；相反地，若標的資產價格 S_T 小於履約價格 K，可得 0 元（Q_0 元）。類似地，AN 買權（賣權）是指到期時，若標的資產價格 S_T 大於履約價格 K，可得 S_0 元（0 元）；相反地，若標的資產價格 S_T 小於履約價格 K，可得 0 元（S_0 元）。因此，二種選擇權的價格分別可為：

$$C_{cn} = Q_0 e^{-rT} N(d_2) \text{ 與 } P_{cn} = Q_0 e^{-rT} N(-d_2)$$
$$C_{an} = S_0 e^{-qT} N(d_2) \text{ 與 } P_{an} = S_0 e^{-qT} N(-d_2)$$

若 $Q_0 = 1$、$S_0 = 8,990$、$K = 9,000$、$q = 0.01$、$r = 0.0125$、$T = 0.3$ 與 $\sigma = 0.1667$，分別計算上述二種選擇權目前的價格。

解 按照上述 CN 與 AN 選擇權的定義，不難看出二種選擇權的價格就是其期望（值）價格[5]；另一方面，從下圖可以看出當 S_0 上升，買權（賣權）獲利的機率（機會）逐漸上升。可參考所附之 R 指令。

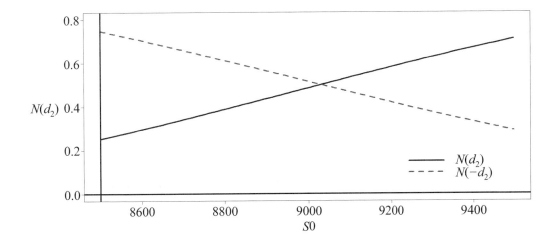

---

[5] 此價格是以「現值」的型態表示，現金是以無風險利率而股價則以股利率的「速度」遞增。

R 指令：

```
Q0=1;S0=8990;K=9000;r=0.0125;q=0.01;T=0.3;sigma=0.1667
d1 = (log(S0/K)+(r-q+(sigma^2)/2)*T)/(sigma*sqrt(T));d2 = d1-sigma*sqrt(T)
CCN = Q0*exp(-r*T)*pnorm(d2);CCN # 0.4784174
PCN = Q0*exp(-r*T)*pnorm(-d2);PCN # 0.5178396
CAN = S0*exp(-q*T)*pnorm(d2);CAN # 4304.199
PAN = S0*exp(-q*T)*pnorm(-d2);PAN # 4658.871
S0 = seq(8500,9500,length=100);d1 = (log(S0/K)+(r-q+(sigma^2)/2)*T)/(sigma*sqrt(T))
d2 = d1-sigma*sqrt(T);windows()
plot(S0,pnorm(d2),type="l",lwd=4,ylab=expression(N(d[2])),cex.lab=1.2,
     ylim=c(0,0.8));lines(S0,pnorm(-d2),lwd=4,col=2,lty=2);abline(v=8500,h=0,lwd=4)
legend(9200,0.2,c(expression(N(d[2])),expression(N(-d[2]))),lty=1:2,col=1:2,lwd=4,bty="n",cex=1.5)
```

練習

(1) *CDF* 與 *PDF* 的關係為何？試舉一例說明。

(2) 計算 $\mu = 2$ 與 $\sigma^2 = 3$ 常態分配的隨機變數值 x 介於 0 與 2 之間的機率，如下圖所示，試利用常態分配的「以 μ 為中心左右對稱」的性質計算。

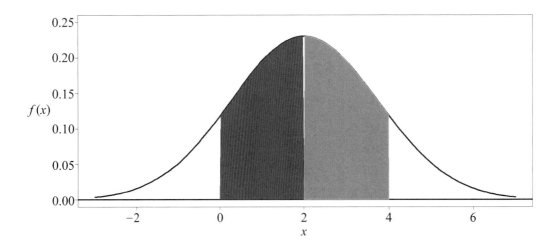

(3) 續例 6，至英文 YAHOO 網站下載 TWI 之未調整日收盤價（2000/01/04～2016/09/08），轉成日對數報酬率後，計算日對數報酬率之樣本平均數與樣本標準差。

(4) 續上題，若假定日對數報酬率序列 x 為常態分配，且以計算出的日對數報酬率之樣本平均數與樣本標準差分別表示 μ 與 σ，計算下列式子（單位：%）：

(A) $\Pr(-1 \leq x \leq 1) = ?$

(B) $\Pr(-6 \leq x \leq -5) = ?$

(C) $\Pr(4 \leq x \leq 6) = ?$

(D) $\Pr(x_0 \leq x) = 0.3$，$x_0 = ?$

(5) 續上題，(D) 題的計算會使用到 qnorm 函數指令，解釋其意思。

提示：

```
pnorm(-1.96) #  0.0249979
qnorm(0.0249979) # -1.96
```

(6) 續上題，若假定 1 年有 252 個交易日，試計算所有的 TWI 波動率，繪出波動率之時間走勢以及波動率之次數分配。

提示：如下圖

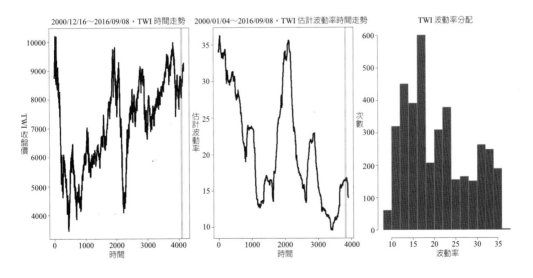

(7) 解釋 dnorm、pnorm、qnorm 以及 rnorm 函數指令之意義與差異。

1.3 蒙地卡羅模擬

　　若擲一個公正的骰子許多次，我們可以預期出現 6 點的比率約為 1/6；換句話說，我們可以將擲骰子的動作視為從事一種伯努尼實驗：即以隨機變數 x_i 等於 1 表示出現 6 點，x_i 等於 0 表示出現非 6 點。前一章的大數法則或中央極限定理已經告訴我們：若有足夠的 x_i 的實現值，其樣本平均數 $\bar{x}$ 會接近於理論值 $E(x) = 1/6$。

　　直覺而言，大數法則會成立是根據下列的假定：$x_1, x_2, \cdots, x_n$ 為一組平均數與變異數分別為 μ 與有限值之 iid 的隨機變數，隨著實驗次數 n 的增加，隨機變數實現值之樣本平均數 $\bar{x}$ 接近於 μ 值的機率相當高；也就是說，就每一 $\varepsilon > 0$ 而言，可得：

$$\lim_{n \to \infty} P\left(\left|\bar{x} - \mu\right| < \varepsilon\right) = 1$$

我們如何證明上述結果為真，尤其是 μ 值為未知？於第 9 章內，我們已經說明大數法則是可以成立的，其中所使用的方法就稱為蒙地卡羅模擬（Monte Carlo simulation）；換言之，若我們有辦法取得 iid 隨機變數的實現值，我們不就是可以應用該模擬方法取得未知參數的估計值嗎？舉例來說，就標準常態分配而言，我們已經知道隨機變數的實現值介於 -1.96 與 1.96 之間的理論機率值約為 0.95，我們如何利用蒙地卡羅模擬取得上述區間的估計值？可以先看下列的 R 指令：

```
pnorm(1.96)-pnorm(-1.96) # 0.9500042
M = 5000;n = 100;pbar = rep(0,M)
for(i in 1:M) set.seed(i);x = rnorm(n); i = x <= 1.96 & x >= -1.96;pbar[i] = mean(as.numeric(i))
mean(pbar) # 0.9604
sd(pbar) # 0.001959788
```

　　上述第一個指令是說明前述區間的理論機率值約為 0.95，剩下的指令就是使用蒙地卡羅模擬的步驟：首先，先確定重複模擬的次數以及抽取的個數，如 M 次與 n 個實現值。接下來，預設一個變數內可容納 M 個模擬次數的估計值，當然一開始估計值皆為 0。再來，就是執行一個內含 M 次動作的迴圈，而每一動作皆是從標準常態分配內抽取 n 個實現值，然後再計算介於 -1.96 與 1.96

之間的比率（機率就是比率，而比率就是伯努尼實驗的平均數），迴圈結束後可以得到 M 個機率；最後，再計算 M 個機率的平均數與標準差。就 $M = 5,000$ 與 $n = 100$ 而言，可得該平均數與標準差分別約為 0.9604 與 0.0020。

我們可以繼續提高 n 的個數，即於 $M = 5,000$ 下，$n = 500$ 與 $n = 1,000$ 的 M 個機率的平均數與標準差分別約為 0.9499 與 0.0006 以及 0.9420 與 0.0004。可以注意上述平均數皆接近於 0.95，而標準差會隨著 n 的增加而下降！

其實，上述機率值的計算類似於前述大數法則（或中央極限定理）的證明；換言之，我們也可以利用大數法則（即真理愈辯愈明）計算機率，而使用的方法竟是蒙地卡羅模擬。

如前所述，機率值亦可以用面積表示，而積分就是在計算面積，結果不是可用蒙地卡羅模擬計算積分嗎？其實，以蒙地卡羅模擬計算積分，就稱為數值積分（numerical integration）。最簡單的數值積分，就是利用第 9 章 3.2 節例 2 的均等機率分配；也就是說，假定 $h(U)$ 是一個連續函數而 U 為均等分配的隨機變數，其實現值介於 a 與 b 之間，則：

$$\int_a^b h(U) f_U dU = \int_0^1 h(U) dU = E\big[h(U)\big] \tag{10-5}$$

其中 $f_U = \dfrac{1}{b-a}$ 為均等分配的 PDF。(10-5) 式的意義並不難瞭解，就均等分配而言，因

$$\int_a^b f_U dU = \int_0^1 dU = 1$$

相當於可將介於 a 與 b 之間的均等分配搬至介於 0 與 1 之間，此時 PDF 亦由 f_U 轉成 1；因此，若要計算 $h(U)$ 的機率（面積），相當於在計算均等分配之 $h(U)$ 的期望值。換言之，假定我們想要計算 $\int_0^1 x^2 dx$，我們只要以 U 取代 x，然後再計算 U^2 的平均數（期望值），按照 (10-5) 式，不就是可以估計到上述積分值嗎？是故，透過均等分配的性質，數值積分竟仍是屬於大數法則的應用。

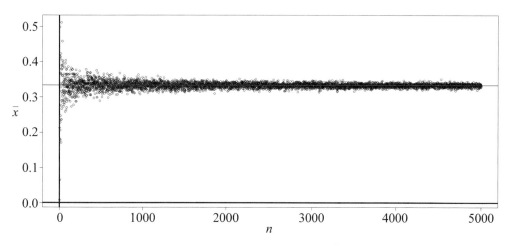

圖 10-6　用蒙地卡羅模擬計算 $\int_0^1 x^2 dx$

R 指令：

```
f = function(x) x^2;integrate(f,0,1) # 0.3333333 with absolute error < 3.7e-15
M = 5000;x = rep(0,M);for(i in 1:M) {u = runif(i);x[i] = mean(f(u))}
windows();plot(x,type="p",ylab=expression(bar(x)),xlab="n",cex.lab=1.3)
abline(h=0.3333333,lwd=2,col=2);abline(v=0,h=0,lwd=4)
```

　　利用 (10-5) 式，我們以數值積分或蒙地卡羅模擬估計 $\int_0^1 x^2 dx$，其結果繪製於圖 10-6。於圖 10-6 以及所附的 R 指令內，讀者應能發現隨著從均等分配內抽取的樣本數的增加，計算出的平均數逐漸接近於真正的積分值。因此，顧名思義，當我們遇到難以處理的積分式時，數值積分倒是提供了另一種計算的方式。

例 1

　　利用第 9 章內 TWI 日對數報酬率序列資料，計算日對數報酬率小於等於 −5% 的機率為何？

解　假定 $M = 5,000$，上述蒙地卡羅模擬需要有 *iid* 隨機變數的實現值，我們以抽出放回的方式從日對數報酬率序列內抽取實際觀察值取代，其結果可繪製如下圖所示。

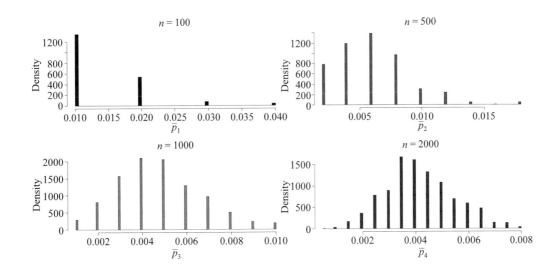

上圖繪製出以蒙地卡羅模擬計算之日對數報酬率小於等於 −5% 機率的分配，於圖內我們分別考慮 $n = 100$、500、1,000、2,000 的情況，其中最後一種情況分配的平均數與標準差分別約為 0.0042 與 0.0013；換言之，我們利用蒙地卡羅模擬估計日對數報酬率小於等於 −5% 機率約為 0.0042。

例 2

續例 1，除了使用蒙地卡羅模擬估計外，還有何方法可以估計上述機率？

解 我們可以分別使用「計算分位數法」與「實證 *CDF* 法」估計，其中日對數報酬率之 0.4% 分位數約為 −4.9588%，而用實證 *CDF* 法之估計，日對數報酬率小於等於 −5.0112% 的機率值則約為 0.0038。二種估計值與例 1 的估計結果差距並不大。

除了上述二種方法外，我們也可以假定日對數報酬率序列服從常態分配與 *t* 分配，若以整段期間的樣本平均數與樣本標準差取代二分配的期望值與標準差，則於常態分配的假定下，上述機率值只約為 0.0002；至於假定為 *t* 分配，考慮自由度分別為 3、4 與 5 的三種情況，其對應的機率值分別約為 0.0043、0.0036 以及 0.0029。因此，使用常態分配的假定會產生低估，而使用 *t* 分配的假定，其估計結果則與上述三種方法的結果接近。我們甚至可以進一步知道：若假定日對數報酬率序列為 *t* 分配，其自由度大概介於 3 與 4 之間！

例 3

利用例 1 內 TWI 的資料，試計算保有 20 天對數報酬率小於等於 −20% 的機率值。

解 我們試著以不重疊的方式計算出保有 20 天對數報酬率序列資料，再使用例 1 的方法，可得保有 20 天對數報酬率小於等於 −20% 的機率值約為 0.0095。

例 4

計算 $\int_1^8 x^2 dx$。

解 利用 (10-5) 式可知：

$$\frac{1}{7}\int_1^8 U^2 dU = \int_0^1 U^2 dU$$

故

$$\int_1^8 U^2 dU = 7\int_0^1 U^2 dU$$

可參考下圖。下圖是逐一從均等分配抽出 $n = 1, 2, \cdots, 5000$ 個觀察值後，再逐一計算 7 倍的觀察值平方之平均數，從圖內可看出隨著 n 的提高，蒙地卡羅模擬估計值會接近於真正的積分值。

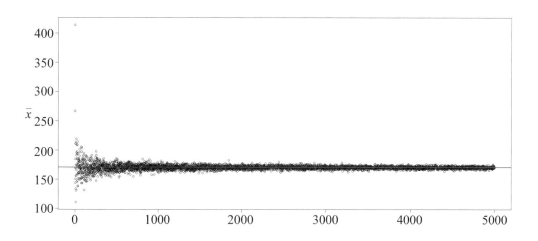

例 5

計算 $\int_0^1 \frac{1}{x} dx$。

解 因 $\int_0^1 \frac{1}{x} dx = \log(1) - \log(0)$，其中因無法找出 $\log(0)$，故無法求得積分值。我們改以數值積分或蒙地卡羅模擬計算該積分值。我們重複從均等分配內抽出 10,000 個觀察值 5,000 次，故總共可得 5,000 個估計值且其分配繪於下圖，於圖內可看出估計結果相當離散，不過大部分的估計值仍集中於 40 以下；我們進一步計算該分配的平均數與第 50 個百分位數（即中位數）分別約為 22.4581 與 11.0123。

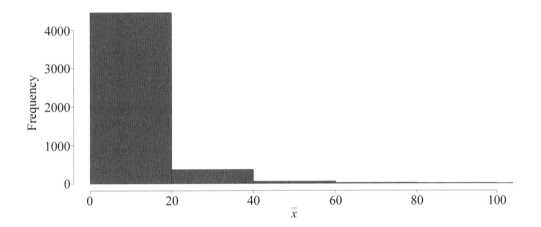

練習

(1) 利用 TWI 序列資料，計算保有 5 日對數報酬率（不重疊）介於 -5% 與 5% 之間的機率。

(2) 試解釋蒙地卡羅模擬。

(3) 計算 $\int_0^9 \frac{1}{\sqrt{x}} dx$。

(4) 試解釋數值積分。

第二節　隨機過程

如前所述，變數可以分成確定變數與隨機變數二種。上述二種變數的觀念是重要的，畢竟確定變數可以掌握實際變數的趨勢走勢，而隨機變數則在於強調實際變數的隨機波動性或不確定性。於前面的章節內，我們已經多次使用迴歸函數估計實際變數內含的確定性部分；另一方面，我們也已經瞭解例如常態分配隨機變數所隱含的意義以及於 R 內的使用方式，因此若將常態分配的隨機變數視爲實際變數內含的不確定性部分，透過 R 的使用，我們不是就可以進行模擬分析嗎？

若實際觀察現實社會內的經濟與財務變數，因爲我們不是很確定其未來值爲何，因此上述的經濟與財務變數大多是屬於隨機變數。雖說如此，有些時候，我們還是能大概地說出或預測出若干經濟與財務變數內的確定部分，例如明年的通貨膨脹率或經濟成長率等大概爲何，是故確定變數也可以包含於隨機變數內。因此，我們也可以將變數只分成隨機變數一種。

既然隨機變數是容易見到的，若將隨機變數與時間結合，我們就稱該隨機變數爲一種隨機過程（stochastic process）；例如，我們有興趣檢視不同時間的房地產價格 $P(t)$，其中 t 爲時間如日、週或月等，則 $P(t)$ 就是一種隨機過程。於數學內，可因檢視 $P(t)$ 的頻率之不同而分成連續的隨機過程與間斷的隨機過程二種，也就是說，既然我們可以每日觀察房地產價格，當然也可以隨時地檢視房地產價格，只是後者的變化有可能並不明顯，不過在數學的處理上，有些時候假定房地產價格爲連續的隨機過程可能比較方便，第 8 章的微分方程式就是如此。

隨機過程的數學模型是複雜難懂的，不過透過 R 的使用與模擬，此種困難度自可降低。

2.1 馬可夫性質

假定阿德有興趣投資於房地產，阿德有許多過去的房地產價格資料可供參考。阿德無意中聽到「價格能反映資訊」這句話，覺得很有道理，因爲過去的好壞消息的環境已不復存在；或是說，今天的價格應該就有包括過去的資訊，因此今天的價格應該比昨天之前的價格重要。數學上，上述阿德的想法類似於馬可夫過程（Markov process），也就是說，馬可夫過程強調若要預測明日的價格，最重要的解釋變數就是今日的價格。通常我們會假定資產價格是屬於馬可夫過程，因為我們不會用前一個星期或前一個月的股價來預測明日的股價。

　　馬可夫過程有一個重要的性質，就是既然未來的資產價格僅受到目前資產價格的影響，故其與過去的資產價格無關，則不同時間資產價格的機率分配之間應該互相獨立（即不相關）。假定有一個隨機變數 $P(t)$ 屬於馬可夫過程，其背後隱含著 $P(t)$ 與 $P(s)$ 的機率分配之間應互相獨立，其中 $t \neq s$。假定該隨機變數目前價值 100 元，而其於 1 年內價值的變化為 $N(0, 1)$，則該變數於 2 年內價值變化的機率分配為何？

　　2 年內價值變化的機率分配為二個標準常態分配之和，其為平均數與變異數分別為 0 與 2 的常態分配[6]，即 $N(0, 2)$。因此，2 年內價值變化機率分配的標準差為 $2^{1/2}$。我們考慮另外一種可能：那 0.5 年內價值變化的機率分配為何？類似的想法是 1 年為二個 0.5 年相加，故 0.5 年內價值變化的機率分配為平均數與變異數分別為 0 與 0.5 的常態分配，即 $N(0, 0.5)$，因此對應的標準差為 $0.5^{1/2}$。

　　上述的思考模式可以繼續延伸：3 個月內價值變化的機率分配為 $N(0, 0.25)$、1 個月為 $N(0, 1/12)$；也就是說，1 年可以表示成 $T = n \Delta t$，則每單期價值的變化為 $N(0, \Delta t)$。因此，我們可以回想如何計算波動率，若假定 1 年有 252 個交易日，即 $n = 252$，則 1 年內價值的變化為 $N(0, T)$，因我們是用日（對數）報酬率的標準差估計 1 日的波動率，則 1 年的波動率的估計值為 1 日的波動率的估計值乘以 $252^{1/2}$。因此，前述波動率的估計，其背後隱含著馬可夫過程的假定。

　　如前所述，透過 R 的模擬，我們可以檢視符合馬可夫過程的型態。

例 1

　　於標準常態分配內抽取 6 個觀察值。

解　參考下列 R 指令。

---

[6] 如前所述，常態分配是左右對稱的分配，則二個獨立常態分配之和仍為常態分配。即二個常態分班的班級合併成一班，結果仍是常態分班。

```
set.seed(1234)
x = rnorm(6)
x # -1.2070657  0.2774292  1.0844412 -2.3456977  0.4291247  0.5060559
```

例2 **抽出放回**

前述馬可夫過程強調不同時間區段互相獨立，我們如何得到相互獨立的二個常態分配觀察值？

解 其中之一是使用「抽出放回」的抽取方法[7]，可以先執行下列 R 指令：

```
set.seed(1234)
x = rnorm(3)
x # -1.2070657  0.2774292  1.0844412
sample(x,4,replace=TRUE) # 從 x 內以抽出放回的方式抽出 4 個觀察值
sample(x,2) # 1.0844412 0.2774292, 從 x 內以抽出不放回的方式抽出 2 個觀察值
set.seed(123)
sample(x,4,replace=TRUE) #  -1.2070657  1.0844412  0.2774292  1.0844412
set.seed(12356)
sample(x,3,replace=TRUE) #  0.2774292 -1.2070657 -1.2070657
```

上述指令是指從標準常態分配抽出 3 個觀察值，若我們想從上述 3 個觀察值內以「抽出放回」的抽取方式，抽出 4 個觀察值，可以使用 sample 函數指令，可以留意該函數內 replace=TRUE 的使用，若忽略則表示以「抽出不放回」的方式抽取觀察值。若是我們皆要抽到相同的觀察值，則前面需再加上 set.seed() 指令。

例3

某變數 1 年的變動是屬於標準常態分配，若假定 1 年有 252 個交易日，則

---

[7] 「抽出放回」的典型例子為：一個籃子內有 8 個紅色球、2 個白色球以及 5 個藍色球，若從籃子內以「抽出放回」的方法，連續抽出 2 個皆是白球的機率為（2/15）（2/15）。

該變數的觀察值為何？假定該變數期初值為 0。

解　首先，我們先從平均數與標準差分別為 0 與 $252^{-1/2}$ 的常態分配內抽出 252
　　個觀察值，然後再從 252 個觀察值內以抽出放回的方式抽出 1 個觀察值，
　　則每次抽取的觀察值之間應是彼此之間毫無關聯，互相獨立。可參考下列
　　R 指令。

```
set.seed(1253);n = 252;u = rnorm(n,0,sqrt(1/n));x = rep(0,n)
for(i in 2:n) {u1 = sample(u,1,replace=TRUE) ;x[i] = x[i-1] + u1}
windows();par(mfrow=c(2,1))
plot(1:n,x,type="p",pch=20,cex=3,xlab="t",cex.lab=1.5)
plot(1:n,x,type="l",lwd=4,xlab="t",cex.lab=1.5)
```

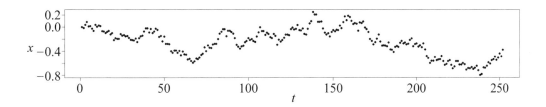

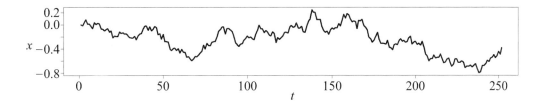

練習

(1) 於標準常態分配內抽取 10 個觀察值。

(2) 於平均數與標準差分別為 0 與 2 的常態分配內抽取 100 個觀察值。

(3) 續上題，利用抽出的 100 個觀察值，以抽出放回的方式連續抽出 5 個觀
　　察值。

(4) 已知二個以上的常態分配相加仍是常態分配，因此單獨一個常態分配可
　　以視為多個常態分配相加？試評論之。

(5) 資產價格是否符合馬可夫性質？試評論之。

(6) 總體經濟變數是否符合馬可夫性質？試評論之。

(7) 於標準常態分配內抽取 10 個觀察值，其中觀察值之間是否相關？

(8) 某資產價格的期初價格為 120，若每日價格的變動為平均數與標準差分別為 0 與 $252^{-1/2}$ 的常態分配，試繪出該價格之時間走勢。

　　提示：如下圖

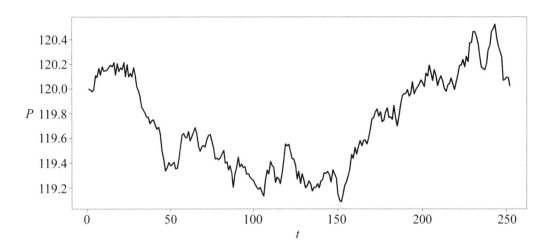

2.2 維納過程

　　上述 1 年價值變化為標準常態分配的過程可以稱為維納過程（Wiener process）。維納過程是用於描述一個物體於受到許多微小的衝擊下所形成的時間路徑過程；換言之，維納過程 $W(t)$ 而 $W(0) = 0$ 之一般式具有下列二種性質：

性質 1：於一段小時間區間內 Δt，維納過程之變化 ΔW 可為：

$$\Delta W = \varepsilon \sqrt{\Delta t}$$

　　其中 ε 為標準常態分配的隨機變數。

性質 2：於二段不同的小時間區間 $t < s$ 下，維納過程之變化 ΔW 具獨立性且其變異數為 $|t - s|$。

上述性質 2 隱含著馬可夫過程。

　　維納過程最早是由生物學家布朗（Robert Brown）用以描述物件漂浮

於液體中所形成的不規則形狀（動作），故維納過程亦可以稱為布朗運動
（Brownian motion），因此我們也可以使用布朗運動 $B(t)$ 取代 $W(t)$。透過前
述維納過程的性質，我們可以模擬出 $B(t)$ 的路徑。考慮 $[0, T]$ 的時間區段，我
們可以將上述時間區段分割成 n 個小區段如 $0 = t_0 < t_1 < t_2 < \cdots < t_n = T$，然後以
反覆的方式計算：

$$\Delta B(t_i) = B(t_i) - B(t_{i-1}) = \varepsilon_i \sqrt{\Delta t_i} \tag{10-6}$$

其中 $\varepsilon_i \sim N(0,1)$ 是屬於 *iid* 的標準常態分配隨機變數[8]；另外，$\Delta t_i = t_i - t_{i-1}$。值
得注意的是，(10-6) 式說明了 $B(t)$ 可以用間斷的形式表示；也就是說，我們也
可以連續的形式描述 $B(t)$，即連續的 $B(t)$ 變動可寫成：

$$dB(t_i) = \varepsilon_i \sqrt{dt_i} \tag{10-7}$$

因此，若考慮一段時間 $B(T)$ 可為：

$$B(T) = B(t_0) + \sum_{i=1}^{n} \varepsilon_i \sqrt{\Delta t_i} \tag{10-8}$$

類似地，若是連續的型態，則 (10-8) 式可以改為：

$$B(T) = B(t_0) + \int_{t_0}^{t_n} dB(t) \tag{10-9}$$

因連續的 $B(t)$ 不易觀察的到，我們是以間斷的 $B(t)$ 取代。

例 1

　　若 $T = 1$、$n = 252$ 以及 $t_0 = 0$，利用 (10-8) 式模擬出 5 條 $B(1)$ 的路徑。

解　可以參考下圖及所附的 R 指令。

---

[8]　若連續使用 R 模擬（抽）出二組或多組常態分配的觀察值，這二組或多組觀察值之
　　間是毫不相關的；而就常態分配而言，二個或多個常態分配之間若是毫不相關，則
　　這些常態分配之間相互獨立。

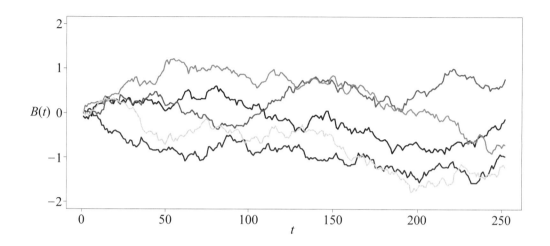

R 指令：

n = 252;dt = 1/n;sigma = sqrt(dt);B1 = cumsum(sigma*rnorm(n)) # 累加

B2 = cumsum(sigma*rnorm(n));B3 = cumsum(sigma*rnorm(n))

B4 = cumsum(sigma*rnorm(n));B5 = cumsum(sigma*rnorm(n))

windows()

plot(1:n,B1,lwd=4,type="l",ylim=c(-2,2),ylab="B(t)",xlab="t",cex.lab=1.5)

lines(B2,lwd=4,col=2);lines(B3,lwd=4,col=3);lines(B4,lwd=4,col=4);lines(B5,lwd=4,col=5)

例2

　　續例 1，直覺而言，我們可以增加 1 年的觀察次數，比較 $n = 25$、500、10,000 之維納過程走勢。

解 可參考所附之 R 指令及下圖。於下圖可以看出隨著觀察次數的提高，維納過程走勢之路徑會更崎嶇不平，隱含著更難掌握其走勢（即愈難預測）。

R 指令：

n1 = 25;n2 = 500;n3 = 100000;dt1 = 1/n1;dt2 = 1/n2;dt3 = 1/n3

sigma1 = sqrt(dt1);sigma2 = sqrt(dt2);sigma3 = sqrt(dt3)

set.seed(1245);W1 = cumsum(sigma1*rnorm(n1))

W2 = cumsum(sigma2*rnorm(n2));W3 = cumsum(sigma3*rnorm(n3))

windows()

```
par(mfrow=c(3,1))
plot(1:n1,W1,lwd=4,type="l",ylab="W(t)",xlab="t",cex.lab=1.5,
     main="n=25",cex.main=2)
plot(1:n2,W2,lwd=4,type="l",col=2,,ylab="W(t)",xlab="t",cex.lab=1.5,
     main="n=500",cex.main=2)
plot(1:n3,W3,lwd=4,type="l",,ylab="W(t)",xlab="t",cex.lab=1.5,
     main="n=10000",cex.main=2)
```

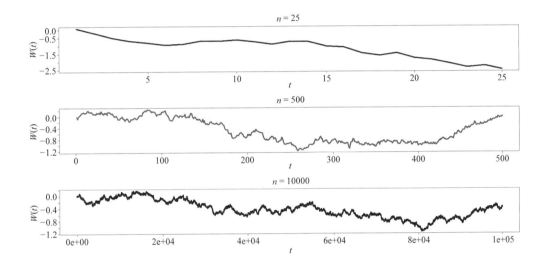

例 3

假定有一個變數 $X(t)$，其走勢符合期初值為 30 的維納過程，則 10 年後 $X(t)$ 的波動為何？

解　1 年後，$X(t)$ 為平均數與變異數分別為 30 與 1 的常態分配。2 年後，$X(t)$ 為平均數與變異數分別為 30 與 2 的常態分配。因此，n 年後，$X(t)$ 為平均數與變異數分別為 30 與 n 之常態分配。是故，我們可以用標準差來衡量價格的波動。於本例中，10 年後，$X(t)$ 有可能落於平均數與變異數分別為 30 與 10 的常態分配內。

例 4

若 $t_0 = 0$，因 $B(t_0 = 0) = 0$，則 (10-8) 式可以寫成：

$$B(T) = \int_0^T dB(t) \text{ 或 } W(T) = \int_0^T dW(t) \tag{10-10}$$

其中後者是以維納過程表示[9]。

若有一個隨機過程 $X(t)$ 寫成：

$$X(t) = X(0) + \alpha t + \sigma W(t) \tag{10-11}$$

其中 α 稱爲漂移（drift）而 σ 稱爲擴散（率）[10]。試模擬 (10-11) 式之路徑。

解 (10-11) 式的意思是指隨著時間的經過，$X(t)$ 的走勢受到二種力量的影響，其中之一是「確定的」αt，也就是說隨 t 值會走 αt 步；另一則是來自於隨機的力道，該隨機力道波動的幅度接近於平均數爲 0 與標準差爲 $\sigma dt^{1/2}$ 的常態分配。可參考下圖（左圖假定 $\alpha = 0$ 與 $\sigma = 2^{1/2}$，而右圖則假定 $\alpha = 0.1$ 與 $\sigma = 2^{1/2}$）及所附之 R 指令。

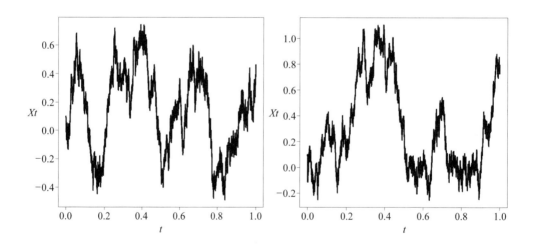

---

[9] (10-9) 式的意義並不難瞭解。可記得多個相互獨立的常態分配相加仍是常態分配；而維納過程或布朗運動強調這些常態分配之間相互獨立。因此，一個維納過程或布朗運動可以視爲多個相互獨立的常態分配之和。

[10] 因 $\sigma W(t)$ 可稱爲擴散過程（diffusion process），而 $W(t)$ 可寫成 $\varepsilon\sqrt{t}$，其中 ε 爲 *iid* 之標準常態分配的隨機變數，故稱 $\sigma\sqrt{t}$ 爲波動率。

R 指令：

```
alpha = 0;sigma = sqrt(2);n = 2^15; X0 = 0.1;T = 1;dt = T/n;t = seq(0,T,by=dt)
windows();par(mfrow=c(1,2));set.seed(2356)
X1 = alpha*dt + sigma*sqrt(dt)*rnorm(n);Xt = cumsum(c(X0,X1))
plot(t,Xt,type="l",lwd=4);set.seed(1234);alpha = 0.1;X1 = alpha*dt + sigma*sqrt(dt)*rnorm(n)
Xt = cumsum(c(X0,X1));plot(t,Xt,type="l",lwd=4)
```

例5　初見隨機漫步

透過 (10-6) 與 (10-8) 二式，可知 (10-11) 式有另外一種表示方式：

$$X(t) = X(t - \Delta t) + \alpha\Delta t + \sigma\sqrt{\Delta t}\varepsilon \tag{10-11a}$$

其中 ε 為 iid 之標準常態分配的隨機變數。試以 (10-11a) 式重做例 4。

解 (10-11) 與 (10-11a) 二式是相同的，即令 $t = n\Delta t$，利用 (10-11a) 式可得：

$$X(\Delta t) = X(0) + \alpha\Delta t + \sigma W(\Delta t)$$

$$X(\Delta t + \Delta t) = X(\Delta t) + \alpha\Delta t + \sigma W(\Delta t) = X(0) + \alpha\Delta t + \sigma W(\Delta t) + \alpha\Delta t + \sigma W(\Delta t)$$
$$= X(0) + \alpha 2\Delta t + \sigma W(2\Delta t)。$$

同理

$$X(t) = X(0) + \alpha n\Delta t + \sigma W(n\Delta t) = X(0) + \alpha t + \sigma\sqrt{t}\varepsilon$$

我們稱 (10-11a) 式為一種具有漂移的隨機漫步過程（random walk with drift）。利用下列 R 指令，可繪製出與例 4 相同的圖形。

```
sigma = sqrt(2);n = 2^15; X0 = 0.1;T = 1;dt = T/n;t = seq(0,T,by=dt)
Xt = rep(0,length(t));Xt[1] = 0.1;Xt1 = Xt;set.seed(2356);u = rnorm(n);set.seed(1234);u1 = rnorm(n)
for(i in 2:length(t))
{
 alpha = 0;Xt[i] = Xt[i-1]+alpha*dt+sigma*sqrt(dt)*u[i]
 alpha = 0.1;Xt1[i] = Xt1[i-1]+alpha*dt+sigma*sqrt(dt)*u1[i]
}
windows();par(mfrow=c(1,2));plot(t,Xt,type="l",lwd=4);plot(t,Xt1,type="l",lwd=4)
```

練習

(1) 試於平面座標上繪出 $X(t)$ 為一個布朗運動的可能走勢，其中 $X(0) = 0$，t 表示年。

提示：如下圖

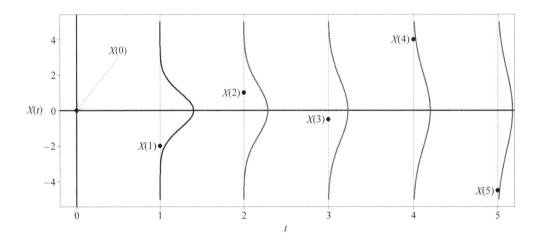

(2) 若 $T = 1$、$n = 500$ 以及 $t_0 = 0$，利用 (10-7) 式模擬出 20 條 $B(1)$ 的路徑。

提示：如下圖

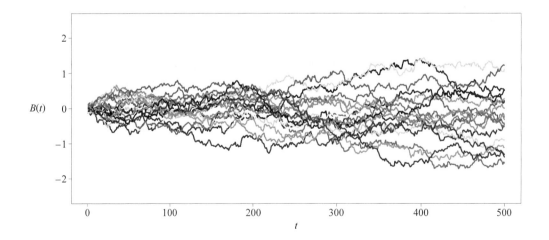

R 指令：

```
n = 500;dt = 1/n;sigma = sqrt(dt);B1 = cumsum(sigma*rnorm(n));B2 = cumsum(sigma*rnorm(n))
…
windows();plot(1:n,B1,lwd=4,type="l",ylim=c(-2.5,2.5),ylab="B(t)",xlab="t",cex.lab=1.5)
lines(1:n,B2,lwd=4,col=2)
…
```

(只列出部分)

(3) 何謂布朗運動？試解釋之 [11]。

(4) 解釋 (10-11) 式。（想像隨機漫步）

(5) 續練習 (2)，有何涵義？（重新再來一次結果未必相同）

(6) 隨機漫步過程是否符合馬可夫性質？

(7) 布朗運動或維納過程是否具有隨機趨勢？爲什麼？

(8) 爲什麼我們要考慮布朗運動或維納過程？試解釋之。

2.3 幾何布朗運動

前述 (10-11) 式亦可稱爲一般化維納過程（generalized Wiener process, *GWP*），亦可以寫成：

$$dX(t) = \alpha dt + \sigma dW(t) \tag{10-12}$$

(10-12) 式亦可稱爲算術布朗運動（arithmetic Brownian motion, *ABM*）[12]。事實上，(10-11) 式與 (10-12) 式是互通的，因爲 (10-12) 式的積分就是 (10-11) 式，而 (10-11) 式的全微分就是 (10-12) 式。

---

[11] 布朗運動或維納過程就是描述一條路徑是由一連串相同且獨立的「小碎步」所構成，該「小碎步」就是常態分配。此相當於一所學校的所有班級皆是常態分班，則該校亦成爲常態分班的學校。若每班隨機抽出 1 人，全校總共有 50 班，則抽出的 50 位同學的程度差距爲何？

[12] 可記得維納過程 $W(t)$ 就是布朗運動 $B(t)$。

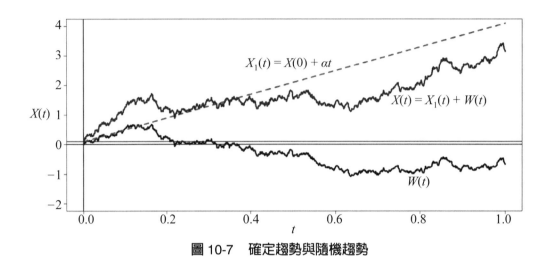

圖 10-7　確定趨勢與隨機趨勢

　　我們如何解釋 (10-12) 式？首先看 (10-12) 式內的 αdt 項。若假定 $\sigma = 0$，然後再對 (10-12) 式積分，可得：

$$X(t) = X(0) + \alpha t$$

其為一條斜率為 α 的直線。我們稱上式為 $X(t)$ 的「確定趨勢」；原來，$X(t)$ 的漂移（率）就是確定趨勢的斜率。於圖 10-7 內，可以發現 $X(t)$ 的確定趨勢有可能被另一種力量左右，我們就稱後面那個力量為「隨機趨勢」。顧名思義，隨機趨勢未必會有明顯的趨勢走勢，可以參考本章 2.2 節的練習 2 的圖形。至於什麼是隨機趨勢？比較 (10-10)～(10-12) 三式，隨機趨勢就是 (10-10) 式。原來累積多個常態分配的隨機變數（觀察值）的走勢，即 $W(t)$ 或 $B(t)$ 的走勢，就是隨機趨勢。

R 指令：
```
alpha = 4;sigma = sqrt(2);n = 1000; X0 = 0.1;T = 1;dt = T/n;set.seed(1123)
t = seq(0,T,by=dt);X1 = X0+alpha*t;X2 = sqrt(dt)*rnorm(n);X3 = cumsum(c(0,X2))
X1a = alpha*dt+sigma*X2;X4 = cumsum(c(X0,X1a))
windows();plot(t,X3,type="l",lwd=4,ylim=c(-2,4),ylab="X(t)",cex.lab=1.5)
abline(v=0,h=0.1,lwd=2);abline(h=0,lwd=2)
lines(t,X1,lwd=4,lty=2,col=2);lines(t,X4,lwd=4,col=4)
text(0.8,-1,labels="W(t)",pos=1,cex=1.5)
```

```
text(0.6,2.6,labels=expression(X[1](t) == X(0)+alpha*t),pos=2,cex=1.5)
text(0.8,1.8,labels=expression(X(t)==X[1](t)+W(t)),pos=1,cex=1.5)
```

　　確定趨勢與隨機趨勢的區別可以參考圖 10-7。根據 (10-12) 式，於圖 10-7 內我們繪出 $X(0) = 0.1$、$\alpha = 4$、$\sigma = 2^{1/2}$ 以及 $dt = 1/1000$ 下的其中一種實現值（觀察值）走勢。於圖內不難看出隨機趨勢，即 $W(t)$ 竟然有趨勢向下的走勢；不過，這只是其中一種可能，應注意其趨勢仍是隨機的。與隨機趨勢對應的就是確定趨勢，即 $X_1(t)$，顧名思義，確定趨勢不會隨時間改變趨勢。於圖 10-7 內可以看出加總隨機趨勢與確定趨勢後的走勢，即 $X(t)$ 的走勢，二種力道於此例中似乎後者較占優勢[13]。

　　若與前述的微分方程式（第 8 章的 1.2.3 節）比較，(10-12) 式內因多了「隨機變數的微分項（即 $dW(t)$）」，故我們稱類似 (10-12) 式的型態為隨機微分方程式（stochastic differential equation, SDE）。SDE 與一般的微分方程式最大的差別，就是當 $h \to 0$ 時，$(W(t + h) - W(t))/h$ 無法收斂至適當的隨機變數；例如：

$$Var\left(\frac{W(t+h)-W(t)}{h}\right) = \frac{|h|}{h^2}$$

也就是說，按照傳統的微分定義，維納過程的微分並不存在。

　　既然如此，我們如何求解 (10-12) 式？可記得對 (10-12) 式的積分就是 (10-11) 式（即常態分配的加總就是常態分配）。就 (10-12) 式而言，其具有下列三個性質：

性質 1：就任何的 s 與 t 而言，其中 $s < t$，

$$X(t) - X(s) \sim N\left(\alpha(t-s), \sigma^2(t-s)\right) \tag{10-13}$$

性質 2：變動額 $X(t) \sim X(s)$ 屬於恆定的（stationary）且相互獨立的隨機過程[14]。

---

[13] 確定趨勢與隨機趨勢的例子，應該不難見到：例如，年初計畫每日應做何事（確定趨勢），然而實際結果為何（隨機趨勢）。又或者「每天計畫學 R，三個月後的效果為何」。

[14] 有關於恆定的隨機過程的定義與意義，可參考《財統》。

性質 3：$X(t)$ 的走勢屬於連續但無法微分的路徑。

上述性質 1 說明了間斷的 *GWP* 或 *ABM* 的型態，即 $X(t)$ 的變動屬於平均數與變異數分別為 $\alpha \Delta t$ 與 $\sigma^2 \Delta t$ 的常態分配。性質 2 與 3 則強調 *GWP* 的走勢並非是平滑的，而是崎嶇不平的，隱含著 $X(t)$ 之難預測的本質；換言之，我們無法由 $X(t) - X(t - h)$（過去值的增量）預測 $X(t + h) - X(t)$（未來值的增量），此結果頗符合之前強調的馬可夫過程。也就是後一特性，使得 *GWP* 成為模型化資產價格的其中之一選項。

　　利用 (10-12) 式的「間斷模型」以及性質 1，我們不難模擬出 *GWP* 或 *ABM* 的走勢。也就是說，於 α 與 σ 固定下，利用 (10-6) 式，(10-12) 式可以改寫成：

$$X(t) = X(t-1) + \alpha dt + \sigma \varepsilon(t) \sqrt{dt} \tag{10-14}$$

其中，$\varepsilon(t)$ 為相同且獨立的標準常態分配隨機變數。(10-14) 式是將 $[0, T]$ 時間區間分成 n 個間距相同的小區間，即 $dt = T/n$。假定 $\alpha = 0.1$ 與 $\sigma = 0.3$；其次，將 1 年視為有 252 個交易日、1 年有 52 週以及 1 年有 12 個月，即上述 n 值分別設為 252、52 以及 12。透過 (10-14) 式，我們自然可以模擬出資產價格如股價的日、週以及月等的 *ABM* 的走勢，三種不同時間的模擬走勢圖繪製如圖 10-8 所示。

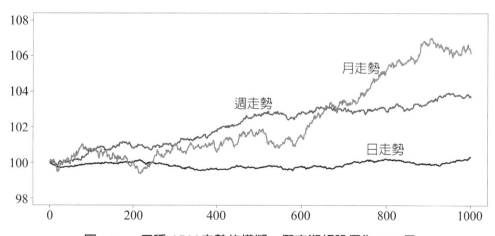

圖 10-8　三種 *ABM* 走勢的模擬，假定期初股價為 100 元

R 指令：

```
set.seed(1234);alpha = 0.1;sigma = 0.3;dt1 = 1/252;dt2 = 1/52;dt3 = 1/12
Pd = rep(0,1000);Pd[1] = 100;Pw = Pd;Pm = Pd;for(i in 2:1000)
{
 Pd[i]=Pd[i-1]+alpha*dt1+sigma*sqrt(dt1)*rnorm(1)
 Pw[i]=Pw[i-1]+alpha*dt2+sigma*sqrt(dt2)*rnorm(1)
 Pm[i]=Pm[i-1]+alpha*dt3+sigma*sqrt(dt3)*rnorm(1)
}
windows();plot(1:1000,Pd,type="l",lwd=4,xlab="",ylab="",ylim=c(98,108))
text(800,Pd[800],labels=" 日走勢 ",pos=3,cex=1.5);lines(1:1000,Pw,lwd=4,col=2)
text(500,Pw[500],labels=" 週走勢 ",pos=3,cex=1.5);lines(1:1000,Pm,lwd=4,col=3)
text(800,Pm[800],labels=" 月走勢 ",pos=2,cex=1.5)
```

　　從圖 10-8 的走勢圖可以看出月走勢的波動最大而日走勢的波動最小。我們已經知道影響波動的因素來自於確定趨勢與隨機趨勢的二種力道，而後二者的力道與時間的間隔寬度成正關係。值得注意的是，因我們是將三種走勢繪於同一圖內，使得日走勢圖看起來較爲平滑，此乃視覺上的錯亂，日走勢圖應該也是崎嶇不平的。

　　上述 ABM 是可以再繼續延伸的，也就是說，若 $X(t)$ 屬於 ABM，假定 $G(X(t), t)$ 是一個可以針對 $X(t)$ 與 t 微分的函數，則 $dG(X(t), t)$ 會如何？換句話說，若令 $P(X(t), t) = e^{X(t)}$ 是一個可以微分的函數，利用 (10-12) 式，我們可以得到：

$$dP = \mu P dt + \sigma P dW \tag{10-15}$$

其中 $\mu = \alpha + (1/2)\sigma^2$。若將 $P = e^X$ 代入 (10-15) 式，可以發現 (10-12) 式亦有另一種表示方式，即 [15]：

$$d \log P = dX = \left(\mu - \frac{1}{2}\sigma^2 \right)dt + \sigma dW \tag{10-16}$$

(10-16) 式的意義我們並不陌生，例如若 P 表示資產價格如股價，則對數

---

[15] 我們可以使用 Itô's lemma 計算 G 的微分或導出 (10-16) 式，可以參考本書第 14 章。

價格之差異即 $d \log P$ 就是對數報酬率，因 dW 屬於常態分配，故 (10-16) 式表示對數報酬率屬於常態分配；換言之，若 $P = e^X$ 而 X 為 ABM，則因 $\log P = X$，也就是說，取過對數後的資產價格為常態分配，我們就稱 P 屬於對數常態分配（lognormal distribution）。

另一方面，(10-15) 式亦可以改寫成：

$$\frac{dP}{P} = \mu dt + \sigma dW$$

其形態類似於 ABM，故其間斷的模型可以寫成：

$$\frac{\Delta P}{P} = \frac{P(t + \Delta t) - P(t)}{P(t)} = \mu \Delta t + \sigma \varepsilon(t)\sqrt{\Delta t} \tag{10-17}$$

因 $E(\Delta P/P) = \mu \Delta t$ 以及 $Var(\Delta P/P) = \sigma^2 \Delta t$，故我們稱 μ 與 σ 分別為簡單報酬率之每單位時間的預期報酬率與標準差。同理，(10-16) 式的間斷模型亦可以表示成：

$$\Delta \log P = \log\left(\frac{P(t + \Delta t)}{P(t)}\right) = \left(\mu - \frac{\sigma^2}{2}\right)\Delta t + \sigma \varepsilon(t)\sqrt{\Delta t} \tag{10-18}$$

因此對數報酬率之每單位時間的期望值與標準差分別為 $\mu - \sigma^2/2$ 與 σ。值得注意的是，簡單報酬率與對數報酬率的每單位時間的波動率皆為 σ。

當 $t = 0$ 以及令 $T = t + \Delta t$，則 (10-18) 式隱含著：

$$\log P(T) \sim N\left(\log P(0) + \left(\mu - \frac{\sigma^2}{2}\right)T, \sigma^2 T\right) \tag{10-19}$$

是故，根據 (10-19) 式，至 T 期的對數價格屬於平均數與變異數分別為 $\log P(0) + (\mu - \sigma^2/2)T$ 與 $\sigma^2 T$ 的常態分配。

最後，利用 $t = 0$、$T = t + \Delta t$ 以及 (10-18) 式，我們可以得到價格的變動為：

$$P(\Delta t) = P(0)e^{\left(\left(\mu - \frac{\sigma^2}{2}\right)\Delta t + \sigma \varepsilon(t)\sqrt{\Delta t}\right)} \tag{10-20}$$

以及於 $[0, T]$ 期間價格為：

$$P(T) = P(0)e^{\left(\left(\mu - \frac{\sigma^2}{2}\right)T + \sigma W(T)\right)} \tag{10-21}$$

有意思的是，若於 [0, T] 期間對 (10-16) 式取定積分，就是 (10-21) 式；換句話說，(10-16) 式的 SDE 之積分解，就是 (10-21) 式。

我們分別稱 (10-16) 式與 (10-20) 式爲連續型式與間斷型式的幾何布朗運動（geometric Brownian motion, GBM）。GBM 於財金上的應用，相對上比 ABM 普及，前述用於計算歐式選擇權理論價格的 BS 模型，其背後就是假定標的資產價格屬於 GBM。透過 (10-20) 或 (10-21) 式，我們倒是可以容易地模擬出資產價格如股價屬於 GBM 的走勢。

例 1

爲何我們會考慮 GBM 模型而非 ABM 模型？

解　通常 GBM 模型比 ABM 模型更適合用以模型化資產價格。假定投資人的年投資預期報酬率爲 10%，該投資人的意思應該是指不管資產價格爲 1 萬元或是 15 萬元，其預期報酬率皆是 10%。但是，由 (10-11) 式可以看出隨時間經過，$X(t)$ 平均只增加 αdt（即 $dX = \alpha dt$）與資產價格無關；反觀 (10-14) 式，$P(t)$ 卻隨時間平均增加 μPdt（即 $dP = \mu Pdt$）[16]，因此 ABM 模型並不適合用以模型化該投資人的事前預期。

例 2

圖 10-7 是根據 ABM 模擬期初股價爲 100 元的情況，該模擬有一個明顯的缺失，也就是期初股價若爲較低時，有可能模擬的股價爲負值，因此我們可以使用 GBM 模型取代。假定 $P = e^X$ 而 X 屬於 ABM，若 $\mu = 0.1$ 以及 $\sigma = 0.3$，利用 (10-20) 或 (10-21) 式模擬出目前股價爲 10 元之未來日、週以及月走勢。

解　參考下列 R 指令以及下圖，可以留意下圖內之走勢只是其中一種結果。

```
R 指令：
GBM = function(mu,sigma,T,m,P0) # T 爲年數 ,m 爲 1 年的交易次數
{
  n = m*T;dt = 1/m;t = seq(dt,T,by=dt);P = rep(0,n);tem = P ;P[1] = P0
```

---

[16] $dP = \mu Pdt \Rightarrow dP/Pdt = \dfrac{dP/dt}{P} = \mu$ 。

```
for(i in 2:n)
  {
    tem[i] = tem[i-1]+rnorm(1)*sqrt(dt);tem1 = (mu-0.5*sigma^2)*(i-1)*dt + sigma*tem[i]
    P[i] = P[1]*exp(tem1)
  }
  return(list(P=P,t=t))
}
GPd = GBM(0.1,0.3,1,252,10) # 日 ,1 年
td = GPd$t;Pd = GPd$P;GPw = GBM(0.1,0.3,10,52,10) # 週 ,10 年
tw = GPw$t;Pw = GPw$P;GPm = GBM(0.1,0.3,20,12,10) # 月 ,20 年
tm = GPm$t;Pm = GPm$P;windows();par(mfrow=c(3,1))
plot(td,Pd,type="l",lwd=4,xlab=" 年 ",ylab="",cex.lab=1.5,main="1 年之日股價 ",cex.main=2)
plot(tw,Pw,type="l",lwd=4,xlab=" 年 ",ylab="",cex.lab=1.5,main="10 年之週股價 ",cex.main=2)
plot(tm,Pm,type="l",lwd=4,xlab=" 年 ",ylab="",cex.lab=1.5,main="20 年之月股價 ",cex.main=2)
```

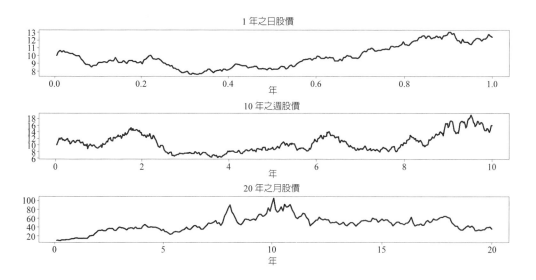

例3

(10-17) 與 (10-18) 二式提供了區別簡單報酬率與對數報酬率之間差距的可能，若假定 $\mu = 0.1$ 與 $\sigma = 0.3$，試繪出月簡單報酬率與月對數報酬率的 *PDF*；另一方面，計算二種月報酬率介於 -3% 與 5% 之間的機率。

解 根據 (10-17) 與 (10-18) 二式，簡單報酬率與對數報酬率皆屬於常態分配，其中前者的平均數為 μdt 而後者之平均數則為 $(\mu - \sigma^2/2)dt$，至於變異數，二者則皆為 $\sigma^2 dt$。可以參考下圖及所附之 R 指令。

R 指令：

```
dt = 1/12;mu = 0.1;sigma = 0.3;i = seq(-0.1,0.1,by=0.0001)
windows();plot(i,dnorm(i,mu*dt,sigma*sqrt(dt)),type="l",lwd=4,xlab=" 報酬率 ",ylab="",
    cex.lab=1.5);lines(i,dnorm(i,(mu-0.5*sigma^2)*dt,sigma*sqrt(dt)),lwd=4,col=2,lty=2)
text(0.05,4,labels=" 對數報酬率 ",pos=2,cex=2);text(-0.045,3.5,labels=" 簡單報酬率 ",pos=1,cex=2)
abline(v=-0.03,lty=2);abline(v=0.05,lty=2)
pnorm(0.05,mu*dt,sigma*sqrt(dt))-pnorm(-0.03,mu*dt,sigma*sqrt(dt)) # 0.3557714
pnorm(0.05,(mu-0.5*sigma^2)*dt,sigma*sqrt(dt))-
    pnorm(-0.03,(mu-0.5*sigma^2)*dt,sigma*sqrt(dt)) # 0.3551855
```

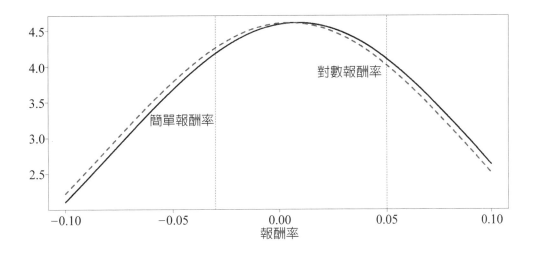

例 4

　　若 $\mu = 0.1$ 與 $\sigma = 0.3$，利用 (10-19) 式可以繪製出 $\log P_T$ 的機率分配。利用該機率分配，計算半年後對數股價以平均數為中心左右擴充 1.96 個標準差的機率；其次，該範圍可以對應的股價為何？假定目前股價為 100 元。

解 按照 (10-19) 式可知 $\log(P_T/P_0)$ 的機率分配為，其平均數與變異數分別為 (μ

$-\sigma^2/2)$T 與 $\sigma^2 T$。因此，對數股價之比以平均數爲中心左右擴充 1.96 個標準差的範圍爲：

$$\left(\mu-\frac{\sigma^2}{2}\right)T-1.96\sigma\sqrt{T}\leq \log\left(\frac{P_T}{P_0}\right)\leq\left(\mu-\frac{\sigma^2}{2}\right)T+1.96\sigma\sqrt{T}$$

整理後可得：

$$P_0 e^{\left(\left(\mu-\frac{\sigma^2}{2}\right)T-1.96\sigma\sqrt{T}\right)}\leq P_T\leq P_0 e^{\left(\left(\mu-\frac{\sigma^2}{2}\right)T+1.96\sigma\sqrt{T}\right)}$$

因 $T=0.5$，可以計算上述範圍的機率值約爲 95%，可以參考下圖藍色面積以及所附之 R 指令。於所附之 R 指令可以得到：約有 95% 的可能性，半年後的股價是介於 67.82 元與 155.78 元。

R 指令：

```
P0 = 100;mu = 0.1;sigma = 0.3;T = 0.5;P = seq(40,180,length=1000)
X = log(P); M = log(P0)+(mu-0.5*sigma^2)*T
St = sigma*sqrt(T);windows();plot(X,dnorm(X,M,St),type="l",lwd=4,ylab="",xlab=" 對數價格 ",
    main=" 對數價格的機率分配 ",cex.main=2);lower = M-1.96*St;upper = M+1.96*St
i = X >= lower & X <= upper
polygon(c(lower,X[i],upper),c(0,dnorm(X[i],M,St),0),col="deepskyblue1")
abline(h=0,lwd=4);lines(X,dnorm(X,M,St),lwd=4);segments(M,dnorm(M,M,St),M,0,lty=2)
pnorm(upper,M,St)-pnorm(lower,M,St) # 0.9500042
plnorm(exp(upper),M,St)-plnorm(exp(lower),M,St) # 0.9500042
upperP = P0*exp((mu-0.5*sigma^2)*T+1.96*St);upperP # 155.7807
exp(upper) # 155.7807
lowerP = P0*exp((mu-0.5*sigma^2)*T-1.96*St);lowerP # 67.82232
exp(lower) # 67.82232
```

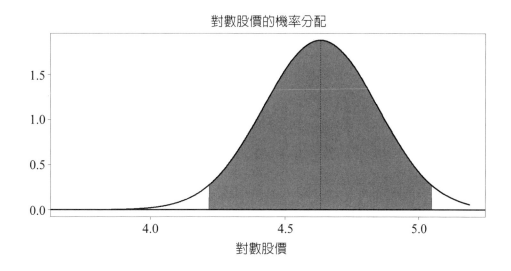

對數股價的機率分配

例 5　對數常態分配

一個隨機變數 x 屬於對數常態分配，其參數值分別為 μ 與 σ^2。若 $\log x \sim \phi(\mu, \sigma^2)$，則 $x \sim logN(\mu, \sigma^2)$。對數常態分配的 PDF 可寫成：

$$f_X(x) = \frac{1}{x\sigma\sqrt{2\pi}} e^{-\frac{(\log x - \mu)^2}{2\sigma^2}}, \; x > 0$$

於例 4 內所附的 R 指令，我們曾使用 plnorm(·) 指令計算機率值，續例 4 的例子利用對數常態分配的其他指令繪出其 PDF 的形狀並計算：(1) 股價高於 150 元的機率，(2) 股價低於 60 元的機率，(3) 若低於 P_1 股價的機率為 0.9，則 P_1 為何？

解　可以參考下圖以及所附之 R 指令。

股價的機率分配

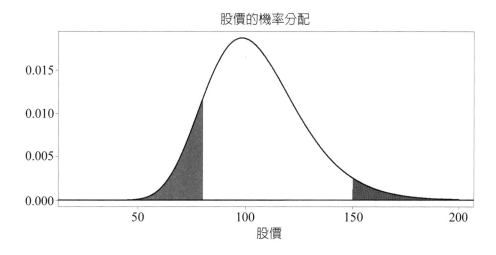

股價

R 指令：

```
P = seq(20,200,length=2000);windows()
plot(P,dlnorm(P,M,St),type="l",lwd=4,xlab=" 股價 ",cex.lab=1.5,ylab="",
      main=" 股價的機率分配 ",cex.main=2)
j = P <= 80  ;polygon(c(0,P[j],80),c(0,dlnorm(P[j],M,St),0),col="deepskyblue2")
j = P >= 150  ;polygon(c(150,P[j],200),c(0,dlnorm(P[j],M,St),0),col="deepskyblue3")
abline(h=0,lwd=4);lines(P,dlnorm(P,M,St),lwd=4)
plnorm(80,M,St) # 0.1186931
1-plnorm(150,M,St) # 0.03739544
qlnorm(0.9,M,St) # 134.8993
plnorm(134.8993,M,St) # 0.9000002
```

例6 估計 μ 與 σ

　　通常資產價格的預期報酬率 μ 與波動率 σ 是未知的，尤其是 μ 的估計會牽涉到該資產的風險，即「高報酬高風險」，因此 μ 的估計較爲麻煩。不過，之前我們已經有使用報酬率的樣本標準差（年率化）估計波動率；因此，我們應也可以用報酬率的樣本平均數估計預期報酬率 μ，只不過需稍作修正。也就是說，若假定股價 P 屬於 GBM，則對數報酬率 r 的分配爲常態分配，其平均數與變異數分別爲 $(\mu - \sigma^2/2)\Delta t$ 與 $\sigma^2 \Delta t$，可以參考 (10-18) 式。是故，我們應該使用 r 的樣本平均數 $\bar{r}$ 與樣本變異數 s^2 估計 r 分配內的平均數與變異數。

　　若 $\hat{\mu}$ 與 $\hat{\sigma}$ 分別表示 r 分配內的平均數與標準差的估計式，其分別可寫成：

$$\hat{\sigma} = \frac{s}{\sqrt{\Delta t}} = \frac{1}{\sqrt{\Delta t}}\left(\frac{1}{n-1}\sum_{i=1}^{n}(r_i - \bar{r})^2\right)^{1/2}$$

與

$$\hat{\mu} = \frac{1}{\Delta t}\bar{r} + \frac{\hat{\sigma}^2}{2}$$

試利用 TWI（2000/1/4～2016/9/6）日收盤價資料，以最近 1 年的資料估計 TWI 之 μ 與 σ。

解 可以參考下列 R 指令：

```
# 2000/01/04-2016/9/8
TWI = read.table("D:\\BM\\ch8\\TWI.txt");P = TWI[,1];r = diff(log(P));T = length(r);m = 252
r1 = r[(T-m+1):T];length(r1) # 252
dt = 1/m;sigmahat = sd(r1)/sqrt(dt);sigmahat # 0.1404752
muhat = (1/dt)*mean(r1) + 0.5*sigmahat^2;muhat # 0.1348118
```

例 7

於 1.2 節例 4 的 BS 公式內，我們可以看出 $N(d_1)$ 與 $N(d_2)$ 所扮演的角色，究竟二者的意思爲何？

解 $N(d_2)$ 所扮演的角色，可參考下圖以及所附的 R 指令，原來 $N(d_2)$ 是計算 $S_t > K$ 的機率，而 $N(-d_2)$ 則是計算 $S_t < K$ 的機率；至於 $N(d_1)$ 所扮演的角色，則可參考第 14 章 1.3 節的例 5。

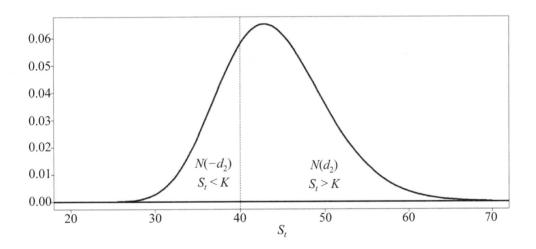

R 指令：
```
S0 = 42;K = 40;r = 0.1;q = 0;sigma = 0.2;T = 0.5;ST = seq(20,70,length=200)
mut = log(S0)+(r-q-0.5*sigma^2)*T;sigmat = sigma*sqrt(T);windows()
plot(ST,dlnorm(ST,mut,sigmat),lwd=4,type="l",xlab=expression(S[t]),ylab="",cex.lab=1.5)
abline(h=0,lwd=4);abline(v=K,lty=2)
d1 = (log(S0/K)+(r-q+(sigma^2)/2)*T)/(sigma*sqrt(T))
```

```
d2 = d1-sigma*sqrt(T);plnorm(K,mut,sigmat) # 0.265054
pnorm(-d2) # 0.265054
1-plnorm(K,mut,sigmat) # 0.734946
pnorm(d2) # 0.734946
text(37,0.01,labels=expression(paste("N(-",d[2],")")),cex=1.5,pos=3)
text(37,0.005,labels=expression(S[t]<K),cex=1.5,pos=3)
text(50,0.01,labels=expression(paste("N(",d[2],")")),cex=1.5,pos=3)
text(50,0.005,labels=expression(S[t]>K),cex=1.5,pos=3)
```

(練習)

(1) 舉一例說明確定趨勢與隨機趨勢。

(2) *ABM* 與 *GBM* 的區別為何？

(3) 解釋 dlnorm、rlnorm、plnorm 以及 qlnorm 函數指令的區別。

(4) 考慮 A 股票的（年）波動率為 30%，A 股票預期報酬率為 10%（以連續複利方式表示）。假定 A 股票價格的波動屬於 *GBM*，則 A 股票日簡單報酬率、週簡單報酬率以及月簡單報酬率之分配為何？

(5) 續上題，計算日、週以及月簡單報酬率介於 -5% 與 5% 之間機率為何？

(6) A 股票目前股價為 100 元，其預期報酬率與波動率分別為 0.1 與 0.3，使用對數常態的假定，2 年後股價落於 80 元與 130 元的機率為何？低於 50 元的機率為何？高於 150 元的機率為何？

(7) 續上題，半年後對數股價落於常態分配平均數左右 2 個標準差範圍的機率為何？該範圍轉成股價又為何？

(8) 續練習 4，投資人以 $P(0)$ 的價格買進 A 股票而保有至 T 年以 $P(T)$ 售出，將 T 年的報酬率轉換成用連續複利 i 表示，則 i 的機率分配為何？若 $T = 0.5$，則 i 介於 -35% 與 45% 的機率為何？

本章習題

1. 一個間斷的機率分配為：

x	−15%	−5%	5%	25%
$f(x)$	0.2	0.3	0.3	0.2

計算期望值與標準差。

2. 屏東大學學生的身高服從常態分配，該分配的平均數與標準差分別為 172 公分與 5.6 公分，試回答下列問題：

(A) 繪出身高的 *PDF*。

(B) 繪出身高的 *CDF*。

(C) 從屏東大學內抽出一位同學，身高超過 180 公分的機率為何？

(D) 若要找出全校身高最高的 20%，身高最低為多少？

提示：如下圖

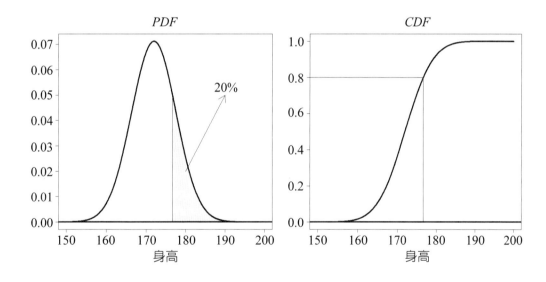

3. 利用 TWI（2000/1/4～2016/9/6）日收盤價資料，轉成日對數報酬率序列後，假定日對數報酬率序列資料為常態分配，以最近 3 年的資料（假定 1 年有 252 個交易日）的樣本平均數與標準差為常態分配的平均數與標準差，分別計算日對數報酬率小於 −1% 與大於 1% 的機率。

4. 續上題，若假定 TWI 日收盤價為對數常態，即對數價格屬於 *GBM*，利用 (10-18) 或 (10-19) 式，分別計算日對數報酬率小於 −1% 與大於 1% 的機率。

5.　續上題，結論爲何？

6.　使用 BS 公式計算選擇權價格時會用到股利支付率 q 參數，我們如何估計 q？

7.　續上題，假定使用股利的固定成長模型，即：

$$y_t = Ae^{qt}$$

其中 y_t 表示 t 期之股利。至 TEJ 下載 2000/1～2016/8 期間調整後 TWI 月收盤價與月本益比序列資料（後者由 TEJ 提供），估計參數 q。

8.　續上題，類似波動率的估計，假定 1 年有 252 個交易日，估計 TWI 之股利支付率。繪出股利支付率之時間走勢以及次數分配。

提示：如下圖

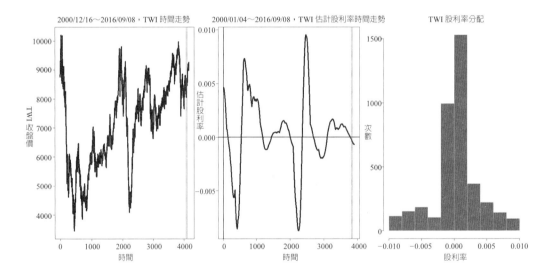

9.　續上題，重做 1.2 節的例 6。其結果爲何？

10. 股價的模擬。續題 3 與 4，利用 TWI 的資料，試以 *GBM* 模型模擬出最近 3 年 TWI 的走勢。假定期初指數價格爲 7,951.33。

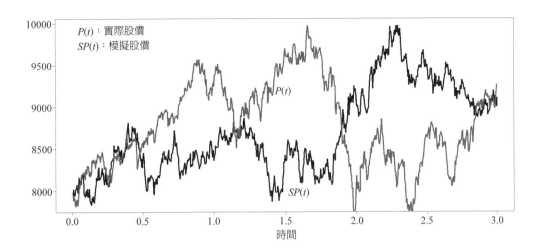

11. 續上題，按照相同的情況，再模擬 20 種 TWI 的可能走勢。有何結論？

12. 某股票的預期報酬率為 15% 以及波動率為 25%。假定該股票 3 年的平均報酬率（報酬率以連續複利的形式表示）為常態分配，計算其平均數與標準差。

13. 續上題，計算以平均數為中心左右擴充 3 個標準差的範圍與其對應的機率。

14. 至 TEJ 下載華碩（2357）日調整後收盤價（2000/1/4～2016/2/26），轉成日對數報酬率序列後，利用最近 3 年日對數報酬率序列資料，估計其預期報酬率與波動率。假定華碩最近 3 年的平均日對數報酬率為常態分配，計算其平均數與標準差。

15. 續上題，計算以平均數為中心左右擴充 3 個標準差的範圍與其對應的機率。

16. 利用 BS 計算一個 3 個月期履約價為 50 元的歐式賣權價格，於該契約期間內，標的股票並沒有支付股利，假定無風險利率與波動率分別為 10% 與 30%。若目前標的股票價格為 50 元，則賣權價格為何？繪出不同目前標的股票價格與賣權價格之間的曲線。

17. 續上題，若 2 個月後該標的股票發 1.5 元的現金股利，則有何改變？

18. 何謂隱含波動率（implied volatility）？我們如何計算？

19. 續題 16，若賣權價格為 4 元，其隱含波動率為何？
    提示：如下圖

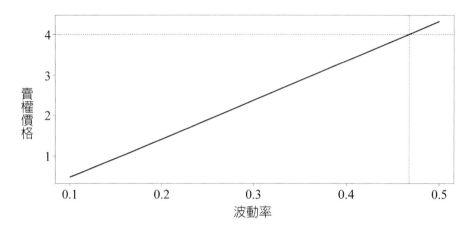

20. 某股票價格屬於預期報酬率與波動率分別為 16% 與 35% 之 *GBM*。目前該股票市價為 38 元。回答下列問題：

    (A) 半年後該股票價格為何分配？其平均數與標準差分別為何？

    (B) 以該股票為標的資產的歐式買權，若履約價為 40 元，則半年後買權持有人會履約的機率為何？

    (C) 以該股票為標的資產的歐式賣權，若履約價為 40 元，則半年後賣權持有人會履約的機率為何？

21. 續上題，半年後對數股價以其分配的平均數為基準分別向左右擴充 1.96 個標準差範圍，該範圍的機率為何？若將上述範圍轉成股價，其上下限分別為何？

22. 利用 qnorm 與 qlnorm 函數指令，分別繪出其分位數線。

    提示：如下圖

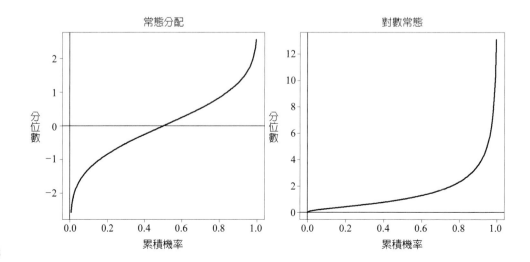

23. 繪出對數常態分配之 *PDF*。

24. 保有 5 天的對數報酬率與保有 1 天的報酬率之間有何關係？

    提示：

    $$r_{t,5} = \log\left(\frac{P_t}{P_{t-5}}\right) = \log\left(\frac{P_t}{P_{t-1}}\frac{P_{t-1}}{P_{t-2}}\frac{P_{t-2}}{P_{t-3}}\frac{P_{t-3}}{P_{t-4}}\frac{P_{t-4}}{P_{t-5}}\right) = 5r_t$$

25. 續上題，利用題 3 的 TWI 最近 5 年的資料（1 年有 252 個交易日），以樣本平均數與樣本變異數說明保有 5 天的對數報酬率與保有 1 天的報酬率之間有何關係。結果為何？

Chapter 11

級數的應用

時至今日，年金（annuity）這個名詞已與我們的生活息息相關，有關於國民年金、勞保年金抑或是勞工退休金（上述稱爲三大年金）的消息，更是時有所聞。就數學的角度而言，年金的觀念與計算方法，就是數列（sequences）與級數（series）觀念的應用。事實上，後二者的觀念我們並不陌生，因爲之前我們已多次使用過。例如我們有多次使用資產價格如股價資料並將其轉換成報酬率資料，而上述資料的特色，是按照時間排序，故可稱爲時間數列（time series）資料[1]。至於級數，則是將數列資料加總，其可以分成有限級數（finite series）與無限級數（infinite series）二種；前者就是應用於例如債券價格的計算，至於後者，於經濟或財務的應用上，類似無限級數計算的例子並不算少數。

本章除了介紹上述觀念外，我們尚需學習如何將一個可以微分的函數轉換成冪級數（power series）；換言之，一個可以微分的函數可以多項式的函數型態取代，有可能讓我們更能認識或應用該函數。

第一節 數列與級數

我們已經熟悉 2 至 3 個數字的相加，但是若是多個或無限多個數字相加呢？爲何我們會牽涉到無限多個數字的相加呢？最簡單的例子莫過於股價或特

---

[1] 於此處 series 是「序列」的意思，故時間數列亦有稱爲時間序列。有點意外的是，級數的英文亦是使用 series，希望於此不會產生混淆。

別股股價的計算，因股票並無到期日，因此股價或特別股股價的計算就會涉及到無限相加的情況！之前我們多次檢視固定成長率模型，若某股票之股利是按照 3% 的成長率成長，則最終該股票的價格為何？類似地，房地產租金是依通貨膨脹率每年以 6% 的速度調整，則該房地產的價格最後是會收斂（converge）呢？還是會發散（diverge）？欲回答上述問題，必須先認識數列與級數。

在探討級數之前，我們需先認識數列。

1.1 數列

若有人要求我們寫下所有自然數的 3 次方數字，也許我們會開始寫：

$$1^3 , 2^3 , 3^3 , 4^3$$

突然發現不須如此麻煩，學過函數的我們可能會寫成：

$$y = n^3$$

其中 $n = 1, 2, 3, \cdots$。沒錯，y 就是一個函數，也是一個數列。原來一個數列就是一個函數的定義域為連續的數字，而其值域則未必是函數值，也有可能純粹只是數字或變數。例如，P_t 表示第 t 期的價格，其中 t 可能按照年、月或日排序；明顯地，P_t 就是一個數列而且也是一個隨時間排列的隨機變數數列。為了方便起見，通常我們會將 P_t 寫成：

$$\{P_t\}_{t=1}^{\infty} \text{ 或 } \{P_t\}$$

以強調 P_t 是一個數列。

例 1

用 R 檢視下列數列：

(1) $a_n = n^{1/2}$ (2) $b_n = (-1)^{n+1} \dfrac{1}{n}$ (3) $c_n = \dfrac{n-1}{n}$ (4) $d_n = (-1)^{n+1}$

解 可參考下圖及所附之 R 指令。

R 指令：

```
an = function(n) sqrt(n);bn = function(n) ((-1)^(n+1))*(1/n)
cn = function(n) (n-1)/n;dn = function(n) (-1)^(n+1)
windows();par(mfrow=c(2,2));n = 1:20
plot(n,an(n),type="p",cex=3,pch=20,ylab=expression(a[n]),main="(1)",
    cex.lab=1.5,cex.main=2)
plot(n,bn(n),type="p",,cex=3,pch=20,ylab=expression(b[n]),main="(2)",
    cex.lab=1.5,cex.main=2);abline(h=0,col=2,lwd=3);n= 1:30
plot(n,cn(n),type="p",cex=3,pch=20,ylab=expression(c[n]),main="(3)",
    ylim=c(0,1.2),cex.lab=1.5,cex.main=2);abline(h=1,col=2,lwd=3)
plot(n,dn(n),type="p",cex=3,pch=20,ylab=expression(d[n]),main="(4)",
    ylim=c(-1.2,1.2),cex.lab=1.5,cex.main=2);abline(h=1,col=2);abline(h=-1,col=2)
```

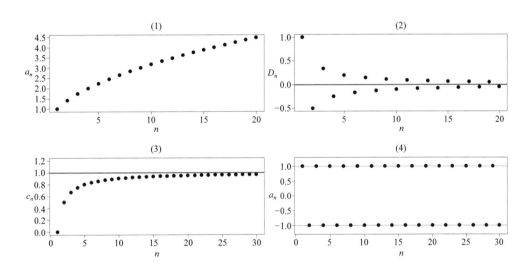

於例 1 內，不難看出有些數列是發散的，如上圖之 (1) 與 (4) 圖所示；而有些數列則是收斂的，如 (2) 與 (3) 圖。除了用圖形判斷外，直覺而言，我們要看某數列是否收斂至某個極限值，可以假想存在一個較大的數值 N 而 $n >$ N，若 a_n 與該極限值的差距相當微小，則稱該數列是收斂的；相反地，若無該極限值的存在，則該數列是發散的。

通常，若數列 $\{a_n\}$ 收斂至 L，可表示成：

$$\lim_{n\to\infty} a_n = L \text{ 或 } a_n \to L$$

其中稱 L 為 $\{a_n\}$ 之極限值；當然，若 L 不存在，則稱數列 $\{a_n\}$ 發散。因此，檢視數列是否收斂或是發散，相當於檢視該數列之極限值。使用 R 來檢視，倒也不是一件困難的事。

例 2

　　檢視下列之極限值：

(1) $a_n = \left(\dfrac{n+1}{n-1}\right)^n$　(2) $a_n = \dfrac{\log n}{n}$　(3) $a_n = \sqrt[n]{n}$　(4) $a_n = (1+0.06/n)^n$

解　可以參考下圖，可得：

(1) $\lim\limits_{n\to\infty} a_n = e^2$　(2) $\lim\limits_{n\to\infty} a_n = 0$　(3) $\lim\limits_{n\to\infty} a_n = 1$　(4) $\lim\limits_{n\to\infty} a_n = e^{0.06}$

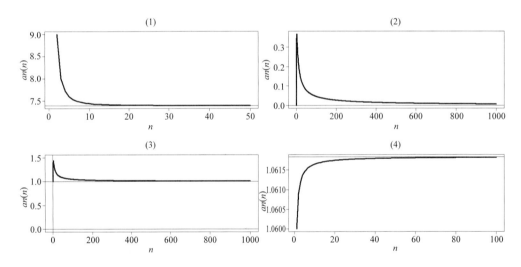

R 指令：

```
windows();par(mfrow=c(2,2));an = function(n) ((n+1)/(n-1))^n;n = 1:50
plot(n,an(n),type="l",lwd=4,main="(1)",cex.main=2);abline(h=exp(2))
exp(2) # 7.389056
an(10000) # 7.389056
an = function(n) log(n)/n;n = 1:1000
plot(n,an(n),type="l",lwd=4,main="(2)",cex.main=2);abline(h=0)
an = function(n) n^(1/n);n = 1:1000
```

```
plot(n,an(n),type="l",lwd=4,ylim=c(0,1.5),main="(3)",cex.main=2);abline(h=1);abline(v=0,h=0)
an = function(n) (1+0.06/n)^n;n = 1:100
plot(n,an(n),type="l",lwd=4,main="(4)",cex.main=2);abline(h=exp(0.06))
```

練習

(1) 檢視 $\lim\limits_{n\to\infty}\dfrac{\cos n}{n}$。

提示：如下圖

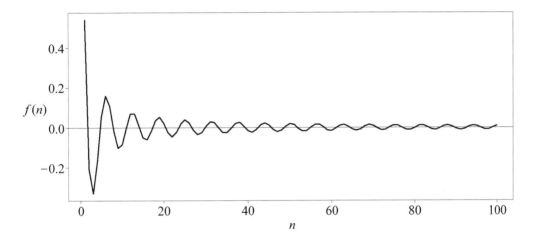

(2) 檢視 $\lim\limits_{n\to\infty}(-1)^n\dfrac{1}{n}$。

提示：如下圖

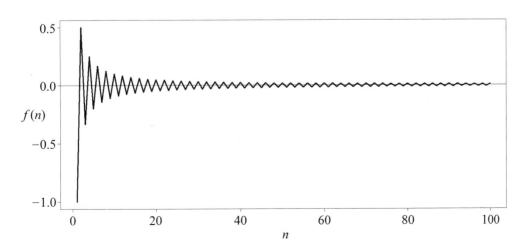

(3) 檢視 $\lim\limits_{n \to \infty} \dfrac{x^n}{n!}$。

提示：$n! = n(n-1)(n-2)\cdots 0!$，其中 $0! = 1$。可以使用下列 R 指令：

```
factorial(3) # 6
factorial(5) # 120
```

(4) 檢視 $\lim\limits_{n \to \infty} \sqrt[n]{n^2}$。

1.2 級數

如前所述，級數是將數列之各項加總；換言之，若 $a_1, a_2, \cdots, a_n, \cdots$ 是一個數列，則：

$$a_1 + a_2 + \cdots + a_n + \cdots$$

就是一個級數。若該數列有有限的項數，則其為有限級數；類似地，若該數列有無限的項數，則稱為無限級數。通常級數可以用加總的符號 Σ 表示，考慮下列的例子：

$$\sum_{k=3}^{6} k^2 = 3^2 + 4^2 + 5^2 + 6^2$$

或

$$\sum_{j=1}^{n} \frac{1}{2^j} = \frac{1}{2} + \frac{1}{4} + \frac{1}{8} + \cdots + \frac{1}{2^n}$$

可看出使用加總符號 Σ 的簡潔性。

例 1　等差數列與等差級數

檢視下列數列：0.2、0.4、0.6、0.8、1。

解　一個數列 $a_1, a_2, a_3, \cdots, a_n$，若 $a_2 - a_1 = a_3 - a_2 = a_4 - a_3 = \cdots = a_n - a_{n-1} = d$，則稱該數列為等差數列（arithmetic sequence），d 為公差（common difference）；因此，等差級數（arithmetic series or arithmetic progression）可寫成：

$$\sum_{n=1}^{n} a_n = a_1 + a_2 + \cdots + a_n = a_1 + (a_1 + d) + (a_1 + 2d) + \cdots + (a_1 + (n-1)d)$$

$$= na_1 + d(1 + 2 + \cdots + (n-1))$$

$$= na_1 + \frac{d(n-1)n}{2}$$

$$= \frac{(a_1 + a_n)n}{2}$$

註：$1 + 2 + 3 + \cdots + n = \dfrac{n(n+1)}{2}$ 與 $a_n = a_1 + (n-1)d$。

我們有點恍然大悟，原來之前所使用多次的 seq() 函數指令，原來就是等差數列，試下列 R 指令：

```
a = seq(0.2,1,by=0.2) # 公差為 0.2
a # 0.2 0.4 0.6 0.8 1.0
b = seq(0.2,1,length=5);b # 0.2 0.4 0.6 0.8 1.0
sum(a) # 3
a[4] # 0.8
n = length(a);d = 0.2;(n-1)*d # 0.8
(a[1]+a[5])*n/2 # 3
```

例2　等比數列與等比級數

檢視 3、6、12、24、48。

解　一個數列 $a_1, a_2, a_3, \cdots, a_n$，若 $a_2/a_1 = a_3/a_2 = a_4/a_3 = \cdots = a_n/a_{n-1} = r\,(r \neq 0)$，則稱該數列為等比數列亦稱為幾何數列（geometric sequence），其中 r 稱為公比（common ratio）；類似地，等比級數（geometric progression or geometric series）可寫成：

$$S_n = \sum_{n=1}^{n} a_n = a_1 + a_2 + a_3 + \cdots + a_n$$

$$= a_1 + a_1 r + a_1 r^2 + a_1 r^3 + \cdots + a_1 r^{n-1}$$

$$= a_1 (1 + r + r^2 + r^3 + \cdots + r^{n-1})$$

因

$$rS_n = a_1(r + r^2 + r^3 + \cdots + r^n)$$

故

$$S_n = a_1 \frac{1 - r^n}{1 - r}$$

R 指令：

```
r = 2;n = 1:5;a1 = 3;b = a1*r^(n-1) ;b # 3  6 12 24 48
sum(b) # 93
a1*(1-r^(5))/(1-r) # 93
```

例3 無窮等比數列與級數

檢視 5、10、20、40、80、160、320、……與 5、2.5、1.25、0.625、0.3125、0.15625、……。

解 若例 2 內 $n \to \infty$ 就是無窮（無限）等比數列與級數。就二者而言，發散與收斂與否，取決於公比之大小。以無窮等比級數為例：因

$$S_n = a_1 \frac{1 - r^n}{1 - r} = \frac{a_1}{1 - r} - \frac{a_1 r^n}{1 - r}$$

故可分二種情況：

(1) 若 $|r| < 1$，則 $\lim_{n \to \infty} S_n = \frac{a_1}{1 - r}$，$S_n$ 屬於收斂級數。

(2) 若 $|r| \geq 1$，S_n 屬於發散級數。

就上述二個數列而言，前者之公比為 2，故屬於發散數列；另一方面，因後者的公比為 0.5，故該數列屬於收斂數列。

R 指令：

```
an = function(a1,r,n) a1*r^(n-1);a1 = 5; r=2; n = 1:10
an(a1,r,n) # 5  10  20  40  80 160 320 640 1280 2560
r = 0.5 ;an(a1,r,n)
# 5.000000000 2.500000000 1.250000000 0.625000000 0.312500000 0.156250000
# 0.078125000 0.039062500 0.019531250 0.009765625
```

就經濟與財務的應用上，無窮等比級數的使用極為普遍，可以參考下列的例子。

例 4 **永續債券**（perpetual bonds or consols）

一張無到期日面額為 100,000 元的息票債券，票面利率為 6%，每年付息一次，若殖利率為 10%，計算其售價為何？

解 令 F、ib、I 以及 y 分別表示面額、票面利率、票面利息以及殖利率，則永續債券的價格可寫成：

$$P = \frac{I}{1+y} + \frac{I}{(1+y)^2} + \frac{I}{(1+y)^3} + \cdots$$

$$= \frac{I}{1+y}\left(1 + \frac{1}{1+y} + \frac{1}{(1+y)^2} + \cdots\right)$$

$$= \frac{I}{1+y} \cdot \frac{1}{\left(1 - \frac{1}{1+y}\right)}$$

$$= \frac{I}{y}$$

其中 $I = ib \cdot F$。因此，利用上式，可以得該永續債券目前的售價為 60,000元。

於相同的條件下，我們可以進一步檢視期限多久以上的息票債券可以視為永續債券？可以參考下圖與所附之R指令，期限為 167 年（期）以上。

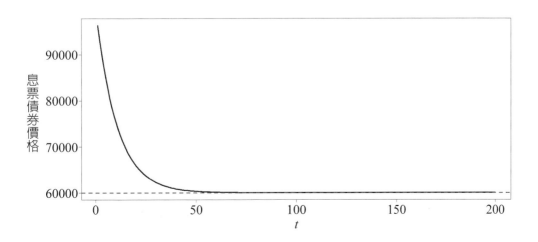

R 指令：

```
F = 100000;ib = 0.06;I = ib*F;P = function(t,y) # 息票債券 ,t 表示期限 ,y 爲殖利率
{
n = 1:t;sum(I/(1+y)^n) + F/(1+y)^t
}
P(50,0.1) # 60340.74
PP = function(t,y) # 永續債券
{
n = 1:t;sum(I/(1+y)^n)
}
PP(2000,0.1) # 60000
I/0.1 # 60000
m = 200;t = 1:m;P1 = numeric(m)
for(i in 1:m) P1[i] = P(t[i],0.1)
windows()
plot(t,P1,type="l",lwd=4,ylab=" 息票債券價格 ",cex.lab=1.5);abline(h=(I/0.1),lwd=3,lty=2,col=2)
P1[167] # 60000
```

例5 股票的價格

令 D_t 表示第 t 年（期）的預估股利現金流量，若預估股利以固定的成長率 g 成長，則股價爲何？

解 若以 r 表示適當的貼現率[2]，因每年的預估股利現金流量可爲 $D_1 = D_0(1 + g)$、$D_2 = D_1(1 + g) = D_0(1 + g)^2$、$D_3 = D_2(1 + g) = D_0(1 + g)^3$、……；因此，目前股價 P_0 可以寫成：

$$P_0 = \frac{D_1}{1+r} + \frac{D_2}{(1+r)^2} + \frac{D_3}{(1+r)^3} + \cdots$$

$$= \frac{D_0(1+g)}{1+r} + \frac{D_0(1+g)^2}{(1+r)^2} + \frac{D_0(1+g)^3}{(1+r)^3} + \cdots$$

---

[2] 於公司財務內可以計算公司的加權平均資金成本（weighted average cost of capital, *WACC*）爲該公司適當的貼現率。

$$= \frac{D_0(1+g)}{1+r}\left(1 + \frac{1+g}{1+r} + \left(\frac{1+g}{1+r}\right)^2 + \cdots\right)$$

上式小括號內之式子可以應用無窮等比級數公式，故上式可改寫成：

$$P_0 = \frac{D_0(1+g)}{1+r}\left(\frac{1}{1-\dfrac{1+g}{1+r}}\right) = \frac{D_0(1+g)}{(1+r)} \cdot \frac{(1+r)}{(r-g)} = \frac{D_1}{r-g}$$

而上式可以擴充為：

$$P_t = \frac{D_{t+1}}{r-g}$$

因此第 t 期的股價 P_t 按照預估股利之固定成長模式，會受到未來股利、貼現率以及固定成長率的影響；值得注意的是，未來股利與固定成長率與 P_t 之間呈現正的關係，而貼現率與 P_t 之間則有負的關係。

　　於第 4 章 2.2 節內，我們曾利用例如中華電股票的月資料（2013/1～2015/12），可以估計出月固定成長率約為 0.4282%。若假定中華電的貼現率為 5.8%，則可以根據上式估計出中華電的月預估股價，下圖之左圖繪出實際月收盤價與月預估股價之間的散佈圖，其中紅色實線是表示「橫縱軸相等」之 45 度線；換言之，若月實際收盤價（縱軸）與月預估股價（橫軸）頗為接近，則二者之間的散佈圖應接近於紅色實線。

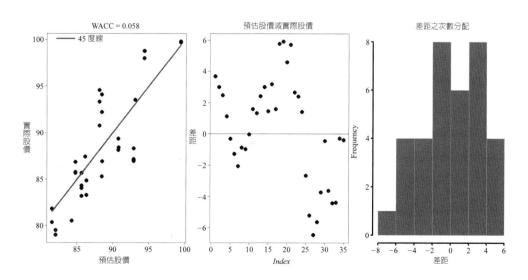

倘若我們稱預估股價減實際股價爲「誤差」，於上圖之中圖可以看出該誤差於該期間大致維持於 ± 6 元的範圍；不過，上圖之右圖繪製出上述誤差之次數分配，可以看出上述誤差並沒有「對稱」，即較偏向於「高估」。

例6 估計貼現率

續例 5，股利之固定成長模式，也可以實際的股價估計對應的貼現率，即：

$$P_t = \frac{D_{t+1}}{r-g} \Rightarrow r_t = g + \frac{D_{t+1}}{P_t}$$

因此，利用前述中華電資料，可以反推對應的貼現率或 $WACC$，其結果可以參考下圖。下圖可以看出，利用實際的股價估計對應的貼現率，最高與最小的貼現率分別約爲 6.165% 與 5.433%，而其平均值則約爲 5.8%。

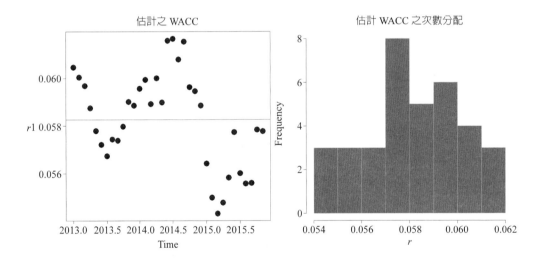

例 5 與 6 之 R 指令：

```
m2412pper = read.table("G:\\BM\\data\\ch4\\m2412a.txt");price = m2412pper[,1] # 股價
per = m2412pper[,2] # 本益比
# 轉成預估股利
div = per/price; div = 1/div
# 預估股利之固定成長模型
```

```
X = div;n = length(X) # 檢視 X 內有多少元素個數並令其爲 n, n = 36
t = 1:n;lm(log(X)～t) # 計算迴歸線
g = 0.004282;P = price
r = 0.058;P = div/(r-g);T = length(div);P1 = P[2:length(P)];price1 = price[1:(T-1)]
windows();par(mfrow=c(1,3))
plot(P1,price1,type="p",cex=4,pch=20,ylab=" 實際股價 ",xlab=" 預估股價 ",cex.lab=1.5,cex.main=2,
     main="WACC = 0.058");lines(P1,P1,col=2,lwd=4)
legend("topleft",c("45 度線 "),lty=1,lwd=4,col=2,bty="n") ;d = P1-price1
d1 = ts(d,start=c(2013,1),frequency=12) # 加上時間
plot(d,cex=4,pch=20,ylab=" 差距 ",main=" 預估股價減實際股價 ",cex.lab=1.5,cex.
main=2)
abline(h=0);summary(d)
hist(d,main=" 差距之次數分配 ",lwd=4,col="tomato",border="green",cex.lab=1.5,xlab=" 差距 ",
     cex.main=2);round(d,4)
round(d1,4)
# r = g + div[2:T]/price[1:(T-1]]
r = g + div[2:T]/price[1:(T-1)];r1 = ts(r,start=c(2013,1),frequency=12) # 加上時間
windows();par(mfrow=c(1,2))
plot(r1,type="p",pch=20,cex=4,main=" 估計之 WACC",cex.main=2);abline(h = mean(r))
hist(r,col="tomato",border="green",main=" 估計 WACC 之次數分配 ",cex.main=2);summary(r)
```

例 7

　　某建設公司興建一座大樓，其租金預計每年爲 60。假定該租金每年隨通貨膨脹率調整而每年之通貨膨脹率爲 4%，若該建設公司的貼現率爲 10%，則該座大樓的市價爲何？（單位：千萬元）

解　令 CF、y 與 n 分別表示每年租金、貼現率以及使用年限；另外，若 π 表示每年之通貨膨脹率，則大樓的市價 P_0 可爲：

$$P_0 = \frac{CF}{1+y} + \frac{CF(1+\pi)}{(1+y)^2} + \frac{CF(1+\pi)^2}{(1+y)^3} + \cdots + \frac{CF(1+\pi)^{n-1}}{(1+y)^n}$$

$$= \frac{CF}{1+y}\left(1 + r + r^2 + \cdots + r^{n-1}\right) = \frac{CF}{(1+y)}\frac{1-r^{n-1}}{(1-r)}$$

其中 $r = \dfrac{1+\pi}{1+y}$ 表示公比。若 $n \to \infty$，則上式可改寫成：

$$P_0 = \frac{CF}{(1+y)}\frac{1}{(1-r)} = \frac{CF}{(1+y)}\frac{1}{1-\dfrac{(1+\pi)}{(1+y)}} = \frac{CF}{y-\pi}$$

下圖繪出於不同使用年限與「無窮」年限下大樓的市價及其差距；換言之，若以「無窮等比級數」取代「等比級數」計算該大樓的價格，該差距就是誤差（右圖）。我們發現若使用年限分別為 50、100、150 以及 200 年，該誤差就分別為 60,538.65、3,664.928、221.8698 與 13.4317。

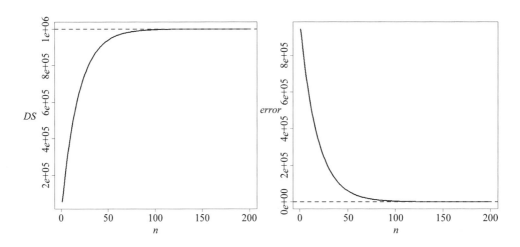

R 指令：

```
CF = 60000;y = 0.1;PI = 0.04;IS = CF/(y-PI);IS
m = 200;n = 1:m;r = (1+PI)/(1+y);DS = numeric(m) # 有期限價格
for(i in 1:m) DS[i] = (CF/(1+y))*((1-r^n[i])/(1-r))
windows();par(mfrow=c(1,2))
plot(n,DS,type="l",lwd=4,xlab=" 期限 ",cex.lab=1.5,ylab=" 價格 ");abline(h=IS,lwd=3,col=2,lty=2)
error = IS-DS # 差距
plot(n,error,type="l",lwd=4,ylab=" 差距 ",xlab=" 期限 ",cex.lab=1.5);abline(h=0,lwd=3,col=2,lty=2)
error[50] # 60538.65
error[100] # 3664.928
error[150] # 221.8698
error[200] # 13.4317
```

例8 **凱因斯乘數** （Keynesian multiplier）

考慮一個簡單的封閉凱因斯模型：$C = 100 + 0.8Y_d$、$Y_d = Y - T$、$I_0 = 100$、$G_0 = 100$ 以及 $T_0 = 100$。計算並分析政府支出乘數。

解 於均衡時可得：

$$Y = AD_0 = C_0 + I_0 + G_0 + c(Y - T_0)$$
$$Y = \frac{1}{c}(C_0 + I_0 + G_0 - T_0)$$

其中 c 為邊際消費傾向（MPC）。因此，可以得到（自發性）政府支出乘數為：

$$\frac{\Delta Y}{\Delta G} = \frac{1}{c}$$

上述乘數的取得就是利用無窮等比級數取得，也就是說，於總合需求（AD）恆等於總合供給的條件下，自發性政府支出增加 ΔG 元下，均衡所得會增加 ΔY 元，因邊際消費傾向的關係，總合需求又會增加 $c\Delta G$，均衡所得會再增加 $c\Delta Y$，總合需求又會增加 $c^2\Delta G$，……。最後，均衡所得會增加至：

$$\Delta Y = \Delta G + c\Delta G + c^2\Delta G + c^3\Delta G + \cdots$$
$$= (1 + c + c^2 + \cdots)\Delta G$$

因此，只要 $0 < c < 1$，即可以得到上述政府支出乘數。換言之，按照已知條件，政府支出乘數為 $1/(1 - 0.75) = 4$，故若政府支出增加 200 元，均衡所得將由 900 元增加至 1,700 元，如下圖所示。

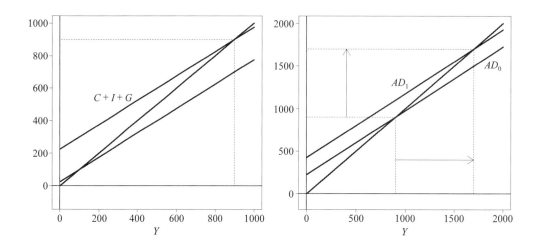

例 9　**適應性預期假說**（adaptive expectation hypothesis）

　　經濟分析中，經濟變數的預期經常扮演著重要的角色。一種簡單的預期方式稱為適應性預期，可以表示成：

$$x_t^e = x_{t-1}^e + \lambda(x_{t-1} - x_{t-1}^e) = \lambda x_{t-1} + (1-\lambda)x_{t-1}^e$$

其中變數 x 的上標 e 表示預期而下標 t 則表示時間。其次，參數 λ 值介於 0 與 1 之間，可以稱為「誤差調整（error-adjustment）」參數，表示實際與預期差距之修正。上式表示 t 期變數 x 的預期是由二部分所構成，即 $t-1$ 期實際值與 $t-1$ 期實際與預期差距的調整，其中 λ 扮演著調整幅度的角色。

　　至主計總處下載通貨膨脹率序列資料（1982～2015），若以 1982 年的通貨膨脹率為期初值，試估計 $\lambda = 0.5$ 與 $\lambda = 0.9$ 之通貨膨脹率預期值。

解　可以參考下列二圖（上圖是時間走勢圖，下圖則是實際與預期通貨膨脹率之間的散佈圖，圖內直線為 45 度直線）以及所附之 R 指令。從圖內可看出似乎以 $\lambda = 0.9$ 所得到的預期通貨膨脹率較佳。

R 指令：
```
infl = read.table("D:\\BM\\ch10\\infl.txt")
PI = infl[,1];T = length(PI);PIe1 = rep(0,T);PIe1[1] = PI[1];PIe2 = PIe1
for(i in 2:T)
```

```
{
  lambda = 0.5;PIe1[i] = lambda*PI[i-1]+(1-lambda)*PIe1[i-1]
  lambda = 0.9;PIe2[i] = lambda*PI[i-1]+(1-lambda)*PIe2[i-1]
}
windows();plot(1:T,PI,type="l",lwd=4,xlab=" 時間 ",ylab=" 通貨膨脹率 ",cex.lab=1.5)
lines(1:T,PIe1,lwd=4,lty=2,col="red");lines(1:T,PIe2,lwd=4,lty=3,col="blue")
legend("topright",c(" 實際 ",expression(lambda==0.5),expression(lambda==0.9)),
        lty=1:3,lwd=4,col=c("black","red","blue"),bty="n")
windows();par(mfrow=c(1,2))
plot(PI,PIe1,pch=20,cex=3,xlab=" 實際通貨膨脹率 ",ylab=" 預期通貨膨脹率 ",cex.lab=1.5,
        main=expression(lambda==0.5),cex.main=2);lines(PI,PI,lwd=4)
plot(PI,PIe2,pch=20,cex=3,xlab=" 實際通貨膨脹率 ",ylab=" 預期通貨膨脹率 ",cex.lab=1.5,
        main=expression(lambda==0.9),cex.main=2);lines(PI,PI,lwd=4)
```

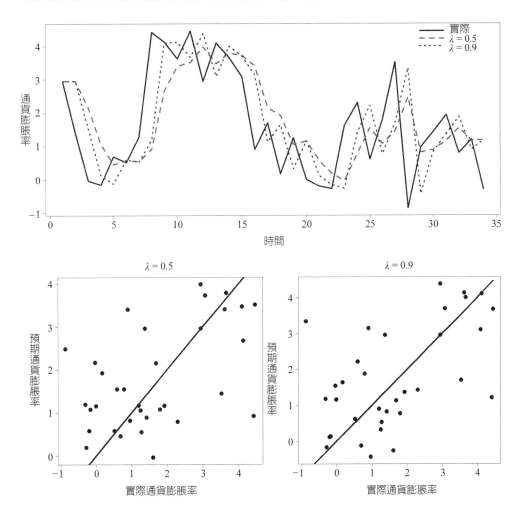

545

例 10 指數加權移動平均

通常我們會使用簡單的移動平均數估計未來的資產價格或資產的波動率，顧名思義，簡單的移動平均數就是隔 n 天計算一次平均數。使用簡單的移動平均數有一個缺點，就是每天的權數皆相同，此種結果當然不能讓人滿意。「就明天的預期而言，今天當然比昨天，而昨天又比前天重要多了；因此，每天的權數應該不相同」。

底下，介紹一種普遍用於經濟與財務時間序列內的方法，該方法稱為指數加權移動平均（exponentially weighted moving average, $EWMA$）。$EWMA$ 的特色是加重近日的權數而降低遠日的權數；換言之，$EWMA$ 強調每日的權數由「近至遠」以指數的型態遞減。就 x_t 的預期而言，$EWMA$ 可以寫成：

$$EWMA(x_{t-1,t-2,\cdots}) = \frac{x_{t-1} + \lambda x_{t-2} + \lambda^2 x_{t-3} + \cdots + \lambda^T x_{t-(T+1)}}{1 + \lambda + \lambda^2 + \cdots + \lambda^T}$$

其中 λ 是一個常數，$0 < \lambda < 1$。若 $T \to \infty$，則 $\lambda^T \to 0$，故 $EWMA$ 幾乎忽略更遠期的權數。利用無窮等比級數公式 $(1 - \lambda)^{-1} = 1 + \lambda + \lambda^2 + \cdots$，故 $EWMA$ 又可寫成：

$$EWMA(x_{t-1,t-2,\cdots}) \approx (1 - \lambda) \sum_{i=1}^{\infty} \lambda^{i-1} x_{t-i} \qquad （例 10\text{-}1）$$

我們可以應用 (例 10-1) 估計資產的波動率。若 r_t 與 $\hat{\sigma}_t$ 分別表示 t 期資產日（對數）報酬率與波動率預期，則以 $EWMA$ 方法估計可得：

$$\hat{\sigma}_t^2 = (1 - \lambda) r_{t-1}^2 + \lambda \hat{\sigma}_{t-1}^2 \qquad （例 10\text{-}2）$$

我們可以發現 (例 10-1) 與 (例 10-2) 是相通的[3]。利用 (例 10-2) 所估得的波動率預期，其特色是每一時點所用的權數並不相同。

至 TEJ 下載臺灣 50 指數調整後日收盤價序列資料（2002/7/4～2016/9/30），轉稱日對數報酬率序列後，以 $EWMA$ 方法估計最近 5 年的波動

---

[3] 於本章習題內，讀者可以證明 (例 10-1) 與 (例 10-2) 二式是相通的；換言之，適應性預期與 $EWMA$ 是根據過去的價格（或其平方）加權平均值而得。其次，因使用日報酬率，其平方值之平均數幾乎接近於 0，故我們也可以日報酬率平方的平均數取代日報酬率的樣本變異數。

率（假定 1 年有 252 個交易日而以 5 年前的 500 個交易日之日對數報酬率之標準差爲期初值，$\lambda = 0.975$）

解 可以參考下圖以及所附之 R 指令。

```
R 指令：
t50 = read.table("D:\\BM\\ch10\\t50.txt")
P = t50[,1];r = 100*diff(log(P));T = length(r);m = 252;n = T-m*5+1
r1 = r[n:T];T1 = length(r1) # 1260;lambda = 0.975
sigma2 = rep(0,T1) ;sigma2[1] = var(r[(T-T1-500-1):(T-T1-1)]) # 期初值
for(i in 2:T1) sigma2[i] = (1-lambda)*r[i-1]^2+lambda*sigma2[i-1]
windows();par(mfrow=c(1,2))
plot(1:T1,r1^2,type="p",pch=20,cex=3,xlab=" 時間 ",ylab=" 報酬率平方 ",cex.lab=1.5)
lines(1:T1,sigma2,lwd=4,col=2);vol = sqrt(sigma2*m)
plot(1:T1,vol,type="l",lwd=4,xlab=" 時間 ",ylab=" 估計之波動率 ",cex.lab=1.5)
```

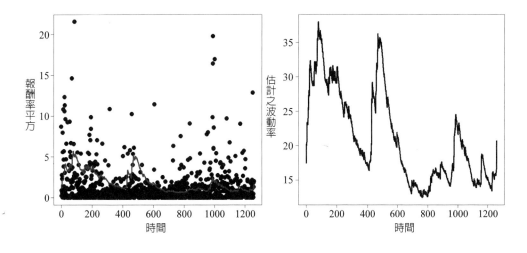

練習

(1) 甲公司是一家永續經營的公司，其 EBIT（息前稅前純益）爲 2,000，甲公司的資金成本爲 25%，計算甲公司稅前之市場價值。

(2) 某大樓，其租金預計每年爲 50。假定該租金每年隨通貨膨脹率調整而每年之通貨膨脹率爲 4%，若該座大樓可用 50 年且適當的貼現率爲 15%，

則該座大樓的市價為何？（單位：千萬元）

(3) 續上題，該大樓市價之極限值為何？

(4) 利用同時期台積電的資料，重做本節中華電的例子。

(5) 續上題，結論為何？

(6) 利用例8，（自發性）租稅乘數為何？

(7) 以 $\lambda = 0.95$ 重做例9。

(8) 以 $\lambda = 0.95$ 重做例10。

第二節　年金

　　之前不管考慮簡單利息、貼現或複利的計算，皆有一個共同點，就是借或貸皆是全數金額在同一個時點完成；也就是說，期初存錢（貸款）而於期末領取（償還）本利和。上述情形，似乎仍不足以解釋每天發生於我們周遭的金融交易，因為有些金融交易，是以定期定額的方式進行；例如，以分期付款的方式購物、付房貸或車貸等，亦或是以定期定額的方式領取或支付日薪、週薪或月薪等，這些金融交易行為的確也經常出現於每天的日常生活。

　　因此，本節我們將介紹一種於一段期間內定期支付或領取一定金額的行為，此種定期定額的方式，就是年金。就公司或個人理財而言，年金是一個相當普及的觀念或方式，底下整理出有年金「影子」的一些例子：

· 每月以一定金額支付分期付款之金額如車貸、房貸、學貸或其他消費性貸款等。
· 除了月薪或週薪之固定薪水外，若每次皆領取固定的日薪亦皆屬之。
· 每月付房租。
· 保險的給付。
· 銀行的「零存整付」帳戶。
· 每月以一定金額支付「退休基金」帳戶。

　　相反地，底下的例子並不屬於年金：

· 每月付信用卡帳單，當然每月支付一定金額除外。
· 每日的工作時數不一，自然日薪就不同。

‧購買儲值卡等。

‧營利單位的每日收益等。

　　底下年金的介紹，可分成普通年金與期初年金二種。

2.1 普通年金

　　如前所述，年金可稱為一個「定期等額」支付（收取）的數列。若每次支付出現於「期末」，則此年金稱為「普通年金（ordinary annuity）」。因其支付期間與計算的複利的期間一致，故通常我們說的年金，指的就是普通年金。年金的觀念與我們日常生活息息相關，因為我們時常聽到「零利率分期付款」或「定期等額支付以備養老」等講法。舉例來說，若我們於未來 6 年的每年年末存 15,000 元，而以 6% 的利率每年計算複利一次（年複利），則 6 年後的總和可參考圖 11-1，其可為：

$$15000 + 15000(1.06) + 15000(1.06)^2 + 15000(1.06)^3 + 15000(1.06)^4 + 15000(1.06)^5 = 15000(1 + 1.06 + 1.06^2 + 1.06^3 + 1.06^4 + 1.06^5)$$

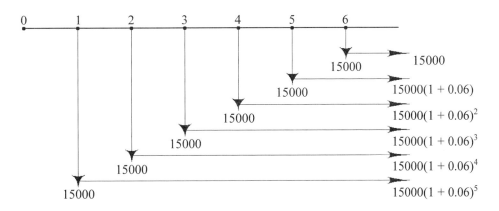

圖 11-1　一個簡易的年金範例

　　上述的例子，說明了簡單地如於每年年末固定存 15,000 元（零存），至 5 年年末後再將本利和領回（整付）就是一個年金的概念。就數學而言，原來年金的價值就是利用等比級數的公式計算；換言之，上述式子之結果可為：

$$\frac{a_1(1-r^n)}{1-r} = \frac{1,500\left[1-(1.06)^6\right]}{1-1.06} = 104,629.8$$

其對應的 R 指令為：

```
n = 6;a = 15000;r = 1.06;Sn = a*(1 - r^n)/(1 - r)
Sn # 104629.8
```

前述的例子應該可以將其寫（想）成更一般化的型式。假定於 n 期內，每期存入 R 元，而於每期期末以利率 i 計算利息；因此，第 1 期的 R 元存入至 n 期共有 $R(1+i)^{n-1}$ 的本利和，第 2 期的 R 元存入至 n 期共有 $R(1+i)^{n-2}$ 的本利和，依此類推（可參考圖11-2）。是故，若 S 表示「年金」的未來值總額，則：

$$S = R(1+i)^{n-1} + R(1+i)^{n-2} + R(1+i)^{n-3} + \cdots + R(1+i) + R$$

或寫成（顛倒的次序）

$$S = R + R(1+i) + R(1+i)^2 + R(1+i)^3 + \cdots + R(1+i)^{n-1}$$

是故，上式顯示出一個首項為 R 而公比為 $1 + i$ 的等比級數；利用等比級數公式，可得出：

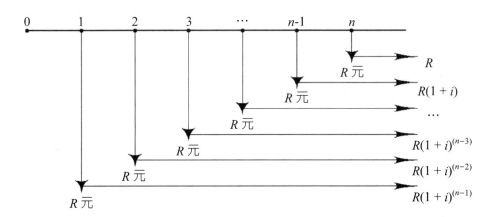

圖 11-2　年金之計算

$$S = R\left[\frac{(1+i)^n - 1}{i}\right] = R \cdot FVIFA(n,i) \tag{11-1}$$

其中 $FVIFA(n, i)$ 稱為年金未來值利率因子（future value interest factor for an annuity）。$FVIFA(n, i)$ 亦可寫成 $s_{\overline{n}|i}$，後者亦稱為年金未來值因子。

　　若檢視 (11-1) 式，可以發現年金未來值利率因子或年金未來值因子，其實就是一個二元變數的函數[4]，也就是說我們須同時提供期限 n 與利率 i 二個因子，可以檢視下列 R 指令：

```
FVIFA = function(n,i) ((1+i)^n - 1)/i ;FVIFA(6,0.06) #  6.975319
R = 15000;R*FVIFA(6,0.06) # 104629.8
```

　　於上述 R 指令中，我們建立一個 $FVIFA$ 函數。利用該函數，我們進一步繪製出期限 n 與利率 i 二個因子同時變動對年金未來值因子的影響，可以參考圖 11-3。於圖 11-3 內，可以看出 n 與 i 同時變動對年金未來值因子皆有正的影響；可以注意所附的 R 指令，檢視如何於 R 內繪製 3D 的圖形。

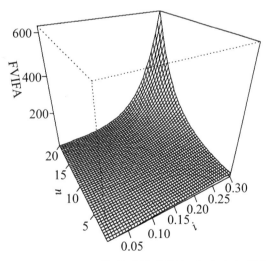

圖 11-3　n 與 i 二個因子同時變動對年金未來值因子的影響

---

[4]　下一章我們將介紹多元變數函數。多元變數函數是指因變數會受到多個自變數的影響。

R 指令：

i = seq(0.01,0.3,length=50);n = seq(1,20,length=50);z = outer(n,i,FVIFA)
windows();persp(i,n,z, theta=-30, phi=30,ticktype="detailed",lwd=2,zlab="FVIFA")

當然，我們也可以先固定期限 n 值，再檢視利率 i 值對年金未來值因子的影響，如圖 11-4 所示。觀察圖 11-4，我們可以發現於固定的期限 n 下，利率 i 值與年金未來值因子之間有正的關係；另一方面，若固定 i 值，亦可看出期限 n 值對年金未來值因子有正的影響。

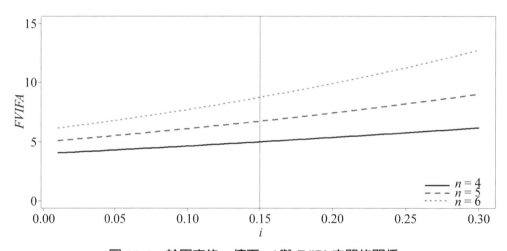

圖 11-4 　於固定的 n 值下，i 與 *FVIFA* 之間的關係

R 指令：

FVA1 = numeric(50);FVA2 = FVA1;FVA3 = FVA1
for(j in 1:50)
{
  FVA1[j] = FVIFA(4,i[j]);FVA2[j] = FVIFA(5,i[j]);FVA3[j] = FVIFA(6,i[j])
}
windows();plot(i,FVA1,type="l",lwd=4,ylim=c(0,15),xlab="i",ylab="FVIFA",cex.lab=1.5)
lines(i,FVA2,lty=2,lwd=4,col=2);lines(i,FVA3,lty=3,lwd=4,col=3);abline(v=0.15)
legend("bottomright",c("n = 4","n = 5","n = 6"),lwd=4,lty=1:3,col=1:3,bty="n")

例 1

(1) 若每年年末存 5,000 元而以 6% 的利率 1 年計算一次複利，則滿 30 年後，本利和爲何？

(2) 計算 $n = 25$ 而 $i = 2.53\%$ 之年金未來值因子。

解 可檢視所附之 R 指令。

```
5000*FVIFA(30,0.06) # 395290.9
FVIFA(25,0.0253) # 34.2908
```

例 2

計算下列年金之未來值：

(1) 若每季存 5,000 元而以 6% 的利率每季計算一次複利，則滿 5 年後，本利和爲何？

(2) 若利率爲 7.1% 且以月複利計算，則滿 15 年之年金未來值因子爲何？

解 可檢視所附之 R 指令。

```
5000*FVIFA(20,0.06/4) # 115618.3
FVIFA(15*12,0.071/12) # 319.7323
```

例 3

阿德每月存 500 元以 4.5% 計算月複利，滿 5 年後，本利和爲何？阿德總共得到多少利息收益？

解 阿德 5 年後的本利和爲：

$R \cdot FVIFA(n,i) = 500 \cdot FVIFA(5 \times 12, 0.045/12) = 33{,}572.78$ 元，其中本金爲 30,000 元，故利息收益爲 3,572.78 元。

R 指令：

```
R = 500;R*FVIFA(5*12,0.045/12) # 33572.78
```

```
R*5*12 # 30000
33572.78 - 30000 # 3572.78
```

例4 償債基金

償債基金（sinking funds）亦稱減債基金，顧名思義，發行者（通常為國家或公司）為償還未到期的債務而設置的專案基金；另一方面，設置此基金的目的當然是未來能償還債務而目前需設計定期等額的支付（存款）方式，此不就是前述年金的觀念嗎？一個簡單的情況，若我們每月提撥 5,000 元退休儲蓄金，每月的複利以 2% 的利率計算，則 20 年退休後可有多少退休金？若 20 年退休後，我們需要 3 百萬元，若每月存 5,000 元不變，則利率應為多少方能符合我們的需求？若利率不變，則每月必須存多少，才能符合我們的想法？

解 (1) 此退休儲蓄金就是一個年金，其中 $R = 5,000$、$i = 0.02/12$ 與 $n = 12×(20)$。

R 指令：

```
R = 5000;i = 0.02/12;n = 12*20;R*FVIFA(n,i) # 1,473,984
```

(2) 我們可以利用 R 以「嘗試錯誤」的方式找出對應的利率如下圖所示。例如繪出許多不同的虛線以找出適合的利率。

R 指令：

```
i = seq(0.01,0.1,length=n);i = i/12;Retire = R*FVIFA(n,i);windows();plot(i,Retire,type="l",lwd=4)
abline(h=3000000,lty=2);abline(v=i[191],lty=2)
i[191] # 0.006795676
R*FVIFA(n,i[191]) # 3002411
i[191]*12 # 0.08154812
```

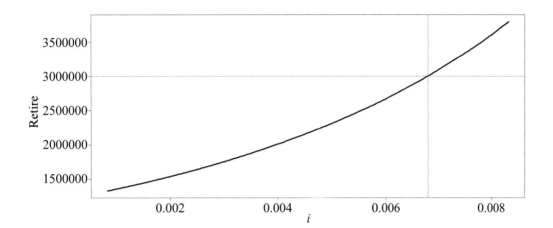

(3) 同 (2) 的做法。

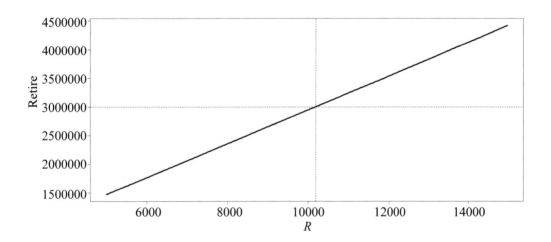

R 指令：

R = seq(5000,15000,length=n);i = 0.02/12;Retire = R*FVIFA(n,i)

windows();plot(R,Retire,type="l",lwd=4);abline(h = 3000000,lty=2);abline(v = R[125],lty=2)

R[125] # 10188.28

R[125]*FVIFA(n,i) # 3003474

例 5

　　阿德希望 70 歲時能有 10,000,000 元，阿德希望現在能成立一個 10 年期以月支付的基金，該基金到期時，能讓阿德 35 年後實現目標。阿德認為合理的利率是 3%，則阿德往後 10 年，每月需支付多少？

解 可以參考所附之 R 程式：

```
n = 35*12;i = 0.03/12
# 10000000 = PV*(1+i)^n
PV = 10000000/(1+i)^n;PV # 3503966
PV/FVIFA(120,i) # 25074.64
```

例 6

　　阿德的儲蓄存款帳戶內有存款餘額 145,706 元，該帳戶以 3.6% 月複利計算。阿德打算每月存 7,500 元，2 年後阿德的帳戶總共有多少元？

解 可以參考所附之 R 指令：

```
PV = 145706;n = 2*12;i = 0.036/12;FV1 = PV*(1+i)^n;R = 7500;FV2 = R*FVIFA(n,i)
FV1 + FV2 # 342915.7
```

練習

(1) 若每年年末存 3,000 元而以 4% 的利率 1 年計算 1 次複利，則滿 20 年後，本利和為何？

(2) 阿德每月存 500 元以 2.5% 計算月複利，滿 10 年後，本利和為何？阿德總共得到多少利息收益？

(3) 若我們每月存 5,000 元退休儲蓄金，每月的複利以 1.5% 的利率計算，則 30 年退休後可有多少退休金？若 30 年退休後，我們需要 4 百萬元，若每月存 5,000 元不變，則利率應為多少方能符合我們的需求？若利率不變，則每月必須存多少，才能符合我們的想法？

(4) 阿德發現可以用 5% 的利率每年存 1 萬元，總共可以存 10 年。最近，阿德發現第 3 年後可以改為每年存 5 萬元，則存滿 10 年後，阿德可得多少本利和？

(5) 甲公司打算每季從公司的盈餘內轉存 2.5 億元以供 5 年後公司擴充之用；不過，公司發現第 3 年的最後一季營收可能不如預期，因此獨漏此季的轉存，其餘的轉存皆能順利達成。若利率為 4.8%，則 5 年後公司轉存的總金額為何？

(6) 乙公司每季轉存 2.5 億元於 7.5% 的投資帳戶，不過最後 5 季卻只能每季轉存 1 億元，5 年後轉存總金額為何？

(7) 續上題，利息為何？

(8) 老葉預計 5 年後退休。老葉的目標 600 萬元，目前老葉的帳戶有 375 萬元而利率為 5% 且維持不變。老葉每月必須存多少才能達成目標？

2.2 期初年金

前述所介紹的是屬於普通年金，其特色是於一定的期間內，於每期期末支付或收取等額的款項，故其亦可稱為後付（取）年金；與普通年金相對應的是期初年金，其特色是於每期期初支付或收取等額的款項，故其亦稱為預付（取）年金（Annuity due）。預付年金因比後付年金多得到一期的利息（因前者比後者先支出），故其未來值總額可以利用 (11-1) 式求得：

$$S = R\left[\frac{(1+i)^{n+1}-1}{i}\right] - R = R(FVIFA_{i,n+1} - 1) \tag{11-2}$$

此相當於將圖 11-2 的支出時點往左移動一期，由於多得到一期的利息，故每期的支出至 n 期（即 $n-1$ 時點）的本利和皆需再乘上 $(1+i)$ 項；由於少了 R 項，使用 (11-2) 式計算時需扣掉 R 支出！

例 1

每年於年初存 15,000 元，以 6% 的利率計算年複利，5 年後可得多少本利和？

解

$15000(1.06)^5 + 15000(1.06)^4 + 15000(1.06)^3 + 15000(1.06)^2 + 15000(1.06)^1$

$= 15000(1.06)(1 + (1.06) + (1.06)^2 + (1.06)^3 + (1.06)^4)$

$= 89629.78$。

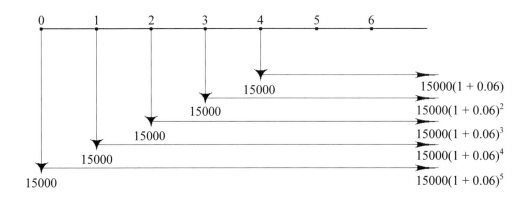

R 指令：

15000*(1.06^5)+15000*(1.06^4)+15000*(1.06^3)+15000*(1.06^2)+15000*(1.06^1) # 89629.78

15000*(1.06)*FVIFA(5,0.06) # 89629.78

15000*FVIFA(6,0.06)-15000 # 89629.78

例 2

每季於季初存 12,000 元，以 3.5% 的利率計算季複利，7 年後可得多少本利和？

解 參考下列 R 指令：

R = 12000;n = 28;i = 0.035/4;R*(FVIFA(n+1,i)-1) # 382,186.7

例 3

2000 年除夕夜，阿德決定每年年初存 30,000 元以開始其退休儲蓄計劃，若年複利利率為 2.25%，則 40 年後阿德可以領回多少？

解 參考下列 R 指令：

R = 30000;n = 40;i = 0.0225;R*(FVIFA(n+1,i)-1) # 1956641

（練習）

(1) 期初年金與普通年金有何區別？

(2) 年金的計算有何假定？

(3) 每月月初存 100 元而以 3% 的複利（季）計算，則 5 年後本利和爲何？

(4) 每月月底存 100 元而以 3% 的複利（季）計算，則 5 年後本利和爲何？

(5) 續練習 (3) 與 (4)，二者之差距爲何？

2.3 年金之現值

假想我們打算每年存 R 元，以利率 i 計算年複利，則 n 年後總共有多少本利和？讀者會在年初或年底存？應該是年底吧！故從此例來看，通常我們所謂的年金，大多指的是普通年金。現在我們有興趣的是此一「存款」目前價值多少？假定利率 i 固定不變，則利用 (11-1) 式可得：

$$P(1+i)^n = R\left[\frac{(1+i)^n - 1}{i}\right] \Rightarrow P = R(1+i)^{-n}\left[\frac{(1+i)^n - 1}{i}\right] = R\left[\frac{1-(1+i)^{-n}}{i}\right].$$

因此，年金的現值可以寫成：

$$P = R\left[\frac{1-(1+i)^{-n}}{i}\right] = R \cdot PVIFA(n,i) \tag{11-3}$$

其中 P 與 $PVIFA(n, i)$ 分別稱爲年金的現值以及年金現值利率因子，其中年金現值利率因子亦可寫成 $a_{\overline{n}|i}$ 與年金未來值利率因子之間的關係可爲：

$$PVIFA(n,i) = FVIFA(n,i)/(1+i)^n \text{ 或 } a_{\overline{n}|i} = s_{\overline{n}|i}/(1+i)^n$$

例 1

老林與老葉皆要贊助家扶中心，二人皆同意於 10 年內，每年給予家扶中心 5,000 元，假想年複利爲 3%；不過，老林事後想一想，他還是比較喜歡現在就一次給付，問他會支付多少？

解 參考下列 R 指令：

```
PVIFA = function(n,i) (1 - (1+i)^-n)/i # 年金現值利率因子函數
```

```
R = 5000;i = 0.03;n = 10
R*PVIFA(n,i) # 42651.01
```

例 2

車價為 750,000 元，自備款 150,000 元，其餘以貸款付清；月複利 6% 的利率分 3 年償還，問每月需支付多少？

解 參考下列 R 指令：

```
i = 0.06/12;P = 600000;n = 36;R = P/PVIFA(n,i);R # 18253.16
```

例 3

房貸 2 百萬元，月複利 4% 的利率分 20 年償還，問每月需付多少？總共付多少利息？何時償還 1 百萬元？

解

(1) $i = 0.04/12$、$n = 240$ 以及 $P = 2,000,000$

```
P = 2000000;i = 0.04/12;n = 12*20;R = P/PVIFA(n,i);R # 12119.61
```

(2) 利息可為：

```
R*n - P # 908705.6
```

(3) 假定已經按照 R 元償還 x 個月，則還剩下尚未償還的金額為：

$$y = R \cdot PVIFA(n - x,i)$$

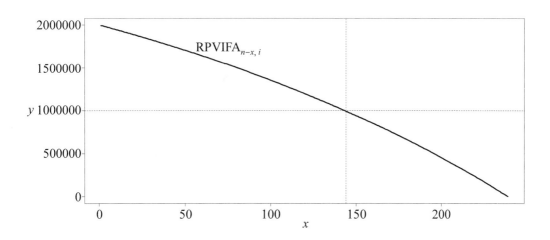

R 指令：

```
x = 1:n;y = R*PVIFA(n-x,i);windows();plot(x,y,type="l",lwd=4);abline(h= 1000000,lty=2)
abline(v=x[144],lty=2);text(55,1671435,labels=expression(R*PVIFA[list(n-x,i)]),pos=4,cex=1.5)
x[144] # 144
R*PVIFA(n-x[143],i) # 1,003,060
y[143] # 1,003,060
```

例 4

阿德以月複利 12% 的利率向銀行貸了 50,000 元，原本打算 1 年還清；不過，還了 3 個月後，阿德打算一次就還清尚未償還的款項，阿德需還多少？

解 可參考所附之 R 指令：

```
P = 50000;i = 0.12/12;n = 12;x = 3;R = P/PVIFA(n,i)
R*PVIFA(n-x,i) # 38,054.01
```

例 5

每月付 10,000 元，利率爲 6% 而期限爲 3 年，則該年金之現值爲何？

解 可參考所附之 R 指令：

R = 10000;n = 3*12;i = 0.06/12;R*PVIFA(n,i) # 328710.2

例 6

續例 5，若貸款金額為 300,000 元，則貸款利率為何？

解 可參考所附之 R 指令：

i = seq(0.0001,0.05,length=1000);y = R*PVIFA(n,i);windows();plot(i,y,type="l",lwd=4)
abline(h=300000,lty=2);y
abline(v=i[203],lty=2);i[203]*12 # 0.1222787
R*PVIFA(n,i[203]) # 300,090.8

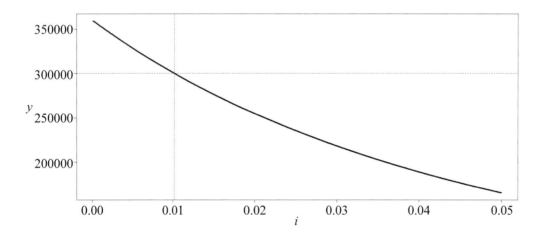

例 7

某產品原本定價為 90,000 元，現以「零利率分期付款」方式以每月 5,000
元分成 24 期賣出，計算其隱藏的利率為何？

解 可參考所附之 R 指令：

R = 5000;i = seq(0.01,0.04,length=10000);n = 2*12;y = 120000-R*PVIFA(n,i);windows()
plot(i,y,type="l",lwd=3);abline(h=30000,lty=2);abline(v=i[4807],lty=2)

R*PVIFA(n,i[4807]) # 90,001.16
i[4807]*12 # 0.2930333

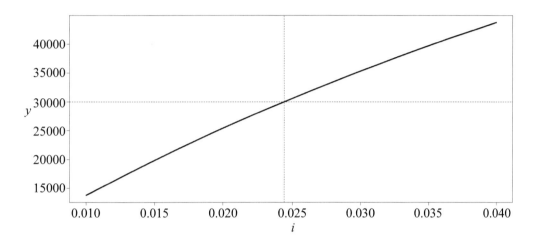

例 8　**債券的價格**

　　一張面額為 1,000 元的 10 年期附息債券，其票面利率為 15% 且每年付息一次，若該債券之殖利率為 15%，則該債券目前價值為何？隔年若殖利率不是上升至 20% 就是下跌至 10%，則該債券價值各為何？

解　利用年金的觀念，我們可以輕易計算出債券的價值，可參考底下之 R 指令：

PVIFA = function(n,i) (1 - (1+i)^-n)/i # 年金現值利率因子函數
id = 0.15;F = 1000;I = id*F;I*PVIFA(10,0.15)+F/(1+0.15)^10 # 1000
I*PVIFA(9,0.1)+F/(1+0.1)^9 # 1287.951
I*PVIFA(9,0.2)+F/(1+0.2)^9 # 798.4517

練習

(1)　某顧客向中古車行表示他願意 3 年每月付 15,000 元買車，車行的利率為6%，則該顧客可以買多少價位的中古車？

(2) 阿德向朋友借 80,000 元說好 3 年歸還，利率為 4.2% 而以月複利計算；不過，朋友答應阿德以分期付款的方式償還，則阿德每月需還多少？

(3) 續上題，$a_{\overline{n}|i}$ 與 $s_{\overline{n}|i}$ 的關係為何？

(4) 5 年期利率為 9% 且季支付之年金現值因子為何？

(5) 小葉打算買一間小套房。小葉認為有能力每月支付 2 萬元，若貸款利率為 6.5% 期數為 30 年，則小葉可以買得起價值多少的小套房？

(6) 夫妻二人合買了一棟房子，房貸為 800 萬。若利率為 7.2% 期數為 20 年，則夫妻二人每月需支付多少？

(7) 續上題，總共支付多少利息？

(8) 一張面額為 1,000 元的 10 年期附息債券，其票面利率為 15% 且每半年付息一次，若該債券之殖利率為 15%，則該債券目前價值為何？隔年若殖利率不是上升至 20% 就是下跌至 10%，則該債券價值各為何？

第三節　泰勒與麥克勞林級數的應用

　　還沒介紹之前，我們先看圖 11-5 的例子。圖 11-5 繪製出 1987/5～2016/5 期間央行之一個月期存款牌告利率與臺灣加權股價指數（TWI）月對數報酬率（年率化後）之機率分配（紅色曲線為對應之常態機率分配）[5]。利用圖內的資料，可以計算出一個月期存款牌告利率的平均數約為 3.233% 而最大值與最小值則約為 10% 與 0.35%；類似地，利用 TWI 原始值資料，可以先將其轉換成月對數報酬率序列後，再計算出年率化之平均數、最大值與最小值分別約為 5.216%、-335.9% 與 450.10%。

---

[5]　二個時間序列資料皆取自央行網站。圖內之常態分配皆以各自樣本平均數與樣本標準差的計算值為其參數值。

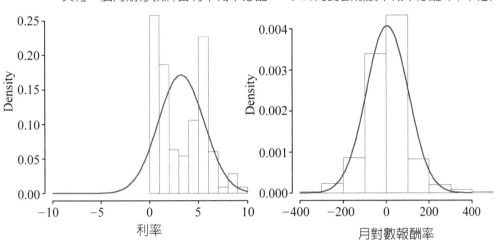

圖 11-5　央行一個月期存款牌告利率與 TWI 月對數報酬率之機率分配

R 指令：

```
TWI = read.table("D:\\BM\\ch11\\TWI.txt");P = TWI[,1];int = read.table("D:\\BM\\ch11\\intrate.txt")
r = int[,1];sr = 100*diff(log(P))*12;windows();par(mfrow=c(1,2))
hist(r,prob=T,xlim=c(-10,10),main=" 央行一個月期存款牌告利率機率分配 ",lwd=3,
    xlab=" 利率 ",cex.lab=1.5,cex.main=2);x = seq(-10,10,length=100)
lines(x,dnorm(x,mean(r),sd(r)),lwd=4,col=2)
hist(sr,prob=T,main="TWI 月對數報酬率機率分配（年率化）",lwd=3,cex.lab=1.5,
    xlab=" 月對數報酬率 ",cex.main=2);x = seq(-400,400,length=100)
lines(x,dnorm(x,mean(sr),sd(sr)),lwd=4,col=2);summary(sr)
summary(r)
```

　　若檢視圖 11-5，由於央行之一個月期存款牌告利率幾乎可以視爲金融機構存款利率的指標；另一方面，因股市報酬的不確定性，投資於金融機構的報酬就相對上比較穩定，因此圖內的利率水準幾乎可以視爲無風險資產報酬指標。是故，圖 11-5 給予我們的啓示：既然金融機構的報酬相對上比較穩定，那爲何還會有資金投資於股市？或者說，股市的報酬率是相當吸引人的，畢竟其曾有高達 450.10% 的報酬率，那應該沒有任何資金會流入金融機構如銀行才對！

　　當然，於現實環境中，當然不會出現如此極端的情況；另一方面，投資於風險性資產如股市是有風險的，也就是說，投資人願意將資金投資於風險性資

產，投資人自然會盤算其可承擔的風險貼水（risk premium）為何？該風險貼
水可以用以補償其所面臨的不確定性或波動性。

投資人的風險貼水如何計算？或是如何表示？於本節我們將介紹如何利用
泰勒級數（Taylor series）以導出風險貼水的衡量指標；因此，我們將先檢視
泰勒級數的意義。

3.1 泰勒級數

泰勒級數是指從一個可以微分多次的函數中，將該函數轉換成冪級數。換
言之，考慮下列函數 $f(x)$，其可寫成冪級數型態，即：

$$f(x) = \sum_{n=0}^{\infty} a_n(x-a)^n$$
$$= a_0 + a_1(x-a) + a_2(x-a)^2 + a_3(x-a)^3 + \cdots + a_n(x-a)^n + \cdots$$

其中 a 與 a_n，$i = 1, 2, \cdots$ 皆是常數而 a 可視為區間 I 內之一點。我們有興趣想
要知道 a_n 為何？若對上式之 $f(x)$ 連續微分，可得：

$$f'(x) = a_1 + 2a_2(x-a) + 3a_3(x-a)^2 + \cdots + na_n(x-a)^{n-1} + \cdots$$
$$f''(x) = 1\cdot2a_2 + 1\cdot2\cdot3a_3(x-a) + 3\cdot4(x-a)^2 + \cdots$$
$$f'''(x) = 1\cdot2\cdot3a_3 + 1\cdot2\cdot3\cdot4a_4(x-a) + 3\cdot4\cdot5a_5(x-a)^2 + \cdots$$
$$\vdots$$
$$f^{(n)}(x) = n!a_n + \text{有含 } (x-a) \text{ 的部分}$$

利用上述 $f(x)$ 以及微分結果可得：

$$f(a) = a_0$$
$$f'(a) = a_1$$
$$f''(a) = 1\cdot2a_2 \Rightarrow a_2 = f''(a)/2!$$
$$f'''(a) = 1\cdot2\cdot3a_3 \Rightarrow a_3 = f'''(a)/3!$$
$$\vdots$$
$$f^{(n)}(x) = n!a_n \Rightarrow a_n = f^{(n)}(x)/n!$$
$$\vdots$$

將上述結果代入 $f(x)$ 內，可得：

$$f(x) = f(a) + f'(a)(x-a) + \frac{f''(a)}{2!}(x-a)^2 + \cdots + \frac{f^{(n)}(a)}{n!}(x-a)^n + \cdots$$

上式可視為 $f(x)$ 於點 $x = a$ 處之泰勒級數。若 $a = 0$，則泰勒級數亦可稱為麥克勞林級數（Maclaurin series）。

例 1

找出 $f(x) = 1/x$ 於 $x = 2$ 處之泰勒級數並檢視該級數收斂至 $1/x$ 的範圍。

解 我們需要先計算出下列的函數值及微分函數值：

$$f(x) = x^{-1} \Rightarrow f(2) = 2^{-1} = \frac{1}{2}$$

$$f'(x) = -x^{-2} \Rightarrow f'(2) = -\frac{1}{2^2}$$

$$f''(x) = 2!\,x^{-3} \Rightarrow \frac{f''(2)}{2!} = \frac{1}{2^3}$$

$$f'''(x) = -3!\,x^{-4} \Rightarrow \frac{f'''(2)}{3!} = -\frac{1}{2^4}$$

$$\vdots$$

$$f^{(n)}(x) = (-1)^n n!\,x^{-(n+1)} \Rightarrow \frac{f^{(n)}(2)}{n!} = \frac{(-1)^{n+1}}{2^2}$$

$$\vdots$$

故泰勒級數可為：

$$f(x) = f(2) + f'(2)(x-2) + \frac{f''(2)}{2!}(x-2)^2 + \frac{f'''(2)}{3!}(x-2)^3 + \cdots$$

$$= \frac{1}{2} - \frac{(x-2)}{2^2} + \frac{(x-2)^2}{2^3} + \cdots + \frac{(-1)^n(x-2)^n}{2^{n+1}} + \cdots$$

$$= \frac{1}{2}(1 - \frac{(x-2)}{2^1} + \frac{(x-2)^2}{2^2} + \cdots + \frac{(-1)^n(x-2)^n}{2^n} + \cdots)$$

明顯地，上式是一個無窮等比級數，公比為 $r = -(x-2)/2$。因 r 之絕對值需小 1，故 $|r| = |(x-2)/2| < 1$，可得 $|(x-2)| \leq 2 \Rightarrow 0 < x < 4$。利用無窮等比級數公式，可知：

$$\frac{1/2}{1+(x-2)/2} = \frac{1}{2+(x-2)} = \frac{1}{x}$$

例 2 泰勒多項式

續例 1，於 $x = 2$ 處我們可以利用泰勒多項式估計 $f(x = 2)$ 之值，即：
泰勒多項式之一次式（線性）估計式

$$f(x) \approx f(2) + f'(2)(x-2)$$

泰勒多項式之二次式估計式

$$f(x) \approx f(2) + f'(2)(x-2) + \frac{f''(2)}{2!}(x-2)^2$$

泰勒多項式之三次式估計式

$$f(x) \approx f(2) + f'(2)(x-2) + \frac{f''(2)}{2!}(x-2)^2 + \frac{f'''(2)}{3!}(x-2)^3$$

比較上述一至三次式估計式之誤差。

解 可參考下圖及所附之 R 指令，可以發現當 x 值約處於 1.9394、2 以及 2.0606 時，$f(x = 2)$ 之值分別約為 0.5156、0.5 以及 0.4853。但是若以泰勒多項式之一次式估計，其估計值則分別約為 0.5152、0.5 以及 0.4848。至於二至三次式估計值則接近於 $f(x = 2)$ 之值；不過，於圖內可以看出三次式之估計值仍較優。

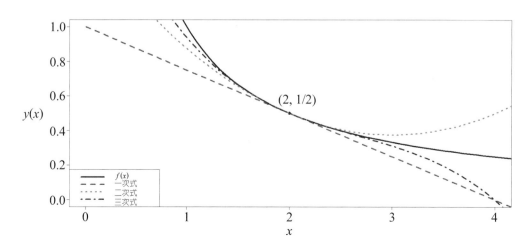

R 指令：

y = function(x) 1/x;y1 = function(x) -x^(-2);y2 = function(x) 2*x^(-3);y3 = function(x) -6*x^(-4)
x = seq(0,6,length=100);windows();plot(x,y(x),type="l",lwd=4,xlim=c(0,4),ylim=c(0,1),cex.lab=1.5)
points(2,y(2),pch=20,cex=2);ya = y(2)+y1(2)*(x-2);lines(x,ya,lwd=4,col=2,lty=2)
yb = y(2)+y1(2)*(x-2)+(y2(2)/2)*(x-2)^2;lines(x,yb,lwd=4,col=3,lty=3)
yc = y(2)+y1(2)*(x-2)+(y2(2)/2)*(x-2)^2 +(y3(2)/6)*(x-2)^3;lines(x,yc,lwd=4,col=4,lty=4)
legend("bottomleft",c("f(x)"," 一次式 "," 二次式 "," 三次式 "),lty=1:4,col=1:4,lwd=4)
text(2,y(2)+0.01,labels="(2,1/2)",pos=3,cex=1.5);x[33:35] # 1.939394 2.000000 2.060606
y(x[33:35]) # 0.5156250 0.5000000 0.4852941
ya[33:35] # 0.5151515 0.5000000 0.4848485
yb[33:35] # 0.5156107 0.5000000 0.4853076
yc[33:35] # 0.5156246 0.5000000 0.4852937

例 3

　　找出 $f(x) = e^x$ 於 $x = 0$ 處之泰勒級數與泰勒多項式。

解 因

$$f(x) = f'(x) = f''(x) = \cdots = e^x$$

　　故

$$f(x = 0) = f'(x = 0) = f''(x = 0) = \cdots = e^0 = 1$$

可得 $f(x) = e^x$ 於 $x = 0$ 處之泰勒級數為：

$$f(x) = f(0) + f'(0)x + \frac{f''(0)}{2!}x^2 + \cdots + \frac{f^{(n)}(0)}{n!}x^n + \cdots$$
$$= 1 + x + \frac{x^2}{2!} + \frac{x^3}{3!} + \cdots + \frac{x^n}{n!} + \cdots$$
$$= \sum_{k=0}^{\infty} \frac{x^k}{k!}$$

上述級數亦可稱為麥克勞林級數。

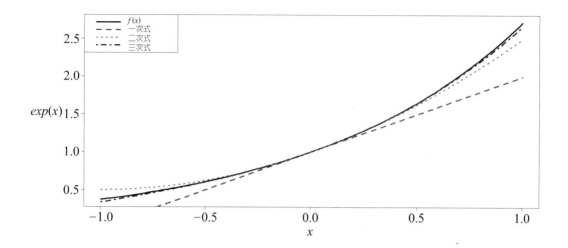

$f(x) = e^x$ 於 $x = 0$ 處之泰勒多項式為：

$$f(x) \approx 1 + x + \frac{x^2}{2!} + \frac{x^3}{3!} + \cdots + \frac{x^n}{n!}$$

而上圖繪製出於 $x = 0$ 處之泰勒一至三式多項式估計式。

練習

(1) 若 $f(x) = \log x$ 而 $a = 1$，找出一次式、二次式以及三次式泰勒多項式。
    提示：如下圖

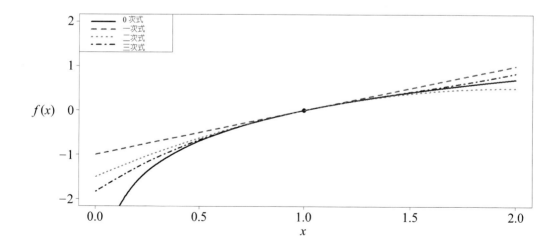

(2) 若 $f(x) = x^{1/2}$ 而 $a = 3$，找出一次式、二次式、以及三次式泰勒多項式。

3.2 投資人的偏好

通常，我們可以使用效用函數 $U(w)$ 如圖 11-6 所示，來表示投資者的偏好。$U(w)$ 函數有二個特色：

(1) 所得或財富 w 愈高，表示效用愈大。
(2) 所得或財富 w 愈高，效用遞增的速度漸緩。

上述二個特色就數學而言，就是 $U'(w) > 0$ 與 $U''(w) < 0$；另一方面，就經濟或財務而言，就是財富 w 的邊際效用遞增，但是「邊際的邊際效用」卻遞減。最後一個特色並不難瞭解：窮人多得到 100 元所帶來的效用當然遠大於富人多得 100 元所得之效用；或是說，我們可以想像出比爾蓋茲（Bill Gates）或郭台銘多得到 100 元的（增加）效用為何嗎？

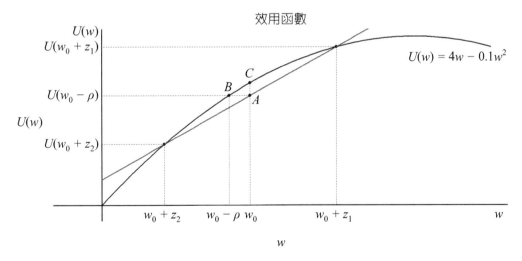

圖 11-6　$U(w) = 4w - 0.1w^2$ 效用函數

瞭解效用函數的特色後，就數學而言，符合效用函數特色的數學型態並不在少數，我們以圖 11-6 內之效用函數為例，說明如何利用投資人的效用函數以估計其風險貼水。假定有一個「遊戲」，該「遊戲」的結果是一個隨機變數 Z，其中有 p 的機率（可能性），其值為 z_1；另一方面，亦有 $1 - p$ 的機率，該隨機變數的實現值為 z_2。於此不確定的情況下，我們可以計算該「遊戲」的特徵：期望值與標準差，即：

$$E(Z) = p_1 z_1 + p_2 z_2$$
$$Var(Z) = p_1 (z_1 - E(Z))^2 + p_2 (z_2 - E(Z))^2$$

其中 $E(Z)$ 與 $Var(Z)$ 分別表示 Z 之期望值與變異數。如前所述，變異數的「開根號」就是標準差。

例1 公平的遊戲

阿德支付 5,000 元與其朋友打賭：股價漲，朋友支付給阿德 10,000 元；股價若是沒漲，朋友則給阿德 0 元。假定股價漲的機率是 1/2，該遊戲是否是一個公平的遊戲？

解 可以計算該「打賭」的期望值與標準差分別為：

$$E(Z) = \frac{1}{2}(10000 - 5000) + \frac{1}{2}(0 - 5000) = 0$$
$$\sigma = \sqrt{Var(Z)} = \sqrt{\frac{1}{2}(5000)^2 + \frac{1}{2}(-5000)^2} = 5000$$

其中 σ 為標準差。因期望值為 0，故該遊戲是一個公平的遊戲。

雖說例1告訴我們如何判斷一個遊戲是否公平；不過，投資人真的會接受該遊戲嗎？也就是說，如果朋友將給付的金額提高至「無窮大」，阿德真的就願意支付「無窮大」的金額來打賭嗎？為何一般的投資人不願意玩公平的遊戲？就投資人而言，因為他們看到公平的遊戲仍充滿著不確定性，也就是說，投資人並未忽視標準差的計算；當遊戲的標準差愈大，他們自然就愈不願意接受該遊戲！我們可以將屬於此類的投資人稱為風險厭惡者。

風險貼水

既然風險厭惡者不會接受公平的遊戲，則風險厭惡者願意支付 ρ 元以避免上述公平的遊戲，上述 ρ 元就是風險貼水。

以圖 11-6 為例，投資人的原來所得為 w_0。現在有一個公平的遊戲，其有 p 的機率可以提高所得至 $w_0 + z_1$；但是，亦有 $1 - p$ 的可能性會使所得跌至 w_0

$+z_2$。按照風險貼水的定義，可得：

$$U(w_0 - \rho) = pU(w_0 + z_1) + (1 - p)U(w_0 + z_2)$$

上式等號的右邊是表示該公平遊戲的預期效用（expected utility）；另一方面，等號的左邊則是表示（於不參加遊戲下）確定的所得 $w_0 - \rho$ 之效用。換句話說，從上式與圖 11-6 可看出，就投資人的偏好而言，投資人是不會接受該遊戲的，因為不接受遊戲的效用，如圖內的點 C 高於接受遊戲的預期效用如點 A；其次，投資人視該遊戲的預期效用竟相當於損失 ρ 元後的效用如點 B。因此，我們可以將風險貼水思考成投資人必須得到額外補貼 ρ 元來填補點 A 與 B 的差距後，才會接受公平的遊戲！

例2

假定投資人的效用函數為 $U(w) = \log w$，同時利用圖 11-5 內之 TWI 資料。假定投資人打算於 7,218.46 點買進。假想投資人有看到一種結果：即有 p 的機率可以提高指數至 9,069.11 點，但卻有 $1 - p$ 的可能性指數反而跌至 5,553.57 點。計算該投資人的風險貼水。

解 令 $w_0 = 7,218.46$、$w_1 = 5,553.57$ 以及 $w_2 = 9,069.1$。透過下圖，藉由 $(w_1, U(w_1))$ 與 $(w_2, U(w_2))$ 二點可以繪製出通過二點之直線（如紅色直線），使用該直線可得出 w_0 的預期效用如點 A，再利用點 A 的效用，反推出點 B 之 w_3 為 7,005.534；因此該投資人的風險貼水為 $\rho = w_0 - w_3 = 7,218.46 - 7,005.534 = 212.9262$。換句話說，該投資人應等到股價跌至 $w_0 - \rho = 7,005.534$ 時，才認為上述結果是公平的！

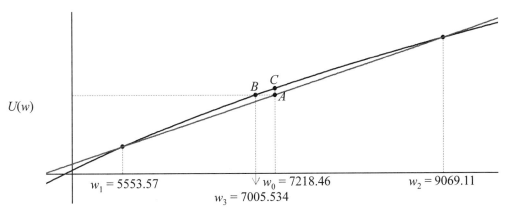

例3

續例 2，利用估計的風險貼水以及效用函數，計算出 p 值。

解 因

$$\log(w_0 - \rho) = (1-p)\log(w_1) + p\log(w_2)$$

故

$$(w_0 - \rho) = w_1^{1-p} w_2^{\ p}$$

即

$$\rho = w_0 - w_1^{1-p} w_2^{\ p}$$

分別代入 $\rho = 212.9262$、$w_0 = 7,218.46$、$w_1 = 5,553.57$ 以及 $w_2 = 9,069.11$，可以計算出 p 值約為 0.4736。

R 指令：
```
TWI = read.table("D:\\BM\\ch10\\TWI.txt");P = TWI[,1];w = sort(P);U = function(w) log(w)
windows()
plot(w,U(w),type="l",lwd=4,ylim=c(8.4,9.2),xlim=c(4900,9500),axes=F,frame.plot=F,
    cex.lab=1.5);abline(v=5000,h=8.5,lwd=3);w0 = w[200] # 7218.46
points(w0,U(w0),pch=20,cex=3);w1 = w[100] # 5553.57
w2 = w[320] # 9069.11
points(w1,U(w1),pch=20,cex=3);points(w2,U(w2),pch=20,cex=3)
m = (U(w1)-U(w2))/(w1-w2);y = U(w1)+m*(w-w1);lines(w,y,lwd=4,col=2)
segments(w0,U(w0),w0,8.5,lty=2);A = U(w1)+m*(w0-w1);points(w0,A,pch=20,cex=3)
segments(w0,A,5000,A,lty=2);points(exp(A),A,pch=20,cex=3)
segments(exp(A),A,exp(A),8.5,lty=2)
segments(w1,U(w1),w1,8.5,lty=2);segments(w2,U(w2),w2,8.5,lty=2)
text(w0,8.5,labels=expression(w[0]==7218.46),pos=1,cex=1.5)
text(w1,8.5,labels=expression(w[1]==5553.57),pos=1,cex=1.5)
text(w2,8.5,labels=expression(w[2]==9069.11),pos=1,cex=1.5)
text(exp(A),8.45,labels=expression(w[3]==7005.534),pos=1,cex=1.5)
```

```
text(w0,A,labels="A",pos=4,cex=1.5)
text(exp(A),A,labels="B",pos=3,cex=1.5);text(w0,U(w0),labels="C",pos=3,cex=1.5)
arrows(exp(A),8.5,exp(A),8.45,cex=1.5);w0-exp(A) # 212.9262
w0-212.9262 # 7005.534
p = seq(0.473,0.474,length=100);p[58] # 0.4735758
p[59] # 0.4735859
p = seq(0.4735758,0.4735859,length=100);w0 - (w2^p)*(w1^(1-p));p1 = p[35] #
0.4735793
w0 - (w2^p1)*(w1^(1-p1)) # 212.9292
```

例 4　買保險

　　風險貼水的應用並非僅止於如例 2 所示，我們再來看另一個應用。假定阿德現有 1,000,000 元，不過阿德發現約有 0.1% 的可能性會損失車子（可能是因車禍或遭竊），阿德的車子價值 500,000 元，則阿德如何避免此種「厄運」發生？

解　若阿德的效用函數為 $U(w) = \log w$，其中 w 表示財富或所得。阿德的預期效用為：

$$E(U) = 0.999U(1,000,000) + 0.001U(1,000,000 - 500,000)$$
$$= 0.999\log(1,000,000) + 0.001\log(500,000) \approx 13.81482$$

因此，上述預期效用相當於 w_1 使得：

$$\log w_1 = 13.81482 \Rightarrow w_1 = e^{13.81482} \approx 999,309.7$$

故阿德最高願意支付 1,000,000 − 999,309.7 = 690.3 元以避免上述「厄運」發生。

R 指令：
```
0.999*log(1000000)+0.001*log(500000) # 13.81482
exp(13.81482) # 999309.7
1000000-999309.7 # 690.3
```

例 5 確定性等值與風險貼水

若再檢視圖 11-6，我們稱 $w_0 - \rho$ 的所得為確定性等值（certainty equivalent, CE）所得，因為 CE 所得指的是投資人願意購買該「遊戲」的最高價格。試以預期效用與效用函數表示二者之間的關係。

解 若 z 為該遊戲結果之隨機變數而 $E(z)$ 表示期望值，則預期效用與 CE 之間的關係可寫成：

$$E[U(w_0 + z)] = U(w_0 + CE)$$

其中 $CE = E(z) - \rho$。我們可以想像一個情況，假定投資人面對一種投資機會：有 0.5 的可能性可得 20,000 元，而有 0.5 的可能性可得 0 元。該投資人願意出多少錢購買此一機會？假定投資人只願意以 7,000 元購買，則其 CE 就是 7,000 元；因此，投資人的風險貼水就是 3,000 元（即 10,000 – 7,000）！

由上述例子可知：若風險貼水 $\rho > 0$（即投資人不喜歡冒險），則 $CE < E(z)$，從而 $U(w_0 + CE) < U(w_0 + E(z))$（因邊際效用大於 0），故該投資人的效用函數形狀呈開口向下之曲線。

例 6

考慮一位擁有對數效用的投資人，其期初所得為 $w_0 = 1,000$ 元，該投資人現在面臨一個投資機會：0.5 的機率可得 1,000 元，0.5 的機率可得 0 元。計算該投資人的 CE 與 ρ。

解 因 $U(w) = \log w$，而

$$
\begin{aligned}
U(1,000 + CE) = \log(1,000 + CE) &= 0.5\log(2,000) + 0.5\log(1,000) \\
&= \log((2,000^{0.5})(1,000)^{0.5}) \\
&\approx \log(1,414.2136)
\end{aligned}
$$

故 $CE \approx 414.2136$ 元。另一方面，因 $E(z) = 0.5(1,000) + 0.5(0) = 500$ 元，故風險貼水 ρ 約為 85.7864 元（即 $E(z) - CE$）。可參考下圖及所附之 R 指令，其中 AB 線段的長度即為 ρ 值。

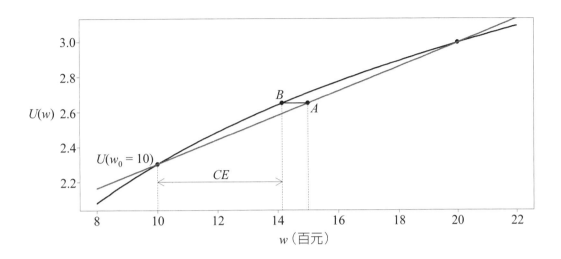

R 指令：

```
w0 = 1000;EU = 0.5*log(2000)+0.5*log(1000)
#log(w0+CE) = EU
CE = exp(EU)-w0;CE # 414.2136
U = function(w) log(w);w = seq(8,22,length=100)
windows();plot(w,U(w),type="l",lwd=4,xlab="w（百元）",cex.lab=1.5)
points(10,U(10),pch=20,cex=3);points(20,U(20),pch=20,cex=3)
m = (U(10)-U(20))/(10-20);U1 = U(10)+m*(w-10);lines(w,U1,col=2,lwd=4);A = U(10)+m*(15-10)
points(15,A,pch=20,cex=3);B = 10+CE/100;points(B,U(B),pch=20,cex=3)
text(15,A,labels="A",pos=4,cex=1.5);text(B,U(B),labels="B",pos=3,cex=1.5)
segments(15,A,B,U(B),lwd=3);segments(10,U(10),10,2,lty=2)
segments(B,U(B),B,2,lty=2);segments(15,A,15,2,lty=2)
text(10,U(10),labels=expression(U(w[0]==10)),pos=2,cex=2)
arrows(10,2.2,B,2.2,code=3)
text(12.1,2.2,labels="CE",pos=3,cex=2)
```

例 7　風險厭惡、風險中立與風險愛好

考慮下列三種效用函數：

$$U_1 = w^{0.5} \text{、} U_2 = w \text{ 以及 } U_3 = w^2$$

試解釋符合上述函數投資人之行為。

解 假定期初所得 $w_0 = 0$。現在有一個投資標的 W：有 $p = 1/2$ 的可能性可得 $w_1 = 1$ 但有 $1 - p = 1/2$ 的機會可得 $w_2 = 0$。因此，該投資標的 W 的期望值為：

$$E(W) = pw_1 + (1 - p)w_2 = 0.5$$

$E(W)$ 可以繪製如下圖所示。值得注意的是，點 $E(W)$ 的預期效用為：

$$E(U_i(W)) = pU_i(w_1) + (1 - p)U_i(w_2), \ i = 1, 2, 3$$

如圖內點 B 所示。底下可以看出上述三種效用函數所隱含的意義。首先檢視 $U_1 = w^{0.5}$。因

$$U_1' = 0.5w^{-0.5} \geq 0 \text{ 以及 } U_1'' = -0.25w^{-1.5} \leq 0$$

故符合此類效用函數的投資人是屬於風險厭惡者，其特色是：

$$U_1(E(W)) > E(U_1(W))$$

即點 A 的高度高於點 B；換言之，該投資人視 $E(W) = 0.5$ 的所得的效用約為 0.7071，高於投資標的 W 的平均效用 0.5。其次，因點 B 與點 D 的高度相同，表示該投資人只願意以 0.25 的所得購買該投資標的 W，故 $CE = 0.25$；另一方面，若該投資標的 W 的市價相當於 0.5 的所得時，投資人也只願意以 0.25 所得的市價買進，故其風險貼水約為 0.25 的所得。

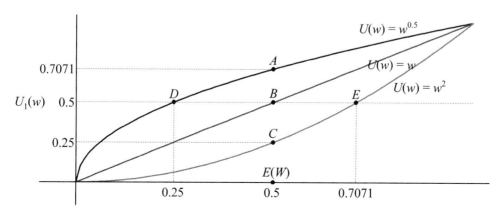

接著，我們來看 $U_2 = w$ 的情況。因

$$U_2' = 1 > 0 \text{ 以及 } U_2'' = 0$$

我們稱屬於此類的投資人為風險中立者（risk-neutral），其特色是：

$$U_2(E(W)) = E(U_2(W))$$

即圖內之點 B = A = D（圖內無 U_1 與 U_3）；因此，風險中立的投資人願意以 $E(W) = 0.5$ 的所得購買該投資標的 W，故 $CE = E(W) = 0.5$ 而風險貼水 $\rho = 0$。

最後一種情況是 $U_3 = w^2$。因 $U_3' = 2w \geq 0$ 以及 $U_2'' = 2 > 0$，我們稱屬於此類的投資人為風險愛好者，其特色是：

$$U_3(E(W)) < E(U_3(W))$$

即點 C 的高度低於點 B；換言之，該投資人視 $E(W) = 0.5$ 的所得的效用約為 0.25，低於投資標的 W 的平均效用 0.5。其次，因點 B 與點 E 的高度相同，表示該投資人願意以高達 0.7071 的所得購買該投資標的 W，故 $CE = 0.7071$；另一方面，若該投資標的 W 的市價相當於 0.5 的所得時，投資人卻仍願意以 0.7071 所得的市價買進，故其風險貼水約為 -0.2071 的所得。

例 8　風險貼水以報酬率表示

投資人的偏好屬於對數效用，其期初所得為 500,000 元。假定該投資人面臨一個投資機會：1/2 的可能性可得 100,000 元，1/2 的可能性會損失 50,000 元。計算該投資人的風險貼水但以報酬率的形式表示。

解　按照題意，可知：

$$\log(500,000 + CE) = 0.5\log(600,000) + 0.5\log(450,000) \tag{11-4}$$

故可得確定性等值 CE 約為 19,615.24 元。因該投資機會的期望值為 25,000 元，故該投資人願意以 19,615.24 元購買平均為 25,000 元的投資機會，故投資人的風險貼水為 5,384.76；若以報酬率表示，則風險貼水約為

5,384.76/500,000 ≈ 0.0108。

例 8 的例子說明了風險貼水、CE 以及投資機會的期望報酬皆可以報酬率的型式表示。就例 8 而言，該投資機會亦可以報酬率的型態表示：即 1/2 的可能性可得 20%，而亦有 1/2 的可能性會損失 −10%。故以報酬率表示之期望值為：

$$E(r) = 0.5(0.2) + 0.5(-0.1) = 0.05$$

其中 r 為表示報酬率之隨機變數。

(11-4) 式隱含的意義是（風險厭惡的）投資人認為風險性投資的價值相當於 CE = 19,615.24 元；不過，就投資人而言，19,615.24 元是屬於確定的（即無風險的）所得，其應可對應於一定的報酬率（如可以投資於購買無風險資產），我們就將此報酬率稱為無風險報酬率（risk-free return rates）。因此，無風險報酬率與確定性等值 CE 之間的關係可為：

$$U(w_0(1 + r_f)) = U(w_0 + CE) \tag{11-5}$$

其中 w_0 與 r_f 分別表示期初所得與無風險報酬率。根據前述 CE 的定義，即 $U(w_0 + CE) = E(U(w_0(1 + r)))$，故 (11-5) 式可以改寫成：

$$U(w_0(1 + r_f)) = E(U(w_0(1 + r))) \tag{11-6}$$

因此，透過 (11-6) 式可以定義風險貼水以報酬率的型態表示為：

$$\rho^r = E(r) - r_f \tag{11-7}$$

根據 (11-7) 式，原來投資人的風險貼水相當於風險性投資的期望報酬率減去無風險報酬率，此種結果頗符合我們的直覺判斷。

因此，(11-4) 式若以報酬率的型態表示可為：

$$\log\left(w_0\left(1 + \frac{19,615.24}{w_0}\right)\right) = 0.5\log\left(w_0\left(1 + \frac{100,000}{w_0}\right)\right) + 0.5\log\left(w_0\left(1 - \frac{50,000}{w_0}\right)\right)$$

其中 $w_0 = 500,000$。因 $r_f = \dfrac{19,615.24}{500,000} \approx 0.0392$ 而 $E(r) = 0.05$，故依 (11-7) 式風

險貼水爲 $\rho^r \approx 0.0108$。

R 指令：
w0 = 500000;z1 = 100000;z2 = -50000;r1 = z1/w0 # 0.2
r2 = z2/w0 # -0.1
# log(w0+CE) = 0.5*(log(w0+z1)+log(w0+z2))
A = 0.5*(log(w0+z1)+log(w0+z2));CE = exp(A)-w0;CE # 19615.24
rf = CE/w0 # 0.03923048
Er = 0.5*(0.2-0.1) # 0.05
Er-rf # 0.01076952

（練習）

(1) 若投資人的效用函數爲 $U(w) = w^{0.3}$，其中 w 表示財富或所得。試說明該投資人的風險偏好。

(2) 續上題，該投資人的期初所得爲 500。現在有一個投資機會：有 0.5 的可能性可得 400，但亦有 0.5 的可能性可得 −400，計算該投資人考慮該投資機會的預期效用。

(3) 續上題，該投資人的風險貼水 ρ 爲何？CE 爲何？各表示何意思？

(4) 續上題，假定另有一個投資機會：有 0.8 的可能性可得 400，但亦有 0.2 的可能性可得 −400，計算該投資人的 ρ 與 CE。

(5) 續上題，若以報酬率表示，該投資機會的預期報酬率、無風險利率以及風險貼水分別爲何？

(6) 舉例說明風險中立者的偏好。

(7) 舉例說明風險愛好者的偏好。

(8) 續練習 (5)，解釋 $Ez = CE + \rho$，其中 Ez 表示投資機會的預期報酬，即有 0.8 的機率可得 $z = 400$ 以及有 0.2 的機率可得 $z = -400$，故：

$$Ez = 0.8(400) + 0.2(-400) = 240 。$$

提示：如下圖

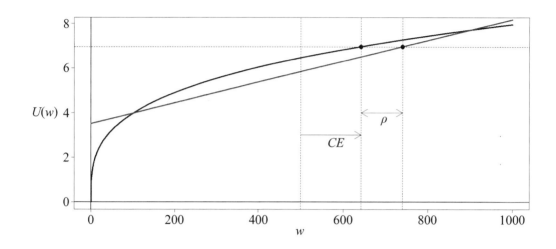

3.3 風險貼水的衡量

　　上述風險貼水的衡量大多透過特定的效用函數與特定的投資風險計算而得，我們是否可以考慮更一般化的情況？底下，我們介紹由 1972 年經濟學諾貝爾獎得主 Arrow 所提出的估計風險貼水方法。按照 Arrow 的理論，風險貼水的估計可爲[6]：

$$\rho \approx -\frac{1}{2}Var(z)\frac{U''(w_0)}{U'(w_0)} \tag{11-8}$$

我們可以利用泰勒多項式的應用加以說明 (11-8) 式的由來。於圖 11-6，可知：

$$U(w_0 - \rho) = pU(w_0 + z_1) + (1 - p)U(w_0 + z_2) \tag{11-9}$$

利用 (11-9) 式，我們可以分別計算等號左式之泰勒一次式以及等號右式之泰勒二次式估計式，藉以求得 ρ 值；換言之，(11-9) 式等號左式之泰勒一次式估計式可爲：

$$U(w_0 - \rho) \approx U(w_0) + U'(w_0)((w_0 - \rho) - w_0)。$$

上式是將 $w_0 - \rho$ 視爲一個變數，而計算接近於 w_0 的泰勒估計式。上式可以整

---

[6] (11-8) 式亦可稱爲 Arrow-Pratt 估計值，即 Pratt 幾乎於同時亦提出類似的做法。

理成：

$$U(w_0 - \rho) \approx U(w_0) + \rho U'(w_0) \tag{11-10}$$

另外，(11-9) 式等號右式之泰勒二次式估計式可爲：

$$pU(w_0 + z_1) + (1 - p)U(w_0 + z_2)$$

$$\approx p\left[U(w_0) + U'(w_0)z_1 + \frac{1}{2}U''(w_0)z_1^2\right] + (1 - p)\left[U(w_0) + U'(w_0)z_2 + \frac{1}{2}U''(w_0)z_2^2\right]$$

$$= U(w_0) + [pz_1 + (1 - p)z_2]U'(w_0) + \frac{1}{2}[pz_1^2 + (1 - p)z_2^2]U''(w_0)$$

因是公平的遊戲，利用 $E(z) = [pz_1 + (1 - p)z_2] = 0$ 而 $Var(z) = [pz_1^2 + (1 - p)z_2^2]$，上式可以爲：

$$pU(w_0 + z_1) + (1 - p)U(w_0 + z_2) = U(w_0) + \frac{1}{2}Var(z)U''(w_0) \tag{11-11}$$

因 (11-10) 與 (11-11) 式皆來自 (11-9) 式，故二式相等即得 (11-8) 式。

就 3.2 節的例 2 而言，我們亦可以使用 (11-8) 式估計風險貼水，其估計值約爲 213.42 與前述的估計值約爲 212.9292 差距不大。利用 (11-8) 式估計風險貼水的 R 指令爲：

```
U1 = function(w) 1/w;U2 = function(w) -1/w^2
w0 = 7218.46;w1 = 5553.57;w2 = 9069.11;p = 0.4735793;Ez = p*w2+(1-p)*w1
sigma2 = (p*(w2-Ez)^2)+(1-p)*(w1-Ez)^2;-(1/2)*sigma2*U2(w0)/U1(w0) # 213.42
```

於 (11-8) 式內，我們可以定義絕對風險規避（absolute risk aversion, ARA）指標爲：

$$A(w) = -\frac{U''(w)}{U'(w)} \tag{11-12}$$

$A(w)$ 可以用於衡量投資人的風險規避程度 [7]。也就是說，$A(w)$ 取決於投資人的

---

[7] 我們亦可以 $\beta(w) = 1/A(w)$ 衡量投資人的風險規避程度，$\beta(w)$ 稱爲風險容忍度（risk tolerance）。

偏好而非侷限於特定的效用函數；因此，就任何一位風險規避的投資人而言，其 $A(w) \geq 0$。我們可以藉由衡量不同投資人的 $A(w)$，以瞭解投資人的風險規避（厭惡）程度。

例 1

若有 $U_1(w) = w^{1/2}$ 與 $U_2(w) = \log w$ 二種效用函數，何種效用函數的風險規避程度較高？

解 按照 (11-12) 式，可以分別計算二種效用函數之 *ARA* 指標為 $A_1(w) = (2w)^{-1}$ 與 $A_2(w) = w^{-1}$；因此，因 $A_2(w) > A_1(w)$，故 $U_2(w) = \log w$ 效用函數的風險規避程度較高。可以參考下圖及所附之 R 指令。

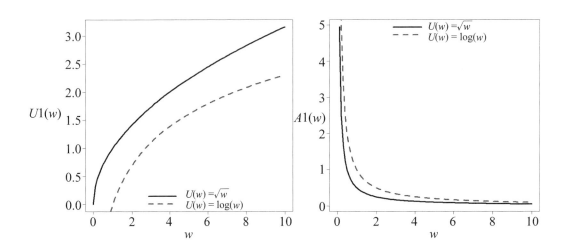

R 指令：

```
U1 = function(w) sqrt(w);U2 = function(w) log(w)
A1 = function(w) (2*w)^(-1);A2 = function(w) w^(-1)
windows();par(mfrow=c(1,2));w = seq(0,10,length=100)
plot(w,U1(w),type="l",lwd=4,cex.lab=1.5);lines(w,U2(w),lwd=4,col=2,lty=2)
legend("bottomright",c(expression(U(w)==sqrt(w)),expression(U(w)==log(w))),
        lty=1:2,col=1:2,lwd=4,bty="n")
plot(w,A1(w),type="l",lwd=4,cex.lab=1.5);lines(w,A2(w),col=2,lwd=4,lty=2)
legend("topright",c(expression(U(w)==sqrt(w)),expression(U(w)==log(w))),
        lty=1:2,col=1:2,lwd=4,bty="n")
```

例2　*CARA* 效用函數

考慮 $U(w) = -e^{-\alpha w}$，計算其 $A(w)$。

解 因

$$A(w) = -\frac{U''(w)}{U'(w)} = \frac{\alpha^2 e^{-\alpha w}}{\alpha e^{-\alpha w}} = \alpha$$

我們稱此類的函數屬於固定的（constant）*ARA*（*CARA*）效用函數，其中 $\alpha > 0$ 為固定值。*CARA* 效用函數的特色除了 $A(w) = \alpha$ 外，若就 (11-8) 式而言，可以發現該函數的風險貼水 ρ 值與財富或所得無關；也就是說，該函數並無「所得效果」，使得例如確定性等值的計算與所得無關。我們可以舉一個例子說明。假定 $\alpha = 0.5$，因此 $U(w) = -e^{-0.5w}$ 可以繪製如下圖所示。假定現在有一個投資機會：有 2/5 的機會可得 -3，但有 3/5 的可能性可得 2。考慮二種情況，即期初所得分別為 4 與 6，則此時確定性等值為：

$$CE = \overline{AB} = \overline{HR} \approx 1.4$$

與期初所得無關。

　　若再仔細檢視 $A(w)$，可以發現其是在計算邊際效用之遞減率。換言之，絕對風險規避是在衡量例如所得或財富增加 100 元新臺幣後，邊際效用之衰減率；因此，若有不同幣別計價的所得或財富，其分別計算出的 $A(w)$ 並不能直接用於比較。是故，類似於彈性的計算方式，我們可以將 (11-12) 式改成：

$$R(w) = -\frac{dU'(w)/U'(w)}{dw/w} = \frac{-wU''(w)}{U'(w)} = wA(w) \tag{11-13}$$

$R(w)$ 為相對風險規避（relative risk aversion, *RRA*）的指標。就彈性觀念的應用而言，$R(w)$ 就是邊際效用的所得（或財富）彈性。

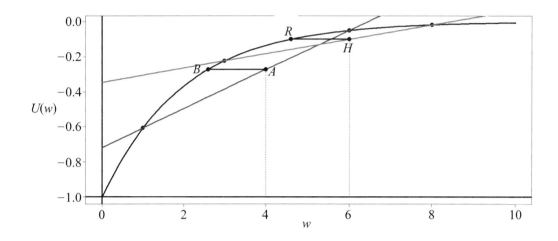

（練習）

(1) 續3.2節的練習(3)，估計的風險貼水約爲141.6，試以(11-8)式重新估計，二者的差距爲何？

(2) 續3.2節的練習(4)，估計的風險貼水約爲98.40，試以(11-8)式重新估計，二者的差距爲何？

(3) 續上題，分別計算 ARA 與 RRA。

(4) 續上題，若有另一位投資人的效用函數爲 $U_1(w) = w^{0.8}$，分別計算 ARA 與 RRA 爲何？有何涵義？

(5) 續上題，繪出二位投資人的效用函數。

(6) 投資人的效用函數爲 $U(w) = -e^{-0.03w}$，繪出該函數。

(7) 續上題，若期初 $w_0 = 30$，假定有一個投資機會：有 0.8 的可能性可得 20，但亦有 0.2 的可能性可得 -20，計算該投資人的 ρ 與 CE。

(8) 續上題，以 (11-8) 式估計風險貼水，其結果爲何？有何涵義？

(9) 續上題，分別計算 ARA 與 RRA。

(10) 續上題，計算該投資人的風險容忍度。

本章習題

1. 若 $\sum_{n=1}^{\infty} (-1)^{n-1} \dfrac{x^{2n-1}}{2n-1}$，找出上述級數收斂下，$x$ 值的範圍。

2. 若 $n = 120$ 以及 $i = 0.00375$，計算 $s_{\overline{n}|i}$ 與 $a_{\overline{n}|i}$。

3. 小林發現每月能負擔 1 萬元的車貸，若車貸期限為 3 年，貸款利率為 8.4%，則小林可以買多少價位的車子？

4. 我們如何模擬 $B(T)$ 與 $dB(t)$，其中 $B(T)$ 為布朗運動。

5. 續上題，上述的模擬有牽涉到隨機漫步模型，該模型最簡易的型態為：$P_t = P_{t-1} + u_t$，其中 u_t 為不相關的標準常態隨機變數而 P_t 為 t 期的資產價格。試解釋之。

6. 我們可以用何方式估計公司的合適貼現率？試解釋之。

7. 利用第 3 節的央行 1 個月期存款利率與 TWI 序列資料，估計投資人實際的風險貼水序列資料。註：實際的風險貼水等於 TWI 月對數報酬率（年率）減無風險利率。

8. 續上題，有何缺失？

9. 面額為 1,000 元 30 年期的息票債券，票面利率為 5%，若殖利率亦為 5%，則該債券的市價為何？若該債券改為永續債券，其市價為何？

10. 續上題，若殖利率為 6%，則該債券的市價為何？若該債券改為永續債券，其市價為何？30 年的期限應改為多少年後才能變成永續債券？

11. 續上題，若殖利率為 10% 呢？

12. 阿德每月支付 2 萬元的房貸，期限為 20 年而貸款利率為 6.59%。

    (A) 若利率相同，阿德將貸款期限改為 15 年，則可以節省多少利息支出？

    (B) 直覺而言，貸款期限縮小貸款利率應會降低，若貸款利率為 4.59%，則阿德每月必須支付多少？其中利息為何？

13. $U(w) = -e^{-0.08w}$，於 $w = 5$ 處找出泰勒之一次式、二次式以及三次式估計式。

14. 續上題，計算其 ARA 與 RRA。

15. 續上題，$U(w)$ 為投資人的效用函數，其中 w 表示財富，假定 $w_0 = 5$。現有一個投資機會 A：0.75 的機率可得 3，0.25 的機會可得 -2。投資人視該投資機會的價值為何？風險貼水為何？

16. 續上題，若效用函數改為 $U(w) = w$，則投資人的偏好為何？該投資人如何看待投資機會 A？其 CE 與風險貼水各為何？

17. 何時讀者會成為風險中立者？

18. 續題 16，若效用函數改為 $U(w) = w^2$，則投資人的偏好為何？該投資人如何看待投資機會 A？其 *CE* 與風險貼水各為何？

19. 何時讀者會成為風險愛好者？

20. 續題 15、16 以及 18，分別計算 Arrow 所提出的風險規避程度。

21. 續上題，比較 $U(Ew)$ 與 $EU(w)$ 的差異。

22. 續上題，有何涵義？

23. 試證明或說明適應性預期可寫成：

$$p_t^e = \lambda p_{t-1} + \lambda(1-\lambda)p_{t-2} + \lambda(1-\lambda)^2 p_{t-3} + \lambda(1-\lambda)^3 p_{t-4} + \cdots$$

24. 試證明或說明適應性預期可寫成：

$$\hat{\sigma}_t^2 = \frac{1-\lambda}{\lambda(1-\lambda^n)}\sum_{i=1}^{n}\lambda^i r_{t-i}^2$$

25. 續上題，試比較不同 λ 值，例如 $\lambda = 0.94$、0.96，並繪出 *EWMA* 權數遞減的情況。

Chapter 12

線性代數

前面第 1～10 章的內容，我們大多侷限於單一自變數的微分與積分應用，事實上許多經濟與財務觀念的建立或應用，卻是屬於多個自變數或多元變數函數的使用，因此這之間難免會出現不一致或應用有限的窘境。於經濟與財務的應用上，多元變數（多個自變數）函數的使用應該相當廣泛。換個角度來看，經濟與財務（數學）函數的使用，應該皆是屬於多元變數函數型態，因為我們幾乎找不到因變數只受到單一變數影響的經濟或財務模型。

因此，反而是多元變數函數才是我們探討的重點。當然，多元變數函數的考慮或分析是複雜的；簡單地說，若函數的關係可寫成 $f: A \to B$，其中 A 與 B 分別為函數 f 之定義域與值域。於單一自變數函數下，若上述定義域與值域皆屬於 R（實數），則上述函數所探討的範圍可寫成 $f: R \to R$；但是，若是 f 屬於多元變數函數，則其範圍可改為 $f: R^n \to R$，其中 n 表示自變數的個數。我們要來描述 R^n 是何意思，自然就不是一件簡單的事。

還好，我們可以利用 $n = 2$ 的情況，藉由二元變數函數以瞭解多元變數函數的特徵及其分析方式，並用類似的觀念推廣至 $n > 2$ 的情況；因此，多元變數的函數是可以想像的。

無可避免地，研究多元變數函數須從介紹線性代數（linear algebra）開始。簡單地說，線性代數就是從研究如何求解聯立方程式開始，這之間自然會牽涉到許多觀念的建立以及比較奇特的表示方式。本章我們將簡單介紹線性代數的應用，下一章則介紹多元變數函數。

第一節　線性體系

　　許多經濟與財務模型實際上是由許多方程式所構成的體系所組成的，而最簡單的方程式體系，就是線性模型（linear models）。考慮下列的線性方程式：

$$x_1 + x_2 = 3 \ 與 \ 2x_1 - x_2 = 6$$

我們稱上述方程式為線性，因為他們的圖形是直線。我們可以將上述線性方程式寫成更一般化的情況如：

$$a_1x_1 + a_2x_2 + \cdots + a_nx_n = b$$

其中 $a_1, a_2, \cdots, a_n$ 與 b 為固定數值，我們稱為參數值。$x_1, x_2, \cdots, x_n$ 表示變數，我們稱為線性方程式，就是上述所有的變數皆以一次方表示。之前我們已經利用簡單的線性方程式於幾何圖內繪製出平面與直線，其特色就是可以目視的方式檢視；但是，現在若要同時考慮多個變數，此時圖形的表示方式就受到限制（畢竟我們最多也只能繪製出 3 維空間圖形），取而代之的就是線性代數所強調的重點，線性代數就是要研究如何將前述的簡單圖形推廣至具有更高維度的情況。

　　線性代數最早是從線性體系的研究開始，線性體系通常比較簡易且直接，其也可以容易找到特定的解；與線性體系對應的是非線性體系，非線性體系通常是間接的且也不容易找到一定的解，因此非線性體系通常是藉由線性體系以取得近似的估計結果。此種結果我們並不陌生，因為之前我們已經多次使用泰勒多項式以一次式或二次式估計更高次式。

　　多元變數微積分的思考模式也非常類似，也是希望透過簡單的線性方程式（或體系）以瞭解複雜非線性方程式（或體系）；因此，此處我們可以多瞭解線性方程式（或體系）。於底下的例子內，不難看出線性方程式所扮演的角色。

例 1　IS-LM 分析

　　IS-LM 分析可以說是總體經濟分析內常用的模型之一，因為該模型強調當商品市場與貨幣市場同時達到均衡時，可以同時決定均衡的國民所得與利率水準[1]。換言之，IS-LM模型利用一個簡單的線性架構以結合商品市場與金融市場，其特色是可以同時比較或探討財政政策與貨幣政策的效果。因此，IS-LM分析反而成為瞭解總體經濟運作有用的工具之一。

商品市場：IS 曲線

　　商品市場是由總合需求 AD 與總合產出 Y（或稱國民所得）所構成。AD 函數可寫成：

$$AD = C(Y, T) + I(Y, i) + G$$

其中消費支出 C 是所得與租稅 T 的函數；投資支出 I 亦是所得的函數，另一方面其亦受到債券報酬率 i 的影響（負關係）[2]；最後，G 表示政府支出。商品市場均衡出現於總合產出等於總合需求，即其可以決定出均衡所得，可寫成：

$$Y = C(Y, T) + I(Y, i) + G \tag{12-1}$$

(12-1) 式是一個商品市場均衡函數，簡稱為 IS 曲線，其特色是若要維持商品市場均衡，所得與利率（以債券報酬率表示）應如何搭配。(12-1) 式的另一個特色是 IS 曲線是政策變數（財政政策）的函數。

金融市場：LM 曲線

　　此處假定社會大眾只有二種資產可以選擇：不是貨幣就是政府債券。實質貨幣需求 M^d/P 可寫成[3]：

$$M^d/P = L(Y, i)$$

其中 M^d 與 P 分別表示名目貨幣需求與物價水準。實質貨幣需求（亦可以 L

---

[1] IS-LM 分析是由希克斯（J.R. Hicks）與漢森（A. Hansen）二人根據凱因斯的著作《就業、利息與貨幣的一般理論》（The General Theory of Employment, Interest and Money）所發展出的模型。

[2] 可記得債券的報酬率亦可以殖利率表示，而債券的利率就是殖利率。

[3] 此處我們認為社會大眾不存在「貨幣幻覺（money illusion）」，即社會大眾的行為不會受到名目貨幣數量的影響，他們是著重於貨幣的實質購買力。

表示）與所得呈正向關係而與利率呈負向關係[4]。金融市場均衡可以以貨幣市場均衡表示[5]；因此，貨幣市場均衡函數或 LM 曲線可以表示成：

$$\frac{M^s}{P} = \frac{M^d}{P} = L(Y, i) \tag{12-2}$$

其中 M^s 表示名目的貨幣供給。類似 IS 曲線，LM 曲線描述金融市場均衡時，所得與利率之間的搭配，其斜率值大於 0（$di/dy > 0$），其中 M^s 為貨幣政策變數。結合 (12-1) 與 (12-2) 二式，即是 IS-LM 分析。

例2 IS-LM 分析（續）

　　前述 IS-LM 模型是用一般函數型態表示，雖說可以利用總體經濟的觀念逐一探究每一函數的特徵；不過，若能以線性或接近於線性函數取代，反而可以讓我們能更進一步取得額外的資訊。也就是說，(12-1) 與 (12-2) 式亦可以下列式子表示：

$$Y = AD = c_0 + c_1(Y - T_0) + \frac{c_2}{1+i}Y + G_0 \tag{12-3}$$

其中 c_1 與 c_2 分別稱為邊際消費傾向與邊際投資傾向，而 $0 < c_1 + c_2 < 1$，表示部分所得可用於消費與投資（即買債券）。若求解 (12-3) 式，可得 IS 曲線為：

---

[4] 我們知道保有貨幣有三大動機：交易動機、預防動機以及投機動機。貨幣的三大動機內，交易動機的貨幣需求與所得之間是呈正的關係，而投機動機的貨幣需求則與利率呈相反的關係。由於一般交易須使用貨幣，而所得愈高，口袋內「閒錢」就愈多，故交易動機的貨幣需求並不難瞭解，至於投機動機的貨幣需求則可以從三個方向觀察。其一若債券的報酬率上升，社會大眾自然會多買債券而少保有貨幣。其二是因保有貨幣的機會成本就是利息收益，故利率愈高，表示損失的利息收益就愈大，故貨幣需求會減少。另一種解釋方式是因債券的價格與利率呈相反關係，而通常投資人心目中存在一個自然利率水準（即投資人視為正常水準的利率）；因此，若利率上升超過自然利率水準，投資人認為未來利率應會反轉向下至自然利率水準，故未來債券價格應會上升，所以投資人會多買債券而降低貨幣需求。利用上述二個觀察方向，自然也可以解釋利率下跌的情況。

[5] 此處因只有二種資產，故貨幣市場均衡隱含著債券市場均衡，即超額貨幣需求（供給）隱含著超額債券供給（需求）。

$$Y^{IS}(i) = \left(\frac{1}{1 - c_1 - \dfrac{c_2}{1+i}}\right)(c_0 + G_0 - c_1 T_0) = m_0(c_0 + G_0 - c_1 T_0) \tag{12-4}$$

其中 $m_0 > 0$ 稱為支出乘數。由 (12-4) 式可以看出乘數愈大，所得就愈高；另一方面，若利率上升（下跌）將導致乘數下降（上升），使得所得下降（上升）。因此，於平面座標 (Y, i) 上，IS 曲線的斜率為負值。

我們可以舉一個例子說明。假定 $c_0 = 0$、$c_1 = 0.7$、$c_2 = 0.25$、$G_0 = 100$ 以及 $T_0 = 100$，代入 (12-4) 式，可以繪製如下圖內之 IS_0 曲線；另一方面，若考慮平衡預算擴張（緊縮）乘數效果即 $\Delta G_0 = \Delta T_0 = 50$（$\Delta G_0 = \Delta T_0 = -50$），可使 IS_0 曲線向右移（左移）至 IS_1（IS_2）曲線。

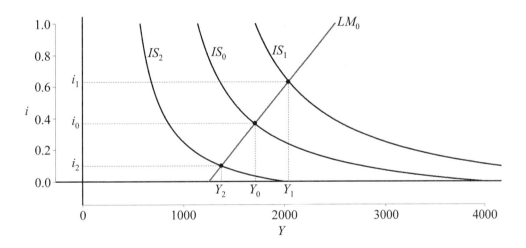

類似地，(12-2) 式亦可以簡化成：

$$\frac{M_0^s}{P_0} = \frac{M_0^d}{P_0} = \frac{L_0}{1+i}Y = L_1 Y \tag{12-5}$$

可看出若實質貨幣需求或供給固定不變，所得與利率的變動方向（搭配) 是一致的。(12-5) 式是假定實質貨幣需求是所得的 L_1 比重，而利率對 L_1 的影響是負的。同理，利用 (12-5) 式，亦可以求解 Y，可得：

$$Y^{LM}(i) = \frac{M_0^s}{P_0 L_0}(1+i) \tag{12-6}$$

(12-6) 式就是一個簡化的 LM 曲線。我們亦可以舉一個數字的例子。假定 $L_0 = 0.8$、$P_0 = 5$、$M_0^s = 5,000$，則可以繪製一條 LM_0 曲線如上圖所示。若與前述的 IS 曲線例子結合，可知均衡的所得與利率分別為 Y_0（約為 1712.11）與 i_0（約為 0.37）；另一方面，於其他情況不變下，若政府採取擴充的（緊縮的）平衡預算政策，則新的均衡所得與利率分別為 Y_1（Y_2）與 i_1（i_2）。繪製上圖的 R 指令可為：

```
c1 = 0.70;c2 = 0.25;
IS = function(i,c0,G0,T0) (1/(1-c1-(c2/(1+i))))*(c0+G0+T0)
LM = function(i,Ms0,P0) Ms0*(1+i)/(P0*L0)
i = seq(0,1,length=2000);windows();Y = IS(i,0,100,100)
plot(Y,i,type="l",lwd=4,cex.lab=1.5,xlim=c(-100,4000),axes=TRUE,ylim=c(-0.1,1),
     frame.plot=FALSE);abline(v=0,h=0,lwd=4);Y1 = IS(i,0,150,150);lines(Y1,i,lwd=4)
Y2 = IS(i,0,50,50);lines(Y2,i,lwd=4);text(1250,0.8,labels=expression(IS[0]),pos=4,cex=1.5)
text(1850,0.8,labels=expression(IS[1]),pos=4,cex=1.5)
text(600,0.8,labels=expression(IS[2]),pos=4,cex=1.5);L0 = 0.8;Ya = LM(i,5000,5)
lines(Ya,i,lwd=4,col="red");text(2500,1,labels=expression(LM[0]),pos=4,cex=1.5)
```

例3 投資與套利

上述 IS-LM 分析說明了消費者面臨二種決策：消費決策與投資決策（如買債券）。我們可以擴充上述二種決策至更一般的情況。假定一個消費者今日面對 n 種商品可供選擇，當要擴充至檢視消費者的投資決策時，我們就需再加入二種考量：時間與不確定性。假定總共有 m 種投資資產，其中投資人可於期初購買而於期末賣出。為了考量不確定性，我們亦假定每一資產於期末時有 S 種可能的結果，我們稱每一可能的結果屬於某特定狀態（state of nature）；換言之，就資產的期末結果而言，我們著實不知何狀態會出現。因此，任一種資產可因有不同的狀態而有不同的報酬率。令 v_i 與 y_{si} 分別表示第 i 種資產於投資期間期初與期末價值（於 s 狀態），則於 s 狀態下，第 i 種資產的收益（payoff）或毛報酬率可寫成：

$$R_{si} = \frac{y_{si}}{v_i}$$

令 n_i 表示第 i 種資產於期初所擁有或購買的數量，n_i 可為正數或負數；也就是說，若 n_i 為正數表示投資人擁有第 i 種資產的一個多頭部位（long position），於 s 狀態下，該投資人於期末可得 $n_i y_{si}$ 的收益，相反地，若 n_i 為負數則表示一個空頭部位（short position）[6]。因此，若投資人可用於投資的財富為 w_0，則其預算限制式可以寫成：

$$w_0 = n_1 v_1 + n_2 v_2 + \cdots + n_m v_m$$

若出現 s 狀態，則投資人的毛報酬率可以表示成：

$$R_s = \frac{y_{s1} n_1 + y_{s2} n_2 + \cdots + y_{sm} v_m}{w_0} = \sum_{i=1}^{m} \frac{y_{si} n_i}{w_0} \tag{12-7}$$

我們亦可以投資比重來表示所擁有第 i 種資產的份額，即令 $x_i = n_i v_i / w_0$，且 $x_1 + x_2 + \cdots + x_m = 1$，則 (12-7) 式可以改寫成：

$$R_s = \frac{\sum_{i=1}^{m} y_{si} n_i}{w_0} = \sum_{i=1}^{m} \frac{y_{si}}{v_i} \frac{n_i v_i}{w_0} = \sum_{i=1}^{m} x_i R_{si} \tag{12-8}$$

若我們選擇一組 $(x_1, x_2, \cdots, x_m)$ 當作各種資產的投資份額，則稱構成一個資產組合（portfolio），其中 x_i 稱為該資產組合的投資權重（weights）。

利用上述觀念，我們可以進一步定義財務理論常使用的名詞或觀念。首先是無風險性資產組合；也就是說，一個無風險性資產組合 $(x_1, x_2, \cdots, x_m)$，是表示於任何狀態下，該資產組合的報酬皆是相同的，即：

$$\sum_{i=1}^{m} x_i R_{1i} = \sum_{i=1}^{m} x_i R_{2i} = \cdots = \sum_{i=1}^{m} x_i R_{si}$$

接下來，我們可以來看自我融資資產組合（self-financing portfolio）。假定有一組非零的資產組合投資權重 $(x_1, x_2, \cdots, x_m)$，可以構成一個套利資產組合（arbitrage portfolio），其中 $x_1 + x_2 + \cdots + x_m = 0$；換言之，一個套利資產組合是指利用放空所得到金額用以購買做多的資產，因 $n_1 v_1 + n_2 v_2 + \cdots + n_m v_m = 0$，

---

[6] 通常投資人會採取放空的策略，是其預期未來資產價格會下跌，故即使投資人手上並無該資產，其仍可以事先透過「融券賣出（short selling）」（即借入資產賣出）。

故一個套利資產組合就是一種自我融資資產組合，表示投資人是不需要有任何額外的資本支出（即不須自掏腰包）。

最後，我們稱一個資產組合 $(x_1, x_2, \cdots, x_m)$ 是可以複製的（duplicable），是指存在另一個資產組合 $(w_1, w_2, \cdots, w_m)$ 於任何狀態下，二個資產組合的報酬是相同的，即：

$$\sum_{i=1}^{m} x_i R_{si} = \sum_{i=1}^{m} w_i R_{si}$$

例4　二項式選擇權定價模型

二項式選擇權定價模型（binomial options pricing model）是由 Cox et al.（簡稱為CRR）[7]所建議採用，CRR的目的是建構一個二元樹狀圖以模擬不同時間股價的變動，利用上述模擬的股價，我們可以將股票選擇權從到期日反推導至目前的市價。CRR 模型有三個假定：

第一：不同時間之股價可以由二元樹狀過程表示，即每期股價不是上升就是下降；

第二：不存在套利機會；

第三：選擇權的定價與投資人的偏好無關。

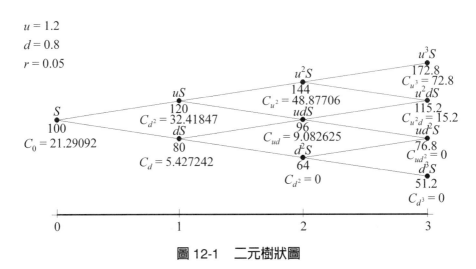

圖 12-1　二元樹狀圖

---

[7] Cox, Ross and Rubinstein (1979), "Option pricing: a simplified approach", Journal of Financial Economics, 7, 229-263.

　　圖 12-1 繪製出 3 期的二元樹狀過程，其中 $u = 1.2$、$d = 0.8$ 以及無風險利率（以連續複利表示）$r = 0.05$；換言之，二元樹狀過程是假定每期只有二種狀態：股價不是上升就是下降，其分別以 u 與 d 表示，其中 $d < e^{rt} < u$。

　　上述二元樹狀過程有一個重要的特色，就是存在一個稱為風險中立的機率 p，p 並不是眞實的機率，不過其卻可以用於計算期望值，貼現後即爲前一期的價格。按照 CRR，p 可以定義成：

$$p = \frac{e^{rt} - d}{u - d} \text{ 與 } 1 - p = \frac{u - e^{rt}}{u - d}$$

因此，就圖 12-1 的例子而言，可以計算 p 值約爲 0.6282。是故，我們可以檢視圖 12-1 內股價的特色。假定期初股價爲 100 元，下一期股價分成 120 元與 80 元，利用上述 p 值可得期望值約爲 105.1271 元，計算其貼現值[8]即可還原成 100 元。其他時點亦有類似的結果，例如 $u^2 dS \approx 115.2$ 與 $ud^2 S \approx 76.8$，其中：

$$(pu^2 dS + (1-p))e^{-r} = ((0.6282)(115.2) + (0.3718)(76.8))e^{-0.05} = 96$$

利用上述性質，我們的確可以用以估計選擇權的價格。假想有一個履約價爲 100 元的買權，其到期日爲 3 年。利用圖 12-2 內的標的股價，我們可以分別計算出到期日可能的價格分別約爲 72.8 元、15.2 元以及 0 元，如圖內以紅色字體表示；類似地，利用上述 p 的性質，我們可以從到期日反推導出買權期初價格 C_0 約爲 21.2909 元。

例 5

　　續例 3 與 4，上述二項式選擇權定價模型提供了如何複製金融商品、無風險資產組合以及套利資產組合等的例子。考慮一個 1 期（年）二項式樹狀過程，其可以對應至履約價格爲 K 而標的資產的價格爲 S 的 1 期買權，如圖 12-2 所示。

---

[8]　即 $(puS + (1-p))e^{-rt}$，可注意 $t = T/n$，其中 T 與 n 分別表示到期日與期數。就圖 12-2 而言，其是假定 $T = n = 3$。

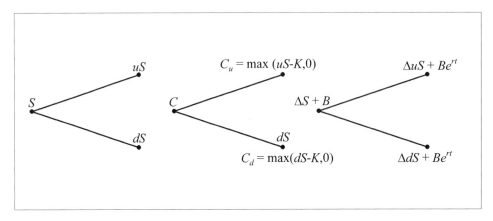

圖 12-2　複製一個簡單的買權

　　我們可以建構一個資產組合 P 以複製該買權。P 是以購買 Δ（音 delta）股標的資產以及一個無風險債券 B 所構成，故 P 市價為 $\Delta S + B$。就 1 期二項式樹狀過程而言，可以分成二種狀態，即有 p 的可能性標的股價會上升至 uS 而有 $1 - p$ 的可能性會下跌至 dS。上述構成 P 的目的就是要複製出到期買權的價值，即可解下列聯立方程式體系：

$$\Delta uS + Be^{rt} = C_u \tag{12-9}$$
$$\Delta dS + Be^{rt} = C_d$$

解 (12-9) 式（可參考下一節），可得：

$$\Delta = \frac{C_u - C_d}{uS - dS} \text{ 與 } B = \frac{uC_d - dC_u}{(u-d)e^{rt}} \tag{12-10}$$

按照買權的定義，可知 $C_u = \max(uS - K,0)$ 而 $C_d = \max(dS - K, 0)$。由 (12-9) 與 (12-10) 二式可知，資產組合 P 因到期的收益與買權的收益相同，故可知由二項式定價模型所得的價格應屬於一種無法套利的價格。

　　我們亦延續前述買權的例子。假定 $u = 1.2$、$d = 0.8$、$r = 0.05$、$S = K = 100$ 以及 $T = 1$，可以計算出買權於到期時有二種價格：$C_u = 20$ 與 $C_d = 0$；另一方面，利用 $p \approx 0.6282$，可以反推出目前買權的市價為 $C_0 \approx 11.9508$。利用 (12-10) 式，可得 $\Delta = 0.5$ 與 $B \approx -38.0492$，此相當於放空債券（即貸款）可得 38.0492

用以購買 0.5 股標的資產，故組成 P 的成本為 50 − 38.0492 = 11.9508；因此，若買權的市價不等於 C_0，自然會引起無風險套利。可以參考下列的 R 指令：

```
u = 1.2;d = 0.8;r = 0.05;S = 100;K = 100;p = (exp(r)-d)/(u-d)
Cu = max(u*S-K,0);Cd = max(d*S-K,0);C0 = (p*Cu+(1-p)*Cd)*exp(-r) # 11.95082
delta = (Cu-Cd)/((u-d)*S);B = (u*Cd-d*Cu)/((u-d)*exp(r));delta # 0.5
B # -38.04918
delta*S+B # 11.95082
```

（練習）

(1) 假定 $C = 100 + 0.8Y_d$、$Y_d = Y − T$、$I = 300 − 10i + 0.1Y$、$M^D/P = 0.2Y − 15i$、$M^S = 4750$、$P = 5$、$G = 400$ 以及 $T = 400$。分別導出 IS 與 LM 曲線。均衡利率與所得分別為何？

(2) 續上題，若政府採取平衡預算且自發性政府支出增加 10，則均衡利率與所得分別為何？

(3) 續上題，若央行多增加貨幣供給 25，則均衡利率與所得分別為何？
提示：如下圖

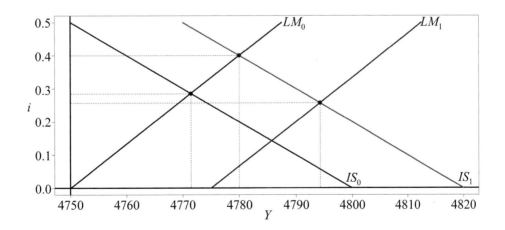

(4) 續練習 (1)，若物價上升至 $P = 5.02$，則均衡利率與所得分別為何？

(5) 至 R 網站下載 fOptions 程式套件，繪製下列圖形。其中 $S = K = 100$、$r = 0.05$、$t = 1/n$、$n = 10$、$\sigma = 0.25$ 以及 $b = r$（$b = r − q$ 為股利支付率）。

提示：如下圖

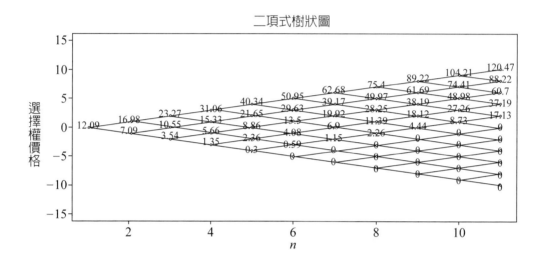

R 指令：

```
library(fOptions)
CRR = BinomialTreeOption(TypeFlag = "ce", S = 100, X = 100,
        Time = 1, r = 0.05, b = 0, sigma = 0.25, n = 10)
windows()
BinomialTreePlot(CRR, cex = 2, ylim = c(-15, 15),main = " 二項式樹狀圖 ",
 xlab = "n", ylab = " 選擇權價格 ",cex.lab=1.5,cex.main=2)
```

註：按照 CRR，$u = e^{\sigma\sqrt{\Delta t}}$ 與 $d = e^{-\sigma\sqrt{\Delta t}}$。

(6) 試解釋風險中立的機率。

(7) 我們如何複製出一個歐式買權？

第二節　解聯立方程式體系

於前一節的例子內，我們發現可以用線性方程式體系取代一般性或非線性函數體系的可能性，使得我們得以取得較為明確的結果；不過，此自然會牽涉到如何於線性方程式體系內「求解」。換言之，考慮下列的線性方程式體系：

$$x_1 + x_2 = 6 \tag{12-11}$$
$$x_1 - x_2 = 4$$

與

$$x_1 + x_2 + x_3 = 6 \tag{12-12}$$
$$x_1 - x_2 = 4$$

以及

$$a_{11}x_1 + a_{12}x_2 + \cdots + a_{1n}x_n = b_1 \tag{12-13}$$
$$a_{21}x_1 + a_{22}x_2 + \cdots + a_{2n}x_n = b_2$$
$$\vdots$$
$$a_{m1}x_1 + a_{m2}x_2 + \cdots + a_{mn}x_n = b_m$$

其中 a_{ij} 與 b_i 皆爲固定的實數。明顯地，(12-11) 與 (12-12) 二式皆是 (12-13) 式內的一個特例。若檢視 (12-13) 式，可以發現整個線性方程式體系是由 m 條方程式與 n 個變數所構成，故 (12-13) 式亦可以稱爲聯立方程式體系。

　　通常我們稱一個聯立方程式體系的解，爲一組 n 個實數 $x_1, x_2, \cdots, x_n$ 符合 m 條方程式；例如，$x_1 = 5$ 與 $x_2 = 1$ 爲 (12-11) 式的解，而 $x_1 = 5$、$x_2 = 1$ 以及 $x_3 = 0$ 則是 (12-11) 式的其中之一組解。

　　面對一個線性體系如 (12-13) 式，通常我們會有下列三個疑問：

第一，其解是否存在？
第二，是否存在許多組解？
第三，是否存在有效的求解方法？

有關於上述第一與第二個疑問，我們將在第三節介紹，於本節將先討論第三個疑問。通常，一個線性體系之求解的方法有三種：

第一，替代法；
第二，消除法；
第三，使用克萊姆法則（Cramer's rule）。

底下，我們將逐一介紹。

2.1 替代法與消除法

就 (12-13) 式而言，替代法是指於一條方程式內找出其中一個變數如 x_n 而以其他變數表示，然後再將 x_n 代入其他的方程式內，如此整個體系只剩下 $m - 1$ 條方程式與 $n - 1$ 個變數。類似的過程一直持續下去，直至最後只剩下一條方程式與只有一個變數為止。因此，若以 (12-11) 式為例，可從第一條方程式取得 $x_1 = 6 - x_2$，然後再將 $x_1 = 6 - x_2$ 代入第二條方程式內，可得 $x_2 = 1$，故 $x_1 = 5$。

至於消除法，則是透過加減乘除四則運算，可以先消除其中的變數而取得其他變數的值。例如：考慮下列的聯立方程式：

$$\begin{cases} x_1 - x_2 = 8 \\ 3x_1 + x_2 = 5 \end{cases}$$

首先消除 x_1。即第一條方程式乘以 3 可得 $3x_1 - 3x_2 = 24$，然後再與第二條方程式相減，可得 $x_2 = -19/4$ 後，再代入第一條方程式內可得 $x_1 = 3.25$。可以參考圖 12-3 的結果，由二條方程式所構成的聯立方程式體系，存在唯一的解，相當於二條方程式於平面上呈相交的情況。

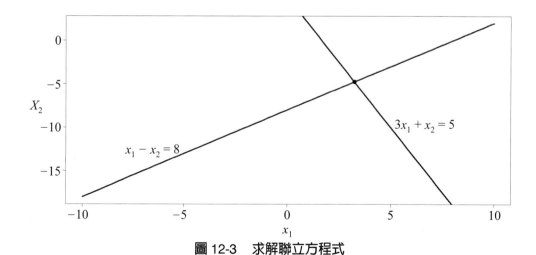

圖 12-3　求解聯立方程式

例 1

某財貨的供需曲線分別為 $P_D = 100 - 5Q + I_0$ 與 $P_S = 30 + 2Q$，其中 I_0 表示所得。假定 $I_0 = 10$，計算均衡價格與交易量。若 $I_0 = 30$，則均衡價格與交易量又為何？

解 可以參考下圖與所附之 R 指令。

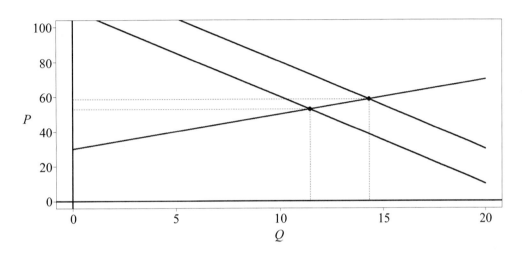

R 指令：

```
PD = function(Q,I0) 100 - 5*Q + I0;PS = function(Q) 30 + 2*Q;Q = seq(0,20,length=2000)
windows();plot(Q,PD(Q,10),type="l",lwd=4,ylim=c(0,100),ylab="P",cex.lab=1.5)
lines(Q,PS(Q),lwd=4);abline(v=0,h=0,lwd=4);lines(Q,PD(Q,30),lwd=4)
points(80/7,PD(80/7,10),pch=20,cex=3)
segments(80/7,PD(80/7,10),80/7,0,lty=2);segments(80/7,PD(80/7,10),0,PD(80/7,10),lty=2)
points(100/7,PD(100/7,30),pch=20,cex=3);segments(100/7,PD(100/7,30),100/7,0,lty=2)
segments(100/7,PD(100/7,30),0,PD(100/7,30),lty=2)
text(20,PD(20,10),labels=expression(D[0]),pos=4,cex=2)
text(20,PD(20,30),labels=expression(D[1]),pos=4,cex=2)
text(20,PS(20),labels=expression(S[0]),pos=4,cex=2)
```

例 2

繪出 $P_S = 30 + 2Q$ 與 $P_D = 60 + 2Q$ 供需曲線，結果為何？若需求曲線改為

$P_D = 15 + 4Q$，結果又爲何？

解 可以參考下圖。就左圖而言，因斜率相同，故無交集的可能，無法求解。但是就右圖而言，即使需求曲線是正斜率，仍能得到均衡價格。

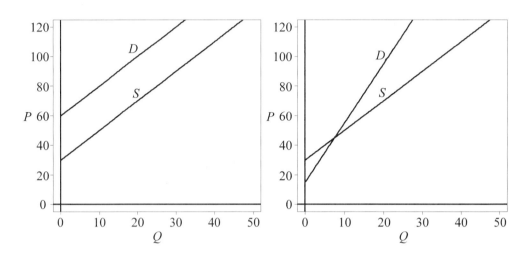

例3

　　一家廠商需使用勞動與資本二種生產投入可以分別 A 與 B 二種商品。一單位 A 商品的生產需要使用 6 單位的資本與 3 單位的勞動，而生產一單位的 B 商品則需要 4 單位的資本與 5 單位的勞動。假定該廠商目前擁有 420 單位的資本而有 300 單位的勞動，若該廠商想將所有的生產投入用完，則 A 與 B 二種商品的產量分別爲何？

解 由題意可知：

$$6A + 4B = 420$$
$$3A + 5B = 300$$

我們可以使用消除法以得到上述方程式的解，此相當於第二條方程式乘以 -2 再與第一條方程式相加，即可得 $B = 30$，再將 $B = 30$ 代入任何一條方程式內，可得 $A = 50$。可以參考下列的圖形以及所附的 R 指令。

R 指令：

```
AK = function(B) (420-4*B)/6;AL = function(B) (300-5*B)/3;B = seq(0,80,length=81)
windows();plot(B,AK(B),type="l",lwd=4,ylab="A",cex.lab=1.5,ylim=c(0,70))
lines(B,AL(B),lwd=4);abline(v=0,h=0,lwd=4)
points(30,50,pch=20,cex=3);segments(30,50,30,0,lty=2);segments(30,50,0,50,lty=2)
text(25,AL(25),labels=expression(3*A+5*B==300),pos=4,cex=2)
text(70,AK(70),labels=expression(6*A+4*B==420),pos=4,cex=2)
```

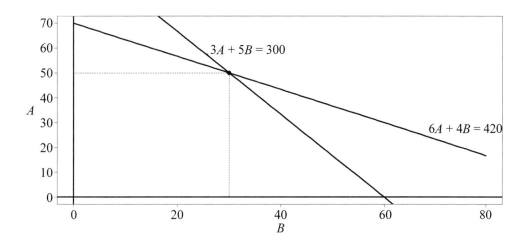

例 4

　　一家廠商使用三種生產要素 K、L 以及 R 生產商品。三個生產要素之每單位售價分別為 20、4 以及 2。若其他二種生產要素固定不變，則生產要素的邊際產量分別為：

$$MP_K = 200 - 5K$$
$$MP_L = 60 - 2L$$
$$MP_R = 80 - R$$

若該廠商只有 390 可供搭配使用上述三種生產要素，則成本最小的生產組合為何？（單位：萬元）

解 上述邊際產量如 MP_K 可以解釋成：於其他情況不變下，多使用一單位資本生產要素，產量會增加 MP_K；另一方面，使用一單位資本需花 20 成本，因此多增加一單位產量的成本為 $20 / MP_K$，此為邊際成本 MC 的概念，故成本最小的條件為使用三種生產要素的邊際成本皆相等，即：

$$\frac{20}{MP_K} = \frac{4}{MP_L} = \frac{2}{MP_R} = MC$$

$$\frac{20}{200-5K} = \frac{4}{60-2L} = \frac{2}{80-R}$$

利用上式左邊與右邊二項，可分別得：

$$20(60-2L) = 4(200-5K) \Rightarrow K = 2L - 20 \qquad （例 4-1）$$

與

$$2(60-2L) = 4(80-R) \Rightarrow R = L + 50 \qquad （例 4-2）$$

將 (例 4-1) 與 (例 4-2) 二式代入預算限制式內，可得：

$$20K + 4L + 2R = 20(2L-20) + 4L + 2(L+50) = 390$$

故 $L = 15$、$K = 10$ 以及 $R = 65$。因此，成本最小出現於 $MC \approx 0.1333$，可以參考所附之 R 程式與圖形。

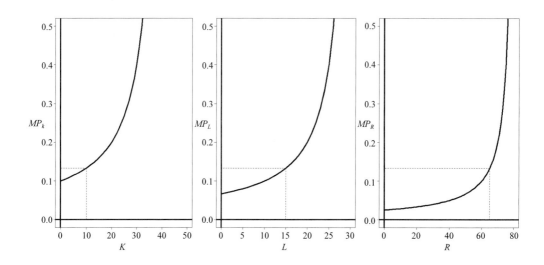

R 指令：

```
MPK = function(K) 200-5*K;MPL = function(L) 60-2*L;MPR = function(R) 80-R
K = seq(0,80,length=81);windows();par(mfrow=c(1,3))
plot(K,20/MPK(K),type="l",lwd=4,xlim=c(0,50),ylab=expression(MP[k]),ylim=c(0,0.5),
      cex.lab=1.3);abline(v=0,h=0,lwd=4)
segments(10,20/MPK(10),10,0,lty=2);segments(10,20/MPK(10),0,20/MPK(10),lty=2)
plot(K,4/MPL(K),type="l",lwd=4,xlab="L",ylab=expression(MP[L]),xlim=c(0,30),
      cex.lab=1.3,ylim=c(0,0.5));abline(v=0,h=0,lwd=4)
segments(15,4/MPL(15),15,0,lty=2);segments(15,4/MPL(15),0,4/MPL(15),lty=2)
plot(K,2/MPR(K),type="l",lwd=4,xlab="R",,ylab=expression(MP[R]),ylim=c(0,0.5),
      cex.lab=1.3);abline(v=0,h=0,lwd=4)
segments(65,2/MPR(65),65,0,lty=2);segments(65,2/MPR(65),0,2/MPR(65),lty=2)
20/MPK(10) # 0.1333333
4/MPL(15) # 0.1333333
2/MPR(65) # 0.1333333
```

練習

(1) 解下列聯立方程式：

$$\begin{cases} 5x_1 + x_2 = 3 \\ 2x_1 - x_2 = 4 \end{cases} \text{與} \begin{cases} 2x_1 - 3x_2 = 2 \\ 4x_1 - 6x_2 + x_3 = 7 \\ x_1 + 10x_2 = 1 \end{cases}$$

(2) $C = 100 + 0.9Y_t$、$Y = C + I + G$ 以及 $Y_t = 0.85Y$，若 I 與 G 分別為 100 與 200，試計算均衡所得。

(3) 一個競爭的市場之供需曲線分別為 $P = 3 + 0.5Q$ 與 $P = 15 - 0.75Q$。若政府對每單位產量課徵 4 的租稅，計算稅後均衡價格與交易量。政府的稅收為何？

(4) 於生產要素市場內，一家獨買廠商（monopsony）之勞動的邊際生產收益與勞動供給曲線分別為 $MRP_L = 244 - 2L$ 與 $w = 20 + 0.4L$，則該廠商會使用多少勞動 L？工資 w 為何？

提示：如下圖

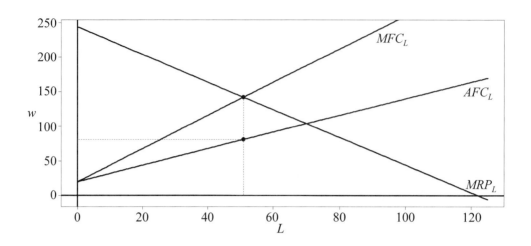

2.2 克萊姆法則

　　雖說以前述的消除法或替代法解聯立方程式不失其簡單易懂，不過若聯立方程式體系過於龐大或有牽涉到過多的變數，此時使用上述二方法已嫌繁瑣，取而代之是使用克萊姆法則來求解聯立方程式體系，不過欲瞭解該法則，我們需認識行列式（determinants）的使用。事實上，於經濟或財務模型的應用上經常會使用行列式。例如，就一個線性體系而言，我們可以使用行列式用以判斷該體系的解是否存在；又或是我們可以應用行列式來判斷一個非線性體系是否可以其線性化體系取代。於下一章內，我們也可以利用行列式來區分存在最大值與最小值之間的差異。

　　直覺而言，一個聯立方程式體系若有解其應是由 n 條線性方程式與 n 個變數所構成；換言之，考慮 (12-13) 式，若 $m = n$，則 (12-13) 式可以改寫成：

$$
\begin{aligned}
a_{11}x_1 + a_{12}x_2 + \cdots + a_{1n}x_n &= b_1 \\
a_{21}x_1 + a_{22}x_2 + \cdots + a_{2n}x_n &= b_2 \\
&\vdots \\
a_{n1}x_1 + a_{n2}x_2 + \cdots + a_{nn}x_n &= b_n
\end{aligned}
\tag{12-14}
$$

若 (12-14) 式存在唯一解，其前提必須是由 a_{ij} 所構成的行列式值不等於 0。由 a_{ij} 所構成的行列式可以寫成：

$$|A| = \det \begin{pmatrix} a_{11} & a_{12} & \cdots & a_{1n} \\ a_{21} & a_{22} & \cdots & a_{2n} \\ \vdots & \vdots & \ddots & \vdots \\ a_{n1} & a_{n2} & \cdots & a_{nn} \end{pmatrix}$$

其中我們稱 A 是一個 $n \times n$（讀成 n by n）的方形矩陣（square matrix）[9]；因此，$\det(\cdot)$ 相當於計算 n 階方形矩陣之行列式值。此處 n 階方形矩陣指的是 A 矩陣內共有 n^2 個元素，其中 a_{ij} 位於 A 矩陣內之第 i 列與第 j 行的位置。

事實上，方形矩陣的觀念是可以推廣延伸的，也就是說，一個 1 階的方形矩陣（即一個 1×1 矩陣）的行列式值就是一個純量（scalar），即：

$$|B| = \det(B) = \det(a_{11}) = a_{11}$$

例如，$\det(2) = 2$ 或 $\det(-3) = -3$。值得注意的是，若 $\det(a_{11}) = a_{11} \neq 0$，則稱 B 矩陣是一個非奇異矩陣（nonsingular matrix）或是一個可以轉換的矩陣（invertible matrix）。我們可以瞭解一個非奇異矩陣的意思為何，例如 $a_{11}x_1 = b_1$，可得 $x_1 = b_1/a_{11}$；因此，若存在有 x_1 的解，其存在條件必須是 $\det(a_{11}) = a_{11} \neq 0$。

類似地，我們定義一個 2 階的方形矩陣（即一個 2×2 矩陣）的行列式值為：

$$|C| = \det \begin{pmatrix} a_{11} & a_{12} \\ a_{21} & a_{22} \end{pmatrix} = a_{11}a_{22} - a_{12}a_{21} \tag{12-15}$$

因此，C 矩陣是一個非奇異矩陣的條件是 $|C| = a_{11}a_{22} - a_{12}a_{21} \neq 0$。例如，考慮下列的行列式值：

$$|D| = \det \begin{pmatrix} 1 & 2 \\ 3 & 4 \end{pmatrix} = 4 - 6 = -2$$

故 D 矩陣是一個非奇異矩陣。利用 R，我們可以容易計算一個矩陣的行列式值，不過於計算之前，須先知道矩陣於 R 內如何表示。考慮下列 R 指令：

---

[9]　本章第三節將介紹矩陣。

```
d = c(1,3,2,4);D = matrix(d,2,2);D
#      [,1] [,2]
#[1,]   1    2
#[2,]   3    4
det(D) # -2
```

上述指令是表示 d 內有 1、3、2、4 四個元素，若將 d 改以 D 矩陣表示，可以使用 matrix(·) 指令，不過應注意 R 是以行讀取資料，最後行列式值是使用 det(·) 指令。

我們可以繼續檢視更高階行列式值之計算，不過於檢視之前，我們需先認識行列式之子行列式與餘因子（minor and cofactor）的意思。

子行列式與餘因子

若 A 是一個 $n \times n$ 矩陣，令 A_{ij} 是一個刪除 A 內之第 i 列與第 j 行之 $(n-1) \times (n-1)$ 子矩陣，則：

$$M_{ij} = \det A_{ij}$$

我們稱純量 M_{ij} 為 A 之子行列式而純量

$$C_{ij} = (-1)^{i+j} M_{ij}$$

為 A 之第 (i, j) 個餘因子。換言之，若 $i + j$ 為偶數，則 $M_{ij} = C_{ij}$；相反地，若 $i + j$ 為奇數，則 $M_{ij} = -C_{ij}$。

因此，利用矩陣子行列式與餘因子的性質，我們可以檢視 $n \geq 3$ 階的方陣之行列式值。即：

$$
\begin{aligned}
\det A &= a_{11}C_{11} + a_{12}C_{12} + \cdots + a_{1n}C_{1n} \\
&= a_{11}M_{11} - a_{12}M_{12} + \cdots + (-1)^{n+1}a_{1n}M_{1n}
\end{aligned}
\tag{12-16}
$$

利用 (12-16) 式，我們可以檢視 (12-15) 式；因此，利用矩陣子行列式與餘因子的性質，相當於將高階的行列式「降為」低階的行列式。例如：

$$\det\begin{pmatrix} a_{11} & a_{12} & a_{13} \\ a_{21} & a_{22} & a_{23} \\ a_{31} & a_{32} & a_{33} \end{pmatrix} = a_{11}C_{11} + a_{12}C_{12} + a_{13}C_{13}$$

$$= a_{11}M_{11} - a_{12}M_{12} + a_{13}M_{13}$$

$$= a_{11}\det\begin{pmatrix} a_{22} & a_{23} \\ a_{32} & a_{33} \end{pmatrix} - a_{12}\det\begin{pmatrix} a_{21} & a_{23} \\ a_{31} & a_{33} \end{pmatrix} + a_{13}\det\begin{pmatrix} a_{21} & a_{22} \\ a_{31} & a_{32} \end{pmatrix}$$

例 1

計算下列行列式值：

$$(A)\begin{pmatrix} 1 & 1 \\ 2 & 1 \end{pmatrix} \quad (B)\begin{pmatrix} 2 & 4 & 0 \\ 4 & 6 & 3 \\ -6 & -10 & 0 \end{pmatrix} \quad (C)\begin{pmatrix} 1 & 2 & -1 & 5 \\ 0 & 2 & 2 & 7 \\ 5 & 0 & -3 & -12 \\ 7 & 5 & 4 & 3 \end{pmatrix}$$

解

```
# (A)
A1 = matrix(c(1,2,1,1),2,2);A1
det(A1) # -1
# (B)
a2 = c(2,4,-6,4,6,-10,0,3,0);A2 = matrix(a2,3,3);A2
det(A2) # -12
# (C)
a3 = c(1,0,5,7,2,2,0,5,-1,2,-3,4,5,7,-12,3);A3 = matrix(a3,4,4);A3
det(A3) # 68
```

例 2

續例 1，以行列式之子行列式或餘因子計算。

解 可參考下列 R 指令：

```
minor = function(A, i, j) A[-i, -j]  # 刪 i 以及刪 j
cofactor = function(A, i, j) (-1)^(i + j) * minor(A, i, j)
# (A)
C11 = cofactor(A1,1,1);C12 = cofactor(A1,1,2)
A1[1,1]*C11+A1[1,2]*C12 # -1,A1[1,1] 表示 A1 第一列第一行元素
det(A1) # -1
# (B)
M11 = minor(A2,1,1);M12 = minor(A2,1,2);M13 = minor(A2,1,3)
A2[1,1]*det(M11)-A2[1,2]*det(M12)+A2[1,3]*det(M13) # -12
det(A2) # -12
# (C)
M11 = minor(A3,1,1);M12 = minor(A3,1,2);M13 = minor(A3,1,3);M14 = minor(A3,1,4)
A3[1,1]*det(M11)-A3[1,2]*det(M12)+A3[1,3]*det(M13)-A3[1,4]*det(M14) # 68
det(A3) # 68
```

註：若要找出 A 矩陣內之第 i 列與第 j 行元素，於 R 內可以使用 $A[i, j]$ 指令；其次，考慮下
列指令：

```
x = c(1,2,3,4);x[-2]
[1] 1 3 4
```

讀者可否看出上述指令的意思？（刪去 x 內的第 2 個元素）

瞭解行列式的計算與其性質後，底下我們就可介紹克萊姆法則。

克萊姆法則

若 A 是一個非奇異矩陣，則：

(A) $A^{-1} = \dfrac{1}{\det A} adjA$。

(B) (12-13) 式內之變數 $x_i = \dfrac{\det B_i}{\det A}$。

其中 $adjA$ 稱為 A 之伴隨矩陣（adjoint matrix），可寫成：

$$adjA = \begin{pmatrix} C_{11} & C_{21} & \cdots & C_{n1} \\ C_{12} & C_{22} & \cdots & C_{n2} \\ \vdots & \vdots & \vdots & \vdots \\ C_{1n} & C_{12} & \cdots & C_{nn} \end{pmatrix}$$

也就是說，A 之伴隨矩陣就是 A 之餘因子所構成的矩陣，值得注意的是，此時 $C(i, j)$ 改成 $C(j, i)$（即行與列對調）。其次，B_i 表示 A 矩陣的第 i 行元素由 (12-13) 式內等號右邊的 b 值所構成的一行取代。

例 3

利用克萊姆法則求解下列的聯立方程式體系：

$$\begin{cases} a_{11}x_1 + a_{12}x_2 + a_{13}x_3 = b_1 \\ a_{21}x_1 + a_{22}x_2 + a_{23}x_3 = b_2 \\ a_{31}x_1 + a_{32}x_2 + a_{33}x_3 = b_3 \end{cases}$$

解 依克萊姆法則可得：

$$x_1 = \frac{\begin{vmatrix} b_1 & a_{12} & a_{13} \\ b_2 & a_{22} & a_{23} \\ b_3 & a_{32} & a_{33} \end{vmatrix}}{\begin{vmatrix} a_{11} & a_{12} & a_{13} \\ a_{21} & a_{22} & a_{23} \\ a_{31} & a_{32} & a_{33} \end{vmatrix}}, \ x_2 = \frac{\begin{vmatrix} a_{11} & b_1 & a_{13} \\ a_{21} & b_2 & a_{23} \\ a_{31} & b_3 & a_{33} \end{vmatrix}}{\begin{vmatrix} a_{11} & a_{12} & a_{13} \\ a_{21} & a_{22} & a_{23} \\ a_{31} & a_{32} & a_{33} \end{vmatrix}}, \ x_3 = \frac{\begin{vmatrix} a_{11} & a_{12} & b_1 \\ a_{21} & a_{22} & b_2 \\ a_{31} & a_{32} & b_3 \end{vmatrix}}{\begin{vmatrix} a_{11} & a_{12} & a_{13} \\ a_{21} & a_{22} & a_{23} \\ a_{31} & a_{32} & a_{33} \end{vmatrix}}$$

例 4

利用克萊姆法則求解下列的聯立方程式體系：

$$\begin{cases} x_1 + x_2 + x_3 = 0 \\ 12x_1 + 2x_2 - 3x_3 = 5 \\ 3x_1 + 4x_2 + x_3 = -4 \end{cases}$$

解 可以參考下列 R 指令：

```
A = matrix(c(1,12,3,1,2,4,1,-3,1),3,3);A
B1 = matrix(c(0,5,-4,1,2,4,1,-3,1),3,3);B1
B2 = matrix(c(1,12,3,0,5,-4,1,-3,1),3,3);B2
B3 = matrix(c(1,12,3,1,2,4,0,5,-4),3,3);B3
x1 = det(B1)/det(A) # 1
x2 = det(B2)/det(A) # -2
x3 = det(B3)/det(A) # 1
```

例 5

續例 4，計算 A^{-1}。

解 可以參考及執行下列 R 指令：

```
A^(-1)
1/A
solve(A) # 不等於 1/A
adj = function(A,i,j) (-1)^(i + j) * det(minor(A, j, i))
adj11 = adj(A,1,1);adj21 = adj(A,2,1);adj12 = adj(A,1,2);adj22 = adj(A,2,2)
adj13 = adj(A,1,3);adj31 = adj(A,3,1);adj32 = adj(A,3,2);adj33 = adj(A,3,3);adj23 = adj(A,2,3)
a = c(adj11,adj21,adj31,adj21,adj22,adj32,adj13,adj23,adj33)
adjA = matrix(a,3,3);adjA/det(A)
solve(A)
```

例 6

IS-LM 模型可以寫成：

$$(1-c)Y + ai = I_0 + G_0$$
$$mY - hi = M_0^S / P_0$$

其中所有的參數值皆大於 0，下標有 0 之變數表示固定值。上述 IS-LM 模型之 Y 與 i 為何？

解 按照克萊姆法則，可以分別得：

$$Y = \frac{\begin{vmatrix} I_0 + G_0 & a \\ M_0^s / P_0 & -h \end{vmatrix}}{\begin{vmatrix} 1-c & a \\ m & -h \end{vmatrix}} = \frac{-h(I_0 + G_0) - aM_0^s / P_0}{-h(1-c) - ma}$$

與

$$i = \frac{\begin{vmatrix} 1-c & I_0 + G_0 \\ m & M_0^s / P_0 \end{vmatrix}}{\begin{vmatrix} 1-c & a \\ m & -h \end{vmatrix}} = \frac{(1-c)M_0^s / P_0 - m(I_0 + G_0)}{-h(1-c) - ma}$$

（練習）

(1) 解下列聯立方程式：

$$(A) \begin{cases} x - 3y + 6z = -1 \\ 2x - 5y + 10z = 0 \\ 3x - 8y + 17z = 1 \end{cases} \qquad (B) \begin{cases} x_1 + x_2 + 6x_3 = -1 \\ 12x_1 - 2x_2 - 3x_3 = 3 \\ 3x_1 + 4x_2 + x_3 = -4 \end{cases}$$

(2) 供需函數分別為 $P = 3 + 5Q$ 與 $P = 30 - 5Q$，求 P 與 Q。

(3) 解下列聯立方程式之 Δ 與 B：

$$\begin{cases} \Delta uS + Be^{rt} = C_u \\ \Delta dS + Be^{rt} = C_d \end{cases}$$

(4) 續上題，若 $u = 1.0823$、$d = 0.9240$、$S = 100$、$C_u = 13.59$、$C_d = 5.29$、$r = 0.05$ 以及 $t = 0.1$，試計算 Δ 與 B 為何？

(5) 試說明計算 A^{-1} 的步驟。其中 A 是一個 n 階方形矩陣。

(6) 續上題，為何要計算 A^{-1}？

第三節　矩陣代數

前一節我們使用了矩陣或行列式的觀念，計算聯立方程式體系的解。事實上，矩陣於經濟或財務的應用上，經常扮演著一個重要的角色。特別是當我們面對到多個變數的情況，利用矩陣反而可以讓我們以較簡潔的方式處理。

於前一節內，我們使用一個 n 階方形矩陣，此處我們可以將矩陣推廣至更一般化的情況；換言之，一個矩陣是指（許多）數字是以長方形陣列的方式表示，例如，我們可以編製一個表（table）如第 2 章內的表 2-1 來描述許多數字，其中所編的表就是一個矩陣。一個矩陣的大小（size）是指由其列數與行數所構成，即若一個矩陣有 k 列（rows）與 n 行（columns）則稱該矩陣為一個 $k \times n$ 矩陣（讀成 k by n 矩陣）；明顯地，前述的 n 階方形矩陣，就是 $k = n$，故稱為方形矩陣。通常，矩陣內的元素是以 a_{ij} 表示該矩陣內之第 i 列與第 j 行的數字（或位置），因此二個矩陣是可以相加減的，不過二矩陣的大小必須一致。

是故，若多個矩陣的大小「恰當」，則這些矩陣之間不僅可以操作加法（減法），同時還可以操作乘法。於經濟與財務的模型中，不乏有許多是使用矩陣的方式表示，透過矩陣代數的操作，我們可以更深入瞭解其中的奧妙。

3.1 矩陣之加法與乘法

首先我們先介紹矩陣的加法（減法）。如前所述，若二個矩陣的大小一致，則二個矩陣是可以相加（相減）的。二個矩陣的相加（相減）可以產生一個新的矩陣，新的矩陣中的第 (i, j) 個位置就是二個矩陣的第 (i, j) 個位置相加（相減）。例如，

$$A = \begin{bmatrix} a_{11} & a_{12} & \cdots & a_{1n} \\ a_{21} & a_{22} & \cdots & a_{2n} \\ \vdots & \vdots & \ddots & \vdots \\ a_{k1} & a_{k2} & \cdots & a_{kn} \end{bmatrix} \text{ 與 } B = \begin{bmatrix} b_{11} & b_{12} & \cdots & b_{1n} \\ b_{21} & b_{22} & \cdots & b_{2n} \\ \vdots & \vdots & \ddots & \vdots \\ b_{k1} & b_{k2} & \cdots & b_{kn} \end{bmatrix}$$

則 $A \pm B$ 可以寫成：

$$A \pm B = \begin{bmatrix} a_{11} & a_{12} & \cdots & a_{1n} \\ a_{21} & a_{22} & \cdots & a_{2n} \\ \vdots & \vdots & \ddots & \vdots \\ a_{k1} & a_{k2} & \cdots & a_{kn} \end{bmatrix} \pm \begin{bmatrix} b_{11} & b_{12} & \cdots & b_{1n} \\ b_{21} & b_{22} & \cdots & b_{2n} \\ \vdots & \vdots & \ddots & \vdots \\ b_{k1} & b_{k2} & \cdots & b_{kn} \end{bmatrix} = \begin{bmatrix} a_{11} \pm b_{11} & a_{12} \pm b_{12} & \cdots & a_{1n} \pm b_{1n} \\ a_{21} \pm b_{21} & a_{22} \pm b_{22} & \cdots & a_{2n} \pm b_{2n} \\ \vdots & \vdots & \ddots & \vdots \\ a_{k1} \pm b_{k1} & a_{k2} \pm b_{k2} & \cdots & a_{kn} \pm b_{kn} \end{bmatrix}$$

我們舉一個例子說明：我們先用 R 建立二個矩陣：

```
A = matrix(c(1,2,3,4,5,6,7,8,9),3,3);A
B = matrix(c(1,3,5,7,9,11,2,4,6),3,3);B
C = A+B;C
D = A-B;D
```

即 A 與 B 二矩陣皆為一個 3×3 矩陣，其分別為：

$$A = \begin{bmatrix} 1 & 4 & 7 \\ 2 & 5 & 8 \\ 3 & 6 & 9 \end{bmatrix} \text{ 與 } B = \begin{bmatrix} 1 & 7 & 2 \\ 3 & 9 & 4 \\ 5 & 11 & 6 \end{bmatrix}$$

則 $A + B = C$ 與 $A - B = D$ 亦分別皆是一個 3×3 矩陣，亦分別為：

$$C = \begin{bmatrix} 2 & 11 & 9 \\ 5 & 14 & 12 \\ 8 & 17 & 15 \end{bmatrix} \text{ 與 } D = \begin{bmatrix} 0 & -3 & 5 \\ -1 & -4 & 4 \\ -2 & -5 & 3 \end{bmatrix}$$

至於乘法，我們可以分成二種情況：純量相乘與矩陣相乘。純量相乘是指一個純量乘以一個矩陣，即若二者分別用 s 與 A 表示，則：

$$sA = \begin{bmatrix} sa_{11} & sa_{12} & \cdots & sa_{1n} \\ sa_{21} & sa_{22} & \cdots & sa_{2n} \\ \vdots & \vdots & \ddots & \vdots \\ sa_{k1} & sa_{k2} & \cdots & sa_{kn} \end{bmatrix}$$

例如，若 $s = 3$ 而 $A = \begin{bmatrix} 1 & 4 & 7 \\ 2 & 5 & 8 \\ 3 & 6 & 9 \end{bmatrix}$，則 $sA = \begin{bmatrix} 3 & 12 & 21 \\ 6 & 15 & 24 \\ 9 & 18 & 27 \end{bmatrix}$。可以參考下列 R 指令：

```
s = 3;A = matrix(c(1,2,3,4,5,6,7,8,9),3,3)
s*A
```

接下來，我們來看二個矩陣相乘。我們可以定義二個矩陣的乘積，若 A 是一個 $k \times m$ 矩陣而 B 是一個 $m \times n$ 矩陣，則 $C = AB$ 是一個 $k \times n$ 矩陣；也就是說，若欲計算 AB，必須 A 矩陣的行數等於 B 矩陣的列數，值得注意的是，

此時 $AB \neq BA$。因此 $C = AB$，其中 C 矩陣的大小為 $(k \times m) \cdot (m \times n) = (k \times n)$；其次，$C$ 矩陣內的第 (i, j) 個元素是按照下列的方式計算：

$$\begin{pmatrix} a_{i1} & a_{i2} & \cdots & a_{im} \end{pmatrix} \begin{pmatrix} b_{1j} \\ b_{2j} \\ \vdots \\ b_j \end{pmatrix} = \sum_{h=1}^{m} a_{ih} b_{hj}$$

例如：

$$\begin{bmatrix} a & d \\ b & e \\ c & f \end{bmatrix} \begin{bmatrix} g & i & k \\ h & j & l \end{bmatrix} = \begin{bmatrix} ag+dh & ai+dj & ak+dl \\ bg+eh & bi+ej & bk+el \\ cg+fh & ci+fj & ck+fl \end{bmatrix}$$

我們亦可以一個例子說明。若 $A = \begin{bmatrix} 1 & 4 \\ 2 & 5 \\ 3 & 6 \end{bmatrix}$ 而 $B = \begin{bmatrix} 1 & 3 \\ 2 & 4 \end{bmatrix}$，則：

$$C = AB = \begin{bmatrix} 1 & 4 \\ 2 & 5 \\ 3 & 6 \end{bmatrix} \begin{bmatrix} 1 & 3 \\ 2 & 4 \end{bmatrix} = \begin{bmatrix} 9 & 19 \\ 12 & 26 \\ 15 & 33 \end{bmatrix}$$

R 指令：

```
A = matrix(c(1,2,3,4,5,6),3,2);A
B = matrix(c(1,2,3,4),2,2);B
C = A%*%B;C
```

註：矩陣的相乘於 R 內應使用 %*% 符號。

例 1 單位矩陣（identity matrix）

一個 n 階方形單位矩陣 I 可寫成：

$$I = \begin{bmatrix} 1 & 0 & \cdots & 0 \\ 0 & 1 & \cdots & 0 \\ \vdots & \vdots & \ddots & \vdots \\ 0 & 0 & \cdots & 1 \end{bmatrix}$$

其中矩陣的對角元素皆為 1，其餘元素皆為 0。顧名思義，單位矩陣具有下列性質：

$$IA = AI = A$$

其中 A 亦是一個 n 階方形矩陣。可以參考下列的 R 指令：

```
I = diag(4);I
A = matrix(1:16,4,4);A
I%*%A
A%*%I
B = matrix(1:12,3,4);B
B%*%I
I%*%B # Error in I %*% B : 非調和引數
```

例2 矩陣代數律

矩陣的操作具有結合律（associative laws）、加法之交換律（commutative law）以及分配律（distributive laws）。可以分述如下：

結合律：$(A + B) + C = A + (B + C)$；$(AB)C = A(BC)$。
加法之交換律：$A + B = B + A$。
分配律：$(A + B)C = AC + BC$；$A(B + C) = AB + AC$。

```
R 指令：
A = matrix(1:9,3,3);B = matrix(10:18,3,3);C = matrix(19:27,3,3)
A%*%(B+C)
A%*%B+A%*%C
A%*%B%*%C
(A+B)%*%C
A%*%C+B%*%C
```

例 3 轉置矩陣

一個 $k \times n$ 矩陣 A 的轉置（transpose），寫成 A^T，其因 A 矩陣的列與行對調，故 A^T 成為一個 $n \times k$ 矩陣。最簡單的轉置矩陣，莫過於將一個 $n \times 1$ 矩陣 a，a 亦可以稱為一個行向量（column vector），轉置成一個 $1 \times n$ 矩陣 a^T，a^T 亦可以稱為一個列向量（row vector）。另外，亦可留意 $A^T A$ 是一個 $n \times n$ 矩陣，而 AA^T 則是一個 $k \times k$ 矩陣，可參考下列 R 指令：

```
A = matrix(1:6,3,2);A
t(A) # 轉置
a = matrix(1:3,3,1);a
t(a) # 轉置
A%*%t(A) # 3 by 3
t(A)%*%A # 2 by 2
```

例 4

轉置矩陣具有下列性質：

$$(A \pm B)^T = A^T \pm B^T$$
$$(A^T)^T = A$$
$$(sA)^T = sA^T$$
$$(AB)^T = B^T A^T$$

參考下列 R 指令：

```
A = matrix(1:9,3,3);B = matrix(10:18,3,3);s = 2
t(A+B)
t(A)+t(B)
t(s*A)
s*t(A)
t(A%*%B)
t(B)%*%t(A)
```

例 5

將 (12-14) 式改寫以矩陣的型態表示。

解　令

$$A = \begin{pmatrix} a_{11} & a_{12} & \cdots & a_{1n} \\ a_{21} & a_{22} & \cdots & a_{2n} \\ \vdots & \vdots & \ddots & \vdots \\ a_{n1} & a_{n2} & \cdots & a_{nn} \end{pmatrix} 、 x = \begin{pmatrix} x_1 \\ x_2 \\ \vdots \\ x_n \end{pmatrix} 、 以及 b = \begin{pmatrix} b_1 \\ b_2 \\ \vdots \\ b_n \end{pmatrix}$$

故 (12-14) 式可以改寫成：

$$Ax = b$$

練習

(1) $A = \begin{bmatrix} 2 & 3 & 1 \\ 0 & -1 & 2 \end{bmatrix}$、$B = \begin{bmatrix} 0 & 1 & -1 \\ 4 & -1 & 2 \end{bmatrix}$、$C = \begin{bmatrix} 1 & 2 \\ 3 & -1 \end{bmatrix}$、$D = \begin{bmatrix} 2 & 1 \\ 1 & 1 \end{bmatrix}$ 以及

$C = \begin{bmatrix} 1 \\ -1 \end{bmatrix}$

計算下列結果：

$A + B$、$A - D$、$3B$、DC、B^T 以及 A^TC^T。

(2) 續上題，計算下列結果：

$C + D$、$B - A$、AB、CE、$-D$ 以及 $(CE)^T$。

(3) 續上題，計算下列結果：

$B + C$、$D - C$、CA、EC、$(CA)^T$ 以及 E^TC^T。

(4) 續上題，何者無法計算？

(5) 續上題，證明 $(CE)^T = E^TC^T$。

(6) 續上題，證明 $CD \neq DC$。

(7) 試敘述如何於 R 內設置一個矩陣。

(8) 試使用 dim() 指令檢視上述矩陣。有何涵義？提示：dim(A)

3.2 特殊的矩陣

底下介紹一些特殊的矩陣。

對角矩陣（diagonal matrix）

一個 n 階的方形矩陣 A，若其非對角的元素皆為 0，而其對角的元素未必等於 0，則稱 A 是一個對角矩陣。因此，前述之單位矩陣是屬於對角矩陣。例如：

$$\begin{bmatrix} a & 0 \\ 0 & b \end{bmatrix} \text{與} \begin{bmatrix} 1 & 0 & 0 \\ 0 & 2 & 0 \\ 0 & 0 & 3 \end{bmatrix}$$

皆屬於對角矩陣。

```
R 指令：
A = matrix(c(1,0,0,0,2,0,0,0,3),3,3);A
a = c(1,0,0);b = c(0,2,0);c = c(0,0,3);I3 = diag(3)
A1 = a*I3+b*I3+c*I3 # 用 * 表示二矩陣內的元素相乘
A1
A2 = a%*%I3+b%*%I3+c%*%I3 # a 為 3 by 1 矩陣（向量）
A2
```

註：於 R 內，其是將 a、b、與 c 皆視為一個 3×1 矩陣（向量）。其次，於 R 內二個矩陣相乘用 * 符號，表示二矩陣內的元素相乘，可以參考下列指令：

```
B1 = matrix(1:9,3,3);B2 = matrix(10:18,3,3);B1
B2
B1*B2
```

對稱矩陣（symmetric matrix）

即 $A = A^T$，例如：

$$\begin{bmatrix} 1 & 2 \\ 2 & 1 \end{bmatrix} 與 \begin{bmatrix} 1 & 2 & 3 \\ 2 & 4 & 5 \\ 3 & 5 & 6 \end{bmatrix}$$

皆屬之。

奇異矩陣（singular matrix）

即該矩陣的行列式值等於 0。與之對應的是非奇異矩陣，即非奇異矩陣的行列式值不等於 0。一個聯立線性方程式體系，若其參數所構成的係數矩陣為一個非奇異矩陣，則該體系存在一個唯一解。例如，奇異矩陣與非奇異矩陣可以分別為：

$$\begin{bmatrix} 1 & 2 & 7 \\ 2 & 4 & 8 \\ 3 & 6 & 9 \end{bmatrix} 與 \begin{bmatrix} 1 & 0 & 4 \\ 2 & 2 & 2 \\ 3 & 3 & 5 \end{bmatrix}$$

R 指令：
A = matrix(c(1,2,3,2,4,6,7,8,9),3,3);A
det(A) # 0
B = matrix(c(1,2,3,0,2,3,4,2,5),3,3);B
det(B) # 4

逆矩陣（inverse matrix）

A 與 B 皆是一個 n 階方形矩陣，若 $AB = BA = I$，其中 I 是一個 n 階方形單位矩陣，則 B 是 A 的逆矩陣，寫成 $B = A^{-1}$。考慮下列的矩陣

$$A = \begin{bmatrix} 1 & 1 & 1 \\ 12 & 2 & -3 \\ 3 & 4 & 1 \end{bmatrix}$$

我們可以計算 $B = A^{-1}$ 如下列的 R 指令所示：

A = matrix(c(1,12,3,1,2,4,1,-3,1),3,3);A
solve(A) # A 之逆矩陣

A%*%solve(A)
solve(A)%*%A

例 1

若 A 是一個 n 階方形矩陣且其是可轉換的（invertible），則 A 是一個非奇異矩陣。若一個聯立線性方程式體系為 $Ax = b$，則 $x = A^{-1}b$。試證明之。

解

$$Ax = b$$
$$A^{-1}Ax = A^{-1}b$$
$$Ix = A^{-1}b$$
$$x = A^{-1}b$$

例 2

求解下列的聯立線性方程式體系：

$$\begin{cases} x_1 + x_2 + x_3 = 1 \\ 12x_1 + 2x_2 - 3x_3 = 6 \\ 3x_1 + 4x_2 + 1 = 2 \end{cases}$$

解 可以參考下列 R 指令：

A = matrix(c(1,12,3,1,2,4,1,-3,1),3,3);b = c(1,6,2);x = solve(A)%*%b
x

例 3

試以例子說明 $(AB)^{-1} = (B^{-1}A^{-1})$。

解 可以參考下列 R 指令：

```
A = matrix(c(1,12,3,1,2,4,1,-3,1),3,3);B = matrix(c(1,5,8,2,3,5,1,2,4),3,3);solve(A)
solve(B)
solve(A%*%B)
solve(B)%*%solve(A)
```

例 4

續例 3，試以例子說明 $(A^{-1})^{-1} = A$ 與 $(A^T)^{-1} = (A^{-1})^T$。

解 可以參考下列 R 指令：

```
A = matrix(c(1,12,3,1,2,4,1,-3,1),3,3);A
solve(solve(A))
solve(t(A))
t(solve(A))
```

練習

(1) 解下列聯立線性方程式體系：

(A) $\begin{cases} 2x_1 + x_2 = 5 \\ x_1 + x_2 = 3 \end{cases}$ 與 (B) $\begin{cases} 2x_1 + x_2 = 4 \\ 6x_1 + 2x_2 + 6x_3 = 20 \\ -4x_1 - 3x_2 + 9x_3 = 3 \end{cases}$

(2) $A = \begin{bmatrix} 1 & 2 \\ 3 & 4 \end{bmatrix}$，計算 A^2 與 A^{-2}。

(3) $A = \begin{bmatrix} a & b \\ c & d \end{bmatrix}$，若 $ad - bc \neq 0$，計算 A^{-1}。

(4) 一個 n 階的方形對角矩陣的逆矩陣為何？

(5) A 是一個 n 階的方形矩陣，比較 A^{-1} 與 $1/A$ 有何不同。

(6) 續上題，比較 A^2 與 $A \cdot A$ 有何不同。

第四節　歐基里德空間

第 3 章我們介紹最簡單的幾何圖：數線圖（第 3 章的圖 3-3）。數線圖就是一條直線，其除了可以表示一個變數的實現值外，其亦提供該實現值的位置；若我們所考慮的範圍是屬於實數 R，故數線圖定義的範圍就是屬於 R。第 3 章的圖 3-5 亦繪製出二元變數的座標圖，座標圖內所描述的圖形是處於一個平面上，故座標圖亦可以稱為笛卡兒平面或歐基里德二度空間（Euclidean 2-space），寫成 R^2。

因此若是歐基里德三度空間呢？也就是說，若屬於 R^3 呢？類似歐基里德二度空間是由二條直交的直線所構成的座標圖，歐基里德三度空間是由三條相互直交的直線所構成的三度空間座標圖，如圖 12-4 所示。於圖內可以看出 R^3 的範圍是於平面上再考慮「高度」；此時圖內任一點的位置是由三個座標即 x_1、x_2 以及 x_3 軸表示。例如，點 (a, b, c) 就是在描述 $x_1 = a$、$x_2 = b$ 以及 $x_3 = c$ 的位置，其餘點可以類推。

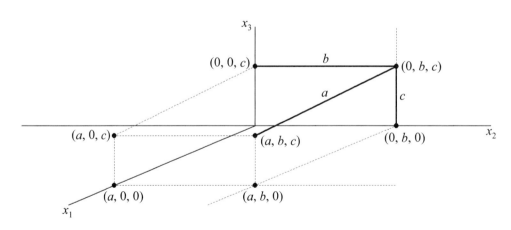

圖 12-4　三度空間座標圖的點

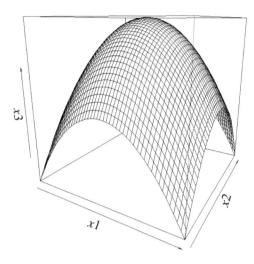

圖 12-5　$x_3 = 10 - x_1^2 - x_2^2$ 之圖形

　　於 R^3 內我們不難繪製出具有三度空間的立體圖，如圖 12-5 所示；利用圖 12-5，我們也可以進一步繪製出該立體圖的等高線圖如圖 12-6。雖說如此，使用圖形表示仍有其限制；例如，我們如何繪製出具有 (a, b, c, d, e) 五次元的歐基里德五度空間呢？或是我們應如何描述 R^n 呢？我們只能改用其他方式表示。

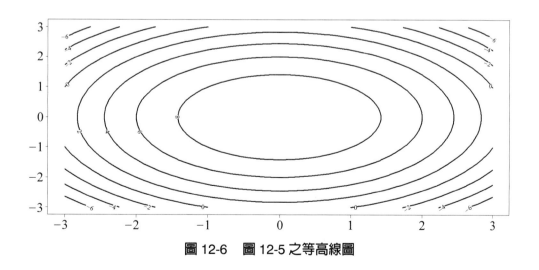

圖 12-6　圖 12-5 之等高線圖

R 指令：

```
x1 = seq(-3,3,length=50);x2 = x1;f = function(x1,x2) 10-x1^2-x2^2;x3 = outer(x1,x2,f)
windows();persp(x1,x2,x3,theta=30)
windows();contour(x1,x2,x3,lwd=3)
```

4.1 向量

雖說我們亦可繪製具有三度空間的立體圖，但是我們還是比較熟悉二元平面空間的圖形；例如，點 (1, 2) 表示於平面上的一個特定的位置，即其是以原點 (0, 0) 為基準，向右與向上分別移動 1 個單位與 2 個單位。因此，於高維度的空間中，我們也可以採取類似的方式來表示某一點的位置。

因此，我們也可以透過位移（displacements）來解釋 R^n 內之一點，該位移是以具有一個箭頭（arrows）的直線表示，即於圖 (12-6) 內從點 (2, 1) 分別向右及向上移動 3 單位至點 (5, 4)，該有箭頭之直線的尾部與頭部分別表示位移前與位移後的位置，我們可以 v 或以下列方式表示：

$$\overrightarrow{PQ}$$

圖 12-7 內繪製出許多有箭頭的直線，事實上，他們皆是相同的，因為方向一致且位移的幅度皆相同。

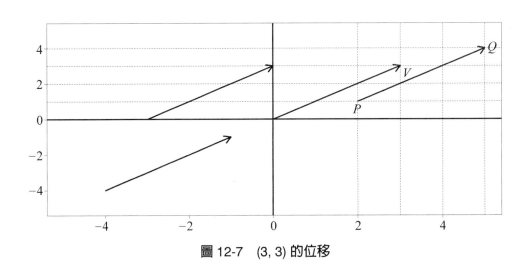

圖 12-7　(3, 3) 的位移

　　圖 12-7 內的位移可以 v 表示，其相當於從點 (a, b) 移至點 (c, d)，故其幅度為 $(c - a, d - b)$；因此，可以將類似的觀念應用於 R^n 內，即若 $P = (a_1, a_2, \cdots, a_n)$ 與 $Q = (b_1, b_2, \cdots, b_n)$，則：

$$\overrightarrow{PQ} = (b_1 - a_1, b_2 - a_2, \cdots, b_n - a_n)$$

表示從 $P = (a_1, a_2, \cdots, a_n)$ 位移至 $Q = (b_1, b_2, \cdots, b_n)$。

　　通常我們可以從原點以不同幅度的位移來表示不同的位置，我們就將此種既表示位移又表示位置的有箭頭的直線稱為向量（vector）。不同的向量可以繪製如圖 12-8 所示。

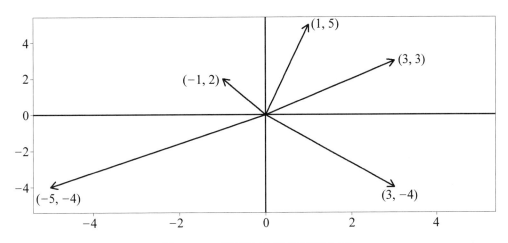

圖 12-8　從原點位移的不同向量

例 1

　　於 R 內，若寫成 $x = c(1, 2, 3)$ 亦可表示一個 1×3 向量，可參考下列指令：

```
x = c(1,2,3);x
dim(x) # NULL
A = matrix(1:6,3,2);A
dim(A) # 3 by 2
y = x%*%A;y
dim(y) # 1 by 2
```

是故，x 既是一個由 3 個元素合併而成的數列，亦是一個列向量。

例2

續例 1，雖說如此，若將 x 轉置，x 依舊是一個列向量（列矩陣）！試下列指令：

```
x1 = t(x);x1
dim(x1) # 1 by 3
A%*%x1 # Error in A %*% x1：非調和引數
x1%*%A
```

練習

(1) 試繪出從原點位移至點 $(1, 1)$、$(-1, -3)$、$(-1, 2)$ 以及 $(1, -3)$ 的向量。

(2) 續練習 1，試繪出從點 $(1, 1)$ 位移至點 $(-1, -3)$、$(-1, 2)$ 以及 $(1, -3)$ 的向量。

(3) 我們有幾種方式可於 R 內建構一個向量。

(4) 何謂向量？

(5) 續上題，有何用處？

4.2 向量的代數

本節我們將介紹亦可以應用於高維度歐基里德空間的向量代數操作，其分別為向量的加法、減法以及純量乘積。

向量的加法與減法與普通的加減法並不相同，因向量內的元素代表不同的座標軸，故只能於相同的座標軸相加或相減；例如：

$$v + u = (1, 2) + (6, 4) = (7, 6)$$

與

$$x - y = (7, 1) - (2, 6) = (5, -5)$$

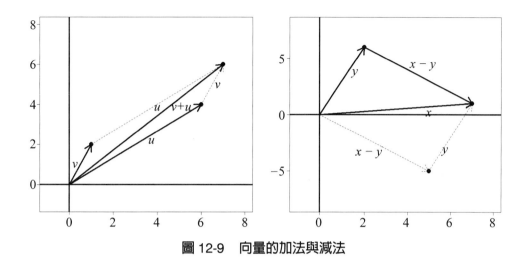

圖 12-9　向量的加法與減法

R 指令：

```
windows();par(mfrow=c(1,2));plot(c(-1,8),c(-1,8),type="n",xlab="",ylab="")
abline(v=0,h=0,lwd=4);points(1,2,pch=20,cex=3);points(6,4,pch=20,cex=3);arrows(0,0,1,2,lwd=4)
arrows(0,0,6,4,lwd=4);points(7,6,pch=20,cex=3);arrows(0,0,7,6,lwd=4);arrows(6,4,7,6,lty=2)
segments(1,2,7,6,lty=2);text(0.5,1,labels="v",pos=2,cex=2);text(4,2.2,labels="u",pos=2,cex=2)
text(6.5,5,labels="v",pos=4,cex=2);text(5,3.6,labels="v+u",pos=3,cex=2)
text(4,3.6,labels="u",pos=3,cex=2)
```
（只列出右圖）

上述加法與減法的結果分別繪於圖 12-9。於圖 12-9 內，因向量只強調位移的結果，故圖內的虛線表示相同的向量（與該向量平行）；因此，不管加法或減法，二者皆可以一個平行四邊形表示。我們也可以用另外一種方式表示，即 v 加 u 以及 $x - y$ 加 y，分別得到 $v + u$ 以及 $x - y + y = x$。

上述加法與減法是可以擴充的，即若 $a = (a_1, a_2, \cdots, a_n)$ 與 $b = (b_1, b_2, \cdots, b_n)$，則 $a + b$ 與 $a - b$ 分別可為：

$$a + b = (a_1 + b_1, a_2 + b_2, \cdots, a_n + b_n)$$

與

$$a - b = (a_1 - b_1, a_2 - b_2, \cdots, a_n - b_n)$$

以上是有關於向量的加法與減法介紹，至於向量的乘法與除法，我們就不容易得到一般性的結果；也就是說，例如若 $x = (1, 0)$ 與 $y = (0, 1)$ 時，我們並無法定義 $x \times y$ 或 $x \div y$ 的結果，我們只能檢視其餘類似的結果。首先，我們來看純量乘積（scalar multiplication）的情況。純量乘積指的是一個純量 k 乘以一個向量，此相當於向量內的所有元素增加 k 倍，即若 $x = (x_1, x_2, \cdots, x_n)$，則：

$$kx = (kx_1, kx_2, \cdots, kx_n)$$

就是一種純量乘積。例如：

$$3(2, 5) = (6, 15) \text{、} \frac{1}{2}(2,5) = \left(1, \frac{5}{2}\right) \text{ 或 } 3(2, 5, 6) = (6, 15, 18)$$

於幾何平面上，純量乘積相當於將向量 x 延伸 k 倍而沒有改變 x 的方向，可以參考圖 12-10。於圖 12-10 內，我們分別考慮多個向量之純量乘積結果，於其中可以看出若 $k > 0$，則向量位移的方向並沒有改變；不過，若 $k < 0$，則向量位移的方向卻是相反的。例如，u 向量是指從原點 $(0, 0)$ 位移至點 $(8, 8)$ 位置，若 $k = 1/2$，則 u 內之元素卻往內縮至點 $(4, 4)$ 位置；其次，w 向量是指從原點 $(0, 0)$ 位移至點 $(1, 4)$ 位置，若 $k = -2$，則 w 內之元素卻往相反方向移至點 $(-2, -8)$ 位置。

就純量乘積而言，其具有下列性質：

(A) $(r + s)x = rx + sx$，其中 x 是一個向量而 r 與 s 是二個純量。
(B) $s(x + y) = sx + sy$，其中 x 與 y 是二個向量而 s 是一個純量。

顯然，上述性質說明了純量乘積亦滿足分配律。

本節，我們以位移的觀念介紹向量，敏感的讀者應可以注意到向量亦可以矩陣的方式表示；換言之，一個 $k \times n$ 的矩陣 A 可視為 k 個列向量或 n 個行向量所合併而成，其中列向量可以視為一個 $1 \times n$ 的矩陣而行向量可以視為一個 $k \times 1$ 的矩陣。可以參考下列的例子。

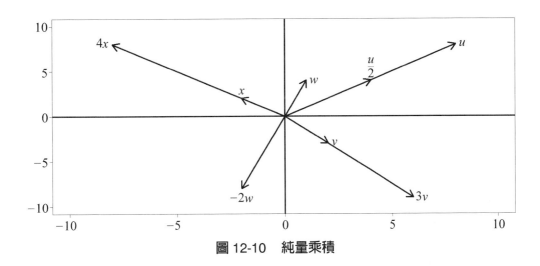

圖 12-10　純量乘積

例 1

$A = \begin{bmatrix} 1 & 5 & 9 & 13 & 17 \\ 2 & 6 & 10 & 14 & 18 \\ 3 & 7 & 11 & 15 & 19 \\ 4 & 8 & 12 & 16 & 20 \end{bmatrix}$ ，試以 4 個列向量所合併而成表示。

解 可以參考下列 R 指令：

```
A = matrix(1:20,4,5);A
k1 = A[1,] # 找出第 1 列
k1
k2 = A[2,] # 找出第 2 列
k2
k3 = A[3,];k3
k4 = A[4,];k4
K = rbind(k1,k2,k3,k4) # 列合併
K
A[1,2] # 5
```

註：若於 R 內輸入 A[1, 2] 指令是指找出第一列與第二行的元素，但是若要找出 A 內的第一
　　列的所有元素則使用 A[1,] 指令。

例2

續例 1，試以 A 之 5 個行向量合併表示。

解 可以參考下列 R 指令：

```
n1 = A[,1] # 找出第 1 行
n1
n2 = A[,2] # 找出第 2 行
n2
n3 = A[,3];n3
n4 = A[,4];n4
n5 = A[,5];n5
N = cbind(n1,n2,n3,n4,n5) # 行合併
N
```

例3

至 TEJ 下載 2012/1/2～2016/10/19 調整後 OTC 指數之收盤價、成交量、週轉率、本益比（TEJ）以及股價淨值比（TEJ）等序列資料。將上述 5 種資料以矩陣的型態表示。

解 可以參考下列的 R 指令：

```
OTC = read.table("D:\\BM\\ch11\\OTCindex.txt",header=TRUE)
names(OTC)
attach(OTC)
P = 收盤價 ;Q = 成交量 ;T = 週轉率
PER = 本益比 TEJ;NET = 股價淨值比 TEJ;n = length(P)
n # 1180
all = cbind(P,Q,T,PER,NET);all
dim(all) # 1180 by 5
dim(P) # NULL
P1 = matrix(P,n,1);dim(P1) # 1180 by 1
```

例 4

　　續例 3，從已合併的矩陣內，找出行向量。

解　可以參考下列的 R 指令：

```
P2 = all[,1] # 收盤價
P2
dim(P2) # NULL
allM = matrix(all,n,5);P3 = allM[,1];P3
dim(P3) # NULL
P4 = matrix(P3,n,1);P4
dim(P4) # 1180 by 1
T1 = matrix(allM[,3],n,1) # 週轉率
T1
dim(T1) # 1180 by 1
```

練習

(1) $u = (1, 2)$、$v = (0, 1)$、$w = (1, -3)$、$x = (1, 2, 0)$、以及 $z = (0, 1, 1)$。以 R 計算下列結果：$u + v$、$-4w$、$u + z$、$3z$、$2v$、$u + 2v$、$u - v$、$3x + z$、$-2x$ 以及 $w + 2x$。

(2) 續上題，將 u、v 以及 w 以列合併成一個矩陣並將 x 與 z 以行合併成一個矩陣。

(3) 試解釋向量的加法與減法。

(4) 試解釋矩陣的意思。

(5) 續練習 (1)，繪出 $u + 2v$ 與 $u - v$ 之結果。

　　提示：如下圖

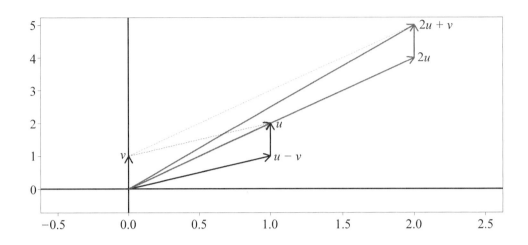

4.3 長度與內積

於二元平面空間內，主要的幾何特徵是長度、距離與角度的衡量，我們是否也可以將上述觀念推廣至更高次元的空間呢？若要考慮更高次元的空間，之前所介紹的向量觀念就可以派上用場，不過我們就難以再利用圖形說明，取而代之的是純粹以解析幾何表示。

通常我們會聽到幾何學或幾何圖形等名詞，其應該是在說明（研究）多種事物的形狀或特徵。而於幾何圖形內，最基本的幾何特徵是有關於長度或距離的衡量；換言之，若 P 與 Q 是 R^n 內的二個點，我們可以 $\overline{PQ}$ 表示連接 P 與 Q 的線段，而以 $\overrightarrow{PQ}$ 表示從 P 至 Q 的向量，則 $\overline{PQ}$ 的長度或距離可以用 $\|\overline{PQ}\|$ 表示，其中符號 $\|\cdot\|$ 習慣上用於計算 R^n 內向量的長度（norm），其類似絕對值。

我們希望能有一種方式來表示 P 與 Q 之間的距離。其實我們早就知道如何計算；例如，於圖 12-11 內之 (a) 與 (b) 圖，P 與 Q 之間的距離可以分別以 $|a_1 - a_2|$ 與 $|b_1 - b_2|$ 表示。至於 (c) 圖，則可以應用畢氏定理（Pythagorean theorem）計算 P 與 Q 之間的距離（長度）；換言之，按照畢氏定理，可得：l 長度的平方等於 m 長度的平方加上 n 長度的平方。因此：

$$\left\|\overline{PQ}\right\| = \sqrt{(a_1 - a_2)^2 + (b_1 - b_2)^2} \tag{12-17}$$

我們可以應用上述觀念衡量高維度空間內二點之間的距離，例如衡量圖 12-12 內點 P 與點 Q 之間的長度。圖 12-12 繪出三度空間的情況，其中點 P 與

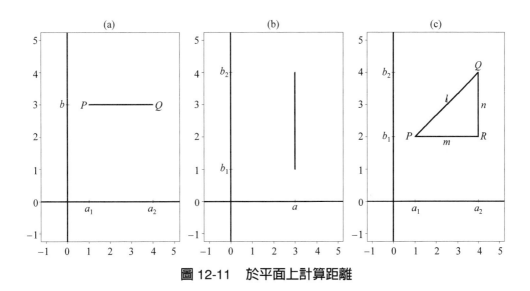

圖 12-11　於平面上計算距離

點 Q 的座標分別為 $P(a_1, b_1, c_1)$ 與 $Q(a_2, b_2, c_2)$；也就是說，於圖內約可以看出 QR 線段平行於 x_3 軸、PS 線段平行於 x_1 軸、以及 SR 線段平行於 x_2 軸。利用畢氏定理，可知：

$$\left\|PQ\right\|^2 = \left\|PR\right\|^2 + \left\|RQ\right\|^2 \tag{12-18}$$

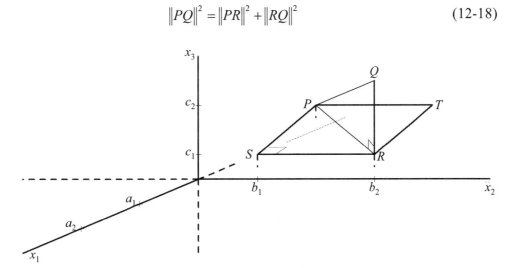

圖 12-12　於 R^3 內計算 $\overline{PQ}$ 之長度（距離）

與

$$\left\| PR \right\|^2 = \left\| PS \right\|^2 + \left\| SR \right\|^2 = \left| a_1 - a_2 \right|^2 + \left| b_1 - b_2 \right|^2 \tag{12-19}$$

因三角形 PSR 處於同一個平面上（相當於處於同一個高度，即有相同的 $x_3 = c$），故 PS 與 SR 的長度可以分別於單獨的 x_2 軸與 x_1 軸內計算，二者皆以絕對值表示距離。將 (12-19) 式代入 (12-18) 式內，可得：

$$\left\| PQ \right\| = \sqrt{(a_1 - a_2)^2 + (b_1 - b_2)^2 + (c_1 - c_2)^2} \tag{12-20}$$

其中 QR 的長度可以點 (a_2, b_2, c_1) 與點 (a_2, b_2, c_2) 的距離表示。

(12-17) 與 (12-20) 二式的計算可以推廣至更高維度空間的情況，即於歐基里德 n 維度空間內，若 x 與 y 的座標分別爲 $(x_1, x_2, \cdots, x_n)$ 與 $(y_1, y_2, \cdots, y_n)$，則 x 與 y 的距離可以寫成：

$$\left\| x - y \right\| = \sqrt{(x_1 - y_1)^2 + (x_2 - y_2)^2 + \cdots + (x_n - y_n)^2} \tag{12-21}$$

(12-21) 式可說是 (12-17) 與 (12-20) 二式的推廣；也就是說，我們可以將上述 x 與 y 視爲 n 維度空間的一點或位移的向量，因此若將 y 視爲 n 維度空間的原點，則 x 向量的長度可以爲：

$$\left\| x \right\| = \sqrt{x_1^2 + x_2^2 + \cdots + x_n^2} \tag{12-22}$$

(12-22) 式就是於 n 維度空間內計算向量長度的方式。我們也可以進一步檢視純量積的結果，即若 s 與 v 分別屬於 R 與 R^n，則 sv 的長度可以爲：

$$\left\| sv \right\| = \left| s \right| \cdot \left\| v \right\| \tag{12-23}$$

若 v 向量不爲 0，通常我們需要找出一個與 v 相同方向的向量 w 而 w 的長度等於 1，我們就稱 w 爲單位向量（unit vector）。單位向量的計算相當於令 (12-23) 式內的 sv 的長度等於 1，即：

$$\left\| w \right\| = \left\| \frac{1}{\left\| v \right\|} v \right\| = \left| \frac{1}{\left\| v \right\|} \right| \cdot \left\| v \right\| = 1$$

瞭解如何計算向量的長度後，我們可以來看如何連接二個向量的角度：歐基里德內積（Euclidean inner product）。

歐基里德內積（或稱內積）

令 $u = (u_1, u_2, \cdots, u_n)$ 與 $v = (v_1, v_2, \cdots, v_n)$ 分別為 R^n 內的二個向量。u 與 v 的（歐基里德）內積可以寫成：

$$u \cdot v = u_1 v_1 + u_2 v_2 + \cdots + u_n v_n \qquad (12\text{-}24)$$

因內積有用點「·」表示，故內積又可於以稱為點積（dot product）。內積亦可以用於計算向量的長度，即：

$$u \cdot u = u_1^2 + u_2^2 + \cdots + u_n^2 \text{ 與 } \|u\| = \sqrt{u \cdot u} = \sqrt{u_1^2 + u_2^2 + \cdots + u_n^2}$$

其次，二個向量之間的距離亦可以用內積表示，即：

$$\|u - v\| = \sqrt{(u - v) \cdot (u - v)}$$

內積的幾何意義為：於 R^n 內的二個相異的向量可以構成一個平面，而於該平面上我們可以衡量二向量之間的角度，如圖 12-13 所示。換言之，於 R^n 內的二個相異的向量之間的角度可以寫成：

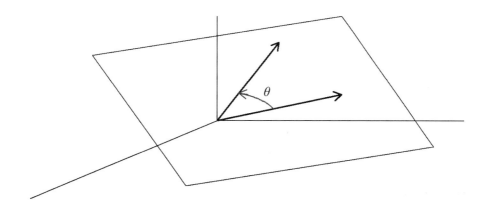

圖 12-13　R^n 內的二個向量之角度

$$\cos\theta = \frac{u \cdot v}{\|u\|\|v\|} \tag{12-25}$$

例 1

計算 $u = (4, -1, 2)$ 與 $v = (6, 3, 4)$ 之間的距離。

解 可以參考下列 R 指令：

```
u = c(4,-1,2);v = c(6,3,-4);d = sqrt(sum((u-v)^2));d # 7.483315
d2 = sum((4-6)^2+(-1-3)^2+(2+4)^2);sqrt(d2) # 7.483315
```

例 2

續例 1，分別計算 u 與 v 之單位向量。

解 可以參考下列 R 指令：

```
du = sqrt(sum(u^2));du # 4.582576
u/du # 0.8728716  -0.2182179  0.4364358
dv = sqrt(sum(v^2));dv # 7.81025
v/dv # 0.7682213  0.3841106  -0.5121475
```

例 3

續例 1，分別計算 u 與 v 之間的角度。

解 可以參考下列 R 指令：

```
costheta = sum(u*v)/(du*dv) # 0.3632192
a = acos(costheta) # acos 是反餘弦 , 即 cos^-1
theta = a*180/pi # 68.70197 度
cos(a) # 0.3632192
library(aspace);acos_d(costheta) # 弧度轉成度 ,68.70197 度
```

例 4

    繪出 $u = (1, 2)$ 與 $v = (2, 1)$ 及其單位向量。

解

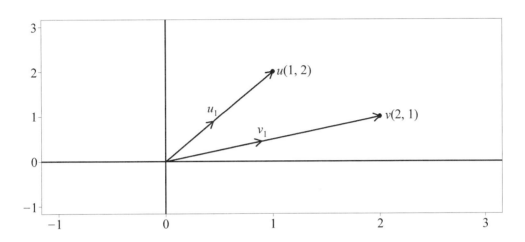

R 指令：

```
windows();plot(c(1,2),c(2,1),type="p",pch=20,cex=3,xlab="",ylab="",xlim=c(-1,3),ylim=c(-1,3))
abline(v=0,h=0,lwd=4);arrows(0,0,1,2,lwd=4);arrows(0,0,2,1,lwd=4)
text(1,2,labels="u(1,2)",pos=4,cex=2);text(2,1,labels="v(2,1)",pos=4,cex=2)
d = sqrt(sum(c(1,2)^2));u1 = c(1,2)/d;v1 = c(2,1)/d
arrows(0,0,u1[1],u1[2],lwd=4);arrows(0,0,v1[1],v1[2],lwd=4)
text(u1[1],u1[2],labels=expression(u[1]),pos=3,cex=2)
text(v1[1],v1[2],labels=expression(v[1]),pos=3,cex=2)
```

練習

(1) 繪出 $(3, 4)$、$(0, -3)$、$(-1, -4)$ 以及 $(-1, 4)$ 之向量（以原點為出發點）。
    並計算其長度。

(2) 續上題，計算對應的單位向量。

(3) 計算 $(1, 2, 3, 4)$ 與 $(1, 0, 3, 0)$ 之內積。

(4) 續上題，計算二向量之間的角度。

(5) 何謂內積？試解釋之。

4.4 一些有用的觀念

　　之前我們已經多次於平面上練習畫一條直線，現在利用純量積的觀念我們也可以透過不為 0 的純量與向量產生一條直線；換言之，我們以 $L(v)$ 表示由向量 v 所產生的直線所形成的集合，其中 $L(v)$ 可以寫成：

$$L(v) = \{rv : r \in R\} \tag{12-26}$$

可以參考圖 12-14。

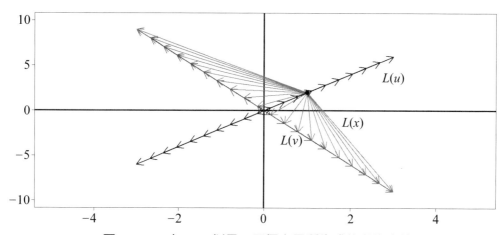

圖 12-14　由 u、v 以及 x 三個向量所生成的多條直線

　　於圖 12-14 中，我們考慮三種向量 $u = (1, 2)$、$v = (-1, 3)$ 以及 $x = (-2, 1)$，其中 u 與 v 二向量的計算是以原點 $(0, 0)$ 而 x 向量則以 u 為出發點。於圖內可以看出 $L(u)$ 與 $L(v)$ 為通過原點的二條直線，不過 $L(x)$ 則可以產生多條直線。換言之，以點 $u = (1, 2)$ 為出發點，$L(x)$ 竟是許多直線所形成的集合。

　　(12-26) 式是考慮單一向量的情況，若考慮二個不同向量 v_1 與 v_2 的所有可能的線性組合（linear combinations）集合，即：

$$L(v_1, v_2) = \{r_1 v_1 + r_2 v_2 : r_i \in R, i = 1, 2\} \tag{12-27}$$

若 v_1 是 v_2 的一個「倍數」，則 (12-27) 式只是說明由 v_2 所產生的直線集合，但是若 v_1 與 v_2 無關（相互獨立），則 (12-27) 式就是在描述如何透過 v_1 與

v_2 的不同線性組合以產生一個二維度的平面空間，可以參考圖 12-15。於圖 12-15 內，我們分別假定 $v_1 = (1, 2)$ 與 $v_2 = (2, 1)$，其次考慮 r_1 與 r_2 皆是介於 0 與 1 的可能值 [10]。我們考慮 r_1 與 r_2 的 200 個可能值，因此按照 (12-27) 式可以得出一個平面，如圖 12-15 所示。

R 指令：
```
n = 20;s = seq(-3,3,length=n);u = c(1,2);v = c(-1,3)
windows();plot(c(-5,5),c(-10,10),,type="n",xlab="",ylab="");abline(v=0,h=0,lwd=4)
for(i in 1:n)
{
 arrows(0,0,s[i],s[i]*2,lwd=2);arrows(0,0,-s[i],s[i]*3,lwd=2,col=2)
 arrows(1,2,-s[i],s[i]*3,lwd=2,col=3)
}
points(1,2,pch=20,cex=3)
```

若 v_1 與 v_2 是有關的，則 $L(v_1, v_2) = L(v_2)$ 所描述的只不過是一條直線的集合，我們稱 v_1 與 v_2 之間為線性相依（linearly dependent）；換言之，圖 12-15 能構成一個平面，其前提是 v_1 與 v_2 之間為線性獨立（linearly independent）。我們可以分別出線性相依與線性獨立之間的差異，若 v_1 與 v_2 是有關的，則：

$$c_1 v_1 + c_2 v_2 = 0_2 \tag{12-28}$$

其中 c_1 與 c_2 皆為不等於 0 之常數 [11]，值得注意的是，此處 $0_2 = (0, 0)$。

R 指令：
```
n = 200;v1 = c(1,2);v2 = c(2,1)
windows();plot(c(0,1),c(0,1),type="n",xlab="",ylab="",ylim=c(0,3),xlim=c(0,3))
for(i in 1:n)
```

---

[10] 類似 rnorm 的使用，我們可以使用 runif 指令得出介於 0 與 1 之值。若欲從 0 與 1 之間抽取資料（每一資料被抽中的可能性皆相同），則可以使用 runif 指令，其中 unif 表示均等分配，可以參考圖 12-15 所附的 R 指令或第 9 章。

[11] 利用 (12-28) 式，可知 $v_1 = (c_2/c_1)v_2$，故 v_1 與 v_2 之間可以存在「倍數」的關係。

```
{
  r = runif(1);s = runif(1);w = r*v1+s*v2;arrows(0,0,w[1],w[2],lwd=2)
}
```

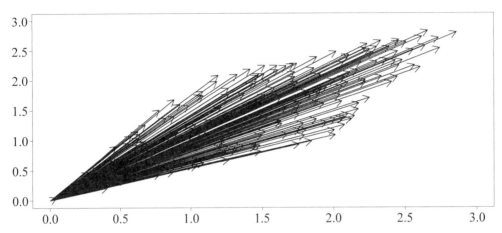

圖 12-15　$v_1 = (1, 2)$、$v_2 = (1, 2)$ 以及 $0 < r_i < 1 (i = 1, 2)$，$L(v_1, v_2)$ 的集合是一個平面

　　因此，若我們說 v_1 與 v_2 之間為線性獨立，則表示並不存在上述的 c_i 使得 (12-28) 式得以成立；換言之，若 v_1 與 v_2 之間為線性獨立，則：

$$c_1 v_1 + c_2 v_2 = 0_2 \Rightarrow c_1 = c_2 = 0 \tag{12-29}$$

(12-29) 式隱含著 $v_1(v_2)$ 無法以 $v_2(v_1)$ 表示。

　　上述的觀念可以擴充至 n 維度的空間，即 $v_1, v_2, \cdots, v_n$ 屬於 R^n 且為線性獨立；其次，$c_1, c_2, \cdots, c_n$ 屬於 R 且未必皆為 0，則：

$$c_1 v_1 + c_2 v_2 + \cdots + c_n v_n = 0_n \Rightarrow c_1 = c_2 = \cdots = c_n = 0 \tag{12-30}$$

其中 $0_n = (0, 0, \cdots, 0)$ 屬於 R^n。

例 1

　　若 $u = (1, 2)$ 與 $v = (2, 1)$，試說明 $y = (4, 3)$ 可由 u 與 v 之線性組合所構成。

解 y 為 u 與 v 之線性組合，可寫成：

$$r_1 u + r_2 v = y$$

即

$$r_1(1, 2) + r_2(2, 1) = (4, 3)$$

可得

$$r_1 + 2r_2 = 4$$
$$2r_1 + r_2 = 3$$

即

$$r_1 = \frac{\begin{vmatrix} 4 & 2 \\ 3 & 1 \end{vmatrix}}{\begin{vmatrix} 1 & 2 \\ 2 & 1 \end{vmatrix}} = \frac{2}{3} \text{ 與 } r_2 = \frac{\begin{vmatrix} 1 & 4 \\ 2 & 3 \end{vmatrix}}{\begin{vmatrix} 1 & 2 \\ 2 & 1 \end{vmatrix}} = \frac{5}{3}$$

可參考下圖以及所附之 R 指令。

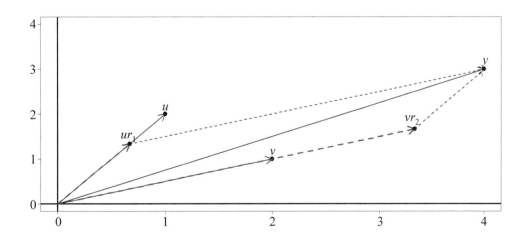

R 指令：

u = c(1,2);v = c(2,1);y = c(4,3);r1 = det(matrix(c(y,v),2,2))/ det(matrix(c(u,v),2,2)) # 0.6666667
r2 = det(matrix(c(u,y),2,2))/ det(matrix(c(u,v),2,2)) # 1.666667
w = r1*u+r2*v # 4 3;windows();plot(c(0,4),c(0,4),type="n",xlab="",ylab="")
abline(v=0,h=0,lwd=4);points(y[1],y[2],pch=20,cex=3);points(u[1],u[2],pch=20,cex=3)
points(v[1],v[2],pch=20,cex=3);arrows(0,0,u[1],u[2],lwd=2);arrows(0,0,v[1],v[2],lwd=2)
arrows(0,0,y[1],y[2],lwd=2);arrows(0,0,u[1]*r1,u[2]*r1,lwd=4,lty=2,col=2)
arrows(0,0,v[1]*r2,v[2]*r2,lwd=4,lty=2,col=2);arrows(u[1]*r1,u[2]*r1,w[1],w[2],lwd=2,lty=2,col=1)
arrows(v[1]*r2,v[2]*r2,w[1],w[2],lwd=2,lty=2,col=1);text(u[1],u[2],labels="u",cex=2,pos=3)
text(v[1],v[2],labels="v",cex=2,pos=3);text(y[1],y[2],labels="y",cex=2,pos=3)
points(u[1]*r1,u[2]*r1,pch=20,cex=3);points(v[1]*r2,v[2]*r2,pch=20,cex=3)
text(v[1]*r2,v[2]*r2,labels=expression(v*r[2]),cex=2,pos=3)
text(u[1]*r1,u[2]*r1,labels=expression(u*r[1]),cex=2,pos=3)

例 2

續例 1，試解釋之。

解 只要 u 與 v 之間屬於線性獨立（無關或相異），則平面上任何一點 w（原點除外），一定可以由 u 與 v 的線性組合所構成，即：

$$w = r_1 u + r_2 v$$

其中 r_1 與 r_2 為二個非 0 之純量。

例 3

下列屬於 R^n 的向量

$$e_1 = \begin{pmatrix} 1 \\ 0 \\ \vdots \\ 0 \end{pmatrix}, \ e_2 = \begin{pmatrix} 0 \\ 1 \\ \vdots \\ 0 \end{pmatrix}, \cdots, \ e_n = \begin{pmatrix} 0 \\ 0 \\ \vdots \\ 1 \end{pmatrix}$$

為線性獨立，即存在純量 c_1、c_2、$\cdots$、c_n，使得 $c_1 e_1 + c_2 e_2 + \cdots + c_n e_n = 0_n$，試證明或說明 $c_1 = c_2 = \cdots = c_n = 0$。

解 利用矩陣的加法與純量積，可得

$$c_1\begin{pmatrix}1\\0\\\vdots\\0\end{pmatrix}+c_2\begin{pmatrix}1\\0\\\vdots\\0\end{pmatrix}+\cdots+c_n\begin{pmatrix}0\\0\\\vdots\\1\end{pmatrix}=\begin{pmatrix}c_1\\c_2\\\vdots\\c_n\end{pmatrix}=\begin{pmatrix}0\\0\\\vdots\\0\end{pmatrix}$$

R 指令：

```
n=10;In = diag(n);In
e1 = matrix(In[,1],n,1);e1
e5 = matrix(In[,5],n,1);e5
```

例 4

試說明下列向量屬於線性相依：

$$w_1=\begin{pmatrix}1\\2\\3\end{pmatrix},\ w_2=\begin{pmatrix}4\\5\\6\end{pmatrix},\ w_3=\begin{pmatrix}7\\8\\9\end{pmatrix}$$

解 利用 (12-29) 式，可知 $c_1w_1+c_2w_2+c_3w_3=0_3$，故可得下列聯立方程式：

$$c_1 + 4c_2 + 7c_3 = 0 \qquad\qquad（例 4-1）$$
$$2c_1 + 5c_2 + 8c_3 = 0 \qquad\qquad（例 4-2）$$
$$3c_1 + 6c_2 + 9c_3 = 0 \qquad\qquad（例 4-3）$$

利用消除法，即（例 4-1）式乘以 3 再減去（例 4-3）式，可得 $c_2 = -2c_3$ 代入（例 4-1）式，可得 $c_1 = c_3$；因此，我們可以有多組的解，即令 $c_1 = c_3 = 1$，則 $c_2 = -2$。可以參考下列 R 指令：

```
W = matrix(1:9,3,3);W
w1 = matrix(W[,1],3,1);w2 = matrix(W[,2],3,1);w3 = matrix(W[,3],3,1);c1 = 1;c2 = -2;c3 = c1
k = 1;k*c1*w1+k*c2*w2+k*c3*w3
```

```
k = -1;k*c1*w1+k*c2*w2+k*c3*w3
k = -0.5;k*c1*w1+k*c2*w2+k*c3*w3
```

例 5

利用行列式檢視例 3 與例 4 內由向量以行合併的方式所形成的矩陣。

解 參考下列的 R 指令：

```
det(In) # 1
det(W) # 0
```

由上述例子可知若將向量以行合併成矩陣，則計算該矩陣之行列式值倒是一種判斷線性相依或線性獨立的方式。

線性獨立

A 是一個 n 階方形矩陣，A 可以表示成：

$$A = \begin{pmatrix} v_1 & v_2 & \cdots & v_n \end{pmatrix}$$

也就是說，A 矩陣是由 v_1、v_2、$\cdots$、v_n 以行合併而成，則 v_1、v_2、$\cdots$、v_n 為線性獨立的條件為 $|A| \neq 0$。也就是說，若 v_1、v_2、$\cdots$、v_n 之間屬於線性相依，則 $|A| = 0$。

為什麼我們要考慮向量之間的線性獨立問題？當然我們是為判斷一組聯立方程式是否有解；其次，藉由向量之間的線性獨立觀念，我們可以定義 R^n 內的基底與維度（basis and dimension）觀念。例如：若 W 是表示由三個向量 $v_1 = (1, 1, 1)$、$v_2 = (1, -1, -1)$ 以及 $v_3 = (2, 0, 0)$ 之所有的線性組合集合，即 $W = L(v_1, v_2, v_3)$。可以注意 $v_3 = v_1 + v_2$，因此 v_1、v_2 以及 v_3 之間屬於線性相依；其次，因

$$\begin{aligned} w &= av_1 + bv_2 + cv_3 \\ &= av_1 + bv_2 + c(v_1 + v_2) \\ &= (a+c)v_1 + (b+c)v_2 \end{aligned}$$

其中 $w \in W$，a、b 以及 c 皆為純量（常數）。是故，$\{v_1, v_2\}$ 反而比 $\{v_1, v_2, v_3\}$ 能更精簡地產生線性組合；換言之，W 的維度為 2，而 $\{v_1, v_2\}$ 可以稱為 2 度空間的基底。其實基底與維度的觀念我們也不陌生，即於 R^n 內有 n 個互為線性獨立的向量，每一向量內有 n 個元素，而 R^n 內的每個點可以由這些向量的線性組合所產生，上述向量就是基底而 R^n 的維度為 n。

例 6　**標準的基底**

點 (6, 8) 與點 (1, 2, 3, 4) 可以由那些基底產生？

解 最簡單的基底莫過於標準的基底（canonical basis）。即令 $v_1 = (1, 0)$ 與 $v_2 = (0, 1)$，則 $(6, 8) = 6v_1 + 8v_2$，因 v_1 與 v_2 相互垂直且獨立，故平面座標的任何一點皆可以由 v_1 與 v_2 的線性組合產生，因此 v_1 與 v_2 稱為 R^2 的標準的基底。類似地，我們也可以考慮 R^4 空間的一點，即令 $e_1 = (1, 0, 0, 0)$、$e_2 = (0, 1, 0, 0)$、$e_3 = (0, 0, 1, 0)$ 以及 $e_4 = (0, 0, 0, 1)$，故 $(1, 2, 3, 4) = e_1 + 2e_2 + 3e_3 + 4e_4$；因此，$e_1$、$e_2$、$e_3$ 以及 e_4 為 R^4 標準的基底。基底亦可以用行向量表示，可以參考下列的 R 指令：

```
v1 = c(1,0);t(v1) # 列向量
v1 = t(t(v1)) # 行向量
v1
v2 = c(0,1);t(v2) # 列向量
v2 = t(t(v2)) # 行向量
v2
6*v1+8*v2
# R4
I4 = diag(4);e1 = matrix(I4[,1],4,1);e2 = matrix(I4[,2],4,1)
;e3 = matrix(I4[,3],4,1);e4 = matrix(I4[,4],4,1);
e1+2*e2+3*e3+4*e4
```

例 7

令 $v_1 = (1, 2)$ 與 $v_2 = (2, 1)$ 為 R^2 的基底，試說明點 (6, 8) 可以由 v_1 與 v_2 所產生。

解 首先我們可以檢視由 v_1 與 v_2 所形成的矩陣其行列式值為 -3，故 v_1 與 v_2 互為線性獨立；其次，點 $(6,8)$ 可以由 v_1 與 v_2 所產生，可得下列的聯立方程式體系：

$$c_1\begin{pmatrix}1\\2\end{pmatrix}+c_2\begin{pmatrix}2\\1\end{pmatrix}=\begin{pmatrix}6\\8\end{pmatrix}\Rightarrow \begin{matrix}c_1+2c_2=6\\2c_1+c_2=8\end{matrix}$$

利用克萊姆法則求解，可得 $c_1\approx 3.33$ 與 $c_2\approx 1.33$，可以參考下圖。

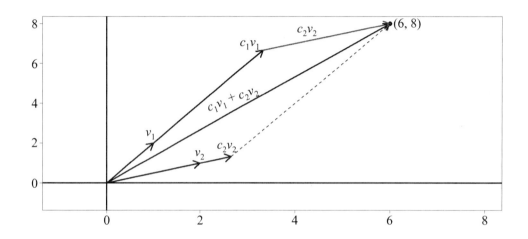

練習

(1) $\begin{pmatrix}1\\2\\3\end{pmatrix}$、$\begin{pmatrix}4\\5\\12\end{pmatrix}$ 與 $\begin{pmatrix}0\\8\\0\end{pmatrix}$ 是否是 R^3 的基底，有何涵義？

(2) $\begin{pmatrix}1\\2\\3\end{pmatrix}$、$\begin{pmatrix}4\\5\\12\end{pmatrix}$ 與 $\begin{pmatrix}1\\-2\\1\end{pmatrix}$ 是否是 R^3 的基底，有何涵義？

(3) 續上題，點 $(2,3,1)$ 是否可以上述三個向量所產生，試解釋之。

(4) 何謂線性相依？何謂線性獨立？

(5) 何謂基底與維度？其有何特質？

(6) 何謂線性組合？有何涵義？

4.5 特性根（向量）與主成分

前一節我們可看出矩陣與向量之間的關係，其實二者之間還有另一層關聯。假定 M 是一個 $m \times n$ 矩陣而 y 是一個 $n \times 1$ 向量，則透過矩陣的乘法，可得 $x = My$ 是一個 $m \times 1$ 向量；因此，M 矩陣的功能竟是將 y 向量轉換成 x 向量，也就是說 M 矩陣扮演著線性轉換（linear transformation）的功能。例如：

$$A = \begin{bmatrix} 1 & -2 \\ -2 & 1 \end{bmatrix} \text{、} y_1 = \begin{bmatrix} 1 \\ 2 \end{bmatrix} \text{、} y_2 = \begin{bmatrix} -0.7071 \\ 0.7071 \end{bmatrix} \text{以及} y_3 = \begin{bmatrix} -0.7071 \\ -0.7071 \end{bmatrix}$$

則 $x_1 = Ay_1 = \begin{pmatrix} -3 \\ 0 \end{pmatrix}$、$x_2 = Ay_2 = \begin{pmatrix} -2.1213 \\ 2.1213 \end{pmatrix}$ 而 $x_3 = Ay_3 = \begin{pmatrix} 0.7071 \\ 0.7071 \end{pmatrix}$，可以參考圖 12-16。

由圖 12-16 可以看出 A 矩陣所扮演的角色，其分別可以將 y_1 與 y_2 分別轉換至 x_1 與 x_2，其中 y_1 與 x_1 分別屬於不同的向量，但是 y_2 與 x_2 卻位於同一個向量上；換言之，A 矩陣竟然將 y_2 轉換至 y_2 自身，其可以寫成：

$$Ay_2 = x_2 = \lambda y_2 \tag{12-31}$$

其中 λ 是一個常數。從圖 12-16 內可以看出 x_2 就是 y_2 的純量積。

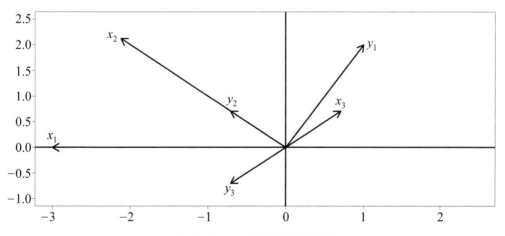

圖 12-16　A 矩陣的線性轉換

　　事實上，我們就稱 λ 與 y_2 分別為 A 矩陣的特性根（eigenvalue）與特性向量（eigenvector）；也就是說，我們可以透過 (12-30) 式求解 A 矩陣的特性根，即 (12-31) 式可以改寫成：

$$By_2 = (A - \lambda I_2)y_2 = 0_2 \tag{12-32}$$

其中 I_2 表示二元之單位矩陣。因 $y_2 \neq 0$ 且從圖內可知 Ay_2 與 y_2 屬於線性相依，故 $B = A - \lambda I_2$ 矩陣的行列式值應為 0[12]。因此：

$$\det(A - \lambda I_2) = \begin{vmatrix} 1-\lambda & -2 \\ -2 & 1-\lambda \end{vmatrix} = 0$$

可得

$$(1-\lambda)^2 - 4 = 0 \Rightarrow \lambda^2 - 2\lambda - 3 = 0$$

故 $\lambda = 3$ 或 $\lambda = -1$。上述的計算，我們並沒有使用 y_2；也就是說，利用所計算的特性根例如 $\lambda = 3$，我們可以計算對應的特性向量，即令 y_2 為未知向量如：

$$y_2 = \begin{pmatrix} a \\ b \end{pmatrix}$$

則按照 (12-32) 式可得：

$$(A - 3I_2)y_2 = \begin{bmatrix} 1-3 & -2 \\ -2 & 1-3 \end{bmatrix}\begin{bmatrix} a \\ b \end{bmatrix} = \begin{bmatrix} 0 \\ 0 \end{bmatrix}$$

可得

$$a + b = 0$$

表示有多組 (a, b) 的可能，其中 $a = -b$。通常，我們是以單位向量來表示特性向量，故可得[13]：

---

[12] 我們也可以解釋成 $B = A - \lambda I_2$ 是一個奇異矩陣。

[13] 可記得單位向量為 $y_2 / \|y_2\|$。

$$y_2 = \begin{pmatrix} a \\ b \end{pmatrix} = \begin{pmatrix} -1/\sqrt{2} \\ 1/\sqrt{2} \end{pmatrix} \approx \begin{pmatrix} -0.7071 \\ 0.7071 \end{pmatrix}$$

利用相同的方式，可得另一個特性根 $\lambda = -1$ 所對應的特性向量爲：

$$y_3 = \begin{pmatrix} -1/\sqrt{2} \\ -1/\sqrt{2} \end{pmatrix} \approx \begin{pmatrix} -0.7071 \\ -0.7071 \end{pmatrix}$$

其中 $y_3 = -x_3$。上述的計算過程略爲繁瑣；不過，若用 R 操作，則較爲簡易。可以參考下列 R 指令：

```
A = matrix(c(1,-2,-2,1),2,2);A
eigen(A)
#$values
#[1]   3 -1
#$vectors
#               [,1]          [,2]
#[1,]    -0.7071068 -0.7071068
#[2,]     0.7071068 -0.7071068
```

上述指令是說明可以使用 eigen(·) 函數指令分別計算 A 矩陣內的特性根及其對應的特性向量，其中特性根是以 $values 表示而特性向量則以 $vectors 表示，後者是以矩陣的形式呈現。我們可以使用下列的指令以找出個別的結果，即：

```
eigen(A)$values
eigen(A)$vectors
```

　　因此，從上述的計算結果以及利用 (12-31) 式可知，A 矩陣內的特性根與其對應的特性向量相乘，可以讓我們知道 A 矩陣內的「主成分（principal components）」；也就是說，由圖 12-16 可以看出 A 矩陣內有二個主成分：x_2 與 x_3。我們可以從下列的例子看出上述之應用。

例 1　共變異係數與相關係數

　　下表列出 NASDAQ 與 TWI 於 2016/4～2016/9 期間之月對數報酬率（%），試依照下列公式計算二月對數報酬率之間的共變異數（covariance）與相關

（correlation）係數：

$$s_{xy} = \frac{\sum_{i=1}^{n}(x-\bar{x})(y-\bar{y})}{n-1} \quad 與 \quad r_{xy} = \frac{s_{xy}}{s_x s_y}$$

其中 s_x、s_y、n、s_{xy} 以及 r_{xy} 分別表示 x 的樣本標準差、y 的樣本標準差、樣本個數、x 與 y 的樣本共變異數以及樣本相關係數。

	2016/4	20165/5	2016/6	2016/7	2016/8	2016/9
NASDAQ (x)	−1.96	3.55	−2.15	6.39	0.98	1.88
TWI (y)	−4.29	1.86	1.52	3.60	0.94	1.07

解 首先我們可以回想 x 的樣本變異數可為：

$$s_x^2 = s_{xx} = \frac{\sum_{i=1}^{n}(x_i - \bar{x})(x_i - \bar{x})}{n-1}$$

因此，s_{xy} 可以視為計算 x 與 y 之間的共同變異數，可以參考下圖。下圖繪出 x 與 y 的散佈圖，其中整個平面可以由二個樣本平均數分成四個象限。因此，若樣本資料落於第 1 與第 3 象限，則按照樣本共變異數的公式可知其值會大於 0，表示樣本資料有相同方向的變異；相反地，若樣本資料落於第 2 與第 4 象限，則計算的樣本共變異數會小於 0，表示樣本資料有相反方向的變異。是故，利用上表內的資料，可以計算月對數報酬率的樣本共變異數約為 6.1746，表示 NASDAQ 與 TWI 月對數報酬率之間呈相同方向的變動。我們進一步計算二月對數報酬率之間的相關程度，其計算的樣本相關係數約為 0.7066，表示 NASDAQ 與 TWI 月對數報酬率之間約有 70.66% 的直線相關[14]，可以參考下列 R 指令：

---

[14] 相關係數適用於衡量二序列資料之間的直線相關程度，即若相關係數等於 1 或 −1，表示所有的資料位於同一直線上。從圖內可以看出 NASDAQ 與 TWI 月對數報酬率資料並沒有位於同一直線上，故其大概約有 70.66% 像一條直線。

```
nastwissem = read.table("D:\\BM\\ch11\\NASTWISSEm.txt",header=TRUE)
names(nastwissem)
attach(nastwissem)
r1 = 100*diff(log(NAS)) # NASDAQ
r2 = 100*diff(log(TWI)) # TWI
r3 = 100*diff(log(SSE)) # 上海綜合證券指數
r1tail = tail(r1) # 最後 6 個資料
r2tail = tail(r2);x = round(r1tail,2) # -1.96    3.55 -2.15    6.39    0.98    1.88
y = round(r2tail,2) # -4.29    1.86    1.52    3.60    0.94    1.07
windows();plot(x,y,type="p",cex=3,pch=20,cex.lab=1.5);abline(v=mean(x),lwd=4,h=mean(y))
text(mean(x),-4.2,labels=expression(bar(x)),pos=4,cex=2)
text(6.6,mean(y),labels=expression(bar(y)),pos=1,cex=2);cov(x,y) # 6.174607
sxy = sum((x-mean(x))*(y-mean(y))/5) # 6.174607
sx = sd(x);sy = sd(y);cor(x,y) # 0.7065785
sxy/(sx*sy) # 0.7065785
```

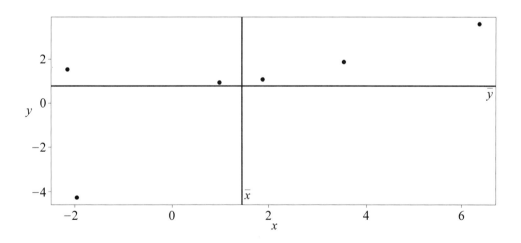

例2 共變異數矩陣與相關矩陣

續例 1，將上述計算結果寫成矩陣型態，即：

$$S = \begin{bmatrix} s_{xx} & s_{xy} \\ s_{xy} & s_{yy} \end{bmatrix} \text{ 與 } R = \begin{bmatrix} 1 & r_{xy} \\ r_{xy} & 1 \end{bmatrix}$$

　　　R 與 S 有何特色？

解　R 與 S 皆屬於對稱矩陣，即 $R = R^T$ 與 $S = S^T$，可以參考下列 R 指令：

```
xy = cbind(x,y);R = cov(xy) # 2 by 2 對稱矩陣
S = cor(xy) # 2 by 2 對稱矩陣
R
S
t(R)
t(S)
```

例3

　　至英文 YAHOO 網站下載 NASDAQ 與 TWI 於 2000/1～2016/9 期間之（調整後）月收盤價，將其轉成月對數報酬率後，繪製出二月對數報酬率序列之散佈圖，其結果為何？二月對數報酬率序列的相關係數為何？相關矩陣的主成分為何？有何涵義？

解　可以參考下圖以及所附之 R 指令：

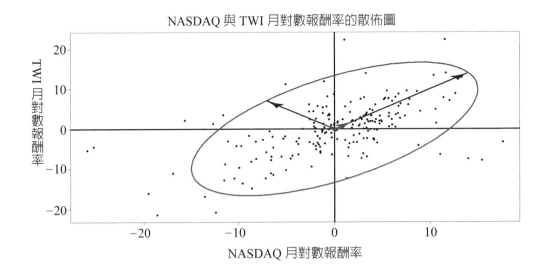

NASDAQ 與 TWI 月對數報酬率的散佈圖

R 指令：

```
TWO = cbind(r1,r2) # 可以參考例 1 之 R 指令
eigen(cor(TWO))
omega = cor(TWO) # 55.45%
lambda = eigen(omega)$values # 1.554451 0.445549
lambda1 = lambda[1];lambda2 = lambda[2];
V = eigen(omega)$vectors
v1 = V[,1];v2 = V[,2];
library(shape);library(plotrix);windows()
plot(r1,r2,pch=20,cex=1.5,xlab="NASDAQ 月對數報酬率 ",ylab="TWI 月對數報酬率 ",cex.lab=1.5,
    main="NASDAQ 與 TWI 月對數報酬率的散佈圖 ",cex.main=2);abline(v=0,h=0,lwd=4)
draw.ellipse(c(0,0),c(0,0),a=20,b=10, angle = c(50,50),border="red",lty=1,lwd=4)
Arrows(0,0,12*lambda1*v1[1],12*lambda1*v1[2],arr.type="curved",lwd=4,col="blue")
Arrows(0,0,20*lambda2*v2[1],20*lambda2*v2[2],arr.type="curved",lwd=4,col="blue")
Arrows(0,0,lambda1*v1[1],lambda1*v1[2],arr.type="curved",lwd=4,col=2)
Arrows(0,0,lambda2*v2[1],lambda2*v2[2],arr.type="curved",lwd=4,col=2)
```

由上圖可知二個月對數報酬率序列呈相同方向的走勢，即其樣本共變異數約為 24.76 而其相關係數約為 55.45%；另一方面，相關係數矩陣的特性根分別約為 $\lambda_1 = 1.5545$ 與 $\lambda_2 = 0.4455$ 而其對應的特性向量分別約為：

$$v_1 = \begin{pmatrix} 0.7071 \\ 0.7071 \end{pmatrix} \text{ 與 } v_2 = \begin{pmatrix} -0.7071 \\ 0.7071 \end{pmatrix}$$

故二個主成分約為：

$$\lambda_1 v_1 = \begin{pmatrix} 1.0992 \\ 1.0992 \end{pmatrix} \text{ 與 } \lambda_2 v_2 = \begin{pmatrix} -0.3151 \\ 0.3151 \end{pmatrix}$$

明顯地，第一個主成分 $\lambda_1 v_1$ 大於第二主成分 $\lambda_2 v_2$。有意思的是，第一個主成分可以解釋二個月對數報酬率序列共同變動為東北—西南的走勢，而第二個主成分則可以解釋共同變動為西北—東南的走勢，如上圖內紅色箭頭所示，因第一個主成分會支配第二個主成分（即 $\lambda_1 > \lambda_2$），故圖內顯示出二月對數報酬率序列之散佈圖呈現出東北—西南的走勢。

例 3 說明了利用相關矩陣之特性根（及其對應的特性向量）的性質，

可以拆解出二個月對數報酬率序列內的主要成分；也就是說，我們有辦法拆解出多個恆定的時間序列的共同主要成分，此種方法就稱爲主成分分析（principal components analysis, *PCA*）。不過，在介紹之前，我們仍須幫讀者建立一些觀念。

例4 矩陣的拆解（matrix decomposition）

V 是一個 n 階的方形矩陣，我們可以將其拆解成以其特性根與特性向量表示。即令 Λ（音 lambda）表示一個對角矩陣，其對角元素爲 V 之特性根，若按照特性根大小的順序，其對應的特性向量可以合併成一個 n 階的方形矩陣 W，類似 (12-31) 式，我們可以寫成：

$$VW = W\Lambda \tag{12-33}$$

若 A 矩陣的特性根皆爲非 0 之相異值（即其不相等），則其特性向量彼此相互線性獨立，利用例 3 內的 NASDAQ 與 TWI 月對數報酬率序列資料，說明 (12-33) 式可以改寫成：

$$V = W\Lambda W^{-1} \tag{12-34}$$

其中 W 是一個直交矩陣（orthogonal matrix）且 $W^{-1} = W^{T}$。(12-34) 式又可以稱爲方形又對稱矩陣 W 之光譜分解（spectral decomposition）。

解 可以參考下列 R 指令：

```
A = cor(TWO);LAMBDA = eigen(A)$values
LAMBDA = matrix(c(LAMBDA[1],0,0,LAMBDA[2]),2,2);LAMBDA
W = eigen(A)$vectors;W
W[1,]%*%W[,1] # 0, 直交
t(W[,1])%*%W[,2] # 0, 直交
W%*%LAMBDA%*%solve(W)
A
t(W)
solve(W)
```

利用例 4，我們可以介紹 *PCA* 於經濟與財務上的應用。*PCA* 可以說是許多直交（或稱正交）（orthogonalization）技巧內最簡單的一種方法，其可以將一組有相關的序列資料轉換成一組毫無相關的序列資料，而該技巧普遍應用於財務風險管理上。

令 *X* 是一個 $T \times n$ 的矩陣，其內之 x_j，$j = 1 \cdot 2 \cdot \cdots \cdot n$ 表示第 *j* 行，故 x_j 為一個 $T \times 1$ 的向量；換言之，*X* 內之元素可表示 *n* 個時間序列資料而每一資料有 *T* 個觀察值。若將每一時間序列資料標準化[15]，則 *X* 之共變異數矩陣或相關矩陣可以下式表示[16]：

$$V = T^{-1} X^T X$$

因 *V* 係計算變異數以及共變異數，下一章我們會說明 *V* 是屬於正定矩陣（positive definite matrix），該矩陣的特色是其所對應的特性根皆為正值；換言之，*PCA* 就是強調可以利用特性根的大小來解釋 *X* 的變動。

若將 *V* 內的特性根由大至小排列，將對應的特性向量以行合併成一個矩陣 *W*，其中 *W* 是一個 $n \times n$ 矩陣。我們可以利用 *W* 矩陣來定義 *X* 的主成分，即令：

$$P = XW \tag{12-35}$$

其中 *P* 為一個 $T \times n$ 矩陣。我們定義 *P* 矩陣之第 *m* 個向量 p_m 為 *X*（或 *V*）之第 *m* 個主成分，其中 p_m 亦可以寫成：

$$p_m = w_m^T X^T \tag{12-36}$$

其中 w_m 與 x_m 分別表示 *W* 與 *X* 矩陣內之第 *m* 個向量；換言之，(12-36) 式亦可以寫成：

$$p_m = w_{1m} x_1 + w_{2m} x_2 + \cdots + w_{nm} x_n \tag{12-37}$$

---

[15] 此處標準化是指將每一觀察值減其樣本平均數後，再除以其樣本標準差。標準化後，x_j 的平均數與標準差分別為 0 與 1。

[16] 於大樣本下我們以 *T* 取代 *T* − 1，而二者於大樣本數下差距不大。

其中 w_{ij} 為 W 矩陣內之第 i 列與第 j 行元素。是故，p_1 可以稱為 X（或 V）之第一主成分，p_2 可以稱為第二主成分，依序類推。

因此，PCA 具有下列的性質：

性質 1：主成分之間毫不相關。即利用 (12-33) 與 (12-34) 二式可得：

$$T^{-1}P^T P = T^{-1}W^T X^T XW = W^T VW = W^T W\Lambda = \Lambda \tag{12-38}$$

性質 2：X（或 V）內的總變異可以 V 內的特性根總和表示（即 $\lambda_1 + \lambda_2 + \cdots + \lambda_n$）；是故，第一主成分可以解釋 X（或 V）內最大的變異，可以解釋的分額為 $\lambda_1/(\lambda_1 + \lambda_2 + \cdots + \lambda_n)$；其次，第二主成分可以解釋的分額為 $\lambda_2/(\lambda_1 + \lambda_2 + \cdots + \lambda_n)$，其餘類推。

利用 (12-35) 式，我們可以得到觀察值序列資料 X 以其主成分表示，即：

$$X = PW^T \tag{12-39}$$

可記得 $W^T = W^{-1}$。類似地，利用 (12-39) 式，X 內的每行向量亦可以表示成：

$$x_i = w_{i1}p_1 + w_{i2}p_2 + \cdots + w_{in}p_n \tag{12-40}$$

(12-40) 式說明了 X 內的每一變數的觀察值序列資料可以由其主成分序列的線性組合表示；不過，通常我們只使用少數的主成分序列就能解釋 X 大部分的變異。底下的例子說明 PCA 的應用。

例 5

試說明或證明 (12-36)、(12-37) 以及 (12-40) 式。

解 假定 X、W 以及 P 皆為一個 2 階的方形矩陣，即：

$$X = \begin{bmatrix} x_1 & x_2 \end{bmatrix} = \begin{bmatrix} x_{11} & x_{12} \\ x_{21} & x_{22} \end{bmatrix} \text{、} W = \begin{bmatrix} w_1 & w_2 \end{bmatrix} = \begin{bmatrix} w_{11} & w_{12} \\ w_{21} & w_{22} \end{bmatrix} \text{、} P = \begin{bmatrix} p_1 & p_2 \end{bmatrix} = \begin{bmatrix} p_{11} & p_{12} \\ p_{21} & p_{22} \end{bmatrix}$$

則

$$P = \begin{bmatrix} p_1 & p_2 \end{bmatrix} = XW = \begin{bmatrix} x_{11} & x_{12} \\ x_{21} & x_{22} \end{bmatrix} \begin{bmatrix} w_{11} & w_{12} \\ w_{21} & w_{22} \end{bmatrix} = \begin{bmatrix} x_{11}w_{11} + x_{12}w_{21} & x_{11}w_{12} + x_{12}w_{22} \\ x_{21}w_{11} + x_{22}w_{21} & x_{21}w_{12} + x_{22}w_{22} \end{bmatrix}$$

$$= \begin{bmatrix} w_{11}x_1 + w_{21}x_2 & w_{12}x_1 + w_{22}x_2 \end{bmatrix}$$

$$= \begin{bmatrix} w_1^T X^T & w_2^T X^T \end{bmatrix}$$

以及

$$X = \begin{bmatrix} x_1 & x_2 \end{bmatrix} = PW^T = \begin{bmatrix} p_{11} & p_{12} \\ p_{21} & p_{22} \end{bmatrix} \begin{bmatrix} w_{11} & w_{21} \\ w_{12} & w_{22} \end{bmatrix} = \begin{bmatrix} p_{11}w_{11} + p_{12}w_{12} & p_{11}w_{21} + p_{12}w_{22} \\ p_{21}w_{11} + p_{22}w_{12} & p_{21}w_{21} + p_{22}w_{22} \end{bmatrix}$$

$$= \begin{bmatrix} w_{11}p_1 + w_{21}p_2 & w_{12}p_1 + w_{22}p_2 \end{bmatrix}$$

$$= \begin{bmatrix} w_1^T P^T & w_2^T P^T \end{bmatrix}$$

例 6

續例 3，我們再加入同時期上海綜合證券指數（SSE）的月對數報酬率序列資料，計算三指數月對數報酬率標準化後之相關係數矩陣、共變異數矩陣以及相關係數矩陣之特性根與特性向量。

解 按照 NASDAQ、TWI 以及 SSE 的次序，三指數月對數報酬率標準化後之相關係數矩陣與共變異數矩陣為：

$$V \approx \begin{bmatrix} 1 & 0.5545 & 0.2481 \\ 0.5545 & 1 & 0.3052 \\ 0.2481 & 0.3052 & 1 \end{bmatrix}$$

V 內有三個特性根，分別約為 $\lambda_1 = 1.7570$、$\lambda_2 = 0.8013$ 以及 $\lambda_3 = 0.4417$，而其對應的特性向量矩陣為：

$$W \approx \begin{bmatrix} -0.6179 & -0.3953 & 0.6797 \\ -0.6379 & -0.2534 & -0.7272 \\ -0.4597 & 0.8829 & 0.0956 \end{bmatrix}$$

例 7

續例 6：

主成分為何？各能解釋月對數報酬率序列的比重為何？將各月對數報酬率

序列以第一主成分與第二主成分表示並繪出其散佈圖。結果爲何？

解 三個比重分別約爲 58.57%、26.71%、以及 14.72%。若以第一主成分與第二主成分表示，分別爲：

$$\hat{x}_1 = -0.6179p_1 - 0.3953p_2$$
$$\hat{x}_2 = -0.6379p_1 - 0.2534p_2$$
$$\hat{x}_3 = -0.4597p_1 + 0.8829p_2$$

其中 p_1 與 p_2 分別表示第一主成分與第二主成分序列，而 $\hat{x}_1$、$\hat{x}_2$ 以及 $\hat{x}_3$ 則分別表示按照上式所取得的 NASDAQ、TWI 以及 SSE 月對數報酬率的估計值序列，可以參考下圖（圖內黑點表示實際的觀察值）以及所附的 R 程式。

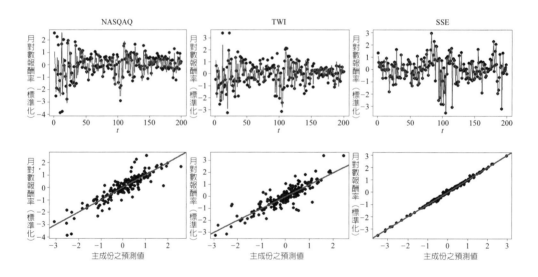

R 指令：

```
sr1 = (r1-mean(r1))/sd(r1); sr2 = (r2-mean(r2))/sd(r2);;sr3 = (r3-mean(r3))/sd(r3);
X = cbind(sr1,sr2,sr3);A = cor(X);A
V = cov(X);V
lambda = eigen(V)$values
LAMBDA = matrix(c(lambda[1],0,0,0,lambda[2],0,0,0,lambda[3]),3,3);W = eigen(V)$vectors
W%*%LAMBDA%*%t(W)
```

```
t(W)
solve(W)
P = X%*%W;t(P)%*%P;t(W)%*%t(X)%*%X%*%W
lambda[1]/sum(lambda) #  0.5856651
lambda[2]/sum(lambda) #  0.2671139
lambda[3]/sum(lambda) #  0.1472211
lambda[1]/sum(lambda)+lambda[2]/sum(lambda) # 0.8527789
r1hat = W[1,1]*P[,1]+W[1,2]*P[,2];r2hat = W[2,1]*P[,1]+W[2,2]*P[,2]
r3hat = W[3,1]*P[,1]+W[3,2]*P[,2];t = 1:length(r1hat);windows();par(mfcol=c(2,3))
plot(t,sr1,type="p",cex=3,pch=20,main="NASQAQ",ylab=" 月對數報酬率（標準化）",
    cex.lab=1.5,cex.main=2);lines(t,r1hat,lwd=2,col=2,lty=1)
plot(r1hat,sr1,type="p",cex=3,pch=20,xlab=" 主成份之預測值 ",ylab=" 月對數報酬率（標準化）",
    cex.lab=1.5);abline(lm(sr1~r1hat),lwd=4,col=2)
plot(t,sr2,type="p",cex=3,pch=20,main="TWI",ylab=" 月對數報酬率（標準化）",
    cex.lab=1.5,cex.main=2);lines(t,r2hat,lwd=2,col=2,lty=1)
plot(r2hat,sr2,type="p",cex=3,pch=20,xlab=" 主成份之預測值 ",ylab=" 月對數報酬率（標準化）",
    cex.lab=1.5);abline(lm(sr2~r2hat),lwd=4,col=2)
plot(t,sr3,type="p",cex=3,pch=20,main="SSE",ylab=" 月對數報酬率（標準化）",
    cex.lab=1.5,cex.main=2);lines(t,r3hat,lwd=2,col=2,lty=1)
plot(r3hat,sr3,type="p",cex=3,pch=20,xlab=" 主成份之預測值 ",ylab=" 月對數報酬率（標準化）",
    cex.lab=1.5);abline(lm(sr3~r3hat),lwd=4,col=2)
```

例 8

續例 7，何謂主成分？試解釋之。

解 三指數報酬率彼此之間是有相關的，也就是說，三指數報酬率所組成的共變異數或相關係數矩陣內含共同變異的訊息，我們可以透過 PCA 方法過濾出主要共同變動的部分。為何三指數報酬率之間會存在共同變動的部分？我們可以將其想像成三指數報酬率之間一定存在有許多共同的解釋因子，而這些共同的解釋因子有變動，自然會引起三指數報酬率一起變動。讀者可想像會影響全球股市的因子為何？有些比較明顯如石油價格的變動，但是有些卻不易觀察到如「有人認為國際股市已泡沫化了，其他人則嗤之以鼻。」；因此，利用 PCA 方法以找出共同變異的「主成分」不失其簡單性，雖說我們不知其為何，不過反而可以讓我們不用再去細分共同解釋因子。

　　類似的情況，能解釋社會大眾行為的共同解釋因子為何？讀者可否想像？

練習

(1) 利用例 6 的資料，繪出 TWI 與 SSE 月對數報酬率序列資料的散佈圖及其相關係數矩陣之特性根與其對應的特性向量乘積，結果為何？

(2) 續上題，令 W 表示特性向量矩陣，其有何特色？

(3) 續上題，我們如何找出 TWI 與 SSE 月對數報酬率序列資料（標準化後）的主成分矩陣，該矩陣有何特色？

(4) 續上題，分別找出二月對數報酬率序列以第一主成分的預測值，其可以解釋的比重為何？

(5) 續上題，繪出實際與預測之間的散佈圖。何者的效果較佳？

(6) 何謂 PCA？試解釋之？

(7) 續上題，找出主成分的步驟為何？

本章習題

1. 計算下列向量的長度：

   (A) (2, 2)　(B) (−1, −3)　(C) (1, 3, 5, 6)　(D) (7, 8, 9, 10)

2. 續上題，計算 (A) 與 (B) 以及 (C) 與 (D) 之間的距離。

3. 計算下列結果：

   (A) $\begin{bmatrix} 1 & 2 \\ 3 & 4 \end{bmatrix} - \begin{bmatrix} 5 & 7 \\ 6 & 8 \end{bmatrix}$　(B) $\begin{bmatrix} 1 & 2 \\ 3 & 4 \end{bmatrix}\begin{bmatrix} 5 & 7 \\ 6 & 8 \end{bmatrix}$　(C) $\begin{bmatrix} 1 & 2 \\ 3 & 4 \end{bmatrix}\begin{bmatrix} 3 \\ 5 \end{bmatrix}$　(D) $\begin{bmatrix} 1 & 2 \end{bmatrix}\begin{bmatrix} 5 & 7 \\ 6 & 8 \end{bmatrix}$

4. 下列 IS-LM 模型：

$$C = 50 + 0.65(Y - T) - 0.35i$$
$$T = T_0 + 0.2Y$$
$$I = 100 + 0.15Y - 0.02i$$
$$M_0^S / P_0 = M^D / P_0 = 0.2Y + 100 - 0.03i$$

若 $T_0 = G_0 = 100$、$M_0^S = 872.7$ 以及 $P_0 = 3$，則均衡所得與利率為何？試繪出其圖形。

5. 續上題，試以克萊姆法則求解均衡所得與利率。

6. 續上題，若 $T_0 = G_0 = 100.001$，則均衡所得與利率為何？

7. 續上題，若 $P_0 = 3.00005$，則均衡所得與利率為何？

    提示：如下圖

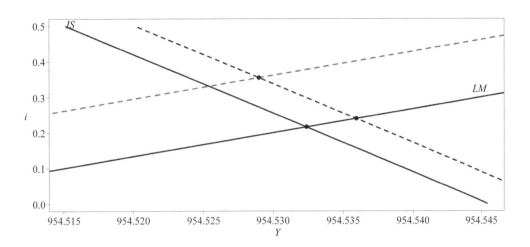

8. 解下列的聯立方程式：

$$\begin{cases} x - 2y + 4z = 0 \\ 2x - 4y + 8z = 2 \\ x + y + z = 3 \end{cases}$$

    結果為何？

9. 續上題，若

$$A = \begin{bmatrix} 1 & -2 & 4 \\ 2 & -4 & 8 \\ 1 & 1 & 1 \end{bmatrix}$$

    試計算 A 之特性根與對應的特性向量，結果為何？有何結論？

10. 利用 fOptions 程式套件內的 BinomialTreeOption 與 GBSOption 計算下列歐式賣權價格：標的資產價格、履約價格、到期時間、無風險利率、股利支付率以及波動率分別為 50、50、5/12、0.1、0 以及 0.4。試檢視利用二項式定價模型所計算出的價格是否會收斂。

提示：如下圖

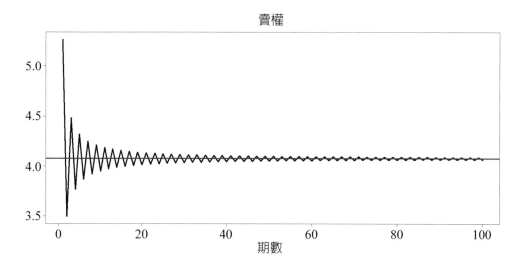

11. 解下列的聯立方程式：

$$\begin{cases} x - 3y + 4z = 0 \\ 2x - 4y + 8z = 2 \\ x + y + z = 3 \end{cases}$$

結果為何？

12. 續上題，若

$$A = \begin{bmatrix} 1 & -3 & 4 \\ 2 & -4 & 8 \\ 1 & 1 & 1 \end{bmatrix}$$

試計算 A 之特性根與對應的特性向量，結果為何？有何結論？

13. 續上題，A 矩陣是否可寫成如 (12-34) 式所示？

14. 續上題，若

$$A = \begin{bmatrix} 1 & 2 & 1 \\ 2 & -4 & 3 \\ 1 & 3 & 1 \end{bmatrix}$$

A 矩陣是否可寫成如 (12-34) 式所示？題 13 與 14 的差異為何？

15. 至 TEJ 下載下列股票之月收盤價（調整後），期間為 2000/1～2016/10：台泥、統一、台塑、遠東新、東元、聲寶以及中鋼等 7 檔股票。試將 7 檔股票以標準化的月對數報酬率表示。

16. 續上題，計算其相關係數矩陣並繪出之間的散佈圖。

　　提示：如下圖

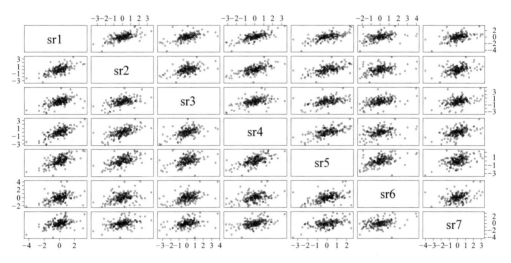

註：sr1-sr7 為按照上述 7 檔股票的順序所計算之標準化月對數報酬率

17. 續上題，計算相關係數矩陣之特性根。利用所計算的特性根，可以解釋 7 檔月對數報酬率序列的變動比重分別為何？

18. 續上題，繪製出第一至第三主成分序列之時間走勢。

　　提示：如下圖

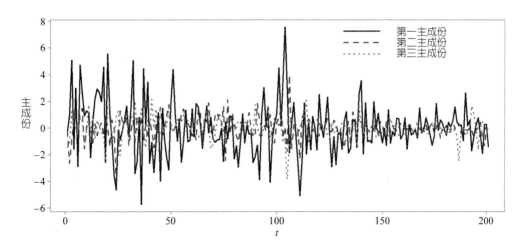

19. 續上題，以第一至第三主成分序列預測各月對數報酬率序列，其各為何？

提示：如下圖

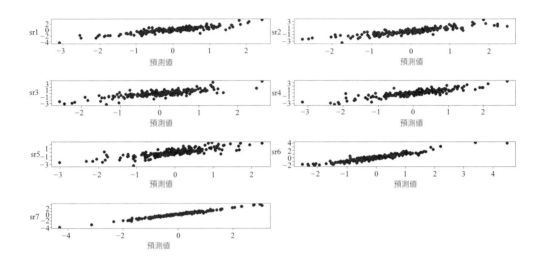

20. 續上題，至 TEJ 下載同時期 TWI 月收盤價（調整後）序列資料，轉成月對數報酬率序列後，計算第一至第三主成分與 TWI 月對數報酬率序列之相關係數，結果為何？

21. 續上題，繪製出各股實際與 TWI 月對數報酬率序列之間的散佈圖。

提示：如下圖

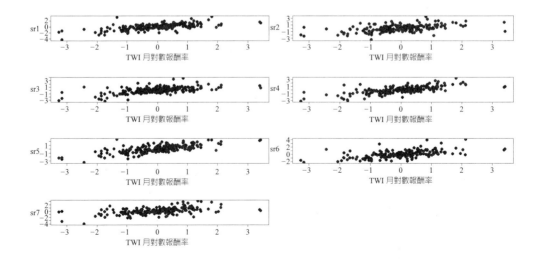

22. $y = 3x + 4$，若 x 為介於 -3 與 3 之間的等差數列。繪出 x 與 y 之間的散佈圖並計算 x 與 y 的相關係數，結論為何？

23. 續上題，$y_1 = 3x + 4 + 5u$，其中 u 為標準常態分配的隨機變數。繪出 x 與 y_1 之間的散佈圖並計算 x 與 y_1 的相關係數，結論為何？

24. 至 TEJ 下載 2000/1/4～2016/6/24 期間日月光與台達電調整後日收盤價序列資料並將其各自轉成日對數報酬率序列。若二股票構成一個資產組合 P，計算於不同的投資比重下（例如 $w = 1/3$ 的資金投資於日月光而 $1 - w = 2/3$ 的資金投資於台達電），P 之各自的樣本平均報酬率與標準差。試將各種平均數與標準差繪於橫軸為標準差而縱軸為平均報酬率的平面座標上，若 $0 \leq w \leq 1$，則其圖形為何？

25. 續上題，若假定二日對數報酬率序列之間的相關係數為 -1（即完全負相關），則圖形又為何？

26. 續上題，若 w 可以為負值，則圖形又為何？各圖有何涵義？

提示：如下圖

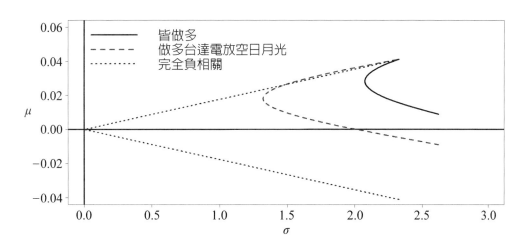

## Chapter 13

多元變數函數

本書第 1～10 章所討論的函數型態大多為 $f: R \to R$，我們可以將函數型態再擴充至一般化的情況；例如，$f: R^3 \to R$ 而 $f(x, y, z) = x^2 + y^2 + z^2$，故可知 f 之定義域為所有的 R^3 而其值域則為屬於 R 的非負數值。因此，更一般化的情況可以寫成 $f: R^n \to R$，其中定義域與值域分別屬於 R^n 以及 R，因 f 內有多個自變數，我們就稱 f 是一個多元變數函數。

其實，於前面的章節內，我們多少有接觸多元變數函數，例如一般有價證券的價值 P 可以寫成：

$$P = \frac{CF_1}{1+y} + \frac{CF_2}{(1+y)^2} + \cdots + \frac{CF_n}{(1+y)^n}$$

其中 CF_i 表示第 i 期的現金流入而 y 則表示貼現率（到期收益率）。上式表示我們須先知道 CF_i 與 y 才有辦法計算 P；也就是說，P 屬於一個多元變數函數，可以寫成 $P(CF_1, CF_2, \cdots, CF_n, y)$。

有些時候，我們倒未必只侷限於 $f: R^n \to R$ 的情況。我們也有可能面對是 $f: R^k \to R^m$ 的可能；例如，A 是一個 $m \times k$ 的矩陣，其可將一個 $k \times 1$ 的向量 x（線性）轉換成 $f(x) = Ax$，其中 $x \in R^k$ 而 $f(x) \in R^m$，前述聯立方程式體系就是屬於此種情況。

是故，多元變數函數是容易遭遇到的，一個自然的反應是於微積分內如何處理？於本章，我們將介紹有關於多元變數函數的觀念及其應用。

第一節　微分

底下，我們分三個部分介紹多元變數函數的微分。首先我們須瞭解偏微分的觀念，如前所述，經濟或財務理論大多可以多元變數函數表示，故反而是偏微分是我們所強調的；其次，我們也須瞭解如何將多元變數函數線性化以及多元變數函數的一般化表示方式。

1.1　偏微分

首先，我們介紹多元變數函數內的微分。我們可以想像一個最簡單的情況，即假定只有一個自變數有變動而其他自變數固定不變，此大概就是於經濟學內最常使用的假定：其他情況不變（ceteris paribus）。

因此，於其他情況不變下，我們所探討的 f 變動只是部分的變動；也就是說，此時只有 x_i 的變動而引起 f 的變動，我們就將此種結果稱為 f 的偏微分（partial derivative），我們用符號 ∂（音 delta）取代微分的符號 d，故 f 對 x_i 的偏微分可寫成：

$$\frac{\partial f}{\partial x_i}、\partial f / \partial x_i、f_i、f_{x_i}或 D_i f$$

我們可以回想一個自變數微分（於 x_0）的定義，其可寫成：

$$\frac{df(x)}{dx} = \lim_{h \to 0} \frac{f(x_0 + h) - f(x_0)}{h}$$

同理，於 $x^0 = (x_1^0, x_2^0, \cdots, x_n^0)$，$f$ 對 x_i 的偏微分可寫成：

$$\frac{\partial f(x_1^0, x_2^0, \cdots, x_n^0)}{\partial x_i} = \lim_{h \to 0} \frac{f(x_1^0, x_2^0, \cdots, x_i^0 + h, \cdots, x_n^0) - f(x_1^0, \cdots x_i^0, \cdots, x_n^0)}{h}$$

若存在上述極限值，則表示於其他變數不變下，x_i 的（平均）變動引起 f 的（平均）變動。因此，偏微分相當於 $dx_j = 0$（$j \neq i$）下，計算 df / dx_i；換句話說，f 對 x_i 的偏微分可以解釋成：於其他情況不變下，計算 df / dx_i。如此來看，$\partial f / \partial x_i$ 的解釋類似 df / dx_i。

我們先來看如何計算偏微分。考慮一個二元變數函數：

$$f(x, y) = 3x^2 y^2 + 4xy^3 + 7y$$

若欲計算 $\partial f / \partial x$，可以將 y 視爲常數，即：

$$\frac{\partial f(x, y)}{\partial x} = 6xy^2 + 4y^3$$

同理，若欲計算 $\partial f / \partial y$，可以將 x 視爲常數，即：

$$\frac{\partial f(x, y)}{\partial y} = 6x^2 y + 12xy^2 + 7$$

因此，偏微分與一般的微分的差異，其實不大。

　　底下，我們介紹全微分與偏微分的關係。之前我們將「微小的變動如 dy」視爲一個數值，並介紹全微分的概念，於此我們將上述觀念推廣；換言之，假定有一個 n 元變數函數 $y = f(x_1, x_2, \cdots, x_n)$，則 y 之全微分可以寫成：

$$dy = f_1 dx_1 + f_2 dx_2 + \cdots + f_n dx_n \tag{13-1}$$

其中

$$f_i = f_{x_i} = \frac{\partial y}{\partial x_i}$$

表示第 i 個自變數對 y 的偏微分。(13-1) 式的意義並不難瞭解：因變數 y 受到 n 個自變數的影響，若 y 有了變動，其變動來源有可能來自於 n 個自變數其中一個或多個變動，我們如何抽絲剝繭地單獨找出某一個自變數變動影響到因變數 y 的變動呢？答案就是偏微分的觀念。換句話說，f_i 所表示的意思就是於其他會影響 y 的變數不變下，平均 x_i 增加一單位，y 會平均增加 f_i 單位。因此，f_i 與 df / dx 的解釋方式稍有不同，其不同處就是於解釋 f_i 之前，須加進「其他情況不變」。

　　於其他情況不變下，需求量與價格呈相反的關係，經濟學內的「需求法則」，原來就是偏微分概念的應用；因此，反而是偏微分才吻合我們的要求。

例 1　柯布—道格拉斯效用函數

　　若效用函數爲 $U(x, y) = Ax^\alpha y^\beta$，其中 x 與 y 皆爲正常的財貨，繪製出效用函數與無異曲線圖。

解　可參考下圖及所附之 R 指令，假定 $A = 1$、$\alpha = \beta = 0.5$。

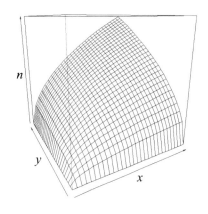
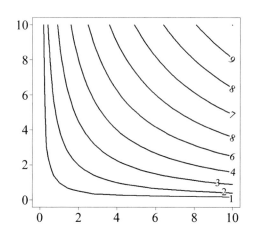

R 指令：

```
A = 1; alpha = 0.5; beta = 0.5;f = function(x,y) A*(x^alpha)*(y^beta)
x = seq(0,10,length=30);y = x;U = outer(x,y,f);windows()
par(mfrow=c(1,2));persp(x,y,U,theta=-30);contour(x,y,U,lwd=3)
```

例2

續例 1，若 $\alpha = 0.7$ 而 $\beta = 0.3$，繪製出 MRS 函數。

解 因 $U(x, y) = Ax^\alpha y^\beta$，可得：

$$U_x = \frac{\partial U}{\partial x} = \alpha Ax^{\alpha-1}y^\beta = \alpha\frac{U}{x} \text{ 以及 } U_y = \frac{\partial U}{\partial y} = \beta Ax^\alpha y^{\beta-1} = \beta\frac{U}{y}$$

則某一特定效用 U_0 之全微分可爲：

$$dU_0 = U_x dx + U_y dy = 0$$

按照 MRS 的定義，可知：

$$MRS = -\frac{dy}{dx}\bigg|_{U=U_0} = \frac{U_x}{U_y} = \frac{\alpha}{\beta}\frac{y}{x}$$

故 MRS 爲 y / x 之函數。可以參考下圖及所附之 R 指令。

R 指令：

```
x = seq(0,10,length=300);alpha = 0.7; beta = 0.3;y = function(x,U) (U/(A*(x^alpha)))^(1/beta)
MRS = function(x,y) -(alpha/beta)*(y/x) # 用負數表示
windows();plot(x,y(x,1),type="l",lwd=4,ylim=c(0,10),ylab="y",cex.lab=1.5)
lines(x,y(x,2),lwd=4);lines(x,y(x,3),lwd=4);lines(x,y(x,4),lwd=4);lines(x,y(x,5),lwd=4)
arrows(0,0,6,y(6,6),lty=2,lwd=2)
abline(v=0,h=0);m = MRS(1,y(1,1));y1 = y(1,1)+m*(x-1);lines(x,y1,col=2,lwd=3,lty=2)
m = MRS(2,y(2,2));y2 = y(2,2)+m*(x-2);lines(x,y2,col=2,lwd=3,lty=2)
m = MRS(3,y(3,3));y3 = y(3,3)+m*(x-3);lines(x,y3,col=2,lwd=3,lty=2)
m = MRS(4,y(4,4));y4 = y(4,4)+m*(x-4);lines(x,y4,col=2,lwd=3,lty=2)
m = MRS(5,y(5,5));y5 = y(5,5)+m*(x-5);lines(x,y5,col=2,lwd=3,lty=2)
```

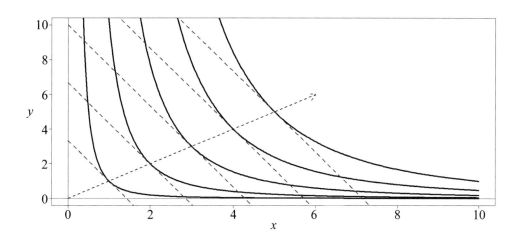

註：偏微分的微分過程類似一般的微分過程，可將其他變數視爲常數。以上述效用函數對 x
財偏微分爲例，可視 y 財爲常數。再試一個例子：

$$f(x, y, z) = (x^{0.5}z + y^{0.5}z)^2$$

則：

$$f_1 = \frac{\partial f}{\partial x} = 2(x^{0.5}z + y^{0.5}z)(0.5)zx^{-0.5} \text{、} f_2 = \frac{\partial f}{\partial y} = 2(x^{0.5}z + y^{0.5}z)(0.5)zy^{-0.5} \text{ 以及}$$

$$f_3 = \frac{\partial f}{\partial z} = 2(x^{0.5}z + y^{0.5}z)(x^{0.5} + y^{0.5})$$

例3 後彎的勞動供給曲線

假定勞動者的效用函數為 $U(c, l) = \log c + \log l$，其中 c 與 l 分別表示消費與休閒，導出勞動供給曲線。

解 我們可以將上述效用函數改成 $U(c, L) = \log c + \log(24 - L)$，其中 L 表示日工作時數，故於 $U = U_0$ 下，其 MRS 可為：

$$MRS = \frac{dc}{dL}\bigg|_{U=U_0} = \frac{c}{(24-L)} > 0$$

於上述效用函數下，無異曲線是呈正斜率的走勢，即 $MRS > 0$，可以參考下圖，此種結果符合我們的預期，畢竟勞動者是不喜歡工作的。於下圖內，可以看出於工資為 w_0 時，勞動供給者會工作 L_0 的時數；類似地，若工資提高至 w_1 與 w_2 時，勞動供給者會分別選擇 L_1 與 L_2 的工作時數。因 $w_1 < w_2$，但是 $L_1 > L_2$，故工資提高反而減少工作時數！

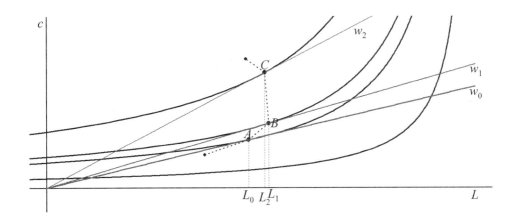

例4 歐式選擇權

第 9 章我們介紹 BS 公式以計算歐式選擇權的買權價格 C_t 與賣權價格 P_t，按照 BS，C_t 與 P_t 分別可寫成 [1]：

---

[1] 變數下標 t 表示時間。

$$C_t = S_t e^{-qT} N(d_1) - Ke^{-rT} N(d_2) \text{ 與 } P_t = Ke^{-rT} N(-d_2) - S_t e^{-qT} N(-d_1)$$

而

$$d_1 = \frac{\log(S_t/K) + (r - q + \sigma^2/2)T}{\sigma\sqrt{T}}$$

與

$$d_2 = \frac{\log(S_t/K) + (r - q - \sigma^2/2)T}{\sigma\sqrt{T}} = d_1 - \sigma\sqrt{T}$$

計算 $\partial C_t / \partial S_t$。

解 $C_t = S_t e^{-qT} N(d_1) - Ke^{-rT} N(d_2)$，$C_t$ 內的 $N(\cdot)$ 是標準常態分配的 CDF，故對其微分就是標準常態分配的 PDF，我們以 $n(\cdot)$ 表示後者，即：$\partial N(d_1)/\partial d_1 = n(d_1)$ 與 $\partial N(d_2)/\partial d_2 = n(d_2)$。因此：

$$\frac{\partial C_t}{\partial S_t} = e^{-qT} N(d_1) + S_t e^{-qT} \frac{\partial N(d_1)}{\partial d_1} \frac{\partial d_1}{\partial S_t} - Ke^{-rT} \frac{\partial N(d_2)}{\partial d_2} \frac{\partial d_2}{\partial S_t}$$

其中

$$\frac{\partial d_1}{\partial S_t} = \frac{\partial d_2}{\partial S_t} = \frac{1}{\sigma\sqrt{T}} \frac{1}{S_t}$$

其次，利用標準常態的 PDF 可知（第 5 章）：

$$\begin{aligned} n(d_2) &= \frac{1}{\sqrt{2\pi}} e^{-\frac{1}{2}d_2^2} = \frac{1}{\sqrt{2\pi}} e^{-\frac{1}{2}(d_1^2 - 2d_1\sigma\sqrt{T} + \sigma^2 T)} = \frac{1}{\sqrt{2\pi}} e^{-\frac{1}{2}d_1^2} e^{d_1\sigma\sqrt{T} - \frac{1}{2}\sigma^2 T} \\ &= n(d_1) e^{\log(S_t/K) + (r - q + \frac{1}{2}\sigma^2)T - \frac{1}{2}\sigma^2 T} \\ &= n(d_1) \frac{S_t}{K} e^{(r-q)T} \end{aligned}$$

故

$$\begin{aligned} \frac{\partial C_t}{\partial S_t} &= e^{-qT} N(d_1) + S_t e^{-qT} n(d_1) \frac{\partial d_1}{\partial S_t} - Ke^{-rT} n(d_1) \frac{S_t}{K} e^{(r-q)T} \frac{\partial d_2}{\partial S_t} \\ &= e^{-qT} N(d_1) + S_t n(d_1) \frac{\partial d_1}{\partial S_t} (e^{-qT} - e^{-rT} e^{(r-q)T}) \\ &= e^{-qT} N(d_1) \end{aligned}$$

因此，若假定 $q = 0$，則 $\partial C_t / \partial S_t = N(d_1)$。

例5　delta 避險

於第 11 章的二項式選擇權定價模型內，我們使用過 Δ（音 delta）的觀念，於選擇權的模型內，我們稱其為 delta；換言之，選擇權的 delta 可以定義成：於其他情況不變下，標的資產價格的變動引起選擇權價格的變動，即 $\partial C_t / \partial S_t = \Delta$。因此，例 4 就是導出一個歐式選擇權買權的 delta 公式。假定：

$$S_t = 42 \cdot K = 40 \cdot r = 0.1 \cdot q = 0 \cdot T = 0.5 \text{ 以及 } \sigma = 0.2$$

利用 BS 公式，計算 $\left. \dfrac{\partial C_t}{\partial S_t} \right|_{S_t = 40}$，並解釋其意義。

解 可以參考下圖與所附之 R 指令。可知

$$\left. \frac{\partial C_t}{\partial S_t} \right|_{S_t = 40} \approx 0.6643$$

表示於其他情況不變下，標的資產價格平均增（減）1 元，則買權價格平均會增（減）約 0.6643 元。

　　Delta 的計算通常是用於 delta 避險（hedging）；也就是說，買權的賣方若屬於裸部位（naked position）表示其手上並無該標的資產而須於現貨市場買進 0.6643 股的標的資產，以避免成本的上升。假想標的資產價格又上升至 45 元，則可以計算其對應的 delta 值約為 0.8956，則又須於現貨市場買進 0.2313 股；因此，買權的賣方須經常調整其部位，故其操作方式屬於動態避險（dynamic hedging）而非屬於靜態避險（static hedging），後者是指避險後就不管了（hedge-and-forget）。

R 指令：
```
BS = function(St,K,r,q,T,sigma)
{
 d1 = (log(St/K)+(r-q+(sigma^2)/2)*T)/(sigma*sqrt(T));d2 = d1-sigma*sqrt(T)
 C = St*exp(-q*T)*pnorm(d1)-K*exp(-r*T)*pnorm(d2)
 P = K*exp(-r*T)*pnorm(-d2)-St*exp(-q*T)*pnorm(-d1)
```

```
   return(list(C=C,P=P,d1=d1,d2=d2))
}
Eur = BS(42,40,0.1,0,0.5,0.2);delta = pnorm(Eur$d1);delta # 0.7791313
n = 201;St = seq(30,50,length=n);OptionC = rep(0,n);deltaC = OptionC
for(i in 1:n)
{
  Eur = BS(St[i],40,0.1,0,0.5,0.2);OptionC[i] = Eur$C;deltaC[i] = pnorm(Eur$d1)
}
windows();par(mfrow=c(1,2))
plot(St,OptionC,type="l",lwd=4,xlab=expression(S[t]),ylab=expression(C[t]),
    cex.lab=1.3,main=" 不同標的資產價格與買權價格 ",cex.main=2)
points(St[101],OptionC[101],pch=20,cex=3);m1 = deltaC[101]
y1 = OptionC[101]+m1*(St-St[101]);lines(St,y1,lwd=4,col=2);m2 = deltaC[151]
points(St[151],OptionC[151],pch=20,cex=3);y2 =OptionC[151]+m2*(St-St[151]);
lines(St,y2,lwd=4,col=3);plot(St,deltaC,type="l",lwd=4,xlab=expression(S[t]),ylab="Δ",cex.lab=1.5,
    main=" 不同標的資產價格下之買權 delta",cex.main=2)
segments(St[101],m1,St[101],0,lty=2);segments(St[101],m1,0,m,lty=2)
points(St[101],m1,pch=20,cex=3);segments(St[151],m2,St[151],0,lty=2)
segments(St[151],m2,0,m2,lty=2);points(St[151],m2,pch=20,cex=3)
m1 # 0.6643134
m2 # 0.8956442
m2-m1 # 0.2313308
```

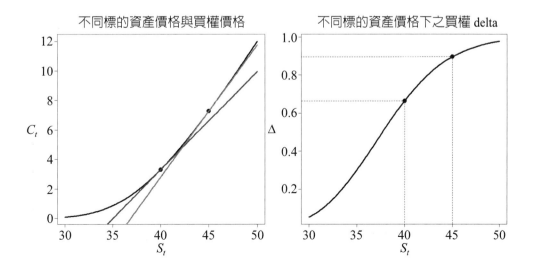

練習

(1) 計算下列的偏微分：

    (A) $4x^2y - 3xy^3 + 6x$ (B) x^2y (C) e^{2x^2+3y} (D) $\dfrac{x+y}{x-y}$ (E) $\log(x^2 + y)$

    提示：亦可以使用 R 操作偏微分，可以參考下列指令：

```
# (A)
f = expression(4*x^2*y-3*x*y^3+6*x);D(f,"x") # 4 * (2 * x) * y - 3 * y^3 + 6
D(f,"y") # 4 * x^2 - 3 * x * (3 * y^2)
# (B)
D(expression(x^2*y),'x') # 2 * x * y
D(expression(x^2*y),'y') # x^2
```

(2) 續例 1，若 $\alpha = 0.5$ 而 $\beta = 0.5$，繪製出 *MRS* 函數。

(3) x 財的需求函數為（P_x 與 Q_x 分別表示 x 財的價格與需求量）：

$$Q_x = 10P_x^{-1}P_y^{0.5}I^{0.8}$$

    其中 P_y 與 I 分別表示 y 財的價格與所得。於 $P_y = 2$ 與 $I = 10$ 下計算 x 財的需求彈性。

(4) 續上題，於 $P_x = 2$、$P_y = 2$ 與 $I = 10$ 下計算交叉彈性與所得彈性。

(5) 利用 BS 公式，試證明歐式賣權的 delta 值為 $N(d_1) - 1$。

(6) 利用歐式賣權之 BS 公式，假定：

$$S_t = 42 \text{、} K = 40 \text{、} r = 0.1 \text{、} q = 0 \text{、} T = 0.5 \text{ 以及 } \sigma = 0.2$$

    計算 $S_t = 40$ 與 $S_t = 35$ 的 delta 值。

(7) 續上題，有何涵義？

(8) 何謂 delta 避險？有何缺點？如何改進？

1.2 線性化

前述所介紹的全微分概念如 (13-1) 式，其實就是將函數以線性化的估計方式所得出的結果。我們可以想像於點 (x_0, y_0) 附近一個二元變數函數 $f(x, y)$ 的變化情況。前述偏微分的觀念就是強調若維持 y_0 固定不變,而 x_0 變動至 $x_0 + \Delta x$,則:

$$f(x_0 + \Delta x, y_0) - f(x_0, y_0) \approx \frac{\partial f(x_0, y_0)}{\partial x} \Delta x \tag{13-2}$$

類似 (13-2) 式,若維持 x_0 固定不變,而 y_0 變動至 $y_0 + \Delta y$,則:

$$f(x_0, y_0 + \Delta y) - f(x_0, y_0) \approx \frac{\partial f(x_0, y_0)}{\partial y} \Delta y \tag{13-3}$$

不過,若是 x 與 y 同時皆變動呢?此時我們只好利用線性估計的方式以取得其近似值;也就是說,利用 (13-2) 與 (13-3) 二式,可得:

$$f(x_0 + \Delta x, y_0 + \Delta y) - f(x_0, y_0) \approx \frac{\partial f(x_0, y_0)}{\partial x} \Delta x + \frac{\partial f(x_0, y_0)}{\partial y} \Delta y \tag{13-4}$$

(13-4) 式亦可寫成:

$$f(x_0 + \Delta x, y_0 + \Delta y) \approx f(x_0, y_0) + \frac{\partial f(x_0, y_0)}{\partial x} \Delta x + \frac{\partial f(x_0, y_0)}{\partial y} \Delta y \tag{13-5}$$

(13-5) 式的觀念其實我們也不陌生,之前的 delta 避險或是於單一變數函數時,我們早已多次以線性函數估計一般的函數。若以 $dx = \Delta x$ 與 $dy = \Delta y$ 表示,則 (13-5) 式類似 (13-1) 式,全微分亦可以寫成:

$$df = \frac{\partial f(x_0, y_0)}{\partial x} dx + \frac{\partial f(x_0, y_0)}{\partial y} dy \tag{13-6}$$

表示於點 (x_0, y_0) 附近而以線性的型態表示其估計值。

上述是考慮 R^2 的例子,我們自然可以將其擴充至 R^n 的情況。即若我們面對一個多元變數函數 $f(x_1, x_2, \cdots, x_n)$ 而於點 $x_0 = (x_1, x_2, \cdots, x_n)$ 附近,則以線性型態估計 $\Delta f = f(x_0 + \Delta x) - f(x_0)$ 可為:

$$df = \frac{\partial f(x_0)}{\partial x_1} dx_1 + \frac{\partial f(x_0)}{\partial x_2} dx_2 + \cdots + \frac{\partial f(x_0)}{\partial x_n} dx_n \tag{13-7}$$

(13-7) 式的應用也可以擴充至鏈鎖法的使用;也就是說,令 R^n 內的一條「曲線」為 $x(t) = (x_1(t), x_2(t), \cdots, x_n(t))$,其中 $a \le t \le b$,我們有興趣想要計算沿著該「曲線」隨 t 變化的變動率。若該「曲線」的函數為 f,則可以表示:

$$h(t) = f(x_1(t), x_2(t), \cdots, x_n(t)) \tag{13-8}$$

若 $x(t)$ 內只有一個元素，則利用微分的鏈鎖法可知：$h'(t) = f'(x(t))x'(t)$，故 (13-8) 式的全微分可以寫成：

$$\frac{dh}{dt} = \frac{\partial f(x(t))}{\partial x_1}\frac{dx_1}{dt} + \frac{\partial f(x(t))}{\partial x_2}\frac{dx_2}{dt} + \cdots + \frac{\partial f(x(t))}{\partial x_n}\frac{dx_n}{dt} \tag{13-9}$$

我們也可以用矩陣的型態來表示 (13-9) 式，也就是說於點 $x_0 = (x_1, x_2, \cdots, x_n)$ 處，存在一個方向向量 $v = (v_1, v_2, \cdots, v_n)$，$R^n$ 內的一點 x 可寫成 $x = x_0 + tv$，故可知：

$$h(t) = f(x_0 + tv) = f(x_1 + tv_1, x_2 + tv_2, \cdots, x_n + tv_n)$$

利用 (13-9) 式，可得：

$$\frac{dh(0)}{dt} = \frac{\partial f(x_0)}{\partial x_1}v_1 + \frac{\partial f(x_0)}{\partial x_2}v_2 + \cdots + \frac{\partial f(x_0)}{\partial x_n}v_n$$

故以矩陣型態表示可為：

$$\begin{bmatrix} \dfrac{\partial f(x_0)}{\partial x_1} & \dfrac{\partial f(x_0)}{\partial x_2} & \cdots & \dfrac{\partial f(x_0)}{\partial x_n} \end{bmatrix}\begin{bmatrix} v_1 \\ v_2 \\ \vdots \\ v_n \end{bmatrix} = Df(x_0)v \tag{13-10}$$

其中 $Df(x_0)$ 稱為 f 於點 x_0 處之梯度向量（gradient vector），而 $Df(x_0)v$ 則表示該梯度向量往 v 方向，故其是一種方向微分（directional derivative）。通常 $Df(x_0)$ 是以行向量表示，即：

$$Df(x_0) = \begin{pmatrix} \partial f(x_0)/\partial x_1 \\ \vdots \\ \partial f(x_0)/\partial x_n \end{pmatrix}$$

有些時候亦以 $\nabla f(x_0)$ 或 $grad\, f(x_0)$ 表示。

上述 f 於點 x_0 處之梯度向量其實就是對 f 向量的第一次偏微分，倘若 f 是一個矩陣呢？假定 $f: R^n \to R^m$，也就是說，f 是一個 $m \times n$ 的矩陣，則類似 (13-

5) 式，f 於點 $x_0 = (x_1, x_2, \cdots, x_n)$ 處之線性估計可寫成：

$$f_1(x_0 + \Delta x) = f_1(x_0) + \frac{\partial f_1(x_0)}{\partial x_1}\Delta x_1 + \frac{\partial f_1(x_0)}{\partial x_2}\Delta x_2 + \cdots + \frac{\partial f_1(x_0)}{\partial x_n}\Delta x_n$$

$$f_2(x_0 + \Delta x) = f_2(x_0) + \frac{\partial f_2(x_0)}{\partial x_1}\Delta x_1 + \frac{\partial f_2(x_0)}{\partial x_2}\Delta x_2 + \cdots + \frac{\partial f_2(x_0)}{\partial x_n}\Delta x_n$$

$$\vdots$$

$$f_m(x_0 + \Delta x) = f_m(x_0) + \frac{\partial f_m(x_0)}{\partial x_1}\Delta x_1 + \frac{\partial f_m(x_0)}{\partial x_2}\Delta x_2 + \cdots + \frac{\partial f_m(x_0)}{\partial x_n}\Delta x_n$$

值得注意的是，f_i 並不是表示 f 對其內之第 i 個元素的偏微分，而是表示 f 內之第 i 列。上式可以構成一個聯立方程式體系，其可以用矩陣的型態表示，即：

$$f(x_0 + \Delta x) = f(x_0) + \begin{bmatrix} \partial f_1(x_0)/\partial x_1 & \partial f_1(x_0)/\partial x_2 & \cdots & \partial f_1(x_0)/\partial x_n \\ \partial f_2(x_0)/\partial x_1 & \partial f_2(x_0)/\partial x_2 & \cdots & \partial f_2(x_0)/\partial x_n \\ \vdots & \vdots & \ddots & \vdots \\ \partial f_m(x_0)/\partial x_1 & \partial f_m(x_0)/\partial x_2 & \cdots & \partial f_m(x_0)/\partial x_n \end{bmatrix}\begin{bmatrix} \Delta x_1 \\ \Delta x_2 \\ \vdots \\ \Delta x_n \end{bmatrix}(13\text{-}11)$$

其中我們稱

$$Df(x_0) = \begin{bmatrix} \partial f_1(x_0)/\partial x_1 & \partial f_1(x_0)/\partial x_2 & \cdots & \partial f_1(x_0)/\partial x_n \\ \partial f_2(x_0)/\partial x_1 & \partial f_2(x_0)/\partial x_2 & \cdots & \partial f_2(x_0)/\partial x_n \\ \vdots & \vdots & \ddots & \vdots \\ \partial f_m(x_0)/\partial x_1 & \partial f_m(x_0)/\partial x_2 & \cdots & \partial f_m(x_0)/\partial x_n \end{bmatrix}$$

為 f 於點 $x_0 = (x_1, x_2, \cdots, x_n)$ 處之亞可比（Jacobian）微分矩陣。

例 1

若一個生產函數 $Q = AL^\alpha K^\beta$ 而我們想於點 $Q(L_0, K_0) = (10, 10)$ 附近計算產量的估計值。若 $A = 5$、$\alpha = \beta = 0.5$、$\Delta L = 2$ 以及 $\Delta K = 0.5$，試利用 (13-2)～(13-4) 三式計算。

解 可以參考下列 R 指令：

```
A = 5;alpha = 0.5;beta = 0.5;deltaL = 2; deltaK = 0.5;Q = function(L,K) A*(L^alpha)*K^beta
QL = function(L,K)   alpha*A*(L^(alpha-1))*K^beta;
QK = function(L,K)   beta*A*(L^alpha)*K^(beta-1)
```

Q0 = Q(10,10) # 50
Q1 = Q0 + QL(10,10)*deltaL # 55
Q(12,10) # 54.77226
Q2 = Q0 + QK(10,10)*deltaK # 51.25
Q(10,10.5) # 51.23475
Q3 = Q0 + QL(10,10)*deltaL + QK(10,10)*deltaK # 56.25
Q(12,10.5) # 56.12486

例 2

　　續例 1，若 $\Delta L = \Delta K = 0.0001$，利用 (13-5) 式計算，結果為何？

解　參考下列 R 指令：

deltaL = 0.0001; deltaK = 0.0001;Q4 = Q0 + QL(10,10)*deltaL + QK(10,10)*deltaK # 50.0005
Q(10+deltaL,10+deltaK) # 50.0005

例 3

　　$f(x, y) = x^2 + y^2$ 而 $x(t) = t$ 與 $y(t) = t$。試繪製出 $f(x, y)$ 的圖形。若 $0 \le t \le 1$，於 (x, y) 平面上繪製出 $f(x, y)$ 的圖形。令 $h(t) = f(x(t), y(t)) = 2t^2$，利用 (13-9) 式計算 $dh(t)/dt = 4t$。

解　若 $t \in R$，則可以繪製出 3D 之立體圖，如下圖之 (a) 圖所示；換言之，我們也可以一個參數 t 表示 $x(t)$ 與 $y(t)$ 的所有可能值，此時用 R 來繪製圖形，反而能幫我們建立「想像空間」。我們可以回想上述的立體圖的等高線圖為何？不就是許多同心圓嗎？因此，若 $0 \le t \le 1$，則於 (x, y) 平面空間內，$f(x, y)$ 的圖形只有 1/4 個同心圓，如下圖之 (b) 圖所示。

　　我們可以考慮 $t = 1$ 的情況。利用 (13-9) 式，可以先計算 $\partial f / \partial x = 2x$ 以及 $\partial f / \partial y = 2y$；因此，於 $t = 1$ 以及 $x = y = 1$ 下，可得：

$$\frac{dh}{dt} = \frac{\partial f(1,1)}{\partial x}1 + \frac{\partial f(1,1)}{\partial y}1 = 4$$

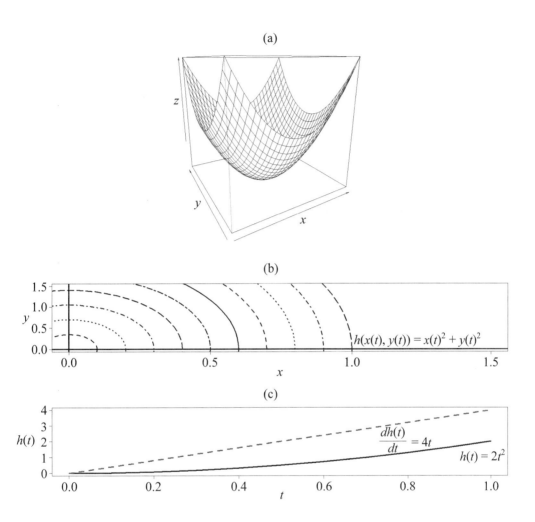

(a)

(b)

$$h(x(t), y(t)) = x(t)^2 + y(t)^2$$

(c)

$$\frac{\overline{dh(t)}}{dt} = 4t$$

$$h(t) = 2t^2$$

例 4

考慮柯布—道格拉斯生產函數 $Q = 5L^{0.5}K^{0.5}$，其中勞動 L 與資本 K 生產投入隨時間 t 與工資 w 變動分別為 $L(t, w) = 15t^2/w$ 與 $K(t, w) = 10t^2 - w$，計算於 $t = 15$ 與 $w = 5$ 下之 $\partial Q / \partial t$ 與 $\partial Q / \partial w$。

解 由題意可知

$$\frac{\partial L}{\partial t} = 30t / w, \ \frac{\partial L}{\partial w} = -15t^2 / w^2, \ \frac{\partial K}{\partial t} = 20t, \ \frac{\partial K}{\partial w} = -1$$

故

$$\frac{\partial Q}{\partial t} = \frac{\partial Q}{\partial L}\frac{\partial L}{\partial t} + \frac{\partial Q}{\partial K}\frac{\partial K}{\partial t} = (0.5)5L^{-0.5}K^{0.5}30t/w + (0.5)5L^{0.5}K^{-0.5}20t$$

$$\frac{\partial Q}{\partial w} = \frac{\partial Q}{\partial L}\frac{\partial L}{\partial w} + \frac{\partial Q}{\partial K}\frac{\partial K}{\partial w} = -(0.5)5L^{-0.5}K^{0.5}15t^2/w^2 - (0.5)5L^{0.5}K^{-0.5}$$

可以參考下圖以及所附之 R 指令。

R 指令：

```
L = function(t,w) 15*t^2/w;K = function(t,w) 10*t^2-w
alpha = 0.5;beta = 0.5;A = 5;Q = function(t,w) A*L(t,w)^alpha*K(t,w)^beta
t = seq(1,20,length=21);w = seq(1,50,21);z = outer(t,w,Q)
windows();persp(t,w,z,theta=-30,zlab="Q",cex.lab=1.5)
dLt = function(t,w) 30*t/w;dLw = function(t,w) -15*t^2/w^2
dKt = function(t,w) 20*t;dKw = function(t,w) -1
QL = function(t,w) alpha*A*(L(t,w)^(alpha-1))*K(t,w)
QK = function(t,w) beta*A*(L(t,w)^alpha)*K(t,w)^(beta-1)
Qt = function(t,w) QL(t,w)*dLt(t,w)+QK(t,w)*dKt(t,w)
Qt(15,5) # 19853.52
Qw = function(t,w) QL(t,w)*dLw(t,w)+QK(t,w)*dKw(t,w) # -1062.264
Qw(15,5) # -29164.78
```

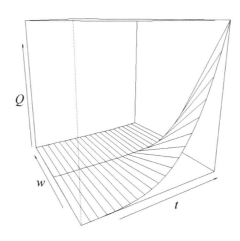

例5　梯度的涵義

一家以 $A = 5$、$\alpha = 0.75$ 以及 $\beta = 0.25$ 的柯布—道格拉斯生產函數 $Q = AL^{\alpha}K^{\beta}$ 生產的廠商，其於點 $(L, K) = (20, 4000)$ 的產量約為 376.0603。假定於該點處的產量變動率依 $(1, 1)$ 的單位向量方向前進，則產量增加的速度最大為何？

解　我們可以計算該生產函數的梯度為：

$$\nabla Q(L,K) = \begin{bmatrix} MP_L \\ MP_K \end{bmatrix} = \begin{bmatrix} (0.75)5L^{-0.25}K^{0.25} \\ (0.25)5L^{0.75}K^{-0.75} \end{bmatrix}$$

故

$$\nabla Q(L^*, K^*) = \nabla Q(L,K)\Big|_{L=20, K=4000} \approx \begin{bmatrix} 14.1023 \\ 0.0235 \end{bmatrix}$$

其次，令 $(1, 1)$ 的單位向量為

$$v = (1/\sqrt{2}, 1/\sqrt{2})$$

故按照點積的公式其可為

$$\nabla Q(L^*, K^*) \cdot v = \left\| \nabla Q(L^*, K^*) \right\| \|v\| \cos(\theta) = \left\| \nabla Q(L^*, K^*) \right\| \cos(\theta)$$

因 $\|v\| = 1$ 與 $-1 \le \cos(\theta) \le 1$，故可知上述內積最大值出現於 $\cos(\theta) = 1$，即 $\theta = 0$（度）；換言之，上述內積最大值出現於 $\nabla Q(L^*, K^*)$ 與 v 處於相同方向！可以參考下圖以及所附之 R 指令：

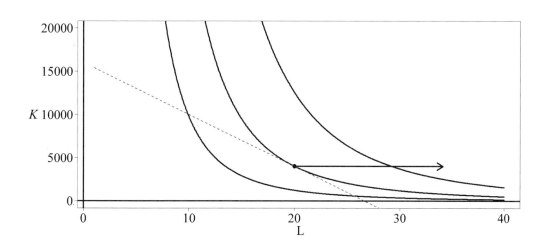

R 指令：

```
alpha = 0.75;beta = 0.25;A = 5;Q = function(L,K) A*L^alpha*K^beta;Q0 = Q(20,4000) # 376.0603
ISQ = function(L,Qstar) (Qstar/(A*L^alpha))^(1/beta)
MPL = function(L,K) alpha*A*L^(alpha-1)*K^beta
MPK = function(L,K) beta*A*L^alpha*K^(beta-1)
MRTS = function(L,K) -MPL(L,K)/MPK(L,K) # 以負數表示
L = seq(1,40,length=800)
windows();plot(L,ISQ(L,Q0),type="l",lwd=4,ylab="K",cex.lab=1.5,ylim=c(0,20000))
lines(L,ISQ(L,500),lwd=4);lines(L,ISQ(L,280),lwd=4);abline(v=0,h=0,lwd=4)
points(20,4000,pch=20,cex=3);K1 = 4000+MRTS(20,4000)*(L-20);lines(L,K1,lwd=2,col=2,lty=2)
MPL(20,4000) # 14.10226
MPK(20,4000) # 0.02350377
v1 = 1/sqrt(2);v2 = v1;arrows(20,4000,20+20*v1,4000+20*v2,lwd=4)
```

練習

(1) $MP_L = 2.5$ 與 $MP_K = 3$ 而每單位時間資本與勞動增加的速率分別爲 2 與 0.5，計算每單位時間產量增加的速率。

(2) $y_1 = f^1(x_1, x_2)$ 與 $y_1 = f^2(x_1, x_2)$，計算亞可比矩陣。
提示：

$$J = \begin{bmatrix} \partial y_1 / \partial x_1 & \partial y_1 / \partial x_2 \\ \partial y_2 / \partial x_1 & \partial y_2 / \partial x_2 \end{bmatrix}$$

(3) 將 $\begin{cases} y_1 = 2x_1 + x_2 \\ y_2 = 3x_1 + 4x_2 \end{cases}$ 寫成矩陣的型態如 $Ax = y$，其中 A 表示係數矩陣，試說明 A 矩陣就是亞可比矩陣。

(4) 續上題，利用亞可比行列式判斷 y_1 與 y_2 是否相互獨立。

(5) 一家以 $A = 4$、$\alpha = 0.25$ 以及 $\beta = 0.75$ 的柯布－道格拉斯生產函數 $Q = AL^\alpha K^\beta$ 生產的廠商，其於點 $(L, K) = (625, 10000)$ 的產量約爲 20,000。假定於該點處的產量變動率依 $(1, 1)$ 的單位向量方向前進，則產量增加的速度最大爲何？

1.3 隱函數

至目前為止，我們所使用的大多是顯函數（explicit function）的型態，也就是說，因變數或內生變數（endogenous variables）是以自變數或外生變數（exogenous variables）表示；換言之，函數的型態若寫成例如：

$$y = f(x_1, x_2, \cdots, x_n) \tag{13-12}$$

明顯地，因變數位於等號的左側而自變數位於等號的右側，表示因變數可以由自變數「顯示」。不過，有些時候，因變數（內生變數）與自變數（外變數）之間的關係未必明確，或是二者的關係相當複雜，使得我們無法以顯函數的方式呈現，此時我們只能以隱函數（implicit function）的型態表示，即：

$$h(x_1, x_2, \cdots, x_n, y) = 0 \tag{13-13}$$

(13-13) 式就是一個隱函數。

其實隱函數的觀念或用法，之前我們已經用直覺的方式使用過，例如等產量曲線的數學型態可以用隱函數表示，即 $h(L, K(L)) - Q_0 = 0$，其中 L 與 K 分別表示勞動與資本投入而 Q_0 為固定產量；另外，$K(L)$ 寫成 L 的函數就是透過 K 與 L 二者之間的關係（畢竟生產需要同時使用 K 與 L 二種生產因素），使得我們得以於平面上繪製出等產量曲線。因此，利用 $h(L, K(L)) - Q_0 = 0$ 的隱函數，我們可以計算於 L_0 下，L 與 K 之間的關係，亦即：

$$\frac{\partial h(L_0, K(L_0))}{\partial L} \frac{dL}{dL} + \frac{\partial h(L_0, K(L_0))}{\partial K} \frac{dK(L_0)}{dL} = 0$$

或

$$\frac{\partial h(L_0, K(L_0))}{\partial L} + \frac{\partial h(L_0, K(L_0))}{\partial K} K'(L_0) = 0$$

而

$$K'(L_0) = \left. \frac{dK}{dL} \right|_{L=L_0} = -\frac{\partial h(L_0, K_0) / \partial L}{\partial h(L_0, K_0) / \partial K} \tag{13-14}$$

其中 $\partial h(L_0, K_0) / \partial K \neq 0$。

例 1

類似 (13-14) 式的做法，計算下列結果：

(A) $Q_0 = 2L^{0.3}K^{0.7}$，計算 $L_0 = 1$ 與 $Q_0 = 20$ 之 *MRTS*。

(B) $U_0 = 5xy$，計算 $x_0 = 2$ 與 $U_0 = 50$ 之 *MRS*。

(C) $Q_0 = x^2 + 4y^2$，計算 $x_0 = 5$ 與 $Q_0 = 100$ 之 *MRT*。

解 可以參考下圖以及所附之 R 指令（只列出 (C) 圖）

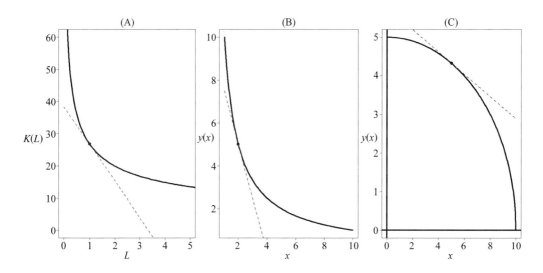

R 指令：

```
windows();par(mfrow=c(1,3))
# Q0=x^2+4y^2
y = function(x,Q0) sqrt((Q0-x^2)/4);dX = function(x,y) 2*x;dY = function(x,y) 8*y
MRT = function(x,y) -dX(x,y)/dY(x,y) # 以負數表示
x = seq(0,10,length=200)
plot(x,y(x,100),type="l",lwd=4,ylab="y(x)",cex.lab=1.5,main="(C)",cex.main=2)
abline(v=0,h=0,lwd=4);points(5,y(5,100),pch=20,cex=3)
y1 = y(5,100)+MRT(5,y(5,100))*(x-5);lines(x,y1,lwd=2,col=2,lty=2)
```

例2 平均數─變異數分析

投資人的效用函數為 $U(\mu,\sigma)=\mu-\frac{1}{2}(\sigma^2+\mu^2)$，其中 μ 與 σ 分別表示該投資人之投資組合之預期（平均）報酬率及標準差，試繪製該投資人的無異曲線並計算 $\mu=0.4$ 與 $U=-1.9$ 之 MRS。

解 可以參考下圖以及所附之 R 指令：

R 指令：

```
sigma = function(mu,U,b) sqrt((mu-b*mu^2-U)/b)
MRS = function(mu,U,b) ((0.5)*sigma(mu,U,b)^(-1))*((1-2*b*mu)/b)
mu = seq(0,1,length=100);windows()
plot(sigma(mu,-2,0.5),mu,type="l",lwd=4,ylab=expression(mu),cex.lab=1.5,
        xlab=expression(sigma));abline(v=2,h=0,lwd=4)
lines(sigma(mu,-1.9,0.5),mu,lwd=4);lines(sigma(mu,-1.8,0.5),mu,lwd=4)
s1 = sigma(0.4,-1.9,0.5);points(s1,0.4,pch=20,cex=3)
s2 = s1+MRS(0.4,-1.9,0.5)*(mu-0.4);lines(s2,mu,lwd=2,lty=2,col=2)
```

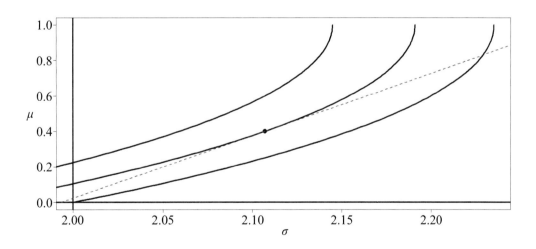

例3

考慮下列的線性 IS-LM 模型

$$Y = C + I + G$$
$$C = C_0 + c(Y - T_0)$$
$$I = I_0 - r_1 i$$
$$M_0^S / P_0 = m_1 Y - m_0 i$$

若 $G = G_0$，其中下標有 0 表示固定數值，試求解均衡的 (Y, i)。

解 將線性函數 C 與 I 分別代入 Y 內，可得：

$$f^1(Y, i) = (1-c)Y + r_1 i = C_0 + I_0 + G_0 - cT_0$$
$$f^2(Y, i) = m_1 Y - m_0 i = M_0^S / P_0 \tag{13-15}$$

其中 IS 與 LM 函數分別以隱函數 $f^1(Y, i)$ 與 $f^2(Y, i)$ 表示。我們可以將上述聯立方程式體系改以矩陣的方式表示，即：

$$Ax = y \Rightarrow \begin{bmatrix} 1-c & r_1 \\ m_1 & -m_0 \end{bmatrix} \begin{bmatrix} Y \\ i \end{bmatrix} = \begin{bmatrix} C_0 + I_0 + G_0 - cT_0 \\ M_0^S / P_0 \end{bmatrix} \tag{13-16}$$

因此，求解 (13-16) 式，可得：

$$x = A^{-1} y \Rightarrow \begin{bmatrix} Y \\ i \end{bmatrix} = \frac{1}{m_0(1-c) + m_1 r_1} \begin{bmatrix} m_0 & r_1 \\ m_1 & -(1-c) \end{bmatrix} \begin{bmatrix} C_0 + I_0 + G_0 - cT_0 \\ M_0^S / P_0 \end{bmatrix} \tag{13-17}$$

其中 $m_0(1-c) + m_1 r_1 \neq 0$。利用 (13-17) 式自然可以求得二個內生變數 Y 與 i。於例 3 的求解過程內，可以注意到的是係數矩陣 A 的求得，其就是二個隱函數 $f^1(Y, i)$ 與 $f^2(Y, i)$ 針對 Y 與 i 的亞可比矩陣；因此，我們利用例 3 的例子將其擴充至更一般化的情況。換句話說，(13-15) 式可以寫成更一般化的型態，即：

$$f^1(y_1, y_2, \cdots, y_m, x_1, x_2, \cdots, x_n) = c_1$$
$$f^2(y_1, y_2, \cdots, y_m, x_1, x_2, \cdots, x_n) = c_2$$
$$\vdots \tag{13-18}$$
$$f^m(y_1, y_2, \cdots, y_m, x_1, x_2, \cdots, x_n) = c_m$$

其中 $y_1, \cdots, y_m$ 為 m 個內生變數、$x_1, \cdots, x_n$ 為 n 個外生變數而 $c_1, \cdots, c_m$ 為 m 個常數。於 (13-15) 式內，相當於將 (13-18) 式內的 y_1 與 y_2 以 Y 與 i 表示，而有下標為 0 的變數皆視為外生變數，其次常數項則皆為 0。

事實上，例 3 我們除了可以求得均衡解外，我們也可以進行比較靜態分析（comparative statics analysis）；也就是說，我們可以分別計算不同的外生變數變動下，對均衡所得與利率的影響。如此一來對於瞭解不同政策的效果（如財政政策與貨幣政策等），有莫大的助益。不過，於例 3 的例子中，函數的型態是以線性的型態表示；倘若函數的型態是屬於非線性或是一般化的形式如 (13-18) 式，我們是否可以取得比較靜態分析的結果？

首先利用前一節全微分的觀念，我們可以計算針對某特定點 (y_0, x_0) 的線性化估計（其中 $y = (y_1, y_2, \cdots, y_m)$ 而 $x = (x_1, x_2, \cdots, x_n)$），即：

$$\frac{\partial f^1}{\partial y_1}dy_1 + \cdots + \frac{\partial f^1}{\partial y_m}dy_m + \frac{\partial f^1}{\partial x_1}dx_1 + \cdots + \frac{\partial f^1}{\partial x_n}dx_n = 0$$

$$\frac{\partial f^2}{\partial y_1}dy_1 + \cdots + \frac{\partial f^2}{\partial y_m}dy_m + \frac{\partial f^2}{\partial x_1}dx_1 + \cdots + \frac{\partial f^2}{\partial x_n}dx_n = 0 \qquad (13\text{-}19)$$

$$\vdots$$

$$\frac{\partial f^m}{\partial y_1}dy_1 + \cdots + \frac{\partial f^m}{\partial y_m}dy_m + \frac{\partial f^m}{\partial x_1}dx_1 + \cdots + \frac{\partial f^m}{\partial x_n}dx_n = 0$$

(13-19) 式亦可以寫成矩陣的型態如：

$$\begin{bmatrix} \partial f^1/\partial y_1 & \partial f^1/\partial y_2 & \cdots & \partial f^1/\partial y_m \\ \partial f^2/\partial y_1 & \partial f^2/\partial y_2 & \cdots & \partial f^2/\partial y_m \\ \vdots & \vdots & \ddots & \vdots \\ \partial f^m/\partial y_1 & \partial f^m/\partial y_2 & \cdots & \partial f^m/\partial y_m \end{bmatrix} \begin{bmatrix} dy_1 \\ dy_2 \\ \vdots \\ dy_m \end{bmatrix} = - \begin{bmatrix} \sum_{i=1}^{n}\partial f^1/\partial x_i dx_i \\ \sum_{i=1}^{n}\partial f^2/\partial x_i dx_i \\ \vdots \\ \sum_{i=1}^{n}\partial f^m/\partial x_i dx_i \end{bmatrix} \qquad (13\text{-}20)$$

因此，利用 (13-20) 式可以求得：

$$\begin{bmatrix} dy_1 \\ dy_2 \\ \vdots \\ dy_m \end{bmatrix} = - \begin{bmatrix} \partial f^1/\partial y_1 & \partial f^1/\partial y_2 & \cdots & \partial f^1/\partial y_m \\ \partial f^2/\partial y_1 & \partial f^2/\partial y_2 & \cdots & \partial f^2/\partial y_m \\ \vdots & \vdots & \ddots & \vdots \\ \partial f^m/\partial y_1 & \partial f^m/\partial y_2 & \cdots & \partial f^m/\partial y_m \end{bmatrix}^{-1} \begin{bmatrix} \sum_{i=1}^{n}\partial f^1/\partial x_i dx_i \\ \sum_{i=1}^{n}\partial f^2/\partial x_i dx_i \\ \vdots \\ \sum_{i=1}^{n}\partial f^m/\partial x_i dx_i \end{bmatrix} \qquad (13\text{-}21)$$

利用 (13-21) 式，我們可以進一步計算於點 (y_0, x_0) 附近外生變數 x_j 對內生變數 y_i 的影響，此相當於計算：

$$\begin{bmatrix} \partial y_1 / \partial x_j \\ \partial y_2 / \partial x_j \\ \vdots \\ \partial y_m / \partial x_j \end{bmatrix} = -\begin{bmatrix} \partial f^1 / \partial y_1 & \partial f^1 / \partial y_2 & \cdots & \partial f^1 / \partial y_m \\ \partial f^2 / \partial y_1 & \partial f^2 / \partial y_2 & \cdots & \partial f^2 / \partial y_m \\ \vdots & \vdots & \ddots & \vdots \\ \partial f^m / \partial y_1 & \partial f^m / \partial y_2 & \cdots & \partial f^m / \partial y_m \end{bmatrix}^{-1} \begin{bmatrix} \partial f^1 / \partial x_j \\ \partial f^2 / \partial x_j \\ \vdots \\ \partial f^m / \partial x_j \end{bmatrix} \tag{13-22}$$

除了利用 (13-22) 式求解外，我們也可以利用克萊姆法則求得：

$$\frac{\partial y_i}{\partial x_j} = -\frac{\det\begin{pmatrix} \partial f^1 / \partial y_1 & \cdots & \partial f^1 / \partial x_j & \cdots & \partial f^1 / \partial y_m \\ \vdots & \ddots & \vdots & \ddots & \vdots \\ \partial f^m / \partial y_1 & \cdots & \partial f^m / \partial x_j & \cdots & \partial f^m / \partial y_m \end{pmatrix}}{\det\begin{pmatrix} \partial f^1 / \partial y_1 & \cdots & \partial f^1 / \partial y_i & \cdots & \partial f^1 / \partial y_m \\ \vdots & \ddots & \vdots & \ddots & \vdots \\ \partial f^m / \partial y_1 & \cdots & \partial f^m / \partial y_i & \cdots & \partial f^m / \partial y_m \end{pmatrix}} \tag{13-23}$$

例 4

例 3 的例子可以寫成一般的形式：

$$Y = C + I + G$$
$$C = C(Y - T)$$
$$I = I(Y,\, i)$$
$$M^S / P = M^D(Y,\, i)$$

分別計算 $\partial Y / \partial G$ 與 $\partial i / \partial M^S$。

解 將消費函數 C 與投資函數 I 分別帶入 Y 內可得 $Y = C(Y - T) + I(Y, i)$，利用全微分，可得 IS 函數的線性化估計為：

$$dY = \frac{\partial C}{\partial Y} dY - \frac{\partial C}{\partial T} dT + \frac{\partial I}{\partial Y} dY + \frac{\partial I}{\partial i} di + dG \Rightarrow (1 - \frac{\partial C}{\partial Y} - \frac{\partial I}{\partial Y}) dY - \frac{\partial I}{\partial i} di = -\frac{\partial C}{\partial T} dT + dG$$

同理，LM 函數的線性化估計為：

$$\frac{\partial M^D}{\partial Y} dY + \frac{\partial M^D}{\partial i} di = \frac{1}{P} dM^S - \frac{M^S}{P^2} dP$$

其中 $0 < \partial C / \partial Y < 1$、$0 < \partial I / \partial Y < 1$、$0 < \partial C / \partial Y + \partial I / \partial Y < 1$、$\partial I / \partial i < 0$、

$\partial C / \partial T < 0$、$\partial M^D / \partial i < 0$ 以及 $\partial M^D / \partial Y > 0$。將上述二線性化估計以矩陣的型態表示可得：

$$\begin{bmatrix} 1 - \dfrac{\partial C}{\partial Y} - \dfrac{\partial I}{\partial Y} & -\dfrac{\partial I}{\partial i} \\[2mm] \dfrac{\partial M^D}{\partial Y} & \dfrac{\partial M^D}{\partial i} \end{bmatrix} \begin{bmatrix} dy \\[2mm] di \end{bmatrix} = \begin{bmatrix} -\dfrac{\partial C}{\partial T} dT + dG \\[2mm] \dfrac{1}{P} dM^S - \dfrac{M^S}{P^2} dP \end{bmatrix}$$

因此，利用克萊姆法則，可以分別得：

$$dY = \dfrac{\begin{vmatrix} -\dfrac{\partial C}{\partial T} dT + dG & -\dfrac{\partial I}{\partial i} \\[2mm] \dfrac{1}{P} dM^S - \dfrac{M^S}{P^2} dP & \dfrac{\partial M^D}{\partial i} \end{vmatrix}}{\begin{vmatrix} 1 - \dfrac{\partial C}{\partial Y} - \dfrac{\partial I}{\partial Y} & -\dfrac{\partial I}{\partial i} \\[2mm] \dfrac{\partial M^D}{\partial Y} & \dfrac{\partial M^D}{\partial i} \end{vmatrix}} \quad \text{與} \quad di = \dfrac{\begin{vmatrix} 1 - \dfrac{\partial C}{\partial Y} - \dfrac{\partial I}{\partial Y} & -\dfrac{\partial C}{\partial T} dT + dG \\[2mm] \dfrac{\partial M^D}{\partial Y} & \dfrac{1}{P} dM^S - \dfrac{M^s}{P^2} dP \end{vmatrix}}{\begin{vmatrix} 1 - \dfrac{\partial C}{\partial Y} - \dfrac{\partial I}{\partial Y} & -\dfrac{\partial I}{\partial i} \\[2mm] \dfrac{\partial M^D}{\partial Y} & \dfrac{\partial M^D}{\partial i} \end{vmatrix}}$$

首先來看 $\partial Y / \partial G$，此相當於令 $dT = dM^S = dP = 0$，故可得：

$$\partial Y = \dfrac{\begin{vmatrix} \partial G & -\dfrac{\partial I}{\partial i} \\[2mm] 0 & \dfrac{\partial M^D}{\partial i} \end{vmatrix}}{\begin{vmatrix} 1 - \dfrac{\partial C}{\partial Y} - \dfrac{\partial I}{\partial Y} & -\dfrac{\partial I}{\partial i} \\[2mm] \dfrac{\partial M^D}{\partial Y} & \dfrac{\partial M^D}{\partial i} \end{vmatrix}} = \dfrac{\dfrac{\partial M^D}{\partial i} \partial G}{\left(1 - \dfrac{\partial C}{\partial Y} - \dfrac{\partial I}{\partial Y} \right) \dfrac{\partial M^D}{\partial i} + \dfrac{\partial I}{\partial i} \dfrac{\partial M^D}{\partial Y}}$$

接下來，來看 $\partial i / \partial M^S$，此相當於令 $dT = dG = dP = 0$，故可得：

$$\partial i = \dfrac{\begin{vmatrix} 1 - \dfrac{\partial C}{\partial Y} - \dfrac{\partial I}{\partial Y} & 0 \\[2mm] \dfrac{\partial M^D}{\partial Y} & \dfrac{1}{P} \partial M^S \end{vmatrix}}{\begin{vmatrix} 1 - \dfrac{\partial C}{\partial Y} - \dfrac{\partial I}{\partial Y} & -\dfrac{\partial I}{\partial i} \\[2mm] \dfrac{\partial M^D}{\partial Y} & \dfrac{\partial M^D}{\partial i} \end{vmatrix}} = \dfrac{\left(1 - \dfrac{\partial C}{\partial Y} - \dfrac{\partial I}{\partial Y} \right) \dfrac{1}{P} \partial M^S}{\left(1 - \dfrac{\partial C}{\partial Y} - \dfrac{\partial I}{\partial Y} \right) \dfrac{\partial M^D}{\partial i} + \dfrac{\partial I}{\partial i} \dfrac{\partial M^D}{\partial Y}}$$

若 $\left(1 - \dfrac{\partial C}{\partial Y} - \dfrac{\partial I}{\partial Y} \right) \dfrac{\partial M^D}{\partial i} + \dfrac{\partial I}{\partial i} \dfrac{\partial M^D}{\partial Y} \neq 0$，可以分別得出 $\partial Y / \partial G > 0$ 與 $\partial i / \partial M^S < 0$。

練習

(1) 何謂隱函數？

(2) 試以中文解釋例 3 與 4 的求解過程。

(3) 何謂 MRT？

(4) 需求與供給函數若分別寫成 $Q^D = f(P, I)$ 與 $Q^S = f(P)$，其中 I 表示所得，試分別計算 $\partial Q / \partial I$ 與 $\partial P / \partial I$。

(5) 就 BS 的選擇權買賣權的公式而言，其若寫成隱函數的型態，有何涵義？

(6) 續上題，若 $S_t = 42$、$K = 40$、$r = 0.1$、$q = 0$、$T = 0.5$ 以及 $Q = 0.2$，當波動率改為 $\sigma = 0.4$，則買賣權價格與標的資產價格之間的關係如何改變？

提示：

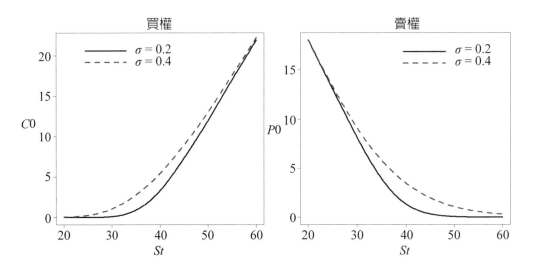

(7) 續上題，若 $T = 0.5$ 改為 $T = 0.8$，結果為何？

第二節　最適化

於前面的章節中，我們曾討論過單一變數函數的最適化（optimization）過程，類似的過程亦適用於多元變數函數。不過，在介紹多元變數函數的最適化之前，我們須瞭解二次以上的偏微分技巧以及如何用矩陣型態表示。

2.1 二階（以上）的偏微分

　　若一個函數 $f(x_1, x_2, \cdots, x_n)$ 的偏微分 $\partial f / x_i$ 仍是 $x_1, x_2, \cdots, x_n$ 的函數，類似單一變數的情況，我們可以繼續使用偏微分，故此時存在二階以上的更高階次的偏微分。通常我們以下列方式表示一個可微分的函數：於某個區間 I 內，若 $x \in I$，而存在 $f'(x)$ 則稱 f 是一個可以連續微分的（continuously differentiable）函數，可以寫成 $f \in C^1$，其中 C^1 稱為包括所有可以一階微分而其微分後仍是一個連續的函數。因此，若 $f^k \in C^k$，表示 f 為一個可 k 階微分的函數。

　　類似的情況亦適用於多元變數函數的情況。若 $f \in C^1$ 而

$$\frac{\partial f(x^0)}{\partial x_i} = \lim_{h \to 0} \frac{f(x_1^0, \cdots, x_i^0 + h, x_{i+1}^0, \cdots, x_n^0) - f(x_1^0, \cdots, x_i^0, \cdots, x_n^0)}{h}$$

存在，則稱 f 於 x^0 處是一個連續微分的函數。若於一個開放區間 $I \in R^n$ 而所有的 f 的偏微分皆存在且其為一個可以微分的函數，則我們可以計算二階以上的偏微分；例如：

$$\frac{\partial}{\partial x_j}\left(\frac{\partial f}{\partial x_i}\right) = \frac{\partial^2 f}{\partial x_j \partial x_i} = f_{x_i x_j} = f_{ij}$$

稱為 f 的 x_i, x_j 次序的第二階偏微分。因此，f 的 x_i, x_i 次序的第二階偏微分亦表示為：

$$\frac{\partial}{\partial x_i}\left(\frac{\partial f}{\partial x_i}\right) = \frac{\partial^2 f}{\partial x_i^2} = f_{x_i x_i} = f_{ii}$$

我們當然可以繼續計算更高階次的偏微分，不過於我們的應用上，通常計算第二階偏微分已足夠了。

例 1

　　計算生產函數 $Q = AL^\alpha K^\beta$ 的第二階微分。

解 因

$$\frac{\partial Q}{\partial L} = \alpha AL^{\alpha-1} K^\beta \text{ 與 } \frac{\partial Q}{\partial K} = \beta AL^\alpha K^{\beta-1}$$

故二階微分分別為

$$\frac{\partial^2 Q}{\partial L^2} = \alpha(\alpha-1)AL^{\alpha-1}K^{\beta} \text{ 與 } \frac{\partial^2 Q}{\partial L \partial K} = \alpha\beta AL^{\alpha-1}K^{\beta-1}$$

以及

$$\frac{\partial^2 Q}{\partial K^2} = \beta(\beta-1)AL^{\alpha}K^{\beta-1-1} \text{ 與 } \frac{\partial^2 Q}{\partial K \partial L} = \alpha\beta AL^{\alpha-1}K^{\beta-1}$$

例2 楊定理

由例 1 可知

$$\frac{\partial^2 Q}{\partial K \partial L} = \frac{\partial^2 Q}{\partial L \partial K}$$

表示交叉（cross）或混合（mixed）的偏微分是相同的，表示交叉偏微分的次序是不重要的，此結果可以稱爲楊定理（Young's theorem）。我們可以將其寫成更一般化的情況。假定 $y = f(x_1, x_2, \cdots, x_n)$ 爲開放區間 $I \in R^n$ 之 C^2，則就所有的 $x \in I$ 與一組 i 與 j，可得：

$$\frac{\partial^2 f(x)}{\partial x_i \partial x_j} = \frac{\partial^2 f(x)}{\partial x_j \partial x_i}$$

例3 黑森矩陣

於例 1 的生產函數內有二個（自）變數，故總共有 4 個第二階的偏微分。同理，若一個函數 f 內有 n 個變數，則總共有 n^2 個第二階的偏微分；習慣上，我們可以將 n^2 個第二階的偏微分寫成一個 $n \times n$ 矩陣，該矩陣就稱爲 f 之黑森矩陣（Hessian matrix），可以寫成 $D^2 f(x)$ 或

$$D^2 f_x = \begin{bmatrix} \partial^2 f / \partial x_1^2 & \partial^2 f / \partial x_2 \partial x_1 & \cdots & \partial^2 f / \partial x_n \partial x_1 \\ \partial^2 f / \partial x_1 \partial x_2 & \partial^2 f / \partial x_2^2 & \cdots & \partial^2 f / \partial x_n \partial x_2 \\ \vdots & \vdots & \ddots & \vdots \\ \partial^2 f / \partial x_1 \partial x_n & \partial^2 f / \partial x_2 \partial x_n & \cdots & \partial^2 f / \partial x_n^2 \end{bmatrix} \tag{13-24}$$

利用 (13-24) 式，計算函數 $f(x, y) = 4x^2y - 3xy^3 + 6x$ 之黑森矩陣。

解 $f(x, y)$ 之第一階及第二階偏微分分別爲：

$$\frac{\partial f}{\partial x} = 8xy - 3y^3 + 6x \text{、} \frac{\partial f}{\partial y} = 4x^2 - 9xy^2$$

$$\frac{\partial^2 f}{\partial x^2} = 8y + 6 \text{、} \frac{\partial^2 f}{\partial x \partial y} = 8x - 9y^2 \text{、} \frac{\partial^2 f}{\partial y^2} = -18xy \text{、} \frac{\partial^2 f}{\partial y \partial x} = 8x - 9y^2$$

故

$$D^2 f_x = \begin{bmatrix} \partial^2 f / \partial x^2 & \partial^2 f / \partial x \partial y \\ \partial^2 f / \partial y \partial x & \partial^2 f / \partial y^2 \end{bmatrix} = \begin{bmatrix} 8y + 6 & 8x - 9y^2 \\ 8x - 9y^2 & -18xy \end{bmatrix}$$

練習

(1) 計算函數 $f(x, y) = (x - y)/(x + y)$ 之黑森矩陣。

(2) 一家獨占廠商分別於二個市場銷售其產品，而其利潤函數爲：

$$\pi = -120 + 245Q_1 - 0.3Q_1^2 + 120Q_2 - 0.4Q_2^2 - 0.18Q_1Q_2$$

試計算利潤函數對產量之第一階與第二階偏微分。

提示：

```
PI = expression(-120+245*Q1-0.3*Q1^2+120*Q2-0.4*Q2^2-0.18*Q1*Q2)
D(PI,'Q1') # 245 - 0.3 * (2 * Q1) - 0.18 * Q2
D(PI,'Q2') # 120 - 0.4 * (2 * Q2) - 0.18 * Q1
D(D(PI,'Q1'),'Q1') # -(0.3 * 2)
D(D(PI,'Q1'),'Q2') # -0.18
D(D(PI,'Q2'),'Q1') # -0.18
D(D(PI,'Q2'),'Q2') # -(0.4 * 2)
```

(3) 續上題：計算利潤函數之黑森矩陣，其行列式值爲何？

(4) 一家獨占廠商擁有三家工廠分別生產 Q_1、Q_2 以及 Q_3 三種產品。該廠商的利潤函數爲：

$$\pi = -24 + 839Q_1 + 837Q_2 + 835Q_3 - 5.05Q_1^2 - 5.03Q_2^2 - 5.02Q_3^2 - 10Q_1Q_2$$
$$- 10Q_1Q_3 - 10Q_2Q_3$$

試計算利潤函數對產量之第一階與第二階偏微分。

(5) 續上題：計算利潤函數之黑森矩陣，其行列式值爲何？

(6) 比較練習 3 與 5 之黑森矩陣之行列式值，若獨占廠商以利潤最大爲目標，爲何二行列式值的「正負符號」不相同？

(7) 試繪出練習 1 利潤函數之圖形。

提示：如下圖

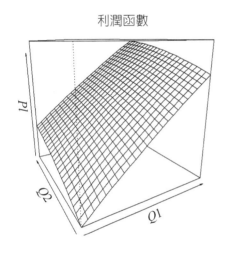

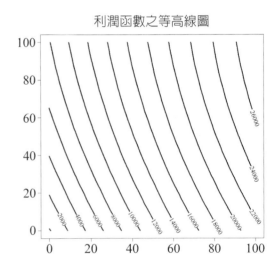

(8) 試解釋梯度向量與黑森矩陣。

(9) 那亞可比矩陣呢？

2.2 正負定矩陣

於 2.1 節的練習內，存在有一個疑問值得我們進一步探究：那就是如何計算多元變數函數的極值？此時多元變數函數的黑森矩陣究竟扮演何種角色？事實上，若欲計算多元變數函數的極值，其計算或判斷方式類似於計算單一變數函數極值的情況，只不過是於多元變數函數下，我們是以矩陣的型態取代。

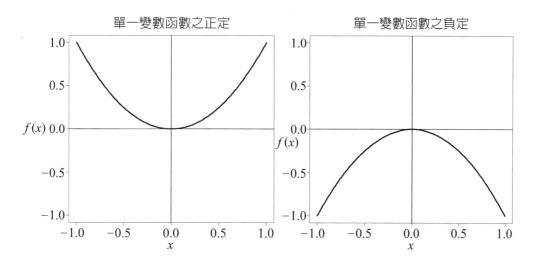

圖 13-1　單一變數函數之正定與負定

　　若欲計算多元變數函數的極值，一個最簡單的方式就是將目標函數以二次式的型式（quadratic forms）表示；換言之，於 R^n 內，一個二次式的型式的函數 Q 可以表示成：

$$Q(x_1,\cdots,x_n) = \sum_{i \le j} a_{ij} x_i x_j \qquad (13\text{-}25)$$

或

$$Q(x) = x^T A x \qquad (13\text{-}26)$$

其中 $x \in R^n$ 而 A 為一個 $n \times n$ 階的對稱矩陣，A 矩陣內的元素以 a_{ij} 表示。例如一個二元維度的二次式

$$Q(x_1, x_2) = a_{11} x_1^2 + a_{12} x_1 x_2 + a_{22} x_2^2$$

可以寫成

$$Q(x) = \begin{bmatrix} x_1 & x_2 \end{bmatrix} \begin{bmatrix} a_{11} & \dfrac{1}{2} a_{12} \\ \dfrac{1}{2} a_{12} & a_{22} \end{bmatrix} \begin{bmatrix} x_1 \\ x_2 \end{bmatrix}$$

　　將目標函數寫成二次式的型式有一個優點，就是我們可以容易地判斷或解釋正負定的意義。例如考慮一個單一變數的函數如 $y = ax^2$，若 $a > 0$，則 ax^2 一定會大於等於 0 而其最小值出現於 $x = 0$ 處，我們就將 $y = ax^2$ 的型態稱為正定（positive definite）；相反地，若 $a < 0$，則 ax^2 一定會小於等於 0 而其最大值出現於 $x = 0$ 處，我們就將 $y = ax^2$ 的型態稱為負定（negative definite）。單一變數的正定與負定的區別，可以參考圖 13-1。由圖 13-1 可以看出於 $x = 0$ 處，正定（負定）可以對應至函數值之最小值（最大值），原來此處所謂的正負定指的是函數於極值處之第二階微分值之正負值符號[2]！

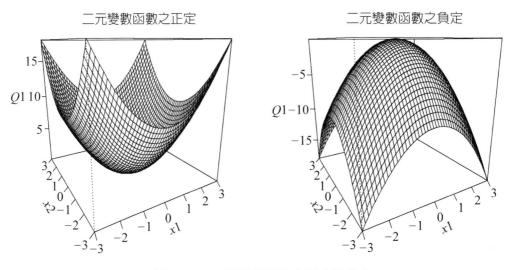

圖 13-2　二元變數函數之正定與負定

R 指令：

```
z1 = function(x1,x2) x1^2+x2^2
z2 = function(x1,x2) -x1^2-x2^2;x1 = seq(-3,3,length=50);x2 = x1
Q1 = outer(x1,x2,z1);Q2 = outer(x1,x2,z2);zero = rep(0,50)
windows();par(mfrow=c(1,2))
persp(x1,x2,Q1,theta=-30,cex.lab=1.5,lwd=2,main=" 二元變數函數之正定 ",cex.main=2,
    ticktype="detailed")
```

---

[2]　最小值（最大值）的充分條件為第二階微分大於（小於）0。

persp(x1,x2,Q2,theta=-30,cex.lab=1.5,lwd=2,main=" 二元變數函數之負定 ",cex.main=2,
　　　ticktype="detailed")

上述的觀念可以推廣至二元變數函數型態。考慮下列二個函數型態：

$$Q_1 = x_1^2 + x_2^2 \text{ 與 } Q_2 = -x_1^2 - x_2^2$$

其中於$(x_1, x_2) \neq (0,0)$處，$Q_1 \geq 0$，故Q_1為正定；其次，除了原點處之外，因$Q_2 \leq 0$，故稱Q_2為負定。直覺而言，上述Q_1與Q_2的情況，可以發現Q_1存在有極小值而Q_2存在有極大值，分別參考二種分別繪於圖 13-2 之左圖及右圖。我們可以再考慮另外一種例子：

$$Q_3 = x_1^2 - x_2^2$$

其結果就繪製於圖 13-3。

於圖 13-3 之左圖內，可以發現Q_3的型態並不像Q_1與Q_2型態的單純，尤其是其函數值有可能由正值轉成負值如$Q_3(1, 0) = 1$而$Q_3(0, 1) = -1$；因此，顯然Q_3既不存在有極小值（正定），同時也不存在有極大值（負定），故稱Q_3屬於不定（indefinite）的型態。圖 13-3 之右圖，亦繪出屬於不定型態的等高

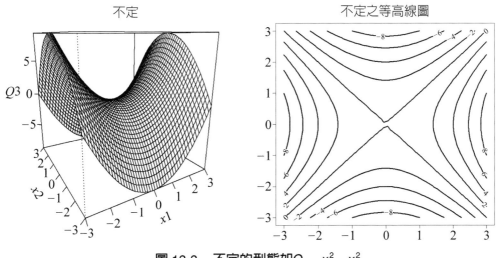

圖 13-3　不定的型態如$Q_3 = x_1^2 - x_2^2$

線圖，於圖內自然可看出等高線的分布並不單純。

最後，我們再考慮二種情況，其形態分別屬於半正定（positive semidefinite）與半負定（negative semidefinite）；例如：

$$Q_4 = (x_1 + x_2)^2 \text{ 與 } Q_5 = -(x_1 + x_2)^2$$

二型態繪製如圖 13-4 所示。於圖 13-4 內，可以看出半正定（半負定）的型態未必只有原點處才出現極小值（極大值）。

利用上述 $Q_1 \sim Q_5$ 的例子與觀念，我們大致整理出下列 5 種判斷一個對稱的矩陣屬於何種型態的方式；換言之，即若 A 是一個對稱的 $n \times n$ 矩陣，則：

- 就所有的 $x \in R^n$ 且 $x \neq 0$ 而言，若 $x^T A x > 0$，則 A 屬於正定矩陣。
- 就所有的 $x \in R^n$ 且 $x \neq 0$ 而言，若 $x^T A x \geq 0$，則 A 屬於半正定矩陣。
- 就所有的 $x \in R^n$ 且 $x \neq 0$ 而言，若 $x^T A x < 0$，則 A 屬於負定矩陣。
- 就所有的 $x \in R^n$ 且 $x \neq 0$ 而言，若 $x^T A x \leq 0$，則 A 屬於半負定矩陣。
- 就有些 $x \in R^n$ 而言，若 $x^T A x > 0$ 或 $x^T A x < 0$，則 A 屬於不定的矩陣。

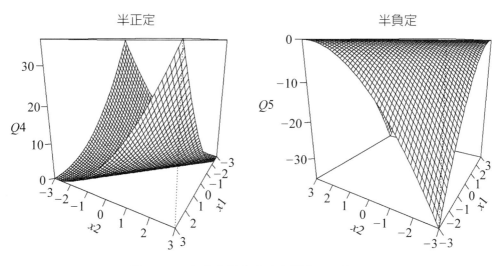

圖 13-4　半正定與半負定型態如 Q_4 與 Q_5

瞭解一個對稱的矩陣之型態的意義後，接著我們可以透過該對稱矩陣的主子矩陣（principal submatrix）觀念檢視[3]。

一個矩陣的前導主子矩陣

A 是一個 $n \times n$ 矩陣，則從 A 矩陣內刪除最後的 $n - k$ 個相同的列與行後可得一個 $k \times k$ 矩陣，可稱為 A 矩陣之第 k 階前導主子矩陣（the kth order leading principal minor of A）。

例 1

A 是一個 3×3 矩陣如

$$A = \begin{bmatrix} a_{11} & a_{12} & a_{13} \\ a_{21} & a_{22} & a_{23} \\ a_{31} & a_{32} & a_{33} \end{bmatrix}$$

試找出 A 矩陣之第 1 至 3 階前導主子矩陣。

解 A 矩陣本身就是一個 3 階的前導主子矩陣，可寫成 A_3。同理，A 矩陣之第 1 與 2 階前導主子矩陣分別為：

$$A_1 = \begin{bmatrix} a_{11} \end{bmatrix} \text{（刪除 } A \text{ 矩陣內之第 } 2 \sim 3 \text{ 列與第 } 2 \sim 3 \text{ 行）}$$

$$A_2 = \begin{bmatrix} a_{11} & a_{12} \\ a_{21} & a_{22} \end{bmatrix} \text{（刪除 } A \text{ 矩陣內之第 } 3 \text{ 列與第 } 3 \text{ 行）}$$

（半）正負定矩陣的判斷

A 是一個對稱的 $n \times n$ 矩陣，則有下列三種可能：

(1) 若所有 A 矩陣的前導主子矩陣的行列式值皆大於 0（大於等於 0），則 A 矩陣屬於一個正定（半正定）矩陣；反之亦然。

(2) 若 A 矩陣的前導主子矩陣的行列式值之正負符號相同於 $(-1)^k$（可能等於 0），即

$$|A_1| < 0 \ (|A_1| \leq 0) \ 、\ |A_2| > 0 \ (|A_2| \geq 0) \ 、\ |A_3| < 0 \ (|A_3| \leq 0) \ 、 \cdots\cdots$$

---

[3] 矩陣的主子矩陣類似行列式的主行列式，可參考第 11 章的 2.2 節。

則稱 A 為一個負定（半負定）矩陣；反之亦然。

(3) 若 A 矩陣的前導主子矩陣的行列式值並不符合 (1) 與 (2)，則 A 矩陣屬於一個不定矩陣。

例2

判斷下列矩陣屬於何種型態：

$$(A) \begin{bmatrix} 2 & -1 \\ -1 & 1 \end{bmatrix} \quad (B) \begin{bmatrix} 1 & 2 & 0 \\ 2 & 4 & 5 \\ 0 & 5 & 6 \end{bmatrix} \quad (C) \begin{bmatrix} 1 & 0 & 3 & 0 \\ 0 & 2 & 0 & 5 \\ 3 & 0 & 4 & 0 \\ 0 & 5 & 0 & 6 \end{bmatrix}$$

解 令

$$A = \begin{bmatrix} 2 & -1 \\ -1 & 1 \end{bmatrix} \text{、} B = \begin{bmatrix} 1 & 2 & 0 \\ 2 & 4 & 5 \\ 0 & 5 & 6 \end{bmatrix} \text{以及 } C = \begin{bmatrix} 1 & 0 & 3 & 0 \\ 0 & 2 & 0 & 5 \\ 3 & 0 & 4 & 0 \\ 0 & 5 & 0 & 6 \end{bmatrix}$$

可得：

$|A_1| = 2 > 0$ 以及 $|A_2| = 1 > 0$，故 A 為一個正定矩陣；其次，因 $|B_1| = 1 > 0$、$|B_2| = 0$ 以及 $|B_3| = -25 < 0$，故 B 為一個不定矩陣；最後，因 $|C_1| = 1 > 0$、$|C_2| = 2 > 0$、$|C_3| = -10 < 0$ 以及 $|C_4| = 65 > 0$，故 C 為一個不定矩陣。參考下列 R 指令：

```
minor = function(A, i, j) A[-i, -j] ;A = matrix(c(2,-1,-1,1),2,2);A
det(A) # 1
B = matrix(c(1,2,0,2,4,5,0,5,6),3,3);B
det(B) # -25
B1 = minor(B,2:3,2:3);B1 # 1
B2 = minor(B,3,3);B2;det(B2) # 0
C = matrix(c(1,0,3,0,0,2,0,5,3,0,4,0,0,5,0,6),4,4);C
C1 = minor(C,2:4,2:4);C1 # 1
C2 = minor(C,3:4,3:4);C2
det(C2) # 2
```

```
C3 = minor(C,4,4);C3
det(C3) # -10
det(C) # 65
```

例3

利用 2.1 節練習 (3) 之利潤函數，判斷利潤函數的黑森矩陣是否爲一個負定矩陣？

$$\pi = -24 + 839Q_1 + 837Q_2 + 835Q_3 - 5.05Q_1^2 - 5.03Q_2^2 - 5.02Q_3^2 - 10Q_1Q_2$$
$$- 10Q_1Q_3 - 10Q_2Q_3 \text{。}$$

解 利潤函數的黑森矩陣爲

$$H = \begin{bmatrix} -10.1 & -10 & -10 \\ -10 & -10.6 & -10 \\ -10 & -10 & -10.4 \end{bmatrix}$$

可得 $|H_1| = -10.1 < 0$、$|H_2| = 1.606 > 0$、以及 $|H_3| = -0.12424 < 0$，故 H 爲一個負定矩陣。

R 指令：

```
H = matrix(c(-(5.05*2),-10,-10,-10,-(5.03*2),-10,-10,-10,-(5.02*2)),3,3);H
H1 = minor(H,2:3,2:3);H1 # -10.1
H2 = minor(H,3,3);H2
det(H2) # 1.606
det(H) # -0.12424
```

練習

(1) 判斷下列矩陣屬於何種型態：

$$(A) \begin{bmatrix} -3 & 4 \\ 4 & -5 \end{bmatrix} \ (B) \begin{bmatrix} -1 & 1 & 0 \\ 1 & -1 & 0 \\ 0 & 0 & -2 \end{bmatrix} \ (C) \begin{bmatrix} 1 & 0.6 & 0.5 & 0.7 & 0.6 & 0.4 & 0.4 \\ 0.6 & 1 & 0.5 & 0.6 & 0.6 & 0.3 & 0.4 \\ 0.5 & 0.5 & 1 & 0.5 & 0.4 & 0.5 & 0.4 \\ 0.7 & 0.6 & 0.5 & 1 & 0.6 & 0.4 & 0.5 \\ 0.6 & 0.6 & 0.4 & 0.6 & 1 & 0.5 & 0.4 \\ 0.4 & 0.3 & 0.5 & 0.4 & 0.5 & 1 & 0.3 \\ 0.4 & 0.4 & 0.4 & 0.5 & 0.4 & 0.3 & 1 \end{bmatrix}$$

(2) 一家廠商有生產三種產品，其利潤函數為

$$\pi = -73 + 242Q_1 + 238Q_2 + 238Q_3 - 8.4Q_1^2 - 8.25Q_2^2 - 8.1Q_3^2 - 16Q_1Q_2$$
$$- 16Q_1Q_3 - 16Q_2Q_3$$

判斷利潤函數的黑森矩陣是否為一個負定矩陣？

(3) 何謂負定矩陣？何謂正定矩陣？試解釋之。

(4) 何謂不定矩陣？如何判斷？

(5) 我們如何判斷一個矩陣是否為正定矩陣？

2.3 極值之計算

於經濟與財務的應用上，對稱矩陣經常扮演著一個重要的角色。例如，知道一個單一變數函數 $y = f(x)$ 於一個臨界點 x_0 處的第二階微分的符號，就可以提供於 x_0 處是否存在著 f 的極大值、極小值或不定的訊息。我們可以將上述第二階微分檢定，一般化至應用於檢視多元變數函數極值上，此時第二階微分檢定就是檢視該多元變數的黑森矩陣是否為一個正定、負定或是不定的矩陣。

本節我們將介紹二種計算極值的方法：其一是在不受限制下計算極值，另一則是在受限制下計算極值。

2.3.1 不受限制下極值之計算

首先，我們來檢視在不受限制下，如何計算一個函數的極值。

極值的第一階條件（必要條件）

令 $f : U \to R$ 是一個 C^1 函數，其中 $U \in R^n$。若存在一個臨界點 $x_0 \in U$ 而

$$\frac{\partial f(x_0)}{\partial x_i} = 0,\ i = 1, 2, \cdots, n \tag{13-27}$$

則稱 (13-27) 式為 f 於 x_0 處存在局部極大值或極小值的第一階條件或必要條件。

極值的第二階條件（充分條件）

　　令 $f : U \to R$ 是一個 C^2 函數，其中 $U \in R^n$。若存在一個臨界點（critical point）$x_0 \in U$ 而

$$\frac{\partial f(x_0)}{\partial x_i} = 0,\ i = 1, 2, \cdots, n$$

其次，f 於 x_0 處之黑森矩陣為

$$D^2 f(x_0) = \begin{bmatrix} \dfrac{\partial^2 f(x_0)}{\partial x_1^2} & \cdots & \dfrac{\partial^2 f(x_0)}{\partial x_n \partial x_1} \\ \vdots & \ddots & \vdots \\ \dfrac{\partial^2 f(x_0)}{\partial x_1 \partial x_n} & \cdots & \dfrac{\partial^2 f(x_0)}{\partial x_n^2} \end{bmatrix}$$

則存在下列可能：

(1) 若 $D^2 f(x_0)$ 是一個對稱的負定矩陣，則 f 於 x_0 處出現局部極大值。

(2) 若 $D^2 f(x_0)$ 是一個對稱的正定矩陣，則 f 於 x_0 處出現局部極小值。

(3) 若 $D^2 f(x_0)$ 是一個不定的矩陣，則 f 於 x_0 處既不是局部極大值也不是局部極小值。

　　上述極值的第二階條件的 (3)，若是 $D^2 f(x_0)$ 是一個不定的矩陣，我們就稱 x_0 為 f 的一個鞍點（saddle point）。顧名思義，一個有鞍點的函數，表示其函數形狀像一個「馬鞍座」，隱含著從一個方向來看，似乎存在著極小值，但是從另外一個方向來看，似乎又有著極大值，可以參考圖 13-3。

例 1

　　一家廠商的總成本函數為 $TC = 120 + 0.1Q^2$ 而分別於二個不同的市場銷售其產品。二市場的需求函數分別為 $Q_1 = 800 - 2P_1$ 與 $Q_2 = 750 - 2.5P_2$，計算該廠商利潤最大的產量以及市場價格。

解 首先將二市場的需求曲線分別改寫成 $P_1 = 400 - 0.5Q_1$ 與 $P_2 = 300 - 0.4Q_2$，故可得其總收益與邊際收益函數分別為

$$TR_1 = 400Q_1 - 0.5Q_1^2 \text{ 與 } MR_1 = 400 - Q_1$$
$$TR_2 = 300Q_2 - 0.4Q_2^2 \text{ 與 } MR_2 = 300 - 0.8Q_2$$

因 $Q = Q_1 + Q_2$，故總成本函數可以改成

$$TC = 120 + 0.1(Q_1 + Q_2)^2 = 120 + 0.1Q_1^2 + 0.2Q_1Q_2 + 0.1Q_2^2$$

利潤函數則為

$$\pi = TR_1 + TR_2 - TC$$
$$= 400Q_1 - 0.6Q_1^2 + 300Q_2 - 0.5Q_2^2 - 120 - 0.2Q_1Q_2$$

利潤極大化的第一階條件為

$$\frac{\partial \pi}{\partial Q_1} = 400 - 1.2Q_1 - 0.2Q_2 = 0$$

$$\frac{\partial \pi}{\partial Q_2} = 300 - Q_2 - 0.2Q_1 = 0$$

可得

$$1.2Q_1 + 0.2Q_2 = 400$$
$$0.2Q_1 + Q_2 = 300$$

利用克萊姆法則，可得：

$$Q_1^* = \frac{\begin{vmatrix} 400 & 0.2 \\ 300 & 1 \end{vmatrix}}{\begin{vmatrix} 1.2 & 0.2 \\ 0.2 & 1 \end{vmatrix}} = 293.1034 \text{ 與 } Q_2^* = \frac{\begin{vmatrix} 1.2 & 400 \\ 0.2 & 300 \end{vmatrix}}{\begin{vmatrix} 1.2 & 0.2 \\ 0.2 & 1 \end{vmatrix}} = 241.3793$$

故可知於 Q_1^* 與 Q_2^* 處出現極值。而利潤極大化的第二階條件為：

$$\frac{\partial^2 \pi}{\partial Q_1^2} = -1.2 \text{、} \frac{\partial^2 \pi}{\partial Q_1 \partial Q_2} = -0.2 \text{、} \frac{\partial^2 \pi}{\partial Q_2 \partial Q_1} = -0.2 \text{ 以及 } \frac{\partial^2 \pi}{\partial Q_2^2} = -1$$

寫成黑森矩陣的型態為

$$H = \begin{bmatrix} \partial^2\pi/\partial Q_1^2 & \partial^2\pi/\partial Q_2\partial Q_1 \\ \partial^2\pi/\partial Q_1\partial Q_2 & \partial^2\pi/\partial Q_2^2 \end{bmatrix} = \begin{bmatrix} -1.2 & -0.2 \\ -0.2 & -1 \end{bmatrix}$$

因 $|H_1| = -1.2 < 0$ 而 $|H_2| = 1.2 - 0.04 = 0.8 > 0$，故 H 是一個負定矩陣。因此，於 Q_1^* 與 Q_2^* 處利潤最大，其值約為 94707.59。其次，二市場的價格分別約為 253.4483 與 203.4483。

R 指令：

```
TC = function(Q1,Q2) 120+0.1*(Q1+Q2)^2;P1 = function(Q1) 400-0.5*Q1
P2 = function(Q2) 300-0.4*Q2;TR1 = function(Q1) 400*Q1-0.5*Q1^2
TR2 = function(Q2) 300*Q2-0.4*Q2^2;PI = function(Q1,Q2) TR1(Q1)+TR2(Q2)-TC(Q1,Q2)
Q1star = det(matrix(c(400,300,0.2,1),2,2))/det(matrix(c(1.2,0.2,0.2,1),2,2))# 293.1034
Q2star = det(matrix(c(1.2,0.2,400,300),2,2))/det(matrix(c(1.2,0.2,0.2,1),2,2))# 241.3793
PI(Q1star,Q2star) # 94707.59
P1(Q1star) # 253.4483
P2(Q2star) # 203.4483
```

例 2

計算 $f(x, y) = x^3 + y^3 - 6xy$ 之極值。

解 首先利用 (13-27) 式以找出出現極值的臨界點，即

$$\frac{\partial f}{\partial x} = 3x^2 - 6y = 0 \Rightarrow y = \frac{1}{2}x^2$$

代入

$$\frac{\partial f}{\partial y} = 3y^2 - 6x = 0 \Rightarrow 3x^4 - 24x = 0 \Rightarrow 3x(x^3 - 8) = 0$$

可得 $x = 0$ 或 $x = 2$。故可知於 $x = 0$ 或 $x = 2$ 處出現極值。我們繼續計算 f 的第二階偏微分所構成的黑森矩陣，可得：

$$H = \begin{bmatrix} \dfrac{\partial^2 f}{\partial x^2} & \dfrac{\partial^2 f}{\partial x\partial y} \\ \dfrac{\partial^2 f}{\partial y\partial x} & \dfrac{\partial f}{\partial y^2} \end{bmatrix} = \begin{bmatrix} 6x & -6 \\ -6 & 6x \end{bmatrix}$$

因此，我們可以分別檢視於 $x = 0$ 與 $x = 2$ 處，黑森矩陣的型態。

首先，檢視於 $x = 0$ 處黑森矩陣的型態，可得 $|H_1| = 0$ 以及 $|H| = -36$，可知其黑森矩陣屬於不定的矩陣，故點 $(x, y) = (0, 0)$ 是 f 的一個馬鞍點；另一方面，若 $x = 2$，則 $|H_1| = 12$ 以及 $|H| = 108$，可知其黑森矩陣屬於正定的矩陣，故於點 $(x, y) = (2, 2)$ 處，f 會出現局部極小值，可以參考下圖。

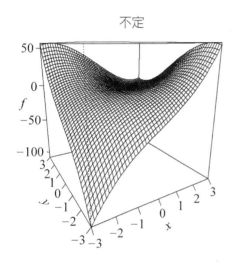

不定

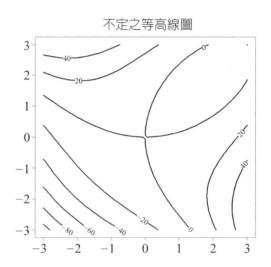

不定之等高線圖

2.3.2 受限制下極值之計算

本節將介紹受限制條件下極值之計算，此種情況普遍存在於經濟的分析上。例如，消費者的消費行為事實上是受到其預算的限制，又或是生產者的生產行為也是受到其成本限制的考量；因此，一個直接的問題是，我們如何於預算（或成本）的限制下，計算消費者（生產者）之效用（成本）極大（極小）呢？

就數學而言，於限制條件下計算極值其實是一件複雜的事，例如檢視圖 13-5 內的二種情況，若等產量曲線 $Q_3 > Q_2 > Q_1$ 或無異曲線（$U_3 > U_2 > U_1$），則於固定的成本考量下或預算限制下（以直線表示），二種情況的結論並不相同，尤其是右圖出現成本最小的產量為 Q_3，不過其卻完全使用資本 K 生產，我們當然不會考慮此種情況；也就是說，底下只考慮一種最簡單的模式，即假定生產者（或消費者）的最適解出現於如左圖之 T 點所示，表示最適解出現於等產量線與等成本線（或無異曲線與預算限制線）相切的情況。

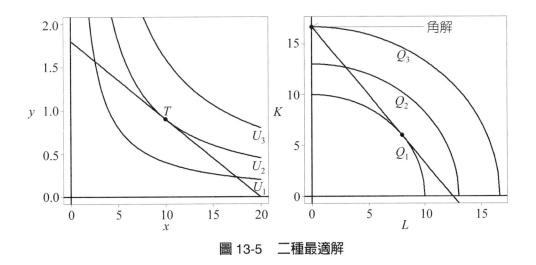

圖 13-5　二種最適解

上述於限制條件下計算極值的一般式可寫成：

$$\max_{x_1,\cdots,x_n} f(x_1, x_2, \cdots, x_n)$$
$$s.t\ g(x_1, x_2, \cdots, x_n) = b$$

或

$$\min_{x_1,\cdots,x_n} f(x_1, x_2, \cdots, x_n)$$
$$s.t\ g(x_1, x_2, \cdots, x_n) = b$$

其中 x_1, x_2, $\cdots$, x_n 稱為控制變數或工具變數（instrument variables）而 b 則為一個常數。最著名計算上述極值的方法，莫過於使用法國數學家拉氏（Lagrange）所提出的拉氏乘數法（method of Lagrange multipliers），該方法藉由拉氏乘數 λ 作為輔助工具，使得我們可以找出於限制下的極值。例如，一個二元變數的情況如：

$$\max_{x_1, x_2} f(x_1, x_2)$$
$$s.t\ g(x_1, x_2) = b$$

面對上述情況，使用拉氏乘數法的第一個步驟是設立一個拉氏函數：

$$L(x_1, x_2, \lambda) = f(x_1, x_2) + \lambda(b - g(x_1, x_2)) \tag{13-28}$$

即上述拉氏函數亦視拉氏乘數為一個工具變數。因此，極大化 (13-28) 式的第一階條件為：

$$\frac{\partial L}{\partial \lambda} = b - g(x_1, x_2) = 0 \tag{13-29}$$

$$\frac{\partial L}{\partial x_1} = \frac{\partial f}{\partial x_1} - \lambda \frac{\partial g}{\partial x_1} = 0 \tag{13-30}$$

$$\frac{\partial L}{\partial x_2} = \frac{\partial f}{\partial x_2} - \lambda \frac{\partial g}{\partial x_2} = 0 \tag{13-31}$$

其中 (13-29) 式表示滿足限制方程式。利用 (13-29)～(13-31) 式，可求解得出第一階條件的臨界點 x_1^*、x_2^* 以及 λ^*。

從上述式子內可以看出拉氏乘數法是利用 λ 將限制條件「代入」極值的計算過程內，我們可以進一步檢視 λ 的意義。若將 x_1^*、x_2^*、以及 λ^* 代入 (13-28) 式，可得：

$$L^* = f(x_1^*, x_2^*) + \lambda^*(b - g(x_1^*, x_2^*))$$

我們想要知道限制值如 b 改變後，上述臨界點或極值 L 的變化；換言之，上式對 b 的偏微分可得：

$$\frac{\partial L^*}{\partial b} = \frac{\partial f}{\partial x_1} \frac{dx_1^*}{db} + \frac{\partial f}{\partial x_2} \frac{dx_2^*}{db} + (b - g(x_1^*, x_2^*)) \frac{\partial \lambda^*}{\partial b} + \lambda^* \left(1 - \frac{\partial g}{\partial x_1} \frac{dx_1^*}{db} - \frac{\partial g}{\partial x_2} \frac{dx_2^*}{db} \right)$$

整理後可得：

$$\frac{\partial L^*}{\partial b} = \left(\frac{\partial f}{\partial x_1} - \lambda^* \frac{\partial g}{\partial x_1} \right) \frac{dx_1^*}{db} + \left(\frac{\partial f}{\partial x_2} - \lambda^* \frac{\partial g}{\partial x_2} \right) \frac{dx_2^*}{db} + (b - g(x_1^*, x_2^*)) \frac{\partial \lambda^*}{\partial b} + \lambda^*$$

將 (13-29)～(13-31) 式代入上式，可得

$$\frac{\partial L^*}{\partial b} = \lambda^*$$

是故，由上式可知拉氏乘數是表示限制值對極限值的影響程度。

接下來，我們來檢視（局部）極值的充分條件。若對拉式函數取第二階微分，類似黑森矩陣，我們可以編製一個鑲入的黑森矩陣（bordered Hessian matrix）如：

$$H^B = \begin{bmatrix} 0 & g_1 & g_2 & \cdots & g_n \\ g_1 & L_{11} & L_{12} & \cdots & L_{1n} \\ g_2 & L_{21} & L_{22} & \cdots & L_{2n} \\ \vdots & \vdots & \vdots & \ddots & \vdots \\ g_n & L_{n1} & L_{n2} & \cdots & L_{nn} \end{bmatrix}$$

其中 $g_i = \partial g / \partial x_i$ 而 $L_{ij} = \partial L / \partial x_i \partial x_j$，值得注意的是，上述偏微分或鑲入的黑森矩陣是於最適的臨界點處計算。利用上述鑲入的黑森矩陣，局部極大值的充分條件為：

$$\left|H_1^B\right| = \begin{vmatrix} 0 & g_1 \\ g_1 & L_{11} \end{vmatrix} < 0 \text{、} \left|H_2^B\right| = \begin{vmatrix} 0 & g_1 & g_2 \\ g_1 & L_{11} & L_{12} \\ g_2 & L_{21} & L_{22} \end{vmatrix} > 0 \text{、} \left|H_3^B\right| = \begin{vmatrix} 0 & g_1 & g_2 & g_3 \\ g_1 & L_{11} & L_{12} & L_{13} \\ g_2 & L_{21} & L_{22} & L_{23} \\ g_3 & L_{31} & L_{32} & L_{33} \end{vmatrix} < 0 \text{、}$$

……

類似地，局部極小值的充分條件為：

$$\left|H_1^B\right| < 0 \text{、} \left|H_2^B\right| < 0 \text{、} \left|H_3^B\right| < 0 \text{、} \cdots\cdots$$

例 1

消費者的效用函數為 $U = 40x^{0.5}y^{0.5}$，其中 x 與 y 為二種商品，其市場價格分別為 20 元與 5 元。若消費者只有 600 元，試計算該消費者於效用極大化下 x 與 y 的需求數量。

解 消費者的最適選擇行為可以寫成：

$$\max_{x,y} U(x,y)$$
$$s.t. \ I = P_x x + P_y y$$

其中 I、P_x 與 P_y 分別表示所得、x 與 y 商品的價格。上述式子說明了消費者於預算限制式下，追求效用最大。若使用拉氏乘數法計算極值，首先須設立一個拉式函數，即

$$L(x, y, \lambda) = U(x, y) + \lambda(I - P_x x - P_y y)$$

其中 λ 為拉氏乘數。拉氏乘數法就是將拉氏乘數視為一般的變數；因此，若欲計算上述拉氏函數的極大值，其第一階條件為：

$$\frac{\partial L}{\partial \lambda} = I - P_x x - P_y y = 0 \qquad\qquad （例 1-1）$$

$$\frac{\partial L}{\partial x} = \frac{\partial U}{\partial x} - \lambda P_x = 0 \qquad\qquad （例 1-2）$$

$$\frac{\partial L}{\partial y} = \frac{\partial U}{\partial y} - \lambda P_y = 0 \qquad\qquad （例 1-3）$$

利用（例 1-2）與（例 1-3）式，可得

$$\frac{\partial U / \partial x}{\partial U / \partial y} = \frac{MU_x}{MU_y} = MRS = \frac{P_x}{P_y} \qquad\qquad （例 1-4）$$

而（例 1-1）式則表示預算限制式會成立，表示消費者會用完其預算，即

$$I - P_x x - P_y y = 0$$

上述拉氏函數極大值的第一階條件隱含著無異曲線與預算限制式相切，即（例 1-4）式，表示於相切點處無異曲線的 MRS 會等於 x 商品的相對價格。可以注意的是，我們所使用的拉氏乘數並不扮演重要的角色！可以參考下圖。

為了找出上述拉氏函數極大值的第二階條件，我們可以使用前述的鑲入黑森矩陣的觀念以幫我們找出受限制下（局部）極大值之第二階條件；也就是說，類似黑森矩陣的表示方式，若對拉氏函數取第二階偏微分可得

$$H^B = \begin{bmatrix} 0 & P_x & P_y \\ P_x & U_{xx} & U_{xy} \\ P_y & U_{yx} & U_{yy} \end{bmatrix}$$

而 H^B 是一個負定矩陣。

因此，就例 1 的例子而言，其拉式函數為

$$L(x, y, \lambda) = 40x^{0.5}y^{0.5} + \lambda(600 - 20x - 5y)$$

故利用（例 1-4）式可得

$$\frac{20x^{-0.5}y^{0.5}}{20x^{0.5}y^{-0.5}} = \frac{20}{5} \Rightarrow \frac{y}{x} = 4 \Rightarrow y = 4x$$

代入（例 1-1）與（例 1-2）式後可得 $x^* = 15$、$y^* = 60$ 以及 $\lambda^* = 2$。若將 x^* 與 y^* 代入鑲入黑森矩陣內可得 $\left|H_1^B\right| = -200 < 0$、$\left|H_2^B\right| = 133.3333 > 0$，故於 x^* 與 y^* 處出現極大值效用 1200。

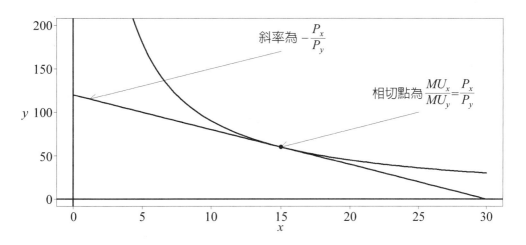

R 指令：

```
U = function(x,y) 40*(x^0.5)*(y^0.5);Ux = function(x,y) 20*(x^-0.5)*(y^0.5)
Uxx = function(x,y) -10*(x^-1.5)*(y^0.5);Uy = function(x,y) 20*(x^0.5)*(y^-0.5)
Uyy = function(x,y) -10*(x^0.5)*(y^-1.5);Uxy = function(x,y) 10*(x^-0.5)*(y^-0.5)
A = 40;alpha = 0.5; beta = 0.5;y = function(x,U) (U/(A*(x^alpha)))^(1/beta)
MRS = function(x,y) -(alpha/beta)*(y/x) # 用負數表示
x = seq(0,30,length=100);windows()
plot(x,y(x,1200),type="l",lwd=4,ylab="y",cex.lab=1.5,ylim=c(0,200));abline(v=0,h=0,lwd=4)
points(15,y(15,1200),pch=20,cex=3);xstar = 15;ystar = y(15,1200) # 60
y1 = ystar+MRS(xstar,ystar)*(x-xstar);lines(x,y1,lwd=4)
text(15,170,labels=expression(paste(" 斜率爲 -",frac(P[x],P[y]))),pos=3,cex=2)
arrows(15,170,x[5],y1[5])
text(25,100,,pos=3,cex=2,labels=expression(paste(" 相切點爲 ",
```

```
            frac(MU[x],MU[y])==frac(P[x],P[y]))));arrows(25,100,xstar,ystar)
star = c(0,20,5,20,Uxx(xstar,ystar),Uxy(xstar,ystar),5,Uxy(xstar,ystar),Uyy(xstar,ystar))
HB2 = matrix(star,3,3) # 鑲入黑森矩陣
HB2
det(HB2) # 133.3333
HB1 = matrix(c(0,20,20,Uxx(xstar,ystar)),2,2);HB1
det(HB1) # -400
lambdastar = Ux(xstar,ystar)/20 # 2
```

例2

一家廠商的生產函數為 $Q = 4L^{0.5}K^{0.6}$，其中勞動 L 與資本 K 的價格分別為 $P_L = 8$ 與 $P_K = 15$，則該廠商生產 200 產量的最小成本之勞動與資本的組合為何？

解 該廠商欲於某一固定的產量 Q_0 下，找出成本極小的勞動與資本組合，故可寫成：

$$\min_{L,K} P_L L + P_K K$$
$$s.t\ Q_0 = Q(L,K)$$

類似地（如例1），上述寫成拉氏函數以 $La(L, K, \lambda)$ 表示為：

$$La(L,K,\lambda) = P_L L + P_K K + \lambda(Q_0 - Q(L,K))$$

故成本極小化的第一階條件為：

$$\frac{\partial La}{\partial L} = P_L - \lambda \frac{\partial Q}{\partial L} = 0$$

$$\frac{\partial La}{\partial K} = P_K - \lambda \frac{\partial Q}{\partial K} = 0$$

故將 $Q = 4L^{0.5}K^{0.6}$ 代入，可得：

$$\frac{2L^{-0.5}K^{0.6}}{2.4L^{0.5}K^{-0.4}} = \frac{2}{2.4}\frac{K}{L} = \frac{P_L}{P_K} = \frac{8}{15} \Rightarrow K = 0.64L$$

代入 $Q_0 = 200 = 4L^{0.5}K^{0.6}$ 可得：

$$L^* = \left(50/0.64^{0.6}\right)^{1/1.1} \approx 44.6929 \text{ 而 } K^* = 0.64L^* \approx 28.6034$$

故

$$\lambda^* = \frac{P_L}{\partial Q(L^*,K^*)/\partial L} = \frac{P_K}{\partial Q(L^*,K^*)/\partial K} \approx 3.5754$$

同理，鑲入黑森矩陣為：

$$H^B = \begin{bmatrix} 0 & P_L & P_K \\ P_L & -\lambda^* Q_{LL} & -\lambda^* Q_{KL} \\ P_K & -\lambda^* Q_{LK} & -\lambda^* Q_{KK} \end{bmatrix}$$

其中 $Q_{LK} = \partial^2 Q(L^*,K^*)/\partial L\partial K$，其餘可類推。將上述最適之臨界值代入，因 $|H_1^B| \approx -64 < 0$ 與 $|H_2^B| \approx -194.6619 < 0$，故可知 H^B 為一個正定矩陣。

例 3

　　一家廠商使用下列生產函數 $Q = 20L^{0.25}K^{0.5}R^{0.4}$，三種生產要素 L、K 以及 R 的價格分別為 10、20 以及 5。計算產量為 1200 之最小成本為何？

解 拉式函數 $La(L, K, R, \lambda)$ 為：

$$La(L,K,R,\lambda) = 10L + 20K + 5R + \lambda(1200 - 20L^{0.25}K^{0.5}R^{0.4})$$

故極小化之第一階條件分別為：

$$\frac{\partial La}{\partial \lambda} = 1200 - 20L^{0.25}K^{0.5}R^{0.4} = 0 \tag{例 3-1}$$

$$\frac{\partial La}{\partial L} = 10 - \lambda(5L^{-0.75}K^{0.5}R^{0.4}) = 0 \tag{例 3-2}$$

$$\frac{\partial La}{\partial K} = 20 - \lambda(10L^{0.25}K^{-0.5}R^{0.4}) = 0 \tag{例 3-3}$$

$$\frac{\partial La}{\partial R} = 5 - \lambda(8L^{0.25}K^{0.5}R^{-0.6}) = 0 \tag{例 3-4}$$

利用（例 3-2）與（例 3-3）二式，可得 $K^* = L^*$；其次，利用（例 3-3）

與（例 3-4）二式，可得 $R^* = 3.2L^*$。將 L^*、K^* 以及 R^* 代入 $Q = 1200 = 20L^{0.25}K^{0.5}R^{0.4}$ 內，整理後可得 $L^* = (60/3.2^{0.4})^{1/1.15} \approx 23.47$，故 $K^* = L^* \approx 23.47$ 而 $R^* = 3.2L^* \approx 75.1$。同理，利用（例 3-2）式可得 $\lambda^* \approx 0.78$。

我們可以進一步計算上述最適臨界值之鑲入黑森矩陣，其可寫成：

$$H^B = \begin{bmatrix} 0 & P_L & P_K & P_R \\ P_L & -\lambda^* Q_{LL} & -\lambda^* Q_{LK} & -\lambda^* Q_{LR} \\ P_K & -\lambda^* Q_{KL} & -\lambda^* Q_{KK} & -\lambda^* Q_{KR} \\ P_R & -\lambda^* Q_{RL} & -\lambda^* Q_{RK} & -\lambda^* Q_{RR} \end{bmatrix}$$

而可得 $|H_1^B| \approx -100 < 0$、$|H_2^B| \approx -255.6449 < 0$ 以及 $|H_3^B| \approx -26.0963 < 0$，故可知 H^B 為一個正定矩陣。

（練習）

(1) 計算預算限制下，消費者效用極大化之條件（假定有二種財貨）。

(2) 計算 $U(x, y) = x^{0.5}y^{0.5}$ 受限於 $2x + 5y = 100$。

(3) 續上題，若 x 商品的價格上升至 10，則消費者之 x 與 y 為何？

(4) 計算 $f(x, y) = x^2 + 4y^2$ 受限於 $g(x, y) = x^2 + y^2 - 1$ 之極值。

(5) 黑森矩陣與鑲入的黑森矩陣有何不同？

第三節　迴歸線之估計

於前面的章節中，我們多次使用迴歸線的觀念，現在我們可以介紹普遍用於估計迴歸線的方法，該方法稱為最小平方法（method of least squares）。最小平方法可以用於估計線性迴歸模型與非線性迴歸模型，前者有明確的公式可以用於估計迴歸線的係數，而後者則欠缺明確的公式故只能用數值方法估計。

3.1 線性迴歸

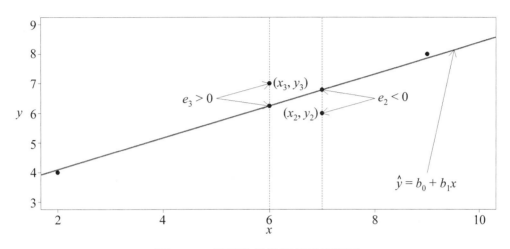

圖 13-6　簡單的線性迴歸模型例子

假定有四組 (x, y) 資料如表 13-1 所示，其散佈圖繪製如圖 13-6。所謂的迴歸直線，就是想要找出一條直線能夠代表資料的「趨勢」；換句話說，於圖 13-6 的散佈圖內，四組資料大致維持 x 與 y 相同方向變動的走勢，而此走勢就是以迴歸直線表示。我們如何利用上述四組資料估計資料走勢的迴歸直線呢？如前所述，就是使用最小平方法。

表 13-1　一個簡單迴歸的例子：$\hat{y} = 3.0192 + 0.5385x$

x	y	$x - \bar{x}$	$y - \bar{y}$	$(x - \bar{x})^2$	$(x - \bar{x})(y - \bar{y})$	$\hat{y}$	e
2	4	-4	-2.25	16	9	4.0962	-0.0962
7	6	1	-0.25	1	-0.25	6.7887	-0.7887
6	7	0	0.75	0	0	6.2502	0.7498
9	8	3	1.75	9	5.25	7.8657	0.1343
		0	0	26	14		0

直覺而言，我們要用一條直線來代表所觀察到的資料，一定是該條直線非常接近於資料，最小平方法就是根據此一直覺。我們可以將迴歸模型寫成：

$$y_i = b_0 + b_1 x_i + e_i, \quad i = 1, \cdots, n \tag{13-32}$$

其中稱 e_i 為第 i 個殘差值（residual）。(13-32) 式表示實際的 y_i 值可以由迴歸直線與殘差值表示，其中迴歸直線可以為：

$$\hat{y}_i = b_0 + b_1 x_i, \quad i = 1, \cdots, n \tag{13-33}$$

於圖 13-6 可看出迴歸直線與殘差值之間的關係。例如於表 13-1 內可看出第二組資料的殘差值小於 0 而第三組資料之殘差值大於 0；換言之，我們可以利用迴歸直線預測 y 值（於已知 x 值的條件下），故殘差值相當於利用迴歸直線無法預測到的部分。

瞭解迴歸直線與殘差值之間的關係後，若要迴歸直線愈靠近觀察資料，則殘差值就應該愈小才對；不過，由於殘差值有正有負，若要計算殘差值總和，其結果可能會失真。因此，所謂的最小平方法，就是先將殘差值以其平方值表示，然後再計算殘差值平方總和之最小。另一方面，從 (13-33) 式可知迴歸直線可以由一組「特定的」的 b_0 與 b_1 表示（前者表示直線的截距，而後者則表示斜率），故我們要找出一條直線來代表所觀察的資料，相當於要找出一組特定的截距與斜率！

職是之故，迴歸模型的最小平方法可以寫成：

$$\min_{b_0, b_1} L(b_0, b_1) = \sum_{i=1}^{n} e_i^2 = \sum_{i=1}^{n} (y_i - \hat{y}_i)^2 = \sum_{i=1}^{n} (y_i - b_0 - b_1 x_i)^2 \tag{13-34}$$

(13-34) 式相當於將 b_0 與 b_1 視為變數而我們要找出函數 $L(b_0, b_1)$ 之最小（不受限制）。上述 $L(b_0, b_1)$ 之最小的第一階條件為

$$\partial L(b_0, b_1) / \partial b_0 = 2 \sum_{i=1}^{n} (y_i - b_0 - b_1 x_i)(-1) = 0 \Rightarrow n b_0 + \sum_{i=1}^{n} x_i b_1 = \sum_{i=1}^{n} y_i \tag{13-35}$$

與

$$\partial L(b_0, b_1) / \partial b_1 = 2 \sum_{i=1}^{n} (y_i - b_0 - b_1 x_i)(-x_i) = 0 \Rightarrow \sum_{i=1}^{n} x_i b_0 + \sum_{i=1}^{n} x_i^2 b_1 = \sum_{i=1}^{n} y_i x_i \tag{13-36}$$

利用克萊姆法則可求解 (13-35) 與 (13-36) 式之 b_0 與 b_1，即：

$$b_0 = \frac{\begin{vmatrix} \sum_{i=1}^{n} y_i & \sum_{i=1}^{n} x_i \\ \sum_{i=1}^{n} y_i x_i & \sum_{i=1}^{n} x_i^2 \end{vmatrix}}{\begin{vmatrix} n & \sum_{i=1}^{n} x_i \\ \sum_{i=1}^{n} x_i & \sum_{i=1}^{n} x_i^2 \end{vmatrix}} \text{ 與 } b_1 = \frac{\begin{vmatrix} n & \sum_{i=1}^{n} y_i \\ \sum_{i=1}^{n} x_i & \sum_{i=1}^{n} y_i x_i \end{vmatrix}}{\begin{vmatrix} n & \sum_{i=1}^{n} x_i \\ \sum_{i=1}^{n} x_i & \sum_{i=1}^{n} x_i^2 \end{vmatrix}}$$

上二式經過整理後可得：

$$b_0 = \bar{y} - b_1 \bar{x} \text{ 與 } b_1 = \frac{\sum_{i=1}^{n} (x_i - \bar{x})(y_i - \bar{y})}{\sum_{i=1}^{n} (x_i - \bar{x})^2} \tag{13-37}$$

因此，利用 (13-37) 式，表 13-1 內的四組資料可估計出迴歸直線為：

$$\hat{y} = 3.0192 + 0.5385x$$

例 1

計算下列的迴歸式：

(A)	x	1	2	3	4	(B)	x	1	2	3	4
	y	1	3	4	3		y	−2	−1	3	5

解 可以參考下列 R 指令：

```
# (A)
x = c(1,2,3,4);y = c(1,3,4,3);xbar = mean(x);ybar = mean(y)
b1 = sum((x-xbar)*(y-ybar))/sum((x-xbar)^2) # 0.7
b0 = ybar-b1*xbar # 1
lm(y~x)
yhat = b0+b1*x;yhat # 1.7 2.4 3.1 3.8
```

fitted(lm(y~x)) # 1.7 2.4 3.1 3.8, 即迴歸線之預測值

例2

就下列五組資料 (0,1.3)、(1,0.6)、(2,1.5)、(3,3.6) 以及 (4,7.4)。試分別考慮迴歸直線與二次式迴歸線估計，並繪圖說明其配適情況。

解 估計的迴歸直線與二次式迴歸線分別為：

$$\hat{y} = -0.16 + 1.52x$$

與

$$\hat{y} = 1.2971 - 1.3943x + 0.7286x^2$$

可以參考下圖以及所附之 R 指令。

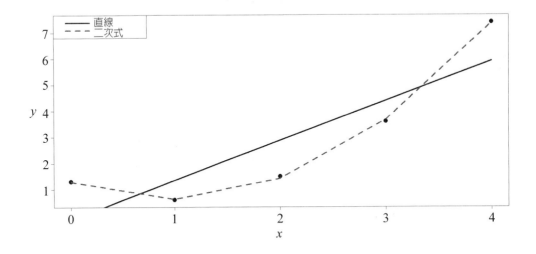

R 指令：

```
x = c(0,1,2,3,4);y = c(1.3,0.6,1.5,3.6,7.4);z = x^2
fit1 = fitted(lm(y~x));fit2 = fitted(lm(y~x+z)) # 注意表示方式
windows()
```

```
plot(x,y,type="p",pch=20,cex=3,cex.lab=2);lines(x,fit1,lwd=4);lines(x,fit2,lwd=4,col=2,lty=2)
legend("topleft",c(" 直線 "," 二次式 "),lwd=4,lty=1:2,col=1:2)
```

例3

　　至英文 YAHOO 網站下載 NASDAQ、臺灣加權股價指數（TWI）以及上海綜合指數（SSE）月收盤價（2000/1～2016/10），試分別繪製其時間走勢圖。

解　可參考下圖以及所附之 R 指令。由下圖可看出三指數月收盤價的時間走勢，大致自 2010 年後有逐漸往上攀高的走勢，故近期三指數月收盤價皆高於其平均指數價格，後者於圖內以紅色虛線表示。比較特別的是，下圖之左圖是依實際的指數價格繪製，而右圖則將實際的指數價格以對數值表示，從圖中可看出二種表示方式，實際的時間走勢並不會受到以對數轉換的影響。因此，原始指數價格與其對數值是一種線性轉換的關係。

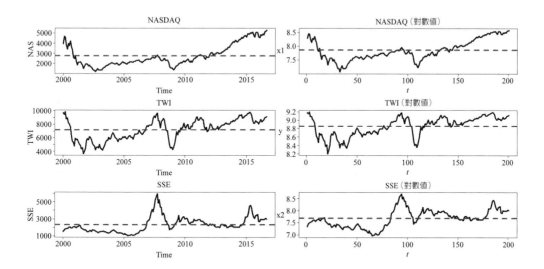

R 指令：
```
three = read.table("D:\\BM\\ch12\\NASTWISSEm.txt",header=T)
names(three)
```

```
attach(three)
y = log(TWI);x1 = log(NAS);x2 = log(SSE)
NASt = ts(NAS,start=c(2000,1),frequency=12);TWIt = ts(TWI,start=c(2000,1),frequency=12)
SSEt = ts(SSE,start=c(2000,1),frequency=12);t = 1:length(y)
windows();par(mfcol=c(3,2))
plot(NASt,type="l",lwd=4,cex.lab=1.5,main="NASDAQ",cex.main=2)
abline(h=mean(NAS),col=2,lwd=4,lty=2)
plot(TWIt,type="l",lwd=4,cex.lab=1.5,main="TWI",cex.main=2)
abline(h=mean(TWI),col=2,lwd=4,lty=2)
plot(SSEt,type="l",lwd=4,cex.lab=1.5,main="SSE",cex.main=2)
abline(h=mean(SSE),col=2,lwd=4,lty=2)
plot(t,x1,type="l",lwd=4,cex.lab=1.5,main="NASDAQ ( 對數值 )",cex.main=2)
abline(h=mean(x1),col=2,lwd=4,lty=2)
plot(t,y,type="l",lwd=4,cex.lab=1.5,main="TWI ( 對數值 )",cex.main=2)
abline(h=mean(y),col=2,lwd=4,lty=2)
plot(t,x2,type="l",lwd=4,cex.lab=1.5,main="SSE ( 對數值 )",cex.main=2)
abline(h=mean(x2),col=2,lwd=4,lty=2)
```

例 4

續例 3，利用三種指數的歷史價格，試以迴歸模型估計，此時 y 與 x 各為何？若是有二個自變數的迴歸式呢？試分別解釋以原始資料與以其對應的對數值表示的迴歸式意義。

解 因迴歸式子具有「因果關係」的味道（即 x 會影響 y），就市場的規模與月指數收盤價而言，TWI 並無法與 NASDAQ 與 SSE 相提並論，但後二者卻有可能會影響到 TWI；因此可以建立一個複迴歸式子，其中 y 表示 TWI 之月收盤指數而 x_1 與 x_2 分別 NASDAQ 與 SSE 的月收盤指數價格，三者皆是取過對數值，利用前述期間序列資料，使用最小平方法可估得：

$$\hat{y} = 4.0210 + 0.4129x_1 + 0.2066x_2$$

我們稱上述估計結果為模型 1；其次，模型 2 與 3 亦分別估得：

$$\hat{y} = 4.8662 + 0.5075x_1 \text{ 與 } \hat{y} = 5.7729 + 0.4008x_2$$

可記得此時估計係數表示「彈性」，例如模型 1 隱含著：

$$\partial \hat{y} / \partial x_1 = 0.4129 \text{ 而 } \partial \hat{y} / \partial x_2 = 0.2066$$

表示 TWI 之 NASDAQ 交叉彈性約為 0.41 而 TWI 之 SSE 交叉彈性則約為 0.21。迴歸模型內的變數若皆是以對數值表示係假定「彈性值」固定；但若是使用原始資料，則假定「斜率值」固定。

例 5

續例 4，試繪出模型 1～3 的殘差值走勢，並解釋其意義。

解 可以參考下圖。下圖內之左上圖繪出 TWI（對數值）的時間走勢，如前所述，隨著時間經過，TWI 的月收盤價約自 2010 年後有逐月走高的趨勢；不過，上圖內三模型的殘差值時間走勢卻已無走高的趨勢，顯示出 TWI 的月收盤價過濾完 NASDAQ 與（或）SSE 的月收盤價的影響後已無明顯的趨勢，表示出 TWI 與 NASDAQ（或 SSE）的月收盤價之間可能存在共同趨勢（common trend）。

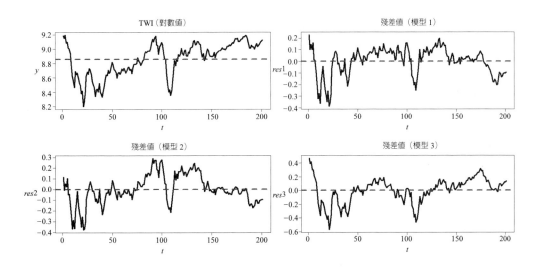

R 指令：

```
model1 = lm(y~x1+x2);model1
names(model1) # 可單獨找出某結果之指令
res1 = residuals(model1) # 找出殘差值序列，可參考「財統」
model2 = lm(y~x1);model2;res2 = residuals(model2)
model3 = lm(y~x2);model3;res3 = residuals(model3)
windows();par(mfrow=c(2,2))
plot(t,y,lwd=4,type="l",main="TWI（對數值）",cex.main=2);abline(h=mean(y),col=2,lwd=4,lty=2)
plot(t,res1,type="l",lwd=4,main=" 殘差值（模型 1)",cex.main=2);abline(h=0,col=2,lwd=4,lty=2)
plot(t,res2,type="l",lwd=4,main=" 殘差值（模型 2)",cex.main=2);abline(h=0,col=2,lwd=4,lty=2)
plot(t,res3,type="l",lwd=4,main=" 殘差值（模型 3)",cex.main=2);abline(h=0,col=2,lwd=4,lty=2)
```

練習

(1) 至主計總處下載臺灣實質可支配所得與實質消費支出之年歷史資料（1951～2014），並繪出其走勢圖。

(2) 續上題，繪出上述二序列資料之散佈圖（二者皆以對數值表示）。

(3) 續上題，試估計迴歸直線，此時何者為 y？何者為 x？b_0 與 b_1 各為何？

(4) 續上題，分別繪出迴歸直線與殘差值走勢。

(5) 何謂簡單迴歸線？何謂複迴歸線？二者於 R 內如何操作？

(6) 續上題，可否用模擬說明？

3.2 非線性迴歸

於前一節內，我們曾經使用二次式與對數迴歸模型，嚴格來說二者並非此處所講的非線性模型，因為上述二者於估計迴歸線之前，只要事先將變數轉換後，即仍可以使用最小平方方法估計；例如，若是將 TWI 與 NASDAQ 月收盤價序列以對數值表示，則仍可以使用 (13-37) 式估計線性迴歸式。

於此處，我們考慮下列三種型態的迴歸式，即：

$$y_t = e^{\beta_1} x_{2t}^{\beta_2} x_{3t}^{\beta_3} + u_t \tag{13-38}$$

$$y_t = e^{\beta_1} x_{2t}^{\beta_2} x_{3t}^{\beta_3} (1+u_t) \tag{13-39}$$

以及

$$y_t = e^{\beta_1} x_{2t}^{\beta_2} x_{3t}^{\beta_3} e^{u_t} \tag{13-40}$$

(13-38) 式是屬於一種非線性複迴歸模型，其中 x_{2t} 與 x_{3t} 為二個解釋變數，我們亦可以將 e（自然指數）視為 x_{1t}，成為第三個解釋變數[4]。(13-38) 式除了無法轉成前述的對數模型之外，仍需維持 x_{2t} 與 x_{3t} 二變數皆為正數值。就數學的型態而言，我們所考慮的非線性模型，是指變數或參數呈現非線性的型式，但是因 (13-38) 式並無法透過對數之變數轉換成線性模型，故 (13-38) 式的「非線性」並不屬於上述二種型態。

(13-39) 式內誤差項是以 $1 + u_t$ 的形式而以相乘的方式表現於模型內，於此情況下，(13-39) 式已經可以視為一種對數模型。一般而言，(13-39) 式可用於估計例如某產業、某地區或某國家之生產函數如柯布─道格拉斯生產函數，其中 x_{2t} 與 x_{3t} 可分別表示勞動與資本投入之觀察值，而 y_t 則為產出的觀察值，三者皆可以取對數值來表示；其次，β_1 則扮演「生產技術」的角色[5]。比較特別的是，若模型設定正確，則 u_t 應接近於 0，而若 u_t 值相當「微小」時，則 $\log(1 + u_t) \approx u_t$[6]。事實上，若 w 值相當「微小」時，利用指數函數的特性，可知 $\exp(w) \approx (1 + w)$[7]；換言之，當有較小的 u_t 值時，(13-39) 式可改寫成 (13-40) 式。若對 (13-40) 式取對數值，則 (13-40) 式亦可寫成：

$$\log y_t = \beta_1 + \beta_2 \log x_{2t} + \beta_3 \log x_{3t} + u_t \tag{13-41}$$

(13-41) 式我們並不陌生，固定彈性模型就是屬於此種型態。值得注意的是，

---

[4]　(13-38)～(13-40) 式的表示方式並不同於 (13-32) 式，前者是以「母體」而 (13-32) 式卻以「樣本」的型態表示，其中 u_t 是表示誤差項，下標 t 可以表示時間；換言之，(13-32) 式也有其對應的母體型態，其中 b_0 用以估計 β_0、b_1 用以估計 β_1 而 e（此處是指殘差值）用以估計 u。

[5]　生產技術是指「投入」如何轉成「產出」；另一方面，由於投入與產出所使用的單位並不相同，故透過「生產技術」的轉換，可使二者趨於一致。

[6]　若 $u_t < 0.06$，則 $\log(1 + u_t) \approx u_t$。其實可以再試試下列結果 $\log(1.04) \approx 0.0392 \approx 0.04$ 或 $\log(1.03) \approx 0.0296 \approx 0.03$。

[7]　$\exp(w)$ 即 e^w。可嘗試 $e^{0.04} \approx 1.0408 \approx 1.04$ 或 $e^{0.02} \approx 1.0202 \approx 1.02$。

若誤差項假定為常態分配，則就 (13-40) 式而言，我們豈不是須假定誤差項為對數常態分配（log-normal distribution），即：

$$\log u_t \sim N(0, \ \sigma^2)$$

換言之，雖說可以透過變數轉換方式將非線性型態迴歸函數轉成線性型態，我們需注意誤差項的選用，否則許多「好的」統計特徵未必能成立或實現。

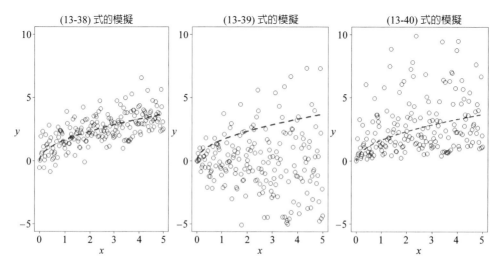

圖 13-7　(13-38)～(13-40) 式的模擬，其中 $\beta_1 = \beta_2 = 0.5$、$\beta_3 = 0$ 以及 u_t 為標準常態分配

R 指令：

```
set.seed(123);n = 200;u = rnorm(n);x = seq(0,5,length=n)
beta1 = 0.5; beta2 = 0.5;Ey = exp(beta1)*x^beta2;y = exp(beta1)*x^beta2 + u
windows();par(mfrow=c(1,3))
plot(x,y,type="p",cex=3,ylim=c(-5,10),main="(38) 式的模擬 ",cex.main=2,cex.lab=1.5)
lines(x,Ey,lty=2,lwd=4,col="red");Ey1 = exp(beta1)*x^beta2;y1 = numeric(n)
for(i in 1:n) y1[i] = exp(beta1)*(x[i]^beta2)*u[i]
plot(x,y1,type="p",cex=3,ylim=c(-5,10),ylab="y",main="(39) 式的模擬 ",cex.main=2,cex.lab=1.5)
lines(x,Ey1,lty=2,lwd=4,col="red")
for(i in 1:n) y1[i] = exp(beta1)*(x[i]^beta2)*exp(u[i])
plot(x,y1,type="p",cex=3,ylim=c(-5,10),ylab="y",main="(40) 式的模擬 ",cex.main=2,cex.lab=1.5)
lines(x,Ey1,lty=2,lwd=3,col="red")
```

我們可以試著以一個模擬的方式說明或比較 (13-38)～(13-40) 式的設定。
假定 $\beta_1 = \beta_2 = 0.5$、$\beta_3 = 0$ 以及 u_t 為標準常態分配，則可以模擬出實際的觀察
值與迴歸函數如圖 13-7 所示。我們可以從圖內看出 (13-38) 式的設定，其配適
度最為適中，其餘二式的設定，明顯地不符合我們對誤差項的要求，可惜的是
(13-38) 式是屬於非線性模型，因為若對 (13-38) 式取對數值，該式並無法轉成
線性模型。

例 1

　　將上述的模型 2（3.1 節例 4），還原成以原始資料表示並繪出其圖形。

解　可以參考所附之 R 指令與圖形。

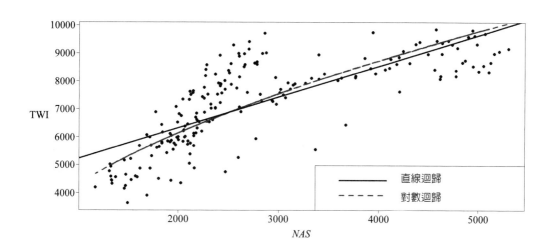

R 指令：

```
windows()
plot(NAS,TWI,type="p",pch=20,cex=2);abline(lm(TWI~NAS),lwd=4)
fit2 = fitted(model2);efit2 = exp(fit2);lines(NAS,efit2,lwd=4,col=2,lty=2)
legend("bottomright",c(" 直線迴歸 "," 對數迴歸 "),lwd=4,col=1:2,lty=1:2,cex=2)
```

例 2

　　續例 1，利用 (13-38) 式以非線性最小平方（nonlinear least square, NLS）
方法重新估計模型 2。

解 可以留意所附 R 指令。

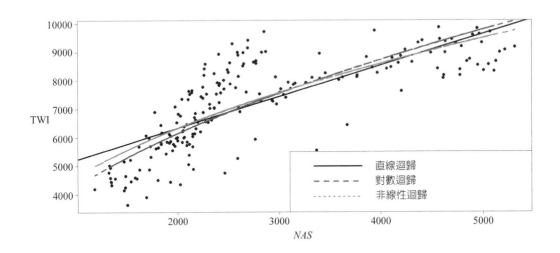

R 指令：

…

b = as.numeric(coef(model2))

nonmodel2 = nls(TWI~A*(NAS^beta2),

          start = list(A = exp(b[1]), beta2 = b[2])) # 期初值

nonmodel2

lines(NAS,fitted(nonmodel2),lwd=4,col=3,lty=2)

legend("bottomright",c(" 直線迴歸 "," 對數迴歸 "," 非線性迴歸 "),lwd=4,col=1:3,lty=1:3,cex=2)

註：非線性迴歸的估計是使用 nls() 指令，可注意需設期初值，其原理類似於第 7 章內的牛頓求解法。

例 3

續例 1，以 NLS 方法重新估計模型 1。

解 可以參考所附 R 指令。

…

b = as.numeric(coef(model1))

nonmodel1 = nls(TWI~A*(NAS^beta1+SSE^beta2),

          start = list(A = exp(b[1]), beta1 = b[2],beta2 = b[3])) # 期初值

```
nonmodel1
summary(nonmodel1)
```

練習

(1) 試解釋最小平方法。

(2) (13-34) 式的第二階條件爲何？

(3) 於本節內，爲何不考慮 NASDAQ 與 SSE 的迴歸式？

(4) 試用最小平方法導出複迴歸式子如模型 1 的第一階條件。

(5) 試解釋 NLS 法。

(6) 以 NLS 方法重新估計模型 3。

本章習題

1. 計算受限於 $x + y = 10$ 之 $f(x, y) = x^2 + y^2$ 之極小值。

2. 續上題，於平面上繪製出其圖形。

3. 續上題，其對應的鑲入的黑森矩陣爲何？爲何知道會出現極小值？

4. $f(x, y) = 3x^2 - 2xy^3 + 1$，計算下列之偏微分：

   (A) $\dfrac{\partial^2 f}{\partial x \partial y}$　(B) $\dfrac{\partial^2 f}{\partial x^2}$　(C) $f_{yx}(2, 1)$

5. $f(x, y) = 3x^2 + 10xy - 8y^2 + 4x - 15y - 120$，計算下列之偏微分：

   (A) $f_x(x, y)$　(B) $f_x(3, -2)$　(C) $f_y(3, -2)$　(D) $f_{xy}(x, y)$　(E) $f_{xx}(3, -2)$

6. 試找出 $z = 8x^3 + 2xy - 3x^2 + y^2 + 1$ 之極值。

7. 續上題，其對應的黑森矩陣爲何？

8. 續題 5，繪製出其圖形。

   提示：如下圖

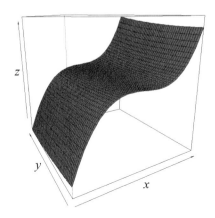

9. $f(x, y) = 5x^2 + 3xy + 2y^2$ 是屬於正定呢？抑或是負定呢？

10. 計算 $f(x, y, z) = 2x^2 + xy + 4y^2 + xz + z^2 + 2$ 之極值。

11. 一家廠商有生產二種商品，其需求函數分別為：

$$Q_1 = 40 - 2P_1 + P_2 \text{ 與 } Q_2 = 15 + P_1 - P_2$$

該廠商的成本函數為：

$$C = Q_1^2 + Q_1 Q_2 + Q_2^2$$

繪製利潤函數之圖形。

提示：如下圖

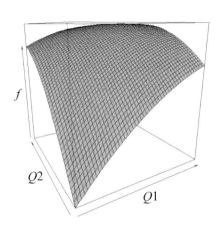

12. 續上題，利潤最大的產量與價格分別爲何？

13. 獨占廠商面對三個市場，其需求函數分別爲：

$$P_1 = 63 - 4Q_1 \text{、} P_2 = 105 - 5Q_2 \text{ 以及 } P_3 = 75 - 6Q_3$$

若總成本函數爲 $T_C = 20 + 15Q$，其中 $Q = Q_1 + Q_2 + Q_3$，試計算其價格與產量分別爲何？

14. 效用函數爲 $U = (x + 2)(y + 1)$ 以及 x 與 y 財的價格分別爲 4 與 6。若預算爲 130，則最大效用爲何？

15. 續上題，如何證明有最大效用？

16. 至 TEJ 下載聯強（2347）的月收盤價與本益比（調整後）（2000/1～2016/2）序列資料，試繪出月收盤價與預估股利之間的散佈圖。

17. 續上題，試估計月收盤價與預估股利二者之迴歸直線並繪出該直線。

18. 續上題，改以對數值表示。

19. 續題 16，試以時間 t 爲自變數，估計預估股利之確定趨勢。

20. 續上題，試以時間 t 爲自變數，估計預估股利對數值之確定趨勢，同時與預估股利之確定趨勢比較。

    提示：如下圖

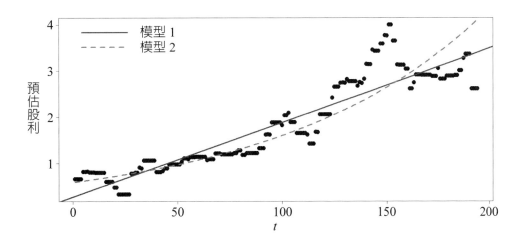

21. 續上題，自變數改成 t、t^2 與 t^3，試分別估計預估股利之迴歸線與預估股利對數值之迴歸線。

提示：如下圖

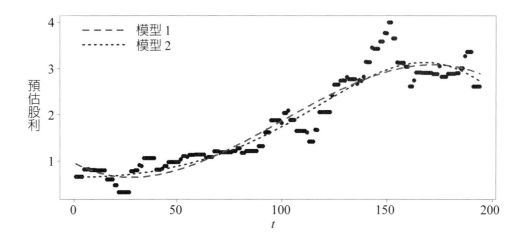

22. 線性迴歸與非線性迴歸之間有何差別？試解釋之。

23. 利用第 4 章附錄的台積電資料，以 (13-38) 式重新估計月收盤價與預估股利之間的迴歸式。

24. 類似題 21，利用台積電資料，試分別估計預估股利之迴歸線與預估股利對數值之迴歸線。

25. 續上題，結論為何？

Chapter 14

初會隨機微積分

　　為何會有本章？因為我們仍然有些迷惑：既然有確定變數與隨機變數的區別，那是否還有「確定函數」與「隨機函數」的差別？什麼是確定函數？何謂隨機函數？事實上，我們已經見過確定函數與隨機函數二者，迴歸模型就是一個隨機函數，而其內的迴歸式就是一個確定函數；又例如第 10 章的 *GWP* 內的確定趨勢與隨機趨勢，分別就是一個確定函數與隨機函數。仔細思索，四者之間的關係還真的「糾纏不清」，因為有可能隨機變數（函數）內含確定變數（函數）的成分，可參考圖 14-1。

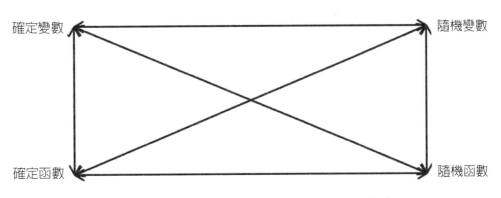

圖 14-1　確定（隨機）變數與確定（隨機）函數

　　為什麼我們要關心上述四者的區別？因為我們發現到上述四者於數學的操作上竟然有些不同；換言之，微積分內竟然也有「確定微積分」與「隨機微積分（stochastic calculus）」的區分。也就是說，本書前面章節的內容，大致是屬於確定微積分（亦稱為傳統微積分）的範疇，而本章我們將簡單介紹隨機微積分。還好，確定微積分與隨機微積分之間的差距並不大，如同確定變數（函數）可包含於隨機變數（函數）內；於隨機微積分內，可看出其大多是由確定微積分所構成。

我們為何要考慮隨機微積分？之前我們已經強調資產價格如股價或匯率等之時間軌跡可視為一種隨機過程（即隨機變數是時間的函數），若現在有商品由資產價格所衍生而來，該商品就稱為衍生性商品（derivatives）[1]。既然股價可視為一種隨機過程，則其對應的衍生性商品如股票選擇權之價格不就是隨機過程的函數嗎！也就是說，股票選擇權之價格的數學型態就是一種隨機函數。因此，我們可以將隨機過程的定義再擴大，我們亦可以稱隨機過程為：隨時間經過的隨機函數。

傳統微積分可以視為在處理確定變數與確定函數之間的關係，而隨機微積分則可以視為在考慮隨機變數與隨機函數之間的關係，二者的差別可以用 Itô's 微積分說明。另一方面，利用傳統微積分可以使用微分方程式以找出確定函數，有意思的是，於隨機微積分內，則使用隨機微分方程式方法以求解隨機函數。似乎，許多觀念或方法，皆可以分成確定與隨機二種。

第一節　基本的機率理論

本書第9與第10章介紹了機率論與機率的計算，而欲瞭解隨機微積分的意義，則必須具備機率的觀念與基礎。本節我們將著重於介紹（複習）機率的性質以及其獨特的表示方式，以幫助讀者能進入較深入的經濟與財務數學的領域。

1.1 實數值的隨機變數

底下，我們將複習之前所介紹過的一些觀念。我們只著重於介紹或複習連續隨機變數與分配的情況，至於間斷隨機變數與分配，自然可類推。若 x 是一個定義於實數的隨機變數，則所有描述 x 的實現值的事件，如 $\{a < x < b\}$ 或 $\{x \leq b\}$ 等的機率（可能性）之集合，可寫成：

---

[1] 四種基本的衍生性商品分別為遠期、期貨、選擇權以及交換。

$$P\{a \le x \le b\}, \; -\infty < a \le b < \infty$$

該集合亦可稱為 x 的機率分配。通常，我們可以（或唯一）用 *CDF* 來定義一個機率分配，即：

$$F(x) = P\{x \le x_0\}, \; -\infty < x < \infty$$

其中 x_0 為 x 的一個實現值而 $F(x)$ 表示 x 的 *CDF*。$F(x)$ 除了具有單調遞增的特性外，其亦有當 $x \to -\infty$ 或 $x \to \infty$ 時，$F(x)$ 可分別收斂至 0 或 1 的性質。假定存在一個函數 $f(x)$ 可讓我們以積分的方式計算機率，如：

$$P(a \le x \le b) = \int_a^b f(x)dx$$

則 $f(x)$ 就是 x 的 *PDF*。因此，*CDF* 與 *PDF* 之間的關係可為：

$$F(x) = \int_{-\infty}^x f(t)dt \tag{14-1}$$

例 1

　　(14-1) 式可以視為 *CDF* 與 *PDF* 之間的「理論」關係，若是「實證的」關係呢？至英文 YAHOO 網站下載台積電 ADR（TSM）調整後收盤價（2000/2/7～2017/2/3）序列資料，轉成日對數報酬率序列後，繪製出實證的 *CDF* 與 *PDF*。
解 可參考所附之 R 指令以及下圖。

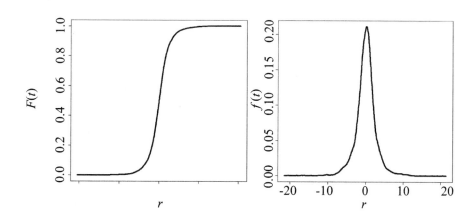

R 指令：

```
TSM = read.table("D:\\BM\\ch14\\TSM.txt");P = TSM[,1];r = 100*diff(log(P))
r = sort(r);F = ecdf(r);F(r)
f = density(r);f
windows();par(mfrow=c(1,2));plot(r,F(r),type="l",lwd=4,cex.lab=1.5)
plot(f$x,f$y,type="l",lwd=4,xlab="r",ylab="f(r)",cex.lab=1.5)
```

　　前一章我們已經見識到常態分配於經濟或財務上所扮演的重要角色。常態分配群的特性取決於二個參數值：μ 與 σ^2，而其 *PDF* 可寫成：

$$\phi_{\mu,\sigma^2}(x) = \frac{1}{\sqrt{2\pi\sigma^2}}\exp\left\{-\frac{(x-\mu)^2}{2\sigma^2}\right\} = \frac{1}{\sigma}\phi\left(\frac{x-\mu}{\sigma}\right)$$

其中

$$\phi_{0,1}(x) = \phi(x) = \frac{1}{\sqrt{2\pi}}\exp\left\{-\frac{x^2}{2}\right\}$$

就是標準常態分配的 *PDF*。習慣上，一個常態隨機變數 x 而其參數為 μ 與 σ^2，寫成以 $N(\mu, \sigma^2)$ 表示。若 Φ 表示標準常態分配的 *CDF*，則：

$$\Phi(x) = \int_{-\infty}^{x}\phi(t)dt$$

若 x 為 $N(\mu, \sigma^2)$，則 x 依標準差「標準化」後就是標準常態分配。因此，Φ 亦可寫成：

$$\Phi(x_0) = P(x \le x_0) = P\left(\frac{x-\mu}{\sigma} \le \frac{x_0-\mu}{\sigma}\right) = \Phi\left(\frac{x_0-\mu}{\sigma}\right) \tag{14-2}$$

例 2

　　試舉例說明 (14-2) 式。

解 假定上述台積電 ADR 日對數報酬率序列資料屬於常態分配，若以樣本平均數與樣本標準差的估計值取代 μ 與 σ，則計算例如日對數報酬率小於 3% 的機率值約為 0.86，可參考下列 R 指令：

```
mu = mean(r);sigma = sd(r);z1 =（3-mu)/sigma
pnorm(3,mu,sigma） # 0.8622157
pnorm(z1） # 0.8622157
```

　　財務上，資產價格如股價經常假定為對數常態分配。我們稱 x 屬於參數為 μ 與 σ^2 之對數常態分配，是指 x 為正數值的隨機變數而其對數值屬於參數為 μ 與 σ^2 之常態分配。因此，對數常態分配的 *CDF* 可定義成：

$$F(x_0) = P(x \le x_0) = P(\log x \le \log x_0) = \Phi\left(\frac{\log x_0 - \mu}{\sigma}\right), \; x_0 > 0$$

同理，對數常態分配的 *PDF* 亦可推導成：

$$f(x) = \frac{1}{\sqrt{2\pi\sigma^2}}\frac{1}{x}\exp\left\{-\frac{(\log x - \mu)^2}{2\sigma^2}\right\} = \frac{1}{\sigma x}\phi\left(\frac{\log x - \mu}{\sigma}\right), \; x > 0$$

例 3

　　利用例 1 內台積電 ADR 調整後收盤價序列資料，試比較收盤價之實證 *PDF* 與假定收盤價為對數常態分配之理論 *PDF*。

解 可參考下圖以及所附之 R 指令。

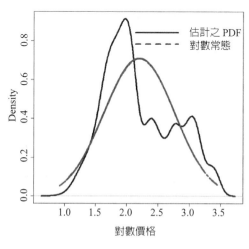

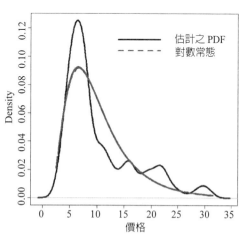

R 指令：

```
p = log(P);mu = mean(p);sigma = sd(p);windows();par(mfrow=c(1,2))
plot(density(p),lwd=4,xlab=" 對數價格 ",main="",cex.lab=1.5)
lines(p,dnorm(p,mu,sigma),lwd=4,col=2,lty=2)
legend(1.8,0.9,c(" 估計之 PDF"," 對數常態 "),lty=1:2,col=1:2,lwd=4,cex=1.5,bty="n")
plot(density(P),lwd=4,xlab=" 價格 ",main="",cex.lab=1.5)
lines(P,dlnorm(P,mu,sigma),lwd=4,col=2,lty=2)
legend(10,0.12,c(" 估計之 PDF"," 對數常態 "),lty=1:2,col=1:2,lwd=4,cex=1.5,bty="n")
```

（練習）

(1) 寫出間斷隨機變數內 *CDF* 與 *PDF* 之間的關係。

(2) 對數常態分配的參數為何？其代表何意思？

(3) 說明常態分配與標準常態分配的差異。

(4) 利用第 10 章內的 Dow Jones 日收盤價序列資料，試以對數常態分配模型化。結果為何？

1.2 隨機向量

R^n 內的一個隨機向量 $(x_1, x_2, \cdots, x_n)$ 可用於描述 n 個隨機變數之間的關係。類似於單一機率分配的情況，$(x_1, x_2, \cdots, x_n)$ 之聯合機率分配，亦可以表示成：

$$P(a_1 \leq x_1 \leq b_1, \cdots, a_n \leq x_n \leq b_n), \ -\infty < a_i \leq b_i < \infty, \ i = 1, \cdots, n$$

換言之，若隨機向量 $(x_1, x_2, \cdots, x_n)$ 的 *PDF* 為 $f(x_1, x_2, \cdots, x_n)$，則：

$$P(a_1 \leq x_1 \leq b_1, \cdots, a_n \leq x_n \leq b_n) = \int_{a_1}^{b_1} \cdots \int_{a_n}^{b_n} f(x_1, \cdots, x_n) dx_1 \cdots dx_2 \qquad (14\text{-}3)$$

類似於第 9 章 2.2 節內邊際機率的計算，x_j 的分配（或稱單一或邊際機率分配）可透過對其他隨機變數積分而得，即：

$$P(a_j \leq x_j \leq b_j) = \int_{-\infty}^{\infty} \cdots \int_{a_j}^{b_j} \cdots \int_{-\infty}^{\infty} f(x_1, \cdots, x_n) dx_1 \cdots dx_2 \qquad (14\text{-}4)$$

例 1

假定 x 與 y 皆為連續的隨機變數,則 x 與 y 之聯合 CDF,寫成 $F(x, y)$,即:

$$F(x, y) = \int_{-\infty}^{x} \int_{-\infty}^{y} f(t_1, t_2) dt_1 dt_2, \ -\infty < x < \infty, \ -\infty < y < \infty$$

其中 $f(x, y)$ 稱為聯合 PDF。聯合 CDF 與 PDF 的意義,可參考下圖。

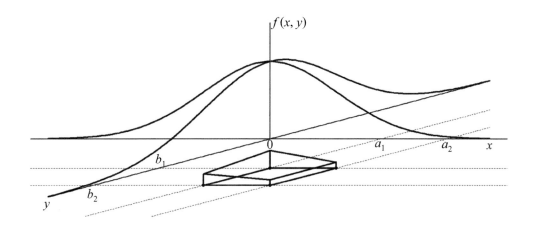

$F(x, y)$ 具有下列性質:

(A) $F(-\infty, -\infty) = F(-\infty, y) = F(x, -\infty) = 0$ 與 (B) $F(\infty, \infty) = 1$

同理,$f(x, y)$ 亦具有下列性質:

(A) 就所有的 x 與 y 而言,$f(x, y) \geq 0$ 與 (B) $\int_{-\infty}^{\infty} \int_{-\infty}^{\infty} f(x, y) dx dy = 1$

我們可得:

$$F(a_2, b_2) - F(a_2, b_1) - F(a_1, b_2) + F(a_1, b_1)$$
$$= P(a_1 \leq x \leq a_2, b_1 \leq y \leq b_2)$$

上式表示 x 與 y 同時出現的機率。

例2

續上例，若 x 與 y 皆為介於 0 與 1 之間的連續隨機變數，類似均等分配，其聯合 PDF 為 $f(x, y) = 1$，試回答：(A) 繪製出 PDF；(B) 計算 $F(0.2, 0.4)$；(C) 計算 $P(0.1 \leq x \leq 0.3, 0 \leq y \leq 0.5)$。

解 (A) 可參考下圖；

(B) $F(0.2, 0.4) = \int_{-\infty}^{0.4} \int_{-\infty}^{0.2} f(x, y) dx dy$

$\qquad\qquad = \int_{0}^{0.4} \int_{0}^{0.2} (1) dx dy$

$\qquad\qquad = \int_{0}^{0.4} \left(x \big|_{0}^{0.2} \right) dy = \int_{0}^{0.4} 0.2 dy = 0.04$

(C) $P(0.1 \leq x \leq 0.3, 0 \leq y \leq 0.5) = \int_{0}^{0.5} \int_{0.1}^{0.3} f(x, y) dx dy$

$\qquad\qquad\qquad\qquad\qquad\qquad = \int_{0}^{0.5} \int_{0.1}^{0.3} (1) dx dy = 0.1$

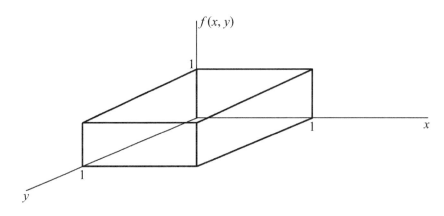

例3 二元常態分配

若 x 與 y 皆為常態分配的隨機變數，其平均數與標準差分別為 μ_x 與 μ_y 以及 σ_x 與 σ_y，則 x 與 y 之聯合 PDF 可寫成：

$$f(x, y; \theta) = \frac{(1 - \rho^2)^{-0.5}}{2\pi \sqrt{\sigma_{xx} \sigma_{yy}}} \exp \left\{ -\frac{1}{2(1 - \rho^2)} \left(z_x^2 - 2\rho z_x z_y + z_y^2 \right) \right\}, \ x \in R, \ y \in R$$

其中

$$z_x = \frac{x - \mu_x}{\sigma_x} \ \text{、} \ z_y = \frac{y - \mu_y}{\sigma_y} \ \text{與} \ \rho = \frac{\sigma_x \sigma_y}{\sigma_{xy}}$$

二隨機變數的直線關係以相關係數（coefficient of correlation）ρ 表示，其中 σ_{xy} 稱為共變異數（covariance）。上述函數內共有 5 個參數，可寫成：

$$\theta = (\mu_x, \mu_y, \sigma_{xx}, \sigma_{yy}, \rho) \in R^2 \times R_+^2 \times [-1,1]$$

其是指二平均數與二變異數（以 σ_{xx}、σ_{yy} 表示）分別為實數與正實數。其次，相關係數是介於 -1 與 1 之間，也就是說，若 $\rho = 1$（$\rho = -1$）表示 x 與 y 位於同一直線上，該直線之斜率值為 1（-1）。

通常，我們會將上述參數值以矩陣的型態表示，即：

$$\begin{pmatrix} x \\ y \end{pmatrix} \sim N\left(\begin{pmatrix} \mu_x \\ \mu_y \end{pmatrix}, \begin{pmatrix} \sigma_{xx} & \sigma_{xy} \\ \sigma_{xy} & \sigma_{yy} \end{pmatrix} \right)$$

試繪製出 $\theta = (0, 0, 1, 1, 0.5)$ 與 $\theta = (0, 0, 1, 1, -0.5)$ 之聯合 *PDF*。

解 可參考下圖以及所附之 R 指令。

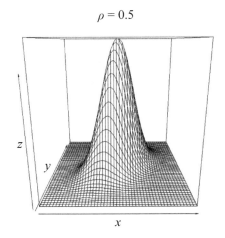
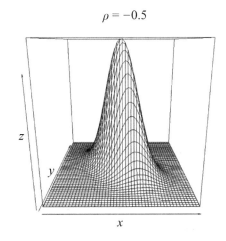

$\rho = 0.5$　　　　　　　　　　$\rho = -0.5$

R 指令：

```
library(QRM);windows()
par(mfrow=c(1,2));sigma1 = matrix(c(1,0.5,0.5,1),2);sigma1
```

```
BiDensPlot(func = dmnorm,mu=c(0,0),Sigma=sigma1,xpts=c(-4,4),ypts=c(-4,4))
title(expression(rho==0.5),cex.main=2);sigma2 = matrix(c(1,-0.5,-0.5,1),2);sigma2
BiDensPlot(func = dmnorm,mu=c(0,0),Sigma=sigma2,xpts=c(-4,4),ypts=c(-4,4))
title(expression(rho==-0.5),cex.main=2)
```

例 4

利用第 12 章 4.5 節內 NASDAQ、TWI 以及 SSE 月對數報酬率序列資料
（2000/1～2016/9），若假定 NASDAQ 與 TWI 之月對數報酬率屬於二元常態
分配，試計算前者介於 −13.5% 與 7% 以及後者介於 −12% 與 9% 的聯合機率。

解 因標準常態隨機變數的平均數與標準差分別為 0 與 1，故二標準常態隨機
變數所形成的共變異數矩陣等於相關係數矩陣。另一方面，因

$$P(-13.5 \le r_1 \le 7) = P\big(z_{1a} \le z_1 \le z_{1b}\big)$$

與

$$P(-12 \le r_2 \le 9) = P\big(z_{2a} \le z_2 \le z_{2b}\big)$$

其中 r_1 與 r_2 分別表示 NASDAQ 與 TWI 月對數報酬率（單位：%）而 z_i 表
示對應的標準化變數，參考所附之 R 指令，可得上述聯合機率約為 0.75。

R 指令：
```
nastwissem = read.table("D:\\BM\\ch12\\NASTWISSEm.txt",header=TRUE)
names(nastwissem)
attach(nastwissem)
r1 = 100*diff(log(NAS)) # NASDAQ
r2 = 100*diff(log(TWI)) # TWI
z1 = (r1-mean(r1))/sd(r1);z2 = (r2-mean(r2))/sd(r2);z12 = cbind(z1,z2);cor(z12)
sigma = cov(z12);library(mvtnorm);mean = rep(0,2)
z1a = (-13.5-mean(r1))/sd(r1);z1b = (7-mean(r1))/sd(r1)
z2a = (-12-mean(r2))/sd(r2);z2b = (9-mean(r2))/sd(r2);lower = c(z1a,z2a);upper = c(z1b,z2b)
```

```
pmvnorm(lower,upper,mean,sigma）# 0.750939
mean(r1)+z1b*sd(r1）# 7
mean(r1)+z1a*sd(r1）# -13.5
```

（練習）

(1) 何謂聯合機率？其與邊際機率的關係為何？

(2) 試解釋$F_x(x) = \lim_{y\to\infty} F(x,y)$以及$F_y(y) = \lim_{x\to\infty} F(x,y)$。

提示：$F_x(x) = \lim_{y\to\infty} F(x,y) = \lim_{y\to\infty} \int_{-\infty}^{x}\int_{-\infty}^{y} f(x,y)dxdy = \int_{-\infty}^{x}\left[\int_{-\infty}^{\infty} f(x,y)dy\right]dx$。

(3) 若$f(x,y) = 8xy,\ 0 < x < y,\ 0 < y < 1$，試找出$x$與$y$之（邊際）密度函數。

提示：$f_x(x) = \int_x^1 (8xy)dy$；$f_y(y) = \int_0^y (8xy)dx$。

(4) 利用 NASDAQ、TWI 以及 SSE 月對數報酬率序列資料，若假定三者之月對數報酬率屬於多元常態分配，試計算三者皆介於 -10.5% 與 10% 的聯合機率。

(5) 若$f(x,y) = e^{-x-y},\ x > 0,\ y > 0$，$f_x(x) = $？

1.3 條件機率與預期

前述聯合機率是用於描述二個事件以上同時出現的機率；不過，若遇到有先後順序出現的事件，此時欲計算機率，就是計算條件機率。換句話，若已知隨機變數 x 值是介於 x_0 與 $x_0 + \Delta$ 之間，則隨機變數 y 值介於 a 與 b 之間的條件機率可寫成：

$$P(a \le y \le b \,|\, x_0 \le x \le x_0 + \Delta) = \frac{P(a \le y \le b, x_0 \le x \le x_0 + \Delta)}{P(x_0 \le x \le x_0 + \Delta)} \tag{14-5}$$

當然，若 y 與 x 互相獨立，則 y 的機率並不會受到 x 的影響，即 (14-5) 式可改寫成：

$$P(a \le y \le b \,|\, x_0 \le x \le x_0 + \Delta) = \frac{P(a \le y \le b, x_0 \le x \le x_0 + \Delta)}{P(x_0 \le x \le x_0 + \Delta)} = P(a \le y \le b)$$

相反地，若 y 與 x 有關，我們可以進一步想像條件的 *CDF* 或 *PDF* 為何？

此相當於考慮 (14-5) 式內的 $\Delta \to 0$；換言之，若 $\Delta \to 0$，則 (14-5) 式可收斂至 $P(a \le y \le b \mid x = x_0)$。不過，若 y 與 x 皆為連續的隨機變數，因 $P(x = x_0) = 0$，要定義條件機率分配的確有些麻煩；還好，透過下列的定義，可避免數學上所遭遇到的困難，即條件的 CDF 可以定義成：

$$F(y \mid x = x_0) = \lim_{\Delta \to 0^+} \frac{P(y \le y_0, x_0 \le x \le x_0 + \Delta)}{P(x_0 \le x \le x_0 + \Delta)}$$

上式可以 (14-6) 式取代，即：

$$F(y \mid x) = \int_{\infty}^{y_0} \frac{f(x, u)}{f(x)} du = \int_{\infty}^{y_0} f(u \mid x) du \qquad (14\text{-}6)$$

其中 $f(y|x)$ 就是 Y 的條件 PDF。$f(y|x)$ 具有下列性質：

性質 1：就所有的 y 而言，$f(y|x) \ge 0$；

性質 2：$\int_{-\infty}^{\infty} f(y \mid x) dy = 1$；

性質 3：$F(y \mid x) = \int_{\infty}^{y} f(u \mid x) du$。

　　有了 Y 的條件 PDF，當然可以計算 Y 之條件動差，如：

原始動差：$E(y^r \mid x) = \int_{-\infty}^{\infty} y^r f(y \mid x) dy, \ r = 1, 2, \cdots$

中央動差：$E\{[y - E(y \mid x)]^r\} = \int_{-\infty}^{\infty} [y - E(y \mid x)]^r f(y \mid x) dy, \ r = 2, \cdots$

例 1

　　延續 1.2 節內的二元常態聯合 PDF，若假定 y 與 x 皆為標準常態分配，試導出 $f(y|x)$。

解 因

$$f(y \mid x) = \frac{f(x, y)}{f(x)} = \frac{(2\pi)^{-1}(1 - \rho)^{-0.5} \exp\{-[2(1 - \rho^2)]^{-1}(x^2 - 2\rho xy + y^2)\}}{(2\pi)^{-0.5} \exp\left(-\frac{1}{2} x^2\right)}$$

$$= [2\pi(1 - \rho^2)]^{-0.5} \exp\{-[2(1 - \rho^2)]^{-1}(x^2 - 2\rho xy + y^2) + \frac{1}{2} x^2\}$$

整理後，可得條件 PDF 為：

$$f(y\,|\,x) = \frac{(1-\rho^2)^{-0.5}}{\sqrt{2\pi}}\exp\left[-\frac{1}{2(1-\rho^2)}(y-\rho x)^2\right]$$

是故，$f(y|x)$ 是屬於平均數與變異數分別為 ρx 與 $1-\rho^2$ 的常態分配，即：

$$Y\,|\,X = x \sim N(\rho x,\ 1-\rho^2)$$

下方繪製出 $f(y|x)$ 分別於 $\rho = 0.2$ 與 $\rho = -0.8$ 的 3D 立體圖以及對應的等高線圖，可留意立體圖的座標位置。

R 指令：

```
rho = 0.2;z = function(y,x）dnorm(y,rho*x,sqrt(1-rho^2))
y = seq(-4,4,length=50);x = seq(0,2,length=50);fyx = outer(x,y,z)
windows();par(mfcol=c(2,2))
persp(y,x,fyx, theta=280, phi=10,ticktype="detailed",lwd=1.5,cex.lab=1.5)
title(expression(rho==0.2),cex.main=2);contour(x,y,fyx)
rho = -0.8;z = function(y,x）dnorm(y,rho*x,sqrt(1-rho^2));fyx = outer(x,y,z)
persp(y,x,fyx, theta=280, phi=10,ticktype="detailed",lwd=1.5,cex.lab=1.5)
title(expression(rho==-0.8),cex.main=2);contour(x,y,fyx)
```

於下圖內可看出 ρ 值所扮演的角色，例如相對於 $\rho = 0.2$ 而言，$\rho = -0.8$ 表示 y 與 x 之間存在較大的負關係，除了有負斜率的等高線外，y 值也較為集中（因條件分配的標準差較小）。

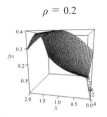

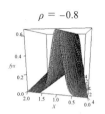

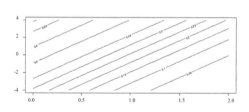

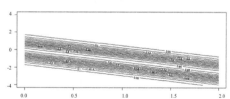

例2

續例1，若 y 與 x 皆為常態分配的隨機變數，於 $x = x_0$ 的條件下，y 之條件機率分配為：

$$y \mid x = x_0 \sim N(\mu_y + \rho \frac{\sigma_y}{\sigma_x}(x - \mu_x),\ \sigma_{yy}(1 - \rho^2))$$

試解釋 y 之條件機率分配的意義並繪製出其走勢圖。

解

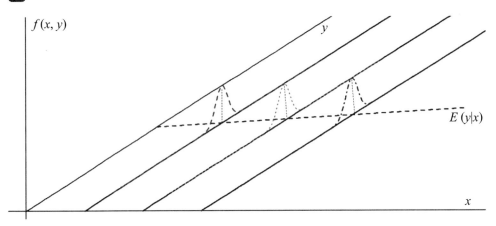

可參考上圖，於圖內可看出 y 的條件期望值不只是 x 的函數同時也是一條直線；另一方面，因 $\rho = \sigma_{xy}/\sigma_x\sigma_y$，故條件期望值直線之斜率為 σ_{xy}/σ_{xx}，因此 Y 的條件期望值直線為 $E[y \mid x] = \mu_y + \rho \frac{\sigma_y}{\sigma_x}(X - \mu_x)$，其可視為「理論（或母體）簡單迴歸直線」（可與第13章的最小平方法的線性迴歸式比較）。

例3

利用1.2節內之 NASDAQ 與 TWI 月對數報酬率序列資料，假定二序列屬於二元常態分配。若將二序列標準化，試計算二序列之樣本相關係數；另一方面，已知標準化後的 NASDAQ 的月對數報酬率為2，試計算標準化後的 TWI 的月對數報酬率介於 −2 與 2 之間的機率為何？有何涵義？

解 可參考所附之 R 指令，可得：已知 NASDAQ 的月對數報酬率為 13.7217%（標準化後為 2）的條件下，TWI 的月對數報酬率介於 −13.193% 與

13.1319% 之間的機率約爲 0.86。

R 指令：

y = sort(r2);x = sort(r1);muy = mean(y);sigmay = sd(y);mux = mean(r1);sigmax = sd(x)

rho = cor(r1,r2）# 0.554451

Eyx = function(x）muy+rho*(sigmay/sigmax)*(x-mux);csd = sqrt((1-rho^2)*sigmay^2)

z = 2;pnorm(2,rho*z,sqrt(1-rho^2))-pnorm(-2,rho*z,sqrt(1-rho^2)）# 0.8577661

x = mux+z*sigmax # 13.72171

y2 = muy+2*sigmay;y1 = muy-2*sigmay # 13.13186,-13.193

pnorm(y2,Eyx(x),csd)-pnorm(y1,Eyx(x),csd）# 0.8577661

例 4 ▌**選擇權價內（外）機率**

若 S_0 表示今日的價格，未來的價格爲 S_t，假定：

$$\log(S_t / S_0) \sim N(\alpha, \beta)$$

則 $S_t < K$ 之機率爲何？其與 $\log S_t < \log K$ 的機率是否相同？試與第 10 章 1.2 節內 BS 公式比較。

解 因 S_0 爲已知，故可知：

$$\log S_t \sim N(\log S_0 + \alpha, \beta)$$

故 $\log S_t$ 爲常態分配而 S_t 爲對數常態分配的隨機變數。我們可以計算

$$P(\log S_t < \log K) = P\left(\frac{\log S_t - \log S_0 - \alpha}{\beta} < \frac{\log K - \log S_0 - \alpha}{\beta} \right) = N(d)$$

其中 $d = \dfrac{-\log(S_0 / K) - \alpha}{\beta}$。若 $\alpha = (r - q - 0.5\sigma^2)t$ 與 $\beta = \sigma\sqrt{t}$，則

$$d = \frac{-\log(S_0 / K) - \alpha}{\beta} = \frac{-\log(S_0 / K) - (r - q - 0.5\sigma^2)t}{\sigma\sqrt{t}} = -d_2$$

因此，$P(\log S_t < \log K) = N(-d_2)$ 而 $P(\log S_t > \log K) = N(d_2)$。假定 S_0、r、q、σ、K 以及 t 分別爲 100、0.1、0、0.25、120 以及 0.5，可得 $\alpha \approx 0.0344$ 與 β

≈ 0.1768，下圖分別繪出 $P(S_t < K)$ 與 $P(\log S_t < \log K)$ 的面積（機率），二者皆約爲 0.7987，故 $P(S_t < K) = P(\log S_t < \log K)$。

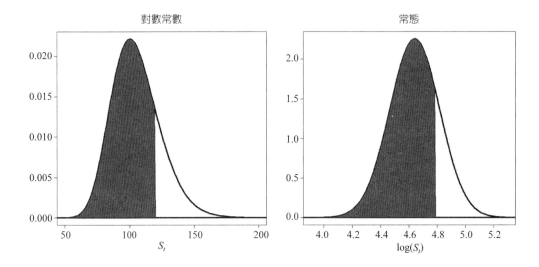

對數常數　　　　　　　　　　　　常態

例 5　截略的對數常態分配

假定 S 是一個對數常態分配的隨機變數，即：

$$\log S \sim N(\alpha, \delta^2)$$

若存在某一固定數值 K 而

$$S_1 = \begin{cases} S & if & S > K \\ 0 & otherwise & 0 \end{cases}$$

則 S_1 是一個截略的（truncated）對數常態分配的隨機變數。試證明或說明：

$$E(S_1) = e^{(\alpha + 0.5\delta^2)} N(s - D)$$

其中 $D = \dfrac{\log K - \alpha}{\delta}$。

解 令 $z = \dfrac{\log S - \alpha}{\delta} \Rightarrow dz = \dfrac{1}{\delta}\dfrac{1}{S}dS$ 以及 $\log S = \alpha + \delta z$，可得：

$$E(S_1) = \int_K^\infty Sf(S)dS = \int_K^\infty e^{\log S} \frac{1}{S\sqrt{2\pi}\delta} e^{-\frac{1}{2}\left(\frac{\log S - \alpha}{\delta}\right)^2} dS = \frac{1}{\sqrt{2\pi}} \int_D^\infty e^{\alpha + \delta z} e^{-\frac{1}{2}z^2} dz$$

其中$D = \dfrac{\log K - \alpha}{\delta}$，表示「標準化」；另外，因

$$e^{\alpha + \delta z} e^{-\frac{1}{2}z^2} = e^{\alpha + \frac{1}{2}\delta^2} e^{-\frac{1}{2}\delta^2 + \delta z - \frac{1}{2}z^2} = e^{\alpha + \frac{1}{2}\sigma^2} e^{-\frac{1}{2}(z-\delta)^2}$$

故

$$E(S_1) = \frac{1}{\sqrt{2\pi}} \int_D^\infty e^{\alpha + \delta z} e^{-\frac{1}{2}z^2} dz = \frac{1}{\sqrt{2\pi}} e^{\alpha + \frac{1}{2}\delta^2} \int_D^\infty e^{-\frac{1}{2}(z-\delta)^2} dz$$

因

$$\int_D^\infty e^{-\frac{1}{2}(z-\delta)^2} dz = \int_{D-\delta}^\infty e^{-\frac{1}{2}z^2} dz \quad \text{（相當於將 } z \text{ 向右平移 } \delta)$$

故

$$E(S_1) = \frac{1}{\sqrt{2\pi}} e^{\alpha + \frac{1}{2}\delta^2} \int_D^\infty e^{-\frac{1}{2}(z-\delta)^2} dz$$

$$= \frac{1}{\sqrt{2\pi}\sigma} e^{\alpha + \frac{1}{2}\delta^2} \int_{D-\delta}^\infty e^{-\frac{1}{2}z^2} dz = \frac{1}{\sqrt{2\pi}} e^{\alpha + \frac{1}{2}\delta^2} [1 - N(D - \delta)]$$

$$= \frac{1}{\sqrt{2\pi}} e^{\alpha + \frac{1}{2}\delta^2} N(\delta - D)$$

利用 BS 的假定與公式，因$\alpha = \log S_0 + (r - q - 0.5\sigma^2)t$與$\delta = \sigma\sqrt{t}$，故

$$\alpha + \frac{1}{2}\delta^2 = \log S_0 + (r - q - 0.5\sigma^2)t + 0.5\sigma^2 t = \log S_0 + (r - q)t$$

同理

$$D = \frac{\log K - \alpha}{\delta} = \frac{\log K - \log S_0 - (r - q - 0.5\sigma^2)t}{\sigma\sqrt{t}} = -d_2$$

與

$$\delta - D = \sigma\sqrt{t} + d_2 = d_1$$

是故

$$E(S_1) = S_0 e^{(r-q)t} N(d_1)$$

我們可以將 S 之截略的預期值，即 $E(S_1)$，視爲一種部分的預期值（partial expectation），畢竟其只預期 S 超過 K 的部分。因此，$E(S_1)$ 的公式說明了今日的價格爲 S_0，S_0 至 t 期應升至爲 $S_0 e^{(r-q)t}$，不過因屬於不確定的情況，故尚須乘以一個機率值 $N(d_1)$。換言之，於 BS 公式內，$N(d_1)$ 除了表示 $\partial C / \partial S$ 外（第 13 章 1.1 節的例 4），其居然也表示 S 超過 K 的預期值內的機率值！上述 $E(S_1)$ 是計算 S 超過 K 的預期值，若是欲計算 S 小於 K 的預期值以 $E(S_2)$ 表示，其可爲：

$$E(S_2) = S_0 e^{(r-q)t} N(-d_1)$$

底下，我們舉一個例子以說明二者的差異。假定 $S_0 = 100$、$\sigma = 0.25$、$r = 0.1$ 以及 $q = 0$，我們可以檢視買權與賣權的情況。就買權而言，若 S 超過 K，表示該買權處於價內（in the money）的情況，我們發現於上述的假定下，$E(S_1)$ 與 K（履約價）之間存在一定的關係。換言之，若 S_0 與 K 之間的差距過大，此時 S 超過 K 的預期值當然會有不同，可參考下圖之左圖，於圖內可看出，若 K 遠低於 S_0，則未來 S 超過 K 的預期值的機率值竟然接近於 1；相反地，若 K 遠大於 S_0，則未來 S 超過 K 的預期值的機率值就接近於 0，此種結果頗符合我們的直覺判斷。同理，下圖之右圖，可用於解釋賣權的情況。

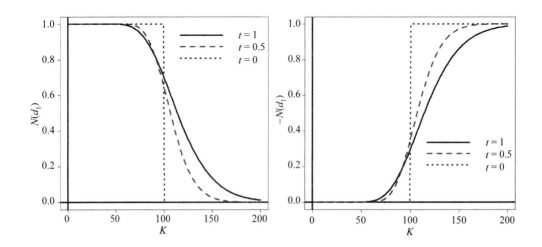

```
windows();par(mfrow=c(1,2));S0 = 100;r = 0.1;q = 0;sigma = 0.25;t = 1
sigmat = sqrt(t)*sigma ;K = seq(0,200,length=200);d1 =（log(S0/K)+(r-
q+0.5*sigma^2)*t)/sigmat
plot(K,pnorm(d1),type="l",lwd=4,ylim=c(0,1),ylab=expression(paste("N(",d[1],")")),cex.
lab=1.3)
abline(v=0,h=0,lwd=4);t = 0.5;sigmat = sqrt(t)*sigma
lines(K,pnorm(d1),lwd=4,lty=2,col=2)
```
（只列出左圖）

例 6 ▌條件預期價格

　　續例 5，就一個歐式買權而言，若 $S_t > K$，是表示該買權處於價內的狀況。我們可以進一步計算於價內的條件下，條件的預期價格 $E(S_t \mid S_t > K)$ 為何？

解 於第 10 章 2.3 節的例 7 可知 $N(d_2)$ 表示 $S_t > K$ 的機率，故利用例 5 可知：

$$E(S_t \mid S_t > K) = S_0 e^{(r-q)t} \frac{N(d_1)}{N(d_2)}$$

表示於買權處於價內的條件下，$S_t > K$ 的條件期望值。同理，若賣權處於價內的條件下，$S_t < K$ 的條件期望值可寫成：

$$E(S_t \mid S_t < K) = S_0 e^{(r-q)t} \frac{N(-d_1)}{N(-d_2)}$$

例 7 ▌條件期望值

　　通常，我們會使用一些有用的訊息（用 I_t 表示）來預期隨機變數，該預期於數學上就稱為條件期望值。理所當然，訊息的形成或取得會隨時間 t 而擴大；因此，訊息之集合可寫成：

$$I_{t_0} \subseteq I_{t_1} \subseteq I_{t_2} \subseteq \cdots \subseteq I_{t_k} \subseteq I_{t_{k+1}} \subseteq \cdots$$

其中 t_i, $i = 0, 1, 2 \cdots$。就數學分析而言，上述序列就稱為遞增的 σ 域。當訊

經濟與財務數學：使用R語言

息集合可連續形成如上式之結構時，則該 I_t 群（或結構）就稱為一種篩選（filtration）。條件期望值具有下列的性質：

性質1：$E(\cdot \mid I_t) = E_t(\cdot)$，其中 E_t 表示充分利用至 t 期所有蒐集到的資訊做預期，可注意 E_t 就是條件期望值，也就是條件平均數的意思。

性質2：$E_s(S_t + F_t) = E_s(S_t) + E_s(F_t)$，$s < t$。

性質3：$E_t[E_{t+T}(S_{t+T+s})] = E_t(S_{t+T+s})$，就 t 期而言，$E_{t+T}(S_{t+T+s})$ 仍是一個隨機變數；或是說，於今日預期某一選擇權之標的資產價格於到期日的未來價格。

性質4：$E(\cdot)$ 稱為非條件預期，如一般而言，台積電的平均股價為何，是一種非條件預期。報載，台積電訂單滿載，其平均股價應會上升，則是一種條件預期。

練習

(1) 利用 NASDAQ 與 TWI 月對數報酬率序列資料，若假定二序列皆服從常態分配，試計算 NASDAQ 月對數報酬率介於 0 與 10% 的條件下，TWI 月對數報酬率介於 −10% 與 10% 的機率。

(2) 計算下列機率分配之條件期望值與條件變異數。

y	0	2
$f(y\mid x)$	2/3	1/3

(3) $f(y \mid x) = 8xy$, $0 < x < y$, $0 < y < 1$，計算 $f(y \mid x)$ 與 $f(x \mid y)$。
提示：

$$f(y) = \int_0^y 8xy\,dx = 8y \cdot \left(\frac{x^2}{2}\bigg|_0^y\right) = 4y^3$$

以及

$$f(x) = \int_x^1 8xy\,dy = 8x \cdot \left(\frac{y^2}{2}\bigg|_x^1\right) = 4x(1-x^2)$$

(4) 續上題，$E(x \mid y)$ 與 $Var(x \mid y)$ 分別為何？

(5) 假定 $S_0 = 100$、$\sigma = 0.25$、$r = 0.1$、$K = 105$、$t = 0.8$ 以及 $q = 0$。計算一個賣權的 $E(S_t \mid S_t < K)$。

(6) 續上題，於相同的假定下，計算一個買權的 $E(S_t \mid S_t < K)$。

第二節　再談隨機過程

　　之前我們多次使用股價收盤價的日歷史資料或 CPI 的月歷史資料等，該歷史資料我們稱為時間序列資料。時間序列資料的特色是每隔一段時間（如日、週、月、季或年等固定頻率），檢視標的物（如股價）的實現值；由於標的物可視為一個隨機變數（因事先不知其值為何），故上述時間序列資料可視為（間斷的）隨機過程之實際觀察值。換言之，一個隨機過程是指隨時間經過的隨機變數，其可以寫成 $\{x_t : t \geq 0\}$。通常，我們檢視時間 t 的頻率是一致的，此相當於檢視如股價、選擇權價格、失業率或銷售量之日、月或年等時間序列資料的觀察值。

　　本節，我們亦將隨機過程分成間斷的隨機過程與連續的隨機過程二種，前者可以用一種隨機漫步的型態解釋，而後者則以維納過程為主軸所衍生的其他過程。透過間斷的隨機過程，對於連續的隨機過程的認識與瞭解有相當的助益。

2.1 隨機漫步

　　最簡單的隨機過程，就是隨機漫步過程（random walk processes），而最簡單的隨機漫步過程，就是二項式隨機過程（binomial stochastic processes）。想像讀者與朋友用「擲一個銅板」打賭，出現正面讀者可以得 1 元，出現反面讀者的朋友可以得 1 元，則擲 5 次銅板後，讀者的勝負為何？類似於第 11 章的二項式選擇權定價模式，我們亦可以一個二元樹狀圖描述每次擲銅板後的結果，可參考圖 14-2。

　　直覺而言，若該銅板是公正的（即正反面出現的機率是一樣的），則隨著投擲次數的增加，讀者的勝負為何？因大數法則，我們可以知道該遊戲是公平的，只是我們知道該公平遊戲的走勢嗎？或是說，若我們看到圖 14-2 的某一路徑結果（如圖內之紅色或藍色實線），我們會知道那是屬於一種公平遊戲的某一結果嗎？有意思的是，若重來一次，我們未必能找到相同的路徑結果；因此，若有一個函數能表示該路徑結果，則該函數不就是一種隨機函數嗎？若該隨機函數與時間搭配，就是一種隨機過程。職是之故，從圖 14-2 的例子內，讓我們發現隨機變數與隨機過程有何不同：隨機變數的實現值只是表示單一的結果，而隨機過程的實現值卻是全體結果的一條路徑。透過圖 14-2，我們發現隨機過程的所有可能實現值的最後結果，竟然接近於一種機率分配！

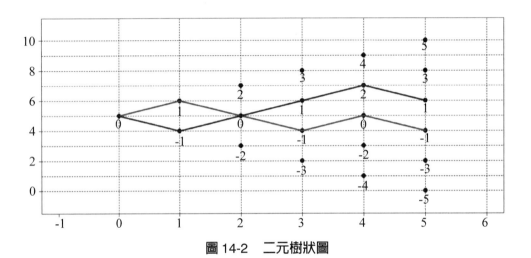

圖 14-2　二元樹狀圖

R 指令：

```
Z = c(-1,1);n = 30;set.seed(1)
X3 = cumsum(sample(Z,n,replace=T)）# cumsum() 為累加指令
set.seed(12);X4 = cumsum(sample(Z,n,replace=T)）
set.seed(123);X5 = cumsum(sample(Z,n,replace=T)）
set.seed(1234);X6 = cumsum(sample(Z,n,replace=T)）
set.seed(12345);X7 = cumsum(sample(Z,n,replace=T)）
X1 = cumsum(rep(1,n)）;X2 = cumsum(rep(-1,n)）;windows()
plot(1:n,X1,type="l",lwd=4,ylim=c(-n,n),xlab="n",ylab="PL",cex.lab=1.5)
lines(1:n,X2,lwd=4);lines(1:n,X3,lwd=4,col=2,lty=2);lines(1:n,X4,lwd=4,col=3,lty=3)
lines(1:n,X5,lwd=4,col=4,lty=4);lines(1:n,X6,lwd=4,col=5,lty=5);lines(1:n,X7,lwd=4,col
=6,lty=6)
```

　　除了使用二元樹狀圖說明外，我們亦可以使用「抽出放回」的方法，以找出該隨機漫步的路徑。例如，令 Z = {1, −1}，我們從 Z 內隨機抽出一個元素後，再將該元素放回，此種「抽出放回的抽樣」頗類似於擲銅板的結果，因此抽出放回 n 次，相當於擲銅板 n 次；然後，我們再將逐次的結果「累加」，即可得 n 次擲銅板後之損益（Profit & Loss, PL）。圖 14-3 就是繪出擲 10 次銅板之損益的 7 種（可能）軌跡。可參考圖 14-3 所附之 R 指令，以瞭解上述例子於 R 內如何表示。

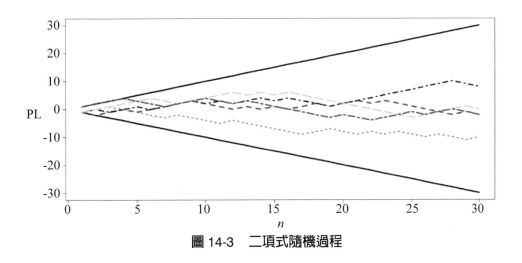

圖 14-3　二項式隨機過程

　　上述擲銅板之損益或抽出放回的例子，告訴我們一個事實，就是可以得到每次皆相互獨立的結果；也就是說，勝負的每次增量（increment）皆相互獨立。換言之，上述擲銅板或抽出放回的動作，亦可以視為從 *iid* 內抽出觀察值來的一種實驗，故其結果或增量皆可視為 *iid* 之隨機變數的實現值。

　　上述擲銅板損益的例子可以進一步以數學式表示[2]，即令 $Z_n = X_n - X_{n-1}$，故可得：

$$X_n = X_0 + \sum_{k=1}^{n} Z_k, \ n = 1, 2, \cdots \tag{14-7}$$

---

[2]　若與第 10 章比較，因底下牽涉到的變數較多，故以 X_t 的型態取代 $X(t)$。

其中 Z_n 就是表示勝負的增量，其值不是 1 元，就是 -1 元。我們稱 (14-7) 式是屬於一種一般型態的隨機漫步，其背後所隱含的意義並不難理解，就擲銅板的遊戲而言，最終的勝負值，就是期初值 X_0 再加上每次勝負增量的總和。因此，從事前來看，若 $X_0 = 0$，則擲銅板 n 次遊戲的最後勝負，就是 n 次結果的總計。嗯！本來就是。乍看之下，似乎隨機漫步的觀念有點抽象，不過其結果竟然也只是一種擲銅板 n 次遊戲，只是我們事前不知其勝負結果而已。

我們可以進一步來看，若假定 Z_k 等於 1 元與 -1 元的機率分別為 p 與 $1 - p$，則其分別可寫成：

$$P(Z_k = 1) = p \text{ 與 } P(Z_k = -1) = 1 - p$$

可形成一種簡單的機率分配。我們也可以再將上述機率分配寫成更一般化的情況，即：

$$P(Z_k = u) = p \text{ 與 } P(Z_k = -d) = 1 - p \tag{14-8}$$

其中 u 與 $-d$ 分別表示上升與下降之增量。

我們稱 (14-8) 式為一種二項式隨機過程，即若 X_t 是屬於一種二項式隨機過程，是指該過程源於 X_0，隨時間 t 經過，每一時間只會出現二種結果：不是上升 u 就是下降 d，其中上升的機率為 p 而下降的機率則為 $1 - p$。就上述擲銅板損益的例子而言，因 $u = 1$、$d = -1$ 與 $p = 0.5$，故其只是二項式隨機過程內的一個特例。我們使用二元樹狀圖與抽出放回的方法，來幫我們模擬出二項式隨機過程的走勢。

我們可以解釋二項式隨機過程是一種隨機漫步過程。利用 (14-7) 式，我們可以反推出：

$$X_t = X_{t-1} + Z_t \tag{14-9}$$

其中 Z_t 為一個隨機變數。讀者可證明 (14-9) 式的解，就是 (14-7) 式。(14-9) 式是有意義的，因為若將 X_t 視為一種資產價格，則由 (14-9) 式可看出：明日的價格是今日價格再加上一個未知項，故 (14-9) 式頗符合之前曾介紹過的馬可夫性質；另一方面，若是無法預測明日的價格為何，則明日的價格不就是於今日的價格下，隨機漫步嗎？換句話說，什麼是隨機漫步過程？一個簡單的例子就是二項式隨機過程，而一個更簡單的例子就是計算擲銅板的損益。

其實，(14-7) 與 (14-9) 式之間是一體二面的關係，就 (14-9) 式而言，每一時點 t 的增量，就是 Z_t，而就事前而言，我們欲預期 X_t 的結果，從 (14-7) 式可知，其相當於欲預期至 t 期的所有增量總和，該總和我們並不陌生，就是之前已經強調多次的隨機趨勢；換言之，累積一連串的隨機變數就是隨機趨勢，而隨機趨勢的型態或路徑為何？圖 14-3 已經幫我們繪出結果來了！

我們可以再思考隨機趨勢的更一般化的過程，其中的關鍵在於遞增量 Z_t 未必只有二種結果；也就是說，(14-7) 式內的遞增量 Z_t 可以為可數有限、可數無限、甚至於連續的隨機變數。例如，假定 $X_0 = 0$，而 $X_1, \cdots, X_n$ 為 n 元常態分配之隨機變數，則 (14-7) 式亦可稱為一種高斯型的隨機漫步（Gaussian random walk）[3]。高斯型的隨機漫步是假定 X_t 為 iid；因此，每一時點 t，X_t 皆屬於 $N(\mu t, \sigma^2 t)$。對於上述的結果，我們並不意外，因隨機漫步具有獨立的遞增量；因此，若假定 $t = 1$ 年，X_1 之平均數與變異數分別為 μ 與 σ^2（為有限值），因遞增量 Z_t 屬於 iid，故 X_2 之平均數與變異數分別為 2μ 與 $2\sigma^2$，而 $X_{0.1}$ 之平均數與變異數則分別為 0.1μ 與 $0.1\sigma^2$，其餘可類推。換句話說，t 期至 $t + 1$ 期的遞增量 Z_{t+1} 是獨立於 $X_0, \cdots, X_t$；是故，若 $s > 0$，則隨機過程 t 期至 $t + s$ 期的增量，即：

$$X_{t+s} - X_t = Z_{t+1} + \cdots + Z_{t+s}$$

是獨立於 $X_0, \cdots, X_t$。因此，隨機漫步的涵義在於說明：於 $X_0, \cdots, X_t$ 為已知的條件下，X_{t+1} 的預期為 $X_t + E[Z_{t+1}] = X_t$；換句話說，就所有的 k 而言，$E[Z_k] = 0$。上述結果，早在一世紀之前，數學家 Bachelier 就注意到股價具有馬可夫性質[4]，Bachelier 早就提出下列的看法：「明日股價的最佳預測值，就是今日的股價」。

上述馬可夫性質亦可以條件機率的形式表示，即：

---

[3]　常態分配又可稱為高斯分配。

[4]　可上網查詢 Louis Bachelier。

$$P(a_{t+1} < X_{t+1} < b_{t+1} \mid X_t = c, a_{t-1} < X_{t-1} < b_{t-1}, \cdots, a_0 < X_0 < b_0)$$
$$= P(a_{t+1} < X_{t+1} < b_{t+1} \mid X_t = c) \tag{14-10}$$

換言之，若已知 $X_t = c$，則 $X_0, \cdots, X_{t-1}$ 的額外資訊並不會影響 X_{t+1} 的機率值。

例 1

若 $p = 0.5$，則我們稱 (14-9) 式為一種對稱的普通隨機漫步過程（a symmetric ordinary random walk process）。明顯地，若 $p > 0.5$，則隨機漫步過程呈現出有正斜率的確定趨勢走勢；相反地，若 $p < 0.5$，則隨機漫步過程呈現出有負斜率的確定趨勢走勢。例如，我們於下圖內繪製出二種不對稱的普通隨機漫步過程走勢，其中左圖可對應至 $p = 0.75$，而右圖則對應至 $p = 0.25$[5]。顯然，若仍使用上述擲銅板的例子且假定 $X_0 = 0$，則對 (14-7) 式取期望值，可得[6]：

$$E[X_t] = t(2p - 1) \tag{14-11}$$

其中遞增的平均增量為 $E[Z_k] = 2p - 1$。因此，若 $p = 0.5$，則因 $E[X_t] = 0$，故 X_t 為一種無確定趨勢的隨機漫步過程，如圖 14-2 所示；不過，若 $p \neq 0.5$，則 X_t 就是一種有確定趨勢的隨機漫步過程。

其實，(14-7) 式可再寫成更一般化結果，即：

$$E[X_t] = E[X_0] + t[(u + d)p - d] \tag{14-12}$$

其中 $E[X_t] = (u + d)p - d$[7]。另一方面，因存在確定趨勢項，(14-9) 式亦可改為：

$$X_t = c + X_{t-1} + Z_t \tag{14-13}$$

---

[5] 利用抽出放回方法，我們可以很容易地模擬出例 1 內的圖形，亦即例 1 內的左圖以及右圖分別假定 $z = \{1, 1, 1, -1\}$ 與 $z = \{1, -1, -1, -1\}$。

[6] 提示：$E[z_k] = p \cdot (1) + (1 - p) \cdot (-1) = 2p - 1$。

[7] 即有 p 的可能 $Z_k = u$ 而有 $(1 - p)$ 的可能 $Z_k = -d$，故 $E[z_k] = p \cdot u + (1 - p) \cdot (-d)$。

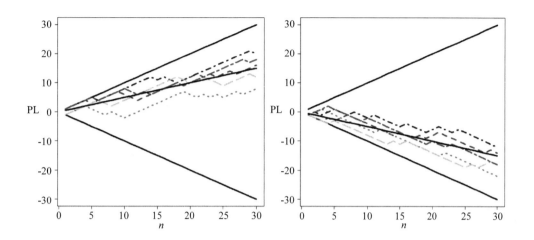

其中 c 是一個常數。通常，我們稱 (14-13) 式爲一個具漂移項（drift）的隨機漫步過程，讀者亦可以證明 c 值就是確定趨勢的斜率值。

例 2 再談二項式分配

定義隨機變數 Y_k 爲：

$$Y_k = \frac{Z_k + d}{u + d} = \begin{cases} 1 & if \quad Z_k = u \\ 0 & if \quad Z_k = -d \end{cases}$$

故

$$Z_k = (u + d)Y_k - d$$

代入 (14-7) 式，可得：

$$X_t = X_0 + (u + d)B_t - td$$

其中

$$B_t = \sum_{k=1}^{t} Y_k$$

爲一個二項式分配的隨機變數。試解釋上述意義。

解 因 Z_k 的結果不是上升就是下降，因此不難將 Z_k 轉成 1 或 0 的變數[8]，此轉換後的變數就是 Y_k；換言之，Y_k 就是一個二元的隨機變數。若將「成功」的結果視爲 $Y_k = 1$，則 $Y_k = 0$ 就是失敗的結果。此種只有二種結果的「實驗」，我們稱爲伯努尼實驗。若加總 t 個 iid 的伯努尼實驗的隨機變數，則稱爲二項式機率分配的隨機變數，如例中的 B_t。因此，X_t 的平均數與變異數分別爲[9]：

$$E(X_t) = X_0 + (u + d)tp - td \text{ 與 } Var(X_t) = (u + d)^2 tp(1 - p)$$

例 3

利用例 2，就圖 14-2 而言，若繼續增加實驗次數（即提高擲銅板的次數），則其結果爲何？

解 令 $X_0 = 0$，因 $u = d = 1$ 與 $p = 1/2$，若擲 1,000 次，即 $t = 1,000$，則：

$$E(X_{1,000}) = (2)(1,000)(0.5) - (1,000)(1) = 0$$

與

$$Var(X_{1,000}) = (2^2)(1,000)(0.5)(0.5) = 1000$$

下方右圖繪出丟擲 1,000 個銅板 1,000 次的結果，而左圖則繪出平均數與標準差分別爲 0 與 31.6228 的常態 PDF，我們發現二圖竟然有些類似。

---

[8] 即例如將 $Z_k = u$ 代入 Y_k 內，可得 $Y_k = 1$。
[9] 可回想二項式機率分配是屬於一種間斷的機率分配，其機率函數可寫成：
$f(X) = \dfrac{n!}{x!(n-x)!} p^x (1-p)^{n-x}, x = 1,2,\cdots,n$
其中 n、x 以及 p 分別表示實驗的次數、出現成功的次數以及出現成功的機率。可參考第 9 章 3.1 節或《財統》，二項式分配的期望值與變異數分別爲 np 與 $np(1-p)$。

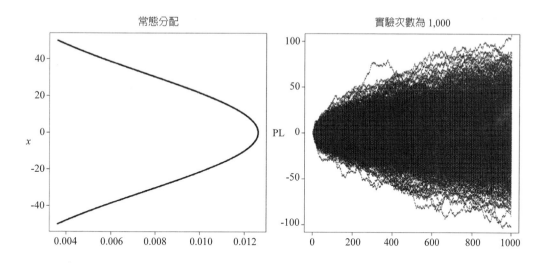

R 指令：

```
Z = c(-1,1);n = 1000;m = 1000;B = matrix(0,n,m)
for(i in 1:m)
{
 set.seed(i);X = sample(Z,n,replace=TRUE);B[,i] = cumsum(X)
}
windows();par(mfrow=c(1,2));x = seq(-100,100,length=n)
plot(dnorm(x,0,2*sqrt(n*0.5*0.5)),x,type="l",lwd=4,xlab="",cex.lab=1.5,
    main=" 常態分配 ",cex.main=2)
plot(1:n,B[,1],type="l",lty=2,ylim=c(-100,100),xlab="",cex.lab=1.5,main=" 實驗次數為 1,000",
    cex.main=2,ylab="PL")
for(i in 2:m）lines(1:n,B[,i],lty=2）# 寫於同一列不需要使用大括號
```

例 4

　　若 Y 為一個平均數與變異數分別為 μ 與 σ^2 之 *iid* 常態分配的隨機變數，可寫成 $Y \sim N(\mu, \sigma^2)$ 或 $Y \sim \mu + \sigma Z$，其中 $Z \sim N(0, 1)$，則序列 $X_t = X_0 + \mu t + \sigma \sum_{i=1}^{t} Z_i$，試解釋之。

解 有 t 個平均數與變異數分別為 μ 與 σ^2 之 *iid* 常態分配的隨機變數，其平均數與變異數分別為 μt 與 $\sigma^2 t$。

（練習）

(1) 試求解 (14-7) 與 (14-13) 式。

(2) 於 (14-13) 式內可看到確定趨勢與隨機趨勢的型態，二種趨勢的數學型態為何？

(3) 利用 (14-7) 式模擬出 200 條路徑，其中 Z_t 為標準常態分配的隨機變數。提示：

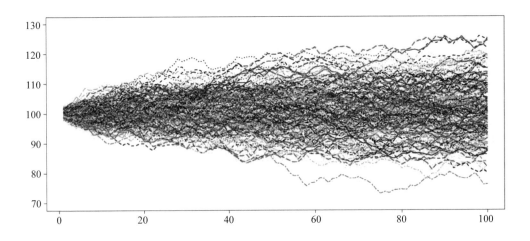

```
x0=100;n=100;m = 200;windows();set.seed(12345)
plot(1:n,(x0+cumsum(rnorm(n))),type="l",lwd=2,lty=2,xlab="",ylab="",ylim=c(70,130))
for(i in 2:m）{
set.seed(100+i);lines(1:n,(x0+cumsum(rnorm(n))),lwd=2,col=i,lty=i+1)
}
```

(4) 例 3 有何涵義？（提示：難預測、常態分配、實驗次數愈多波動愈大）

2.2 維納過程

第 10 章我們使用直覺的方式[10]來解釋維納過程，現在可以改用隨機漫步的過程來重新詮釋維納過程。考慮一個從 $X_0 = 0$ 出發的簡單對稱的隨機漫步過程 $\{X_n : n \geq 0\}$，其中增量 $Z_n = X_n - X_{n-1}$ 屬於 iid，而增量出現的機率皆為

---

[10] 即二個獨立的常態分配之和仍為一個常態分配。

1/2，即：

$$P(Z_n = 1) = P(Z_n = -1) = \frac{1}{2}$$

由於

$$X_n = \sum_{k=1}^{n} Z_n$$

因增量屬於 *iid*，可得 $E(X_n) = 0$ 與 $Var(X_n) = n$。

上述過程自然可以繼續延伸。想像一種隨機過程 $\{X_t^{\Delta} : t \geq 0\}$，我們可將時間 t 分割成 n 個相同時間之小間隔，即 $t = n\Delta t$；其次，於 Δt 下，該過程各有 1/2 的機率會遞增或遞減 Δx。因此，於 t 期下，該過程可寫成：

$$X_t^{\Delta} = \sum_{k=1}^{n} Z_k \cdot \Delta x = X_n \cdot \Delta x$$

其中遞增量 $Z_1 \Delta x, Z_2 \Delta x, \cdots$ 彼此相互獨立。X_t^{Δ}的平均數與變異數分別為：

$$E(X_t^{\Delta}) = 0 \text{ 與} Var(X_t^{\Delta}) = (\Delta x)^2 Var(X_n) = (\Delta x)^2 \cdot n = t\frac{(\Delta x)^2}{\Delta t}$$

上述過程並不難理解，我們可以將 t 期的時間細分成 n 個小時間 Δt，而於 Δt 內，該過程上下跳動的固定幅度（即增量或減量）與機率分別為 Δx 與 1/2，比較特別的是，每次跳動彼此相互獨立；因此，該過程類似於 2.1 節所描述的二項式過程。當我們思考連續的隨機過程時，此相當於考慮 $\Delta t \rightarrow 0$，不過此隱含著 Δx 亦會隨之縮小[11] 與 $n \rightarrow \infty$，上述變異數未必會「收斂」，還好我們已經發現隨著實驗次數的增加，二項式分配會趨近於常態分配；是故，類似於 2.1 節例 3 的結果，X_t^{Δ}過程會趨近於平均數與變異數分別為 0 與 $n(\Delta t)^2$ 的常態分配，即：

$$X_t^{\Delta}\text{的機率分配} \rightarrow N(0, n(\Delta x)^2) \approx N(0, c^2 t) \qquad (14\text{-}14)$$

其中$\Delta x = c\sqrt{\Delta t}$，表示上下微小跳動的幅度與 $\sqrt{\Delta t}$ 呈一個固定比重，其中 $c \neq 0$。

---

[11] 當然 Δx 並不會為 0，若為 0，X_t^{Δ}就不再是一種隨機過程；因此，若 $\Delta t \rightarrow 0$，Δx 可視為微小的跳動，故 X_t^{Δ}可視為一個連續的隨機變數。

因此，我們從 $\{X_t^{\Delta}: t \geq 0\}$ 取得的極限過程，即 $\Delta t \to 0$ 與 $\Delta x = c\sqrt{\Delta t}$，寫成 $\{X_t: t \geq 0\}$，具有下列三個性質：

性質1：就所有的 t 而言，$X_t \sim N(0, c^2 t)$；

性質2：$\{X_t: t \geq 0\}$ 有獨立的增量，例如就 $0 \leq s < t$ 而言，$(X_t - X_s)$ 與 X_s 相互獨立；

性質3：就 $0 \leq s < t$ 而言，$(X_t - X_s)$ 之分配為 $N(0, c^2(t - s))$。

若有一個連續的隨機過程 $\{X_t: t \geq 0\}$（其中 $X_0 = 0$）滿足上述三個性質，則該過程就稱為維納過程或布朗運動；換言之，維納過程可視為一種連續型的隨機漫步。通常，$c = 1$ 亦稱為標準的維納過程，寫成 $\{W_t: t \geq 0\}$。

例 1

利用 (14-14) 式模擬標準的維納過程。

解 首先，假定 $c = 1$ 與 $t = 1$。下圖考慮四種情況：

$$\Delta t = 0.1, 0.01, 0.001, 0.0001$$

因此，可以對應至：

$$n = 10, 100, 1000, 10000$$

有意思的是，使用不同的 c 與 t 值，底下各圖的走勢並不受影響。

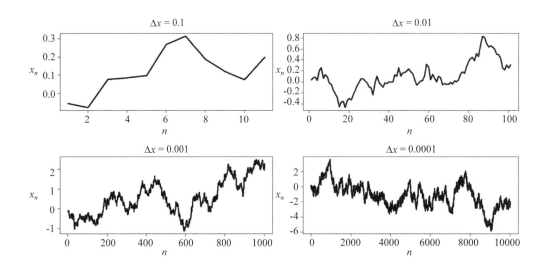

R 指令：

```
windows();par(mfrow=c(2,2));c = 0.1;t=2;set.seed(123)
n = seq(0,1,by = 0.1);x = cumsum(rnorm(n,0,sqrt(c^2*t)))
plot(x,type="l",lwd=4,ylab=expression(X[n]),xlab="n",cex.lab=1.3);title("△x = 0.1",cex.
main=2)
n = seq(0,1,by = 0.01);x = cumsum(rnorm(n,0,sqrt(c^2*t)))
plot(x,type="l",lwd=4,ylab=expression(X[n]),xlab="n",cex.lab=1.3);title("△x =
0.01",cex.main=2)
n = seq(0,1,by = 0.001);x = cumsum(rnorm(n,0,sqrt(c^2*t)))
plot(x,type="l",lwd=4,ylab=expression(X[n]),xlab="n",cex.lab=1.3)
title("△x = 0.001",cex.main=2);n = seq(0,1,by = 0.0001)
x = cumsum(rnorm(n,0,sqrt(c^2*t)))
plot(x,type="l",lwd=4,ylab=expression(X[n]),xlab="n",cex.lab=1.3)
title("△x = 0.0001",cex.main=2)
```

就所有的 $0 \le s < t$ 而言，我們亦可以下列的方式檢視 W_t 的特性：

特性 1：$E(W_t) = 0$ 與 $Var(W_t) = t$

特性 2[12]：
$$\begin{aligned}
Cov(W_t, W_s) &= Cov(W_t - W_s + W_s, W_s) \\
&= Cov(W_t - W_s, W_s) + Cov(W_s, W_s) \\
&= 0 + Var(W_s) = s
\end{aligned}$$

特性 3：W_t 具有馬可夫性質，即：

$$P(a < W_t < b \mid W_s = x, W_r, 0 \le r < s)$$
$$= P(a < W_t < b \mid W_s = x)$$

特性 4：W_t 雖是連續的函數，不過其路徑卻崎嶇不平，以致於 W_t 是一個無法
　　　　微分的函數。

例 2

試繪圖說明 W_t 之特性 3 與 4。

---

[12] 可回想 $Cov(x, y) = E[(x - \mu_x)(y - \mu_y)]$。

解 可參考下圖。

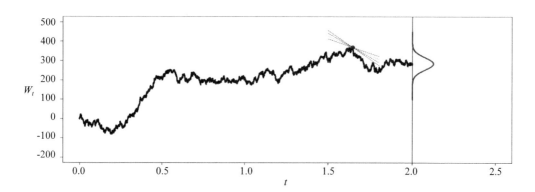

W_t 的最後一個特性是，若增量的機率不是 1/2，則 W_t 的平均數應也不為 0；也就是說，若增量大於 0 的機率高於（低於）增量小於 0 的機率，則 W_t 內會含有正斜率（負斜率）的確定趨勢，如 2.1 節的例 1。換言之，若將簡單對稱的隨機漫步過程改成普通的隨機漫步過程如，即：

$$P(Z_n = 1) = p$$

與

$$P(Z_n = -1) = 1 - p$$

其中 $p \neq 1/2$。若假定 $\Delta x = \sqrt{\Delta t}$ 與 $p = \frac{1}{2}(1 + \mu\sqrt{\Delta t})$，經過簡單的數學操作（參考例 3 與 4），可得：

$$E(X_t^\Delta) \to \mu t \ 與 \ Var(X_t^\Delta) \to t \tag{14-15}$$

因此，X_t^Δ 過程的極限，就是有漂移率的 W_t，即：

$$X_t = \mu t + W_t \tag{14-16}$$

(14-16) 式類似於第 10 章的 (10-10) 式，表示 W_t 只是 X_t 的一個特例；換言之，若標準的維納過程是圍繞於平均數 μ 而非 0「波動」，則隨時間經過，當 μ 大於 0（小於 0）時，該過程會平均向上（向下）。

例 3

若 $p \neq 1/2$，計算 $E(Z_k)$ 與 $Var(Z_k)$。

解 因 $P(Z_k = 1) = p$ 與 $P(Z_k = -1) = 1 - p$，故可得：

$$E(Z_k) = p - (1 - p) = 2p - 1$$
$$\begin{aligned} Var(Z_k) &= p[1 - E(Z_k)]^2 + (1 - p)[-1 - E(Z_k)]^2 \\ &= p(1 - 2p + 1)^2 + (1 - p)(-1 - 2p + 1)^2 \\ &= 4p(1 - p)^2 + 4p^2(1 - p) = 4p(1 - p) \end{aligned}$$

例 4

續例 3，計算 $E(X_t^\Delta)$ 與 $Var(X_t^\Delta)$。

解 因 $X_t^\Delta = \sum_{k=1}^{t} Z_k \cdot \Delta x = X_t \cdot \Delta x$，故可得：

$$E(X_t^\Delta) = E(X_t \Delta x) = t(2p - 1)\Delta x = (2p - 1)t\frac{\Delta x}{\Delta t}$$
$$Var(X_t^\Delta) = Var(X_t \Delta x) = 4tp(1 - p)(\Delta x)^2 = 4p(1 - p)t\frac{(\Delta x)^2}{\Delta t}$$

例 5　初見 Itô 積分

想像另一種二項式隨機過程，$t = t_0, t_0 + \Delta, \cdots, t_0 + n\Delta, \cdots$：

$$P(Z_k = a\sqrt{\Delta}) = p \text{ 與 } P(Z_k = -a\sqrt{\Delta}) = 1 - p$$

而 $X_t = X_0 + \sum_{k=1}^{t} Z_k$。若 $\Delta t \to 0$，X_t 的路徑為何？

解 我們可以想像 X_t 表示於 t 期某資產價格，而我們有興趣想要知道於 t 期之後該資產價格的總增量（之後的走勢），即 $X_0 = 0$，故隨著時間經過，上述式子相當於每隔 Δ 時間檢視該資產價格的變化。雖說，於 Δ 時間內該資產價格只有二種增減增量之變化，不過於 2.1 節的例 3 內，已可看出隨著觀察次數的提高（相當於 $\Delta t \to 0$），價格變化已有多種可能。因此，隨著 $\Delta t \to 0$，X_t 的時間走勢不就是：

$$X_t = X_{t_0} + \int_{t_0}^t dX_s$$

即我們是以積分取代有限加總而以微小的增量 dX_s 取代 $\lim_{\Delta \to 0}(Z_s - Z_{s-\Delta})$。換言之，若從 t_0 期開始，X_t 至 t 期的價格變化就是加總許多微小的獨立增量所構成，而後者是以積分表示。值得注意的是，該積分亦是一個隨機變數（或函數）；是故，我們可以解釋 2.1 節的例 3 內右圖的意思：每一條路徑就是上述積分的實現值。

直覺而言，只要 dX_s 的變異數存在且為有限值，則上述「積分加總」應會收斂，故直接求解上式，可得：

$$\int_{t_0}^t dX_s = X_t - X_{t_0}$$

此結果與使用傳統積分的方法一致，即：

$$\int_{t_0}^t dX_s = X_s \Big|_{t_0}^t = X_t - X_{t_0}$$

練習

(1) 何謂維納過程即 W_t？
(2) 試解釋例 2 內的圖形。
(3) 於例 5 內，若 $p = 1/2$，計算 X_t 之平均數與變異數。
(4) $\int_{t_0}^t dW_s =$？試解釋其意義。

第三節　隨機微積分

何謂隨機微積分？隨機微積分又可稱為 Itô 微積分。Itô 微積分是由數學家 Itô 將微積分的方法擴充至處理隨機過程或隨機微分方程式；因此，簡單地說，隨機微積分就是專門在處理維納過程或布朗運動的微積分。

底下，我們分成三個部分介紹：隨機積分、隨機微分方程式以及 Itô's lemma。

3.1 隨機積分

　　隨機微積分的主軸是隨機積分，於本節我們將介紹隨機積分的概念。如前所述，隨機微分方程式的解是一個隨機函數或隨機過程，故若欲求其解，之前有介紹過的積分觀念已不符所需，此時我們需要一種能處理維納過程的積分觀念，該積分就稱為 Itô 積分。換句話說，我們可以使用傳統的積分方法處理微分方程式 [13]，其解是一個確定的函數；然而，我們是透過 Itô 積分處理隨機微分方程式，而其解是維納過程的路徑，其仍屬於隨機的函數。

　　令隨機過程 $\{Y_t : t \geq 0\}$ 是一個被積分的函數，而 W_t 仍表示標準的維納過程，隨機積分的意義就是認為 Y_t 具是非預期的（non-anticipating）性質；也就是說，蒐集至 s 期的資訊對未來的增量 $W_t - W_s$ 的預期並沒有多大的幫助，即 Y_s 與 $W_t - W_s$ 是相互獨立的，其中 $t > s$。

　　類似於第 8 章的黎曼加總，Itô 加總亦可寫成：

$$I_n = \sum_{k=1}^{n} Y_{(k-1)\Delta t}(W_{k\Delta t} - W_{(k-1)\Delta t}), \ \Delta t = \frac{t}{n} \tag{14-17}$$

因 $Y_{(k-1)\Delta t}$ 與 $W_{k\Delta t} - W_{(k-1)\Delta t}$ 相互獨立，故 Itô 加總即 I_n 相當於加總一連串的二個獨立隨機變數的乘積。我們有興趣的是，若 $n \to \infty$，I_n 的極限為何？即 Itô 加總之極限亦以積分的型態表示：

$$\int_0^t Y_s dW_s = \lim_{n \to \infty} I_n \tag{14-18}$$

理所當然，我們需判斷上述極限值是否存在？通常，面對隨機變數（函數）的極限，我們可以考慮該隨機變數（函數）的平均平方誤差（mean squared error）是否收斂；換言之，(14-18) 式存在的條件為：

$$E\left\{\left[\int_0^t Y_s dW_s - I_n\right]^2\right\} \to 0, \ n \to \infty$$

(14-17) 與 (14-18) 二式提供了定義 Itô 積分的可能；也就是說，若以 $W_{(k-1)\Delta t}$ 取代 $Y_{(k-1)\Delta t}$，則我們不是可以得到 Itô 積分嗎？即：

---

[13] 傳統積分又可稱為黎曼—斯第爾潔斯積分（Riemann-Stieltjes integral）。

$$\int_0^t W_s dW_s = \lim_{n\to\infty}\sum_{k=1}^n W_{(k-1)\Delta t}(W_{k\Delta t} - W_{(k-1)\Delta t}) \qquad (14\text{-}19)$$

究竟 Itô 積分如 (14-19) 式是何意思？

例 1 訊息結構與非預期性

　　就每一時間 t 而言，t 期的 σ 域，寫成 F_t，表示一種訊息結構（information structure）；也就是說，任何與 t 期有關的所有資訊（不管發生與否）的事件皆包含於 F_t 內 [14]，故 $F_s \subset F_t \, (s < t)$ 即 F_t 隨時間經過可形成一種訊息結構（昨天所擁有的資訊包含於今天的資訊內，即今天比昨天有更多的資訊）。是故，若 $\{a < Y_t < b\} \in F_t$，隱含著 Y_t 並沒有擁有 t 期之後的資訊；其次，若 $\{a < W_t < b\} \in F_t$，亦隱含著 $W_t - W_s$ 獨立於 $F_s \, (s < t)$，表示維納過程「適用於」訊息結構的篩選。

　　我們可以進一步於 $[0, t]$ 區間內以 F_t^X 表示「由 X 所產生的資訊」或「因 X 而發生何事」的集合，當然該集合是由檢視 $\{X_s : 0 \le s \le t\}$ 的軌跡而得，因此若是能知 A 事件發生與否，即稱 A 可於 F_t^X 內衡量，寫成 $A \in F_t^X$；同理，若存在另一隨機過程 Z，其值完全取決於 $\{X_s : 0 \le s \le t\}$ 的軌跡，亦可寫成 $Z \in F_t^X$。是故，就所有的 $t \ge 0$ 而言，Y 是一個隨機過程而 $Y_t \in F_t^X$，則我們稱 Y 適用於 $\{F_t^X\}_{t \ge 0}$ 的篩選。透過底下的例子應可瞭解上述的意義。

(1) 事件 A 定義為：$A = \{X_s \le 2.56, s \le 10\}$，則 $A \in F_{10}^X$；

(2) 事件 $A = \{X_9 > 5\}$，故 $A \in F_9^X$，理所當然，$A \notin F_8^X$，因為不可能從 $[0, 8]$ 區間的 X 軌跡內得知事件 A 是否發生；

(3) 就隨機變數 Z 而言，若

$$Z = \int_0^5 X_s ds$$

則 $Z \in F_5^X$。

　　明顯地，我們有二種訊息結構或篩選，而二者皆以條件期望的型態來表示對隨機變數 Y 的預期：

第一：$E(Y \mid I_0) = E(Y)$（非條件預期），其表示我們沒有額外的資訊可供預期未

---

[14] 可回想 σ 域即 F 是指：若某事件包含於 F 內，則該事件的所有組合亦包含於 F 內。

來值，即 I_0 內只有明顯的子集合如樣本空間 S 與 $\varnothing$。不過，隨著時間經過，此時所能得到的訊息當然大於 I_0，如 $I_0 \subseteq I_t \in F_t$，故至 t 期最佳的預期爲 $E(Y \mid I_t)$。

第二：利用隨機變數 $X_1, X_2, \cdots, X_n$ 所得到資訊即 F^X 做預期，故至 t 期最佳的預期爲：

$$E(Y \mid F_t^X) = h(X_1, \cdots, X_n)$$

可注意該預期是隨機變數 $X_1, X_2, \cdots, X_n$ 的函數。

例 2　平賭或軛過程

於當代財務理論內平賭或軛過程（martingale process)[15] 的觀念是相當重要的，通常我們稱爲平賭定價方法。我們稱一個過程 $\{S_t, t \in [0, \infty]\}$，其訊息結構與機率衡量分別爲 I_t 與 P，是一個平賭過程是指：就所有的 t 而言，

(1) S_t 適用於 I_t，故於 I_t 的條件下，S_t 是已知的；

(2) 非條件預期是有限的，即 $E(S_t) < \infty$；

(3) 就所有的 $t < T$ 而言，$E_t(S_T) = S_t$ 換言之，S 的未來值即 S_T 的最佳預期值爲 S_t。

因此，按照上述平賭過程的定義是指至 t 期所能蒐集到的資訊，並無法預測未來的隨機變數如 S_T。換句話說，若 S_t 是一個平賭過程，則對 S_t 未來的變動的預期值爲 0，即於 $u > 0$ 的情況下，可得：

$$E_t(S_{t+u} - S_t) = E_t(S_{t+u}) - E_t(S_t) = 0$$

是故，平賭過程的未來值是完全無法預測的！顯然，平賭過程的觀念我們早就有了：確定**趨勢**是可以預期的，但是隨機趨勢卻是無法預期的。因此，一

---

15 "martingale" 這個字一般翻譯成「平賭（fair game）」，不過簡體字版卻翻譯成軛（音**ㄜˋ**）。軛是指套在馬頸上的皮帶。簡體字版解釋成（取自網路）：「套在馬頸上的皮帶應該就是控制馬的最好工具，當馬跑得快了的時候，可以勒一下，馬跑慢了的時候，可以鬆一下。因此套了皮帶的馬，未來的期望速度應該就是現在的速度」。讀者認爲何種翻譯較恰當？本書還是使用「平賭」這個譯詞。

個隨機過程內若有含確定趨勢，則該過程並不是一個平賭過程。

瞭解平賭過程是有意義的，畢竟所有的經濟變數與資產價格未必是完全無法預測的；例如，貼現債券的價格應會隨時間經過上升；又或者例如平均有正報酬的股價 S_t，就一個微小的區間 Δ 而言，可寫成：

$$E_t(S_{t+\Delta} - S_t) \approx \mu\Delta$$

其中 μ 表示正的預期報酬率[16]。雖說，資產價格未必是一種平賭過程，但是於第 12 章內我們發現存在一種稱爲中立機率如 $\overline{P}$，可將未來的股價貼現還原成現值，即：

$$E_t^{\overline{P}}(e^{-ru}S_{t+u}) = S_t, \ u > 0$$

因此，我們是有辦法將一種非平賭過程轉成平賭過程[17]。

例 3

想像一個最簡單的 Itô 積分，令 (14-18) 式內的 Y_s 等於 1，故可得：

$$\int_0^t dW_s = \lim_{n \to \infty} \sum_{k=1}^n (W_{k\Delta t} - W_{(k-1)\Delta t})$$

試解釋上式之意義以及模擬出上述結果。

解 可參考 2.2 節的例 5，可得：

$$\int_0^t dW_s = W_t - W_0 \tag{14-20}$$

其中若 $W_0 = 0$，則上述積分值等於 W_t。因此，維納過程亦是指「無限加總」n 個平均數與變異數分別爲 0 與 Δt 之獨立的常態分配，其中 $t = n\Delta t$。底下二圖分別繪出於 $t = 1$ 下，$n = 0$ 與 $n = 10,000$ 二種情況（可分別對應

---

[16] 可想像一家有固定成長公司的股價，式內忽略 Δ 的更高冪次方如 Δ^2 或 Δ^3 等項。

[17] 式內寫成 $E_t^{\overline{P}}(\cdot)$ 指的是利用 $\overline{P}$ 計算條件期望值；換言之，之前使用的條件期望值亦可寫成 $E_t(\cdot) = E_t^P(\cdot)$，其中 P 是眞實的機率。此種將 P 轉成 $\overline{P}$ 的方法，稱爲等值平賭衡量（equivalent martingale measures），可上網查詢，或參考 Neftci, S.N. (2000), An Introduction to the Mathematics of Financial Derivatives, 2nd, Academic Press.

至 $\Delta t = 0.1$ 與 $\Delta t = 0.0001$）。

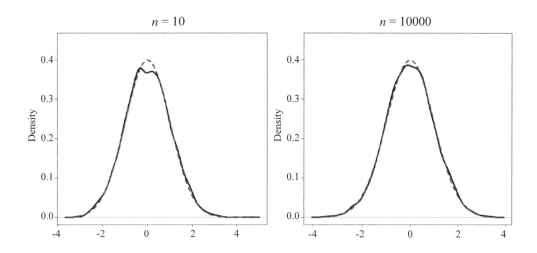

例 4 黎曼—斯第爾潔斯積分與 Itô 積分

假定我們將 (14-19) 式改寫成：

$$\int_0^t W_s dW_s = \lim_{n \to \infty} \sum_{k=1}^n W_{t(n,k)}(W_{k\Delta t} - W_{(k-1)\Delta t})$$

其中下標 $t(n, k)$ 表示某一序列。我們可以先複習黎曼—斯第爾潔斯積分的意義。假定 x_t 是一個時間 t 的確定變數，若將 t 切成 n 個 Δ，即 $t = n\Delta t$，則黎曼加總可定義成：

$$V_n = \sum_{k=1}^n x_{t(n,k)}(x_{k\Delta t} - x_{(k-1)\Delta t})$$

其中 $t(n, k)$ 可以為 $k\Delta t$ 或 $(k-1)\Delta t$。換言之，黎曼加總可視為加總許多長方形面積，而 $x_{t(n, k)}$ 與 $x_{k\Delta t} - x_{(k-1)\Delta t}$ 就是其中一個長方形的高與寬度，如下圖所示。於第 8 章可知，$t(n, k)$ 可有三種選擇，即 $k\Delta t$、$(k-1)\Delta t$ 以及二者之平均，而於 $n \to \infty$ 下，上述三種選擇會接近於：

$$\lim_{n \to \infty} \sum_{k=1}^n x_{t(n,k)}(x_{k\Delta t} - x_{(k-1)\Delta t}) \approx \int_0^t x_s dx_s = \frac{1}{2} x_s^2 \Big|_0^t = \frac{1}{2}(x_t^2 - x_0^2)$$

此為傳統積分結果。

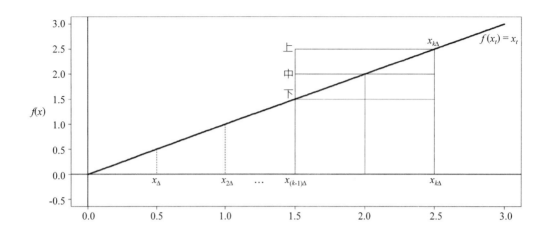

不過，就 Itô 積分而言，$t(n, k)$ 卻只有一種選擇，就是 $(k - 1)\Delta t$；原因是來自 Itô 積分本身具有非預期性：未來是完全無法預期的。換言之，Itô 積分只能用「下積分」的方式計算，其理由為：

$$E\left[\sum_{k=1}^{n}W_{t(n,k)}(W_{k\Delta t} - W_{(k-1)\Delta t})\right] = \begin{cases} 0\,, & t(n,k) = (k-1)\Delta t \\ n\,, & t(n,k) = k\Delta t \end{cases}$$

顯然，於 $n \to \infty$ 下，若 $t(n, k) = (k - 1)\Delta t$（$t(n, k) = k\Delta t$），則 Itô 積分之變異數會接近於 0（「發散」）。

我們可以進一步計算 Itô 積分結果。先暫時假定 Itô 積分結果就是黎曼—斯第爾潔斯積分結果，即：

$$\int_0^t W_s dW_s = \frac{1}{2}(W_t^2 - W_0^2)$$

因 $\dfrac{1}{2}(W_t^2 - W_0^2) = \dfrac{1}{2}\displaystyle\sum_{k=1}^{n}(W_{k\Delta t}^2 - W_{(k-1)\Delta t}^2)$

$\qquad\qquad\qquad\quad = \dfrac{1}{2}\displaystyle\sum_{k=1}^{n}(W_{k\Delta t} - W_{(k-1)\Delta t})(W_{k\Delta t} + W_{(k-1)\Delta t})$

$\qquad\qquad\qquad\quad = \dfrac{1}{2}\displaystyle\sum_{k=1}^{n}(W_{k\Delta t} - W_{(k-1)\Delta t})^2 + \displaystyle\sum_{k=1}^{n}W_{(k-1)\Delta t}(W_{k\Delta t} - W_{(k-1)\Delta t})$

當 $n \to \infty$，上式等號右側的第二項會收斂至 $\int_0^t W_s dW_s$，而第一項則因大數法則會接近於 $t / 2$；因此，我們可以得到第二個 Itô 積分結果為：

$$\int_0^t W_s dW_s = \frac{1}{2}(W_t^2 - W_0^2) - \frac{t}{2} = \frac{1}{2}(W_t^2 - t) \qquad (14\text{-}21)$$

因此，Itô 積分結果與黎曼—斯第爾潔斯積分結果是有差距的。明顯地，與後者不同的是，(14-21) 式亦是一個隨機變數，其走勢可參考下圖（$0 \le t \le 1$，$\Delta t = 0.1, 0.01$）。圖內各繪出三種可能的實現值。

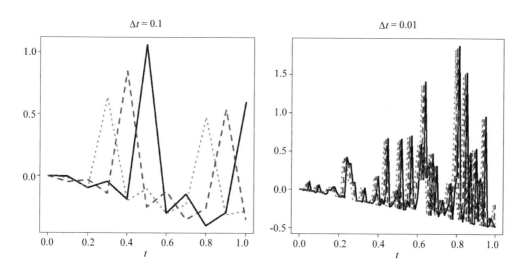

練習

(1) Itô 積分是否是一種平賭過程？

(2) 若 $0 \le s \le t$，計算 $Cov(W_t, W_s) = s$。

(3) 令 $U_t = W_t - tW_1$，試模擬其走勢。

(4) 至目前為止，我們遇到過二種 Itô 積分型態，其分別為何？其與傳統積分有什麼不同？

3.2 隨機微分方程式

如前所述，W_t 可視為一種連續的對稱隨機漫步過程，其時間走勢就是平均數與變異數分別為 μt 與 $\sigma^2 t$ 常態分配的實現值，當然其中 $\mu = 0$ 與 $\sigma = 1$。不過，若後二個參數值皆不為 0，則 W_t 不是可以擴充至更一般化的情況嗎？換言之，若 $t \ge 0$，$N(\mu t, \sigma^2 t)$ 豈不是可以寫成：

$$X_t = \mu_t + \sigma W_t \tag{14-22}$$

其中 X_t 是一個隨機過程而 $X_0 = 0$。我們稱 X_t 爲一種 *GWP* 或 *ABM*，即 (14-22) 式類似於第 10 章內的 (10-11) 式。若時間增加一個小區間即 Δt，則 (14-22) 式可改寫成：

$$X_{t+\Delta t} - X_t = \mu \Delta t + \sigma (W_{t+\Delta t} - W_t)$$

當 $\Delta t \to 0$，使用微小變動的符號，則上式可以改寫成：

$$dX_t = \mu dt + \sigma dW_t \tag{14-23}$$

同理，(14-23) 式亦可以積分的形式表示，即利用 (14-20) 式，可得：

$$\int_0^t X_s ds = X_t = \int_0^t \mu ds + \int_0^t \sigma dW_s \tag{14-24}$$

(14-23) 與 (14-24) 二式是假定 μ 與 σ 皆爲固定數值；因此，亦可擴充至更一般化的情況，即 μ 與 σ 皆爲 X_t 與 t 的函數，其可寫成：

$$dX_t = \mu(X_t, t)dt + \sigma(X_t, t)dW_t \tag{14-25}$$

(14-25) 式就稱爲 Itô 過程。Itô 過程是一種隨機微分方程式，其解可透過對 (14-25) 式積分求得（$0 \leq t_i < 1$），即：

$$X_t = X_{t_1} + \int_{t_1}^t \mu(X_s, s)ds + \int_{t_1}^t \sigma(X_s, s)dW_s \tag{14-26}$$

由於介於 t_1 與 t 之間的維納過程增量獨立於至 t_1 期的資訊，故 Itô 過程亦具有馬可夫的性質。因 (14-25) 或 (14-26) 式是以一般化的型態表示，我們自然無法取得其結果；不過，利用前述 Itô 積分的導出過程，如 (14-19) 式與 3.1 節的例 3，我們可以進一步簡化 (14-25) 式，即令 $t = n\Delta t$，將 0 至 t 之間細分成 n 個 $k\Delta t$，其中 $k = 1, 2, \cdots, n$，同時令 $X_k = X_{k\Delta t}$，則 (14-25) 式可改寫成：

$$X_{k+1} - X_k = \mu(X_k, k)\Delta t + \sigma(X_k, k)\sqrt{\Delta t} Z_{k+1} \tag{14-27}$$

其中 $Z_{k+1} = (W_{(k+1)\Delta t} - W_{k\Delta t})/\sqrt{\Delta t}$。同理，若將 $\mu(X_k, k)\Delta t$ 與 $\sigma(X_k, k)\sqrt{\Delta t}$ 分別簡寫成 $\mu(X_k)$ 與 $\sigma(X_k)$，則 (14-26) 式可改寫成：

$$X_n - X_0 = \sum_{k=1}^{n} \mu_{k-1}(X_{k-1}) + \sum_{k=1}^{n} \sigma_{k-1}(X_{k-1})Z_k \qquad (14\text{-}28)$$

讀者可試著證明 Z_k 為 *iid* 標準常態分配之隨機變數。利用 (14-27) 與 (14-28) 二式，我們可以討論 Itô 過程的特例以及模擬其結果。

例 1　Ornstein-Uhlen 過程

　　Ornstein-Uhlen 過程（Ornstein-Uhlen process, *OUP*）是屬於 Itô 過程的一個特例。*OUP* 假定 $\sigma(X_t, t) = \sigma$ 為一個固定數，而漂移項（率）則是一種（向）平均數反轉過程（mean-reverting process），即 $\mu(X_t, t) = \alpha(\mu - X_t)$，故 *OUP* 可寫成：

$$dX_t = \alpha(\mu - X_t)dt + \sigma dW_t \qquad (14\text{-}29)$$

　　其中 α、μ 以及 σ 皆為正數值的常數。利用 (14-27) 式，可將 (14-29) 式改寫以「間斷」的形式表示，即：

$$\begin{aligned} X_{t_i} - X_{t_{i-1}} &= \alpha\mu\Delta t - \alpha X_{t_i}\Delta t + \sigma\sqrt{\Delta t}Z_t \\ \Rightarrow X_{t_i} &= \alpha\mu\Delta t + (1 - \alpha\Delta t)X_{t_{i-1}} + \sigma\sqrt{\Delta t}Z_t \end{aligned} \qquad (14\text{-}30)$$

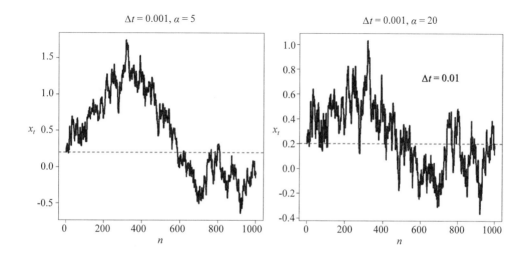

其中 $t_i = i\Delta t$, $i = 1, 2, \cdots, n$。從 (14-29) 式內，可看出因 $\alpha > 0$，故若 $X_t > \mu$（$X_t < \mu$），表示實際走勢即 X_t 高於 μ（實際走勢低於 μ），則於其他情況不變下，下一期 $dX_t < 0$（$dX_t > 0$），因此有向平均數即 μ 反轉的傾向，於其中 α 表示反轉的調整速度，即 α 愈大，調整速度愈快。是故，OUP 適用於表示利率或報酬率等的走勢。上圖繪出二種 OUP 的時間走勢，其中 $\mu = 0.2$、$\sigma = 2$ 以及 $\Delta t = 0.001$，我們分別考慮二種可能：$\alpha = 5$ 與 $\alpha = 20$。於圖內可看出 OUP 走勢的確圍繞於 μ 附近（即走勢無法脫離 μ 太遠，一有遠離即會向 μ 反轉）。有意思的是，(14-30) 式的型態類似有漂移項的隨機漫步模型如 (14-13) 式；換句話說，若 $\alpha = 5$ 與 $\alpha = 20$，則 $X_{t_{i-1}}$ 前的係數分別為 0.995 與 0.98，顯然前者比後者更接近於隨機漫步模型（係數為 1）[18]，故相對上前者比後者向 μ 反轉的次數較少如左圖所示，此告訴我們一個事實：隨機漫步模型並不具有向 μ 反轉的傾向，即 $\alpha = 0$，一旦脫離 μ，隨機漫步模型有如「脫韁的野馬」。

例2 Cox-Ingersoll-Ross 過程

若將 OUP 內的標準差改成 $\sigma\sqrt{X_t}$，即為 Cox-Ingersoll-Ross（CIR）過程，CIR 過程又可稱為平方根擴散過程（square-root diffusion process），故 CIR 過程可寫成：

$$dX_t = \alpha(\mu - X_t)dt + \sigma\sqrt{X_t}dW_t$$

同理，其間斷型態為：

$$X_{t_i} = \alpha\mu\Delta t + (1 - \alpha\Delta t)X_{t_{i-1}} + \sigma\sqrt{X_{t_{i-1}}}Z_t$$

CIR 過程常用於模型化短期利率的走勢，為避免利率出現負值，一般須假定 $\alpha\mu > \sigma^2$。下圖繪出 CIR 過程的走勢（$\mu = 0.2$、$\sigma = 0.2$、$\Delta t = 0.01$ 以及 $\alpha = 20$）。

---

[18] OUP 是屬於 AR(1) 模型。

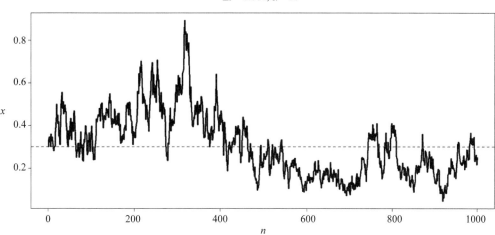

$$\Delta t = 0.001,\ \alpha = 20$$

例 3　GBM

雖說一般資產如股票的交易並不是連續的，是故資產價格的觀察與取得是屬於間斷的型式，不過因連續模型的操作通常較間斷的模型簡易，因此一般我們是使用連續的模型以表示資產價格的產生過程。由例 1 可看出 GWP 如 (14-22) 或 (14-23) 式並不適用於模型化資產價格，其理由可有：

第一，資產價格有可能為負值；

第二，價格愈高，波動愈大。

因此，我們需要比 GWP 更一般化的 Itô 過程。為了擺脫資產價格本身的影響（如不同單位的衡量等因素），我們可以將 (14-23) 式改寫成：

$$\frac{dX_t}{X_t} = \mu dt + \sigma dW_t \tag{14-31}$$

(14-31) 式就是第 10 章內的 GBM。就 (14-31) 式而言，式內的參數值 μ 與 σ 已經改成以漂移率與擴散率表示。同理，就微小 Δt 而言，資產價格的變動亦可寫成：

$$X_{t+\Delta t} = X_t + \mu X_t \Delta t + \sigma X_t (W_{t+\Delta t} - W_t) \tag{14-32}$$

底下繪出 $\mu = 0.2$、$\sigma = 0.25$ 以及 $\Delta t = 0.001$ 下之二條 GBM 的走勢圖（其期

初值分別為 50 與 80）。

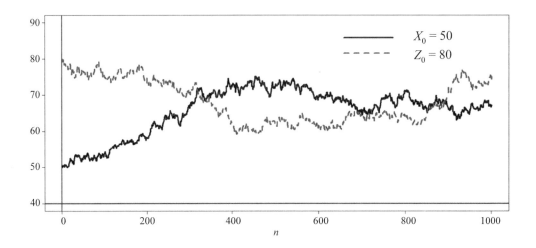

（練習）

(1) 就讀者而言，*OUP* 有何缺點？

(2) 試解釋 Itô 過程。

(3) 試模擬 $X_t = 0.5 + 0.6X_{t-1} + \varepsilon_t$，其中 $X_0 = 0.1$ 以及 ε_t 為 *iid* 標準常態隨機變數。

(4) 續上題，X_t 有何特性？（向平均數反轉）

(5) *GBM* 的假定有何優點？（亦可參考第 10 章）

第四節　Itô's Lemma

第 7 章我們曾介紹傳統微分的鏈鎖法，該法則可擴充至分析動態的行為，例如考慮一個時間的函數如 $f(x_t, t)$，其中 x_t 是一個確定的變數，故隨著時間 t 的經過，$f(x_t, t)$ 的變動有二個來源：其一是 $f_t = \partial f / \partial t$，即 t 的變動引起 f 的變動；另一則是 t 的變動引起 x_t 的變動，最後再引起 f 的變動，可寫成：

$$\frac{\partial f}{\partial x_t} \frac{dx_t}{dt}$$

後一來源就是利用鏈鎖法。現在，我們的注意力已擴充至考慮 x_t 若是一個隨機變數呢？即 f 若是一個隨機函數（過程）呢？也就是說，傳統微分的鏈鎖法則與隨機微分的鏈鎖法則是否相同呢？欲回答上述疑問，就會用到 Itô's lemma；或者說，Itô's lemma 就是隨機微分的鏈鎖法。

Itô's lemma 是重要的，因為透過它，竟可導出隨機微分方程式，使得隨機動態的面貌可以被一窺究竟。

4.1 泰勒級數的應用

再考慮上述確定函數 $f(x_t, t)$ 的例子。利用第 12 章內泰勒級數的觀念，我們思考多元變數下泰勒級數的情況，即圍繞於 $t - 1$ 附近的泰勒級數可寫成：

$$f(x_t, t) = f(x_{t-1}, t-1) + f_x(x_{t-1}, t-1)\Delta x + f_t(x_{t-1}, t-1)\Delta t +$$
$$\frac{1}{2}[f_{xx}(x_{t-1}, t-1)(\Delta x)^2 + f_{tt}(x_{t-1}, t-1)(\Delta t)^2] + f_{xt}(x_{t-1}, t-1)\Delta x \Delta t + \cdots$$
$$(14\text{-}33)$$

其中 Δx 與 Δt 皆表示於 $t - 1$ 處有微小的變動。若令 $\Delta f = f(x_t, t) - f(x_{t-1}, t - 1)$，則利用全微分的概念，可得 $\Delta f = f_x \Delta x + f_t \Delta t$；因此，將全微分的結果與 (14-33) 式比較，可發現後者較高次方項皆被忽略了。為何會如此呢？可參考圖 14-4 之左圖。

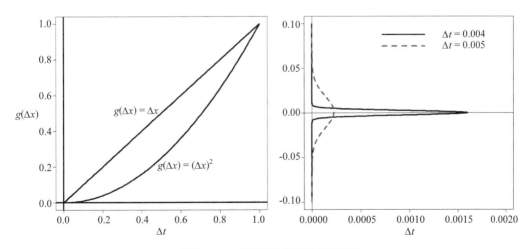

圖 14-4　確定變數與隨機變數

若 x 是屬於確定變數，隨著 $\Delta \to 0$，$(\Delta x)^2$、$(\Delta x)^3$ 或其他更高次方項會因更加縮小而可被忽略；換句話說，可檢視圖 14-4 之左圖，當 $\Delta \to 0$，因 $(\Delta x)^2$ 項趨向於 0 的速度遠大於 Δx 項，故可被省略。

上述的結果是適用於確定函數上，若是隨機函數呢？考慮一個隨機函數 $F(S_k, k)$, $k = 1, 2, \cdots$，其中 S_k 是一種 Itô 過程，即：

$$\Delta S_k = \mu_k \Delta t + \sigma_k \Delta W_k$$

類似 (14-33) 式，我們考慮 $F(S_k, k)$ 的泰勒級數。於既定的 k 下（即於資訊 I_k 的條件下），S_{k-1} 是已知的，故我們可以計算於 S_{k-1} 與 $k-1$ 之 $F(S_k, k)$ 的泰勒級數，即：

$$F(S_k, k) = F(S_{k-1}, k-1) + F_t \Delta t + F_S \Delta S_k + \frac{1}{2}[F_{SS}(\Delta S_k)^2 + F_{tt}(\Delta t)^2] + F_{St} \Delta t \Delta S_k + \cdots$$

其中 $\Delta S_k = S_k - S_{k-1}$。令 $\Delta F_k = F(S_k, k) - F(S_{k-1}, k-1)$，則上式可以改寫成：

$$\Delta F_k = F_t \Delta t + F_S \Delta S_k + \frac{1}{2}[F_{SS}(\Delta S_k)^2 + F_{tt}(\Delta t)^2] + F_{St} \Delta t \Delta S_k + \cdots \qquad (14\text{-}34)$$

因此，從 (14-34) 式可以看出，隨機過程的鏈鎖法則，仍受到二種力道的影響：其一是時間 t，另一則是 Itô 過程即 S_k；不過，t 可視為確定變數，但是 S_k 卻是一個隨機變數。

如上所述，Δt 是一個確定變數，Δt 的更高次方如 $(\Delta t)^j$, $j \geq 2$，會因 $\Delta \to 0$，趨向0的速度更快而可被忽略；但是，隨機變數如 S_k 是否也是如此呢？我們考慮 $(\Delta S_k)^2$ 的情況，因其中包括 $(\Delta W_k)^2$ 項，除非 $\Delta = 0$，否則 $\Delta \to 0$，$(\Delta W_k)^2$ 項未必會趨向於 0，可參考圖 14-4 之右圖。換句話說，我們考慮 (14-34) 式內的 $(\Delta S_k)^2$ 項，將 $\Delta S_k = \mu_k \Delta t + \sigma_k \Delta W_k$ 代入，可知其為平均數與變異數分別為 $\mu_k \Delta t$ 與 $\sigma_k^2 \Delta t$ 之常態分配的隨機變數，從圖 14-4 之右圖可以看出即使 Δt 相當微小，$(\Delta S_k)^2$ 項仍有一定的波動，即其實現值未必全部趨近於 0，故該項不應隨著 $\Delta t \to 0$ 而被忽略。最後，再檢視 $\Delta t \Delta S_k$ 項，隨著 $\Delta t \to 0$，該項應接近於 0。

因此，當 $\Delta t \to 0$，若忽略 (14-34) 式內可以被省略的部分，則有下列的結果。

Itô's lemma

$F(S_t, t)$ 是一個由 t 與隨機過程 S_t 二次可以微分的連續函數，其中

$$S_t = \alpha_t dt + \sigma_t dW_t$$

而 α_t 與 σ_t 分別表示漂移率與擴散參數，則可得：

$$dF_t = \frac{\partial F}{\partial S_t} dS_t + \frac{\partial F}{\partial t} dt + \frac{1}{2}\frac{\partial^2 F}{(\partial S_t)^2}\sigma_t^2 dt \qquad (14\text{-}35)$$

或將 S_t 代入 (14-35) 式，可得：

$$dF_t = \left[\frac{\partial F}{\partial S_t}a_t + \frac{\partial F}{\partial t} + \frac{1}{2}\frac{\partial^2 F}{(\partial S_t)^2}\sigma_t^2\right]dt + \frac{\partial F}{\partial S_t}\sigma_t dW_t \qquad (14\text{-}36)$$

例 1

　$F(W_t, t) = W_t^2$，計算 $dF = ?$

解　令 $S_t = W_t$，因 W_t 的漂移率與擴散參數分別為 0 與 1，故 $\alpha_t = 0$ 與 $\sigma_t = 1$；因此，利用 (14-36) 式，可得：

$$dF_t = \frac{1}{2}2dt + 2W_t dW_t = dt + 2W_t dW_t$$

是故，利用 Itô's lemma，我們可將 $F(W_t, t)$ 轉成隨機微分方程式，即 Itô 過程如 (14-25) 式，其中 $\mu(I_t, t) = 1$ 而 $\sigma(I_t, t) = 2W_t$，即後者之值取決於至 t 期之資訊 t_t。

例 2

　續例 1，dF 的積分為何？有何涵義？

解　因 $dF_i = dt + 2W_t dW_t$，故其積分可為：

$$F(W_t, t) = \int_0^t ds + 2\int_0^t W_t dW_t \Rightarrow \frac{1}{2}F(W_t, t) = \frac{1}{2}s\Big|_0^t + \int_0^t W_t dW_t$$

因 $F(W_t, t) = W_t^2$，故可得：

$$\int_0^t W_t dW_t = \frac{1}{2}W_t^2 - \frac{t}{2}$$

此恰為 (14-21) 式。因此，透過上例我們可以知道如何看待隨機微分方程式與隨機積分之間的關係；另一方面，透過 Itô's lemma，可找出隨機微分方程式的解。

舉例來講，考慮第 10 章內的 (10-14) 式，重寫該式，可得：

$$dP_t = \mu P_t dt + \sigma P_t dW_t \tag{14-37}$$

其中 μ 與 σ 為二個固定數值。利用 (14-20) 式，可將 (14-37) 式取積分可得：

$$\int_0^t \frac{dP_s}{P_s} = \mu t + \sigma W_t \tag{14-38}$$

任何隨機微分方程式的解，須滿足積分方程式；換言之，若我們欲找出 (14-37) 式的解，透過 (14-38) 式可以找出可能的特定解。因此，從 (14-38) 式可以找到一個可能的特定解，如：

$$P_t = P_0 e^{\left\{\left(\mu - \frac{1}{2}\sigma^2\right)t + \sigma W_t\right\}} \tag{14-39}$$

我們如何知道 (14-39) 式就是其中的一個可能解？答案就是考慮 (14-39) 式的 Itô's lemma；即若以 W_t 取代 S_t，依 (14-35) 式可得：

$$
\begin{aligned}
dP_t &= \frac{\partial P_t}{\partial t}dt + \frac{\partial P_t}{\partial W_t}dW_t + \frac{1}{2}\frac{\partial^2 P_t}{(\partial W_t)^2}dt \\
&= P_t\left(\mu - \frac{1}{2}\sigma^2\right)dt + P_t\sigma dW_t + P_t\frac{1}{2}\sigma^2 dt \\
&= \mu P_t dt + \sigma P_t dW_t
\end{aligned}
$$

即利用 Itô's lemma 於 (14-39) 式，最後的結果就是 (14-37) 式；也就是說，透過 Itô's lemma，可以得知 (14-39) 式就是 (14-37) 式的一個解。於此例中，可看出隨機微分與確定微分的區別：隨機微分的 Itô's lemma 提醒我們須加入 $\sigma^2/2$ 項，而確定微分則無該項（即若考慮(14-39)式的全微分）。

例 3　股價是對數常態分配

　　我們說隨機變數 Y 是屬於對數常態是指將 Y 取過對數後為常態分配，可寫成下列二種方式：

$$\log Y = X$$

或

$$Y = e^X$$

　　後者的寫法可以顯示出連續報酬率（即對數報酬率）與股價 P 之間的關係。令

$$R(0,t) = \log\left(\frac{P_t}{P_0}\right)$$

其中 $R(0, t)$ 表示從 0 期至 t 期的連續報酬率。若假定 $R(0, t)$ 為常態分配，則可得股價為對數常態分配，即：

$$P_t = P_0 e^{R(0,\, t)} \tag{14-40}$$

　　上式類似於 0 期投資 P_0 元，而以連續複利計算，至 t 期可得本利和 P_t 元，P_t 不會小於 0，因此一個「對數股價」不會為負值。由於二個常態之和仍是常態，故二個對數常態之乘積亦是對數常態；換言之，若 X_1 與 X_2 皆是常態分配的隨機變數，則 $Y_1 = \exp(X_1)$ 與 $Y_2 = \exp(X_2)$ 之乘積可為：

$$Y_1 Y_2 = e^{X_1} e^{X_2} = e^{X_1 + X_2}$$

仍是對數常態的隨機變數。

　　若 $\log(Y) \sim N(\mu, \sigma^2)$，則對數常態的 PDF 可寫成：

$$f(Y; \mu, \sigma) = \frac{1}{Y\sigma\sqrt{2\pi}} e^{-\frac{1}{2}\left(\frac{\log(Y) - mu}{\sigma}\right)^2}$$

我們可以進一步計算 Y 的期望值與變異數。即 $Y = e^X$，則：

$$E(Y) = E(e^X) = e^{\mu + \frac{1}{2}\sigma^2} \qquad (14\text{-}41)$$

與

$$Var(Y) = Var(e^X) = e^{2\mu + \sigma^2}\left(e^{\sigma^2} - 1\right) \qquad (14\text{-}42)$$

(14-40) 式提醒我們如何利用對數常態分配模型化股價。假定 $R(s, t)$ 表示從 s 期至 t 期的連續報酬率，而 $t_0 < t_1 < t_2$，則按照連續報酬率的定義，可得：

$$S_{t_1} = S_{t_0} e^{R(t_0, t_1)}$$

與

$$S_{t_2} = S_{t_1} e^{R(t_1, t_2)}$$

是故

$$S_{t_2} = S_{t_1} e^{R(t_1, t_2)} = S_{t_0} e^{R(t_0, t_1)} e^{R(t_1, t_2)}$$
$$= S_{t_0} e^{R(t_0, t_1) + R(t_1, t_2)} = S_{t_0} e^{R(t_0, t_2)}$$

因此，從 t_0 至 t_2 的連續報酬率可爲二個較短期間連續報酬率之相加，即：

$$R(t_0, t_2) = R(t_0, t_1) + R(t_1, t_2)$$

此種結果我們並不意外，因爲連續報酬率 R 若是假定爲一個 iid 的隨機變數，則其平均數與變異數與其時間長度呈正相關；換言之，若將時間長度 t 細分成 n 個 Δt，即 $\Delta t = t / n$，則透過上式的擴充與推廣，從 0 期至 t 期的連續報酬率可以爲 n 個 Δt 期間的短期連續報酬率之加總，即：

$$R(0, t) = R(0, \Delta t) + R(\Delta t, 2\Delta t) + \cdots + R[(n - 1)\Delta, t]$$
$$= \sum_{i=1}^{n} R[(i-1)\Delta t, i\Delta t]$$

令 $E[R(i - 1)\Delta t, i\Delta t] = \alpha_{\Delta t}$ 以及 $Var[R(i - 1)\Delta t, i\Delta t] = \sigma^2_{\Delta t}$，則至 t 期，平均數與變異數可分別寫成：

$$E[R(0, t)] = na_{\Delta t}$$

與

$$Var[R(0, t)] = n\sigma_{\Delta t}^2$$

因此，若連續報酬率是一個 *iid* 的隨機變數，隨著時間經過，其平均數與變異數也會變大。

現在，我們已經可以說明如何假定股價為對數常態分配了。通常，時間 t 是以年為單位，故 μ 與 σ 皆是以年率計算的平均數與標準差，若假定從 0 期至 t 期股價的「資本利得率」（以對數報酬率或連續報酬率的型式表示），即 $\log(P_t / P_0)$，是對數常態分配，可寫成：

$$\log(P_t / P_0) \sim N[\mu - q - 0.5\sigma^2)t, \sigma^2 t] \tag{14-43}$$

或

$$P_t = P_0 e^{(\mu-q-0.5\sigma^2)t+\sigma\sqrt{t}Z} \tag{14-44}$$

其中 q 與 Z 分別表示股利收益率（亦以年率計算）以及標準常態隨機變數。值得注意的是，(14-44) 式類似於 (14-39) 式，不過後者除了並未考慮股利收益率之外，同時其也是使用 Itô's lemma 所導出的結果。

我們也可以使用另一種方式解釋 (14-43) 或 (14-44) 式。第一，股利收益率的包括是必須的，畢竟「股票的報酬率＝資本利得率＋股利收益率」；另一方面，於其他情況不變下，較高股利收益率隱含著未來有較低的股價[19]。第二，透過(14-44)式，有助於幫我們瞭解股價的預期報酬率；也就是說，(14-44) 式可以拆成二個部分來看，其中一個有包括 Z，另一則無，即：

$$P_t = P_0 e^{(\mu-q-0.5\sigma^2)t} e^{\sigma\sqrt{t}Z}$$

利用 (14-41) 式，因 Z 之平均數與標準差分別為 0 與 1，故可得：

---

[19] 股利收益率相當於將未來的股價「折現」給現在的股東。

$$E(e^{\sigma\sqrt{t}Z}) = e^{0.5\sigma^2 t}$$

因此

$$E(P_t) = P_0 e^{(\mu-q-0.5\sigma^2)t} E(e^{\sigma\sqrt{t}Z}) = P_0 e^{(\mu-q)t} \Rightarrow E\left(\frac{P_t}{P_0}\right) = e^{(\mu-q)t}$$

從而

$$\log E\left(\frac{P_t}{P_0}\right) = (\mu - q)t \tag{14-45}$$

　　是故，$(\mu - q)$ 可以解釋成：「一年股價升值的幅度而以對數報酬率的型式表示」；此可解釋爲何於 (14-44) 式內有包括 $0.5\sigma^2$ 項，若沒有包括該項，反而不知該如何解釋 $(\mu - q - 0.5\sigma^2)$ 是何意思了！

　　我們繼續使用例 3 內 TWI 日指數對數報酬率的資料（不重疊），按照第 10 章 2.3 節內例 6 的方法，可估得 μ 與 σ 的估計值分別爲約爲 10.20% 與 22.23%，假定 $q = 0$、一年有 252 個交易日以及期初值設爲 8849.83（2000/1/5），按照 (14-44) 式，可模擬出 TWI 日指數收盤價走勢，如下圖所示，圖內虛線爲 TWI 實際走勢。

R 指令：

```
twid = read.table("D:\\BM\\ch9\\twid.txt");P = twid[,1];T = length(P）# 4217
4216/252 # 16.73016
P = P[2:T];T = length(P);r = rep(0,T/2)
for(i in 1:(T/2)){h =（i-1)*2+1;k = i*2;r[i] = 100*log(P[k]/P[h])}
m = 252;deltat = 1/m;r = r/100 # 不以百分比表示
sigmahat = sd(r)/sqrt(deltat);sigmahat # 0.2223103
muhat =(1/deltat)*mean(r)+ 0.5*sigmahat^2;muhat # 0.102038
t = seq(deltat,16.73016,by=deltat);length(t）# 4216
P = twid[,1];length(P）# 4217
P0 = P[2] # 8849.83
Pt = rep(0,(length(P)-1));tem = Pt;Pt[1]=P0
for(i in 2:(length(P)-1))
 {
 set.seed(i-1234);tem[i] = tem[i-1]+rnorm(1)*sqrt(deltat)
```

```
tem1 =（muhat-0.5*sigmahat^2)*(i-1)*deltat + sigmahat*tem[i] ;Pt[i] = P0*exp(tem1)
}
windows();plot(t,Pt,type="l",lwd=4,ylim=c(3000,16000),cex.lab=1.5)
lines(t,P[2:length(P)],lwd=4,col=2,lty=2)
legend(2,16000,c(" 模擬 "," 實際 "),lwd=4,lty=1:2,col=1:2,cex=1.5,bty="n")
```

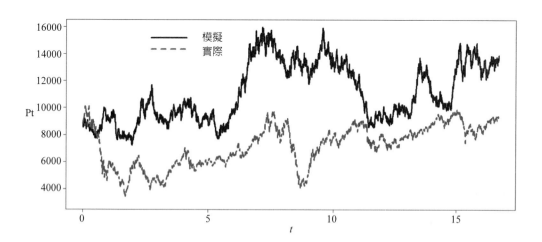

例4　以蒙地卡羅模擬計算選擇權價格

假定選擇權的標的資產價格服從 *GBM*，我們可以使用蒙地卡羅模擬計算選擇權價格。使用第 10 章 1.2 節例 4 的假定：$S_0 = 42$、$K = 40$、$r = 0.1$、$q = 0$、$T = 0.5$ 以及 $\sigma = 0.2$，可得 BS 的 C 與 P 價格分別約為 4.7594 與 0.8086。若使用蒙地卡羅模擬，於模擬的樣本數 $n = 50,000$ 下，可得 C 與 P 價格分別約為 4.7749 與 0.8132，可參考下列 R 指令，若提高模擬的樣本數，模擬的結果可否改善？

```
Stockprice = function(S0,r,q,T,sigma)
{
 Z = rnorm(1);ST = S0*exp((r-q-sigma*sigma/2)*T+sigma*sqrt(T)*Z);return(ST)
}
#set.seed(123)
#Stockprice(42,0.1,0,0.5,0.2）# 40.3829
```

```
Cprice = function(ST,K）return(max(ST-K,0));Pprice = function(ST,K）return(max(K-ST,0))
# Monte Carlo simulations
T = 0.5;r = 0.1;sigma = 0.2;S0 = 42;K = 40;q = 0;n = 50000;simC = rep(0,n);simP = simC
for(i in 1:n)
{
set.seed(i);ST = Stockprice(S0,r,q,T,sigma);C = Cprice(ST,K);P = Pprice(ST,K)
simC[i] = exp(-r*T)*C;simP[i] = exp(-r*T)*P
}
mean(simC）# 4.774869
mean(simP）#  0.8131547
sd(simC）# 4.996937
sd(simP）# 1.824148
```

(練習)

(1) 將例 3 內 TWI 資料改用第 10 章內的日 Dow Jones 收盤價序列資料，試分別繪出 Dow Jones 之模擬與實際價格走勢。

(2) 續例 4，若提高模擬的樣本數至 $n = 100,000$，模擬的結果可否改善？

(3) 若 $S_0 = 8990$、$K = 9000$、$q = 0.01$、$r = 0.0125$、$T = 0.3$ 與 $\sigma = 0.1667$ 試分別以 BS 與蒙地卡羅模擬計算買賣權價格。

(4) 續上題，若 $Q_0 = 1$，試以蒙地卡羅模擬計算 CN 與 PN 之買賣權價格。（參考第 10 章 1.2 節例 7）

(5) 續上題，試解釋其意思。

4.2 跳動—擴散模型

前述資產價格屬於 *GBM* 或對數常態的假定有一個缺點，就是不大可能會出現價格有「大幅跳動」的情況；例如，使用第 9 章內之 TWI 日指數收盤價序列資料（2000/1/4～2017/1/20），我們將上述資料轉成日對數報酬率序列後，利用前 1 年的日對數報酬率（2017/1/20 之前）序列資料，若假定日指數收盤價服從對數常態分配，則估計之漂移率與波動率分別約為 −2.1% 與 22.28%（假定 $q = 0$），因此可以進一步估計日指數收盤價落於 9,077.5 與

9,590.92（期初值為 9,331.46）之間的機率約為 95%。換句話說，按照對數常態分配的假定，日指數收盤價下跌超過 −5% 的機率約只有 0.0001；不過，若觀察整個樣本期間，日對數報酬率下跌超過 −5% 的機率卻約為 0.0048，明顯地，資產價格屬於對數常態的假定可能還須進一步做修正。

如前所述，不管是維納過程亦或是 *GBM* 的走勢，雖說其走勢是崎嶇不平且無法微分，不過它們卻還是屬於連續的隨機過程。底下，我們要介紹一種會「跳動」的隨機過程，該過程可以稱為卜瓦松隨機過程（Poisson stochastic process）；不過，欲瞭解該過程，就應先知道卜瓦松機率分配。

例 1　卜瓦松機率分配

卜瓦松機率分配是一種間斷的機率分配，其可用於計算一段時間內事件出現的機率；例如，從對數常態分配內可知高股價出現的機率較低，我們可以進一步計算於一段時間內，出現較大一次價格波動的機率為何？此時卜瓦松機率分配就可派上用場。卜瓦松機率分配內有一個參數 λ，其中 λh 表示於一段小區間內即 h，事件平均出現的次數；因此，卜瓦松機率分配的 *PDF* 可寫成：

$$f(x; \lambda t) = \frac{e^{-\lambda t}(\lambda t)^x}{x!}, \ x = 0,1,2, \cdots$$

其中隨機變數 x 表示實際出現的次數 [20]。下圖繪出於 $t = 1$ 下，$\lambda = 4$ 之 *PDF* 與 *CDF* 之圖形，讀者可注意所附之 R 指令。

通常，我們可以使用卜瓦松機率分配以計算，例如股市出現一次「大多頭或大空頭」行情的機率。例如，利用前述之 TWI 日指數收盤價序列資料，我們將其轉換成「不重疊」的日對數報酬率序列；然後再計算日對數報酬率小於等於 −5% 的次數，即總共有 7 次，因於所觀察的期間約為 16.73 年（以 1 年約有 252 個交易日計算），故每年約有 0.42 次日對數報酬率小於等於 −5%，即 $\lambda t \approx 0.42$；因此，若 $\lambda t \approx 0.42$，則每年實際出現 1 次與 0 次日對數報酬率小於等於 −5% 的機率約為 0.28 與 0.66。

---

[20] 隨機變數若符合卜瓦松機率分配，其背後有四個假定：(1) 於一個小區間 h，出現一次事件的機率與所觀察時間長度之間呈現一個固定的比重；(2) 於一個小區間 h 內，出現超過一次事件的機率小於出現一次事件的機率；(3) 於非重疊的時間內，事件的出現是獨立的；(4) 於 t 與 $t+s$ 期間，平均出現的事件與 t 無關。

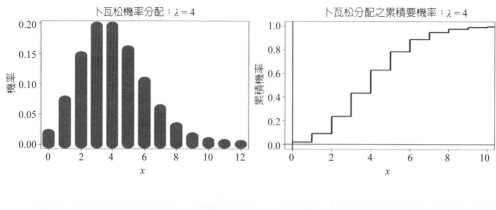

R 指令：

```
twid = read.table("D:\\BM\\ch9\\twid.txt");P = twid[,1];T = length(P）# 4217
4217/252 # 16.73413
P = P[2:T];T = length(P);r = rep(0,T/2)
for(i in 1:(T/2)）{h =（i-1)*2+1;k = i*2;r[i] = 100*log(P[k]/P[h])}
T = length(r）# 2108
i = r <= -5;lambdah = sum(as.numeric(i)）# 7
lambda = lambdah/(T/126）# 0.4184061; 252/2 = 126
dpois(1,lambda）# 0.2753509
dpois(0,lambda）# 0.6580949
dpois(0,lambda*10）# 0.01523651
dpois(2,lambda*10）# 0.133368
windows();par(mfrow=c(1,2));set.seed(1234);x = rpois(10000,4);x1 = sort(x)
plot(x1,dpois(x1,4),type="h", col="steelblue", lwd=40, ylab=" 機率 ",xlab="x",cex.
lab=1.5, main=expression(paste(" 卜瓦松機率分配：", lambda, " = 4")),cex.
main=2)
plot(c(0,10),c(0,1), xlab="x", ylab=" 累積機率 ", type="n",cex.main=2,,cex.
lab=1.5, main=expression(paste(" 卜瓦松分配之累積機率：", lambda, " =
4")),lwd=2)
lines(x1,ppois(x1,4),type="s",lwd=4);abline(v=0,h=0,lwd=2)
```

例 2 指數分配

例 1 內的卜瓦松分配是計算一段時間出現事件的機率，重寫卜瓦松分配的

PDF 為：

$$f(x;\lambda t) = \frac{e^{-\lambda t}(\lambda t)^x}{x!}, \ x = 0,1,2,\cdots$$

其中 λ 為單位時間平均出現事件的次數而 t 表示時間。假定二個事件發生的時間間隔是不能確定的，故可用一個隨機變數如 T 表示，因此 $F(t) = P(T \le t)$ 可表示至 t 期已使用 T 時間的機率，其可改寫成：

$$F(t) = P(T \le t) = 1 - P(t > T)$$

其中 $P(t > T)$ 相當於超過 t 期仍無事件出現的機率。故若以卜瓦松分配表示，可得：

$$P(t > T) = P(x = 0) = \left(\frac{(\lambda t)^0}{0!} \right) e^{-\lambda t}$$

其中 $0! = 1$。因此，$F(t) = 1 - P(t > T) = 1 - e^{-\lambda t}$，$F(t)$ 就是指數分配的 *CDF*，透過 *CDF* 與 *PDF* 之間的關係，可得指數分配的 *PDF* 為：

$$f(t) = 1 - e^{-\lambda t}, t \ge 0$$

明顯地，指數分配是一種連續的機率分配，它就是在計算獨立事件發生的時間間隔之機率。讀者可以試著證明其期望值為 $1/\lambda$。利用前述 TWI 日收盤價序列資料，將其轉成日對數報酬率資料後（重疊），假定每年有 252 個交易日而我們每隔 126 個交易日檢視一次（不重疊）日對數報酬率小於 −4% 的次數，可得整個樣本期間平均約有 1.2727 次，故一年平均約有 2.55 次日對數報酬率會小於 −4%，即 $\lambda = 2.55$。

我們如何解釋上述 $\lambda = 2.55$？就 1 年有 252 個交易日而言，平均約有 2.55 次日對數報酬率會小於 −4%；因此，平均約每隔 $(1/\lambda)252 = 49.5$ 個交易日之日對數報酬率會小於 −4%！在這種情況下，實際上有 40 個交易日之日對數報酬率會小於 −4% 的機率約為 0.5543！下圖繪出於 $\lambda = 2.55$ 下，指數分配的四個特徵。

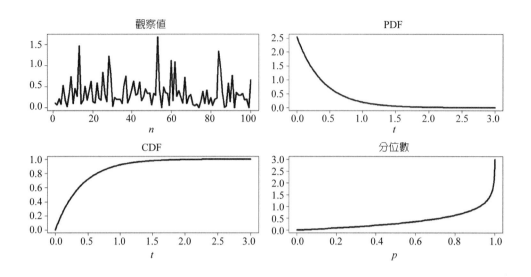

例3 **卜瓦松隨機過程加上常態分配**

　　如例 1 所述，卜瓦松機率分配的隨機變數 x 是表示於一段時間內所觀察到的次數，我們也有辦法將數 x 轉成二元的隨機變數（即不是 1 就是 0），即讓 $h = \Delta t \to 0$，此時，隨著時間經過，該分配就可以視為一種卜瓦松隨機過程。上述的意思是指既然可以於一段時間內觀察到出現數次，若縮小觀察時間至只出現一次而出現二次以上的機率為 0，則該過程不就是只有二種結果嗎！因此，我們可以進一步將一種卜瓦松隨機過程即 dN_t 於微小的期間 Δt 內，寫成：

$$P(dN_i = 1) \approx \lambda \Delta t \text{、} P(dN_i \geq 2) \approx 0 \text{ 以及}$$
$$P(dN_i = 0) \approx 1 - \lambda \Delta t$$

　　因此，卜瓦松隨機過程亦類似前述擲銅板的例子，但不同的是每次擲銅板（該銅板未必是公正的）皆是在微小的時間內完成。下圖之 (b) 繪出卜瓦松隨機過程的一種走勢，其中 $\lambda = 5$ 以及 $\Delta t = 0.1$。於圖內可看出該走勢具有隨時間經過向上的趨勢（為何？）；雖說如此，我們仍可發現走勢具有跳動的獨立隨機性。

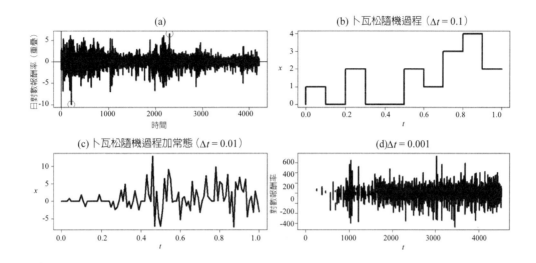

上述卜瓦松隨機過程有一個缺點，就是其於每一時點跳動的幅度皆相同，此不禁讓我們想擴充卜瓦松隨機過程至較實際的情況；換言之，若跳動的幅度服從常態分配呢？也就是說，擴充的卜瓦松隨機過程可用於描述出現異常（abnormal）報酬率的情況，例如上圖之 (a) 圖繪出前述 TWI 日對數報酬率（重疊）的時間走勢，於圖內，我們有「圈選」出二個跳動幅度較大的情況；如前所述，股價的波動具有凝聚的現象（即餘波盪漾），不過每次有較大的波動之間似乎沒有什麼關聯，因此按照的上述的想法，上圖之 (c) 圖與 (d) 圖分別繪出於 $\Delta t = 0.01$ 與 $\Delta t = 0.0001$ 下，卜瓦松隨機過程加上常態分配（平均數與標準差分別為 0 與 4）的情況，其中 (d) 圖是以對數報酬率的型式表示，我們發現 (a) 圖與 (d) 圖之間竟然有些類似。

例 4 │ 跳動─擴散模型

續例 3，上述卜瓦松隨機過程加上常態分配，若與股價為對數常態分配的假定結合，即是 Merton 的跳動─擴散模型（jump-diffusion model, *MJD*）[21]；換言之，股價若假定為對數常態分配，其走勢是連續的，而 *MJD* 則考慮股價除了屬於對數常態分配之外，仍允許其出現跳動的情況。按照 *MJD* 的假定，t +

---

[21] Merton, R.C., (1976), "Option pricing when underlying stock returns are discontinuous", *Journal of Financial Economics*, 3(1), 125-144.

h 期股價可寫成：

$$S_{t+h} = S_t e^{(\mu-\delta-\lambda k-0.5\sigma^2)h+\sigma\sqrt{h}Z} e^{m(\mu_J-0.5\sigma_J^2)+\sigma_J \sum_{i=0}^{m} W_i} \tag{14-46}$$

其中 m、μ_J 與 σ_J 分別為卜瓦松分配之隨機變數（表示跳動次數是隨機的）、對數跳動的預期值與標準差，而 λ 為卜瓦松分配之參數與 $e^{\mu_J} - 1 = k$ 表示跳動後之預期變動率。(14-46) 式亦可稱為卜瓦松一對數常態模型 [22]，其特色就是於對數常態模型內再加入二個變動來源：其一是資產價格的跳動是隨機的，此是利用卜瓦松分配加以模型化；另一則表示跳動的幅度服從對數常態分配。下圖繪製出 $\lambda = 3$、$\mu = 9\%$、$\sigma = 30\%$、$q = 0$、$\mu_J = -2\%$、$\sigma_J = 30\%$ 以及 $S_0 = 100$ 的 GBM 與，於圖內可看出後者下跌的走勢的確較為陡峻。

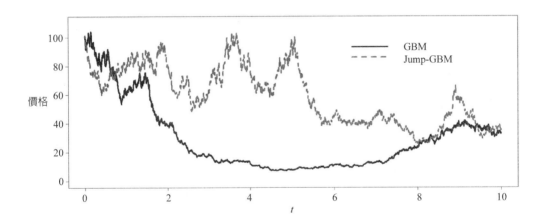

練習

(1) 試證明指數分配的期望值為 $1/\lambda$。

(2) 其實我們也可以用抽出放回的方式，模擬出卜瓦松隨機過程，試模擬其走勢。

(3) 試解釋卜瓦松一對數常態模型。

(4) 試解釋卜瓦松與指數分配的差異。

---

[22] (14-46) 式的導出過程可參考 McDonald, R.J., (2006), Derivatives Markets, 2nd., Pearson International Edition.

(5) 若 $\lambda = 2.5$、$\lambda = 0.1$、$\sigma = 22.23\%$、$q = 0$、$\mu_J = -2\%$、$\sigma_J = 5\%$ 以及 $S_0 =$ 9800，試模擬二條 10 年之 *Jump-GBM* 走勢，其期初值分別為 9800 與 9500。

本章習題

1.　二種相關的 *GBM* 的模擬。一般而言，我們並不易模擬出二種有相關的股價；也就是說，考慮下列的模型：

$$\log P_t = \log P_0 + (\mu_P - 0.5\sigma_P^2)t + \sigma_P \sqrt{t} Z_1$$

與

$$\log S_t = \log S_0 + (\mu_S - 0.5\sigma_S^2)t + \sigma_S \sqrt{t} Z_2$$

其中二股價 P_t 與 S_t 的相關係數為 ρ，μ_i 與 σ_i 為其對應的參數值。Z_1 與 Z_2 為二個標準常態分配的隨機變數，二者之間的關係為：

$$Z_1 = \varepsilon_1 \text{ 與 } Z_2 = \rho\varepsilon_1 + \varepsilon_2\sqrt{1-\rho^2}$$

其中 ε_1 與 ε_2 為二個獨立的標準常態分配的隨機變數。試模擬 Z_1 與 Z_2 的走勢。試模擬 P_t 與 S_t 的走勢。

2.　續上題，利用 Z_1 與 Z_2 的結果，試模擬 P_t 與 S_t 的走勢。

3.　試用模擬及繪圖的方式說明，於 $p = 0.5$ 下，二項式機率分配的極限是常態分配。

4.　若 $x_1 \sim N(0, 1)$ 與 $x_2 \sim N(0.2, 4)$，試計算 e^{x_1} 與 e^{x_2} 之期望值與變異數。

5.　假定上海綜合證券指數（SSE）月收盤價屬於對數常態分配，利用第 11 章 SSE 的月收盤價序列資料（2000/1～2016/9），計算月收盤價介於 1510.349 與 3145.224 之間的機率。

6.　若 x 與 z 分別為常態分配與標準常態分配的隨機變數，則 x 與 z 之間的關係可寫成：

$$z = \frac{x - \mu}{\sigma}$$

上述過程可稱為標準化（即 x 與其平均數的差距可以用 z 個標準差表示）。至主計總處下載 1981～2015 年 CPI 序列資料，將其轉成通貨膨脹率序列。假定通貨膨脹率序列屬於常態分配，而以通貨膨脹率序列的樣本平均數與標準差取代常態分配的 μ 與 σ，試分別用常態分配與標準常態分配，計算通貨膨脹率介於 2 與 3 的機率以及大於 4 的機率。（單位：%）

7. 續上題，試分別繪出常態與標準常態之 PDF。

8. 若 $\lambda = 2.5$，試繪出卜瓦松分配的四種特徵。提示：rpois, dpois, ppois, qpois

9. 續上題，試解釋之。

10. $S_0 = 100$、$r = 0.08$、$\sigma = 0.3$、$q = 0$、$t = 1$，試計算買權之 $E(S_t \mid S_t > 105)$ 並解釋之。

11. 續上題，若 t、σ 或 r 有變，結果為何？

12. 我們如何模擬出 GBM 的股價走勢？

13. $S_0 = 40$、$S_0 = 40$、$r = 0.08$、$\sigma = 0.3$、$q = 0$、$t = 1$，試以蒙地卡羅模擬計算買權與賣權價格。

14. 考慮下列的 PDF：

$$f(x, y) = \frac{1}{8y} e^{-\left(\frac{x}{2y} + \frac{y}{4}\right)}, \ x, y > 0$$

試計算 $f(y)$ 與 $f(x \mid y)$。

15. $X_t = \sum_{k=1}^{t} Z_k, t = 1, 2, \cdots$，$Z_k$ 為一個 iid 之隨機變數，其中 $P(Z_k = 1) = p$ 以及 $P(Z_k = -1) = 1 - p$，試繪圖說明 $P(X_t > 0)$ 與 $P(X_t < 0)$。

16. 續上題，繪出 X_t 之走勢。

17. 計算 $Cov(2W_t, 3W_s - 4W_t)$，其中 W_t 為標準的維納過程以及 $0 \le s < t$。
    提示：$Cov(2W_t, 3W_s - 4W_t) = 6s - 8t$

18. 續上題，試以蒙地卡羅模擬解釋之。

19. 我們如何解釋 BS 的買賣權公式。

20. 試用文字敘述如何模擬 GBM。

21. 試用文字敘述如何模擬 $Jump\text{-}GBM$。

22. 本書已結束了，讀者的結論為何？

23. 若遇到 R 的初學者，讀者的建議爲何？
24. 還有哪些專業知識的訓練可以用 R 當作輔助工具？

附錄：R的簡介

　　為了維持本書的完整性，於此簡單介紹 R 的基本指令與語法。本附錄的內容類似《財統》內第 1 章之第 3 節。由於 R 的應用範圍相當廣泛，不過我們有興趣的是 R 於財經上的應用，因此就初學者而言，倒未必先瞭解 R 內的所有指令與語法。就筆者而言，我們反而可以使用「現炒現賣」的方式，即學了基本的指令與語法後，立即應用；或者說，看了《財統》與本書所提供的 R 程式後，再來學習 R 的基本指令與語法也不遲。如此「壓力負擔」反而較少。其實，本書的主文內已多少有介紹 R 的基本用法；是故讀者也未必要參考本附錄的內容，只是讀者一定要「親自動手」。讀者的目標：不用參考也能寫出程式來。

　　R 是一個免費軟體，其目的是提供一個用於統計計算與分析的程式語言。R 可於 http://www.r-project.org/ 網站下載。初次下載，可先進入上述網站後，點選左側 Download 下之 CRAN 鍵後，隨即出現詢問欲從何處下載，我們可以選 Taiwan 下之 ntu（台大網站）（或點選其他的網站）後，即出現欲使用何 R 的操作系統的畫面，若使用 Windows 系統，點選 Download R for Windows 鍵後，再點選 base 鍵，即出現 Download R 3.3.2 for Windows 鍵（下載的時間不同，會出現不同版本的執行檔），再點選進去後，即可下載 R 3.3.2 執行檔。換言之，本書所有 R 程式皆是使用 R 3.3.2 操作，按 R 3.2.2 執行檔後，應不需作何修改，即可將 R 輸入讀者的電腦內。於讀者的電腦桌面上，尋找 R，點選後於螢幕應會出現底下的結果：

R version 3.3.2 (2016-10-31) -- "Sincere Pumpkin Patch"
Copyright (C) 2016 The R Foundation for Statistical Computing
Platform: x86_64-w64-mingw32/x64 (64-bit)

R 是免費軟體，不提供任何擔保。
在某些條件下您可以將其自由散布。
用 'license()' 或 'licence()' 來獲得散布的詳細條件。

R 是個合作計劃，有許多人為之做出了貢獻。
用 'contributors()' 來看詳細的情況並且
用 'citation()' 會告訴您如何在出版品中正確地參照 R 或 R 套件。

用 'demo()' 來看一些示範程式，用 'help()' 來檢視線上輔助檔案，或
用 'help.start()' 透過 HTML 瀏覽器來看輔助檔案。
用 'q()' 離開 R。

>

　　有些時候書內會使用「程式套件（Packages）」（由 R 的使用者以外掛的方式提供），例如 library(fGarch)（可以注意大小寫並不同）；換言之，若於 R 程式內有看到 library(‧) 指令，即可於 R 內先下載上述指令小括號內之程式套件。以 library(fGarch) 為例，下載的步驟為：進入 R 後（即出現上述畫面），可以看到左上角有程式套件鍵，點選後可選擇安裝程式套件鍵，點選後，隨即出現詢問欲從何處下載的畫面，依舊點選 Taiwan 之 ntu 網站，隨即會出現許多可以下載的程式套件，選取所要的標的，如 fGarch，R 會自動輸入此程式套件，完成後，讀者的 R 內已有此程式套件，下次使用並不須再重新下載，不過於程式內仍然須輸入 library(fGarch) 指令，以提醒 R 即將輸入的指令或函數是出自此程式套件。

　　換句話說，每種程式套件皆有其特殊的指令或函數，讀者可從 R 網站內尋找 Packages 鍵，點選後，再尋找程式套利的操作手冊（或直接於 google 內輸入程式套件名稱）；程式套件的操作手冊皆為 PDF 檔，不過，一般皆不容易閱讀，可先從操作手冊裡面的例子瞭解其意思。

　　完成上述步驟後，就可以執行本書所提供的 R 程式；無可避免地，萬事

起頭難，讀者應不難熟悉 R，只不過除了閱讀外，仍需經常使用電腦實際操作。底下我們分成幾個方向介紹 R（可參考 app.R）[1]。

第一節　基本的指令

　　若遇到一個陌生的指令或函數，第一個步驟可用 help 或 ?，例如我們想要知道 plot 指令如何使用，可於 R 內輸入 help(plot) 或 ?plot，R 會自動出現說明的畫面，可先從所附的例子瞭解其用法。應該不需要瞭解該指令的全部用法，需要時再查詢即可，故讀者應習慣「查詢」。

1.1 輸入資料

　　我們已經見識過資料可用變數表示，例如令 x = 5，可於 R 內輸入：

```
x = 5
x
```

　　隨即於螢幕上會顯示出：

```
> x
[1] 5
```

　　其中，中括號內之值爲 1 是表示 x 變數內第 1 個元素爲 5。若令 y 內有 1、2、3、4 四個元素，則可輸入：

---

[1] R 的程式檔名稱爲 ###.R（其中 ### 由讀者自己命名）。除了直接於 R 內輸入執行（enter）外，亦可先按 R 畫面內的左上角「檔案鍵」，再點選「建立新的命令稿」，即可進入未命名的 R 編輯器；換言之，本書內之 app.R 或其他檔案就是利用 R 編輯器撰寫（R 編輯器類似 windows 內之記事本），讀者亦可將指令寫於 R 編輯器內，存檔後再按「編輯鍵」內之「執行程式列或選擇項」或「執行全部」，R 即會執行讀者所寫的程式碼。

```
y = c(1,2,3,4)
y # 1 2 3 4
```

其中 c(．) 表示合併；換言之，若輸入：

```
z = c(y,x)
```

讀者可猜 z 爲何？R 是不讀 # 後面的文字，故「#」扮演著註解以及提醒的功能。若要找出 z 內的第 1 與第 3 與 4 個元素，則分別輸入：

```
z[1] # 1
z[3:4] # 3 4
```

我們也可於 R 內將資料以矩陣表示：

```
Y = matrix(0,2,3) # Y 矩陣 2 列 3 行裡面的元素皆爲 0
Y # 應注意大小寫之不同
y
dim(y) # NULL, y 不是矩陣或向量
y = matrix(y,1,4) # 將 y 改以向量表示
dim(y) # 1 列 4 行
dim(Y)
```

學習 seq() 函數指令，於尚未輸入下列指令之前，讀者不妨先猜猜會有何結果？

```
h = seq(1:15)
h
k = seq(from=1,to=15,length=100)
k
j = seq(1,15,by=1.5)
j
```

讀取資料（本書資料全存於文字檔）：

```
three = read.table("G:\\BM\\data\\ch12\\NASTWISSEm.txt",header=T) # 文字檔內有檔
# 案的名稱
names(three) # 裡面變數名稱，其中 NAS,TWI,SSE
attach(three) # 接近此檔案
P1 = NAS;P2 = TWI;P3 = SSE
tsmcpper = read.table("G:\\BM\\data\\ch4\\m2330a.txt") # 文字檔內沒有檔案的名稱
tsmcp = tsmcpper[,1] # 令第一行為股價
tsmcper = tsmcpper[,2] # 令第二行為本益比
收盤價 = ts(tsmcp,start=c(2013,1),frequency=12) # 變數有對應的時間
收盤價
```

1.2 簡單的操作

試下列指令：

```
x = 1:10
y = 1:6
z = x^(1/3)
z
x
d = x != 2 # x 內元素不等於 2
d
i = y >= 3
i
as.numeric(d) # 1 為真 0 為假，轉成 1 與 0
as.numeric(i) # 1 為真 0 為假
x1 = x[5:10]
x1
z1 = x1 > 8 & y <= 4 # 且
z1
z2 = x1 >= 8 | y <= 4 # 或
z2
sum(x) # 總計
```

max(x)

min(x)

var(x) # 樣本變異數

sd(x) # 樣本標準差

附表 1　基本的操作

數學		比較		邏輯	
+	加	<	大於	!x	邏輯上的不
−	減	>	小於	x & y	邏輯上的且
*	乘	<=	小於等於	x | y	邏輯上的或
/	除	>=	大於等於		
^	次方	==	相等		
		!=	不等於		

附表 2　基本的資料處理

$sum(x)$	總和 x 內之元素	$mean(x)$	x 之平均數
max(x)	x 內之元素最大值	$median(x)$	x 之中位數
mim(x)	x 內之元素最小值	var(x)	x 之樣本變異數
$range(x)$	x 之全距	$sd(x)$	x 之樣本標準差
$length(x)$	x 之長度或個數	cpv	x 與 y 共變異數
log(x)	x 之對數值	$cor(x, y)$	x 與 y 相關係數
exp(x)	x 之指數值	$quantile(x, p)$	x 之第 p 個分位數
$sqrt(x)$	x 之開根號		
	library (*moments*)		
skewness (x)	x 之偏態值	*kurtosis* (x)	x 之峰態值

```
library(moments)
skewness(x) # 計算偏態係數
kurtosis(x) # 計算峰態係數
x1 = rnorm(20) # 從標準常態分配內抽出 20 個觀察值
x1
kurtosis(x1)
sort(x1)
y1 = runif(20) # 從均等分配內抽出 20 個觀察值
cov(x1,y1) # 計算共變異數
cor(x1,y1) # 計算相關係數
log(x)
exp(x)
sqrt(x)
```

1.3 矩陣的操作

本書有可能會用到矩陣（矩陣的介紹，可參考本書第 12 章），因為將資料用矩陣儲存，可以節省相當大的空間。可以試試下列矩陣的操作：

附表 3　簡易的矩陣操作

matrix (*mn, m, n*)	*m* 列 *n* 行之矩陣	*solve* (*X*)	*X* 之逆矩陣
rbind (r_1, r_2)	列合併	*eigen* (*X*)	*X* 矩陣之特性根
cbind (c_1, c_2)	行合併	*t* (*X*)	*X* 矩陣之轉換
diag (*n*)	對角矩陣	*X*%*%*Y*	*X* 矩陣 *X* 矩陣相乘
X[2, 3]	取出 *X* 矩陣2列3行元素	*X* [, 2]	取出 *X* 矩陣第2行元素

```
# 矩陣的操作
X = matrix(c(1,2,3,4),2,2) # 2 列 2 行
X
X_1 = solve(X) # X 之逆矩陣
X_1
X_1%*%X # 矩陣之相乘
```

```
x = matrix(c(1,2),1,2) # 列向量
x
y = matrix(c(1,2,3),3,1) # 行向量
y
t(y) # y 之轉置矩陣
t(x)
r1 = matrix(runif(10),10,1)
r1
r2 = matrix(runif(10),10,1)
r2
r = cbind(r1,r2) # 行合併
r
r[4,2]
r[,1] # 取出 r 之第 1 行
r[2,] # 取出 r 之第 2 列
diag(3) # 對角矩陣其值皆為 1 其餘為 0
eigen(X) # X 之特性根與向量
```

1.4 特殊的機率分配

附表4　常見的機率分配

$rbinom(x, n, prob = p)$	於二項分配 n 次實驗成功的機率為 p 內抽出 x 個觀察值
$rpois(n, \lambda)$	從卜瓦松分配其平均數為 λ 內抽出 n 個觀察值
$rnorm(n, mean = 0, sd = 1)$	抽出 n 個平均數為0標準差為1之常態分配觀察值
$runif(n, n_1, n_2)$	抽出 n 個介於 n_1 與 n_2 之間之均等分配觀察值
$rt(n, v)$	抽出 n 個自由度為 v 之古典 t 分配觀察值
$rlnorm(n, mean\ log, sd\ log)$	抽出 n 個對數常態分配觀察值
	library(fGarch)
$rstd(n, mean, sd, v)$	抽出 n 個自由度為 v 之標準 t 分配觀察值

本書的特色之一，就是會介紹與應用許多特殊的機率分配。讀者應記得我們可以從四個角度檢視每一機率分配的特徵。例如常態分配可以寫成 norm，則 rnorm 指令表示可以從常態分配內抽出觀察值，而利用 dnorm 指令則可以繪出常態分配的形狀；至於 pnorm 與 qnorm 指令的意思，以 $P(x \leq x_0) = p_0$（常態隨機變數 x 之實現值小於等於 x_0 的機率為 p_0）為例，利用 pnorm 可找出 p_0 而利用 qnorm 則可找出對應的 x_0。當然，四種指令的使用，事先須加入適當的參數值。因此，附表 4 內每一分配只列出開頭有 r 的情況，讀者自然可將其推廣，可留意書內每章節所附之 R 程式應用。

```
# 機率分配
x = rbinom(100,3,0.5) # 從二項分配 3 次試驗，成功的機率為 0.5 內抽出 100 個觀察
                        值
y = rlnorm(100,2,3) # 從對數常態分配內（其對數平均數與標準差分別為 2 與 3 內抽
                        出 100 個
                        # 觀察值）
pbinom(2,3,0.5) # 0.875
qlnorm(0.3,2,3) # 1.532344
```

讀者可以試著解釋後二個指令的意思。

第二節　繪圖

《財統》與本書皆大量使用 R 強大的繪圖功能，其中散佈圖與直方圖是我們經常會使用到的工具，底下我們分成三個部分介紹。

2.1 散佈圖與直方圖

利用 1.1 節的 NASDAQ 與 TWI 月收盤價序列資料，我們第一個印象是想要知道二收盤價的走勢，附圖 1 內之上圖與左下圖三種的可能繪製方法（可留意所附的 R 指令；另一方面，右下圖則繪出 NASDAQ 與 TWI 月收盤價之間的散佈圖（可注意前者的收盤價會影響後者，反之則不然），可留意二收盤價的橫縱軸位置。

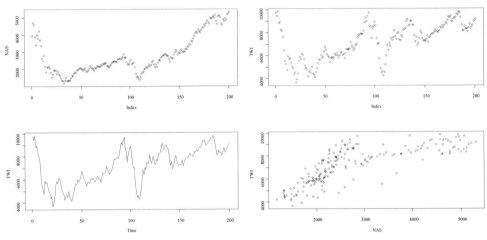

附圖 1　NASDAQ 與 TWI 月收盤價的走勢

接下來，附圖 2 繪製出二收盤價序列個別的直方圖，可以注意直方圖有二表示方式：其一是用相對次數，而另一則用機率密度表示。為了節省空間，不同列的指令可以合併成同一列，中間以分號「；」做區隔。

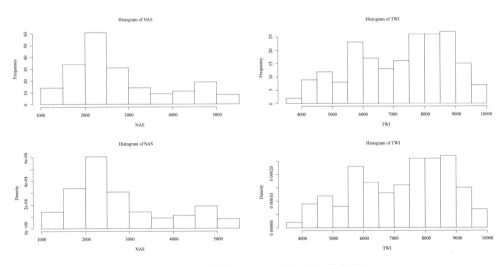

附圖 2　續附圖 1，二收盤價之直方圖

R 指令：

windows() # 開一個繪圖視窗
par(mfrow=c(2,2)) # 2 列 2 行 , 依列的順序
plot(NAS)
plot(TWI)
ts.plot(TWI) # 時間走勢圖
plot(NAS,TWI) # 散佈圖

R 指令：

windows();par(mfcol=c(2,2)) # 2 列 2 行 , 依行的順序
hist(NAS) # 相對次數
hist(NAS,prob=T) # 密度
hist(TWI);hist(TWI,prob=T)

2.2 圖內的標記

我們可以進一步修改附圖 1 或 2 的內容以符合不同使用者的偏好。可以參考附圖 3 與 4 以及所附之 R 指令 [2]。

---

[2] 附圖 3 內之 (c) 圖繪出 TWI 的時間序列走勢圖，筆者並不建議讀者使用該方式；換言之，若使用高頻率資料（如週或日資料），此時每一資料要有對應的時間，的確會產生困擾（畢竟各國沒有交易或休假日的時間並不相同）。因此，筆者建議可先將原始的時間序列資料以 EXCEL 的檔案存檔，此時每一資料皆有對應的時間，假想我們於 R 內發現第 200 個資料是我們想要的標的，自然可從 EXCEL 檔案內找出對應的時間。

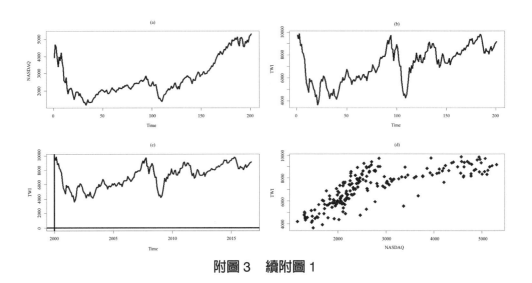

附圖 3　續附圖 1

R 指令：

windows();par(mfrow=c(2,2))

plot(NAS,type="l",lwd=4,xlab="Time",ylab="NASDAQ",main="(a)",
　　　cex.lab=1.5,cex.main=2) # 以線連接各點，坐標軸有標示 (1.5 倍粗)，圖內有標
　　　題 (2 倍粗)

n = length(TWI)

plot(1:n,TWI,type="l",lwd=4,xlab="Time",ylab="TWI",main="(b)",
　　　cex.lab=1.5,cex.main=2)

twi = ts(TWI,start=c(2000,1),frequency=12)

ts.plot(twi,type="l",lwd=4,xlab="Time",ylab="TWI",main="(c)",
　　　cex.lab=1.5,cex.main=2);abline(v=2000,h=0,lwd=4)

plot(NAS,TWI,type="p",cex=2,xlab="NASDAQ",ylab="TWI",main="(d)",pch=18,
　　　cex.lab=1.5,cex.main=2)

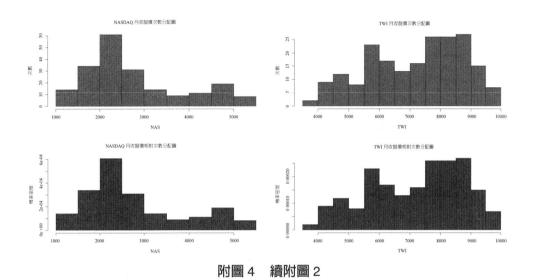

附圖 4　續附圖 2

R 指令：

```
windows();par(mfcol=c(2,2)) # 2 列 2 行 , 依行的順序
hist(NAS,col="red",ylab=" 次數 ",main="NASDAQ 月收盤價次數分配圖 ",cex.main=2)
hist(NAS,prob=T,col="blue",ylab=" 機率密度 ",main="NASDAQ 月收盤價相對次數分配圖 ",cex.main=2)
hist(TWI,col="red",ylab=" 次數 ",main="TWI 月收盤價次數分配圖 ",cex.main=2)
hist(TWI,prob=T,col="blue",ylab=" 機率密度 ",main="TWI 月收盤價相對次數分配圖 ",cex.main=2)
```

2.3 標記數學式與面積

假定廠商的短期總成本函數為 $STC = 5 + 20Q^{1/3} + 0.02Q^3$，我們可以繪製該函數圖形如附圖 5 所示，讀者可於所附的 R 指令看出標題與圖內的數學式如何表示。若需要 R 幫我們寫出特殊的字元或數學函數型態時，可先試下列的指令：

```
demo(plotmath)
```

於其中自可看出特殊的數學形式於 R 內如何表示。

短期總成本函數 $STC(Q) = 5 + Q^{\frac{1}{3}} + 0.02Q^3$

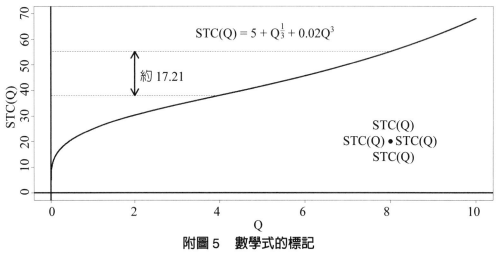

附圖 5　數學式的標記

R 指令：
STC = function(Q) 5+20*Q^(1/3)+0.02*Q^3;SMC = function(Q) (20/3)*Q^(-2/3)+0.06*Q^2
Q = seq(0,10,length=2000);windows()
plot(Q,STC(Q),type="l",lwd=4,cex.lab=1.5,ylim=c(0,70));abline(v=0,h=0,lwd=4)
points(8,20,pch=20,cex=3);text(8,20,labels="STC(Q)",pos=1,cex=1.5)
text(8,20,labels="STC(Q)",pos=2,cex=1.5);text(8,20,labels="STC(Q)",pos=3,cex=1.5)
text(8,20,labels="STC(Q)",pos=4,cex=1.5)
text(5,70,labels=expression(STC(Q)==5+Q^frac(1,3)+0.02*Q^3),pos=1,cex=2)
mtext(expression(paste(" 短期總成本函數 ",STC(Q)==5+Q^frac(1,3)+0.02*Q^3)),cex=2)
segments(8,STC(8),0,STC(8),lty=2);segments(4,STC(4),0,STC(4),lty=2)
arrows(2,STC(4),2,STC(8),code=3,lwd=4);text(2,45,labels=" 約 17.21",pos=4,cex=2)

　　附圖 5 內的右下角提供一個例子，說明了如何將所標示如 STC(Q) 寫於圖內。也就是說，我們想將 STC(Q) 寫於圖內的點 (8,20) 處。於所附的 R 指令內，可看出總共有 4 個位置可供寫入，即於點 (8,20) 處之下、左、上與右方處。讀者可以注意 text 指令內 pos 的用法。

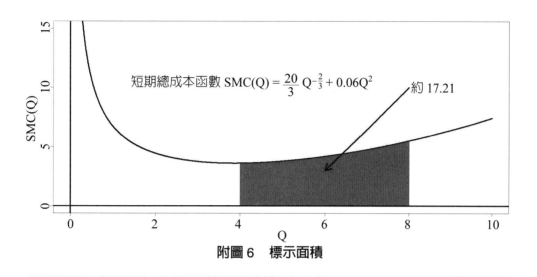

附圖 6　標示面積

R 指令：

```
windows();plot(Q,SMC(Q),type="l",lwd=4,cex.lab=1.5,ylim=c(0,15))
i = Q >= 4 & Q <= 8;polygon(c(4,Q[i],8),c(0,SMC(Q[i]),0),col="tomato")# 橫軸三點，
# 縱軸三點
abline(v=0,h=0,lwd=4);text(2,10,labels=expression(paste(" 短期總成本函數 ",
    SMC(Q)==frac(20,3)*Q^-frac(2,3)+0.06*Q^2)),pos=4,cex=2)
integrate(SMC,4,8) # 17.21198 with absolute error < 1.9e-13
STC(8)-STC(4) # 17.21198
arrows(8,10,6,3,code=2,lwd=4);text(8,10,labels=" 約 17.21",pos=4,cex=2)
```

接下來，我們來看如何於 R 內標示函數底下之面積。附圖 6 繪出上述短期總成本函數對應之短期邊際成本函數之圖形。假定我們有興趣想要計算產量 Q 由 4 上升至 8 的總成本增加額，如附圖 6 內之紅色面積所示，可以使用 polygon() 指令繪製出紅色面積。可以注意所附之 polygon() 指令用法，其中 c(4,Q[i],8) 與 c(0,STC(Q[i]),0) 分別表示該面積之橫軸與縱軸範圍，讀者亦可比較內文內有關於面積的標示。

第三節　迴圈與條件

上述介紹的 R 指令或函數，大多屬於比較單純或直接的情況，不過若是綜合這些指令，不難出現稍微複雜的程式，其目的大多爲節省空間或取代重複的步驟。無法避免地，有些時候我們會使用迴圈的技巧，此尤其表現於需要使用模擬方法取代繁瑣的數學證明；換言之，本書的一大特色就是盡量不用複雜的數學操作，取代的是以模擬的方式說明某些性質或特徵，我們相信利用此方式反而能使讀者更易掌握我們想要傳達的訊息。是故，若欲瞭解本書所使用的模擬方法，熟悉迴圈的技巧是必備的要件。底下，我們利用一個簡單的例子，以說明利用迴圈以創造或得到一個新的變數。即於 R 內輸入下列指令，同時思考其代表何意思？

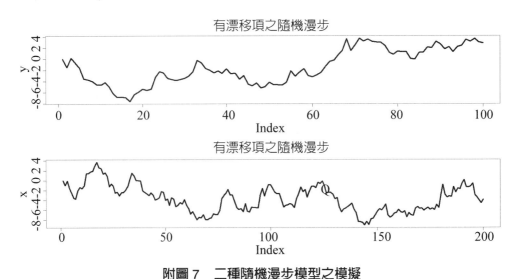

附圖 7　二種隨機漫步模型之模擬

R 指令：

```
T = 100;y = numeric(T) # y 變數內共有 T 個元素皆爲 0
set.seed(12)
#for(i in 2:T) y[i] = 0.05 + y[(i-1)] + rnorm(1)
for(i in 2:T)
{
  y[i] = 0.05 + y[(i-1)] + rnorm(1)
}
windows();par(mfrow=c(2,1))
plot(y,type="l",lwd=4,main=" 有漂移項之隨機漫步 ",cex.main=2)
# Using while
```

```
T = 200;i = 2
x = numeric(T) # x 變數內共有 T 個元素皆為 0
while (i <= T)
{
  x[i] = x[(i-1)] + rnorm(1);i = i+1
}
plot(x,type="l",lwd=4,main=" 無漂移項之隨機漫步 ",cex.main=2)
```

上述指令有使用到 *for* 與 *while* 指令，讀者可以分出其間的差別嗎[3]？上述程式是說明 *y* 與 *x* 二個變數內皆有 *T* 個元素，每一變數內的第 1 個元素皆為 0，從第 2 個元素開始，其值的形成可分成二部分：其一是受到前一個元素（外加一個常數）的影響，另一個則來自於一個標準常態分配的觀察值；按照此步驟直到得到第 *T* 個元素值為止。為何我們要模擬出類似 *y* 與 *x* 二個變數？一個簡單的資產價格形成模型不就是如此嗎？今天的價格不就是昨天的價格再加上一個未知項嗎？我們的確不知那個標準常態分配的觀察值為何？讀者可輸入看看。因此，若不使用迴圈技巧，的確需費點勁方能模擬出變數來。

上列程式 *i* 值分別依序等於 2, 3, 4, …, *T*，故迴圈是指重複 *T* − 1 個相同的步驟。另一方面，上列程式內有 *set.seed*(12) 指令，讀者可試著省略此指令看看，多執行幾次程式，於附圖 7 內的 *y* 與 *x* 值會有不同，但是若有包括此指令，則就會繪出如附圖 7 內的圖形；因此，*set.seed*(12) 指令只不過告訴 R 要得到相同的模擬值，小括號內之值是隨意給的數字，讀者也可試其他任意的數字，此相當於告訴 R 從讀者給的數字開始抽取資料 (模擬)。

有些時候我們可能會講出：「若某條件成立時，則⋯⋯ 」，或是「若某條件成立時，則⋯⋯，否則⋯⋯ 」。我們可以先看下列 R 程式：

```
# 上述 TWI 之報酬率
T = length(TWI) # 201
r = 100*(TWI[2:T]-TWI[1:(T-1)])/TWI[1:(T-1)] #2:T 表示第 2 至第 T 個
```

---

[3] *for* 與 *while* 皆是執行其內大括號內之指令，其中前者共執行 *i* = 2, ..., *T* 次，而後者則執行至 *i* ≥ *T* 為止，可以注意後者於大括號外須先設一個 *i* 的期初值如 *i* = 2。

```
T = length(r);T # 200
r1 = numeric(T);r2 = numeric(T)
for(i in 1:T)
{
    if(r[i] <= -2)
    {
        r1[i] = r[i]
    }
    else
    {
        r2[i] = r[i]
    }
}
del = r1 == 0;del
del1 = as.numeric(del) #true 為 1,false 為 0
del1
r1a = r1[-del1==0] # 去除 0 之元素
r1a
del2 = as.numeric(r2==0);r2a = r2[-del2==0];r2a
windows();par(mfrow=c(2,1))
hist(r1a,ylab="",xlab="TWI 月報酬率 ",main="TWI 月報酬率小於等於 -2% 的次數分
配 ",cex.lab=1.5,
    col="green",cex.main=2)
hist(r2a,ylab="",xlab="TWI 月報酬率 ",main="TWI 月報酬率大於 -2% 的次數分配
",cex.lab=1.5,
    col="tomato",cex.main=2)
```

　　上述指令是先將 TWI 月收盤價轉換成簡單月報酬率，然後再依月報酬率
的個數設立二個變數，我們有興趣的是要將月報酬率分成二部分：其一是報酬
率小於等於 -2%，另一則是大於 -2% 的情況。此時我們可以使用條件指令，
當然也需要使用迴圈，我們必須逐一比較；因此，透過條件指令，我們可以將
報酬率分別存於小於等於 -2% 以及大於 -2% 的二個變數，然後再刪去不符合
條件的元素（符合條件為 1 否則為 0）。上述所有指令，應注意中括號的使用。

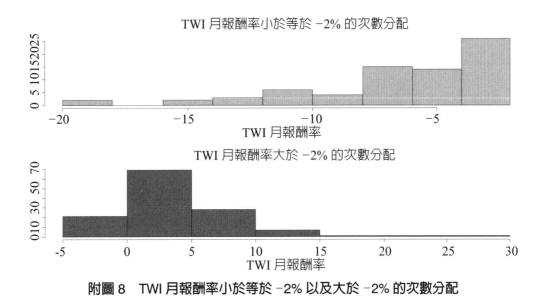

附圖 8　TWI 月報酬率小於等於 −2% 以及大於 −2% 的次數分配

中文索引

一筆

一對一函數　184
一般化極值分配　450
一般化動差法　460
一般化維納過程　509

二筆

二項式函數　117
二次式函數　120
二項式機率分配　435, 456, 763
二次式的型式　701
二項式選擇權定價模型　596
二階微分　697
二項式隨機過程　757, 760
二元選擇權　489
卜瓦松隨機過程　795
二元樹狀圖　596
卜瓦松機率分配　795
二元常態分配　744

三筆

小數　7
大立光　82, 105, 136
三角函數　213
大數法則　405
子行列式與餘因子　610
上海綜合證券指數　661

四筆

分數　4
內部報酬率　55, 323
分位數　467
內積　636
方程式的解　74
水平線　86
方形矩陣　609
反向規避策略　166
中華電　115, 137, 148, 168, 293, 539
反導函數　333
中央極限定理　408
牛頓法　319
中央動差　456
日月光　364, 669
尺度　448
互斥事件　415
不定　704
不定積分　338
不受限制下極值　708
切線　257

五筆

未來值　35, 39
加權平均　108
平面座標圖　85
台指期貨指數　196
平均數─變異數分析　361, 691

台指選擇權　139, 488

平賭過程　775

臺灣 50 指數　546

平均數反轉過程　781

生產可能曲線　261, 300

平方根擴散過程　782

生產者剩餘　394

台積電　148, 168, 293, 739

生產函數　154

台達電　150, 229, 364, 669

半對數模型　169

本益比　6

半正定　704

失業率　228

半負定　704

凹口向上函數　300, 303

凹口向下函數　300, 303

凹函數　277

凸函數　277

代換積分法　342

皮爾森第二機率分配　464

古典分配　448, 461

永續債券　537

布朗運動　503, 768

主成分　651

可以轉換的矩陣　609

主成分分析　658

正定　659, 702

主子矩陣　705

正定矩陣　700

六筆

自然對數　22

有效的年利率　38

自然指數定律　193

有限加總　358

自然指數函數　193

有限級數　529

自我融資資產組合　595

成本函數　129

多項式函數　117, 128

收盤價　148

多項式迴歸曲線　136

存續期間　286

多頭部位　595

全集　415

多元變數函數　671

全微分　673

吉尼係數　383

年金現值因子　559

年金　529, 548

年金現值利率因子　559

年金未來值因子　551

年金未來值利率因子　551

行列式　608

行向量　620

列向量　620

向量　628

共變異數　469, 653

向量代數　630

共變異數矩陣　655

光譜分解　658

七筆

利率　28

利潤函數　96, 283, 699

季芬財　156, 160

角　214

定積分　370

消費者剩餘　373

定差方程式　386

定態序列　404

伯努尼機率分配　424

均等機率分配　442

低闊峰　465

克萊姆法則　608, 612

伴隨矩陣　612

八筆

到期收益率　28, 177

附息債券　42

函數　123

直線　71, 84

弧彈性　99

直角雙曲線　169

拋物線　117

直方圖　204, 477, 813

供給曲線　93, 127

直交矩陣　658

固定成長函數　146

非線性函數　117, 138

所得效果　180

非線性最小平方法　172, 223

弧度　214

非線性迴歸　172, 728

股權連結商品　164

非定態序列　403

股票的價格　538

非奇異矩陣　609

波動率　364, 506

非條件預期　756, 774

事件　415

定義域　123

事件空間　412

供需曲線　93

奇異矩陣　623

抽出放回　407, 500

其他情況不變　672

空頭部位　595

亞可比微分矩陣　683

長度　636

拉氏乘數法　713

受限制下極值　712

九筆

封閉區間　78

垂直線　86

柯布─道格拉斯生產函數　154, 673

保本型商品　163

指數函數　186

保護性賣權　166

指數成長率　194

風險厭惡者　181, 572

指數衰退率　194

風險愛好者　577

指標函數　433

風險中立者　579

指數加權移動平均　546

度　214

指數分配　796

泰勒級數　564, 566, 785

相對次數分配　203

泰勒多項式　568

相依事件　430

風險厭惡、風險中立、與風險愛好 577

相對風險規避　585

風險貼水　572

相關係數　469, 654

風險容忍度　583

相關矩陣　655

前導主子矩陣　705

負定　701

衍生性商品　738

十筆

息票債券　42

財務槓桿程度　100

迴歸直線　104

值域　123

逆函數　135

確定趨勢　148

逆矩陣　623

確定性等值　576

高收益商品　164

倒數轉換函數　185

高狹峰　466

原始動差　456

高斯型的隨機漫步　761

峰態　457

修正的存續期間　287

馬可夫過程　498

迴圈　175

效用函數　226

迴歸線　104

純量　609

級數　529

純量乘積　632

矩陣　615

矩陣代數律　619

矩陣代數　615

特性向量　651

矩陣的拆解　658

特性根　651

訊息結構　774

十一筆

現值　35, 39

連續複利　23, 38

現金殖利率　82

連續性　250, 252

淨現值　55

連續函數　253, 256

參數　74, 454

連續的機率分配　441

規模報酬固定　（遞增、遞減）　154

連續的隨機變數　437

奢侈品　156, 159

連續的隨機過程　498

密度　434

票面利率　176

麥考利存續期間　287

票據　45

麥克勞林級數　564, 569

斜率　87, 259

部分積分法　347

常態峰　466

條件機率　426, 747

常態機率分配　202, 455, 482

條件預期價格　754, 755

商數差異之極限　238

條件期望值　469, 755

域　417

條件變異數　469

條件機率分配　469

累積分配函數　438

偏態　457

動差　454

偏微分　672

動差法　459

基底與維度　648

動態避險　678

理論的簡單迴歸直線　729, 750

畢氏定理　637

十二筆

殖利率　28, 322

貼現率　45

報酬率　49, 53

貼現債券　45

冪次方　11

貼現收益率　49

冪函數　150

凱因斯總體模型　76

冪次律　188, 199

凱因斯乘數　543

冪集　416

期貨理論價格　196

冪級數　529

期望值　448, 455, 474, 482

開放區間　78

期初年金　557

散佈圖　104

買權　142, 486

間斷的機率分配　441, 473

買權多頭價差策略　142

間斷的隨機變數　437

等高線　155, 627

間斷的隨機過程　498

等產量曲線　158

無異曲線　179, 306

等差數列　534

無限極限　241

等比數列　535

無限值下之極限　241

等值平賭衡量　776

無限級數　529

最小平方法　172, 720

無窮等比數列與級數　536

最適化　696

無風險報酬率　580

鈍角　217

無風險性資產組合　595

單邊極限值　234

替代效果　180

幾何平均數　365

週期性　220

幾何布朗運動　509, 515

蛛網模型　386

幾何數列　535

黃金　208, 403, 463

普通年金　529

絕對風險規避　583

菲力普曲線　171

黑森矩陣　698

單位矩陣　618

殘差值　722

單位向量　638

軔過程　775

十三筆

債券　39, 563

零息債券　45

債券的利率彈性　102

資本利得率　791

債券的凸性　288, 306

資本損失率　53, 791

預算限制式　89

微分　262

預估股利　105, 148

微分方程式　349

極限　231

微積分的基本定理　333, 377

極大值與極小值　311

當期收益率　53, 176

解聯立方程式體系　600

楊定理　698

跳動─擴散模型　794

十四筆

算術　1

槓桿比率　6

算術平均數　365

複利　34

算術布朗運動　509

實際貼現率　49, 167

對數　18, 184

實證模型　399

對數函數　186

實證的分位數　439, 495

對數─對數模型　169

實證的　439, 495

對數定律　188

需求曲線　93, 127

對數成長率　191

遞增的連續函數　184, 303

對數報酬率　208, 230, 362, 480, 514

遞減的連續函數　184, 303

對數常態分配　514, 519, 741, 789

誤差項　200

對角矩陣　622

漸近線　152, 243, 248

對稱矩陣　622

漂移　（率）　506, 510

對稱的普通隨機漫步過程　762

維納過程　502, 766

銀行貼現率　49

蒙地卡羅模擬　492, 793

圖形　71

截略的對數常態分配　752

十五筆

價值理論　55

線性方程式　74

價格效果　180

線性不等式　78

數線圖　78

線性代數　589

數值積分　493

線性模型　590

數列　529

線性相依　643

彈性　98

線性獨立　643

標準常態機率分配　203, 484, 486

線性組合　642

標準分配　448

線性化　680

標準差　362, 455

線性迴歸模型　720

標準的基底　649

賣權　139, 486

標準的維納過程　768

賣權空頭價差策略　144

黎曼加總或黎曼和　366

銳角　216

黎曼—斯第爾潔斯積分　777

樣本平均數　361

確定性等值　576

樣本空間　409

歐基里德空間　626

樣本　361

歐式選擇權　676

樣本變異數　361

適應性預期假說　544

鞍點　709

十六筆

選擇權　139, 486

隨機趨勢　148, 510

選擇權價內（外）機率　751

隨機變數　201, 431

機率　399, 471

隨機函數　737

機率密度函數　202, 441

隨機實驗　402, 412

機率分配　431, 434

隨機過程　498, 757

機率模型　399, 446

隨機漫步　507, 757

機率函數　424

隨機微分方程式　511, 779

獨立事件　430

隨機微積分　737, 772

積分　231, 365

隨機向量　742

頻率　222

隨機積分　773

靜態避險　678

十七筆

點斜式　88

點彈性　99

營運槓桿程度　100

聯合機率分配　428

隱含波動率　525

聯合 CDF 與 PDF　743

隱函數　689

償債基金　554

臨界點　709

十八筆

簡單利息　29

雙曲線函數　169

簡單報酬率　230, 362, 480, 514

擴散過程　506

轉置矩陣　620

十九筆
邊際替代率　96

邊際轉換率　261

邊際機率分配　427

羅倫茲曲線　382

鏈鎖法則　286, 681, 784

羅吉斯機率分配　465

二十三筆
變異數　474, 482

二十五筆
鑲入的黑森矩陣　714

英文索引

A

absolute risk aversion, *ARA*   583

acute angle   216

adaptive expectation hypothesis   544

adjoint matrix   612

algebra   27

angles   214

annuity   529

annuity due   557

antiderivative   333

arbitrage portfolio   595

arc elasticity   99

arithmetic Brownian motion, *ABM*   509

arithmetic mean   365

arithmetic progression   534

arithmetic sequence   534

arithmetic series   534

Arrow-Pratt   582

asset-or-nothing (AN)   489

asymptote line   152

B

bank-discount basis   49

basic points, *bp*   287

basis and dimension   648

Bernoulli probability distribution   424

bill   45

binary options   489

binomial options pricing model   596

binomial probability distribution   435

binomial stochastic processes   757

Black-Scholes (BS)   486

bordered Hessian matrix   714

Borel σ-field   420

Brownian motion   503

C

call   139

Calculus   231

canonical basis   649

CARA   585

cash-or-nothing (CN)   489

central moments   456

certainty equivalent, *CE*   576

ceteris paribus   672

chain rule   286

change of variable method   344

closed   416

CNY   6

Cobb-Douglas production function   154

Cobweb model   386

coefficient of correlation   654, 745

column vector   620

common difference   534

common ratio   535

complementary function, *CF*   352

concave downward   300

concave function   305

concave upward   300

concavity   277

conditional probability   426

consols   537

contingency table   427

continuity   251

continuous compounding   23

contours   155

convex function   305

convexity   277

coordinate system   73

correlation   745

cost of carry model   196

coupon bond   42

covariance   653, 745

Cox-Ingersoll-Ross (*CIR*)   782

CPI   81, 106

Cramer's rule   602

critical point   709

CRR   596

cumulative distribution function, *CDF*   438

current yield   53

D

decreasing function   184, 303

definite integral   369

degree of financial leverage, *DFL*   100

degree of operating leverage, *DOL*   100

degrees   214

delta hedging   678

density()   207

density function   434

dependent events   430

derivative   231

derivatives   738

determinants   608

deterministic trend   148

diagonal matrix   622

difference equations   386

difference quotient   238

differentiable   263

differential equations   349

differentiation operators   266

diffusion process   506

discount bond   45

discount rate   45

domain of function   123

dot product   639

Dow Jones   408, 436, 480

duration   286

dynamic hedging   678

E

ecdf()   440

effective annual rate, *EAR*   38

eigenvalue   652

eigenvector   652

empirical models   399

empirical quantile   439

EPS   82

equivalent martingale measures   776

Euclidean 2-space   626

Euclidean inner product   639

Euler's number   19

exponential decay rate   194

exponentially weighted moving average,
(*EWMA*)   546

F

field   417

filtration   756

finite sum   333

finite series   529

Fisher-Tippett   450

Fréchet   451

function   68

future value, *FV*   35

future value interest factor for an annuity
551

G

Gaussian random walk   761

GDP   224, 479

general solution, *GS*   350, 352

generalized extreme value, *GEV*   450

generalized method of moments, *GMM*
460

generalized Wiener process, *GWP*   509

geometric Brownian motion, *GBM*   515

geometric mean   365

geometric progression   535

geometric sequence   535

geometric series   535

Gini coefficient   383

gradient vector   682

grids   65

Gumbel   451

GWP   509

H

Hessian matrix   698

homogeneous differential equations   350

horizontal line   86

I

identity matrix   618

implicit function   689

implied volatility   525

increasing function   184, 303

indefinite   704

indefinite integral   338

independent events   430

independently identical distribution, *iid*
450

indicator function   433

infinite limits   241

infinite series   529

inflection point   304

information structure   774

integrable function   371

integral   231

integrand   338

integrate()   368

integration by parts   347

integration by substitution   343

internal rate of return, *IRR*   55, 64

inverse function   135

invertible matrix   609

investment and capital formation   336

IS-LM model   590

Itô's Lemma   784, 787

J
Jacobian   683

joint probability distribution   428

jump-diffusion model, *MJD*   799

Jump-GBM   801

K
Keynesian   76

Keynesian multiplier   543

kurtosis   457

L
law of large numbers   405

laws of logarithms   188

laws of natural exponents   188

leptokurtic   466

leverage ratio   6

limits   231

limits at infinity   241

linear algebra   589

linear combinations   642

linear first order differential equation   349

linear models   590

linearly dependent   643

linearly independent   643

logarithms   18

logistic   465

lognormal distribution   514

long position   595

long call spread   142

Lorenz curve   382

M
Macaulay duration, D_{Mc} 287

Maclaurin series   567

marginal cost, *MC*   96

marginal probability distribution   427

marginal propensity to save, *MPS*   395

marginal rate of substitution, *MRS*   269, 299, 674

marginal rate of transformation, *MRT*   261

marginal revenue, *MR*   96

marginal utility, *MU*   311

Markov process   498

martingale process   775

matrix decomposition   658

mean()   364

mean-reverting process   781

mesokurtic   466

method of Lagrange multipliers   713

method of least square   172, 720

method of moments   459

minor and cofactor   610

modified duration, D_{Md} 287

moments   454

Monte Carlo simulation   492

mutually exclusive   415

N
natural exponential function   193

negative definite   702

negative semidefinite   704

Newton-Raphson method   319

Newton's method   319

necessary condition   313

net present value, *NPV*   55, 60

NLS   731

nonsingular matrix   609

nonstationary series   403

norm   637

normal distribution   202

NTD   4

numerical algorithms and methods   319

numerical integration   493

O

obtuse angle   217

optimization   696

ordinary annuity   549

Ornstein-Uhlen process, *OUP*   781

orthogonal matrix   658

orthogonalization   659

P

parabola   117

parameter   74

partial derivative   672

particular solution, *PS*   352

PearsonII   464

periodicity   220

perpetual bonds   537

Phillips curve   171

platykurtic   465

point-slope form   88

Poisson stochastic process   795

polynomial   117

positive definite   659, 702

positive semidefinite   704

power   11

power functions   150

power laws   188

power series   529

power set   416

present value, *PV*   35

price elasticity   96

price value of a basic point, *PVBP*   287

principal components   653

principal components analysis, *PCA*   658

principal submatrix   705

probability density function, *PDF*   202

probability distribution   400

probability functions, *PF*   473

probability model   399

production possibility frontier, *PPF*   261

put   139

Pythagorean theorem   637

Q

quadratic forms   701

quantile()   440

R

radians   214

random experiment   402

random variables   201

random walk processes   757

random walk with drift   507, 763

range of function   123

rate of return   53

raw moments   456

reciprocal function   185

reciprocal transformations   170

rectangular hyperbola   169

regression line   104

relative frequencies   203

relative risk aversion, *RRA*   585

Riemann sum   369

Riemann-Stieltjes integral   773

risk-averse investors   181

risk-free return rates   580

risk neutral   579

risk premium   566

roots   319

row vector   620

S

saddle point   709

sample point   409

sample space   409

sample standard deviation   362

sample statistic   361

sample variance   361

scalar   609

scalar multiplication   632

scatter diagram   104, 813

secant line   257

self-financing portfolio   595

sequences   529

series   529

set.seed()   407

shape   450

short position   595

short put spread   144

singular matrix   623

sinking funds   457, 554

sigma-field (σ-field)   419

skewness   457

slope   87

solution   74

spectral decomposition   658

square-root diffusion process   782

square matrix   609

static hedging   678

stationary series   404

stochastic calculus   737

stochastic differential equation, *SDE*   511

stochastic process   498

stochastic trend   148

sure set   415

sufficient condition   313

sum()   359

symmetric difference   415

symmetric matrix   622

T

tangent line   257

Taylor series   566

the central limit theorem   408

the fundamental theorem of Calculus   333

the universal set   415

theoretical models   399

transpose   620

trigonometric functions   213

trivial event space   416

truncated   752

TWI   427, 438, 445, 488, 490, 520, 523, 653, 794

U

uniform probability distribution   442

unit vector   638

USD   4

V

value theory   55

vector   629

vertical line   86

volatility   364

W

Weibull   451

weighted average cost of capital (*WACC*)   538, 540

Wiener process   502

WTI   404

Y

yield on a discount basis   49

yield to maturity, *YTM*   28

Young's theorem   698

Z

zero coupon bonds   45

國家圖書館出版品預行編目資料

經濟與財務數學 ： 使用R語言／林進益
著.－－初版.－－臺北市：五南，2017.11
　　面；　公分
ISBN 978-957-11-9404-2（平裝）
1.商業數學 2.電腦程式語言
493.1　　　　　　　　　106015897

1H0K

經濟與財務數學：使用R語言

作　　者 ― 林進益

發 行 人 ― 楊榮川

總 經 理 ― 楊士清

主　　編 ― 侯家嵐

責任編輯 ― 劉祐融

文字校對 ― 丁文星、鐘秀雲

封面設計 ― 盧盈良

出 版 者 ― 五南圖書出版股份有限公司

地　　址：106台北市大安區和平東路二段339號4樓

電　　話：(02)2705-5066　　傳　　真：(02)2706-6100

網　　址：http://www.wunan.com.tw

電子郵件：wunan@wunan.com.tw

劃撥帳號：01068953

戶　　名：五南圖書出版股份有限公司

法律顧問　林勝安律師事務所　林勝安律師

出版日期　2017年11月初版一刷

定　　價　新臺幣980元